Linguistische Arbeiten 270

Herausgegeben von Hans Altmann, Peter Blumenthal, Herbert E. Brekle, Hans Jürgen Heringer, Heinz Vater und Richard Wiese

Neue Fragen der Linguistik

Akten des 25. Linguistischen Kolloquiums,
Paderborn 1990

Band 1: Bestand und Entwicklung

Herausgegeben von Elisabeth Feldbusch,
Reiner Pogarell und Cornelia Weiß

Max Niemeyer Verlag
Tübingen 1991

Die Deutsche Bibliothek – CIP-Einheitsaufnahme

Neue Fragen der Linguistik : Akten des 25. Linguistischen Kolloquiums, Paderborn 1990 / hrsg. von Elisabeth Feldbusch ... – Tübingen : Niemeyer
NE: Feldbusch, Elisabeth [Hrsg.]; Linguistisches Kolloquium <25, 1990, Paderborn>
Bd. 1. Bestand und Entwicklung. – 1991
(Linguistische Arbeiten ; 270)
NE: GT

ISBN 3-484-30270-4 ISSN 0344-6727

Printed in Germany.
Druck: Weihert-Druck GmbH, Darmstadt
Einband: Hugo Nädele, Nehren

INHALT BAND 1:

5. Grammatik 209

INHALT BAND 2:

4. Betriebslinguistik 261

VORWORT

Aus Anlaß des 25. Linguistischen Kolloquiums trafen sich rund 240 Wissenschaftler und Wissenschaftlerinnen aus 22 Staaten in Paderborn. Damit lag die Zahl der Teilnehmer weitaus höher als in den vergangenen Jahren; ca. 170 Vorträge aus unterschiedlichen Bereichen der Sprachwissenschaft schufen die Voraussetzung für einen abwechslungsreichen und innovativen Kongreßverlauf. Für diese Themenvielfalt und Innovationskraft der ersten großen Jubiläumsveranstaltung gab es verschiedene Gründe:

Die Öffnung der osteuropäischen Grenzen machte einen bisher in dieser Form nicht dagewesenen umfangreichen Gedankenaustausch zwischen Ost und West möglich. Über 40 Wissenschaftlerinnen und Wissenschaftler aus Ungarn, Polen, Bulgarien, aus der ČSFR, der UdSSR und der damaligen DDR konnten an dem Kongreß teilnehmen.

Hochschulwissenschaft und sprachliche Praxis hatten zudem die Gelegenheit, sich besser kennenzulernen und zusammenzuarbeiten. Von der Sprachgeschichte bis zur Computerlinguistik, von der Sprachtheorie bis zur aktuellen Sprachpraxis wurden relevante Problemstellungen "zur Sprache gebracht". Auch, glauben wir, ist es gelungen, den wissenschaftlichen Nachwuchs und die etablierte Wissenschaft in einem ausgewogenen Verhältnis zur gegenseitigen Bereicherung auf *einem* Kongreß zusammenzuführen.

Innovationskraft und Themenvielfalt machten vor allem in der Vergangenheit den Reiz und die Attraktivität des Linguistischen Kolloquiums aus, gleichzeitig bot es gerade dadurch vielfältige Angriffsmöglichkeiten. Das Linguistische Kolloquium war in jedem Falle immer auch ein Seismograph der Linguistik. Künftige Trends und Strömungen (auch Moden) zeichneten sich hier früh ab. Inwieweit Paderborn in dieser Linie steht, wird sich erst später beantworten lassen. Immerhin bleibt festzustellen, daß frühere Randbereiche zu umfangreichen Sektionen angewachsen sind, und von ehemals überlaufenen Trendsektionen nur noch wenige Einzelvorträge übriggeblieben sind. Natürlich mögen hier auch die Steckenpferde der Herausgeber eine Rolle gespielt haben.

Die große Zahl der Beiträge und der Wunsch nach Qualitätssicherung erforderten einige Abweichungen von der bisherigen Herausgeberpraxis. Das Prinzip der Autoreneigenverantwortung konnte nicht unmodifiziert weitergeführt werden: Soweit es uns möglich war, wurden die Texte bibliographisch komplettiert und formal vereinheitlicht. Um die Publikation der Beiträge verlagsgerecht in zwei Bänden möglich zu machen, konnten wir den Autoren lästige Kürzungs- und Änderungsauflagen nicht ersparen. Obwohl insgesamt die Herausgeberverantwortung gewachsen ist, sind nach wie vor für Inhalt und Sprache die jeweiligen Verfasser zuständig. 132 Vorträge wurden schließlich dem Verlag formatiert und lasergedruckt zur Publikation vorgelegt.

Bei der Vorbereitung und Durchführung des Kolloquiums sowie der Aktenaufbereitung wurden wir vielseitig unterstützt. Den Mitarbeiterinnen und Mitarbeitern des Fachbereiches Sprach- und Literaturwissenschaften gilt unser Dank ebenso wie den Bediensteten der Verwaltung und den technischen Angestellten.

Besonderes bedanken wir uns bei Jörg Diekneite, Maria Herrlich und Siri Peltner, die uns bei der Erstellung der vorliegenden Kongreßbände hilfreich zur Seite standen.

Paderborn, im Mai 1991

Elisabeth Feldbusch Reiner Pogarell Cornelia Weiß

25 JAHRE LINGUISTISCHES KOLLOQUIUM
Mit einem Bericht über den Stand der Arbeit am "Linguisten-Handbuch"

Wilfried Kürschner

I. In der Frankfurter Allgemeinen Zeitung war am 1. September dieses Jahres (27, Rubrik "Kleine Meldungen") folgendes zu lesen:

> Das 25. Internationale Linguistische Kolloquium findet vom 27. bis 29. September in der Universität Paderborn statt. Erstmals nehmen an dem Großkongreß zu fast allen Bereichen der Sprachwissenschaft über vierzig Wissenschaftler aus Osteuropa teil.

Die Meldung ist, global gesehen, völlig in Ordnung, in Einzelheiten jedoch müßte sie korrigiert oder präzisiert werden. Nicht ohne ein vielleicht berufstypisches Vergnügen am Richtigstellen der Behauptungen anderer nehme ich die zitierte Meldung und mache sie zum Aufhänger der folgenden Ausführungen.

Zunächst das offenkundig Richtige der Nachricht: Das 25. Linguistische Kolloquium findet statt. Die gerade gehörten Eröffnungs- und Begrüßungsworte und Ihre Anwesenheit, meine sehr geehrten Damen und Herren, beweisen dies schlagend ad aures et oculos, es ist der 27. September 1990, wir sind in der Universität Paderborn.

Aber schon stellen sich erste Fragen ein: Darf es eigentlich schlicht "Universität Paderborn" heißen, oder müßte man nicht sagen und schreiben "Universität-Gesamthochschule - Paderborn" oder wenigstens wie auf dem Deckblatt des Programmheftes "Universität Paderborn - Gesamthochschule"? Solcherart Fragen führen uns mitten hinein in den im Titel dieses Vortrags genannten Zeitraum: 25 Jahre Linguistisches Kolloquium (gemeint sind damit natürlich 25 aufeinanderfolgende Jahre, in denen jeweils ein Linguistisches Kolloquium stattgefunden hat, und nicht die Differenz zwischen 1990 und 1966, dem Jahr des ersten Linguistischen Kolloquiums - die beträgt nur 24). 25 Jahre Linguistisches Kolloquium also, Mitte der sechziger Jahre bis 1990.

Hochschulpolitisch ging es damals, zu den Gründerzeiten, unter anderen großen Streitpunkten darum, wie die hohen Schulen in der Bundesrepublik Deutschland zu organisieren seien: als Gesamthochschulen, die die alten Universitäten und die praxisorientierten Fachhochschulen zusammenfaßten, einen einheitlichen, aus gleichberechtigten, gleich bezahlten und gleich geachteten Hochschullehrern gebildeten Lehrkörper hätten und Studiengänge gleicher Gewichtigkeit betreuten? Oder als im Ansehen einerseits höherstehende, andererseits aber auch wegen des von vielen Jungnasen ausgemachten tausendjährigen Muffs unter den Talaren verachtete Universitäten, genauer und im Tonfall von damals gesagt: Ordinarienuniversitäten? Für Paderborn entschied sich der Gesetzgeber wie bei allen damaligen Hochschulneugründungen in Nordrhein-Westfalen für das Gesamthochschul-Modell und richtete 1972 die Gesamthochschule Paderborn ein. In späteren, hochschulpolitisch weniger bewegten Zeiten wurde ihr Name um den Zusatz "Universität" erweitert und mittlerweile wird abkürzend nur noch von der Universität Paderborn gesprochen. Es steht mir nicht zu (und mir fehlen dazu im übrigen auch die notwendigen Informationen), diesen Vorgang weiter zu kommentieren, etwa indem ich nach dem Selbstverständnis der hier lehrenden und forschenden, studierenden und mitarbeitenden Personen frage und erkunde, ob sie sich eher als Universitäts- oder eher als Gesamthochschulangehörige sehen, ob sie beides sein wollen oder ob ihnen diese Frage gleichgültig ist, solange nur ordentlich gearbeitet wird. Die Kontroverse um Gesamthochschule und Universität, die, wie gesagt, zu Beginn des Vierteljahrhunderts, die das Linguistische Kolloquium als Einrichtung nun alt ist, heftig wogte, spielt längst keine wichtige Rolle mehr. Neue Hochschulen werden seit Mitte der siebziger Jahre nicht mehr gegründet (vielleicht wird allerdings in Erfurt demnächst eine Neugründung vorgenommen), so daß sie sich von selbst erledigt hat.

Soviel also zu Zeit und Ort unseres diesjährigen Kolloquiums. Es bleibt aus der eingangs zitierten Meldung aber noch einiges weitere zu kommentieren. Ich beginne mit der Bezeichnung "Großkongreß", die dem Kolloquium in der F.A.Z. verliehen wurde, und gehe dann auf das Attribut "zu fast allen Bereichen der Sprachwissenschaft" ein.

Groß ist, wie wir wissen, ein relatives Adjektiv: Die als groß bezeichnete Entität wird mit einem Vergleichsgegenstand in Bezug gesetzt, und wenn sie im Vergleich mit diesem überdimensioniert erscheint, wird sie zu Recht "groß" genannt. Nun ist in unserem Fall der Vergleichsgegenstand nicht leicht zu bestimmen. Vergleicht man unsere Veranstaltung mit dem kürzlich in Hamburg abgehaltenen Krebsforscherkongreß, so erscheint sie mit ihren gut 200 Teilnehmern im Vergleich mit den dort versammelten 12000 doch eher klein, um nicht zu sagen mickerig. Man soll aber nun bekanntlich nicht Birnen mit Äpfeln vergleichen, und daher ist es wohl angebrachter, nach Vergleichsobjekten in unserem Bereich zu suchen. Verglichen mit dem *Annual Meeting der Linguistic Society of America*, bei dem sich jeweils zur Jahreswende einige tausend Linguisten versammeln, sind wir wieder eher klein, während die vom Zuschnitt her dem Linguistischen Kolloquium am ehesten vergleichbaren Jahrestagungen der Deutschen Gesellschaft für Sprachwissenschaft nicht sehr viel größer sind. Aber ist deshalb wirklich schon von einem Großkongreß zu reden?

Vielleicht ist die Sache jedoch nicht nur von der Quantität, der Zahl der Teilnehmer beziehungsweise der Zahl der Referenten, her zu sehen, sondern mehr von der qualitativen Seite her. Hier könnte dann die Qualität der gehaltenen Vorträge, der sich daran entzündenden Diskussionen, kurz: der fachliche Wert gemeint sein. Und da habe ich den Eindruck, daß das Linguistische Kolloquium im Vergleich zu anderen Tagungen, Symposien und Kongressen nicht schlechter abschneidet, aber sicherlich auch nicht besser. Wie man es auch deutet und wendet: "Großkongreß" scheint keine angemessene Benennung zu sein - mit einer Einschränkung: kolloquiumshistorisch gesehen handelt es sich beim diesjährigen Kolloquium um das bisher größte.

Noch nie wurde in den vergangenen Jahren die Zahl von 170 Vorträgen erreicht, wie sie das Tagungsprogramm ausweist. Dies macht es erforderlich, daß an den drei Kongreßtagen bis zu neun Vorträge in unterschiedlichen Sektionen parallel gehalten werden - auch dies meines Wissens ein Rekord, ein Rekord, der allerdings wehmütig in die Vergangenheit blicken läßt, als es noch möglich war, alle Referate zu hören. Dies trifft allerdings nur auf die ersten vier Linguistischen Kolloquien zu, auf das erste, 1966 in Hamburg-Harburg, das zweite, 1967 in Haus Rothenberge bei Ochtrup (Niedersachsen), das dritte, 1968 auf der Burg Stettenfels bei Untergruppenbach (Heilbronn), und das vierte, 1969 in Berlin. Bis dahin war es übrigens auch erwünscht und üblich, daß alle Teilnehmer ein Referat hielten - seit dem 5. Linguistischen Kolloquium, 1970 in Regensburg, können auch Nichtreferierende teilnehmen. Doch blieb das Verhältnis zwischen Referenten und übrigen Teilnehmern stets so weit im Lot, daß im Extremfall höchstens so viele Nichtreferenten wie Referenten teilnahmen.

Im ganzen schwankten die Teilnehmerzahlen bei den einzelnen Kolloquien recht erheblich. Ich möchte Sie nicht langweilen durch die chronologische Aufzählung der einzelnen Etappen, sondern einige besonders hervorstechende Befunde mitteilen. Das erste Kolloquium hatte 20 Teilnehmer, das zweite 10, das dritte 19, das vierte 30. Eine erste Teilnehmerzahlexplosion gab es 1970 in Regensburg: 88 Teilnehmer, danach waren es zwischen einhundert und zweihundert. Einen Ausreißer nach unten stellte die Teilnehmerzahl des 22. Linguistischen Kolloquiums 1987 dar: Zirka 40 Personen fanden sich ein, 29 Referate sind im Aktenband veröffentlicht. Nun mag man vielleicht glauben, das habe wohl am wenig attraktiven Kongreßort gelegen, denn schließlich habe jede Kongreßreise auch ihre touristischen Nebenaspekte. Doch eine solche Erklärung greift hier nicht: Das 22. Kolloquium fand nämlich in Paris statt, und man mag Paris vieles nachsagen, gewiß aber nicht, daß es sich für Kongreßtourismus nicht eigne. Da hätte man schon eher im Jahre 1984 bangen müssen, als das Kolloquium mehr aus einer Verlegenheit heraus (1983 in Linz/Österreich war kein Austragungsort für das nächste Kolloquium festzulegen gewesen) an einem nun wirklich - ich darf es sagen, weil ich dort herkomme - touristisch denkbar ungeeigneten Ort stattfand, nämlich in Vechta. Aber weit gefehlt - an die 160 Teilnehmer fanden sich ein und hielten und hörten gut 80 Vorträge. Für beides habe ich keine Erklärung, und man wird sich am Ende wohl auf das Prinzip Zufall berufen müssen.

Und so mag es auch ein Zufall sein, daß dieses Jahr so viele den Weg nach Paderborn gefunden haben, daß man auf dem Hintergrund der Kolloquiumsgeschichte mit einem gewissen Recht von einem Großkongreß sprechen kann - die Zahl der Vorträge ist mit 170 exorbitant hoch und übertrifft die bislang vortragsstärksten Kolloquien Münster (1980) und Vechta (1984) um das Doppelte. Aber schon nächstes Jahr kann es wieder ganz anders aussehen, und man tagt wieder in kleinem Kreis, in dem sich ganz rasch eine produktive, diskussionsfördernde, fast ins Private gehende Atmosphäre einstellt, in der sich die Teilnehmer nicht nur beim offiziellen Programmteil sammeln, sondern auch davor und danach. Mir ist als Beispiel dafür Paris in Erinnerung geblieben, aber auch das 20. Linguistische Kolloquium 1985, das, ausgerichtet von der Universität Braunschweig, in einem Lehrerbildungsheim in Wolfenbüttel stattfand, und das 21., das in einem Heim in Oosterhesselen/Drenthe in Holland, ein gutes Stück von der austragenden Universität Groningen entfernt, tagte. Dort wurde das möglich, was der Herausgeber des betreffenden Aktenbandes so beschrieb:

> Den einzelnen Vortrag gilt es einzubetten in ein Raster der Stellenwertbestimmung zum Forschungsstand, zur Originalität und zur Akzentsetzung. Dabei fallen neben den Sprechern den Zuhörern und Disputanten wichtige Rollen zu, wobei die Spezialisten und erfahrenen Zuhörer mit dem größeren Überblick die Aufgabe haben, die Jüngeren, Unerfahrenen didaktisch-konstruktiv nachzulenken, zurechtzurücken und auf Argumentationslücken hinzuweisen. (Abraham/Århammer (Hrsg.) 1987: VII)

Wir wollen hoffen, daß dies in angemessener Weise auch auf diesem Großkongreß wieder möglich sein wird.

Auf die Gefahr hin, Ihnen auf die Nerven zu gehen, will ich noch einen letzten Aspekt ansprechen, der sich mit dem Ausdruck "Großkongreß" aus der zitierten Zeitungsmeldung verbindet. Dort war ja nicht schlicht nur von einem "Großkongreß" die Rede, sondern von einem "Großkongreß zu fast allen Bereichen der Sprachwissenschaft". Ob man dieser Beschreibung zustimmt, hängt davon ab, wie weit oder wie eng man die Grenzen der Sprachwissenschaft ziehen möchte. Bei weiter Bestimmung des Feldes stimmt die Beschreibung natürlich nicht. Es heißt zwar "fast alle Bereiche", aber die Zahl der betrachteten Sprachen ist doch gering, die methodischen Ansätze sind einem eingeschränkten Inventar entnommen, ganze Gebiete wie die Dialektologie oder die Namenforschung fehlen fast völlig. Dies ist die eine Seite. Welch einen Reichtum enthält das diesjährige Programm aber, wenn man es vergleicht mit den Anfängen des Linguistischen Kolloquiums. Seiner damaligen Zielsetzung gemäß trugen die ersten vier Veranstaltungen im Untertitel den Zusatz "über generative Grammatik". Dieser Zusatz definierte das Feld der Teilnehmer, aber seit den frühen siebziger Jahren wurden die so gezogenen engen Grenzen mehr und mehr überschritten, andere, zu einem guten Teil auch traditionelle Forschungsgebiete kamen hinzu, bis das Generative gegen Ende der siebziger Jahre, der Hochzeit der Pragmatik, fast ganz verschwunden schien. Die Zahl der im generativen Geiste verfaßten Arbeiten blieb gering und konsolidierte sich beim Kolloquium seit der Rezeption der sogenannten "Government and Binding"-Ausprägung der generativen Grammatik Chomskyscher Provenienz auf quantitativ niedrigem Niveau. Mit dem Etikett "generative Grammatik" läßt sich das Kolloquium also schon seit 20 Jahren nicht mehr fassen. Freilich hat es damit auch die Vorzüge verloren, die einem thematisch zentrierten Symposion oder Workshop zukommen, und ist insofern zu einem ganz normalen, thematisch kaum eingeschränkten Kongreß geworden.

Es sind zwar mehrere Versuche unternommen worden, das Kolloquium unter ein Rahmenthema zu stellen, letztlich aber erfolglos. Die Anmeldenden selber entscheiden über die Richtung des folgenden Kolloquiums, denn es findet keine Auswahl der aufzunehmenden Vorträge statt. Jeder, der sich meldet, gleichgültig welcher institutionellen oder statusmäßigen Herkunft er sein mag, kann seinen Vortrag halten und hat damit die Chance, seine Ideen (und sich selbst) bekannt zu machen, sich zu profilieren (aber auch zu blamieren). Dies gilt dann auch für die Publikation der Kolloquiumsakten, worauf ich nachher noch zu sprechen kommen möchte. Die Organisatoren haben also neben der Aufgabe, Ort und Zeit des nächsten Kolloquiums bekanntzugeben, Räume zu besorgen und die Unterkunft der Teilnehmer sicherzustellen, vor allem die, die Anmeldungen thematisch zu sichten und sie unterschiedlichen Sektionen zuzuordnen. Dies gelingt mit mehr oder weniger Stringenz und stellt den Versuch dar, innerhalb eines thematisch offenen Angebots Blöcke zu schaffen, in denen Spezialisten beieinander bleiben können, um gemeinsam an einem Themengebiet zu arbeiten. Gleichzeitig bleibt damit aber, einen entsprechend angelegten Zeitraster und genügend energisch durchgreifende Diskussionsleiter vorausgesetzt, die Möglichkeit des Hineinriechens in thematisch den eigenen Schwerpunkten ferner Liegendes, des InAugenschein-Nehmens der hinter einem Namen stehenden Person, von der man immer schon einmal wissen wollte, wie sie aussieht, wie sie vorträgt, wie sie sich in der Diskussion benimmt. Damit ergeben sich für die Aufnahme des Kongreßgeschehens unterschiedliche Möglichkeiten. Hören wir noch einmal, was ein Organisator eines früheren Kolloquiums dazu meint.

> Die Sorge um den Überblick, die Durchsicht zum Schritt vorwärts und die Zurückweisung des falschen Anspruchs oder mediokrer Überheblichkeiten gilt erst recht dem Gesamtereignis eines Kolloquiums. In den themenverschmälerten Vortragssektionen lassen sich Fortschritte, Gesamtergebnisse, Wagnisse in der

Summe der Referate abschätzen. Es wäre kein läßliches Versäumnis, würde man solche Erkenntnisgewinne nicht anstreben und als Organisator die Voraussetzungen dafür nicht schaffen. (Abraham/Århammer (Hrsg.) 1987: VII)

Ich glaube, man kann jetzt schon sagen, daß es den Organisatoren des diesjährigen Kolloquiums gelungen ist, die äußeren Voraussetzungen für das Erreichen der im Zitat angesprochenen Ziele zu schaffen. Für Ihre Mühen dabei, liebe Frau Feldbusch und lieber Herr Pogarell, möchte ich mich schon jetzt im Namen der Teilnehmer des 25. Linguistischen Kolloquiums bei Ihnen und Ihren Mitarbeiterinnen und Mitarbeitern herzlich bedanken.

Ich komme noch einmal auf das Eingangszitat zurück. Dort war von der Internationalität des Kolloquiums die Rede und davon, daß sich das diesjährige dadurch auszeichne, daß "erstmals ... über vierzig Wissenschaftler aus Osteuropa" teilnähmen. Letzteres stimmt - aber nur, wenn man die Aussage ganz wörtlich nimmt: Erstmals hat die Zahl der Teilnehmer, die aus dem östlichen Europa stammen, die Zahl 40 überschritten. Wir freuen uns darüber und heißen die Kolleginnen und Kollegen besonders willkommen. Zum Glück stimmt die Meldung aber nur bei strikt wörtlicher Lesung. Denn schon seit einigen Jahren war es Sprachwissenschaftlern aus den osteuropäischen Staaten gelungen, am Kolloquium teilzunehmen, nur waren es bisher nie so viele gewesen. Unter ihnen stammten viele aus Polen, und wenn man auf die Idee verfiele, einen Treuepreis für kontinuierliche Teilnahme am Linguistischen Kolloquium zu stiften, würde er vermutlich auf Kazimierz Sroka, den Anglisten aus Danzig, fallen, der seit dem 15. Kolloquium in Münster 1980 dabei war und immer auch ein Referat zur Diskussion gestellt hat.

Was Kollegen aus Osteuropa schon seit einigen Jahren, wenn auch mit großen Mühen und unter mannigfaltigen Opfern, möglich war, traf auf die Kolleginnen und Kollegen aus der DDR nur in ganz besonderen Ausnahmefällen zu. Nur wenigen war die Reise in die Bundesrepublik Deutschland und ins westeuropäische Ausland überhaupt gestattet, und wenn man darüber nachdenkt, ist es erstaunlich, daß von diesen ganz wenige einmal am Linguistischen Kolloquium teilnahmen. Gründe dafür sind mir nicht bekannt. So ist es also in der Tat ein Novum dieses 25. Linguistischen Kolloquiums, daß Kolleginnen und Kollegen aus der DDR unter uns sind. Auch ihnen gilt unser herzlicher Willkommensgruß. Mit welch unglaublichem Tempo die politische und geschichtliche Entwicklung, die ihre Anwesenheit ermöglicht hat, zwischen dem letzten Kolloquium und dem diesjährigen ablief, wird einem noch einmal deutlich, wenn man sich vor Augen hält, daß es in den Tagen des 24. Linguistischen Kolloquiums - es fand vom 4. bis zum 6. September 1989 in Bremen statt - die ersten Botschaftsflüchtlinge in Budapest, Prag und Warschau gab, die Grenzen Ungarns Richtung Westen noch nicht geöffnet waren, Demonstrationen gegen den Staat, geschweige denn eine Wende in der DDR nicht einmal denkbar erschienen. Als einziger aus der DDR war Lew Zybatow in Bremen dabei, aber nur deshalb, weil er sowjetischer Staatsbürger ist. Und nun wäre es, wenn das diesjährige Kolloquium nur eine Woche später angesetzt worden wäre, gar nicht mehr möglich gewesen, die Teilnehmer aus der DDR gesondert anzusprechen, weil ihr Staat sich am kommenden Mittwoch, am 3. Oktober, mit der Bundesrepublik Deutschland vereinigt. Damit erscheint in greifbare Nähe gerückt, was vergangenes Jahr in Bremen nur erst als willkommene, aber als doch nicht so recht realisierbar angesehene Möglichkeit angesprochen wurde: daß eines der nächsten, wenn nicht gar schon das nächste Kolloquium an einem Ort im Gebiet des ehemaligen Ostblocks stattfindet. Kollege

Darski hat uns nach Posen eingeladen, so daß das 26. Linguistische Kolloquium 1991 in Polen stattfinden könnte. Das übernächste dann vielleicht in einer Universitätsstadt auf dem Gebiet der, wie man heute sagt, Noch-DDR ...

Wenn nun also mit Posen der erste Schritt nach Osteuropa getan wird, kommt das Kolloquium seinem Anspruch nach Internationalität noch ein Stück näher, auch wenn es sich zunächst wohl weiterhin um eine europäische Internationalität handeln wird. Denn obwohl das Kolloquium in der Bundesrepublik Deutschland entstanden ist, hat es doch schon bei der sechsten Tagung 1971 die Grenzen überschritten: Es fand in Kopenhagen statt. In den Niederlanden wurde es zweimal ausgerichtet (1972 in Nimwegen, 1986 in Oosterhesselen/Groningen), in Belgien dreimal (1973 in Löwen, 1978 in Gent, 1982 in Brüssel), je einmal in Italien (1977 in Pavia), in Österreich (1983 in Linz) und in Frankreich (1987 in Paris). Es bleiben also 16 Stationen in Westdeutschland übrig, wobei übrigens der südliche Bereich unterrepräsentiert ist (drei Stationen: 1968 Untergruppenbach, 1970 Regensburg, 1975 Tübingen), während der mittlere und der nördliche Bereich dominieren (13 Stationen: 1966 Hamburg-Harburg, 1967 Ochtrup, 1969 und 1988 Berlin, 1974 Bielefeld, 1976 Aachen, 1979 Bochum, 1980 Münster, 1981 Kiel, 1984 Vechta, 1985 Wolfenbüttel/Braunschweig, 1989 Bremen und jetzt 1990 Paderborn). Aber Internationalität spiegelt sich nicht nur in der Auswahl der Kongreßorte, sondern auch in der Herkunft der Teilnehmer und am meisten vielleicht im Inhalt der Vorträge. So gesehen war das Kolloquium, was die Teilnehmer angeht, ein westdeutsch geprägtes Unternehmen: Zwar waren sie zum Glück nie unter sich, aber sie waren doch immer in der Mehrzahl, auch wenn jeweils größere Anteile aus den ausrichtenden Ländern dazukamen und stets aus anderen Ländern Wissenschaftler anwesend waren. So war und ist auch das Deutsche die weitaus am häufigsten verwendete Sprache.

Provinzielle Enge im Inhaltlichen kann man dem Kolloquium aber wohl nicht nachsagen. Weder ist es ein Forum der Ende der sechziger, Anfang der siebziger Jahre so genannten und sich selbst so bezeichnenden "modernen Linguistik" geblieben, noch hat es sich auf eine Ausprägung unserer Disziplin einengen lassen, die sich damals in polemischer Weise mit dem Gegenkampfbegriff "Sprachwissenschaft" bezeichnete. Die Zeiten, in denen sich eine strukturalistisch und generativistisch geprägte 'Linguistik' vornehmlich angelsächsischer Provenienz und eine junggrammatisch-historisch und sprachphilosophisch orientierte, aus Deutschland stammende 'Sprachwissenschaft' gegenüberstanden, sind glücklicherweise seit langem vorbei. Dazu hat sicher auch die Öffnung der westdeutschen Linguistik ins Ausland, insbesondere nach Westeuropa und in die USA beigetragen, während die Internationalisierung im DDR-Teil Deutschlands die sowjetische, in geringerem Maße auch die tschechoslowakische, polnische, ungarische, rumänische und bulgarische Linguistik einbezog.

Aber noch scheint es nicht gerechtfertigt - und dies ist mein letzter Kritikpunkt an der eingangs zitierten Meldung der Frankfurter Allgemeinen -, vom "Internationalen Linguistischen Kolloquium" zu sprechen. Wir wollen wünschen, daß die weitere Entwicklung in diese Richtung verläuft, so daß eine solche Benennung einmal gerechtfertigt ist.

Im Rückblick auf die vergangenen 25 Jahre stellt sich die Entwicklung des Kolloquiums alles in allem als ziemlich gleichförmig und wenig dramatisch dar. Erstaunlich ist am Ende vielleicht nur die Tatsache, daß das Kolloquium die ganze Zeit über, materiell gesehen, aus nichts weiter als einer Adressensammlung bestand, die von einem Veranstalter zum nächsten weitergereicht wurde, wobei der legendäre Schuhkarton durch die Computer-Floppydisk abgelöst wurde. Ideell gesehen, wird das Kolloquium weiterhin von Linguisten und Linguistinnen getragen, die bereit sind, für die Ausrichtung der jeweils nächsten Tagung zu sorgen. Eine Lücke ist bisher nicht aufgetreten - sie könnte allerdings tödlich sein.

Seit dem 10. Kolloquium 1975 in Tübingen sind die Akten des Kolloquiums in festen Verlagshänden. War es vom 4. bis zum 9. Kolloquium jeweils Sache der Veranstalter, einen Verlag zu finden, der die Referate publizierte (die Referate des 1. bis 3. Kolloquiums sind nur in hektographierter Form zusammengestellt worden), gelang es 1975, den Max Niemeyer Verlag in Tübingen für die Aktenpublikation zu gewinnen. Seither sind die Referate von 14 Kolloquien in der Reihe "Linguistische Arbeiten" erschienen (die des 24. Kolloquiums stehen leider noch aus), und es ist sicherlich angebracht, dem Verleger, Robert Harsch-Niemeyer, und den Reihenherausgebern einmal dafür zu danken, daß sie die Herausgabe von Bänden ermöglichten, in denen nicht nur etablierte Wissenschaftler ihre Ergebnisse darstellten, sondern der sogenannte wissenschaftliche Nachwuchs die Chance bekam, die vielfach erste Publikation zu veröffentlichen. Wieviel Herzblut und Herzklopfen mit dem Erstling verbunden ist, brauche ich Ihnen nicht groß darzustellen. Ich bin der Auffassung, daß der Verlag damit eine bedeutende wissenschaftsfördernde Leistung erbringt. Und ich bin im Gegensatz zu manch anderen Stimmen auch nicht der Meinung, daß die Qualität der Bände wegen der jeweils großen Anzahl von Beiträgen jüngerer, noch nicht etablierter Wissenschaftler eher niedriger anzusetzen ist. Originalität der eingeschlagenen Wege und der Ergebnisse, Sorgfalt in der Ausfertigung, Verständlichkeit in der Darbietung, kurz, alles das, was die Qualität einer Publikation ausmacht, ist keine schlichte Funktion des Status des Verfassers. Eine Auswahl aus den zur Publikation eingereichten Referaten findet nicht statt - solange sich die Beiträger an die Richtlinien zur formalen Gestaltung halten, die ebenfalls anläßlich des 10. Kolloquiums, als die Aktenpublikation in Niemeyers Hände ging, aufgestellt wurden und bis heute im wesentlichen gelten. Aus eigener Erfahrung weiß ich, daß die wenigen Beiträge, in denen die Aktenherausgeber die Einreicher baten, ihren Entschluß zur Publikation zu überdenken, in der Regel auch schon formal, sagen wir es zurückhaltend, von den Richtlinien und anderen Konventionen nicht unerheblich abwichen. Auch hier will ich keine einfache Automatik postulieren - Inhalt schlecht, Form schlecht, Inhalt gut, Form gut -, aber eine Tendenz läßt sich unzweifelhaft erkennen: bei schlechter Form liegt der Verdacht auf inhaltliche Mängel nahe, und er bestätigt sich häufiger. Es ist dann meines Erachtens eine in der Fürsorgepflicht der Herausgeber liegende Aufgabe, die Verfasser um Überarbeitung oder aber Rücknahme ihres Beitrages zu bitten. Aber am Ende ist die Freiheit zur Darstellung von Forschungsergebnissen, wie sie das Linguistische Kolloquium in Vortrag und Publikation eröffnet, zugleich auch die Freiheit zur Blamage, was auch und besonders Autoren, die unter dem Druck der Qualifikation durch Publikation stehen, ernst nehmen müssen.

Ich bin damit am Ende meines Überblicks über 25 Jahre Kolloquiumsgeschichte. Er hat sich, wie Sie bemerkt haben, eher mit Wissenschaftlern als mit Wissenschaft pur beschäftigt. Dies war beabsichtigt und unumgänglich. Kongresse, Tagungen, Symposien und Kolloquien - wie immer man solche Zusammenkünfte bezeichnen mag - sind Treffen von Menschen, die die Wissenschaft tragen. Da kommt es dann zu allen Begleiterscheinungen, zu positiven und zu negativen, zum sogenannten Menscheln: Neid, Abwertung, Ranküne, böse Nachrede, Weghören, aber auch: positive Kritik, weiterführende Hinweise, Lob, Aufnehmen der Gedanken anderer, Revision der eigenen. Es wird Kennenlernen ermöglicht, das zu Begegnung, zu Kooperation, zu Freundschaft führen kann. Dies alles funktioniert nur unter Bedingungen, die einen freien Austausch der Wissenschaft ermöglichen und letztlich die Freiheit der Wissenschaftler konstituieren. In den letzten zwölf Monaten hatten wir alle genug Möglichkeiten, uns über Details der Unterdrückung dieser Freiheit zu informieren. Sie betrafen vor allem Kolleginnen und Kollegen aus der DDR, wo das System der sogenannten Reisekader in schlimmer Blüte stand. Wissenschaftlern aus den demokratischen Ländern mag vielleicht ihre Freiheit, die eben auch Reisefreiheit und Kongreßfreiheit ist (von den finanziellen Voraussetzungen sehe ich einmal ab), nicht immer als Wert genügend bewußt gewesen sein - wer Berichte wie den von Renate Baudusch, die erstmals unter uns sein kann, liest und von den Demütigungen und Lügen erfährt, die mit einem Kadersystem verbunden sind, wird seine Freiheit neu zu schätzen lernen.

II. Zur Freiheit der Wissenschaftler gehört meines Erachtens auch die, das, was sie als Wissenschaftler ausmacht, in allgemein zugänglichen Werken zu publizieren und nachzulesen. Ein großer Teil von Ihnen weiß, daß ich ein solches Werk zusammenstelle, das sogenannte "Linguisten-Handbuch", und wird vielleicht wissen wollen, wie es um das Verzeichnis steht. Nachdem ich vor zwei Jahren beim 23. Linguistischen Kolloquium in Berlin das damals noch im Vorüberlegungsstadium befindliche Projekt vorgestellt habe, bitte ich Sie, mir die Möglichkeit zu geben, im selben Rahmen kurz über den Stand zu berichten.

Was die in einem Fragebogen erbetenen Daten der Beiträger angeht, ist es beim damals skizzierten Rahmen geblieben: Adreßangaben, Angaben zu Geburtsdatum und Geburtsort, zum Schulabschluß, zu Studienorten und -fächern, zu Studienabschlußprüfungen, zu Promotion und Habilitation oder äquivalenten Prüfungen, zur gegenwärtigen Tätigkeit und zu vorangegangenen. Dem folgen Angaben zur Mitgliedschaft in wissenschaftlichen Vereinigungen, zur Tätigkeit in der Wissenschaftsverwaltung, zur Organisation von Tagungen, zu erhaltenen wissenschaftlichen Auszeichnungen, zur Tätigkeit in der akademischen Selbstverwaltung. Am Ende des biographischen Teils folgen als Übergang zum bibliographischen Teil Angaben zu den Hauptarbeitsgebieten einschließlich der Sprachen, auf die sich das forscherische Interesse richtet. Im bibliographischen Teil werden zunächst Monographien, danach (nötigenfalls in Auswahl) Aufsätze, herausgegebene Sammelbände, Reihen und Zeitschriften sowie Übersetzungen von Büchern aufgeführt.

Grundlage aller Eintragungen sind die von den Beiträgern gemachten und demnächst in einem Korrekturgang auf korrekte Übernahme überprüften Angaben.

Der Kreis der Beiträger umfaßt deutschsprachige Sprachwissenschaftler und Sprachwissenschaftlerinnen der Gegenwart. Das Attribut 'deutschsprachig' umfaßt auch - was bei genau lesenden Angeschriebenen zur Irritation führte - zum einen Wissenschaftler, die zwar nicht auf deutsch, wohl aber zum Deutschen, wenn auch in einer anderen Sprache publizieren, und zum anderen solche Wissenschaftler, die als Sprachwissenschaftler im deutschsprachigen Raum leben, aber weder auf deutsch noch zum Deutschen publizieren. Neben diesem Kriterium war Bedingung dafür, daß das Schreiben mit der Einladung, sich am "Linguisten-Handbuch" zu beteiligen, samt Fragebogen versandt wurde, daß der Betreffende habilitiert (oder äquivalent qualifiziert) oder Professor ist oder aber mindestens zwei linguistische Bücher publiziert hat - damit soll auch Kolleginnen und Kollegen die Teilnahme ermöglicht werden, die aus welchen Gründen auch immer die genannten Qualifikationsstufen nicht erreicht haben.

Die Auswertung diverser Verzeichnisse ergab eine Liste mit ungefähr 1800 Namen, an die im März 1989 das besagte Schreiben erging. Der Rücklauf setzte drei oder vier Tage nach der Aussendung ein: ausgefüllte Fragebögen, freundliche Schreiben, daß man sich aus unterschiedlichen Gründen nicht zur Teilnahme in der Lage sähe, sei es weil man nicht zum angesprochenen Kreis gehöre, sei es weil man zwar dazugehöre, sich an solchen Unternehmen aber prinzipiell oder aus Überlegungen des Datenschutzes heraus nicht beteilige. Im Mai 1989 wurden die Wissenschaftler aus der DDR angeschrieben, deren Namen ich dem Verzeichnis der Teilnehmer am 14. Linguistenkongreß 1987 in Ost-Berlin entnommen hatte. Das Ergebnis war einerseits erfreulich, andererseits deprimierend. Die in dieser Teilnehmerliste genannten Mitarbeiter des Zentralinstituts für Sprachwissenschaft an der Akademie der Wissenschaften der DDR antworteten zum großen Teil postwendend, während von den Angehörigen von Universitäten und Pädagogischen und anderen Hochschulen kaum eine Reaktion kam. Den Grund dafür erfuhr ich von Kollegen, die mir von Privatreisen nach Westdeutschland schrieben: Sie mußten, wenn sie den Fragebogen und mein Anschreiben überhaupt erhielten, den Fragebogen der administrativen und politischen Leitung ihrer Universität zur Überprüfung und Entscheidung über die Rücksendung an mich vorlegen. Überprüfung und Entscheidung fielen auf Geheiß des Ministeriums für Hoch- und Fachschulwesen an diesen Institutionen negativ aus, ebenso an den Pädagogischen Hochschulen, über die das Ministerium für Volksbildung wachte. Lediglich die Mitglieder der Akademie, die der DDR-Führung direkt unterstellt war, hatten die Möglichkeit, ihren Fragebogen zurückzusenden. Allerdings war eine Weisung ergangen, folgende Rubriken nicht auszufüllen: dienstliche Telefonnummer, private Telefonnummer, Tätigkeiten bis zum Beginn der jetzigen Tätigkeit, Tätigkeit in der Wissenschaftsorganisation und, besonders kurios, die letzte der Rubriken auf dem Fragebogen: "32. Sonstiges".

Welche Freude mir als dem Herausgeber des "Linguisten-Handbuchs" die Öffnung der Grenzen am 9. November 1989 machte, können Sie nach diesen Informationen sicherlich ermessen. Ich schickte sofort das Standarderinnerungsschreiben, das ich zuvor schon an die, die auf die erste Aussendung nicht reagiert hatten, gesandt hatte, an die DDR-Wissenschaftler von Universitäten und Pädagogischen und anderen Hochschulen. Beim unmittelbar darauf einsetzenden Rücklauf wurden mir von vielen die gerade referierten Maßnahmen geschildert (Öffnung der eingehenden Post durch die Hochschulleitung, Direktiven für die Antwort und Entscheidung über die Weiterleitung des Antwortschreibens ebenfalls durch die Hochschulleitung beziehungsweise die Leitung des Zentralinstituts im Fall der Akademie), es kam aber auch heraus, daß viele Adressaten mein Schreiben vom Mai gar nicht erreicht hatte. Übergeordnete Stellen hatten es zurückgehalten, eine Praxis, die übrigens noch bis Januar, Februar dieses Jahres üblich und gebräuchlich war.

Dem Handbuch zugute kommt das Erscheinen eines einigermaßen zuverlässigen Verzeichnisses über die Hochschullehrer an Universitäten und Pädagogischen und anderen Hochschulen der DDR, das im Juni 1990 publiziert wurde. Zuvor gab es außer dem erwähnten Linguistenkongreßteilnehmerverzeichnis keine Namenlisten und auch keine Vorlesungs- oder Personalverzeichnisse, denen Namen und Adressen hätten entnommen werden können. Solche Listen lagerten ja, wie wir jetzt überdeutlich wissen, in anderen Kellern. Dem erwähnten Hochschullehrerverzeichnis konnte ich also Angaben über 250 weitere Kolleginnen und Kollegen entnehmen, an die wir im Juli 1990 den Fragebogen schickten. Die Antworten treffen noch immer in erfreulicher Zahl ein, oft übrigens mit einer Begleitnotiz, in der der Betreffende seine Zustimmung zum entstehenden Werk, dem man nach Jahrzehnten der verordneten Abschottung Angaben über die eigene Person und seine Arbeiten gern anvertraut (gab es doch solche Verzeichnisse im Gegensatz zum Westen, wo "Kürschners Deutscher Gelehrten-Kalender", "Wer ist wer?" und diverse "Who's who"s existieren, in der DDR nicht) und dessen Informationsmöglichkeiten man hofft ausschöpfen zu können.

Durch diesen erwünschten, aber nur in optimistischsten Momenten vor dem 9. November für möglich gehaltenen Zuwachs an Beiträgern beläuft sich die Zahl der zu verarbeitenden Fragebögen nunmehr auf 1300, eine Zahl, die über die kalkulierte weit hinausgeht und die dazu führt, daß 1990 als Erscheinungsjahr nicht mehr eingehalten werden kann. Uns kommt es aber mehr auf Vollständigkeit und Genauigkeit an als auf einen möglichst frühen Erscheinungstermin. So hat sich beispielsweise, was den Punkt Vollständigkeit angeht, die Beiträgerzahl jüngst nochmals erhöht, als beim VIII. Kongreß der Internationalen Vereinigung für germanische Sprach- und Literaturwissenschaft in Tokio Bekanntschaft mit deutschsprachigen Linguisten aus China, aus Korea und anderen Ländern des Fernen Ostens geschlossen werden konnte. Für Japan ist überdies vor wenigen Wochen ein Germanistenverzeichnis des Deutschen Akademischen Austauschdienstes erschienen.

Am Ende wird das "Linguisten-Handbuch" etwa anderthalbtausend Eintragungen von Linguistinnen und Linguisten umfassen. Und wenn es bei der derzeitigen Rate von gut 85 Prozent bleibt, werden knapp 1300 von ihnen auch im Porträt erscheinen: Nach zunächst zögernder Zustimmung auf unsere Bitte, ein Photo beizulegen, hat sich die Einsendequote wohl aufgrund der Meldung, daß mehr Beiträger als zunächst vermutet ihr Photo zur Verfügung gestellt haben, erhöht. Übrigens: Kaum ein Linguist aus der DDR und aus Osteuropa hat bisher sein Photo zurückgehalten.

So wird es also hoffentlich im Laufe des kommenden Jahres, vielleicht zur Buchmesse und zum Linguistischen Kolloquium möglich sein, deutschsprachige Sprachwissenschaftlerinnen und Sprachwissenschaftler der Gegenwart nicht nur biographisch und bibliographisch, sondern auch photographisch näher kennenzulernen.

Literatur

Angaben zu den Veröffentlichungen der Referate bis zum 9. Linguistischen Kolloquium einschließlich finden sich am Ende meines Beitrags "10 Jahre Linguistisches Kolloquium" (Weber/Weydt (Hrsg) 1976: 3-12). Im folgenden sind die bei Niemeyer in Tübingen in der Reihe "Linguistische Arbeiten" erschienenen Bände der Akten der Linguistischen Kolloquien ab dem 10. Kolloquium zusammengestellt.*

Weber, Heinrich/Braunmüller, Kurt et al. (Hrsg.) (1976): Akten des 10. Linguistischen Kolloquiums, Tübingen 1975. I: Sprachtheorie und Pragmatik, hg.v. Weber, Heinrich/Weydt, Harald. II: Grammatik, hg.v. Braunmüller, Kurt/Kürschner, Wilfried. - Tübingen: Niemeyer.
(ALK 10, Tübingen 1975)

Viethen, Heinz Werner/Bald, Wolf-Dietrich/Sprengel, Konrad (Hrsg.) (1977): Akten des 11. Linguistischen Kolloquiums, Aachen 1976. I: Grammatik und Interdisziplinäre Bereiche der Linguistik. II: Semantik und Pragmatik. - Tübingen: Niemeyer.
(ALK 11, Aachen 1976)

Conte, Maria-Elisabeth/Ramat, Anna Giacalone (Hrsg.) (1978): Akten des 12. Linguistischen Kolloquiums, Pavia 1977. I: Wortstellung und Bedeutung. II: Sprache im Kontext. - Tübingen: Niemeyer.
(ALK 12, Pavia 1977)

Van de Velde, Marc/Vandeweghe, Willy (Hrsg.) (1979): Akten des 13. Linguistischen Kolloquiums, Gent 1978. I: Sprachstruktur, Individuum und Gesellschaft. II: Bedeutung, Sprechakte und Texte. - Tübingen: Niemeyer.
(ALK 13, Gent 1978)

Weigand, Edda/Tschauder, Gerhard (Hrsg.) (1980): Akten des 14. Linguistischen Kolloquiums, Bochum 1979. I: Perspektive: textintern. II: Perspektive: textextern. - Tübingen Niemeyer.
(ALK 14, Bochum 1979)

Kohrt, Manfred/Hindelang, Götz et al. (Hrsg.) (1981): Akten des 15. Linguistischen Kolloquiums, Münster 1980. I: Sprache: Formen und Strukturen, hg.v. Kohrt, Manfred/Lenerz, Jürgen. II: Sprache: Verstehen und Handeln, hg.v. Hindelang Götz/Zillig, Werner. - Tübingen: Niemeyer.
(ALK 15, Münster 1980)

Detering, Klaus/Schmidt-Radefeld, Jürgen/Sucharowski, Wolfgang (Hrsg.) (1982): Akten des 16. Linguistischen Kolloquiums, Kiel 1981. I: Sprache beschreiben und erklären. II: Sprache erkennen und verstehen. - Tübingen: Niemeyer.
(ALK 16, Kiel 1981)

Jongen, René/de Knop, Sabine/Nelde, Peter H./Quix, Marie-Paule (Hrsg.) (1983): Akten des 17. Linguistischen Kolloquiums, Brüssel 1982. I: Sprache, Diskurs und Text. II: Mehrsprachigkeit und Gesellschaft. - Tübingen: Niemeyer.
(ALK 17, Brüssel 1982)

Krenn, Herwig, Niemeyer, Jürgen/Eberhardt, Ulrich (Hrsg.) (1984): Akten des 18. Linguistischen Kolloquiums, Linz 1983. I: Sprache und Text. II: Sprache und Gesellschaft. - Tübingen: Niemeyer.
(ALK 18, Linz 1983)

Kürschner, Wilfried/Vogt, Rüdiger/Siebert-Nemann, Sabine (Hrsg.) (1985): Akten des 19. Linguistischen Kolloquiums, Vechta 1984. I: Grammatik, Semantik, Textlinguistik. II: Sprachtheorie, Pragmatik, Interdisziplinäres. - Tübingen: Niemeyer.
(ALK 19, Vechta 1984)

Burkhardt, Arnim/Körner, Karl-Hermann (Hrsg.) (1986): Akten des 20. Linguistischen Kolloquiums, Braunschweig 1985. Pragmantax. - Tübingen: Niemeyer.
(ALK 20, Braunschweig (Wolfenbüttel))

Abraham, Werner/Århammer, Ritva (Hrsg.) (1987): Akten des 21. Linguistischen Kolloquiums, Groningen 1986. Linguistik in Deutschland. - Tübingen: Niemeyer.
(ALK 21, Groningen (Osterhesselen/Drente))

Weber, Heinrich/Zuber, Ryszard (Hrsg.) (1988): Akten des 22. Linguistischen Kolloquiums, Paris 1987. Linguistik Parisette. - Tübingen: Niemeyer.
(ALK 22, Paris 1987)
Reiter, Norbert (Hrsg.) (1989): Akten des 23. Linguistischen Kolloquiums, Berlin 1988. Sprechen und Hören. - Tübingen: Niemeyer.
(ALK 23, Berlin 1988)
Klein, Eberhard/ Pouradier-Duteil, Françoise/Wagner, Karl-Heinz (Hrsg.) (im Druck): Akten des 24. Linguistischen Kolloquiums, Bremen 1989 I,II. - Tübingen: Niemeyer.
(ALK 24, Bremen 1988)

* (Anmerkung der Herausgeber: Wir haben uns entschlossen, die vom Verfasser vorgegebene chronologische Literaturauflistung zu übernehmen.)

1. SPRACHWISSENSCHAFTSGESCHICHTE

L' HISTOIRE DE LA LINGUISTIQUE: "L' AUTRE HISTOIRE" ET L' HISTOIRE D' UNE HISTOIRE

Jan De Clercq / Pierre Swiggers

0. Le présent texte* s'inscrit dans une chaîne de réflexions sur l'historiographie de la linguistique en tant que discipline (et activité) scientifique (Grotsch 1982, Schmitter 1982/1990, Romashko 1985, Swiggers 1981/1984/1987/1990a). Ces réflexions concernent avant tout le modèle historiographique (en tant que dispositif descriptif), les présupposés ou les axiomes de base (p. ex. le choix de la périodisation - externe ou interne -, ou la postulation d'un schéma narratif sous-jacent à la reconstruction historiographique), ou le statut épistémologique de l'historiographie de la linguistique (cf. aussi Swiggers 1979). A ces réflexions on peut ajouter celles, plus "ponctuelles" et plus concrètes, qui ont trait à certaines exigences de base du travail historiographique: combinaison d'une double compétence (ou minimalement double), celle de linguiste et d'historien (cf. Malkiel/Langdon 1969), familiarité avec les sources premières, danger de l'interprétation "anachroniste" (cf. Arens 1977), etc. Il est significatif que la plupart de ces réflexions méthodologiques formulées en historiographie de la linguistique se présentent soit sous forme d'une explicitation de la démarche descriptive adoptée par un auteur (c'est le cas de préfaces telles que celles de Aarsleff 1967 et de Robins 2me éd. 1979), soit sous forme d'une réaction critique à l'égard de la méthodologie suivie par d'autres auteurs. Il est encore plus significatif que l'historiographe de la linguistique puisse faire subir, dans son évaluation d'ouvrages historiographiques, des distorsions à des travaux dont la méthodologie est à la fois explicite et limpide (cf. Koerner 1972 et Aarsleff 1973, en rapport avec Aarsleff 1967). C'est dire que l'historiographie de la linguistique en est toujours à ses débuts, qu'elle se fait souvent en absence d'une réelle compétence linguistique et/ou historique, et qu'elle a mal défini son statut (pour ne pas dire sa raison d'être). Certes, il est nécessaire de prendre ses distances à l'égard de la production scientifique dans tel ou tel champ, mais il ne faut pas que la réflexion épistémologique ou méthodologique se laisse uniquement nourrir par la "positivité" d'une production existante. En ce sens, il faut souscrire à l'idée d'une "*méta*-historiographie" (cf. Schmitter 1990) en tant que cadre programmatique pour le travail de l'historiographe. Une telle métahistoriographie implique une "négativité", en ce qu'elle s'articule à partir d'une *altérité* radicale: il faut alors adopter comme stratégie le déplacement vers un *topos* permettant de s'interroger sur ce que l'historiographie aurait pu être ou pourrait être, mais n'est pas. Une telle interrogation permet de mieux apprécier la nature de l'historiographie de la linguistique, dans sa pratique attestée, ainsi que son histoire (abordée donc à partir de sa "non-histoire").

1. Le statut d'une discipline est étroitement lié a son domaine propre[1], et à la *constitution*, à travers l'histoire, *de ce domaine*. La délimitation de ce domaine est d'autant plus difficile qu'on ne peut assigner à la discipline un seuil maximal et un seuil minimal d'inclusion.[2] La difficulté de l'historiographie de la linguistique réside en ce que ces deux seuils n'ont jamais été explicités, et cette position est encore moins réconfortante que celle de l'histoire générale, dont le seuil maximal est sans doute d'une généralité illusoire ("*alles was geschehen*

ist"), mais néanmoins défini. On ne peut pas non plus assigner un seuil minimal à l'historiographie de la linguistique, si l'on adopte la position que l'historiographie de la linguistique est l'étude du savoir linguistique (ce dernier se manifestant sous des pratiques parfois peu théorisées, ou sous forme de descriptions et de réflexions plus ou moins rigoureuses).

2. Qu'il n'existe pas de procédure permettant de circonscrire le domaine de l'historiographie de la linguistique, est un fait auquel il faut se résigner. Mais cela ne justifie pas le silence qui s'est fait et qui se fait sur le problème. A ce propos il faut regretter que l'attitude naïve qui est caractéristique des plus anciennes histoires de la linguistique (de la grammaire/de la philologie) s'est perpétuée jusqu'à notre temps. C'est comme si l'objet de l'histoire de la linguistique se présentait avec une évidence incontournable. Comment rompre alors ce silence? Nous croyons que la stratégie qui s'impose est de s'interroger sur certaines inclusions et exclusions d'objets (possibles), d'exiger des stipulations explicites du domaine de l'historiographie de la linguistique, et de s'ouvrir à ce qui ne se fait pas (ou se fait trop peu). Concrètement, cela veut dire que l'historiographe de la linguistique devra expliciter son attitude à l'égard de la prise en compte éventuelle d'"*objets*" qui peuvent relever ou qui relèvent d'autres disciplines, comme par ex.

(a) les réflexions *philosophiques* sur la nature et la fonction du langage (cf. Parain 6me éd. 1942), sur le langage et l'homme/la société (cf. Apel 1967, 2me éd. 1975), sur le langage comme "technique philosophique". En d'autres mots, l'histoire de la linguistique doit-elle faire une place à l'oeuvre de philosophes tels que Ryle, Stevenson ou Liebrucks? Et si la réponse est non, comment justifier le fait qu'elle inclut généralement - ne fût-ce que partiellement - celle de Rousseau, Hamann ou Herder?

(b) les apports, à travers l'histoire, de nature "sémantique" qui relèvent (en premier lieu) de la logique (ou "philosophique") comme par ex. la théorie de la *suppositio*, l'analyse des termes d'un jugement, la constitution de la notion de *référence* (ou *dénotation*), la construction ou la désarticulation logique de systèmes symboliques. Faut-il, oui ou non, donner une place à, par exemple, Petrus Hispanus, aux auteurs de traités de logique du 15e et du 16e siècle, à Boole, à Frege, à Russell et Whitehead, ou à Peirce dans une histoire de la linguistique, et comment peut-on justifier la réponse qu'on donnera à cette question?

(c) les emplois, à fonction rituelle ou ethno-démarcative, de langues ou de traits linguistiques: vu que ces emplois reflètent une conscience linguistique différentielle, il est parfaitement justifié d'en tenir compte dans une histoire de la linguistique qui ne veut pas se borner aux témoignages écrits. On a, à juste titre, argumenté que ce type de témoignages fait partie intégrante du passé linguistique (cf. Hoenigswald 1966, Brekle 1985). Comme illustrations concrètes, nous pouvons mentionner l'emploi dans la littérature sumérienne de *l'eme.sal* - "langage des femmes" -, qui est réservé à certains sous-genres littéraires, ou l'emploi de langues de tribus voisines dans la littérature orale des Indiens de l'Amérique (Hymes 1979).

(d) l'emploi de l'*écriture* - en tant que système de communication sémiotique à côté du langage oral -, à travers l'histoire. La naissance et l'évolution des systèmes d'écriture ont fait l'objet d'études particulières (Février 1948, Cohen 1958, Diringer 1948/1962, Gelb 3me éd. 1969), et celles-ci ont dégagé le progrès structurel qui caractérise le passage des systèmes d'écriture "idéographique" aux systèmes alphabétiques. Il est significatif que ce passage s'effectue presque simultanément à différents endroits dans le Proche-Orient et dans le Moyen-Orient, sans qu'on puisse repérer des influences directes décisives. Gelb a invoqué comme explication une "diffusion de stimulus", et cela correspond à un raffinement de l'analyse des unités du système linguistique, qu'on parvient à transcoder dans des séries de formes graphiques plus facilement maîtrisables. La réduction de la production orale à un système de notation est non seulement une remarquable invention (Cohen 1958) ou une vraie "révolution" dans l'histoire des cultures: elle est aussi le fondement de toute analyse linguistique. Stade initial de l'histoire de la linguistique, les systèmes d'écriture ont été largement négligés par les historiens de la linguistique. Seul Georges Mounin (1967) a fait justice à la naissance et l'évolution des systèmes d'écriture dans son histoire de la linguistique.[3]

(e) les systèmes permettant de transcoder des messages (oraux/écrits), en limitant de façon consciente l'interprétation de ces messages à des récepteurs connaissant le système et les principes d'encodage. Ce type d'objets, qu'on peut classer sous le terme de "cryptographie" nous semble être d'un intérêt capital pour l'historien de la linguistique: on a affaire là à des systèmes qui témoignent d'une prise de conscience linguistique et de techniques analytiques très explicites (cf. Swiggers 1990b).

Nous avons évoqué un certain nombre de sources éventuelles pour l'historien de la linguistique; certaines d'entre elles ont déjà été considérées et traitées par des historiographes de la linguistique, d'autres n'ont pas été exploitées jusqu'ici. Notre but n'a pas été de réclamer a priori leur inclusion dans l'histoire (et dans les histoires) de la linguistique, mais de montrer leur intérêt linguistique, au même titre que d'autres données dont l'inclusion n'est jamais mise en question. Cette interrogation nous amène à réfléchir sur les axiomes et présupposés des formes canoniques de l'historiographie de la linguistique.

3.0. Les histoires de la linguistique dont on dispose se caractérisent par une orientation commune (qui s'accommode de différences de perspective, de documentation, de profondeur analytique, etc.): elles tiennent avant tout compte de textes *publiés*, à portée plus ou moins *théorique*, qui sont considérés du point de vue de l'*émetteur* (ou producteur). Ces trois caractéristiques sont étroitement liées, et elles impliquent une visée de l'histoire de la linguistique en tant qu'ensemble d'énoncés explicites sur la structure, la fonction, l'histoire, la filiation et l'insertion culturelle des langues, ou sur des modèles d'analyse des langues. On réduit ainsi l'histoire de la linguistique à la production d'un savoir déjà constitué et revêtant un intérêt théorique. C'est là certainement une visée intéressante, et légitimée par la valeur même des témoignages qu'on étudie. Mais il convient de se demander s'il n'y a pas u n e a u t r e h i s t o i r e de la linguistique, ou une autre optique de l'histoire, dont l'intérêt minimal réside dans sa complémentarité à l'égard de la visée canonique. Cette autre optique est celle d'une histoire de la linguistique examinée du point de vue de sa pratique, de textes non publiés, et du circuit récepteur. Une telle histoire permet d'étudier l'*avant* et l'*après* de ce qui fait l'objet des histoires de la linguistique traditionnelles. De plus, elle permet de contextualiser cet objet. Nous voudrions illustrer rapidement l'intérêt de cette autre histoire de la linguistique.

3.1. Les textes à portée théorique étudiés par l'historien de la linguistique sont flanqués par des *pratiques* (rites, jeux linguistiques, enseignement, organisation politique et administrative) qui peuvent éclairer l'émergence et la fonction des textes; qu'on pense par exemple au lien entre la politique des rois de France au 16e siècle et le corpus de textes grammaticaux (et orthographiques) de l'époque, ou aux rapports entre les missions et la production de grammaires de langues non européennes. A côté des pratiques elles-mêmes, il faut inclure les textes linguistiques trop souvent rejetés du corpus historiographique à cause de leur caractère "purement pratique": nous pensons aux catéchismes, aux rapports de voyageurs, et aux traductions de textes littéraires ou officiels. Enfin, il faut mentionner la valeur historiographique de descriptions linguistiques sans portée théorique: les manuels scolaires ou les glossaires, qui jettent une lumière intéressante sur les situations linguistiques.[4]

3.2. Les historiens de la linguistique se sont avant tout intéressés à des textes *publiés*. Ceux-ci nous informent sur des résultats acquis, mais ne nous renseignent guère sur la façon dont ces résultats ont été obtenus, et dans quelles circonstances les recherches ont été effectuées. Ils ne nous renseignent pas non plus sur les doutes et hésitations, les réflexions tâtonnantes ou les hypothèses trop hardies qu'ont pu nourrir les auteurs des textes. Pour cela, il faut se tourner - dans la mesure du possible - vers la documentation inédite: la correspondance, les notes, ou la documentation (ethnographique) réunie par des linguistes (cf. Droixhe/Muller/Swiggers 1989). Nous nous limitons ici à quelques exemples. Le "Schuchardt-Nachlass", conservé à Graz, permet de se faire une idée de la façon dont Schuchardt réunissait sa documentation ethnographique (par ex. pour l'étude du vocabulaire de la pêche), et d'apprécier la coopération de diplomates qui lui ont fourni des matériaux (déjà très élaborés) pour ses études de langues créoles. Dans la correspondance envoyée à Schuchardt, on trouve des documents dont l'intérêt historiographique est indéniable. Nous pensons par exemple à

(a) des prolongements épistolaires de discussions entamées et menées dans des revues scientifiques: nous renvoyons à l'échange de lettres entre Antoine Thomas et Hugo Schuchardt concernant des problèmes d'étymologie, ou à celui entre Antoine Meillet et Hugo Schuchardt, à propos des problèmes de parenté de langues.

(b) des réflexions méthodologiques ou épistémologiques, en recul par rapport à des publications spécifiques ou par rapport à l'oeuvre globale d'un auteur: nous renvoyons aux réflexions sur le travail étymologique que Mario Roques nous livre dans une de ses lettres à Hugo Schuchardt (cf. Swiggers 1990c), ou aux jugements que Jakob Wackernagel formule sur les "moderne (Sprach)theoriker" dans ses lettres à Schuchardt (cf. Muller/Swiggers 1990).

(c) des considérations ayant trait à la planification d'une oeuvre: citons ici le cas des lettres de Walther von Wartburg à Hugo Schuchardt, qui nous informent sur l'histoire du *F.E.W.*, et plus particulièrement sur le but que se proposait von Wartburg (rédaction d'un dictionnaire et d'une "*Synonymik*" du gallo-roman), sur la prise en considération - en cours de route - du rôle important du français écrit (*Schriftfranzösisch*), et aussi sur le choix de la langue de rédaction (allemand ou français) du *F.E.W.* (cf. Swiggers 1990d).

3.3. Les historiens de la linguistique ont concentré leur attention sur la production - ou mieux encore, les "instances" productrices - d'énoncés linguistiques. C'est comme si les auteurs (linguistes/grammairiens) n'avaient écrit que pour nous, alors que leur oeuvre s'insère dans un contexte, qu'il importe de reconstituer. Or, on dispose, pour les Temps Modernes, d'un type de sources privilégié à ce propos, mais malheureusement fort négligé: les périodiques "culturels" et, plus tard, les revues spécialisées. Nous avons montré ailleurs dans quelle mesure l'analyse de ce type de sources peut apporter des informations utiles: prenant comme exemple les *Mémoires de Trévoux*, revue jésuite publiée entre 1701 et 1762, nous avons pu préciser les contours de l'intérêt linguistique au 18e siècle - qui va de la philosophie du langage à la description des langues exotiques et à des réflexions sur la variation linguistique - et nous avons pu dégager dans les comptes rendus publiés par les jésuites une théorie embryonnaire du langage et des vues cohérentes sur la méthodologie de la description grammaticale.[5] Enfin, l'analyse du corpus critique des *Mémoires* permet de dégager les options idéologiques qui traversent le champ des sciences du langage, ainsi que les points chauds de la "culture linguistique" de l'époque. Il nous semble que la littérature de réception - surtout pour l'époque qui précède l'émergence de revues spécialisées - a été injustement négligée par les historiens de la linguistique; un inventaire systématique du contenu linguistique de ce type de revues culturelles du 18e et du 19e siècle aiderait beaucoup à faire mieux apprécier leur valeur.

4. Nous avons jusqu'ici surtout parlé de l'*objet* de l'historiographie, en plaidant pour un élargissement vers une histoire de ce qui a été trop facilement exclu, quitte à constituer une "a u t r e   h i s t o i r e". Il nous faut maintenant considérer l'aspect *subjectif* de l'historiographie de la linguistique. Parler du sujet de l'historiographie, cela implique qu'on parle du contexte culturel et scientifique, de la motivation, de la formation professionnelle, des convictions scientifiques et idéologiques, de la méthodologie et enfin, du style de l'historien (cf. Granger 1960/1968). Avant toute analyse concrète des motivations des historiens de la linguistique, il est nécessaire de faire la distinction entre *contexte* et *motivation* de "l'acte historiographique".

Le contexte du travail historiographique englobe bien sûr plusieurs éléments: le climat intellectuel général, la visée historicisante de l'époque, l'état des sciences du langage, voire la situation socio-économique. Ces éléments ont une incidence sur l'acte historiographique, mais on ne les confondra pas facilement avec la motivation sous-jacente au travail de l'historiographe. Il est pourtant un élément du contexte qu'il conviendra de distinguer soigneusement de ce qu'on peut appeler la motivation: c'est le statut professionnel ou non de l'historiographie même. Celle-ci n'est devenue une discipline institutionnalisée que très récemment: or, cette professionnalisation a créé un cadre de travail (et de publication) très différent de celui qui existait auparavant. Cet élément du contexte - qu'on peut appeler la "situation institutionnelle" - a un rapport très net avec la *motivation* du travail historiographique, mais nous croyons qu'il faut faire la distinction en ce sens que la "situation institutionnelle" fixe le cadre des recherches historiographiques, alors que la *motivation* est ce qui confère une orientation particulière au travail de l'historiographe. Nous considérons donc la motivation comme ce qui sous-tend la manière dont l'historiographe envisage son objet et conçoit sa tâche.

A travers l'histoire de l'historiographie de la linguistique, on peut dégager cinq types fondamentaux de motivation:

1. la motivation de faire l'histoire de la linguistique en tant que sujet encyclopédique, en tant que branche d'une encyclopédie du savoir;
2. la motivation de faire l'histoire de la linguistique comme illustration du progrès des connaissances;
3. la motivation de faire l'histoire de la linguistique dans le but de défendre, de promouvoir ou de diffuser un modèle linguistique particulier au détriment d'autres;
4. la motivation de faire l'histoire de la linguistique comme une description (et explication) de *contenus* de doctrine, insérés dans leur contexte historique et scientifique;
5. la motivation de faire l'histoire de la linguistique comme témoignage extérieur sur une réalité sociale, colorée par les conceptions et les pratiques linguistiques.

Ces cinq types de motivation véhiculent des conceptions divergentes en ce qui concerne l'importance à donner au contexte social (et sociologique), et en ce qui concerne la façon dont il faut lire et "réactualiser" les anciens textes.[6]

5. Le but de cet article a été de montrer l'intérêt d'une réflexion métahistoriographique: il importe de s'interroger sur le statut scientifique de l'historiographie, et de se pencher sur la pratique historiographique afin d'échafauder une théorie de l'historiographie de la linguistique. Pour ce faire, l'historien de la linguistique doit transcender les *histoires* de la linguistique - qui sont autant de canalisations sélectives du passé des sciences du langage - pour apprécier, au-delà des bornes de la transmission d'informations, l'*histoire* complexe de la linguistique. En tant que celle-ci n'est autre que l'ensemble de pratiques, de réflexions et de situations linguistiques, la distinction entre l'histoire de la linguistique et une approche linguistique de l'histoire s'efface ...

Notes

* Version abrégée et remaniée de l'exposé fait au 25. *Linguistisches Kolloquium*. Nous tenons à remercier nos interlocuteurs de la huitième section qui nous ont fait des suggestions.

1 Ce lien (discipline - domaine) sous-tend non seulement les divisions entre les sciences, mais également la démarcation entre science et non-science, telle qu'elle a été pratiquée par le Wiener Kreis et plus tard par Popper.

2 Ces seuils concernent l'inclusion (ou l'exclusion) de (toutes sortes de) données, exception faite de corpus de production "disciplinaire" (pour lesquels se posent d'autres problèmes: ceux de rapports intra- et interméthodologiques, d'interdisciplinarité, etc.).

3 On n'oubliera pas non plus que l'écriture véhicule un certain nombre de fonctions symboliques (associées avec certains types de textes ou de supports matériels: amulettes magiques à inscription, tablettes d'exécration, marques d'esclaves, etc.), qui présentent un intérêt pour l'historien de la linguistique. De même, la maîtrise de l'écriture était fortement valorisée dans les cultures anciennes (cf. par exemple le culte du métier de scribe dans l'Egypte ancienne).

4 Cf. par exemple l'évaluation des listes de mots pour apprendre le français, qui ont été utilisées en Angleterre au moyen âge et à la Renaissance: cette évolution correspond au déclin du français comme langue de droit, et à son affirmation comme langue culturellement et économiquement importante (cf. Kibbee 1991).

5 Pour une analyse, voir De Clercq (1990) et De Clercq/Swiggers (1989).

6 Nous avons étudié ailleurs les effets différentiels qu'entraînent des motivations et des contextes différents, en prenant comme exemple l'oeuvre historiographique de François et de Charles Thurot (cf. De Clercq/ Swiggers 1991).

Références

Aarsleff, Hans (1967): The Study of Language in England, 1780-1860. - Princeton: Princeton University Press.

- (1973): "A Word on Koerner's Historiography of Linguistics". - In: Anthropological Linguistics 15, 148-150.

Apel, Karl-Otto (1967): Analytic Philosophy and the Geisteswissenschaften. - Dordrecht: Reidel.

- (1975): Die Idee der Sprache in der Tradition des Humanismus von Dante bis Vico. - Bonn: Bouvier, 2.A.

Arens, Hans (1977): "Zur neueren Geschichtsschreibung der Linguistik". - In: Historiographia Linguistica 4, 319-382.

Auroux, Sylvain et al. (éds.) (1984): Matériaux pour une histoire des théories linguistiques. - Lille: Presses Universitaires.

Brekle, Herbert E. (1985): Einführung in die Geschichte der Sprachwissenschaft. - Darmstadt: Wissenschaftliche Buchgesellschaft.

Cohen, Marcel (1958): La grande invention de l'écriture et son évolution. - Paris: Klincksieck.

De Clercq, Jan (1990): "Les *Mémoires de Trévoux* (1701-1762) et la réception de la grammaticographie française". - In: La Licorne 1990 (à paraître).

- /Desmet, Piet (éds.) (1991): Florilegium historiographiae lingvisticae. - Leuven: Peeters.

- /Swiggers, Pierre (à paraître): "La linguistique française aux XVIIe et XVIIIe siècles: Mutations théoriques, réception et contexte global". - In: Actes du XIXe Congrès de Linguistique et Philologie romanes, Santiago de Compostela 1989.

- / - (à paraître): "François et Charles Thurot historiographes de la linguistique: Une histoire de famille". - In: De Clercq, Jan/Desmet, Piet (éds.).

Diringer David (1948): The Alphabet: A Key to the History of Mankind. - New York: Philosophical Library.

- (1962): Writing. - London: Thames.

Droixhe Daniel/Muller, Jean-Claude/Swiggers, Pierre (1989): "Les correspondances de linguistes: Projet d'inventaire systématique". - In: Dutz, Klaus D. (Hrsg.) 347-357.

Dutz, Klaus D. (Hrsg.) (1989): Speculum historiographiae linguisticae. Kurzbeiträge der IV. Internationalen Konferenz zur Geschichte der Sprachwissenschaften (ICHoLs IV). Trier, 24.-27. August 1987. - Münster: Nodus.

Février, James G. (1948): Histoire de l'écriture. - Paris: Payot.

Gelb, Ignace J. (1969): A Study of Writing. - Chicago: University of Chicago Press, 3rd ed.

Granger, Gilles-Gaston (1960): Pensée formelle et sciences de l'homme. - Paris: Aubier.

- (1968): Essai de philosophie du style. - Paris: Colin.

Grotsch, Klaus (1982): Sprachwissenschaftsgeschichtsschreibung: ein Beitrag zur Kritik und zur historischen und methodischen Selbstvergewisserung der Disziplin. - Göttingen: Kümmerle.

Hoenigswald, Henry M. (1966): "A Proposal for the Study of Folk-Linguistics". - In: Bright, William (ed.): Sociolinguistics. Proceedings of the UCLA Sociolinguistics Conference (The Hague: Mouton) 16-26.

Hymes, Dell (1979): "How to Talk like a Bear in Takelma". - In: International Journal of American Linguistics 45, 101-106.

Hüllen, Werner (ed.) (1990):. Understanding the Historiography of Linguistics. Problems and Projects. Symposium at Essen, 23.-25. November 1989. - Münster: Nodus.

Kibbee, Douglas A. (á paraître): For to Speke Frenche Trewely. Linguistic Relationships and the Teaching of French in England, 1000-1600. - Amsterdam: Benjamins.

Koerner, E.F. Konrad (1972): "Towards a Historiography of Linguistics: 19th and 20th Century Paradigms". - In: Anthropological Linguistics 14, 255-280.

Malkiel, Yakov/Langdon, Margaret (1969): "History and Histories of Linguistics". - In: Romance Philology 22, 530-569.

Mounin, Georges (1967): Histoire de la linguistique des origines au XXe siècle. - Paris: Presses universitaires de France.

Muller, Jean-Claude/Swiggers, Pierre (à paraître): "Briefe von Jacob Wackernagel [1853-1938] an Hugo Schuchardt [1842-1927]". - In: Historische Sprachforschung 103.

Parain, Brice (1942): Recherches sur la nature et les fonctions du langage. - Paris: Gallimard, 6me éd.

Rion, Pierre (éd.) (1987): Histoire sans paroles - In: Cahiers de l'Institut de Linguistique de Louvain 13, 3-4.

Robins, Robert Henry (1979): A Short History of Linguistics. - London: Longman, 2nd ed.
Romashko, S( ) A. (1985): Metodologija izučenija istorii jazykoznanija. - Moscou: Akademia Nauk SSSR.
Schmitter, Peter (1982): Untersuchungen zur Historiographie der Linguistik. Struktur - Methodik - theoretische Fundierung. - Tübingen: Narr.
- (1990): "Historiographie und Metahistoriographie". - In: Hüllen, Werner (ed.) 35-48.
Swiggers, Pierre (1979): "Note épistémologique sur le statut de l'historiographie de la linguistique". - In: Histoire, Epistémologie, Langage 1/1, 61-63.
- (1981): "The History Writing of Linguistics: A Methodological Note". - In: General Linguistics 21, 11-16.
- (1984): "La construction d'une théorie de l'historiographie de la linguistique: Quelques réflexions méthodologiques". - In: Auroux, Sylvain et al. (éds.) 15-21.
- (1987): "Remarques sur le langage historiographique". - In: Rion, Pierre (éd.) (1987) 29-48.
- (1990a): "Reflections on (Models for) Linguistic Historiography". - In: Hüllen, Werner (ed.) 21-34.
- ([1990b] à paraître): "Au revers de l'histoire de la linguistique: la cryptographie".
- (1990c): "'Disputatio etymologica': Lettres de Mario Roques à Hugo Schuchardt". - In: Revue de linguistique romane 54, 23-31.
- (1990d): "Lumières épistolaires sur l'histoire du F.E.W.: Lettres de Walther von Wartburg à Hugo Schuchardt". - In: Revue de linguistique romane 54, 347-358.

ZURÜCK ZUM HISTORISMUS? BEMERKUNGEN UND DATEN ZU EINIGEN GEGENWÄRTIGEN TENDENZEN IN DER HISTORIOGRAPHIE DER LINGUISTIK

Peter Schmitter

1. Die Etablierung einer "neuen" Teildisziplin im Spiegel der Statistik

Konnte man Mitte der 70er Jahre noch vehemente Klagen über die Ignoranz der Linguisten bezüglich der Geschichte ihres eigenen Faches hören, so waren kurz zuvor doch auch schon Stimmen laut geworden (vgl. Malkiel/Langdon 1968/69: 530f.), die bereits von einem "Boom" der Historiographie der Linguistik sprachen und dabei die für die damaligen Verhältnisse überraschend hohe Zahl der historiographischen Monographien im Auge hatten, die in den 60er Jahren auf den Markt gekommen sind. Verglichen mit der weiteren Entwicklung nimmt sich die Produktion der 60er Jahre aber sehr bescheiden aus, so daß man heute eher davon sprechen kann, daß der damals diagnostizierte "Boom" lediglich den Anfang einer Tendenz markiert, die nun schon etwa dreißig Jahre anhält.

Man kann diese Entwicklung - so wie es auch Thilo (1989: 5) für die Zeit bis 1982 durchgeführt hat - leicht anhand der Bibliographie Linguistique (BL) verfolgen. Verzeichnet diese nämlich unter der Rubrik "Histoire de la linguistique" für das Jahr 1962 ganze 33 Titel, so kann Thilo für 1973 bereits 132 Titel und für 1982 sogar die Zahl von 192 Titeln nennen.[1] Vergleicht man die letztgenannte Zahl von 1982 mit der "Jahresproduktion" von 1962, dann kommt man auf eine Zuwachsrate von 581,8% im Bereich der Historiographie der Linguistik. Der allgemeine Zuwachs an linguistischer Literatur beträgt dagegen (auf dieselben Vergleichsjahre bezogen) lediglich 168,4% (1962: 9265, 1982: 15606). Demnach ist die historiographische Literatur also nicht nur absolut gesehen stark angestiegen, vielmehr weist sie auch eine Zuwachsrate auf, die fast das 3 1/2-fache des Gesamtanstiegs der Publikationen im sprachwissenschaftlichen Bereich beträgt.

In den weiteren Jahren bis 1987, dem letzten Jahr, das bisher[2] in der BL erfaßt ist, hat sich diese Tendenz in leicht gemilderter Form fortgesetzt. Um hier zu korrekten Vergleichszahlen zu kommen, darf man mit der Zählung allerdings erst wieder im Jahre 1984 einsetzen, denn zwischen 1983 und 1984 hat das Redaktionsteam der BL seine Zuordnungskriterien offensichtlich abgeändert. Dies erklärt auch den auffälligen überproportionalen Anstieg der Zahl von 1984 (nämlich 484 Titel) gegenüber der Zahl von 1983 (199 Titel).

Sehen wir uns also die Zahlen von 1984 bis 1987 an, dann ergeben sich für die Rubrik "Geschichte der Linguistik" folgende Daten: 1984: 484 Titel; 1985: 428; 1986: 542; 1987: 544.[3] Vergleicht man wieder die erst- und letztgenannten Daten miteinander, dann können wir für 1987 gegenüber 1984 einen Zuwachs von 12,4% verzeichnen. Die gesamte linguistische Literatur hat dagegen - auf dieselben Vergleichsjahre bezogen - lediglich eine Zuwachsrate von knapp 6% (1984: 18259; 1987: 19352). Auch in dieser letzten für uns greifbaren Periode weist der Bereich der Historiographie also einen überproportionalen Anstieg auf, und im Zusammenhang mit den sonstigen institutionalisierten Aktivitäten dieser Branche wie etwa der wachsenden Zahl von Kolloquien und Kongressen, nationalen und internationalen Gesellschaften, Spezialzeitschriften usw. kann dies wohl durchaus als Anzeichen dafür gewertet werden, daß sich die Historiographie der Linguistik inzwischen als eine unübersehbare "neue" Disziplin der Sprachwissenschaft etabliert hat. Dies ist ein Faktum, auch wenn diese Tatsache noch nicht in das Bewußtsein so mancher Linguisten vorgedrungen ist, die die Historiographie immer noch als eine überflüssige Marginalie abtun zu können glauben.

Welch hohen Stellenwert die Historiographie der Sprachwissenschaft inzwischen de facto innerhalb der linguistischen Teildisziplinen eingenommen hat, macht ein Vergleich der gegenwärtigen Publikationsaufkommen der einzelnen Disziplinen sehr gut deutlich. Für 1986 ergibt sich beispielsweise, daß die Sprachwissenschaftsgeschichtsschreibung mehr als zehnmal soviel Titel aufzuweisen hat wie die Morphologie, mehr als dreimal soviel Titel wie Semiotik, Pragmatik oder Textlinguistik und auch immer noch mehr als doppelt soviel Titel wie die sog. "Kerndisziplinen" Semantik, Syntax und Phonetik/Phonologie.[4]

Mag der bisher beschriebene statistische Befund auch an sich schon interessant sein, weil er die unter Historiographen allgemein verbreitete globale Einschätzung der Lage mit konkretem Zahlenmaterial belegt, so gibt doch erst eine inhaltliche Aufschlüsselung dieser Daten genauere Hinweise auf das, was derzeit innerhalb der Sprachwissenschaftsgeschichtsschreibung geschieht. Ich will hier allerdings keinen Gesamtüberblick über das weite Spektrum der historiographischen Arbeit der letzten zwei bis drei Jahrzehnte geben. Dies hat Ayres-Bennett (1987) vor kurzem noch getan. Statt dessen möchte ich lediglich auf drei Punkte hinweisen, von denen mir insbesondere der letzte wichtig zu sein scheint und aus denen man für die zukünftige Forschung im Bereich der Historiographie Konsequenzen ziehen sollte.

2. Schwerpunkte gegenwärtiger Forschung

Dank der seit 1986 in der BL eingeführten Spezifizierung können wir jetzt bequem erkennen, auf welche Traditionslinien und auf welche Zeitabschnitte sich die heutige Historiographie der Linguistik konzentriert. Der besseren Übersichtlichkeit und Kürze wegen gebe ich diese Daten gleich in tabellarischer Form wieder:

Rubriken	Anzahl Titel 1986	Anzahl Titel 1987
0. General	005	016
1. Western traditions	458	447
1.0 General	049	025
1.1 Antiquity	045	021
1.2 Middle Ages	030	035
1.3 Renaissance	030	038
1.4 Seventeenth century	032	038
1.5 Eighteenth century	062	055
1.6 Nineteenth century	103	112
1.7 Twentieth century	107	123

2. Non-Western traditions	079	081
2.0 General	002	003
2.1 Indian tradition	042	052
2.2 Arab tradition	035	026
Gesamtsumme aus 0., 1. und 2.:	542	544

Nehmen wir die Daten, wie sie sich aus den Zuordnungen der BL ergeben, d.h. sehen wir von möglichen (und auch real vorhandenen) Fehlzuweisungen usw. ab, dann fällt zunächst auf, daß sich die bisherige Forschung (nach wie vor) auf die sog. westliche Tradition konzentriert. In Prozentzahlen ausgedrückt entfallen für das Jahr 1986 84,5% der angeführten Titel auf diese Traditionslinie, während nur 14,6% der Titel die nicht-westlichen Traditionslinien betreffen. Für 1987 sieht das Ergebnis ähnlich aus: 82,2% der Titel entfallen auf die westliche Tradition, 14,9% auf die nicht-westliche, d.h. hier die indische und die arabische, zu denen aber zumindest auch noch die chinesische hinzuzutreten hätte.[5] Man hat dies schon häufiger als "Eurozentrismus" der Sprachwissenschaftsgeschichtsschreibung gebrandmarkt. Inwieweit dieser Vorwurf gerechtfertigt ist, darüber wäre sicherlich zu diskutieren, doch will ich diese Frage hier nur aufwerfen, aber nicht weiter verfolgen und statt dessen gleich eine zweite Beobachtung anschließen.

Betrachten wir nämlich nun die zahlenmäßige Verteilung der Titel innerhalb des Untersuchungsbereichs "westliche Tradition", dann lassen sich drei Gruppen unterscheiden. Eine erste Gruppe, die die Rubriken "1.0 General" bis "1.4 Seventeenth century" umfaßt und in der alle Rubriken ein Publikationsaufkommen aufweisen, das in etwa die gleiche Größenordnung hat. Hiervon hebt sich als zweite Gruppe das 18. Jahrhundert (1.5) ab, auf das eine etwas höhere Anzahl von Titeln entfällt. Die dritte Gruppe wird dann von den Rubriken "1.6 Nineteenth century" und "1.7 Twentieth century" gebildet, von denen jede durchschnittlich fast doppelt soviel Titel aufweist wie das noch relativ stark vertretene 18. Jahrhundert. Innerhalb dieser letzten Gruppe kann aber zugleich das 20. Jahrhundert die höchste Titelzahl für sich verbuchen. Bedenkt man, daß die einzelnen Rubriken unterschiedlich große Zeiträume umfassen, nämlich etwa 1000 Jahre bei der Rubrik "Antike" und vom 17. Jahrhundert an dann jeweils nur noch 100 Jahre, dann ergibt sich insgesamt, daß das Titelaufkommen und damit die Intensität der Bearbeitung der einzelnen historischen Zeitabschnitte in dem Maße steigt, wie wir der Gegenwart näherkommen. Anders gesagt: die Auseinandersetzung mit der Sprachwissenschaftsgeschichte nimmt proportional zur zeitlichen Distanz zwischen Historiographen und Untersuchungszeitraum ab. Auch dies sei hier nur als Faktum mitgeteilt.

Damit komme ich zur dritten Beobachtung, die sich aus dem vorgelegten statistischen Material ergibt und auf die es mir hier besonders ankommt. Wenn wir nämlich, wie ich es häufiger vorgeschlagen habe (vgl. z.B. Schmitter 1986/1990a), zwischen Historiographie (als der konkreten Untersuchung und Beschreibung von Geschichte) und Metahistoriographie (als der theoretischen und methodologischen Reflexion über die Geschichtsschreibung, deren Grundlagen und Implikationen) differenzieren, stellt sich sogleich die interessante Frage, ob und in welchem Maße denn auch die Metahistoriographie in unserem statistischen Material vertreten ist. Nun, die Arbeiten zur Metahistoriographie verbergen sich, soweit sie von ihrem Titel her für das Redaktionsteam der BL als solche zu erkennen sind, in der Sammelrubrik "0. General". Diese verzeichnet für 1986 ganze 5 und für 1987 auch nur 16

Titel, doch müssen selbst diese Zahlen noch bereinigt werden, da erstens auch andere "allgemeinere" Studien wie Einführungen in die Geschichte der Linguistik u.dgl.m. in dieser Rubrik erscheinen und zweitens manche Studien mehrfach verzeichnet sind wie etwa dann, wenn eine spätere Rezension zu ihnen anzuführen ist. Die bereinigten Zahlen sehen nun wie folgt aus (zum Vergleich nehme ich auch das in der BL noch nicht weiter untergliederte Jahr 1985 hinzu): 1985: 3 Titel; 1986: 1 Titel; 1987: 9 Titel.

Das bedeutet, daß von den historisch orientierten Untersuchungen im Jahre 1985 lediglich 0,7% (3 von 428 Titeln), im Jahre 1986 sogar nur knapp 0,19% und im Jahre 1987 1,65% auf die Metahistoriographie entfallen. Diese Zahlen sprechen bereits für sich, zumal wenn man bedenkt, daß der ungewöhnliche Anstieg im Jahre 1987 darauf zurückzuführen ist, daß in diesem Jahr ein Band (Schmitter 1987) erschienen ist, der allein schon 6 der 9 in der BL genannten metahistoriographischen Titel enthält.

3. Die Vernachlässigung der Metahistoriographie: zu ihren Ursachen und ihren Folgen

Mit dieser verschwindend geringen Auseinandersetzung mit metahistoriographischen Fragen möchte ich mich nun etwas näher befassen, indem ich im letzten Teil der heutigen Erörterungen einige Überlegungen vortrage, die einerseits die Ursachen und andererseits die Folgen der Vernachlässigung der Metahistoriographie im Auge haben.

Ein wesentlicher Grund für die Vernachlässigung dieses Komplexes scheint mir zunächst in den zu hohen Erwartungen zu liegen, die man von den siebziger Jahren an an die Metahistoriographie gestellt hat. Bestärkt durch zahlreiche Äußerungen Konrad Koerners (gesammelt in Koerner 1978), hat man nämlich von der Metahistoriographie erhofft, sie wäre in kürzester Zeit dazu in der Lage, uns eine Methodologie an die Hand zu geben, mit deren Hilfe es ein leichtes wäre, endlich eine völlig adäquate und objektiv richtige Geschichte der Sprachwissenschaft zu schreiben. Diese Erwartung aber wurde enttäuscht. Denn statt einer solchen Methodologie erschienen in der Folgezeit etliche Aufsätze und einige Monographien, die sich mit den epistemologischen Grundlagen, d.h. vor allem der Perspektivität der Wissenschaftsgeschichtsschreibung auseinandersetzten und dabei explizit oder implizit das Unternehmen einer solchen allgemeingültigen und allgemein verbindlichen Methodologie in Frage stellten. Daneben gab es freilich auch Versuche, eine verbindliche Methodologie zu etablieren, doch blieben diese keineswegs unwidersprochen (vgl. Ayres-Bennett 1987: 116ff.). Infolgedessen war der schöne Traum der frühen siebziger Jahre geplatzt, und man begann sich von der Metahistoriographie ab- und dem historiographischen business as usual zuzuwenden, ohne allzuviel Gedanken auf dessen theoretische Implikationen zu verschwenden.

Diese enttäuschte Stimmung findet beispielsweise ihren Niederschlag in einer Einstellung wie der von Brekle, der in seiner vielgelesenen Einführung in die Geschichte der Sprachwissenschaft den Wert der "theoretischen Diskurse über Wissenschaftsgeschichtsschreibung" sehr stark in Frage stellt und dies damit begründet, daß deren "Ergebnisse [...] noch nicht derart [sind], daß man von einem tragfähigen konzeptuellen Gerüst für eine Methodologie [...] sprechen könnte" (Brekle 1985: 16). Von einer solchen Diagnose ist es dann kein weiter Schritt mehr bis zu einer Resignation, wie sie der Forschungsbericht von Ayres-Bennett (1987) widerspiegelt, und bis zum völligen Verzicht auf die Auseinandersetzung mit metahistoriographischen Fragen. Diese sich scheinbar empfehlende Alternative bringt auch Einhauser (1989: 117f.) explizit zum Ausdruck, doch zieht sie selbst einen anderen Schluß, nämlich den, daß "die Lösung des Problems einer theoretischen Fundierung [der Historiographie der Linguistik, P.S.] nicht darin gesehen werden [darf], dasselbe einfach zu ignorieren".

Dieser Schlußfolgerung ist aus vielen Gründen zuzustimmen, doch möchte ich jetzt nur einen einzigen erwähnen, nämlich einen, der uns hinführt zu der im Titel dieses Beitrags formulierten Frage: Zurück zum Historismus? Zuvor sei aber noch im Zusammenhang mit dem vorigen Teil meiner Erörterungen darauf hingewiesen, daß den eben erwähnten Hoffnungen und der auf sie folgenden Enttäuschung zwei grobe Irrtümer zugrundeliegen: nämlich erstens der, daß die Theorie der Historiographie mit Methodologie identisch sei, und zum zweiten der, daß eine Methodologie, die unseren heutigen Ansprüchen genügt, in kurzer Zeit entwickelt werden könnte. Lassen wir die schon häufiger angesprochene Frage, ob und bis zu welchem Grade es überhaupt eine verbindliche Methodologie der Historiographie geben kann[6], beiseite, so ist auf alle Fälle unbestreitbar, daß eine fundierte Methodologie zahlreicher vorausgehender wissenschaftstheoretischer und historiographietheoretischer Überlegungen bedarf. Diese machen sozusagen den Kern der Metahistoriographie aus, und erst auf diesen aufbauend kann eine Methodologie entwickelt werden. Infolgedessen darf die Diagnose, daß wir zur Zeit noch nicht über eine brauchbare Methodologie verfügen, nicht zur Abwendung von metahistoriographischen Fragestellungen führen, vielmehr müßte sie Anlaß sein, sich in verstärktem Maße solchen Fragen zuzuwenden.

Damit kommen wir nun zu den Folgen, die die Abstinenz von theoretischer Reflexion über Wissenschaftsgeschichtsschreibung und Wissenschaftsgeschichte mit sich bringt bzw. mit sich bringen kann. Diese Frage führt uns dann zugleich nicht nur zu einem zweiten, tieferen Grund für die Vernachlässigung metahistoriographischer Probleme, sondern auch zum Thema Historismus. Ausgangspunkt soll dabei eine Beobachtung von Tullio De Mauro sein, die ich sodann in einen weiteren Kontext stellen möchte.

In seinem jüngsten kritischen Beitrag zur Historiographiegeschichte unterscheidet De Mauro (1990) drei Phasen der Historiographie, die aufeinander folgten (zum Teil aber auch heute noch nebeneinander anzutreffen sind): Eine erste, die er als "Überwindungs-Historiographie" bezeichnet und die "die linguistischen Überlegungen und Forschungen der Vergangenheit für tot und völlig sinnlos erklärt hatte" (ebd. 161).[7] Die zweite Phase, die De Mauro nennt, ist die "Vorläufer-Historiographie", die systematisch dazu überging, die Vergangenheit nach Autoren zu durchforsten, die - wie diese Historiographen glaubten - die von ihnen vertretene Theorie zu stützen und ihr so den Nimbus historischer Dignität zu verleihen in der Lage war. Die Kritik an solchen Unternehmungen, wie sie vor allem von N. Chomsky (Cartesian Linguistics, New York 1966) und seinen Nachfolgern unternommen worden waren, führte nach De Mauro schließlich zur heutigen und dritten Phase.

Diese kennzeichnet De Mauro als "Geschichtsschreibung des Versinkens", und er sagt, daß sie

> dazu neigt, auf immer minuziösere Weise Fragmente der Vergangenheit zu rekonstruieren, bis sie in diesen versinkt und dabei völlig die Bewußtheit über die Probleme und deren Bedeutung aus dem Blick verliert, die die eigentlichen Auslöser für die Forschung waren. (De Mauro 1990: 161)

Wenn diese Charakterisierung auch keineswegs für die gesamte derzeitige Historiographie der Linguistik gilt[8], so ist doch in der Tat in weiten Bereichen eine Tendenz zu einem Studium der Geschichte festzustellen, die demjenigen des späten (und degenerierten) Historismus des vergangenen Jahrhunderts gleicht. Damit seien keineswegs der Nutzen und die Notwendigkeit historischer Detailstudien bestritten - im Gegenteil, wir brauchen diese sehr , aber solche Studien dürfen nicht dazu führen, daß man es bei der Entdeckung und Beschreibung immer weiterer wissenschaftsgeschichtlicher Quellen und Details beläßt. Eine solch eingeschränkte, historizistische Vorgehensweise führt nämlich im Grunde zu einer ahistorischen Betrachtung, weil sie die Positionen der Vergangenheit nur noch isoliert, als erratische Blöcke gleichsam, darstellt und dabei "vergißt", deren jeweilige zeitliche Bedingtheit aufzuzeigen und sie so im eigentlichen Sinn des Wortes einer "kritischen" Würdigung zu unterziehen. Damit meine ich freilich nicht die "kritische Historie" im Sinne Nietzsches, die in letzter Zeit von einigen Linguisten gern herangezogen wird.[9] Denn sich auf Nietzsches Geschichtsauffassung zu beziehen ist mehr als gefährlich, da dieser letztlich jede wissenschaftliche Geschichtsschreibung verdammt, weil diese das "vitale Leben" stört, das seiner Ansicht nach nur aus den von übermäßigem historischem Wissen unbelasteten "Instinkten" eines Volks hervorgeht.[10]

Die derzeit gängige, nicht näher begründete historizistische Vorgehensweise vieler Sprachwissenschaftshistoriker, auf die De Mauro hinweist, kommt aber nun nicht von ungefähr. Sie ist kein Produkt des Zufalls, sondern hängt meiner Überzeugung nach eng mit der vorhin anhand statistischen Materials belegten Abstinenz von metahistoriographischer Reflexion zusammen. Und das auf zweifache Weise: Zum einen nämlich macht der Verzicht auf eigene metahistoriographische Reflexion anfällig dafür, unbewußt allgemeinen Modeströmungen zu folgen. Und eine solche ist das derzeitige historizistische Vorgehen ebenso, wie es die vorangegangenen Phasen der "Überwindungs-" und der "Vorläufer-Historiographie" zu ihrer Zeit gewesen sind.

Zum zweiten aber wird diese Modeströmung des "Neo-Historismus" selbst wieder durch relativistische und agnostizistische Wissenschaftstheorien gefördert, wie sie etwa von Th.S. Kuhn und P. Feyerabend - wenn auch in je verschiedener Weise - formuliert worden sind.[11] Ebenso kann sie gefördert werden durch einen falsch (!) verstandenen historiographischen Narrativismus, d.h. einen Narrativismus, in dem Geschichtsschreibung in devianter Weise als das Erzählen "beliebiger Geschichten" aufgefaßt wird.[12] Denn sowohl die genannten Wissenschaftstheorien als auch ein mißdeuteter Narrativismus - nicht zu vergessen ist hier auch der derzeit modische, das Primat des Rationalen bestreitende, französische Poststrukturalismus - haben letztlich die Aufgabe jeglicher Wahrheitskriterien zur Folge oder propagieren sie sogar und verleiten so zu einer historizistischen Historiographie, die in der Darstellung des einzelnen versinkt, alles als gleichwertig betrachtet und auf jede kritische Sicht verzichtet.

Enthält man sich nun aber jeder eigenen Auseinandersetzung mit solchen Theorien, wird man leicht ihr Opfer. "Opfer" meint hier, daß man unreflektiert solche Auffassungen übernimmt und eine Historiographie betreibt, über deren theoretische Grundlagen man sich nicht klar ist. Dies zu vermeiden hilft jedoch die metahistoriographische Reflexion, auf deren Notwendigkeit ich hier hinweisen wollte. Denn zu welchem Ergebnis diese Reflexion auch führt, ob man auf ihrer Basis die von mir hier kritisierten Auffassungen und die damit verknüpfte rein historizistische Historiographie ablehnt oder sie im Gegenteil gar gutheißt, wie auch immer man verfährt, ist dann zumindest eine reflektierte Position gegeben, mit der man sich fruchtbar auseinandersetzen kann.

Anmerkungen

1 Im einzelnen lauten die von Thilo erhobenen Daten: 1962: 31 Titel (richtig: 33); 1971: 81; 1973: 132; 1976 161; 1979: 177; 1982: 192.

2 Bezieht sich auf das Datum des Vortrags, der am 29.9.1990 auf dem 25. Linguistischen Kolloquium in Paderborn gehalten wurde. Aufgrund sehr restriktiver Verlags- bzw. Herausgeberauflagen gibt die hier vorgelegte schriftliche Fassung allerdings nur einen Teil des ursprünglich gehaltenen Vortrags wieder.

3 Gezählt wurden hier durchgängig nur diejenigen Titel, die mit einer eigenen Ziffer versehen sind. Alle anderen sind prinzipiell außer acht gelassen worden. Außerdem ist darauf hinzuweisen, daß auch die Titel unberücksichtigt geblieben sind, die unter der Rubrik "biographische Daten" aufgeführt sind.

4 Nach den Zusammenstellungen der BL ergeben sich für diese Disziplinen im Jahre 1986 bzw. 1987 folgende Werte: Morphologie und Wortbildung (52/63 Titel), Semiotik (132/90), Pragmatik (159/236), Textlinguistik (126/124), Semantik (264/269), Syntax (236/212), Phonetik und Phonologie (244/389).

5 Alle diese Traditionslinien beziehen jetzt die derzeit jüngsten Überblicke über die Geschichte der Linguistik, nämlich Auroux (1990) und Law (1990), in ihre Darstellung mit ein.

6 Vgl. hierzu Schmitter (1982/1990b) oder auch Hüllen (1989: 1ff.)

7 Man müßte freilich ergänzen, daß diese Richtung, zu der etwa L. Bloomfields erstes Kapitel in Language (New York 1933) zu rechnen wäre, nicht die gesamte vorhergehende Geschichte in Grund und Boden verdammte, aber nur das erwähnt, was ihrer eigenen Auffassung von Sprachwissenschaft entgegenkam.

8 Andere Aspekte hat etwa mit Recht Vivian Law (1990: 785f.) hervorgehoben. Vgl. aber auch De Mauro (1990) selbst, der in den Arbeiten des Sammelbandes, dem seine eigenen Ausführungen als "Nachwort" beigegeben sind, bereits einen anderen Ansatz verwirklicht sieht.

9 So etwa von Koerner (1978: 64f.), Trabant (1981) und Brekle (1985: 18ff.).

10 Vgl. von Nietzsches Schrift Vom Nutzen und Nachteil der Historie für das Leben (1980: 209-285) bes. S.231ff. und 281ff., wo Nietzsche von der "historischen Krankheit" spricht und als "Gegenmittel gegen das Historische" das "Unhistorische und das Überhistorische" empfiehlt, worunter er einerseits die Kraft "vergessen zu können" und andererseits "Kunst und Religion" versteht.

11 Zu ihrer Analyse und Kritik vgl. Mittelstraß (1987: 16ff.).

12 Eine solche Fehl- bzw. Umdeutung erfährt der Begriff des "Narrativen" z.B. bei Roggenhofer (1990: 142), der diesen Begriff aus seinem historiographietheoretischen Kontext löst, ihn literaturtheoretisch uminterpretiert und dann auch noch als Synonym für "fiktional" versteht. Was wunder, daß er so zu dem Ergebnis kommt, daß Historiographie nicht narrativ sein darf, sondern argumentativ sein muß.

Literatur

Auroux, Sylvain (ed.) (1990): Histoire des idées linguistique I. - Liège etc.: Mardaga.

Ayres-Bennett, Wendy (1987): "Linguistic Historiography". - In: Linguistic Abstracts 3/3, 113-125.

Brekle, Herbert E. (1985): Einführung in die Geschichte der Sprachwissenschaft. - Darmstadt: Wiss. Buchgesellschaft.

De Mauro, Tullio (1990): "Nachwort". - In: Di Cesare, D( )/Gensini, S( ) (Hrsg.): Iter Babelicum (Münster: Nodus) 159-164.

Einhauser, Eveline (1989): Die Junggrammatiker. - Trier: Wiss. Verlag Trier.

Hüllen, Werner (1989): Their Manner of Discourse. - Tübingen: Narr.

- (ed.) (1990): Understanding the Histography of Linguistics - Münster: Nodus.

Koerner, E.F.Konrad (1978): Toward a Historiography of Linguistics. - Amsterdam: Benjamins.

Law, Vivian (1990): "Language and its Students: the History of Linguistics". - In: Collinge, N( ) E. (ed.): An Encyclopaedia of Language (London etc.: Routledge) 784-842.

Malkiel, Yakov/Langdon, Margaret (1968/69): "History and Histories of Linguistics". - In: Romance Philology 22, 530-574.

Mittelstraß, Jürgen (1987): "Philosophische Grundlagen der Wissenschaften. Über wissenschaftstheoretischen Historismus, Konstruktivismus und Mythen des wissenschaftlichen Geistes". - In: Pasternack, G( ) (Hrsg.): Philosophie und Wissenschaften: Das Problem des Apriorismus (Frankfurt am Main etc.: Lang) 13-42.

Nietzsche, Friedrich (1980): Werke in sechs Bänden I, hg.v. K( ) Schlechta. - München: Hanser.

Roggenhofer, Johannes (1990): ""Es ist fast unmöglich, die Fackel der Wahrheit durch ein Gedränge zu tragen, ohne jemandem den Bart zu sengen" (G 13) - Historiographie der Linguistik als semiotischer Prozess am Beispiel Lichtenbergs". - In: Hüllen, Werner (ed.) 137-147.

Schmitter, Peter (1982): Untersuchungen zur Historiographie der Linguistik. - Tübingen: Narr.

- (1986): "Fortschritt. Zu einer umstrittenen Interpretationskategorie in der Geschichtsschreibung der Linguistik und der Semiotik". - In: Dutz, Klaus D./Schmitter, Peter (Hrsg.): Geschichte und Geschichtsschreibung der Semiotik (Münster: MAkS) 39-73.

- (Hrsg.) (1987): Zur Theorie und Methode der Geschichtsschreibung der Linguistik. - Tübingen: Narr.

- (1990a): "Historiographie und Metahistoriographie". - In: Hüllen (ed.) 35-48.

- (1990b): "Zur Objektivität der Historiographie der Linguistik". - In: Liver, R( ) et al. (Hrsg.): Sprachtheorie und Theorie der Sprachwissenschaft. Festschr. für Rudolf Engler zum 60. Geburtstag (Tübingen: Narr) 260-271.

Thilo, Ulrich Ch.M. (1989): Rezeption und Wirkung des Cours de linguistique générale. - Tübingen: Narr.

Trabant, Jürgen (1981): "Monumentalische, kritische und antiquarische Historie der Semiotik". - In: Zeitschrift für Semiotik 3, 41-48.

MODELS OF MODELS OF MEANING
Representation, Knowledge and Communication in Cognitive Linguistics and in Leibniz

Klaus D. Dutz

This paper deals with some of the philosophical implications of the modern cognitive linguistics' view on mental representation(s) and knowledge. We especially discuss methodological problems of adequacy and transferability of "language-of-thought" models (as Fodor proposed them) and "experimental realism" (as being coined by G. Lakoff). Herein, the theories developed by G.W. Leibniz, concerning *repraesentatio* and *expressio* take a certain space as 'models of proof'. It will be demonstrated that certain Leibnizian models, in a special although differently structured form, prove to be lost "predecessors" of today's cognitive models of science. From this, a fallacy in some semiotic conceptions may turn out, and it may finally be shown that cognitive linguistics preserves a 'Cartesian paradigm', while the questions rises whether a 'Leibnizian paradigm' shows up to be more adequate for the development of a cognitive semiotics and communication theory.

In cognitive sciences, it is most common to talk about models. To talk about models is dangerous. There are very few terms being as much misunderstood as this one. So, now I am asking you to take the boat together with me and follow me through a terminological swamp. We shall see some strange model alligators looking from the one side to our boat, and we will have to ask ourselves whether they have already retired or are as virulent as they are looking, and we shall look at some model fishes, not knowing if they still are palatable. Sometimes, we have to ask ourselves how all these fishes may live together in this swamp, and I shall try to give a certain reply.

But first of all, let us ask why we should make this trip. As I do not know your reasons, I give mine: Starting from linguistic and semiotic historiography, we certainly find us challenged to compare the different meanings of models and the different models of meaning. It goes for the understanding of what we really mean by linguistic, semiotic, or communicative knowledge about the forms of scientific recognition of the field. This is important, for insofar as we do not know the background of our reflection, we do not even know the legitimation of our scientific reasoning in front of the background of the science itself.

We all know the questions about: what is reasoning? How do we make sense out of our experience? What is a conceptual system, and how is it organized? Is there a conceptual system common to all men? If so, what kind is this system? If not, what is the difference, and what are the universals of human reasoning? All these questions are as old as human thinking is, but some answers seem to be new.

First, the answer of 'cognitive science', or cognitive scientists. They seem to fight against the assumption that meaningful concepts and rationality are *transcendental*, in the sense that they are abstract and disembodied. It may happen that it is embodied in organism, but then it is not necessarily so. There remains the question what kind of necessity is meant in this context, but I leave it open for a moment. The opposite is that reason has a bodily basis. This, of course, brings along with it the question of what kind of bodily - and let us now say: human - condition and process produces that reason in question. The nature of the thinking organism and the way it functions in its environment are of central concern to the study of reason.

Second, the answer of 'artificial intelligence research'. Its central aim always is to find models of reasoning, which are adequate, fulfilling the central items and producing a *representation* of the object or process in question, which then, in itself may function as another model for a artificial process. This thought is as old as the thought about human thinking and reasoning, but, of course now, we have for the first time the opportunity to bring it to birth with the help of grown technology. One might, by the way, suspect a central mistake in this argumentation, because grown capacities in technical handling do not necessarily mean grown possibilities of finding new insight into the real human processes of reasoning. These are other conditions of necessity, implying necessary and sufficient arguments in state of a scientific argument, but I will return to this later, too. Again, it is the question of the state of models, we have to think about.

Third, there is the science of semiotics, which tries to find its own history, and which by reconstruction of semiotically relevant theories of former centuries always faces theoretically important features of models, which, somehow miraculous, always seem to fit into the needs of today's science, at least, today's semiotic. Historiographical work in semiotics seems to have to do something with 'self-fulfilling prophecies', one has to think, as it goes without saying. But let us stop here for one thought. *Why does* semiotics in its history produce such results? Is there room for the suspicion that historiography produces the results already been asked for in the actual discussion. If it is so, what builds the "pink glasses" of historiographers? There might be another kind of necessity, and this is the next, to which I have to return later.

Our starting point was the seemingly difference between 'old' and 'new' thought about the epistemological sources of reasoning. George Lakoff, in his study impressingly named "Women, Fire, and Dangerous Things", gives an outlook of the premisses we have to face, and also gives us a terminological string when he is naming the non-cognitive view *objectivism* - there is, of course, another 'objectivism' to be found in 13th-century Arabic philosophy, but it has nothing to do with our author's argumentation - and the so-called "new view" of *experimental realism* - which gives strong remembrance to medieval *realism*, and this, not without allusions to it in the writings of Lakoff, but to be correct, he himself does not hint to this - and which he also calls *experientalism*.

The premisses of 'objectivism' are that:

- Thought is the mechanical manipulation of abstract symbols.
- Mind is an abstract machine, manipulating symbols essentially in a way a computer does, that is by algorithmic manipulation.
- Symbols (e.g. words and mental representations) get their meaning via correspondences to things to the external world.
- All meaning is of this character.
- Symbols that correspond to the external world are *internal representations of external reality*.
- Human mind is a *mirror of nature*, and correct reason mirrors the logic of the external world.

- Thought, therefore, is abstract and disembodied. It is independent of any conditions of human body, human perceptual system, etc.
- Machines that do no more than mechanically manipulate symbols that correspond to things in the world are capable of meaningful thought and reason.
- Thought is *atomistic*, in that it can be broken down into simple symbols used in thought, which are combined into complexes and manipulated by rule.
- Thought is *logical* in the narrow technical sense.

Some of these theses seem to be common, some of them are strange. But first, let us have a look at the other side. What is the view of *exprimental realism*?

- Thought is *embodied*, the core of our conceptual systems is directly grounded in perception, body movement, etc.
- Thought is *imaginative*, in that concepts go beyond the literal mirroring, or *representation*.
- Thought has *Gestalt properties* and is thus not atomistic.
- Conceptual structure can be described using *cognitive models* that have the above properties.

Again, there is this mixture of common and strange theses. Unfortunately, we are blocked by the author's composition of pros and cons, because up to now we were used to take them in another form which is cutting through this confrontation diametrically.

What in fact is Lakoff heading for? Obviously, to give linguistic and philosophical background to the so-called *prototype-theory* of Eleanore Rosch and her associates. He therefore aims to make clear, via cognitive categorization, that prototype effects occure in linguistic structure. To him, linguistic structure makes use of a general cognitive apparatus, equalized with category structure. Linguistic categories are kinds of cognitive categories.

At this point I like to change the direction of my talk a little bit and add to the thoughts of Lakoff those of Jerry A. Fodor, who in his study about *Psychosemantics* has his own thoughts about the problem of meaning in the philosophy of mind. He also takes the position of embodied thought, connecting it with what he calls the *Language of Thought Hypothesis*, based on Intentional Realism. His questions are: Could beliefs and desires be material? Could they be immaterial? And, how can one know that we have any? To him, the answers are obvious: It is 'yes' to the first one, because whatever has causal powers is *ipso facto* material, and therefore the answer to the second question is of course 'no'. And for the third case, his point is that there are no alternative theories than the 'common sense belief/desire psychology' which is explaining the facts. And now, following his arguments, we arrive at the same point as we did in Lakoff: Mental states are not, however, the only things that represent. The other candidates are *symbols*. And symbols as well as mental states have, must have, a *representational content*. Always and again, as I would like to cite Fodor, every time a philosopher of language turns a corner, he runs into a philosopher of mind who is pounding the same beat.

The main business of both authors, then, seems to be the problem of *representation* itself. Fodor calls it the "metaphysical question of the place of meaning in the world order": How can anything manage to be *about* anything? Again, representation, as we have heard by Lakoff, above. But, is it not a different kind of approach which Fodor takes, concerning this crucial term of representation? It is obvious, that the first takes the term as a mental device, speaking of *internal representations* of external reality, which leads to the concept of mirroring of reality in mental concepts. This would be the so-called objectivism, and so far contraposed to *experimental realism*, as there thought is understood as "imaginative", beyond representation. Obviously, both of our authors talk about different terminological items, both named 'representation'. Fodor's position is, that there are various things to do usefully when your car gets a ping in its cylinders, but to quantify imaginatively over the engine is not among them. You need a *story* about the engine to explain how the car behaves. It is rational strategy you need, and it is about representation of objects, of action, and of behavior. If you have trouble with the thing, get it fixed.

So now, as we focused on *representation*, how shall we get it fixed? Of course there are lots of philosophical ways to do so, and not only one seems to lead to solution. Unfortunately the most of them (taking the philosophy of language path) seem to take that direction, which goes saying, "If there are deep and difficult problems about representation, then we won't have any representation". And others, taking the path of philosophy of mind, add: "If no representation means no belief/desire psychology, then *we* won't have any of *that*". Personally, I do not like this 'troublemakers-not-allowed' strategy, but then I have to ask myself where the possible answer is.

What I propose is to open the old box of history of philosophy and semiotics, and have a short look what we might find about the story of representation there. Again we see that is very common to talk about representation, there too. Welcome back to the terminological swamp. -

For Cartesian philosophers the question of 'representation' is a question how the mind behaves. For them, the mental sphere seems to be organized quite clearly in states of adequate representations of reality - remember the 'objectivist's view' of Lakoff. What bothers them is language, for somehow language does not behave like reality and mind, respectively. So, representation is *not* part of language, but language is only serving the function - as one among other functional devices. So let us hear both sides. What is the opposite view?

There is another philosopher, Gottfried Wilhelm Leibniz, who takes it. His two central concepts in this are *expressio* and - *repraesentatio*. It was already Norman Kretzman in the late 60ties, who noticed that these two terms are building a point of intersection between ontology or epistemology and language philosophy in his thinking. To Leibniz, both terms are to be seen as two sides of one coin. Of course, the represented thing expresses something, and this is the *expressio* of it. Vice versa, the *expressio* represents something and this is the *repraesentatio*. Let us have a look at his examples, which are taking a somewhat abstract view. On the one hand there is the map, which represents the sole ground, the talk, which stands for the thoughts and truths (you see, Leibniz still is taking the objectivist's line), but then it becomes interesting to see what he is adding: (For historiographical and terminological clearness, I give the Latin terms of expressed things and things expressed:)

- caracters	numeros
- circulus magnus	circulus parvus
- ellipsis	circulus
- omnis effectus	causa plena
- facta cuiusque	anima eius
- idea circuli	circulus
- ellipsis	circulus

This does not sound very much on the objectivist's line, but seems much more to come near what we heard about experimental realism - or a language of thought hypothesis. What is common with a circle and an ellipse? And why is there the same relation between an ellipse and a circle as thing expressed and expressed thing, and vice versa? Are we not used to say that the one thing is a - semiotically speaking - representamen of the other? And now Leibniz is telling us that this relationship may be mutually converted? And what is about the whole effects expressing the whole causes, while the cause, via *idea* is reconverted into the expressed thing itself?

Obviously, we are wrong if we try to start from the examples and try to find the common ground. This common ground must be a princple, and this principle itself lies in the relation between thing expressed and expressed thing, between the process of representation and the human mind.

As we see from the example of idea, the simple case of analogy, or even, similarity, cannot be meant by Leibniz. Customary Leibniz's thought on representation is interpreted in the frame of 'structural isomorphy'. The normal critique, as customary as the opinion, refers to the concept of a isomorphic relation like a projection one-to-one. This is not quite correct, since a isomorphic relation deserves certain additional criteria: First, that it builds a relation between sets, in which each element is of one set is mutually appointed to each element of the other set, second, that this isomorphic projection is possible insofar, as we keep the operations between the elements of the first set and their corresponding predicates also in the projection into the other set, and third, that we have look to the fact that if each element of the first set has a certain predicate, it has to get a certain equivalent predicate in the second set. Therefore, we are not free to speak of isomorphic sets generally, but only of isomorphically structured sets in respect of certain relations between subject and predicate in concern with set-framings.

Using 'representatio' and 'expressio', Leibniz ever and ever tells us his famous example of the relation between a town and its different aspects in perspective. You remember the town, you remember the relations, you literally recognize this town under each condition, although the sight changes in every respect: What now is the front of a house, then is the back, you see a street not from the east, but from the west, and so on. But one thing never changes: it is the relation of the house in respect to the street, in respect to its garden, it is the relation of one street to the other.

Therefore, Leibniz tells us, it is not the content of the perceived elements of sensation, nor the sensations or the fact of perceiving them itself, which gives us this impression of this certain town, but there must be a special and single power in the acting of the human mind, which forms this relation, and that it must be ruled by a certain law, which he calls *lex expressionum*. And, as we have already said, this is only a set of conditions which are vice versa able to build a *lex repraesentionis*.

There are two sources which feed this thought of Leibniz. The one sidecar is to be found in the tradition of the concept of man as *"mikrokosmos"*, who embodies all knowledge in himself - opposite to the already cited frame of "objectivism" -, and which can be traced back via Heraklite, Empedokles to Parmenides of Elea, Anaxagoras, and, making a jump via Aristotle - see the second book of "De Anima" - to Boethius, Thomas Aquinatis and Giordano Bruno. The second source obviously is to be found in the discussions between Leibniz and Spinoza, concerning the status of the term *idea*. Leibniz defines *idea* as something, "quod in mente nostra est". But, scientifically speaking, this is not satisfactory up to this, because someone, having a method of scientific reasoning to approach the external objects, does not have selfwithstanding the *idea* of these objects. With Leibniz's own words: "Necesse est aliquid in me, quod non tantum ad rem ducat, sed etiam eam exprimat". For epistemological reasoning we do not only need the mind to lead us to the objects, but also something in the mind, which also expresses and mutally represents the objects.

So, in respect to the historical time and its terminological properties, Leibniz's aim to find principles of human reasoning leads to a similar result as the one we have seen on Lakoff. But, I think, with a *certain* difference. Leibniz always is in regard of his historical sources, as we have tried to point out before. He knows about the epistemological premisses of discussion, and he knows about the discrepances between them.

Before I continue, I like to take up one contraposition in advance, the one asking me why I did not give respect to Locke, or to *sensualism*. On this I would like to take the part of George Berkeley, who reintroduced in his "Treatise Concerning the Principles of Human Knowledge" an argument well-known since the scholastics into philosophical discussion: His question, familar to us, is whether sense data are logically depending on the objects of sensation, or whether sensation itself produces the epistemological basis. At least he is able to give an example of logical contradiction in Locke's opinion about sense data reception, since Locke is referring to the fact that singular sense data always represent singular objects, and the proposition of existence of their singularity necessarily implies the existence of the sense data. This is, of course, a tautology.

Now let us return to the argumentation from which we started. What was it about the difference between *objectivism*, and *experimentalism*? The point of view of Lakoff is that there is a contradiction between the assumption of disembodied thought models and the premiss, that there are cognitive models on their own, which, undisguisingly floating through our swamp, make the conception of embodied cognitive models necessary. The objectivist's view, he said, incorporates also the cognitive mirror-model, while the view of experimental realism shows up that there are *Gestalt*-properties at work. Now, as we have seen, Leibniz tells us with good arguments that there are in fact the *premisses of* 'objectivism', internal representation of external reality, disembodied thought, and production of meaning through via symbols via correspondences to things in the external world, that lead directly to some other *premisses of* 'experimentalism', the aspect of supersumative power of concepts, and of relation instead of statical conditions in cognitive area.

This is what I wanted to show, when I told you at the beginning that the criteria were crossing diametrically through both sides of seemingly oppositive concepts. A certain look at historical development of the discussion in fact gives this impression. Now turning to Fodor, we realize that his approach only at first seems to be similar to that of Lakoff. But, as we have seen, Fodor does not give to some strange and undeclarable aspects the task to function as epistemiological devices, but tells us that there is representationality of the object of science, which is in question. Fodor, on his hand, takes the view of an "objectivist" and uses the epistemological devices of a mediaeval nominalist and is, therefore, not falling into the trap of realism. Lakoff, on the other hand, combats 'realism', and falls into the traps of a surface nominalism, because his pros and cons are mixed up between all parties.

Now, what about the necessities I talked about a few minutes ago? It is a common saying in modern cognitive linguistics that some argument or hypotheses must follow "necessarily" from the other. If we leave the rhetoric circumstances apart, we realize that there is a somehow a-historic understanding of necessity. The first necessity cited as argument of cognitivists' view against the belief that meaningful concepts are transcendental, goes that thought *necessarily* is embodied. But the objectivist's argument on thought aims to logical matter, while the opponents take the ontological part, which is at least senseless, as we have seen in Leibniz. So there is no real contradiction, but only a change in argumentational level. The second necessity mentioned went to the address of artificial intelligence research. It goes to the aspect that a model-building-system always is forced to take the necessary properties of the reflected basis. But this does not mean, on the other hand, that it necessarily does so, only that this follows by hypothesis. This of course seems to be trivial to certain respect, and one wonders how often this aspect remains disregarded in discussion. There, finally, is the supposed necessitation in writing historiographies of a certain science, under conditions which are off of this context. But we should keep in mind that handling with epistemological models implies the look back to the results of the history of science, and that our understanding of it always is only an interpretation.

With this, I have to leave the swamp for today. I have caught only a few fishes, and the alligators all went by. But I understand, that this trip cannot be finished in one day and in one talk.

SEMANTISCHER PLURALISMUS IN DEN GRENZEN EINES ÖKONOMISCH - ÜBERSCHAUBAREN WORTVORRATS
Von den Lambertschen "Wurzelwörtern" hin zu den Aspekten der Konzeptualisierung und "Verdichtung" bei Moritz Lazarus

Heike Hülzer-Vogt

1. Lamberts Wortklassentheorie

Aus den verschiedenen Arbeiten Gerold Ungeheuers (1979/1980a/1980b und 1985) über die Schriften Johann Heinrich Lamberts wird mühelos ersichtlich, daß Lambert für kognitions- wie kommunikationstheoretische Betrachtungen eine wahre Schatztruhe bereithält. Für die Kommunikationsforschung jedenfalls bescheinigt ihm Ungeheuer (1980b: 87) Pionierleistungen.

Lamberts "Funktionstheorie der Sprache" (Knobloch 1986: 176), die hier nur partiell, d.h. themenzentriert (bezüglich der diversen Seiten des Ökonomieprinzips der Sprache) rekonstruiert wird, will jedoch nicht allein eine Erklärung des 'Wie' der tatsächlichen Verwendung von Sprache als einem instrumentalen Repertoire oder etwa des Gebrauchswerts der Sprache geben, sondern erstreckt sich zudem darauf, die aus Kommunikationsprozessen resultierenden, die Sprache als System von Zeichen formenden, strukturellen Zusammenhänge aufzuzeigen, und zwar primär die strukturelle Anordnung der sprachlichen Elemente.[1] Diesem Vorhaben liegt die zweckrationale Ausrichtung zugrunde, individuelle und situative Bedeutungskonstruktionen ermitteln und vereinheitlichen zu wollen:

> In dieser Absicht ließen sich die sämmtlichen Wörter der Sprache in drey Classen theilen, von welchen die erste gar keine Definitionen fordert, weil man die Sache selbst im Ganzen vorzeigen, und folglich Wort, Begriff und Sache unmittelbar mit einander verbinden kann. Die andere Classe, welche die Wörter der ersten metaphorisch macht, gebraucht statt der Definition eine Bestimmung des *tertii comparationis*. Die dritte begreift die Wörter, welche müssen definirt werden, und zwar so fern man die Wörter der beyden ersten Classen dazu gebrauchen kann, und so dann die Wörter der dritten Classe, die auf diese Art definirt sind, selbst wiederum zu Defintionen gebraucht. Es ist für sich klar, daß auch die Wörter der dritten Classe wiederum metaphorisch werden können, und es großentheils an sich schon sind. ([1764] 1965 I: Vorrede)

Vergröbernd gesagt interessiert es ihn, "wie Sprache aus Sprachgebrauch zustande kommt" (Ungeheuer 1980a: 85).

Im Rahmen seiner "semantischen Tektonik" (Ungeheuer 1980b) zeigt Lambert die harmonische Ordnung des gesamten, in einer Sprache vorkommenden Wortmaterials als auf drei hierarchisch angeordnete Stufen verteilte Wortklassen auf. Wurzelwörter nennt Lambert (Sem. I. § 19) sozusagen den Grundstock des sprachlichen Repertoires, nämlich die gegenstands- und anschauungsgebundenen Elemente der Wortklasse auf der ersten Stufe, von denen aus der Wortbestand über die zweite Stufe der Metaphern zu den Wörtern ohne erkennbaren Gegenstands- und Anschauungsbezug hierarchisch ansteigt, und zwar zum einen in qualitativ-semantischer Hinsicht sowie zum anderen auch in quantitativer Hinsicht, weil der Grundbestand zu vielfältigen Kompositabildungen gereicht. Die Wortklasse der zweiten Stufe erfaßt also die Elemente der Wortklasse der ersten Stufe, welche sich über ihren Gegenstands- und Anschauungsbezug hinaus durch analogisch konstruierte, übertragene Verwendungskapazitäten auszeichnen. Auf der dritten Stufe findet sich schließlich diejenige Wortklasse, die aus den Elementen der Wortklassen auf den beiden ersten Stufen zusammengesetzt ist und deren eigene Elemente den Gegenstands- und Anschauungsbezug nunmehr völlig verloren haben. An diesen Verlust knüpft sich allerdings gerade die interne Permeabilität dieses von Lambert konstruierten Systems, denn er konstatiert, daß, je mehr sich ein Wort von seiner "ersten Bedeutung" entfernt - übrigens ein nicht leicht ausfindig zu machender Ausgangspunkt -, es sich um so mehr erneut dem Status eines Wurzelwortes annähert, vor allem, wenn auch die Ähnlichkeiten, die zu Übertragungen geführt und somit bislang immer noch eine Brücke zur ersten Bedeutung gebildet haben, nicht länger memoriert werden ([1764] 1965 II: Sem. VII. § 266). Durch die skizzierte Struktur des Wortschatzes, die wesentlich mittels des Inkorporierens der unteren Wortklasse durch die nächsthöhere gebildet wird, scheinen mannigfaltige und komplexe sachliche Beziehungsgefüge zwischen Ähnlichem oder Zusammengehörendem hindurch, die in die Wortbedeutungen aufgenommen werden und analysiert werden müssen ([1764] 1965 II: Sem. VII. § 153; cf. Knobloch 1989a: 179). Aus der Sicht Lamberts (Sem. III. § 129) ist die Sprache desto "vollkommener", je höher der Anteil an Ableitungen und Zusammensetzungen in ihr ist. Schon Lambert muß allerdings aufgrund der besseren Transparenz der sachlichen und semantischen Zusammenhänge innerhalb der Tektonik erkannt haben, daß sich mit zunehmender semantischer Komplexität eines Wortes in der Hierarchie des Sprachsystems parallel das Risiko verstärkt, daß ein Kommunikationskonflikt infolge eines durch Deutungsdiskrepanzen verursachten Verstehensproblems manifest werden könnte, denn Lambert offeriert zugleich mit der Bestimmung der Wortklassen die geeigneten Strategien, um einen solchen zu bewältigen (vgl. Ungeheuer 1980b: 91): auf der ersten Stufe das unvermittelte Vorzeigen der Gegenstände, auf der zweiten eine Definition oder die Offenlegung der Ähnlichkeitsbeziehung, und zuletzt auf der dritten verbleibt nur die Nominaldefinition.

2. Zum Verhältnis von Ökonomie- und Vitalitätsprinzip der Sprache

Unterzieht man den Hinweis Lamberts darauf, daß es sich bei den Elementen der Wortklasse auf der dritten Stufe wiederum um Metaphern handeln kann und meistenteils auch handelt, einer eingehenderen Betrachtung, so stößt man unweigerlich auf das in der Sprache lebendige und sie dynamisierende Phänomen der gestuften Metaphorisierung bzw. der Meta-Metaphern, das ein fest in der Sprache verankertes objektives Ökonomieprinzip hervortreten läßt. Dieses beruht darauf, daß ein limitierter und somit erschöpfbarer Wortbestand einer Sprache der Überschaubarkeit und Nachvollziehbarkeit des Gesagten zuträglich ist, indem nur geringfügig die Anzahl und in der Hauptsache der Anwendungsbereich der Wurzelwörter durch Metaphorisierung ausgedehnt wird: neben der bloßen Bezeichnung der vorzeigbaren Körperdinge kommt nunmehr die Darstellung der abstrakten, nicht-vorzeigbaren Intellektualdinge ([1764] 1965 II: Sem. V. § 195) zum Zuge. Mit dem Ökonomieprinzip enthält die Sprache als System einen objektiven Rationalisierungsmechanismus, der sich in einer Limitierung oder sogar einer Reduktion von Komplexität hinsichtlich des Materials auswirkt. Lambert bemerkt gleich in § 1 seiner Semiotik die "ziemlich bestimmte Anzahl der Wörter einer Sprache". Bezüglich der Bedeutungskomponente wird dieser Rationalisierungsmechanismus allerdings wieder ausgehebelt, indem der Träger des Ökonomieprinzips, die Metapher, diesen mit einem zweiten Prinzip konfrontiert, das ich aus kommunikationssemantischer Perspektive Vitalitätsprinzip der Sprache durch Sprechen nennen möchte. Bei dem Verhältnis von Ökonomie- und Vitalitätsprinzip handelt es sich um eine vertikale Gegenläufigkeit, und zwar zwischen dem an der Oberfläche einer immensen Erkenntnisfülle gegenüberstehenden, nur begrenzten Wortmaterial und den kommunikativ produzierten, in der Tiefe liegenden pluralen Wortbedeutungen, die nunmehr in Entsprechung zu eben dieser Erkenntnisfülle stehen.[2]

Weil die Menschen mehr und variabler zu denken und verbindend zu konzipieren vermögen als ihnen Worte zur Mitteilung all der Gedanken und Konzepte bereitstehen ([1764] 1965 II: Sem. X. § 334), ist die Metaphernbildung von höchster Relevanz für die alltägliche Interaktion, auf die Lambert sein besonderes Augen- und Ohrenmerk zentriert (vgl. Ungeheuer 1980a: 57). In dieser vollzieht sich die Metaphernbildung spontan, wenngleich auch organisiert. Die Metaphernbildung basiert darauf, beim Sprechen neben einer konventionellen Bedeutung eine bis mehrere metaphorische Bedeutungen an ein Wort anzukoppeln, welche neue oder differenziertere Erkenntnisse über Sachbeziehungen repräsentieren sollen. Hinsichtlich seiner Bedeutungsdimension gilt die "grundsätzliche Unabgeschlossenheit des Wortes" (Knobloch 1989b: 221). Im Sinne des objektiven Ökonomieprinzips wird also beim Sprechen auf vorhandene materiale Gestalten rekurriert, eingeschlossen die sprachökonomisch günstigen Kompositabildungen[3] anstelle komplizierter oder ausschweifender syntaktischer Fügungen.[4] Einer gewissen Starrheit in den Formen stehen simultan an der Oberfläche der kommunikativen Wortverwendungen immer neue Kompositionen und Anordnungen gegenüber, die als Übersetzungen neuer oder sich wandelnder Konzeptualisierungen von Objektverbindungen (Objekt im weitesten, nicht nur gegenständlichen Sinn) aus der kognitiven Ebene an die sprachliche Oberfläche vordringen, mit denen also das Denken die Sprache versorgt. An der sinnlich-wahrnehmbaren Oberfläche bleibt das zur Vermittlung von neuen Erkenntnissen benötigte Wortmaterial (des Sprachsystems) bezüglich Anzahl und materialer Gestalt weitgehend unverändert oder verändert sich nur unerheblich. Es zieht somit nicht mit der Vielfalt der möglichen Sachbeziehungen gleich. Demgemäß befindet sich das sprachsystematische Ökonomieprinzip auch horizontal in einer disproportionalen Relation, nämlich zu den Sachbeziehungen. Die horizontale Oberflächenrelation zwischen der Sprache und den Objekten entfaltet sich jedoch dann zu einer proportionalen, wenn man den Blick auf die syntaktischen und kontextuellen Variationsmöglichkeiten des Wortvorrats in der Kommunikation richtet, die der mitzuteilenden Erkenntnisfülle über diese Objekte sehr wohl standhalten. Parallel dazu entwickelt sich zwischen den in der Tiefe liegenden Bedeutungen der Worte und der Vitalität der Erkenntnis über die Objekte ebenfalls horizontal ein proportionales Verhältnis, indem in der Tiefe die Menge der Wortbedeutungen mit der Menge der Erkenntnisse Schritt hält. Infolge dieser parallelen horizontalen Proportionalität herrscht auch vertikal ein proportionales Verhältnis zwischen den variablen kommunikationspraktischen Wortverwendungen an der Oberfläche und den kommunikationssemantisch zu ermittelnden pluralen Wortbedeutungen vor.

Das objektive sprachsystematische Ökonomieprinzip zieht seinen Nutzen aus einer gewissen Festgefahrenheit der Zeichen, die bereits Formelcharakter ausgeprägt haben und insofern prädestiniert sind, um Ideen und Vorstellungen zu *konservieren* (Ungeheuer 1980a: 75). Die Befestigung der sich ansonsten verflüchtigenden Produkte inneren Handelns ist ein weiterer Vorteil des Ökonomieprinzips der Sprache.

Aufgrund des besonders feinfühligen Sprachbewußtseins Lamberts läßt sich die Hypothese aufstellen, daß er, indem er ([1764] 1965 II: Sem. X. § 336) in Verbindung mit den Wortklassen von einem darauf zu verteilenden "Vorrath" der Wörter spricht, hat andeuten wollen, daß in der Kommunikation aus dem vorhandenen Material geschöpft, d.h. es genutzt werden kann, um auch ungewöhnliche Mitteilungsabsichten zu realisieren. Vorsicht ist aber bei diesem Bild vom "Vorrath", das zudem bei Wilhelm von Humboldt in seiner Abhandlung "Ueber die Verschiedenheiten des menschlichen Sprachbaus" (1827-29 in: 1963/1988)[5] auftaucht, geboten, weil es auch den sicherlich nicht gemeinten Verbrauch i.S. der Aufzehrung suggeriert. Dementgegen wird der angereicherte Wortvorrat im permanenten Sprachgebrauch immer wieder aufs neue regeneriert und vitalisiert (vgl. Knobloch 1989b: 222). Er wird in der überwiegenden Menge erhalten und nur in seiner Feinstruktur ausgebaut.

3. Semantische Verdichtung als zentraler Faktor des Ökonomieprinzips

Infolge des gemeinsamen Auftretens von Ökonomie- und Vitalitätsprinzip entsteht eine enorme Verdichtung von Bedeutungen in den einzelnen Wörtern der Sprache, die somit semantische Kondensate darstellen und eine Fülle von Erfahrungen wie auch Erkenntnissen repräsentieren, welche wiederum in der Form verkürzender sprachlicher Äußerungen mitgeteilt werden können. Dieser Gedanke steht auch schon hinter der Lambertschen Wortklassentheorie und ist von ihm ([1764] 1965 II: Sem. V. § 176) explizit in der Weise formuliert worden, daß "wir die Wörter als Abkürzungen weitläuftiger Vorstellungen gebrauchen". Deutlicher noch tritt die Verdichtungshypothese bei ihm innerhalb der Erörterung des quantitativen Ungleichgewichts von Worten und Begriffen (bzw. Vorstellung) hervor (Lambert [1764] 1965 I: Aleth. III. § 156).

Die dem Ökonomieprinzip inhärente semantische Verdichtung, welche mit Metaphern herbeigeführt wird, ist notwendig in Kauf zu nehmen, will man ungezügelte und unverständliche "Weitläuftigkeit" der Rede, verursacht durch den Begriffsbildungen korrespondierenden Wortneubildungen vermeiden (vgl. [1764] 1965 II: Sem. III. § 126). Neubildungen sind für Lambert eher ein Hindernis, als eine Lösung des Mitteilungsproblems. Es ist also in erster Linie der Aspekt der Verständlichkeit einer verkürzten Darstellung, der Lambert zu einer Befürwortung der Metapher bewegt, jedoch nicht zu vergessen auch die "Bequemlichkeit" ([1764] 1965 I: Aleth. III. § 158) eines dieserart überschaubaren Wortschatzes für den Sprecher. Die Metapher versteht es, ein kleines Kapitalaufkommen hoch zu verzinsen. Indessen wirft die Tiefenregion der Bedeutungsvielfalt nicht zu übersehende Komplikationen für die kommunikative Verständigung auf, die in "vielen Wortstreite(n), wobey man nämlich nur in den Worten verschieden, in der Sache aber eins ist" ([1764] 1965 II: Sem. X. § 332f), d.h. einer Diskrepanz zwischen verschiedenen Individualbedeutungen (vgl. Ungeheuer 1979: 83), oder in "leere(m) Wortkram", bei dem "wir in der That nichts als Wörter denken" (Lambert [1764] 1965 II: Sem. I. § 21), zum Ausbruch kommen. Der leere Wortkram belegt am nachhaltigsten die *Elastizität des Ökonomieprinzips*. Ideen oder Vorstellungen werden mit zunehmender Erfahrung so stark vernetzt, daß sie nicht mehr als Einzelerscheinungen aus diesem Ballungszentrum eines Wortes herausgelöst werden können, was letztlich zur Abschleifung des Bewußtseins beim Gebrauch dieses Wortes führt.

Die Gefahr der Unverständlichkeit ausschweifender Rede wird jedoch durch die Verdichtung der Sprache nicht gelöst, sondern lediglich auf die kognitive Ebene verschoben. Relativ gesehen zum hohen Verdichtungspotential infolge ihrer enormen *Elliptizität* (sprachliche und kognitive, nach innen gerichtete, weil nicht der gesamte Prozeß des Analogisierens in die Sprache übersetzt wird) wirkt die Metapher durchaus einer Verständigungsbarriere, wie sie die "Weitläuftigkeit" darstellt, entgegen, wenngleich absolut betrachtet die Vielzahl von Metaphern und Meta-Metaphern (letztere intensivieren die Verdichtung noch) in einer Sprache eine Erschwernis der Verständigung bedeutet. Letztlich sieht Lambert ([1764] 1965 II. Sem. X. § 331) auch keine Abhilfe von diesem Problem in *den* Wörterbüchern, die der Bedeutungsvielfalt und den auffälligen Redensarten Rechnung tragen. Den stetigen Wandel der Wortbedeutungen, ihrer metaphorischen Erweiterung, kann die große Anzahl der Wörterbücher zu allerlei Bereichen des Sprachgebrauchs nicht aufhalten. Daher bleiben innerhalb kommunikativer Prozesse erhebliche Anforderungen an die Beweglichkeit und Anpassungsfähigkeit (vgl. Büky 1983: 789) des menschlichen Geistes bestehen, der sich bemühen muß, eine einerseits ökonomische, infolge dessen aber auch fragmentarische Äußerung mit Hilfe von Kontext, Situation (vgl. Lambert [1764] 1965 II: Sem. X. § 338) und individueller Welttheorie der Intention des Sprechers adäquat zu verstehen. Der Hörer läuft dabei stets Gefahr, in eine vom Sprecher gestellte Falle zu tappen. Diese kann z.B. eine Lüge sein, für deren strategische Durchführung sich das Ökonomieprinzip ausbeuten läßt, weil die sprachlichen Zeichen in ihrer Repräsentationsrolle lediglich eine "Hindeutung" (Lazarus [1855] 1878: 243f.) auf den verdichteten Gedankeninhalt geben, die man sich vor dem Hintergrund der Gedankenfülle als eine Reduktion auf ein Minimum vorzustellen hat und die manipulierbar ist.

Bei Lambert wird das Verdichtungsphänomen - den Terminus "Verdichtung" hat er selbst meines Wissens nicht verwendet - nur sporadisch im Kontext des Verhältnisses von Denken und Sprechen angedeutet, das jedoch nur eine Seite des Phänomens abdeckt und es somit unvollständig beschreibt. Zur Ergänzung sei hier auf die geschlossene Präsentation von Moritz Lazarus[6] zurückgegriffen, bei dem der Topos der "Verdichtung" explizit eingeführt wird und in Verbindung mit dem der "Repräsentation" eine in erster Linie mentale Dimension erhält ("sprachliche Verdichtung des Denkens" - Knobloch 1988: 413), die dem von Lambert offengelegten Zusammenhang noch voranzustellen ist. Lazarus lockert das sensualistische Gepräge des bei Lambert angedeuteten Verdichtungsphänomens mit einer psychologischen Erklärungsgrundlage auf (vgl. Knobloch 1989a: 179f.). Nach Lazarus ([1855] 1878: 244) ist der Prozeß des Denkens, der einzelne momentane "Denkact", wesentlich dadurch charakterisiert, daß er nicht die Mannigfaltigkeit eines aus verschiedenartigen Vorstellungen zusammengesetzten Gedankeninhalts in der "Enge des Bewußtseins" (ibid.: 226) erfaßt, sondern sich lediglich einer verdichteten, zur "bloßen Vorstellung" (ibid.: 244) geschrumpften Version desselben bedient. Als eine "Art von mentaler Ökonomie" (wohl mit Hilfe der inneren Sprache i.S. einer sprachlichen Vorstellung - Knobloch 1988: 270) ist dies eine rein kognitive Verdichtung, bei der eine sprachliche Mitteilung noch gar nicht in Erwägung gezogen wird. Die aus dem Bewußtsein ausgeblendete Vorstellungsfülle ist jedoch keineswegs verloren, sondern "schwingt" beim Prozeß des Denkens unbewußt "mit" (ibid.: 227). Als eine Form der Reduktion von Komplexität ist die bloße Vorstellung zwar einerseits *entleert,* d.h. wenn man ausschließlich ihre Funktion des Repräsentierens berücksichtigt und das Repräsentierte, Verdichtete dabei nicht vergegenwärtigt - Lazarus nennt dies "bloße Repräsentation" (ibid.: 245, vgl. auch 249) -, andererseits aber läßt sich die repräsentierende Vorstellung jederzeit mit dem repräsentierten Gedankeninhalt durch bewußten Ausbau und bewußte Auslegung wieder *erfüllen.* Verdichtung und Repräsentation stehen in einer Oppositionsbeziehung zueinander, d.h. als jeweiliges Produkt des Denkens sind sie "Extreme" (ibid.: 245). Befindet man sich auf der einen Seite, so wird die jeweils andere irrelevant, und doch vermag man im Verlauf des Denkens die Positionen zu wechseln, von der einen allmählich zur anderen überzugehen (ebd.). Ein sprachlicher Ausdruck, dessen Bedeutung zunächst nur als Repräsentation einer Verdichtung aufgefaßt wird ("Worte enthalten als ihre Bedeutung Vertretungen von Denkinhalt" - ibid.: 249), kann im Anschluß an eine nähere Erläuterung durchaus direkt als Verdichtung erkannt werden (ibid.: 248), d.h. die Ergiebigkeit dieses Ausdrucks hinsichtlich seiner Bedeutungsdimension ist vom Erfahrungshorizont und Wissensstand des Rezipienten abhängig, und dies in retrospektiver wie in prospektiver Hinsicht (ebd.). Je nach der Leistungsfähigkeit oder dem Interesse eines Hörers kann er zu Interpretationen verschiedenster Verstehensintensität gelangen (ibid.: 249): er kann z.B. die Bedeutungsfülle eines Ausdrucks, welche einen bestimmten Ausschnitt von Erfahrungen und Erkenntnissen in der Wirklichkeit repräsentiert, annähernd vollständig erfassen oder statt dieser nur leeren Wortkram annehmen.

Beiden Auffassungsweisen - bloßer Repräsentation des Wortes oder zentrischer Verdichtung im Wort - ist gemeinsam, daß sie als Formen der "Ökonomie der geistigen Kraft" (ibid.: 247) verschiedene Möglichkeiten der Auslegungstiefe einräumen.

Des weiteren sieht Lazarus in aller Deutlichkeit die Konservierungs-Komponente, denn er schreibt (ibid.: 251), daß "die erworbene Anschauung dadurch, daß sie mit dem Laut verbunden ist, fixirt, in der Seele als ihr specifisches Eigenthum befestigt" wird. Würde die Anschauung nicht dem Laut verbunden, wäre sie nicht beständig und könnte deswegen auch nicht tradiert werden. Die Kurzform *Wort* ist in ihrer Stellvertreterfunktion befähigt, das in innerer oder äußerer Anschauung Erfahrene zu erhalten und anderen Menschen oder nachfolgenden Generationen zu vermitteln. Aufgrund dessen hat ein Wort zudem eine Schlüsselposition inne, denn, weil es als einziges Mittel Beständigkeit des Erfahrenen erzielt, hat es die Macht, zukünftiges Denken im vorhinein zu prägen. Das Denken muß sich am vermittelnden Wort orientieren, und, insoweit dieses verknappte Fassungen verdichteter Vorstellungen trägt, wird auch das Denken zuweilen auf Differenzierungen und Spezifizierungen verzichten müssen, die zuvor der Verdichtung im Wort zum Opfer gefallen waren. Lazarus (ebd.), dem auch diese Abhängigkeitsbeziehung des Denkens vom Sprechen nicht verborgen bleibt, geht mit seiner dialektischen Denkart des Ökonomieprinzips weit über

Lambert hinaus: Während Lambert lediglich die passive Aufnahme der verdichteten Vorstellungen durch die Wörter anführt, fügt Lazarus ([1855] 1878: 251) noch die gegenläufige Tendenz hinzu, nämlich die aktive Prägung, welche die Vorstellungen im weiteren durch die Wörter erhalten (vgl. Knobloch 1984: 251). Kommen auch gelegentlich, wie erwähnt, Differenzierungen und Spezifizierungen des Denkens in den Wörtern nicht mehr zum Vorschein, so verfügen die Wörter doch wieder über eigene Verknüpfungsmöglichkeiten, z.B. in den syntaktischen Variationen, die sie dem Denken überantworten und aus denen Gedankenkonstrukte resultieren können, welche nicht mehr dem Konservierten entsprechen, sondern dieses modifizieren, ergänzen oder vielleicht sogar ersetzen (Lazarus [1855] 1878: 270f.). In Wechselwirkung zu diesen neuen Gedankenkonstrukten entstehen "neue sprachliche Formen" (ebd.), die auch im Alltag das Gespräch abwechslungsreich gestalten und die Lust daran erhalten.

Anmerkungen

1 Für die folgenden Ausführungen zu Lambert wurde u.a. auf eine frühere Ausarbeitung zurückgegriffen. Vgl. Hülzer 1987: 23-59.

2 Diesen Gedanken habe ich bereits im Rahmen meiner kürzlich fertiggestellten Dissertation erörtert (vgl. Hülzer-Vogt 1990 (Manuskript): Kap. I.1.5.). Auch weitere dort verstreute Bemerkungen sind für diesen Zusammenhang relevant.

3 Der Problemkreis Sprachökonomie ist nicht nur in semantischen, sondern auch in lexikologischen und grammatischen (vgl. Ronneberger-Sibold 1980; Werner 1989) Erklärungszusammenhängen aufgerollt worden; auf phonologischer Ebene hält Dirven (1985: 89) Untersuchungen von Cassirer einerseits und Lakoff andererseits für einschlägig.

4 Neubildungen sind zwar nicht völlig auszuschließen, denn "der Wortschatz einer Sprache ist ein offenes System", wie Karl Bühler ([1934] 1982: 290) durchaus angemessen feststellt, sie stellen sich aber nicht selten als modifizierte Entlehnungen aus anderen Sprachen heraus, d.h. als sogenannte "Eindeutschungen"!

5 Bei Humboldt findet sich des weiteren mancher Hinweis auf das Verhältnis von Ökonomie- und Vitalitätsprinzip der Sprache - natürlich nicht in dieser modernen Terminologie -, dem es sich nachzugehen lohnt.

6 Den Hinweis auf die außergewöhnlich feinsinnige psychologische Analyse des Verdichtungsphänomens bei Lazarus verdanke ich Clemens Knobloch (1988: 411-422, 1989a: 180).

Literatur

Bühler, Karl ([1934] 1982): Sprachtheorie. Die Darstellungsfunktion der Sprache. - Stuttgart: UTB.

Büky, Béla (1983): "The system of metaphors semiotically considered". - In: Borbé, Tasso (ed.): Semiotics unfolding. Proceedings of the second congress of the International Association for Semiotic Studies. Vienna, July 1979 I-III, 7 Parts. II, Part 3: Semiotics in text and literature (Berlin etc.: Mouton) (= Approaches to semiotics 68) 783-790.

Dirven, René (1985): "Metaphor as a basic means for extending the lexicon". - In: Paprotté, Wolf/Dirven, René (eds.): The ubiquity of metaphor. Metaphor in language and thought (Amsterdam, etc.: John Benjamin) (= Amsterdam studies in the theory and history of linguistic science IV: Current issues in linguistic theory 29) 85-119.

Hülzer, Heike (1987): Die Metapher. Kommunikationssemantische Überlegungen zu einer rhetorischen Kategorie. - Münster: Nodus.

Hülzer-Vogt, Heike (1990): Kippfigur Metapher - metaphernbedingte Kommunikationskonflikte in Gesprächen. Ein Beitrag zur empirischen Kommunikationsforschung. - (Manuskript).

Humboldt, Wilhelm von (1963/88): Werke in fünf Bänden. III: Schriften zur Sprachphilosophie, hg. v. Andreas Flitner u. Klaus Giel. - Darmstadt: Wissenschaftliche Buchgesellschaft.

Knobloch, Clemens (1984): Sprachpsychologie. Ein Beitrag zur Problemgeschichte und Theoriebildung. - Tübingen: Niemeyer (= Reihe Germanistische Linguistik 51).

- (1986): "Zeichen und Bild bei Gustav Gerber und Ludwig Noiré. Ein Beitrag zur Geschichte der Semantiktheorie im 19. Jahrhundert". - In: Dutz, Klaus D./Schmitter, Peter (Hrsg.): Geschichte und Geschichtsschreibung der Semiotik. Fallstudien. Akten der 8. Arbeitstagung des Münsteraner Arbeitskreises für Semiotik, 1. u. 3.10.1985 in Münster (Münster: MAKS Publikationen) (= Materialien zur Geschichte der Sprachwissenschaft und der Semiotik 2) 163-180.

- (1988): Geschichte der psychologischen Sprachauffassung in Deutschland von 1850 bis 1920. - Tübingen: Niemeyer.

- (1989a): "Ansichten über die kommunikative und kognitive Produktivität der Zeichenbildung". - In: Ders. (Hrsg.): Kognition und Kommunikation. Beiträge zur Psychologie der Zeichenverwendung (Münster: Nodus) 173-190.

- (1989b): "Sprach- und Textverstehen: Über die Aktualität Schleiermachers". - In: Siegener Periodicum zur Internationalen Empirischen Literaturwissenschaft 8/2, 213-231.

Lambert, Johann Heinrich ([1764] 1965): Philosophische Schriften, hg. v. Hans-Werner Arndt. I/II: Neues Organon oder Gedanken über die Erforschung und Bezeichnung des Wahren und dessen Unterscheidung vom Irrthum und Schein. - Hildesheim: Olms.

Lazarus, Moritz ([1855] 1878): Das Leben der Seele in Monographien über seine Erscheinungen und Gesetze. II: Geist und Sprache. Eine psychologische Monographie. - Berlin: Dümmlers, 2.A.

Ronneberger-Sibold, Elke (1980): Sprachverwendung - Sprachsystem. Ökonomie und Wandel. - Tübingen: Max Niemeyer (= Linguistische Arbeiten 87).

Ungeheuer, Gerold (1979): "Über das "Hypothetische in der Sprache" bei Lambert". - In: Bülow, Edeltraud/Schmitter, Peter (Hrsg.): Integrale Linguistik. Festschrift für Helmut Gipper (Amsterdam: Benjamins) 69-98.

- (1980a): "Lambert in Klopstocks "Gelehrtenrepublik". - In: Studia Leibnitiana 12/1, 52-87.

- (1980b): "Lamberts semantische Tektonik des Wortschatzes als universales Prinzip". - In: Brettschneider, Gunter/Lehmann, Christian (Hrsg.): Wege der Universalienforschung. Sprachwissenschaftliche Beiträge zum 60. Geburtstag von Hansjakob Seiler (Tübingen: Gunter Narr) (= Tübinger Beiträge zur Linguistik 145) 87-93.

- (1985): "Prinzipien strukturaler Wortfeldanalyse bei Lambert". - In: Ölberg, Hermann M./Schmidt, Gernot (Hrsg.): Sprachwissenschaftliche Forschungen. Festschrift für Johann Knobloch (Innsbruck: Verlag des Instituts für Sprachwissenschaft der Universität Innsbruck) (= Innsbrucker Beiträge zur Kulturwissenschaft 23) 473-479.

Werner, Otmar (1989): "Sprachökonomie und Natürlichkeit im Bereich der Morphologie". - In: Zeitschrift für Phonetik, Sprachwissenschaft und Kommunikationsforschung 42/1, 34-47.

DIE GRENZEN DER WIRKSAMKEIT DES STAATES
Bemerkungen zu den staatstheoretischen Voraussetzungen der Sprachphilosophie Wilhelm von Humboldts

Lefteris Roussos

Im folgenden beabsichtige ich weder, eine extensive Darstellung der Sprachphilosophie oder der Staatstheorie Humboldts zu geben, noch werde ich kritisch auf die staatstheoretischen Implikationen der Schriften Humboldts eingehen, obwohl gerade dadurch gezeigt werden kann, warum Humboldts frühe Staatstheorie, im Gegensatz zu seiner späten Sprachtheorie, für eine kritische Gesellschaftstheorie im heutigen Sinn nicht fruchtbar gemacht werden kann, sondern im Gegenteil stark affirmative Züge trägt. Was ich will, ist nichts anderes, als angesichts der Tendenz, Humboldts Sprachphilosophie aus seinem ästhetischen und anthropologischen Frühwerk heraus zu interpretieren[1], ein wenig historische "Tiefenschärfe" in sein Werk hineinzubringen, indem ich an einem exemplarischen, aber, wie ich meine, für das Humboldt-Verständnis bedeutsamen Fall zu zeigen versuche, wie widerspruchsvoll Humboldts Denken verlaufen ist, was für mich nichts anderes bedeutet, als daß es sich *entwickelt* hat. Die Frage der "Kontinuität" der Interessen und Ansichten der "Person" Humboldt bleibt selbstverständlich davon unberührt und steht hier nicht zur Diskussion. Ich will zeigen, *warum* kein direkter Weg von den staats- zu den sprachtheoretischen Schriften Humboldts führt. Humboldt hat es sich nicht leicht gemacht, den Ideen seiner Jugend einen festen Bestand zu geben, und wir sollten dies respektieren, indem wir uns an dem orientieren, was er offensichtlich selbst als Ergebnis seiner Bemühungen betrachtete, anstatt sein Werk auszuplündern, um ihn dem poststrukturalistischen Zeitgeist zu akkommodieren (so Behler 1989: 18).

Humboldts erste staatstheoretische Schriften, die "Ideen über Staatsverfassung, durch die neue französische Constitution veranlasst" (1791 geschrieben, Jan. 1792 veröffentlicht) (I: 33-42) und die "Ideen zu einem Versuch, die Gränzen der Wirksamkeit des Staats zu bestimmen" (1792: I, 56-233) haben drei Wurzeln: 1. Humboldts juristisches Studium, 2. die aktuelle historische Situation, d.h. den Ausbruch der Französischen Revolution und die durch sie bedingte intellektuelle Diskussion, und 3. die kritische Philosophie Kants.[2] Zwei längere Reisen, die erste 1788 in Deutschland, die zweite mit Campe nach Paris und in die Schweiz, verschaffen ihm nicht nur vielfältige Eindrücke, sondern geben ihm auch die Gelegenheit, eine Reihe berühmter Männer seiner Zeit, darunter Lavater, Jacobi und Georg Forster, kennenzulernen, mit ihnen über aktuelle Themen zu diskutieren und von ihnen Anregungen zu bekommen. So sammelt und verdichtet sich während des kurzen Zeitraums von 1788 bis 1792, als die Bekanntschaft mit Schiller hinzukommt, das nach Gegenstand und Abstraktionsgrad unterschiedlichste Material. Nicht nur beide erwähnten, sondern fast alle Frühschriften Humboldts tragen deutlich die Spuren dieses Verdichtungsprozesses, was nicht unbedingt zu ihrer Qualität beiträgt. Das ist meines Erachtens zunächst einer der Gründe für ihre spätere willkürliche Ausplünderung durch die Rezeption. Erst allmählich und in dem Maße, in dem die Sprache immer mehr ins Zentrum seines Interesses rückt, wird Humboldt Gelegenheit finden, sich Klarheit über seine eigenen Ansichten zu verschaffen und sich von dem unmittelbaren Einfluß derjenigen, die seinen jeweiligen aktuellen geistigen Umgang ausmachen, zu emanzipieren.[3] Worum geht es nun in diesen beiden Schriften?

In den "Ideen über Staatsverfassung" kommentiert Humboldt die aktuelle Situation des Sommers 1791 in Frankreich, die geprägt war durch die Diskussionen über die erste französische Verfassung. Doch er beschäftigt sich nicht mit den konkreten politischen und sozialen Hintergründen dieser Debatten, mit "dem Tadel, wie überhaupt mit dem Beurtheilen einzelner Anordnungen", wie er sagt (I: 34), sondern das, was ihn interessiert, ist "ein ganz offenbares, kurzes, von jedermann anerkanntes Faktum, welches schlechterdings alle Data zur gründlichen Prüfung des ganzen Unternehmens vollständig enthält" (I: 34). Dieses Faktum ist der Versuch, "ein völlig neues Staatsgebäude, nach blossen Grundsäzen der Vernunft, aufzuführen" (I: 34). Humboldt verneint kategorisch die Möglichkeit des Gelingens eines solchen Unternehmens:

> Nun aber kann keine Staatsverfassung gelingen, welche die Vernunft - vorausgesezt, dass sie ungehinderte Macht habe, ihren Entwürfen Wirklichkeit zu geben - nach einem angelegten Plane gleichsam von vornher gründet; nur eine solche kann gedeihen, welche aus dem Kampfe des mächtigeren Zufalls mit der entgegenstrebenden Vernunft hervorgeht. (W I: 34)

Weder das genaue Studium eines Zustandes noch die genaue Berechnung dessen, was auf ihn folgen soll, reichen zu einem solchen Vorhaben aus, denn "Alles unser Wissen und Erkennen beruht auf allgemeinen, d.i. wenn wir von Gegenständen der Erfahrung reden, unvollständigen und halbwahren Ideen" (I: 35). Nach Humboldts Ansicht aber "kommt hier alles auf individuelle Kräfte, individuelles Wirken, Leiden, und Geniessen an" (ebd.). Der Vernunft kommt dabei nur eine regulative Funktion zu: "Ganz anders ist es, wenn der Zufall wirkt, und die Vernunft ihn nur zu lenken strebt" (ebd.).

Die zweite, umfangreichere Schrift über die "Wirksamkeit des Staats" gründet sich auf folgendem Grundgedanken, der vielleicht der am meisten bekannte und immer wieder zitierte ist, wenn es darum geht, Humboldts Menschenbild wiederzugeben:

> Der wahre Zweck des Menschen - nicht der, welchen die wechselnde Neigung, sondern welchen die ewig unveränderliche Vernunft ihm vorschreibt - ist die höchste und proportionirlichste Bildung seiner Kräfte zu einem Ganzen. Zu dieser Bildung ist Freiheit die erste, und unerlassliche Bedingung. Allein ausser der Freiheit erfordert die Entwikkelung der menschlichen Kräfte noch etwas andres, obgleich mit der Freiheit eng verbundenes, Mannigfaltigkeit der Situationen. Auch der freieste und unabhängigste Mensch, in einförmige Lagen versezt, bildet sich minder aus. (I: 64)

So wie in der bereits erwähnten ersten Schrift steht auch hier, der Begriffswahl im Titel entgegen, nicht die Diskussion der eigentlichen staatstheoretischen Problematik, nicht das Allgemeine, sondern das Individuelle, ja genau genommen der einzelne Mensch im Zentrum des Interesses und macht den Ausgangs- und Endpunkt seiner Überlegungen aus.[4] So interessiert ihn auch nicht so sehr die Frage nach der Herrschaft im Staat, "die Bestimmung des herrschenden, und dienenden Theils der Nation" (I: 56f.), sondern "die Bestimmung der Gegenstände, auf welche die einmal eingerichtete Regierung ihre Thätigkeit zugleich ausbreiten, und einschränken muss. Diess Leztere, welches eigentlich in das Privatleben der Bürger eingreift, und das Maass ihrer freien ungehemmten Wirksamkeit bestimmt, ist in der That das wahre, lezte Ziel" (I: 57). Diesem Ziel ist nicht nur der Staat unterzuordnen, sondern bei genauem Hinsehen haben ihm auch das bürgerliche Leben und sogar die Geschlechterbeziehung zu dienen. All die schönen Formulierungen über die "Verbindung mit andren" (I: 64), die "Kunst des Umganges" (83), all die schwärmerischen, und, geben wir es zu, für uns heute sehr oft kitschigen Hymnen auf die Geschlechtervereinigung (65f.) und die Frau (79f.), all die "blumigen" Samen-, Blätter-, Blüten- und Stengelmetaphern (66f.) sollten nicht darüber hinwegtäuschen, daß die Beziehung zu anderen Menschen von Humboldt hauptsächlich unter dem Gesichtspunkt der Bereicherung des individuellen "Ich" gesehen wird: "Durch Verbindungen also, die aus dem Innren der Wesen entspringen, muss einer den Reichtum des andren sich eigen machen" (64f.). Und so lautet die Quintessenz:

> Was nun der Mensch von aussen empfängt, ist nur Saamenkorn. Seine energische Thätigkeit muss es, seis auch das schönste, erst auch zum seegenvollsten für ihn machen. Aber wohlthätiger ist es ihm immer in dem Grade, in welchem es kraftvoll, und eigen in sich ist. Das höchste Ideal des Zusammenexistirens menschlicher Wesen wäre mir dasjenige, in dem jedes nur aus sich selbst, und um seiner selbst willen sich entwikkelte. Physische und moralische Natur würden diese Menschen schon noch an einander führen. (I: 67)

Auf diesen Gedanken als Ausgangspunkt aufbauend, entwickelt nun Humboldt seine Schrift als eine Art Typologie all jener Momente in dem Verhältnis des Staats zu dem Menschen, die der Verwirklichung dieser Gedanken im Wege stehen, d.h. den Menschen in seiner individuellen Freiheit daran hindern, die "Bildung seiner Kräfte" zu entwickeln. Humboldt gewinnt dadurch lediglich einen negativen Staatsbegriff, dem jede positive Bestimmung abträglich ist mit Ausnahme der Aufgabe, für die Erhaltung der Sicherheit zu sorgen (I: 145).

Beide Schriften tragen deutlich die Spuren des kantischen Einflusses. Die erste, die "Ideen über Staatsverfassung", greift insbesondere einen Gedanken aus der "Kritik der reinen Vernunft" auf, und zwar aus dem Kapitel "Von der reinen Vernunft als dem Sitze des transzendentalen Scheins", wo Kant explizit auf die Möglichkeit eingeht, daß man eines Tages, "statt der endlosen Mannigfaltigkeit bürgerlicher Gesetze, ihre Prinzipien aufsuchen möge" (KrV B 358). Dies ist nach Kant immerhin denkbar, da die Gesetze "hier auch nur Einschränkungen unsrer Freiheit auf Bedingungen [sind], unter denen sie durchgängig mit sich selbst zusammenstimmt; mithin gehen sie auf etwas, was gänzlich unser eigen Werk ist, und wovon wir durch jene Begriffe selbst die Ursache sein können" (KrV B 358). Weiter unten wird Kant in einer Art Vorgriff auf die Problematik der "Kritik der praktischen Vernunft" noch einmal auf das Thema kommen:

> Eine Verfassung von der *größten menschlichen Freiheit* nach Gesetzen, welche machen, *daß jedes Freiheit mit der andern ihrer zusammen bestehen kann* (nicht von der größten Glückseligkeit, denn diese wird schon von selbst folgen), ist doch wenigstens eine notwendige Idee, die man nicht bloß im ersten Entwurfe einer Staatsverfassung, sondern auch bei allen Gesetzen zum Grunde legen muß. (KrV B 373)

Kant geht über diese Überlegungen sogar noch hinaus, wenn er anschließend meint, daß man "anfänglich von den gegenwärtigen Hindernissen abstrahieren muß" (ebd.), die nicht unvermeidlich aus der menschlichen Natur entspringen müssen, sondern "vielmehr aus der Vernachlässigung der echten Ideen bei der Gesetzgebung" (ebd.), und er versetzt eine richtige Ohrfeige demjenigen Philosophen, der sich auf die "vorgeblich widerstreitende Erfahrung" beruft:

> Denn nichts kann Schädlicheres und eines Philosophen Unwürdigeres gefunden werden, als die pöbelhafte Berufung auf vorgeblich widerstreitendende Erfahrung, die doch gar nicht existieren würde, wenn jene Anstalten zu rechter Zeit nach den Ideen getroffen würden, und an deren statt nicht rohe Begriffe, eben darum, weil sie aus Erfahrung geschöpft worden, alle gute Absicht vereitelt hätten. (KrV B 373)

Unter einer *Idee* versteht Kant "einen notwendigen Vernunftbegriff, dem kein kongruierender Gegenstand in den Sinnen gegeben werden kann" (KrV B 383). *Transzendentale Ideen* "sind Begriffe der reinen Vernunft; denn sie betrachten alles Erfahrungserkenntnis als bestimmt durch eine absolute Totalität der Bedingungen" (KrV B 384). Da in der Erfahrung kein Gegenstand vorkommen kann, der ihnen adäquat wäre, und "weil sie, als der Begriff eines Maximum, in concreto niemals kongruent kann gegeben werden" (ebd.), bleibt der Versuch, die transzendentalen Ideen unmittelbar auf die Erfahrung und nicht erst auf den Verstand zu beziehen, ein "*Problem* ohne alle Auflösung" (ebd.). So entsteht der Eindruck, wenn man eine Idee unter dem Gesichtspunkt ihrer Wirklichkeit unter empirischen Bedingungen betrachtet, sie sei nur eine Idee. Man sagt mit ihr dann s e h r w e n i g (ebd.). Diesen Gedanken hält Humboldt fest und macht ihn zum Zentrum seiner Argumentation, wenn er, wie bereits weiter oben zitiert, schreibt: "Alles unser Wissen und Erkennen beruht auf allgemeinen, d.i. wenn wir von Gegenständen der Erfahrung reden, unvollständigen und halbwahren Ideen" (I: 35). Aber, nach Kant, darf man nicht hierbei stehen bleiben, denn die Sache hat auch eine zweite Seite, die für Kant sogar die bedeutendere ist. Mit einer Idee kann man auch s e h r v i e l sagen, nämlich dann, wenn man sie unter dem Gesichtspunkt "als von einem Gegenstande des reinen Verstandes" (Kant KrV B 384) betrachtet. Im praktischen Gebrauch des Verstandes "kann die Idee der praktischen Vernunft jederzeit wirklich, ob zwar nur zum Teil, in concreto gegeben werden, ja sie ist die unentbehrliche Bedingung jedes praktischen Gebrauchs der Vernunft" (KrV B 385). In diesem Sinne "ist die praktische Idee jederzeit höchst fruchtbar und in Ansehung der wirklichen Handlungen unumgänglich notwendig. In ihr hat die reine Vernunft sogar Kausalität" (ebd.). Und in diesem Sinne schließlich kann Kant behaupten:

> daher kann man von der Weisheit nicht gleichsam geringschätzig sagen: *sie ist nur eine Idee*; sondern eben darum, weil sie die Idee von der notwendigen Einheit aller möglichen Zwecke ist, so muß sie allem Praktischen als ursprüngliche, zum wenigsten einschränkende, Bedingung zur Regel dienen. (KrV B 385)

Humboldt folgt also auch in diesem Punkt Kant, wenn er, wie wir weiter oben gesehen haben, der Vernunft eine lenkende Funktion zuspricht, ja, sogar im Zusammenwirken der Vernunft mit dem Zufall die einzige Möglichkeit des Gelinges des französischen Vorhabens sieht (I: 35f.). Und dennoch bleibt eine bedeutende Differenz gegenüber Kant übrig, die kurzgefaßt darin besteht, daß Kant ja uneingeschränkt und vehement für eine Staatsverfassung nach Grundsätzen der Vernunft eintritt, während Humboldt das nicht tut. In beiden Fällen wird der Vernunft eine regulative Funktion zugewiesen, aber im Fall Kants hört man ihren g e b i e t e r i s c h e n Ton deutlich, im Fall Humboldts dagegen nicht. Wie kommt es zu diesem Unterschied in der Gewichtung? Einen Hinweis zur Beantwortung dieser Frage gibt uns Humboldt selbst: "Was im Menschen gedeihen soll, muss aus seinem Innren entspringen, nicht ihm von aussen gegeben werden, und was ist ein Staat, als eine Summe menschlicher wirkender und leidender Kräfte?" (I: 36)

Wenn Kant die "transzendentalen Ideen" als Begriffe der reinen Vernunft auffaßt, dann deswegen, weil sie "alles Erfahrungserkenntnis als bestimmt durch eine absolute Totalität der Bedingungen" betrachten (KrV B 384). Kant verdeutlicht in diesem Zusammenhang, was er unter "absolut" versteht: "daß etwas in aller Beziehung (uneingeschränkt) gültig ist (z.B. die absolute Herrschaft), und *absolutmöglich* würde in dieser Bedeutung dasjenige bedeuten, was in aller Absicht *in aller Beziehung möglich* ist" (KrV B 381). Er gibt aber auch eine zweite Bedeutung des Wortes "absolut" an. Sie wird gebraucht,

> um bloß anzuzeigen, daß etwas von einer Sache *an sich selbst* betrachtet und also *innerlich* gelte. In dieser Bedeutung würde *absolutmöglich* das bedeuten, was an sich selbst (interne) möglich ist, welches in der Tat *das wenigste* ist, was man von einem Gegenstand sagen kann. (KrV B 381)

Humboldt verabsolutiert den Menschen genau in diesem Sinne und verlagert die absolute Totalität von der Vernunft auf das Innere des Menschen. Nun hat aber dieser Schritt, wie Kant ebenfalls zeigt, den erheblichen theoretischen Unterschied zur Folge, daß man von der "inneren Notwendigkeit" nicht in allen Fällen auf die "absolute Notwendigkeit" schließen kann. Was an sich selbst unmöglich ist, ist zwar auch absolut unmöglich, aber die Umkehrung dieses Schlusses gilt nicht in allen Fällen: was an sich selbst möglich ist, ist darum nicht in aller Beziehung, absolut möglich (KrV B 381f.).[5] Dieser erhebliche, schon im Ansatz angelegte Unterschied zwischen Humboldt und Kant besteht, wirkt, trotz der immer wieder vorkommenden Ähnlichkeiten in der Formulierung, im Hintergrund und bestimmt die unterschiedliche Richtung, die beider Werk zunächst einschlagen wird.[6]

Das ist die erkenntnistheoretische Erklärung dessen, warum jeder noch so detailliert angelegte Versuch, den Menschen aus seinen "inneren Kräften", "Lagen", "Befindlichkeiten", seinem "Charakter" etc. heraus zu erklären, so wie es Humboldt z u n ä c h s t in seinen frühen anthropologischen und ästhetischen Schriften unternimmt, scheitern muß. Indem Humboldt die Totalität in den Menschen verlagert, wird er, dem Gang ihrer Konkretisierung, d.h. der "Enfaltung der Kräfte", folgend, gezwungen sein, sich immer mehr ins Empirische zu vertiefen und zu verlieren. Er wird in der Folge, als Voraussetzung für die Erkenntnis des Menschen wohlgemerkt, alles mit allem in Verbindung setzen und jeder "Wirkung" und "Gegenwirkung" nachjagen müssen - ein endloses Unterfangen. Er wird, mit einem Wort von Marx, "die Wissenschaft vor der Wissenschaft liefern"[7] wollen. Eine ästhetisch angelegte Anthropologie ist nicht möglich.[8] Ohne den Übergang vom Besonderen zum Allgemeinen, d.h. ohne den gleichzeitigen Vorgriff auf die gesellschaftliche und geschichtliche Dimension kann man "den Menschen" nicht erklären. Erst die Konzentration seiner Aufmerksamkeit auf das Studium der Sprache wird Humboldt die Dimension der Totalität erschließen, weil eben die Sprache gleichzeitig beides, individuell und allgemein, ist. Im Medium der Sprache wird Humboldt seinem legitimen persönlichen Interesse am Studium des Menschen eine objektive Grundlage geben.[9] So können wir z.B. in der Schrift "Ueber das vergleichende Sprachstudium etc." (1820) lesen: "Die Sprache aber ist, als ein Werk der Nation, und der Vorzeit, für den Menschen etwas Fremdes; [...] Indem sie dem Erkennbaren, als subjektiv, entgegensteht, tritt sie dem Menschen, als objectiv, gegenüber" (III: 20). Konsequenterweise rückt nun das Objektive an die erste Stelle des Erkenntnisinteresses: "Denn immer bleibt das Objective das eigentlich zu Erringende" (III: 20f.). Das ist nun wahrlich eine ganz andere, neue Sprache, die Humboldt hier spricht! Und es ist nicht nur eine neue Sprache, sondern auch ein revidiertes Menschenbild und somit auch ein revidiertes Forschungsprogramm, das uns in der Schrift "Ueber die Verschiedenheiten des menschlichen Sprachbaues" (1827-1829) begegnet:

> Wenn sich aber die Sprache so mit dem Menschen identificirt, so thut sie dies nicht bloss mit dem Menschen, allgemein und metaphysisch gedacht, sondern mit dem wirklich vorhandenen, lebendigen, durch alle die vielfachen örtlichen und geschichtlichen Verhältnisse der Irdischheit enge bedingten, nicht mit dem einzelnen ‹...› Dadurch wird die Sprache dem einzelnen Menschen und der einzelnen Nation auch zu einer äusserlichen Macht ‹...› Wie also der Begriff der Sprache richtig gefasst wird, ist auch die Nothwendigkeit *allgemeiner historischer* Sprachkunde gegeben, der Begriff der Wissenschaft unmittelbar mit dem ihres Gegenstandes. (III: 155)

Erst auf dieser objektiven Grundlage ist es uns heute möglich, vorausgesetzt wir sind dazu bereit, Humboldts Sprachphilosophie in das übrige Wissenschaftskorpus zu integrieren und nutzbar zu machen[10], anstatt sie als vermeintlichen d r i t t e n Weg neben Dialektik und Irrationalismus zu verabsolutieren (vgl. Trabant 1986: 42). Humboldts Werk mündet, wie ich zu zeigen versucht habe, in die dialektische Tradition, die nun mal, ob "enttäuschte Dialektiker" das wollen oder nicht, von Kant über Hegel zu Marx führt. Die "enttäuschten Dialektiker" werden sich schon an einen anderen wenden müssen, wenn sie Trost suchen.

Anmerkungen

1 Vgl. beispielsweise Borsche (1981/1990) und Trabant (1986/1990)

2 Humboldt liest spätestens 1788 Kant, denn darüber gibt er selbst in seinem Brief vom 15.6.1788 an Beer Auskunft (Freese o.J.: 47f.).

3 Diesen Eindruck scheinen auch seine Zeitgenossen gehabt zu haben: vgl. z.B. das Urteil Friedrich Schlegels in einem Brief an August Wilhelm Schlegel vom 20.1.1795: "Auch wird es ihm theuer zu stehen kommen, eine geistige *Echo* seyn zu wollen, alle einzelne Persönlichkeiten in sich zu vereinigen" (Schlegel 1987: 226).

4 Eine im Frühwerk Humboldts auffallende Ausnahme, in Richtung allgemeiner geschichtstheoretischer Überlegungen, die freilich vorerst ausbleiben werden, um dann im Spätwerk "Über die Aufgabe des Geschichtschreibers" (1821) (Humboldt I: 585-606) in dieser Dichte und Konsequenz wiederaufzutauchen, ist seine Arbeit "Über die Gesetze der Entwicklung der menschlichen Kräfte" aus dem Jahr 1791 (I: 43-55).

5 Man muß deutlich sehen, daß Humboldt diesen Weg aus bewußter Distanzierung zu Kant und nicht etwa aus Unkenntnis einschlägt. Vgl. z.B.: "bei uns ist es nur zu oft ein ideelles Ganze, bei dem man die Individuen beinah zu vergessen scheint, oder wenigstens nicht ihr inneres Wesen" (I: 62), oder ausdrücklicher: "und der selbst, welcher die Moralität in ihrer höchsten Reinheit sah und darstellte, glaubt, durch eine sehr künstliche Maschinerie seinem Ideal des Menschen die Glückseligkeit, warlich mehr, wie eine fremde Belohnung, als wie ein eigen errungenes Gut, zuführen zu müssen." (ebd. 62f.) Man sieht deutlich, wie Humboldt auf Grund der oben explizierten erkenntnistheoretischen Differenz Kant gleichzeitig versteht und mißversteht. Vgl. dazu auch die treffende Zusammenfassung der Problematik durch Cassirer (1961: 331): "So wird der Staat von Humboldt zum Mechanismus gemacht, damit die einzelnen sich ungehemmt als Organismus entfalten können; so wird ihm aller geistige Inhalt geraubt, um ausschließlich auf die Individuen übertragen zu werden. Humboldts ganzer Sinn ist auf die reine Ausbildung der Persönlichkeit gerichtet; an das "Abstrakt des Ganzen" dagegen fesselt ihn keine innere Neigung."

6 Vgl. dazu exemplarisch für das weitere Werk Kants die Bewegung vom 3. zum 8. Satz aus der "Idee zu einer allgemeinen Geschichte in weltbürgerlicher Absicht". (Kant IX: 33-50).

7 "Wollte man also von vornherein alle dem Gesetz scheinbar widersprechenden Phänomene "erklären", so müßte man die Wissenschaft *vor* der Wissenschaft liefern." (Marx/Engels XXXII: 553)

8 "Die wahrhafte Vollendung des Staatsbegriffs des deutschen Idealismus konnte nicht aus dem Pathos der ästhetischen Betrachtung, sondern nur aus dem der sittlichen Tat hervorgehen." (Cassirer 1961: 337)

9 Das ist auch die Meinung der beiden Humboldt-Herausgeber, Flitner und Giel, wenn sie über das anthropologische Vorhaben Humboldts urteilen: "Es erschiene uns gigantisch und völlig utopisch, wenn es nicht, wiewohl in transponierter Form und am Leitfaden eines konkreten Studiengegenstands, den man durchaus als Herzstück anthropologischer Untersuchungen ansehen kann, tatsächlich ausgeführt und in der Tat auf erstaunliche Weise bewältigt worden wäre: in Humboldts universalen Sprachstudien und in seiner anthropologisch orientierten Sprachphilosophie." In: Humboldt V: 326f.).

10 Tilman Borsche scheint z.B dazu kein Interesse zu haben. Wiederholt teilt er uns seine, durch philosophische Ataraxie begründete, Distanzierung von der übrigen Wissenschaft beim Humboldtstudium mit. Vgl. Borsche (1981: 7-9, 1990: 34).

Literatur

Borsche, Tilman (1981): Sprachansichten. Der Begriff der menschlichen Rede in der Sprachphilosophie Wilhelm von Humboldts. - Stuttgart: Klett-Cotta.

- (1990): Wilhelm von Humboldt. - München: Beck.

Behler, Constantin (1989): "Humboldts 'radikale Reflexion über die Sprache' im Lichte der Foucaultschen Diskursanalyse". - In: Deutsche Vierteljahrsschrift 63, 1-24.

Cassirer, Ernst (1961): Freiheit und Form. Studien zur deutschen Geistesgeschichte. - Darmstadt: Wissenschaftliche Buchgesellschaft, 4.A. 1975.

Freese, Rudolf (Hrsg.) (o.J.): Wilhelm von Humboldt. Sein Leben und Wirken, dargestellt in Briefen, Tagebüchern und Dokumenten seiner Zeit. - o.O.: Verlag der Nation.

Humboldt, Wilhelm von [1788]: "‹Brief› Humboldt an Beer vom 15.06.1788". - In: Freese, Rudolf (Hrsg.) (o.J.): Wilhelm von Humboldt. Sein Leben und Wirken, dargestellt in Briefen, Tagebüchern und Dokumenten seiner Zeit (o.O.: Verlag der Nation) 47-48.

- [1791]: "Über die Gesetze der Entwicklung der menschlichen Kräfte". - In: Flitner, Andreas/Giel, Klaus (Hrsg.) (1980): Wilhelm von Humboldt. Werke in fünf Bänden. I: Schriften zu Anthropologie und Geschichte (Darmstadt: Wissenschaftliche Buchgesellschaft) 43-55, 3.A.

- [1791/92]: Ideen über die Staatsverfassung, durch die neue französische Constitution veranlasst". - In: Flitner, Andreas/Giel, Klaus (Hrsg.) (1980): Wilhelm von Humboldt. Werke in fünf Bänden. I: Schriften zu Anthropologie und Geschichte (Darmstadt: Wissenschaftliche Buchgesellschaft) 33-42, 3.A.

- [1792]: "Ideen zu einem Versuch, die Gränzen der Wirksamkeit des Staats zu bestimmen". - In: Flitner, Andreas/Giel, Klaus (Hrsg.) (1980): Wilhelm von Humboldt. Werke in fünf Bänden. I: Schriften zu Anthropologie und Geschichte (Darmstadt: Wissenschaftliche Buchgesellschaft) 56-233, 3.A.

- [1820]: "Ueber das vergleichende Sprachstudium in Beziehung auf die verschiedenen Epochen der Sprachentwicklung". - In: Flitner, Andreas/Giel, Klaus (Hrsg.) (1980): Wilhelm von Humboldt. Werke in fünf Bänden. III: Schriften zur Sprachphilosophie (Darmstadt: Wissenschaftliche Buchgesellschaft) 1-25, 3.A.

- [1821]: "Über die Aufgabe des Geschichtsschreibers". - In: Flitner, Andreas/Giel, Klaus (Hrsg.) (1980): Wilhelm von Humboldt. Werke in fünf Bänden. I: Schriften zu Anthropologie und Geschichte (Darmstadt: Wissenschaftliche Buchgesellschaft) 585-606, 3.A.

- [1827-1829]: "Ueber die Verschiedenheiten des menschlichen Sprachbaues". - In: Flitner, Andreas/Giel, Klaus (Hrsg.) (1980): Wilhelm von Humboldt. Werke in fünf Bänden. III: Schriften zur Sprachphilosophie (Darmstadt: Wissenschaftliche Buchgesellschaft) 144-367, 3.A.

Kant, Immanuel ([1781/1787] 1983): Kritik der reinen Vernunft (= Werke in zehn Bänden II, hg.v. Wilhelm Weischedel). - Darmstadt: Wissenschaftliche Buchgesellschaft (Sonderausgabe).

- [1784]: "Idee zu einer allgemeinen Geschichte in weltbürgerlicher Absicht". - In: Weischädel, Wilhelm (Hrsg.) (1983): Werke in zehn Bänden IX (Darmstadt: Wissenschaftliche Buchgesellschaft, Sonderausgabe) 33-50.

Marx, Karl ([1868] 1974): "‹Brief› an Ludwig Kugelmann ‹vom 11.7.1868›". - In: Marx, Karl/Engels, Friedrich: Werke XXXII (Berlin: Dietz) 552-554.

Schlegel, Friedrich [1795]: "‹Brief› Friedrich Schlegel an August Wilhelm Schlegel vom 20.1.1795". - In: Behler, Ernst (Hrsg.) (1987): Kritische Friedrich-Schlegel-Ausgabe (München etc.: Schöningh etc.) 226.

Trabant, Jürgen (1986): Apeliotes oder Der Sinn der Sprache. Wilhelm von Humboldts Sprach-Bild. - München: Fink.

- (1990): Traditionen Humboldts. - Fankfurt am Main: Suhrkamp Verlag.

HENDRIK J. POS (1898-1955) AND THE HISTORY OF LINGUISTICS

Jan Noordegraaf

1. Introduction

If you were to ask a historiographer of linguistics: Who was Hendrik Josephus Pos? It is only nowadays, with a lot of new research going on, that you might receive an answer that does justice to the many-sided character of this Dutch scholar who was not only a well-known linguist and philosopher, but also a politically committed university professor and an inspiring teacher.[1] As it happens, the standard image of Pos given in books and papers devoted to the history of linguistics is somewhat one-dimensional: a Prague-oriented linguist, in whose writings phenomenology and structuralism have entered into a happy coalition. References to his work can be found in various structuralist studies before and after World War II (by Roman Jakobson, Eugenio Coseriu, E.M. Uhlenbeck, to mention only a few names). I think, however, that in the recent literature Pos' work is not referred to very frequently.

The question that arises is whether, for an overall characterization of Pos as a linguist, we should not for once try another line of approach than phenomenology or structuralism. So what I would like to do here is draw attention to a less well-known side of Pos' work: his activities in the field of the history of linguistics.

My paper, like a traditional Dutch sermon, is divided into three parts. First, I shall present a brief overview of the life and times of Pos. Subsequently, I shall concentrate on the lectures on general linguistics he gave in the years 1924-1932. Finally, I shall discuss the question why he devoted so much time to the history of linguistics in his teaching.

2. Short biography of H. J. Pos

Having completed his studies in classical languages and literature at the Free University in Amsterdam in 1920, Hendrik Josephus Pos studied linguistics and philosophy in Heidelberg under, among others, Heinrich Rickert (1863-1936), and in Freiburg im Breisgau under Edmund Husserl (1859-1938). Having written his "Zur Logik der Sprachwissenschaft" he obtained his doctorate under Rickert in 1922. Following a year of study in Freiburg (1922-1923) he received another doctorate (cum laude) from the Free University ('Vrije Universiteit') in Amsterdam in 1923 for a thesis entitled "Kritische Studien über philologische Methode". In 1923-1924 he studied in Paris.

In October 1923 Pos was appointed professor of general linguistics and classical philology at the Free University in Amsterdam. In 1932 Pos moved from the Free University to the Municipal University of Amsterdam, where he had been appointed professor of Philosophy. This appointment marked Pos' break with Calvinism as well as his growing influence in Dutch intellectual and cultural life, an influence which continued into the postwar years. I think these events are interesting enough to tell about in more detail.

The Free University Pos was attached to was not a state university, but was funded by a Society which was then based on strictly Calvinist, that is to say Reformed principles. It was a small and rather conservative world, as could be expected in the Netherlands in the 1920s. In those years, a sharp conflict arose within the Dutch Reformed Churches about the interpretation of a certain passage in the first book of the Bible, namely the third chapter of Genesis, the story of the serpent in Paradise speaking to Eve. The question at the time was: ought one to believe that the "speaking of the serpent" had been a really observable event, or not? Pos and three other Free University scholars followed those who defended a less fundamentalist approach to the Bible, a less literal interpretation of this story. As a consequence, they came into conflict with the Board of Directors of the Free University, for the latter had to cope with a lot of vigorous protest from the Orthodox members of the Reformed Society, who supported a literal interpretation of the Bible. Briefly, the Directors of the Free University eventually managed to reach a rather pragmatic solution and succeeded in pacifying the majority of the members of the Society. Pos, however, had experienced the whole discussion, which had been lingering on for some three years, as most unpleasant, and he was not sure any longer whether the Free University was the right place for him to work. Thus, in 1932, he left the Free University to become professor of Philosophy at the Municipal University.

In the 1930s Pos developed more and more into a politically committed left-wing scholar under the influence of the well-known Dutch communist historian Jan M. Romein (1893-1962), with whom he was on friendly terms. In 1935 Romein was refused an award of the Leiden Literary Society because of his communist connections. A few years later, in 1939, Romein was appointed professor of History at the Municipal University of Amsterdam. As was to be expected, Romein's appointment did not pass off entirely smoothly, but it was firmly supported by Pos. In 1936 Pos even wrote a foreword in a brochure in which the author, a liberal protestant minister, presented a highly positive, but completely uncritical sketch of the situation of the day in the Soviet-Union. In the same year, Pos became the chairman of the so-called 'Comité van Waakzaamheid', the well-known Committee of Vigilance of anti-national-socialist intellectuals, a broadly based committee which had been founded to fight fascist ideas. In this manner, he became involved in the political discussion which was going on in pre-war Holland concerning the question what attitude to take towards fascism. One could say that in the 1930s Pos became a prominent public figure in Dutch intellectual circles. For the sake of completeness I should add that by then Pos had indeed broken with his Calvinist past. Later he was to become a member of the Humanist Society. As far as I know, Pos never joined one of the Dutch political parties.

In October 1940 Pos was taken hostage by the German authorities. In all he spent three years in Buchenwald KZ and several other camps. In 1943 he was released for reasons of health. In the years after the Second World War he maintained his left-wing position, which caused a lot of confusion about his ideas, even among his best friends, and he was accused of being a 'fellow-traveller'. His publications of that time have a somewhat pessimistic tenor, which might have had something to do with his deteriorating health. He died in 1955.

3. Pos on the history of linguistics

Now I would like to turn to the work Pos did in the field of the history of linguistics. For various reasons, most pre-war Dutch structuralists have never shown themselves interested in the older linguists. Pos, however, is a notable exception.

When browsing through Pos' bibliography, included in the second volume (1958) of his selected works, the "Keur uit de verspreide geschriften", one must conclude that the number of publications which are exclusively devoted to the history of linguistics, is rather limited. Confining myself to the years 1924-1932 - but it might not even be necessary to make that restriction -, then I can only mention one paper, one article and a few reviews. In the proceedings of the twelfth conference of Dutch philologists we find a paper on the famous grammarian J.C. Scaliger (1927a). It is concluded with the observation that a proper evaluation of Scaliger's importance for the development of grammar will become possible only "when the history of linguistics is studied methodically". Two years later, Pos published a paper on the history of the artificial languages (1929a), partly occasioned by the activities in this field of the Danish linguist Otto Jespersen (1860-1943). Pos himself did not take sides in the then fashionable debate on artificial languages. "I am not competent enough to be an adherent, and I am not receptive enough to current opinions to be an adversary", he remarked. It gave him satisfaction to watch the constructors of articificial languages - "such wise architects" - "when they are making their calculations" (1929a: 102). In addition, we find two book reviews (1929b/1931).

It is clear that these linguistic-historiographical pieces occupy only a minor place in the body of his publications. However, we know from other sources that Pos was well-informed about this field of research. In his lectures on general linguistics the history of linguistics is discussed at length, as one may conclude when studying the full set of the unpublished lecture notes which can be found in the Pos Archives in the University Library of Amsterdam (cf. Boon 1989). I think we should be aware of the fact that there is without any doubt a considerable discrepancy between what can be found in these notebooks and what in fact was discussed during the lectures. For the dimension of the *viva vox* is not without importance, especially in this case, for Pos was indeed an excellent *orator didacticus*, and a gifted speaker. The following remarks, then, are based on the six notebooks which formed the basis of the lectures given by Pos in 1924-1932.

In successive years Pos presented a chronological overview of the history of linguistics, from the Greek and the Roman grammarians (notebook I: 1924-25) through the Middle Ages (notebook II: 1925-27) up to his own time. The majority of names and trends can be found in standard reference works. Subjects unknown to the relatively informed scholar of 1990 are not introduced by Pos. He does not lose himself in an encyclopedic summing-up of names and dates, preferring to treat - sometimes very extensively - a number of representative subjects. What is interesting are the choices he made. I regret that for reasons of space I must confine myself here to a few selected glosses. For a more detailed overview of the contents of the notebooks I would like to refer the interested reader to Noordegraaf 1990b.

It is not surprising that Pos, a classicist by education, starts with the subjects he was very familiar with, the Graeco-Roman grammatical tradition. One should notice in this connection that in the first notebook Pos did pay attention to non-European traditions such as Arabic and Hebrew grammar, but that he did not take into consideration the heritage of ancient India, the famous treatises on Sanskrit such as the works of Panini (fl. 5th century B.C.), an often-quoted example of early empirical study of language. The achievements of the Sanskrit grammarians, however, only come up when the nineteenth-century Sanskrit scholar and comparatist Franz Bopp (1791-1867) is discussed (notebook IV). In this approach, which was quite common, Indian grammar falls within the scope of Western linguistics as late as the end of the eighteenth century.

In notebooks III (1927-29) and IV (1929-30) we find a discussion of eighteenth-century and nineteenth-century linguistics, respectively. The fifth notebook (1930-32) is not devoted to really historical topics. The discussion of "Le Langage" (1921) by Joseph Vendryes (1875-1960), serves as a starting point for the discussion of a number of linguistic problems. Nor can the content of the course 1931-32 be characterized as merely historical. Hermann Paul's (1846-1921) "Prinzipien" ([1880] 5th ed. 1920) and Wilhelm Wundt's (1832-1920) "Die Sprache" ([1900] 3rd ed. 1912) are discussed at length.

The sixth notebook (1927-28) is of a somewhat different character. It contains notes and instructions ("everyone tells what he thinks about the definition of syntax"), sometimes in the form of questions for students ("what grammar do you have?") about problems concerning syntax and the parts of speech. For the first subject John Ries' (1857-1933) "Was ist Syntax?" (2nd ed. 1927) serves as a point of departure, for the second one the book "Lingua" of 1903, the 'universal grammar' by the Dutch classicist and general linguist Jan M. Hoogvliet (1860-1924).

Throughout his lectures Pos payed serious attention to the various representatives of what is called general grammar. This is a rather striking feature of his approach, for we know that most of Pos' colleagues, at least in the Netherlands, did not pay much attention to the tradition of general grammar, as I have recently pointed out elsewhere (cf. Noordegraaf 1990a). From the notes it becomes clear that Pos went *ad fontes* and that he personally had studied most of the French, German, English and Dutch sources he discussed. For instance, after having devoted in the 1929-30 curriculum, a full semester to historical comparative grammar in the nineteenth century, Pos turned to general grammar in the next semester. Among other things, he then turned against the dictum by Theodor Benfey (1809-1881) in his "Geschichte der Sprachwissenschaft" of 1869 that in the course of the nineteenth century all philosophy in linguistics had evaporated under the increasing pressure of the empirical study of language. "The nineteenth century is surely more complicated than that it can be characterized in only one feature", Pos noted. Even in the Golden Age of historical linguistics general grammar continued to produce all kinds of different works. In other words, Pos emphasized the continuity of general grammar. For example, Karl Ferdinand Becker's (1775-1849) "Organism der Sprache" [1827], which is considered to be the German counterpart to the work of the Dutch linguist and philosopher Johannes Kinker (1764-1845), can be linked up with the mediaeval *grammatica speculativa* via Port-Royal.

According to Pos, nineteenth-century general grammar reached its pinnacle in Humboldt. In spring 1930, using the somewhat obscure analysis by Alfred Tonnellé (1831-1858) of 1859, written in French, Pos discussed Humboldt's "Ueber die Verschiedenheit des menschlichen Sprachbaues" (1836), a book he had already referred to in his inaugural address of 1924. In his lectures he notes, among other things, that it was Humboldt, together with Herder, who contrasted the so-called organic approach with the older rationalistic conceptions of language. In this connection Pos goes into the langue-parole distinction made by Saussure. In the "Cours" it is claimed that:

> ces deux objets sont étroitement liés et se supposent l'un l'autre: la langue est nécessaire pour que la parole soit intelligible et produise tous ses effets; mais celle-ci est nécessaire pour que la langue s'établisse [...] Il y a donc interdépendance de la langue et de la parole; celle-là est à la fois l'instrument et le produit de celle-ci. (Saussure 1974: 37)

However, Saussure goes on to note that "tout cela ne les empêche pas d'être deux choses absolument distinctes" (1974: 37s.). Comment by Pos: one gets the impression, "that here Humboldt's views are taken over and that the addition, that language and speech are two, does not bring much news, as in fact they are not treated separately, but at certain points go together". Elsewhere Pos (1934: 479) speaks about "[l]a distinction entre le système de la langue et l'activité de la parole, établie par Humboldt et de Saussure". This might be one of the considerations that have formed the reason for the note we find in notebook III: "Line Humboldt-Herder continues up to De Saussure-Bally-Sechehaye".

However, one cannot say that Ferdinand de Saussure's "Cours" in the lecture notes which are available to us takes pride of place. In the notes for the 1928-29 colloquium on general linguistics Saussure is just characterized by the key word "static method". In the notes in the same notebook for the course 1927-28 we find under the heading "School of Geneva": "The founder is Ferdinand de Saussure † 1912 [1913, sic! J.N]; edition of Cours de linguistique générale, 1922²". Attention is drawn to the distinction between the synchronic and diachronic method and between langue and parole. After two more quotations from the "Cours" Pos goes on to discuss the work of the Genevan linguist Charles Bally (1865-1947), Saussure's successor, and of the work of Bally's younger colleague Albert Sechehaye (1870-1946). He does not get round to dealing with Saussure in his 1931-32 course. What seems to be Pos' view at the end of the 1920's is Saussure as "founder of the School of Geneva", not as the founding father of a new linguistic paradigm, the "Cours" not as a revolutionary work. This observation neatly fits in with what has been remarked by the Dutch linguist E.M. Uhlenbeck about the reception of Saussure in the Netherlands:

> in the late 1920's de Saussure and Sapir were fairly widely known in Holland, but [...] only very few - even of the leading linguists - suspected that one day these two scholars would belong to that small and illustrious group which is recognized as having put their stamp on the development of their science in the present century. (Uhlenbeck 1977:489)

4. The History of Linguistics: "Zu welchem Ende?"

So far my remarks on the contents of the notebooks. Finally, I would like to discuss the question why Pos when giving his courses on general linguistics devoted so much time to its past. At any rate, at least in the Netherlands such an approach was rather unique, for at other Dutch universities Paul's "Prinzipien" or introductions to historical-comparative grammar were used as textbooks. As it happens, there never was keen interest in the history of linguistics among the Interbellum generation of linguists. And it seems to me that Pos had the same feeling. Several statements point to this: "A correct assessment of Scaliger's significance for the development of grammar will only become possible when the history of linguistics will be studied methodically", he remarked in 1927 (1927a: 41). And a few years later he spoke about the history of linguistics as having been neglected up to that time (1931: 41).

So, what is, according to Pos, the relevance of the history of linguistics for contemporary linguistics? Or, as Herbert E. Brekle (1985: 1) once put it: "[...] zu welchem Ende studiert man Sprachwissenschaftsgeschichte?".

In his lectures Pos made an attempt to delineate the development of Western linguistic thought, from the discussions by the Greeks to contemporary linguistics. However, it never was his ultimate aim to provide his students with a full-scale overview of the history of linguistics. In his valedictory lecture as a professor of General Linguistics and Philosophy of Language at the University of Groningen Pieter A. Verburg (1905-1989), a former student of Pos at the Free University,[2] pointed out that his teacher followed a dual method in his lectures:

> Enerzijds ontwikkelde hij thetisch eigen theoretisch inzicht in het wezen - of, zoals dat toen heette: de idee der taal -, anderzijds behandelde hij critisch-historisch concepten van anderen in verleden en heden. De twee methoden stonden in nauwe correlatie tot elkaar. Opzet en uitbouw van eigen theorie wonnen aan diepte en perspectief door de gelijktijdige confrontatie met andere grondmodellen en, omgekeerd, ontleende dit historische onderzoek, om critisch te kunnen wezen, de nodige criteria weer aan eigen theoretische, wil men: taalfilosopfische principiën.[3] (Verburg 1975: 3)

To my mind, the first outlines of this approach are already discernible in Pos' "Zur Logik der Sprachwissenschaft" of 1921. In the "Einleitung" of this Heidelberg dissertation, Pos enters the field of the history of linguistics for the first time, presenting "einen kurzen Überblick [...] über die bisherige Entwicklung der Sprachwissenschaft" (cf. Pos 1922: 12-16). He considers the Graeco-Roman grammatical and philosophical tradition to be real "Sprachwissenschaft", thereby explicitly (1922: 14) denying Paul's dictum "Sprachwissenschaft ist gleich Sprachgeschichte". However, Pos criticizes both the classical grammarians and the neogrammarians for their "Einseitigkeit". The ancient grammarians were right in putting forward "das Problem Sprache", but they did not have the right methods. The neogrammarians did use the right methods, but their conceptions of language and of the human mind were wrong and contestable. As Pos noted:

> [...] es ist ungeheuer lohnend, die Keime der modernen Betrachtungsweise in so primitiven Schriften wie der des Dionysios Thrax u.a. wiederzufinden. [...] auch die Antike (mus) bei der Beschäftigung mit sprachlichen Fragen schon wesentlich auf dieselben Grundbegriffe und Anschauungsweisen gekommen sein wie wir. (1922: 15)

Pos' basic assumption is, - and I think this is a crucial passage -:

> Die Grenzen und Möglichkeiten, innerhalb deren sich die Grundauffassungen eines theoretisch erfasten Gegenstandes infolge der Struktur desselben bewegen müssen, sind immer ziemlich beschränkt. Nur so ist auch eine Geschichte als Werdegang einer Wissenschaft im Sinne methodischer Vertiefung berechtigt und denkbar. (1922: 15)

In other words, Pos is of the opinion that given the object of language there exists only a limited number of basic positions. The history of linguistics, then, can be reconstructed systematically as an ongoing dialogue between these positions. To this dialogue Plato's "Kratylos" and the works of Dionysius Thrax are as relevant as the works of Paul and Wundt, for instance.[4] Thus, according to Pos the writings of linguists from the past should be used for reflection on current issues in linguistic theory. Let me give one example. In his review of Otto Funke's (1885-1973) observations about the "Hermes" (1751) of the eighteenth-century linguist James Harris (1709-1780), Pos (1929b) remarked that Funke not only offers historical notes, but also makes various remarks with respect to the significance of Harris' views for contemporary linguistics. Using his extensive knowledge of ancient and modern linguistics Harris built a doctrine of the parts of speech which in many respects is not in accordance with grammatical tradition. I do not think we can view Pos' interest in Harris as detached from his own preoccupation in the years 1925-35 with the problem of the parts of speech. Harris combines the eighteenth-century universal-grammar trend with the trend to do justice to the empirical variety of languages, Pos says, and I think that Pos considered this unity of counterparts to be indispensable.

5. Some final remarks

> Het narekenen van den weg, dien onze denkbeelden over iets hebben afgelegd, is een rijke bezigheid. Je leert er uit zien, hoe noodzakelijk 't beperkter inzicht 't ruimere voorbereidt en mogelijk maakt en je beschouwt je beste en de lucht gevallen is, maar je overziet je heele ontwikkeling tot daartoe.[5] Pos (1926: 15)

I have only been able here to give a very rough outline of Pos' position with respect to the history of linguistics. However, I venture to say that it is unfortunate that his activities in the field of the history of linguistics have remained underexposed for nearly sixty years, for to my mind Pos' approach to the history of linguistics is an interesting and stimulating one.

Relatively free from the influence of the Neogrammarians, the classical scholar, general linguist and philosopher Hendrik Pos did not share the views of a great number of his contemporaries, who saw the history of linguistics more or less as a report on the ultimate attainment of the right insights. For Pos, studying the history of linguistics was a quest for the presuppositions of linguistic science. I do not know for sure whether Pos wanted the history of linguistics to be solely subservient to the discipline, but it is assigned a function comparable to that of the history of science for the natural scientist. All in all, I think one could argue that Pos saw our linguistic past as an integrated part of linguistics itself. To him, the history of linguistics was absolutely no curiosity gallery. As Pos himself once put it: "After all, the study of what came into being and the construction of what comes into being are rather intimately linked up" (1929a: 102). I think that the history of linguistics has sometimes been used for less important purposes.[6]

Notes

1 Important aspects of Pos as a linguist and a politically committed scholar are discussed in Daalder and Noordegraaf 1990. This book also contains an extensive bibliography (25 pages) of writings on Pos. For a full inventory of the 2800 letters to Pos that can be consulted in the Pos Archives at the University Library in Amsterdam, see Boon 1989. A comprehensive study on Pos is currently being prepared by Mr. Peter Derkx, Culemborg, the Netherlands.

2 Verburg actually made use of Pos' lecture notes when preparing his doctoral thesis "Taal en Functionaliteit" ('Language and its Functions'). See for instance Verburg 1952: 146n./164n.

3 Translation by J.N.: "On the one hand he developed thetically his own theoretical understanding of the essence - or, as it was called then: the idea of language -, while on the other hand discussing critically and historically concepts of other linguists in the past and present. The two methods were intimately linked. Design and development of his own theory gained depth and perspective by simultaneous confrontation with other basic models and, conversely, this historical research borrowed - in order to be critical -, the essential criteria on their turn from his own theoretical principles, if one wishes: principles of linguistic philosophy."

4 I cannot go into this matter here, but I think it might be interesting to compare Pos' standpoint with the views put forward in Rorty 1984.

5 Translation by J.N.: "To go over the way which our ideas concerning something have travelled, is a rich activity. You learn from it to see in what way the more limited view prepares the wider one and makes it possible, and you do not believe any longer that your best and most recent conception of things is something which appeared out of the blue, but you get a comprehensive view of your full development up to that point."

6 This paper was written within the framework of the Vrije Universiteit Research Programme 88/10, which is financed by the Dutch Ministry of Education.

References

Primary sources

Pos, Hendrik J. ([1922] 1973): "Zur Logik der Sprachwissenschaft". -In: Beiträge zur Philosophie 8 (Nendeln: Klaus) (repr.).

- ([1923] 1973): "Kritische Studien über philologische Methode". - In: Beiträge zur Philosophie 10 (Nendeln: Klaus) (repr.).

- ([1924] 1957): "Algemeene taalwetenschap en subjectiviteit. - Inaugural address Free University". - In: Pos (1957) 25-47 (repr.).

- (1925): "Review of Karl Vossler (1923) Gesammelte Aufsätze zur Sprachphilosophie". - In: Neophilologus 10, 310-12.

- (1926): Inleiding tot de taalwetenschap. - Haarlem: Bohn.

- (1927a): "C.J. [=J.C.] Scaliger, De causis linguae latinae, en zijn denkbeelden over grammatica". - In: Handelingen van het 12e Nederlandse Philologencongres (Utrecht 22-23 april 1927) 39-41. - Groningen: Wolters.

- (1927b): "Review of Otto [Harry] Jespersen (1924) The Philosophy of Grammar". - In: Neophilologus 12, 64-67.

- (1929a): "Uit de geschiedenis der kunsttalen". - In: Almanak Studentencorps VU 1929, 91-103.
- (1929b): "Review of Otto Funke (1928) Studien zur Geschichte der Sprachphilosophie". - In: English Studies 13, 224-25.
- (1929c): "Review of E.A. Sonnenschein (1927) The Soul of Grammar". - In: Neophilologus 14, 61-62.
- (1931): "Review of Otto Funke (1929) Zum Weltsprachenproblem in England". - In: English Studies 13, 40-41.
- (1933): "Review of [Sir] Allan H[enderson] Gardiner (1932) The Theory of Speech and Language". - In: English Studies 15, 220-21 [cf. Pos 1934: 477-478].
- (1934): "Bibliographie concernant les ouvrages de Philosophie Linguistique parus de 1931 à 1933". - In: Recherches philosophiques 3, 473-487.
- (1936) "Bibliographie concernant les ouvrages de Philosophie Linguistique parus de 1933 à 1935". - In: Recherches philosophiques 5, 436-445.
- (1957): Keur uit de verspreide geschriften van H.J. Pos verz. en ingeleid door J. Aler en K. Kuypers. Vol. 1: Taal, mens en cultuur. - Arnhem: Van Lochum Slaterus, Assen: Van Gorcum.
- (1958): Keur uit de verspreide geschriften verz. en ingeleid door J. Aler en K. Kuypers. Vol. 2: Beginselen en gestalten. - Arnhem: Van Lochum Slaterus, Assen: Van Gorcum.

Secondary sources

Aschenberg, Heidi (1978): Phänomenologische Philosophie und Sprache. Grundzüge der Sprachtheorien von Husserl, Pos und Merleau-Ponty. - Tübingen: Narr.

Boon, Hans (1989): De correspondentie in het Archief-Pos. Een eerste inventarisatie. - Amsterdam: Stichting Neerlandistiek VU (= Cahiers voor taalkunde 2).

Brekle, Herbert E. (1985): Einführung in die Geschichte der Sprachwissenschaft. - Darmstadt: Wissenschaftliche Buchgesellschaft.

Daalder, Saskia/Noordegraaf, Jan (eds.) (1990): H.J. Pos (1898-1955), taalkundige en geëngageerd filosoof. - Amsterdam: Huis aan de drie grachten.

Noordegraaf, Jan (1990a): "National Traditions and Linguistic Historiography. The case of general grammar in the Netherlands". - In: Hüllen, Werner (ed.): Understanding the Historiography of Linguistics. Problems and Projects (Münster) 287-302.

Noordegraaf, Jan (1990b): "Pos als geschiedschrijver van de taalwetenschap". - In: Daalder/Noordegraaf (eds.) 153-75.

Parret, Herman/Van de Velde, Roger (1980): "Structuralism in Belgium and the Netherlands". - In: Semiotica 29:1/2, 145-174.

Rorty, Richard (1984): "The historiography of philosophy: four genres". - In: Rorty, Richard/Schneewind, J( ) B./Skinner, Quentin (eds.) (1984): Philosophy in History (Cambridge, etc.: Cambridge University Press) 49-75.

Saussure, Ferdinand de (1916): Cours de linguistique générale. Edition critique préparé par Tullio de Mauro. - Paris: Payot, 2me éd. 1974.

Struyker Boudier, C( ) (1980): "Phänomenologie in den Niederlanden und Belgien". - In: Phänomenologische Forschungen 10, 146-200.

Uhlenbeck, Eugenius M. (1977): "Roman Jakobson and Dutch linguistics". - In: Armstrong, Daniel/van Schooneveld, C( ) H. (eds.): Roman Jakobson. Echoes of his scholarship (Lisse: de Ridder) 485-502.

Vachek, Josef (1968): Dutch linguists and the Prague linguistic school. - Leiden: Universitaire Pers.

Verburg, Pieter A. (1952): Taal en functionaliteit. Een historisch - critische studie over de opvattingen aangaande de functies der taal vanaf de prae-humanistische philologie van Orleans tot de rationalistische linguistiek van Bopp. - Wageningen: H. Veenman & Zonen.

- (1975): Stand en zin van de historie der taaltheorieën. - Groningen: Wolters-Noordhoff.

2. SPRACHTHEORIE

GRAMMATISCHE PROBLEME / SPRACHTHEORETISCHE RÄTSEL
Oder: Ist Sprache grammatisch "analysierbar"?

Manfred Geier

Meine Damen und Herren, meine Überlegungen möchte ich mit einer intuitiven Vorbemerkung beginnen, um Ihnen zunächst jene tiefgreifende epistemologische Differenz zu erläutern, die zwischen grammatischen Problemen und sprachtheoretischen Rätseln besteht.

Es ist ja nicht erstaunlich, daß sich auf einem "Linguistischen Kolloquium" Wissenschaftler/innen treffen, um Ergebnisse ihrer Forschung vorzutragen und zur gemeinsamen Diskussion zu stellen. Die Mannigfaltigkeit der Fragestellungen und Antwortversuche, die (manchmal etwas gewaltsam) in verschiedene Sektionen eingeordnet worden sind, findet dabei ihre Gemeinsamkeit in einer diskursiven Ordnung des Denkens, die intersubjektiv anerkannt wird und auch durch den Rahmen festgelegt worden ist, in dem man linguistisch zu arbeiten gelernt hat. Grob gesagt handelt es sich hier um eine institutionell abgesicherte Ordnung der "Problemlösung", die unserem wissenschaftlichen Willen zum Wissen die Möglichkeit bietet, auf bestimmte Fragen zufriedenstellende Antworten geben zu können, zumindest prinzipiell.

Gegenüber dieser kontrollierten Diskursordnung erscheinen jene marginalen Beiträge fast störend, welche die wissenschaftlichen Fragestellungen in eine Richtung verschieben, die voller Unruhe ist und oft genug auch herausfordernd und provokativ. Sie geben sich nicht zufrieden mit den Problemen, auf die eine Antwort zu geben versucht wird, sondern spüren rätselhafte Phänomene auf, die immer wieder erstaunen lassen und sich einem wissenschaftlichen Zugriff zu entziehen scheinen. Anstrengungen zu ihrer Erhellung werden aus der Sicht szientifischer Verstandesarbeit oft als "nicht wissenschaftlich" oder, wohlwollender, als Randgänge der Linguistik eingeschätzt, die einen merkwürdigen Status besitzen. Sie sind nur schwer innerhalb der wissenschaftlich eingespielten Praxis zu situieren, ohne sich jedoch außerhalb linguistischer Tätigkeit zu befinden.

Zur Klärung dieser Abstufung, die (wenn wir geistesgeschichtlich nachdenken) weder stabil noch konstant oder absolut ist, möchte ich Ihnen heute einige klärende Bemerkungen vortragen. Worin besteht die Differenz zwischen theoretischer Neugierde und verwundertem Staunen, zwischen Problemlösung und In-Frage-Stellen, zwischen diskursiver Ordnung und rätselhafter Beunruhigung? Ich werde mich dabei auf ein Phänomen konzentrieren, das ironischerweise innerhalb des wissenschaftlichen Diskurses selbst auftritt, ohne jedoch in seinem Rahmen zureichend geklärt werden zu können: die Theorievorstellung einer durchgängigen grammatischen Analysierbarkeit von Sprache.

In seinen "Reflexionen über die Sprache" hat Noam Chomsky sich bemüht, "auf den Sinn und Zweck des (linguistischen) Unternehmens" (Chomsky 1977: 11) einzugehen und dabei ein "adäquates System" zu skizzieren, das nicht nur für den Fachlinguisten erhellend und wegweisend ist, sondern auch ein allgemeines intellektuelles Interesse wachruft, das letztlich auf eine Klärung des menschlichen Wesens in seiner Besonderheit zielt. In dieser weitausgreifenden Perspektive wird eine Differenz ins Spiel gebracht, die Chomsky grob so charakterisiert:

> Ich möchte grob zwei Arten von Fragestellungen unterscheiden, die bei einer jeden Reflexion über Sprache und Geist auftauchen dürften: Fragen, die durch einigermaßen geklärte Ansätze und Begriffe erfaßbar zu sein scheinen - ich will sie "Probleme" nennen - , und Fragen, die für uns auch heute noch genauso undurchsichtig sind wie zu der Zeit, als sie zum erstenmal formuliert wurden - die "Rätsel", wie ich sie im folgenden nennen werde. (Chomsky 1977: 165)

Daß diese Trennung zwischen "problems" und "mysteries" nicht stabil ist, hat Chomsky selbst zu bedenken gegeben. Sie hängt nicht zuletzt davon ab, was im Prozeß wissenschaftlicher Erkenntnis als Fortschritt verzeichnet werden kann oder, vorsichtiger formuliert, von Wissenschaftlern als lösbar imaginiert wird. Wo andere nur erstaunliche Rätsel sehen, finden sie einen Weg der Problemlösung, auf dem man gesichert weiterkommen kann, "wenn wir den dabei auftauchenden Fragen nicht aus dem Weg gehen und sie manchmal auch mit einer Antwort versehen, wobei wir zumindest bis zu einem gewissen Grad das sichere Gefühl haben können, daß wir schon wissen, was wir tun" (Chomsky 1977: 166).

Sie wissen, daß Chomsky hier besonders auf jene kognitiven Strukturen des menschlichen Geistes intendiert, die er im Rahmen einer generativen linguistischen Theorie seit mehreren Jahrzehnten wissenschaftlich zu analysieren sich bemüht. Das altehrwürdige (philosophische) Rätsel, daß Menschen einen "Endzustand" des Geistes erreichen können, in dem ihre kompetente Sprachbeherrschung irgendwie repräsentiert ist, ist zu einem linguistischen Problem transformiert worden, zu dessen Lösung "einigermaßen geklärte Ansätze und Begriffe" bereitgestellt worden sind: die Kategorien einer generativ-linguistischen Theorie nämlich mitsamt den Regeln, durch die sie grammatisch verknüpft werden können. Wie auch immer die Begriffe und Ansätze intern modifiziert/erweitert/revidiert werden oder extern von anderen Analysemodellen unterschieden werden können, so weiß der linguistische Problemlöser doch stets, was er tut im Rahmen einer disziplinären Matrix, die es ihm ermöglicht, seine einzelnen grammatischen Probleme auf zweckmäßige Weise so zu formulieren, daß ihrer Lösung keine rätselhaften Schwierigkeiten mehr im Wege stehen.

Diese Ablösung der sprachwissenschaftlichen Praxis von "undurchsichtigen" mysteriösen Rätseln partizipiert dabei an einem erfolgreichen Verobjektivierungsprozeß der Sprache zu einem Gegenstand linguistischer Analyse, die es gestattet, in einer wissenschaftlich befriedigenden Weise klare Fragen stellen zu können, deren Beantwortung prinzipiell möglich ist. Man könnte auch sagen, daß die Wende von den "mysteries" zu den "problems" mit dem Versprechen zusammengeht, die linguistisch drängenden Probleme so zu formulieren, daß sie in von jedem Linguisten nachvollziehbare Teilschritte sich auflösen, die als solche unproblematisch sind. "Erfaßbare" Fragen sind an die Stelle "undurchsichtiger" Rätsel getreten. Problemlösung erscheint jetzt als Analyse grammatischer Fakten, die im Rahmen einer wissenschaftlichen Theorie zunehmend adäquater beschrieben und erklärt werden können. Und diese Möglichkeit ist dadurch gesichert, daß man die Spielregeln einer grammatischen Forschung akzeptiert hat, die es einem erlauben, innerhalb eines komplexen Symbolismus, entlang den formal geregelten Verbindungen grammatischer Termini, zu entscheidbaren und allgemein akzeptierbaren Problemlösungen zu gelangen.

Das "sichere Gefühl", auf das der Sprachwissenschaftler sich verläßt, wenn er weiß, was er tut, basiert dabei auf einer impliziten Voraussetzung, die wie ein konstitutives Apriori dem Fortschritt der linguistischen Erkenntnistätigkeit einen begehbaren Weg anbietet. Ich habe sie andernorts bereits ausführlicher als ein regulatives Postulat expliziert (Geier 1981/1986), das besonders in den frühen Arbeiten Chomskys einen zentralen Stellenwert besaß und sich um so mehr zurückziehen konnte, je stärker sich die linguistische Problemlösung in ihrem abgesteckten Bereich sicher fühlen konnte. Ich erinnere an jenes fundamentale Postulat der "Analysierbarkeit von Sprache", das Chomsky als eine grundlegende Voraussetzung sprachwissenschaftlicher Arbeit thematisiert und terminologisch zugeschärft hat. Seit die moderne Linguistik sich von ihrer empiristischen Fixierung auf registrierte Daten befreit hat, zielt sie auf Sprache als Menge aller grammatisch strukturierten Sätze, die mittels linguistischer Strukturregeln analysierbar sind. "Analysierbarkeit" ist der fundamentale geltungstheoretische Dispositionsbegriff, der sowohl bestimmt, was als Sprache zu gelten hat, als auch dem wissenschaftlichen Forschungsprozeß seine Richtung weist. In der sprachlichen Form des Dispositionsprädikats "analysierbar" drückt sich regulativ die Fluchtlinie aus, der die sprachwissenschaftliche Bewegung zu folgen hat, bis schließlich die analysierende Sprache der theoretischen Grammatik mit der Grammatik der zu analysierenden Sprache zusammenstimmt. Noch ist Sprache nicht gänzlich analysiert, das Ziel noch nicht erreicht. Noch gibt es den provozierenden Überschuß des Möglichen über das tatsächlich Analysierte. Aber die dispositionale Redeweise, Sprache als analysierbar anzunehmen, legt dennoch einen "einigermaßen geklärten" und sicheren Grund, auf dem die linguistischen Problemlösungen anheben und zielgerichtet fortgesetzt werden können. So wird, metaphorisch gesprochen, ein Wechsel auf eine angenommene Spracheigenschaft ausgestellt, von der man hofft, daß sie im weiteren Verlauf der Wissenschaft zunehmend identifiziert und erkannt werden wird. Dieses Postulat der Analysierbarkeit entsprang, anders gesagt, dem wissenschaftlichen Bedürfnis, solche Voraussetzungen aufzustellen, die in einem fortschreitenden Forschungsprozeß gegenüber einem unbegrenzbaren Sprachmaterial auf ihre Erklärungsmächtigkeit hin befragt werden können (Simon 1971: 60). Es läßt zugleich als möglich erscheinen, auch dort Probleme Schritt für Schritt lösen zu können, wo andere angesichts undurchsichtiger Rätsel nur verwirrt und ratlos auf die Sprache als "Mysterium" starren konnten. Ich verweise nur auf das Phänomen der sprachlichen Kreativität, das die Sprachtheoretiker erstaunen ließ, bevor sie es im Rahmen eines rekursiv angereicherten syntaktisch-semantischen Regelapparates szientifisch reformuliert haben und als lösbares Problem grammatischer Forschung thematisierten.

Bedauerlicherweise ist diese Bewegung, der zu folgen man als Sprachwissenschaftler gelernt hat, nicht ganz so unproblematisch. Denn wer sprachtheoretisch reflektiert, kann im Unterschied zum Wissenschaftler eine solche hypothetische Voraussetzung wie "Sprache ist analysierbar" nicht ohne weiteres aufstellen oder akzeptieren, da es ihm primär nicht um eine möglichst adäquate Grammatik geht, sondern um die vordringliche Frage, welche Bedeutung das Postulat der Analysierbarkeit für den Erkenntnisprozeß und seinen Gegenstandsbereich überhaupt spielt. In Frage steht der Geltungsanspruch des dispositionalen Postulats der "Analysierbarkeit" selbst. Was heißt es denn, Sprache als analysierbar zu vergegenständlichen und die linguistisch-grammatische Problemlösungsmaschinerie diesem Postulat zu unterstellen? Der faktische Forschungsprozeß liefert als solcher auf diese Frage keine befriedigende Antwort. Er setzt sie vielmehr als bereits beantwortet voraus. Aber haben wir es hier, gleichsam im Fundament der wissenschaftlichen Arbeit, nicht doch mit einem solchen "Rätsel" zu tun, das für uns auch heute noch genauso undurchsichtig ist wie zu der Zeit, als es zum ersten Mal, im Rahmen einer radikalen erkenntnistheoretischen Reflexion, formuliert worden ist?

Von dieser Rätselhaftigkeit zeugt das metatheoretische Nachdenken, das den wissenschaftlichen Forschungsprozeß von Anfang an wie ein Schatten begleitet. Denn die metatheoretische Reflexion konnte das prekäre Spannungsverhältnis nicht übersehen, das hier, im Bereich des Analysierbaren, zwischen beschreibendem und normativem Anspruch, zwischen Empirismus und Apriorismus besteht: einerseits ist der Dispositionsbegriff der Analysierbarkeit kein rein deskriptiver Begriff, da er ja nur unter Bezugnahme auf ein "geklärtes" formalisiertes System grammatischer Kategorien und Regeln verstehbar und anwendbar ist; andererseits jedoch ist dieser Begriff keine rein aprioristische Konstruktion, sondern rekurriert auf die Erfahrung grammatischer Strukturiertheit natürlicher Sprachen, ohne die er leer bleiben müßte.

Es ist ein altes erkenntnistheoretisches Rätsel, das gleichsam hinter dem Rücken der modernen wissenschaftlichen Problemlösung wirksam ist und paradoxerweise deren fortschreitendes Funktionieren absichert, ohne dabei selbst thematisch zu werden. Als sprachtheoretisches Rätsel besitzt das Analysierbarkeitspostulat jene Form, die Ludwig Wittgenstein als Zeichen jedes "philosophischen Problems" lapidar gekennzeichnet hat mit dem Eingeständnis: "Ich kenne mich nicht aus" (Philosophische Untersuchungen: 123).

> Mit dieser Bemerkung und durch den Kontext, in dem sie erscheint, trifft er sehr genau die Tatsache, daß die so gekennzeichnete Problemlage weder durch das Fehlen empirischer Informationen noch durch eine Unkenntnis einer bestimmten Sprache - etwa einer Wissenschaftssprache - als Kommunikationsmedium verursacht ist; also kann sie auch nicht durch einfache Übersetzungsleistungen behoben werden. Jenes Sich-nicht-Auskennen ist vielmehr eine Situation der Verwirrung, der Ratlosigkeit, des Orientierungsverlustes im Medium der Sprache selber, das dem, der "Ich kenne mich nicht aus" sagt, sonst das vertrauteste ist. (Schnädelbach 1977: 312f.)

Nichts anderes als diese Verwirrung kennzeichnet auch die epistemologisch brisanten Streitigkeiten, mit denen die sprachtheoretische Reflexion sich angesichts linguistischer Problemlösungsstrategien herumplagt. Ist der Bereich der Sprache und des Geistes erschöpfend analysierbar durch die Regelsysteme, die das Feld des Analysierbaren intern abstecken und begrenzen? Oder gibt es etwas, was immer es sei, das die damit festgelegte Grenze überschreitet, das sich jenseits des Analysierbaren befindet, ohne deshalb jedoch außersprachlich oder unsinnig zu sein? Beide Möglichkeiten haben ihre Fürsprecher. Sie stehen sich heute in einem Widerstreit gegenüber, der durch den Fortschritt der wissenschaftlichen Praxis selbst nicht zu schlichten ist. Seine allgemeine Struktur hat Jean-Francois Lyotard erhellt als einen "Konfliktfall zwischen (mindestens) zwei Parteien, der nicht angemessen entschieden werden kann, da eine auf beide Argumentationen anwendbare Urteilsregel fehlt" (Lyotard 1987: 9).

Auf der einen Seite stehen die linguistischen Problemlöser, die apriori davon überzeugt sind, daß die Kapazität einer "Grammatik" als einer zur Analyse von Sprache fähigen Systemsprache letztlich mit einer vollkommen analysierten Sprache und ihrer grammatischen Struktur übereinstimmt. Das grammatische Modell wird motiviert mittels einer vorweggenommenen Finalität des Beschreibungs- und Erklärungsanspruchs, die schließlich nicht mehr zwischen analysierten Endketten des linguistischen Mechanismus und den Sätzen einer natürlichen Sprache unterscheiden läßt. In dieser antizipierten Hyperrealität, die Gegenstand und Theorie gleichermaßen determiniert, gelten die grammatischen Probleme als endgültig gelöst; im Hinblick auf diese Hyperrealität gelten sie als prinzipiell lösbar. Der Weg zum Ziel mag manchmal, bei Detailproblemen, recht kurz sein, manchmal langwierig und nur schwer begehbar. Das Ziel mag in weiter Ferne liegen. Aber am Ende, in the long run, steht die simulative Finalität eines wissenschaftlich adäquaten Erklärungsmodells, das alle Probleme endgültig gelöst hat und seinen Modellbereich vollkommen analysiert und unter Kontrolle hat.

Auf der anderen Seite stehen die skeptischen Kritiker, denen die Analysierbarkeit von Sprache als ein unlösbares Rätsel erscheint, das auch heute "noch genauso undurchsichtig ist wie zu der Zeit, als es zum erstenmal formuliert wurde". Jenseits der Grammatik gibt es für sie menschliche Sprachfähigkeiten und sprachliche Phänomene, die sich grundsätzlich dem Zugriff des Analysierbaren entziehen. Sie sind mannigfaltig, nichts Festes, nichts (final) Gegebenes. Sie funktionieren und ereignen sich innerhalb komplexer "Sprachspiele", die unbegrenzbare und unberechenbare (zum Beispiel poetische) Möglichkeiten des Sprachgebrauchs eröffnen und ständig wechseln mit den unkalkulierbaren Umständen und Formen des Lebens. In dieser Perspektive erscheint Sprachvermögen als ein nicht analysierbares Können, das nicht zuletzt nach lebenspraktisch erworbenen "Intuitionen" funktioniert, die jeder formal geregelten Analyse uneinholbar vorausgehen. Von der Intuition kann man zur Analyse kommen, aber niemals von der Analyse zur Intuition. Gegenüber den berechenbaren Verfahren, denen die grammatische Problemlösung folgt, bewahrt sie das Recht des Unberechenbaren und Uneinholbaren (Geier 1982).

Angesichts dieses fundamentalen Widerstreits, der durch keine übergeordnete, gleichermaßen verbindliche Urteilsform entschieden oder geschlichtet werden kann, sind wir in eine metatheoretische "Verwirrung" geraten, die weder durch empirische Forschung noch durch das Erlernen einer theoretischen Analysesprache aufgelöst werden kann. Als sprachtheoretisches Rätsel verführt uns der Anspruch der Analysierbarkeit von Sprache in einen Bereich der Unentscheidbarkeit, der das abgegrenzte Feld der grammatischen Problemlösung übersteigt. Wir haben, wenn wir ihn zu betreten bereit sind, den sicheren Weg einer disziplinierten Sprachanalyse verlassen. Wir haben uns in ein "Sprachspiel der Philosophen" verstrickt, dessen verwirrende Dynamik ich an anderem Ort ausführlich vorgeführt habe (Geier 1989). Diese rätselhafte Verwirrung mag wissenschaftlich unbefriedigend oder störend sein. Aber wir können nicht übersehen, daß wir damit zugleich eine unschätzbare Freiheit gewonnen haben, mit der wir auch den Zwang der diskursiven Ordnung wissenschaftlicher Analyse abgeschüttelt haben.

Was aber tritt an die damit freigewordene Leerstelle? Die wohl radikalste Antwort auf diese Frage wäre jener Gewaltstreich, den der späte Heidegger, im Gespräch mit der Dichtung, gefordert hat: "Befreiung der Sprache aus der Grammatik" (Heidegger 1967: 146). Bereits Nietzsche hat diese Richtung eingeschlagen und auch poststrukturalistische Denker sind ihr gefolgt. Aber sie alle wissen, daß diese libertinäre Destruktion des grammatischen Modells (als Theorievorstellung einer durchgehenden Analysierbarkeit des linguistischen Gegenstandsbereichs) nicht auf die Ansätze und Begriffe verzichten kann, die man erschüttern will. Auch der radikalste Kritiker der "Grammatik" kann keinen befreienden Satz bilden, der sich nicht schon der Form, der Logik und den impliziten Erfordernissen dessen gefügt hätte, was er in Frage stellen will.

In Anbetracht dieser Situation gewinnt Jacques Derridas dekonstruktive Lektüreform ebenso ihre philosophische/politische Brisanz wie Jean-Francois Lyotards achtenswert postmoderner Einsatz: "Den Widerstreit bezeugen" (Lyotard 1987: 12). Das ist der beunruhigende Einsatz einer intellektuellen Verantwortung, die sich einer doppelten Aufgabe konfrontiert sieht:

1. Weil sie den geltungstheoretischen Dispositionsbegriffen der linguistischen Theorie keinen Wahrheitswert und keine empirisch gesicherte Bedeutung zugesteht, kann sie nur deren programmatische und relative Wirksamkeit anerkennen, um sie für eine kritische Reflexion zu verwenden, welche die Spielregeln des wissenschaftlichen Diskurses und seine Problemlösungsmaschinerie infrage stellt, ohne sie einfach über Bord zu werfen.

2. Sie muß es sich zugleich versagen, den rätselhaften Widerstreit (wie ich ihn am Analysierbarkeitskonzept erläutert und exemplifiziert habe) entscheiden zu wollen, sondern kann nur die Regeln ungleicher Diskursarten freilegen, aus denen sich Fälle des Widerstreits ergeben. Es gilt, eine "philosophische Politik" gegenüber den theoretischen Erklärungsansprüchen aufzubauen und zu verteidigen, die sich weder ins Spiel des gesicherten wissenschaftlichen Fortschritts verliert, noch die fraglichen Fälle von Widerstreit nach Maßgabe ihrer eigenen Regeln zu schlichten versucht.

Im Bewußtsein dieser Verantwortung habe ich heute zu Ihnen gesprochen und danke für Ihre Aufmerksamkeit.

Literatur

Chomsky, Noam (1977): Reflexionen über die Sprache. - Frankfurt am Main.

Geier, Manfred (1981): "Linguistisches Apriori und angeborene Ideen". - In: Kant-Studien 72/1, 68-87.

- (1982): "Grenzgänge der Linguistik. Von der wissenschaftlichen Uneinholbarkeit des Sprachgefühls". - In: Sprachgefühl? Vier Antworten auf eine Preisfrage (Heidelberg) 139-201.

- (1986): Linguistische Analyse und literarische Praxis. - Tübingen.

- (1989): Das Sprachspiel der Philosophen. - Reinbeck bei Hamburg.

Heidegger, Martin (1967): Wegmarken. - Frankfurt am Main.

Lyotard, Jean-Francois (1987): Der Widerstreit. - München.

Schnädelbach, Herbert (1977): Reflexion und Diskurs. - Frankfurt am Main.

Simon, Josef (1971): Philosophie und linguistische Theorie. - Berlin etc.

Wittgenstein, Ludwig ([1953] 1984): Werkausgabe in 8 Bänden. I: Tractatus logico-philosophicus. Tagebücher 1914-1916. Philosophische Untersuchungen. - Frankfurt am Main: Suhrkamp.

FORMALISM AND ECOLOGY IN LINGUISTICS

Pieter A. M. Seuren

0. Natural language is a curious blend of regularity and irregularity. The regularities are obvious: identical or analogous formal means are employed to express identical or analogous semantic content. Equally obvious, however, are the irregularities, since all too often different formal means are used for the expression of similar semantic content. Anyone remotely familiar with the study or the analysis of language will recognize this almost platitudinous truth.

Less pedestrian is the fact that the study of language has, accordingly, always been characterized by an opposition between formalistic and ecological approaches. In the formalist approach language is valued as a formal system describable in terms of rules for the acoustic or visual expression of meanings, and whatever is thought to be irregular tends to be regarded as a nuisance, attributable to jamming from unfortunate interfering outside sources. In the ecological approach, language is primarily seen as a product of nature. The expectation is therefore that language, like nature, will manifest itself in all kinds of unexpected variations on and deviations from an as yet largely unknown rule or norm system. Regularities are wonderful, but, as in nature, they are not always readily detectable and they tend to leave room for idiosyncrasies or, as they are commonly called, exceptions.

Ideally, the two approaches should be in complementary harmony. Both the formalists and the ecologists should be able to search for the best theory - the theory, that is, with the most extensive generalizations over the facts of any language under description, and of language in general, minimizing the exceptions. Thus united, the two approaches would most probably find it not too difficult to agree on the status and causal explanation, if any, of the exceptions, the drags of the rule system agreed upon.

Reality, however, has shown itself to be quite different. What one sees is two different mentalities, and a well-nigh unbridgeable gap. The formalists have a tendency to jump to formal systems, which are either borrowed from elsewhere, in particular logic, or based on an insufficient fund of observations (data). A glaring example of the latter is the following. It is well-known that English specific questions (WH-questions) are ungrammatical when the WH-word is the semantic subject of an embedded object-clause under the complementizer *that*. Such questions are grammatical only if *that* is deleted:

(1) Who do you think (*that) killed the butler?

In Chomsky/Lasnik (1977) this fact was generalized to a universal principle: no element may be moved away from a position immediately following a complementizer. This putative generalization was then adduced as corroborating evidence for a particular universal linguistic theory which soon turned out to have been conceived too hastily[1]. For unfortunately, analogous sentences with the complementizer in position are fully acceptable in virtually all other Germanic languages and their dialects. And moreover, exactly the same phenomenon is observed with questions where the WH-word has been moved from the position of predicate nominal, as in:

(2) Who do you think (*that) you are?

The putative rule or rule system thus appears to be both too narrow and too wide with regard to observable facts.

The typical formalist mentality now is to dismiss contrary evidence and to stick to the rule system that has been developed. The refractory evidence is disqualified on any of a number of grounds. Formal semanticists used to (and still often do) rule out such evidence on the ground of "not being in the fragment of the language under analysis". Such an answer, however, signals methodological danger. For to limit oneself to a "fragment" implies that the rule system devised for it can in principle be extrapolated or extended to the language as a whole. Yet to dismiss contrary evidence as "not being in the fragment" implies that there is a problem precisely with regard to the extrapolation envisaged.

More creative grounds for not taking counterevidence into account have been developed in the school of formal grammar now called "Government and Binding". There, unwelcome evidence is said to be either falsely observed, or a performance error, or substandard or dialectal or, in the case of Creole languages, Creole (i.e. "primitive"), or not covered by "core" grammar (i.e. that part of the theory that has not been plagued too much by counterexamples). Often the answer is that the latest development in the theory, not yet known to the world at large, will take care of the objection at hand. And if all that fails, a challenge is put out to provide a better theory, counterevidence being ruled out as irrelevant unless accompanied by an alternative theory of exactly the breadth, the width, and the orientation of the theory criticized, neither more nor less nor different. Such strategies for steering clear of counterevidence are methodologically aberrant. Yet they are typical, not only of certain trends in present-day linguistics, but in language studies of all times from the very beginning.

Equally aberrant is the opposite attitude of those who dismiss all rule systems and proclaim linguistic anarchy. For them, language is "simply" the free and creative expression of whatever pops up in any speaker's mind. Such extreme ecologist views are not uncommon among artists, esthetes and others with an interest in applied creativity, but are considered unprofessional in the linguistic disciplines. Less extreme but still aberrant ecologist views are, however, quite common in professional linguistics. Typical for these is an aversion to precisely formulated and generalized rules or rule systems, which are considered "dead", and an emphasis on the "living" character of natural language. For such linguists, a linguistic description is a compilation, an encyclopedia of often picturesque facts and observations. They do not see rules but only tendencies, about which they do not care too much anyway. And the highest form of scientific insight into a language is achieved, they feel, when the investigator is able to share, the deeper the better, either the linguistic experience of a native speaker, or the intuitive inspiration of a fellow linguist who has had a vision.

What we find in the real world is thus a deeply rooted and seemingly irreconcilable opposition of humours, often coupled with radically differing views on the nature and goals of linguistic science. This opposition has been with the study of language since its very inception in the days of Aristotle, a fact which makes one wonder whether it is perhaps inherent in language, when studied by human mortals, to bring out such a conflict of attitudes. In the following I shall outline some aspects of the earliest origins of this conflict and compare the ancient situation with what we have witnessed in the 20th century.

Before doing so, however, I wish to emphasize that my own position is one of extreme moderation. It is moderate in that it avoids extremes, but also extreme in being firm about its moderation. Linguistic science, in my view, cannot be allowed to rest until it has provided a fully formal, i.e. machine-implementable, and maximally generalized set of rules and principles accounting for both the synthesis and the analysis of all and only the sentences of natural languages, together with the ways in which their linguistic information is transferred to and from postulated underlying cognitive structures. It must, moreover, link up organically with adjacent disciplines such as logic, cognitive science, neurophysiology. Thus conceived, linguistics will have to cover the entire path from the first inklings of scientific intuitions to full formalization. In covering that path it must not be deflected or detained by parochial theories or proposals that preach early but unsafe bliss, whether it be in some insecure formalization, or in some dopey gate of heaven, or in the petty resignation of failure.

1. The earliest document, in Western civilisation, of linguistic analysis is Plato's relatively early dialogue "Cratylus", called after the fifth century BC philosopher of that name. Cratylus was a late follower of Heraclitus of Ephesus (6th century BC), whose doctrine of the non-fixity of all things he carried to the extreme. According to Aristotle, he was Plato's first teacher of philosophy, kindling Plato's theory that, since fixity does not exist in the sensible world, there must be a non-sensible world to account for the possibility of stable knowledge ("The Oxford Classical Dictionary" (OCD), s.v. "Cratylus"). In the dialogue, Cratylus defends the view that language is inherently true, since words are given by nature, and not by convention. They essentially depict what they stand for. To illustrate this, he goes through a long list of words and names, providing what was since then called "etymologies" (their true meaning). These are, on the whole, fanciful and in stark conflict with modern knowledge, deserving Cratylus the qualification of a "glib and unscientific etymologist" (OCD), and with the result that in modern times the dialogue has come into some disrepute. In antiquity, however, the activity of more or less speculative etymologising was not frowned upon at all, witness the many treatises on "the propriety of words" that have been preserved. It remained popular till the early Middle Ages, especially with those philosophers and students of language who had Stoic leanings.

This earliest document of linguistic analysis is clearly ecologistic: it treats language as a manifestation of nature, to be studied and understood the way nature is studied and understood. The underlying thought goes back to Heraclitus, according to whom the world, and language with it, is transient and ever-changing, and conceals its real nature. There is system in the apparent chaos, but it is not open to direct inspection. It must be unearthed by painstaking observation and theory building[2]. Through Plato and Eubulides, who will be mentioned shortly, this thought was handed down to and further developed by the philosophers of that great and long-lasting school of philosophy known as the Stoa. That the earliest theories both of language and of nature should suffer from a relative lack of solid empirical and other methodological criteria is, of course, to be expected. But that should not blind us to the important fact that the main architectural lines of the problems of linguistic analysis were beginning to show.

The important thing is the assumption of an underlying system. In due course this led to the insight that sentences as used in the processes of speech and comprehension are only surface phenomena, belonging to an ephemeral world, for much more essential and permanent structures that reflect their meaning in a direct and unveiled way, their semantic analyses (SA). Grammar is essentially a system of transformations converting surface structures into their corresponding SA and vice versa. This conception of grammar is found literally in the extant parts of "De Lingua Latina" by the Latin author Varro (first century BC). Varro, whose inspiration came in part from the Stoa, not only derives words from their presumed semantic base through etymologies, just like Cratylus (and in hardly less fanciful ways), he also relates syntactic constructions to their presumed underlying semantic analysis. The relation between semantic structures and their surface counterparts is defined, he says, "by the deletion or addition of letters, and through their permutation and modification"[3], by transformations we would say nowadays.

This and other ideas about the nature of language found their way, through authors like Varro and, later, Augustine, into the Middle Ages and thus into the traditional lore of modern thinking. Until the advent of modern structuralist linguistics, with its highly damaging semantic neurosis, which was due to behaviourism, it was commonplace to see sentences as the more or less incidental "clothing" of the more essential real stuff, the underlying thoughts, both being structured according to their own specific rules and principles. Linguistic analysis was seen as a method for establishing the relationship between thoughts and linguistic structures. This part of our traditional thinking has its roots in the etymologising activities of Heraclitean and Stoic philosophers from the fifth century BC onwards.

A different tradition started shortly after Plato's death, with the Macedonian philosopher Aristotle, likewise in Athens. Aristotle (384-322 BC) studied philosophy with Plato for about twenty years, until Plato's death in 348-347. Not being too enthusiastic about Plato's successor in the Academy, he left Athens and spent a few years in Asia Minor and Lesbos, until he was called by Philippus II, king of Macedon, in 343-342, to come and assume the task of educating the crown prince Alexander, later called "the Great" (356-323 BC). This he did till about 340, when Alexander's education became more directed at military matters. Under Philippus' reign the cities of mainland Greece were brought on and off under Macedonian authority, often against fierce resistance. Athens in particular, whipped up by the powerful public orator Demosthenes, remained an obstinate enemy of Macedonian domination. When Philippus was assassinated, in 336, Alexander, barely 18 years old, assumed power and re-established Macedonian order in Greece, leaving no doubt about his authority. The following year, in 335, Aristotle returned to Athens to set up a new college of philosophical and other studies, called the Lyceum. When news of Alexander's death reached Athens, in 323, he thought it wise to leave the city and went to live in nearby Chalcis, a Macedonian stronghold. There he died in 322.

Aristotle's philosophy of language was the opposite of Plato's. For him language was a product, not of nature, but of convention. Its sentences, he thought, were, or anyway should be, structured according to the principles of logic. There was no need to assume an underlying "hidden" level of semantic analysis, since the logical analysis said it all. Sentences, in his view, are subject to the principle of strict bivalence (or of the "excluded third"). That is, they are always either true or false, with nothing in between and nothing outside.

Truth consists in a structural correspondence between the ideas put together into a sentence on the one hand and states of affairs referred to on the other. Logic is a calculus that serves to preserve truth: it must specify, given the truth of a sentence or of a set of sentences, what other sentences are likewise necessarily true on account of structural logical principles (not of lexical properties). In other words, logic is the calculus of structural entailments. He moreover gave the first decisive impetus towards the development of an actual logic, a calculus that would specify the preservation of truth on structural principles. He produced the first formal logic in history, an achievement which, deservedly, earned him enormous prestige and lent great respectability to his views on language. Of course, language often appears not to obey the laws laid down for it by Aristotle's logic. But such improper behaviour could be attributed to its speakers' sloppiness and lack of intelligence, resulting from the moral decay of humanity since the days of old.

Along with his logic, Aristotle distinguished the notions of assertion and other speech acts, of sentence (negative or positive), of subject and predicate, and the structural classes of noun, verb, adjective and adverbs, as well as the notion of morphological modification (flection, conjugation and derivation, though not systematically distinguished). In doing so he was also the first serious theoretical grammarian in Western history. This, together with his many other achievements, made him the towering figure he is and has always been in our culture and that of other peoples.

Even so, however, he was not without critics in his own days. In the neighbouring city of Megara the philosopher Eubulides, originally from Miletus in Asia Minor, ran a school of philosophy while Aristotle was teaching at his Lyceum. This Megarian school had been founded by Euclides, a pupil of Socrates and the teacher of philosophers who laid the foundations for what later became the Stoa. Eubulides shared many of Aristotle's views, in particular that about the nature of truth. Yet he opposed Aristotle's principle of strict bivalence (the excluded third). And he succeeded in casting his criticisms regarding this particular point of Aristotelian doctrine into so-called "paradoxes", examples taken from daily life or from mythology, often earthily formulated, showing up specific problems arising from Aristotle's insistence on the strict bivalence principle. Seven such paradoxes are attributed to him, but some can be seen as variants of others. The list reduces to four, each presenting a distinct problem for strict bivalence (Kneale/Kneale 1962: 114):

(3) (a) *The Liar.* 'A man says that he is lying. Is what he says true or false?'
- (b) *The Hooded Man, the Unnoticed Man, or the Electra.* 'You say you know your brother. But that man who came in just now with his head covered is your brother, and you did not know him.'
- (c) *The Bald Man, or the Heap.* 'Would you say that a man was bald if he had only one hair? Yes. Would you say that a man was bald if he had only two hairs? Yes. Would you ..., etc. Then where do you draw the line?'
- (d) *The Horned Man.* 'What you have not lost you still have. But you have not lost your horns. So you still have horns'.

In the light of modern semantic theory this list is remarkable: it recapitulates just about the entire research programme of 20th century semantics. The first paradox is, of course, the (in)famous Liar Paradox, which has caused so many anxieties to so many generations of logicians and philosophers. The second shows up the problem of intensional contexts and their blocking of the principle of substitution salva veritate, i.e. the general rule, directly entailed by Aristotle's definition of truth, that truth-values should not be affected by the substitution of one term for another provided both refer to the same object. (Electra knows that the man who has his head covered is eating soup in the kitchen; this man is her brother Orestes though she does not know that; is it now true or false to say that she knows that her brother is eating soup in the kitchen?) The third paradox, usually called the "sorites" (heap paradox), underlies all modern attempts at devising so-called fuzzy logics, now successfully applied in a number of industrial products. And the fourth puts a finger on the much debated question of presupposition as a semantic property of sentences, an account of which in logical terms inevitably leads, as is well-known, to a violation of the principle of strict bivalence.

The enormous relevance of Eubulides' paradoxes has, by and large, escaped the historians of philosophy who recorded these facts. Fortunately they did their job faithfully enough for us to be able to recognize the significance of these paradoxes. But that recognition is coming about only in our days. In the books of history Eubulides' name is all but forgotten, due in part to his (and his successors') failure to provide a logic to go with these paradoxes, but also, no doubt, to Aristotle's irritation at these troublesome objections and his subsequent policy of ignoring them.

Aristotle had no answer to the paradoxes that Eubulides sent across to Athens, and he therefore found himself considerably embarrassed by them. Bitter hostility then developed between Aristotle and his school on the one hand and the Megarians on the other. Kneale/Kneale (1962: 115) inform us:

> Diogenes Laertius says that he [i.e. Eubulides] was strongly opposed to Aristotle and attacked him at length. We do not know whether this was the beginning of the hostility between the Peripatetics and the Megarians; but it is certain that, inherited by the Stoics from the Megarians, the quarrel continued for many centuries and had a bad effect on the development of logic. For although Aristotelian and Stoic theories are in fact complementary, they were treated as alternatives. By the time it became clear that they should be amalgamated, the intellectual impetus of the ancient world was spent, and there was no one of the requisite status for the task.

A factor that must have played an important role in this whole episode is no doubt the political opposition between the Aristotelians on the one hand, protected as they were by Alexander's power and authority, and the democrats in the Greek cities on the other. It cannot but have been significant that, according to ancient sources, Eubulides taught dialectic and rhetoric to Demosthenes, the great defender of democracy and the formidable opponent of Alexander's father Philippus II (OCD s.v. "Eubulides").

In any case, we see here the beginnings of an academic conflict that, as Kneale and Kneale say, was unnecessary but lasted for centuries, to the detriment of the advancement of knowledge and insight. The conflict was, as we now clearly see, one between formalists and ecologists, the Aristotelians representing the former, and the Megarians and Stoics representing the latter. In antiquity they bore different names: the Aristotelian formalists were called "analogists", after the Greek word *analogia* ("regularity"), and the Stoic ecologists had to put up with the unflattering title of "anomalists", derived from *anomalia* ("exception").

The opposition between the two schools of philosophy was compounded by a further factor. Having pacified Greece, Alexander started on the greatest military expedition in history, his conquest of all the land between the Indus and the Nile, including Egypt and the Persian empire. Within less than ten years he became master of the Eastern world and rose to mythical proportions. He died, however, in 323 from the effects of an injury incurred during his many battles, before he could realize his dream of conquering Arabia and even Italy. After his death there was a great deal of strife about his succession. In the end the great empire was split up among some of his generals. Ptolemy, probably Alexander's elder bastard half-brother, took Egypt and became the founder of the dynasty that ended, almost three centuries later, with Cleopatra.

The relevance of Alexander's campaign in the present context lies in what happened to the Greek language as a result of it. Before the campaign Greek was one of the many languages spoken, in more or less garbled versions, in markets throughout the Near East. But after the campaign Greek had become the language of government, and hence the language of status. Whoever was to climb the social ladder had to know decent Greek. Inevitably therefore, parents who wanted their children to occupy a position of importance in the new political order were on the lookout for Greek language teaching. A sudden and massive demand thus developed for the teaching of Greek as a foreign language, especially in Egypt, which was the most powerful and the most strictly organized of the new Hellenistic kingdoms. Ptolemy, being an enlightened monarch, then decided to establish a university in his capital Alexandria (founded by Alexander a few decades earlier) and he appointed professors in different subjects, some with the explicit task of developing teaching material for the new schools. This marked the beginning of what we now call "linguistics", which thus began, strictly speaking, as applied linguistics.

These early Alexandrian linguists, or "philologists", found themselves in a predicament, since they needed a certain amount of linguistic, in particular grammatical, analysis for the preparation of the required teaching methods. But, apart from what could be culled from Aristotle's writings on language, nothing existed. Beyond the Aristotelian input, both the notions and the terminology needed had to be developed from scratch. Moreover, a model had to be chosen for what was to be considered "proper Greek", to be described or at least approximated by the rules of grammar to be developed. A sudden and lively research activity thus came about directed, on the one hand, at establishing what could be taken as the "purest" form of Greek, and, on the other, at the normative grammatical description of that language variety. The variety of Greek settled upon after a while was, perhaps surprisingly, the Attic Greek used in Aristophanes' comedies of the late 5th century BC, which continued to serve as the normative model for "pure Greek" throughout antiquity. The grammatical descriptions that followed were used and interpreted as "prescriptions" for the proper use of Greek.

It is easily understood that the Alexandrian linguists who were set to work by the first Ptolemy and his successors were under severe pressure to produce, quite unlike the leisurely philosophers in far away Athens, who had all the time in the world to think up pretty arguments and engage in academic battles. Equally understandably, our Alexandrians had neither time nor sympathy for exceptions and other niceties in the language they were employed to analyse and describe. What has been described above as the formalist attitude thus came to them quite naturally: they hardly had any choice but to stick to whatever rule system they first hit upon and to dispose of exceptions and irregularities in as expeditious a manner as possible. In this respect they had to have a natural preference for the formalist, analogist attitude developed earlier by Aristotle, whom they justly regarded as their illustrious predecessor anyway. This preference was no doubt reinforced by the political significance of the fact that Aristotle was a Macedonian, and clearly an exponent of Macedonian power and glory.

It thus came about that "amongst the Greeks, the quarrel was most keenly pursued, on the side of analogy, by the grammarians of Alexandria, and on the side of anomaly by the Stoics" (OCD, s.v. "Analogy"). Later on, especially in the days of Roman domination, the dispute shifted largely from grammar to literature. Defenders of analogy insisted on straightforward soberness and conservatism in matters of style and composition, whereas the anomalist school was in favour of startling ploys, neologisms and far-fetched expressions. Grammar proper had, by that time, practically settled on a compromise, a blend of Alexandrian and Stoic scholarship, which became the source of what we now regard as "traditional grammar".

2. Having paid a brief visit to the glorious but distant days of ancient Greece and Rome, let us skip a few centuries and land again in Western Europe about a hundred years ago. Here we find a landscape where linguistics flourishes as a mainly historical discipline under the name of comparative philology. A product of Romanticism, with its luxurious interest in anything remote, either in time or in space[4], comparative philology had achieved the monumental reconstruction of the Indo-European language family and had thus opened the academic public's eye to the intriguing facts of historical relatedness of often very different languages.

This work of linguistic reconstruction was supported by a rather standard set of general notions about language, grammar and meaning. Contrary to the daring and innovative concepts and techniques developed for the purpose of historical reconstruction, these general notions were, on the whole, quite traditional and conventional. Only in hindsight does one detect the first buds of what was to become 20th century structuralist linguistics. Ferdinand de Saussure was already brooding over his dual distinction between "langue" and "parole", and between diachronic and synchronic language studies. And across the Atlantic, in the United States of America, the German anthropologist Franz Boas and some of his students, quickly joined by the linguist Leonard Bloomfield, would soon be starting to draw certain non-standard conclusions from their study of American Indian languages. A new linguistics would thus come about, which, as we shall see, was strictly ecologistic in its general orientation.

Meanwhile, things were happening in psychology. Psychologists and philosophers like Wilhelm Wundt, William James or Max Müller, had been developing, in the later years of the 19th century, theories of mental processes meant to unite psychology with linguistics and logic, an eminently ecologistic enterprise. These theories did have some effect on what was to become modern linguistics, but only in certain limited respects[5]. Overall, however, this interesting and potentially very fruitful development in psychology failed to have an adequate impact on either linguistics or logic, both disciplines being carried along by their own independent and strong currents.

Linguistics, in the narrow sense of the theory of grammar, went through a long period of enthralment by the new doctrine of behaviourism, which made it impervious to influences from earlier, more traditional paradigms of psychology. This behaviourist yoke was shed around 1960, when behaviourism was replaced by "cognitivism", the cognitive science approach according to which the mind is a gigantic computing plant. This new cognitivist orientation fitted in well with the new development of generative grammar as a rule system generating all and only the well-formed sentences of a language. But even so, the behaviourist past still continues to cast its long shadow in that the study of meaning has remained badly underdeveloped. Despite all these vicissitudes, however, linguistics has managed to remain, till the present day, largely ecologistic in its methodological orientation: most linguistic theories are realist and claim psychological reality, under a sufficiently cautious formula of interpretation, while striving for the widest possible generalizations in view of the available facts, and for the most organic integration with adjacent disciplines. Yet formalism has made important inroads. Feeling the otherwise legitimate need for formalization, some schools of thought in linguistics have fallen for the temptation to canonize a particular method of analysis, with the result that recalcitrant facts had to be weeded out by all kinds of expedients. This applies in particular to the school called "Government and Binding", under the leadership of Noam Chomsky, as was illustrated in section 0. An unduly formalistic approach likewise characterizes most analyses set up in the context of language technology, with a view to computer-mediated application of linguistic rule systems. Here, the constraint of having to provide computer programs "that work" inevitably leads to an inadmissible disregard for linguistic facts that disturb the patterns adopted.

The most outspoken manifestation of formalism, however, is found in what is nowadays called "formal semantics". Formal semantics is a direct offshoot of logic and thus clearly stands in the logical, not the linguistic, tradition. It is, in fact, an application to natural language of model-theoretic techniques developed in logic around the middle of this century. The main point in formal semantics is a calculus that yields a truth-value for any sentence of a language L, given an independently defined state of affairs W and an interpretation I of L in W, i.e. independently defined extensions for terms and predicates of L in W. I and W together are normally called the "model" for L. The calculus makes use of tree structures assigned to sentences, one branch of each set of sister branches being a function, and the others the input. The dominating ("mother") node receives the value. The final value for each sentence must always be a truth-value, given the model, of course. A generalization of such a calculus over all possible worlds, I being kept constant, ideally yields for each sentence S the set of possible worlds in which S is true.

This approach does not profess realism, i.e. a claim to psychological reality, but is instrumentalist in the accepted sense of that term: the calculus serves to characterize the object under investigation, in this particular case by defining the truth-conditions for sentences. Natural languages are treated and analysed as formal, mathematical objects, not as communication systems in their natural setting. The natural setting, in so far as it is not entirely forgotten, only serves as escape clause for cases where the formal analysis fails to apply to the facts. Such phenomena are ascribed to the vitiating influence of "pragmatic" factors. The joint effort of pragmatics and formal model theory should thus provide a satisfactory account of the facts of language, though, typically, the formal semanticists' interest remains restricted to model theory and does not extend to language as such. Pragmatics, moreover, is considered to be of a less precise nature, not really subject to the same principles of rigorousness and precision that hold for formal semantics.

The formalist attitude of formal semanticists is directly inherited from modern logic, which became anti-ecologistic around the turn of the century. Whereas, traditionally, logic had been considered to be somehow the study of those aspects of human thought to do with correct reasoning, about a hundred years ago its scope narrowed. It became the study of the formal language most suitable for mathematical proofs. Traditional Aristotelian predicate calculus now really had to be replaced by a better system, since the well-known defects that had plagued it for centuries were now coming to a head with the application to mathematics. The two most obvious defects were brought about by the traditional theory of, respectively, quantification and reference.

The traditional Aristotelian theory of quantification leads to a paradox when applied to empty classes. For it licenses an inference from universally quantified sentences to their existentially quantified analogs. Thus, Aristotelian logic licenses the inference from "all A is B" to "some A is B" (the affirmative subaltern consequence), and hence to the non-emptiness of the class characterized by the predicate "A". At the same time, however, the falsity of "all A is B", and hence the truth of "not all A is B", leads to "some A is not B" (equivalence of negated contradictory), and hence again to the non-emptiness of the class characterized by the predicate "A". Now suppose the class characterized by the predicate "A" is in fact empty: there are no A's. Then, if "all A is B" is considered true, the non-emptiness of this class follows in virtue of the affirmative subaltern consequence. But if "all A is B" is considered false, then again the non-emptiness of this class follows, this time in virtue of the equivalence of the negated contradictory. In the absence of any A's the sentence "all A is B" can thus be neither true nor false, which violates Aristotle's principle of strict bivalence. Or, put differently, the existence of at least some A should be logically necessary, which is, of course, absurd.

The problem of traditional logic with regard to reference consists in its paradoxical results when reference is made to non-existing entities. There is, first, a parallel with universal quantification, in that a sentence like

(4) The present king of France needs to be brave.

entails that there actually is a king of France now, while its negation:

(5) The present king of France needn't be brave.

likewise entails that there actually is a king of France now[6]. In a strictly bivalent logic this means that the present existence of a king of France should be logically necessary, which is, again, absurd. But there is also an ontological problem in that, given the non-existence at present of any king of France, it should be true to say that nothing exists that sentence (4) is about, so that sentence (4) should be about nothing. That, however, is clearly false, since it is about the present king of France, whether he exists or not. To escape this dilemma one would seem to be forced to distinguish somehow between 'existence' and 'being'. However, in the context of 20th century positivistic trends in philosophy and elsewhere, such a distinction was, and in many circles still is, absolutely anathema[7].

In devising a solution for these and similar problems, Bertrand Russell had to redraw traditional Aristotelian predicate calculus. He did not, however, wish to attack Aristotle's axiomatic principles. On the contrary, he was adamant that Aristotle's definition of truth (known as the "correspondence theory"), as well as the principle of strict bivalence, should be kept entirely intact. The new logic, in particular the predicate calculus as devised by Russell in the early years of the century, together with his "theory of descriptions", seemed to provide a viable solution for these problems within the boundaries of Aristotle's axiomatic principles, at least for strictly mathematical language. But, as we shall see, it emphatically did not work for natural language, which sits uncomfortably in Russell's ill-fitting harness.

A further, strictly philosophical, motivation for Russell to embark on his logical enterprise was provided by the philosophical embarrassment caused by the great Kantian dilemma of the essential and analytical impossibility of knowing the world "an sich", independently, that is, of human knowledge, and of proving the adequacy of our knowledge. It seemed to him that a good second best solution was to study the knowledge end of the uncertifiable relation of mind and world: a systematic analysis of the logical structure of human sentences would reveal the smallest structural elements, the "logical atoms", of the human way of dealing with the phenomena. This logical atomism would, in his view, get us as close to what we may surmise the real world to be as is humanly possible.

In the early years of this century Russell thus developed his new logic. He tackled the problem of universal quantification over empty classes (taking his inspiration from earlier work by Frege) by giving quantifiers the status of higher order predicates over classes (of classes (of classes, etc.)) of individuals. The existential quantifier in a sentence like:

(6) Some men are mortal.

says that the class of all x such that x is a man and x is mortal is non-empty. The universal quantifier in the analogous sentence:

(7) All men are mortal.

says that the class of all x such that if x is a man x is mortal equals the totality of all individuals in the universe of discourse (U). If a sentence contains universal quantification over an empty class, as in:

(8) All werewolves are mortal.

then, in virtue of the truth-table for implication, every individual in U will vacuously fulfill the condition "if x is a werewolf x is mortal", since no individual is a werewolf. The only condition left is that U itself be non-empty. If that condition is fulfilled, and if there are no werewolves, sentence (8) will be true. This theory has since been known as "Classical Quantification Theory" (CQT).

CQT was also used by Russell, especially in his (1905), to solve the problem of reference to non-existing entities. For this purpose he developed his so-called "theory of descriptions", which meant to circumvent this problem by imposing a quantificational structure on sentences with definite descriptions. Sentence (4) would thus be analysed as if it were equivalent to:

(9) Exactly one king of France needs to be brave.

or, in terms of CQT,

(10) $\exists x\,[\text{KoF}(x) \wedge \text{need to be brave}(x) \wedge \forall y[\text{KoF}(y) \supset y = x]]$

to be read as "the class of x such that x is now king of France and x needs to be brave and such that the class of all y such that if y is now king of France y = x equals U, is non-empty", or, in a more current dialect of logical Angloid, "there is an x such that x is king of France and x needs to be brave and such that for all y, if y is king of France y is identical with x". The advantage of this analysis is that (10) is now unequivocally false, given the absence of any king of France, and the logical negation of (10), i.e. (10) preceded by the negation sign:

(11) $\neg \exists x\,[\text{KoF}(x) \wedge \text{need to be brave}(x) \wedge \forall y[\text{KoF}(y) \supset x = y]]$

is now unequivocally true. The fact that speakers of English tend to interpret (5) as though the negation sign stood just in front of "need to be brave":

(12) $\exists x\,[\text{KoF}(x) \wedge \neg \text{need to be brave}(x) \wedge \forall y[\text{KoF}(y) \supset x = y]]$

should be attributed to the innate sloppiness and deficient logical knowledge of the human race, and need thus not disturb the logician. The principle of strict bivalence thus seemed to be saved.

The linguists did not like Russell's analysis at all. To begin with, they were not impressed by the urgency of the problems that this analysis was meant to solve. After all, had mankind, and linguistics with it, not lived with traditional logic for two millennia? Why should the specific needs of mathematics affect the analysis of language? It would not have been so bad if the analyses proposed by Russell gave the linguists a feeling of improved insight into the nature and structure of natural language sentences. But that was clearly not the case. In their view, to propose (10) as the analysis of (4), and (11) or (12) as alternative analyses of (5) amounted to nothing less than an outrage. The familiar, time-honoured subject-predicate structure of sentences like (4) and (5) had been turned into an unrecognizable mince pie of symbols defying pronunciation in ordinary English.

And to say of a sentence like (8) that it is true in the absence of any werewolves is doubtful to say the least. Suppose I, who have a car with a diesel engine (and therefore without any spark plugs) go to a garage for a servicing and, being presented with an exorbitant bill, ask the mechanic how my bill can be so high. Suppose the mechanic replies:

(13) All the spark plugs of your engine have been renewed, sir.

Can one now reasonably say that he is speaking the truth? It takes a strong logical conviction to maintain that he is.

In short, the Russellian analysis, and with it the whole of the new logic, was felt by linguists to constitute such a blatant violation of all principles of sound linguistic analysis that a breach was inevitable. Logic and grammar, which had been united for over 20 centuries in close, though not always harmonious, partnership, now parted company. It was henceforth considered unscientific for a linguist to invoke logic, and, by reciprocation, unlogical for a logician to invoke linguistics.

Not until much later, after 1965, did this situation change, when a group of linguists of the generative transformational school discovered that it makes good sense for a theory of syntax to assume a level of syntactic deep structure formulated in the language of (a variety of) CQT. This became the theory of what was then called "generative semantics" (now rather "semantic syntax"). Yet, although this led to a reconciliation and a renewed interest of logicians and at least this group of linguists in each other's activities and concerns, these new grammarians never accepted Russell's treatment of definite terms (his "theory of descriptions"). And many, perhaps most of the linguists who have acquainted themselves since then with the theory of quantification have felt that, even though the logical syntax of CQT may, in principle, be reflected in the syntactic deep structures of natural language sentences, the logic associated with it will, in all likelihood, have to be non-classical, incorporating, for example, presuppositional phenomena. Even though they re-established the old contacts with logic and allowed themselves to be strongly inspired by it, this group of linguists thus remained strictly ecologistic in orientation. Paradoxically, it was the Chomsky-led school, where the influence of logic was hardly felt, that practically gave up ecologism and became predominantly formalistic.

At the same time, Anglo-Saxon philosophy did not as a whole follow the formalist trend with regard to the study of language set out by the new logicians. It was in Russell's own Cambridge that an opposition formed itself, during the 1930s, as a result of the teaching activity of Ludwig Wittgenstein. In his later life, Wittgenstein turned away from positivism and formalism with the same force and energy that he had shown in his younger years in endorsing them. Like Russell, he was inspired by the Kantian dilemma of the unknowability of the world "an sich" and of providing proof for the adequacy of knowledge. And again like Russell, Wittgenstein felt that a good second best solution would be for us humans to analyse ourselves and see how we deal cognitively with the world and its phenomena. But here he left Russell and went his own way. In his view, the philosopher's best source of information on mankind's mental fabric was not the logical structure of natural language sentences but, rather, the living phenomena of linguistic use in everyday contexts, since nowhere else are human ways of dealing with the world so visible and so observable. Philosophical insight is thus enhanced by careful and precise observation of what he called the "language game". He rejected the notion of a language as a formal, rule-governed system, favouring the idea that the use of language is guided rather by trends and often vaguely defined general principles that are derived from and follow the mental make-up that humans are naturally endowed with.

Perhaps surprisingly, Wittgenstein's influence was felt much more at Oxford than at Cambridge. Immediately after the end of World War II, a number of Oxford philosophers decided to develop further the ideas that Wittgenstein had been presenting at Cambridge during the preceding years. This led to the highly influential movement usually called the "Ordinary Language Philosophy" (OLP), which lasted from 1945 till 1970.

The Ordinary Language Philosophy was characterized by a desire to do full justice to the natural facts of language and its use. It was through a careful observation and study of such facts that the real structure of the world, and also of philosophical questions about reality, could be best approximated. It was even hoped, for some time, that a meticulous and subtile analysis of the facts of language would reveal that most of the old and often all too vaguely formulated philosophical questions were in fact the product of unclarity in the use of language. It was also felt that the old Aristotelian doctrine of truth by correspondence alone and the concomitant principle of strict bivalence (the "excluded third") were too restrictive since they failed to take into account the elements imported by the properties of human perception and human cognition, and the consequent projections from preception and cognition onto what is perceived and thought to be the phenomena of the world. Here again, the OLP philosophers felt, detailed scrutiny of linguistic facts would bring greater clarity.

Undermining the Aristotelian principles of truth and bivalence thus became a favourite activity at Oxford. The Oxford philosopher John Austin, for example, drew attention to speech act phenomena by presenting speech act sentences ("I hereby name thee 'King George'"), which cannot properly be said to be either true or false. And Peter Strawson revived the old debate on presuppositions (1950; 1952), attempting to incorporate presuppositional phenomena into an extension of traditional Aristotelian logic where strict bivalence is given up in favour of a bivalent logic with truth-value gaps (a "gapped bivalent logic"). Strawson rejected Russell's proposed solutions for both the Aristotelian problem of universal quantification over empty classes and the problem of reference to non-existing entities, in favour of a treatment in terms of a presuppositional logic that preserved the old subject-predicate structure and remained generally much more Aristotelian than the new logic devised and defended by Russell. It must be added immediately, however, that Strawson's logical proposals achieved nothing like the formal depth and precision that characterized the new Russellian logic. This was no doubt one of the reasons behind the widespread uproar among logicians during the 1950s and 1960s at what they saw as Strawson's tinkering with logic, and the almost universal refusal of logicians to look more closely at the phenomena at hand and at possible non-bivalent treatments for them[8].

The outspoken ecologistic approach cultivated at Oxford with regard to the facts of language thus constituted an attack on the time-honoured Aristotelian axioms of truth and bivalence, much to the dismay of Bertrand Russell who was a formidable and staunch defender of these principles at Cambridge[9]. One can draw a curious historical parallel between, on the one hand, Eubulides and his followers shooting their paradoxical arrows across from Megara to Athens during the years of Aristotle's teaching there, and, on the other, the Oxford philosophers putting spokes in Russell's logical wheels during the immediate postwar years of our own century. In both cases ecologists attacked formalists, partly with the same weapons (presuppositions), and in both cases the formalists had the advantage of a well worked out formal logical system to back up the general principles.

Now, in the early years of the last decade of the century, we are fortunate in witnessing a general mellowing of attitudes. The rediscovery of logic by linguists in the 1960s, their increased interest in, and decreased fear for, semantic phenomena, together with the daring inroads made by formal semantics into the study of language (formerly thought to be exclusively linguistic territory), have made for a much improved understanding of the mutual goals, concerns and methods. It is in the spirit of this rapprochement that this paper has been written and, hopefully, will also be read.

Notes

1 The idea is (was) that nominal constituents can be moved about by some rule only if they are "lexically governed", and that, furthermore, subject constituents are not lexically governed, unless in an object clause without complementizer.

2 Two of Heraclitus' favourite sayings were "Nature likes to hide herself", and "Invisible harmony is stronger than visible harmony".

3 Literally: "litterarum enim fit demptione aut additione, et propter earum traiectionem aut commutationem" (V,6).

4 The great movement of Romanticism, which started in the 18th century, should be seen in the context of the enormous wealth and power, and the colonial expansion, of the nations of Western Europe in the 18th century. The bourgeoisie of those days thus had not only the leisure and the means, but also the incentive to indulge in their natural curiosity about the past and the distant. At the same time they were helped by the technological innovations that were beginning to shape up. Typically, archeology came about in the late 18th century, which was also the time of Captain Cook's travels, the first publicly financed exploratory expeditions in history not set up for the purpose of economic gain but merely for the furthering of knowledge and the widening of horizons. Comparative philology likewise saw the light of day in that period, and is clearly of the same Romanticist ilk. A factor, of particular relevance for linguistics, was the enlightened attitude, current in those days, of regarding members of the coloured races as "noble savages", and no longer as subhuman beings. This helped early comparativists to treat exotic as well as ancient languages on a par with the familiar European languages. Even so, however, the notion of "primitive" language survived for a long time.

5 In a very special way, Wundt has influenced linguistics through the American linguist Leonard Bloomfield (1887-1949). Bloomfield's early work (1914) was strongly inspired by Wundt, from whom he took the notion of sentences as structures consisting of hierarchically ordered constituents, the well-known so-called tree structures (Wundt 1880: 53-71, 1900 II: 320-355), clearly without realizing, at first, its overriding importance. This only gradually became clear to him as he grew older. In his (1914) the notion is barely present (61/110), but in a form which is strongly reminiscent of Wundt. In Bloomfield (1933), however, it is present all over, despite the fact that Bloomfield had turned away from traditional psychology and had embraced the new doctrine of behaviourism lock, stock and barrel. Nowadays, of course, tree structures are an indispensable ingredient in every branch of linguistics. In logic, tree structures made their appearance in the 1930s, when Ajduciewicz introduced his categorial grammar, based on notions developed by Gottlob Frege.

6 Russell's original (1905) sentence was, of course, "The present king of France is bald". This example, however, illustrates the problem less clearly than (4) above, since the negation of Russell's sentence, "The present king of France is not bald", can be interpreted, if need be and with strong accent on n o t , as not implying the existence of the king of France. Sentence (5), however, does seem to have the necessary implication that there is a king of France. The difference is due to n e e d n o t being a negative polarity item (see Seuren 1985: 232).

7 The classic paper in defence of this positivist position is Quine's "On what there is", in Quine (1953).

8 A notable exception was the logician and philosopher Bas van Fraassen, who in various publications (e.g. 1968/1971) tried to adapt Strawson's ideas and fit them into a workable logical system deviating only minimally from classical logic.

9 See, for example, Russell (1957), a bitter reply to Strawson's criticism of his theory of descriptions.

References

Austin, John L. (1962): How to Do Things with Words. The William James Lectures delivered in Harvard University in 1955. - Oxford: Clarendon Press.
Bloomfield, Leonard (1914): An Introduction to the Study of Language. - New York: Henry Holt.
- (1933): Language. - New York: Henry Holt.
Boas, Franz (1911): Handbook of American Indian Languages. - Washington D.C.: Smithsonian Institution.
Chomsky, Noam/Lasnik, Howard (1977): "Filters and control". - In: Linguistic Inquiry 8/3, 425-504.
James, William (1901): The principles of Psychology I, II. - London: Macmillan.
Kneale, William/Kneale, Martha (1962): The Development of Logic. - Oxford: Clarendon Press.
Müller, F. Max (1888): Three Introductory Lectures on the Science of Thought. - Chicago: Open Court.
Quine, Willard V.O. (1953): From a Logical Point of View. - Cambridge, Mass.: Harvard University Press.
Russell, Bertrand (1905): "On denoting". - In: Mind 14, 479-493.
- (1957): "Mr Strawson on referring". - In: Mind 66, 385-389.
Seuren, Pieter A.M. (1985): Discourse Semantics. - Oxford: Blackwell.
Strawson, Peter F. (1950): "On referring". - In: Mind 59, 320-344.
- (1952): Introduction to Logical Theory. - London: Methuen.
Van Fraassen, Bas (1968): "Presupposition, implication, and self-reference". - In: Journal of Philosophy 65, 136-152.
- (1971): Formal Semantics and Logic. - New York-London: Macmillan.
Wundt, Wilhelm (1880): Logik. Eine Untersuchung der Prinzipien der Erkenntnis und der Methoden wissenschaftlicher Forschung. - Stuttgart: Enke.
- (1900): Völkerpsychologie. Eine Untersuchung der Entwicklungsgesetze von Sprache, Mythus und Sitte. Teil 1: Die Sprache I, II. - Leipzig: Engelmann.

TOWARDS A THEORETICAL MODEL OF COMMUNICATIVE CREATIVITY: KARL BÜHLER'S CONCEPT OF METAPHOR IN THE CONTEXT OF HIS THEORY OF TWO LANGUAGE-FIELDS ("ZWEIFELDERLEHRE")*

Andreas Musolff

1) In his "Sprachtheorie" of 1934 Karl Bühler wrote about language in a metaphorical way something that is not always acknowledged as a proper "scientific", objective attitude in linguistics. But the idea of science as a system of propositions that can do without metaphorical ingredients rests on the very problematic assumption that language should be a neutral terminology for theories - metaphorically speaking: a costume or garment that clothes the supposedly "naked" ideas. It was especially Max Black who drew attention to the key role of metaphors in the construction of new theoretical models (cf. Black 1962)[1], and since the publication of his writings on metaphor there have been numerous theoretical approaches to this *creative aspect* of what was known in the rhetorical tradition as a *standard device* of exchanging one word for another (Lausberg 1984). So - why go back to a book first published in 1934, if there are so many new advances towards the problem of linguistic creativity, and of metaphorical creativity in particular? (cf. Haverkamp 1983, Ortony 1979, Papprotté/Dirven 1985)

In the first place something can be learned from Bühler about the dangers of creative metaphors. Convincing metaphors seem not only to give a particularly interesting insight into a problem, but to represent "truth". If they become commonplace in the course of language history, they seem to constitute reality per se: up to a point where critical reflection of their metaphorical character needs a special effort, e.g. with regard to the former metaphorical character of this word: *re-flection*. This is typical of "common", everyday language use as well as of learned or scientific terminology. The well-known concept of language as a *device* for communication is based on an image of language as a *tool*: a metaphor which can be traced back to Plato's "Kratylos". When Bühler makes use of Plato's image of language as an artisan's tool (Bühler 1934: 3/24/48), he is anxious to point out the limitations of this argumentative device:

> Die Sprache ist dem Werkzeug verwandt; auch sie gehört zu den Geräten des Lebens, ist ein Organon wie das dingliche Gerät, das leibesfremde materielle Zwischending; die Sprache ist wie das Werkzeug *ein geformter Mittler*. Nur sind es nicht die materiellen Dinge, die auf den sprachlichen Mittler reagieren, sondern es sind die lebenden Wesen, mit denen wir verkehren. (Lausberg 1984)

In linguistic theory, words are more often treated as *substances* or even *natural entities* than as *tools*, let alone social ones. Thus, they appear as *things*, which the linguist can analyse in scientific terms, describing their supposedly "natural" characteristics in abstraction from their functions in the social context. But words acquire meaning only within a social context: not as mere reproductions of facts or ideas, but as perspectives on reality. In that respect, metaphors are not different from other linguistic symbols, but they can serve this interpretative function in a particular way by introducing *new* maning perspectives into the established discourse traditions. Bühler's linguistic interests are directed towards this problem of innovative language use: how is it possible to introduce new experiences, new concepts into the system of communication? A view of language as a compendium of "names for things", as a code that you have cracked if you know the one system of its lexicon, is unable to explain this "faculty" of language (or of the language users):

> Man stelle sich den Benützer eines Einklassensystems in '**neuen**' Situationen vor. Wollte er, weil die alten nicht ausreichen, neue Symbole erfinden, so wären diese vorerst nicht intersubjektiv verständlich. Was soll er anstellen, um aus dem Schatz bestehender Konventionen definiert **neue** Ausdrücke zu gewinnen?[3]

On encountering an unknown metaphor, say, for instance: Bühler's example: *Hölzlekönig*, one has to look for interpretative clues in order to be able to understand it. The lexicon will give a standard or prototype definition of *-könig* and of *Hölzle* ("little wood" in Swabian dialect), the obvious contiguity of these morphemes within the compound will suggest their semantic combination. The syntactic rules of nominal compounds in German will tell us that *-könig* is the "determined", *Hölzle* the "determining" part of the compound (Bühler 1934: 327ff./348f.). But to which "meaning direction" of *-könig* the interpretation has to be directed is not deducible from the system of grammatical and lexical structures. *Hölzlekönig* might, for instance, be interpreted as referring to a "kingly" man that owns a forest (Bühler 1934: 348f.). In order to know that it refers to a particular tree in the Black Forest, which towers over neighbouring trees, one needs additional information, i.e.: an explicit predication, if possible while standing in front of the very tree.

But such a reconstruction of an ostensive definition of *Hölzlekönig* is also problematic when one remembers the destruction of the myths of ostensive definitions in Wittgenstein's "Philosophical Investigations" (cf. Wittgenstein 1977: § 28ff.). To understand what the object of the ostension is and in which perspective it is to be an "object", is not self-evident. One needs to know, or at least assume, a context, a *Sprachspiel*, where the new definition makes sense. But what happens in case of a new experience that is not a simple addition to the lexicon, but which changes your view of the world and creates a new *Sprachspiel*? - Or what happens, if the *Sprachspiel* changes, as can be illustrated for Bühler's second example of a metaphor: the notorious *Salonlöwe*, which even in his days was *well-worn* ("abgegriffen"). Bühler uses it to discuss the selective character of metaphorical meaning-constitution: the semantic "spheres" of *Salon* and of *-löwe* have very little in common, so that the lion's stereotypical features of *blood-thirstiness* or *aggressiveness* are excluded or covered up ("abgedeckt") - by the *tamed* atmosphere of bourgeois Viennese pre-World War II-*Salons* (Bühler 1934: 349). It is this notion of the selective character or "filter"-aspect of metaphors that Bruno Liebrucks criticises in his analysis of Bühler's theory of metaphor in the first volume of "Sprache und Bewußtsein" (cf. Liebrucks 1964: chapters V, XII). Liebrucks points to the historical experience of World War II as the newly relevant context of semantic projections of *aggressiveness* and *blood-thirstiness*:

> (...) [solche Projektionen] stammen aus einer Zeit, die damit kokettierte, den Menschen als Raubtier zu sehen, weil sie nicht ahnte, **wie** furchtbar der Mensch ist. Wir sehen heute in 'Salonlöwe' den ganzen Jammer einer Gesellschaft, die ein solches Wort in ihren Reihen spazierenführte".[4]

Reconstructing the changes of historical context that rendered the term *Salonlöwe* utterly obsolete, Liebrucks creates a new interpretation of this word by setting its meaning against the background of post-1939 historical experience. He shows that the aspects of blood-thirstiness and aggressiveness could not really be destroyed or excluded by the *Salon*-society, that they perhaps were only "covered-up" in the negative sense of this word. *Salonlöwe* is no longer interpreted as a funny description of a person, but as a new metaphor - or perhaps a simile[5] - for the state of twentieth century society and civilisation. An understanding of this new interpretation of *Salonlöwe* as a critical comment on the state of human society presupposes the knowledge (a) of its former harmless, commonplace use and (b) of the historical changes that made the original term *Salonlöwe* obsolete together with the social institution of *Salon*.

2) The meaning of the term *creativity* employed here is obviously different from the concept of linguistic creativity which Noam Chomsky puts forward in "Aspects of the Theory of Syntax", where he relates *creativity* to the *recursiveness* of grammatical rules:

> Although it was well understood that linguistic processes are in some sense 'creative' the technical devices for expressing a system of recursive processes were simply not available until much more recently. In fact, a real understanding of how language can (in Humboldt's words) 'make an infinite use of finite means' has developed only within the last thirty years, in the course of studies in the foundations of mathematics. Now that these insights are readily available it is possible (...) to attempt an explicit formulation of the 'creative' processes of language.[6]

Recursiveness of grammatical *rules* and *creativity* as a feature of linguistic *competence*[7] are seen as two aspects of the model of a grammar that "generates" correct linguistic structures. Chomsky's concept of creativity is rooted in a theory that aims at describing and explaining the formal system of grammatical rules. Such a deduction-orientated theory of grammar is not what Bühler aims for, and similarly his notion of creativity is different from that of formal creativity. Bühler is interested in *communicative creativity*, i.e.: the capability of social beings to make new experiences known to each other. He sees the origin of symbol-production in cooperative situations that necessitate an "enlargement of the perceptual horizons" of the partners in the cooperation (the *Horizont der gemeinsamen Wahrnehmungen*), as one of them has new "perceptual or memory-information" that she/he wants to communicate to the others. (Bühler 1934: 38, 1929: 38, 50f.,1933: 38) This argument states the necessity of communicative creativity as the origin of language, but it gives no account of h o w linguistic creations work. One of the systemic preconditions for innovative uses of language is that there is not just one class of symbols, i.e. a lexicon, but that there are also rules for combining the symbols, i.e. a grammar. Bühler describes this formal creativity-precondition as the relationship between symbol and symbol-field:

> Ein System (...) vom Typus Sprache beruht nicht auf einer, sondern (mindestens) auf zwei Klassen von Setzungen (Konventionen) und enthält dementsprechend zwei Klassen von Sprachgebilden. (...) Da gibt es eine Klasse von Sprachgebilden und zugehörigen Setzungen, die so verfahren, als gälte es, die Welt in Fetzen zu zerschneiden oder in Klassen von Dingen, Vorgängen usw. aufzugliedern oder in **abstrakte Momente** aufzulösen und jedem von ihnen ein Zeichen zuzuordnen, während die zweite darauf Bedacht nimmt, einer **Durchkonstruktion** derselben Welt (des Darzustellenden) nach **Relationen** die zeichenmäßigen Mittel bereitzustellen.[8]

Bühler stresses that this condition is satisfied by any symbol system that can be rewritten in the binary code, e.g. a logical calculus. Communicative creativity lies beyond this concept, as it does for Chomsky's generative grammar. Bühler, though, sees language not only as a system of the two classes of *symbol* and *symbol-field*, but also of two *fields*: apart from the *symbol-field* that comprises phonetic, grammatical structures and reference/predicate semantics, there is the *deictic field* ("Zeigfeld") of the communicative situation. The *deictic field* is realized (not to say: represented) in signs that indicate the basic structures of the situation originating in the respective "here-now-me"-positions of speaker and hearers. Without this deictic field no communicative act could be successful, as it would lack the basic orientation cordinates of space, time and social universe.

In communicative situations where there is no easy access to the participants and the spacetime-coordinates, an elaborate system of transformations of primary indexical signs into syntactic and textual indexes is employed that establishes the orientation: see for instance the anaphoric use of demonstrative pronouns.[9] The deictic field is as fundamental for the constitution of meaning as the symbol-field: but what implications does this hold for creative communicative acts? The crucial problem seems to be the relationship of symbol or indexical sign on the one hand and their respective field-systems on the other side. Any theory postulating *parallel* relationships between indexical signs and deictic fields and between symbols and symbol-fields would be only another procedure to generate an infinite number of linguistic structures.

In the foreword to his "Sprachtheorie" Bühler refers to the distinction between *in-field* and *surrounding field* ("Infeld" und "Umfeld") in Ewald Hering's theory of colour-contrast as the model of his own linguistic *field*-concept (cf. Bühler 1934: VI f.). Later on in the "Sprachtheorie" Bühler relates this model to the theory of *Gestalt*-phenomena:

> Es gehört zu den nie ganz übersehenen oder geleugneten, heute aber viel sorgfältiger als früher herausgearbeiteten Tatsachen, daß die Sinnesdaten nicht isoliert, sondern eingebettet oder eingebaut in wechselnde "Ganzheiten" des psychischen Geschehens aufzutreten pflegen und von dorther wechselnde Modifikationen erfahren. Dafür bot sich der Name 'Umfeld' wie von selbst an und hat sich eingebürgert.[10]

As the specific surrounding fields for linguistic symbols Bühler differentiates the *sympractical*, the *symphysical* and the *synsemantic* fields ("sympraktisches", "symphysisches" und "synsemantisches Umfeld"): a distinction that is complementary to that of deictic and symbol-field insofar as *sympractical* and *symphysical fields* form the surroundings of indexical signs and *synsemantic fields* form the contexts of symbols. This multiple contextualisation makes *contrastive embeddings* of in-fields into surrounding fields possible: that of new, hitherto unknown situational indexes into the traditional symbol-field, or that of newly invented symbols into an established situation, so that both field-types can function *alternatively* as *in-field* and *surrounding field*. As long as one sign-field is assumed to be constant, the other one can be modified.

All these terms: *field*, *surrounding field* and *context*, relate to the concept of Gestalt-theory. In an article, first published in 1890, Christian von Ehrenfels described the structure of perceptions, like shapes or melodies, as *Gestalt-qualities*, that are "more than the sum of their elements" and that may be "transposed" so that all the elements are changed, but their relations to each other remain stable (cf. Ehrenfels 1974). As perceptual units "in their own right" the phenomena carrying Gestalt-qualities stand out ("heben sich ab") from their surrounding perceptual fields, which thus become their background. In the course of further studies the relation between the Gestalt-unit and the surrounding field became known as the *figure-ground-relation* (cf. Köhler 1970, Ash 1982/1985). The so-called *Kippgestalten* became particularly famous, as their *figure*- and *ground*-elements always change: the moment one has "settled" on seeing one part as the figure and the other part as the ground, the perception turns round: what was the figure is now the ground - and again vice versa. If the semantics of perception can thus be flexible and ambiguous, what of the Gestalt-qualities of linguistic figures? Ehrenfels himself points out that most of the words in ordinary language constitute secondary Gestalt-qualities, as they merge psychological and physical meaning-aspects into one concept, for instance that of *volitional action* - in ordinary communication, though, this ambiguity does not constitute a great problem, as "we operate with such concepts as if they were homogeneous elements", according to von Ehrenfels (cf. Ehrenfels 1974: 34f.).

But what, if this "operation" does not conform to the established use of linguistic symbols - if a new experience or a new concept is to be communicated to the speech partners in such a way that it relates to their acquired knowledge, but also stands out from it as something previously unnoticed? We thus return to the phenomenon of linguistic metaphor as presented by Bühler in the context of his theory of language as a tool of enlarging the horizon of social discourse.

3) Bühler emphasises the selectivity aspect of metaphor. He compares meaning-constitution in metaphors to a visual projection that passes two filters, covering each other partially, so that only those aspects of the projection can be seen that are not covered or cancelled out by either of the filters. Similarly, only those aspects of a combination of different semantic spheres in a metaphor become parts of its meaning that are shared by those spheres: they can thus be seen as being "less" than the sum of the original elements. Bühler coins the term *minus-summativity* ("Untersummativität") in order to describe this aspect, as a complement to Ehrenfels' Gestaltcriterion of *plus*- (or: *super-)summativity* ("Übersummativität") (cf. Bühler 1934: 348f.). But this characterization appears to be problematic. Bühler assigns linguistic super-summativity to compounds: what then of metaphorical compounds? It would be awkward to describe them as being at the same time "more and less" than the sum of their components. The main emphasis should be put on the aspect that metaphors are *different* from their components and thus constitute new meanings. Bühler himself stresses that it is the interpretative direction or perspective of the selection of components in a metaphorical meaning combination that matters most.

But what is the structure of those meaning components? Bühler describes them as *meaning spheres* ("Begriffssphären") that surround the semantic centre of a word. This concept of meaning-spheres had been developed in the "Würzburg school" of cognitive psychology around Oswald Külpe, of which Karl Bühler was a prominent member.[11] His wife, Charlotte Bühler, analysed the effects of semantic spheres by presenting strings of lexemes, devoid of syntactic markers (except for parts of speech), to students and asking them to reconstruct some plausible text-meaning. In many cases the main themes were reconstructed quickly and successfully:[12] this was interpreted as proof that the respective semantic spheres of the elementary units built up to meaningful contexts, *text-Gestalten*, as it were, which served as frames for the reconstruction or "re-creation" of the intratextual relationships.

According to Bühler, a creative process of meaning reconstruction also takes place in metaphors, namely a process of selective combination of meaning spheres that gives a new perspective on a particular experience: as long as the speaker can trust in a cooperative attitude on the side of the listener:

> Wir machen beim normalen Sprechverkehr die durchaus begründete Voraussetzung, daß der Sprecher sinnvolle sprachliche Kompositionen bildet, und probieren bei schwer vereinbaren Redestücken probierend aus, wie sie am Ende doch noch ein Gefüge zulassen. Manchmal ist es wie beim Rätselraten.[13]

4) How can this creative puzzle-solving "blending" of semantic-cognitive spheres in metaphors ("Sphärenmischung") be envisaged without falling into the trap of reifying the semantic "spheres" to ideal or real "entities" that have some kind of objective existence independent of the processes of communicative meaning-constitution? Bruno Liebrucks, who is interested in the philosophical aspect of metaphor, its fundamental importance for the dialectics of language, accuses Bühler of such an objectivist position and of visualizing language in the role of a bar-mixer, because Bühler once speaks of the metaphorical process as a *cocktail-method* ("Cocktailverfahren").[14] Whether this criticism is justified in every respect may remain an open question, but Liebrucks is right, I think, in drawing the attention to the dangers of a reification of the notion of *meaning spheres*. Rather than seeing them as substances one could think of them as linguistic contexts, as traditions of discourse that in the course of the communicative history of a speech community have been established as communication patterns; in the terminology of Bühler's "Sprachtheorie": they have become part of the symbol-field. If a new situation or new experience, or innovative meaning-intention requires a blending of such field-components into a new linguistic symbol, a complex process of metaphorical "transpositions" takes place that involves both the symbol-field and the deictic field. Thus, there is the new situational field as the *focus* of the communicative process, and together with it there are the manifold "surrounding" discourse traditions that constitute the background and necessary precondition for the intelligibility of any linguistic creation.

A symbol-invention completely "out of the blue" would not be communicatively successful at all. The speaker is bound to make use of the established traditions of discourse, crystallised in the rules of the symbol-field. But this does not mean that he is forced to disguise each new experience or meaning-intention as an established symbol. Provided that he deictically introduces the hearer to the "newness" of the particular situation he may invent new combinations of discourse spheres which serve to give an image or a model of the new meaning to be established. The new symbol-combinations do not "represent" his intention or experience in the way a mirror reflects things, but rather "indicate" a possible direction of interpretation. There is never a "closed" or a guaranteed understanding of a metaphor, but its inherent ambiguity is no longer an unsurmountable hindrance. It all depends then on the willingness of the hearer - or the reader - to solve the speaker's (or writer's) puzzles.

Notes

* I am indebted to Mike Townson and Chris Upward from Aston University who were so kind as to read and comment on the manuscript of this paper and to Manfred Geier for his remarks in the discussion at Paderborn. All errors are of course elements of my own symbol field. This applies also to the tentative translations of quotations from German texts.

1 Ch.III, "Metaphor", was first published in 1954 as an essay in *Proceedings of the Aristotelian Society* 55; cf. Black 1979 (first published in 1977).

2 Cf. Bühler (1934): Sprachtheorie (cited from here on as ST): III f. "Language can be compared to tools; it is one of the tools of life; it is an 'organon' like the material tool, that objective mediator between human beings and nature; language is a synthetic mediator like the tool. The linguistic tool, however, is not applied to material, natural entities, but to living human beings with whom we interact."

3 ST 76 "Let us imagine the user of a one-dimensional system of symbols in new situations. If he wishes to invent new symbols, when the established ones do not suffice, the new symbols will not at first be comprehensible to others. What shall he do to develop signicficantly new expressions from the existing system of linguistic symbols?"

4 Cf. Liebrucks 1964: 486 "Projections like *Salonlöwe* are typical of an age that played with the concept of man as a predator, because people of that age did not suspect how terrible man really was. Today we discover in this term *Salonlöwe* the tragedy of a society that paraded such words among their concepts."

5 If one regards the explicit explanation of the *tertium comparationis* as the main criterion for differentiating between metaphor and simile, Liebruck's reinterpretation of *Salonlöwe* fulfills the conditions of a simile, cf. Lausberg 1984: §§ 400-6.

6 Cf. Chomsky 1965: 8; for the reconstruction of this creativity-concept as an argument against structuralist linguistics cf. Imhasly 1974: 52ff.; for a sharp criticism of Chomsky's allusion to Humboldt's complex idea of language's 'infinite use of finite means' cf. Scharf 1983.

7 For Chomsky's definition of competence as opposed to *performance* in his *Aspects*-model of generative grammar cf. Chomsky 1965: 3f.

8 Cf. ST 73 "A 'language-type' symbol system is based not on one, but (at least) on two classes of symbol-conventions and thus comprises two classes of linguistic structures. There is one class of linguistic structures and accompanying conventions that operates, as if to cut and analyse the world (...) into classes of entities, processes or abstract aspects and assign one linguistic symbol to each of them, while the second class serves to provide the semiotic means for a synthetical construction of the world (that is to be represented) in its relations."

9 Cf. ST § 26; with regard to the indexical introduction of new, arbitrarily chosen symbols in logical formulas into the field of a communicative situation cf. ST § 25.

10 Cf. ST 154 f. "Psychology never forgot completely, but is now able to examine in a much more sophisticated way than in former times, the fact that perceptual data do not come to the mind as isolated stimuli, but as integrated into variable 'sets' within the psychological process, from which they also receive variable modifications. The term *surrounding field* seemed to be particularly appropriate for categorising this phenomenon and has become popular."

11 Cf. ST 349. For a detailed historiographic account of the connections between Wilhelm Stählin's use of the term "Sphäre" in his article "Zur Psychologie und Statistik der Metaphern" (1913) - to which Bühler referred in ST - and the concept of *Sphäre* in the "Würzburg school" (esp. as it was used in the experiments by August Messer) cf. Hülzer-Vogt 1989: 11f.

12 This is an example of the texts, of which the meaning was to be reconstructed: "Ozean Schiffe - Nacht - Dunkelheit - Leben - Menschen - Schweigen - Stimme - Signal - Ruf - Blick einander - entfernt - sprechen - vorüberziehen - begegnen - dann - wieder" (compiled from a translation of Longfellow's poem: "Ships that pass in the night, and speak each other in passing/ Only a signal shown, and a distant voice in the darkness:/ So, on the ocean of life we pass and speak one another,/ Only a look and a voice, then darkness again and a silence".): cf. ST 170.

13 Cf. ST 350 "In ordinary communication we make the rational assumption that the speaker utters meaningful linguistic compositions, and in the case of complicated combinations of parts of an utterance we try out several interpretations to see whether they build up to meaningful structures in the end. Sometimes it is similar to finding a solution for a puzzle."

14 Similar criticism is levelled by Liebrucks at Hermann Paul's and Heinz Werner's accounts of metaphor, which Bühler refers to: cf. ST 343ff./351ff., Liebrucks 1964: 484ff.

References

Black, Max (1962): Models and Metaphors. - Ithaca.

- (1979): "More about Metaphor". - In: Ortony (ed.) 19-45.

Bühler, Karl (1929): Die Krise der Psychologie. - Jena. - Unveränd. Nachdr. mit einem Nachwort v. Rohracher, H( ).: Frankurt am Main, 2.A. 1978.

- (1933): "Die Axiomatik der Sprachwissenschaften". - In: Kant-Studien 38, 19-90.

- (1934): Sprachtheorie. Die Darstellungsfunktion der Sprache. - Jena.

- (1960): Das Gestaltprinzip im Leben der Menschen und der Tiere. - Bern etc.

Chomsky, Noam (1965): Aspects of the Theory of Syntax. - Cambridge, Mass.

Ehrenfels Christian von ([1890] 1974): "Über Gestaltqualitäten". - In: Weinhandl, Ferdinand (Hrsg.): Gestalthaftes Sehen. Ergebnisse und Aufgaben der Morphologie (Darmstadt) 61-63.

Eschbach, Achim (Hrsg.) (1984): Bühler-Studien I, II. - Frankfurt am Main.

- (ed.) (1988): Karl Bühler's Theory of Language. - Amsterdam etc.

Grice, H( ) Paul (1979): "Logik und Konversation". - In: Meggle, Georg (Hrsg.): Handlung, Kommunikation, Bedeutung (Frankfurt am Main) 243-265.

Haverkamp, Anselm (Hrsg.) (1983): Theorie der Metapher. - Darmstadt.

Henzler, Stefan (1987): "Die Funktionen der Sprache im Gebrauch. Zu Konsistenz und Funktionalismus von Karl Bühlers Sprachtheorie". - In: Abraham, Werner/Århammar, Ritva (Hrsg.): Linguistik in Deutschland. Akten des 21. Linguistischen Kolloquiums, Groningen 1986 (Tübingen: Niemeyer) 353-365.

Hülzer-Vogt, Heike (1989): Karl Bühler (1879-1963) und Wilhelm Stählin (1883-1975): Psychologische Fundamente der Metapherntheorie im ersten Drittel des 20. Jahrhunderts. - Münster.

Humboldt, Wilhelm von (1832-53): Ueber die Verschiedenheit des menschlichen Sprachbaues und ihren Einfluss auf die geistige Entwicklung des Menschengeschlechts. - In: Gesammelte Schriften, 1903-36 (Berlin: Königlich Preußische Akademie der Wissenschaften). VII: photomechan. Nachdr. Berlin 1968, 1-344.

Imhasly, Bernard (1974): Der Begriff der sprachlichen Kreativität in der neueren Linguistik. - Tübingen.

Innis, Robert E. (1982): Karl Bühler. Semiotic Foundations of Language Theory. - New York etc.

- "The Thread of Subjectivity: philosophical remarks on Bühler's language theory". - In: Eschbach (Hrsg.) (1988) 77-106.

Köhler, Wolfgang ([1947] 1970): Gestalt Psychology. - New York.

Kurz, Gerhard (1989): Metapher, Allegorie, Symbol. - Göttingen.

Lakoff, George/Johnson, Mark (1980): Metaphors we live by. - Chicago.

Lausberg, Heinrich (1984): Elemente der literarischen Rhetorik. - München.

Liebrucks, Bruno (1964): Sprache und Bewußtsein I. - Frankfurt am Main.

Musolff, Andreas (1989): "Karl Bühlers Modell der Sprachfunktionen als Ansatzpunkt für eine Theorie sprachlicher Kreativität" - In: Schmitter/Schmitz (Hrsg.) 297-311.

- (1990): Kommunikative Kreativität. - Aachen.

Ortony, Andrew (ed.) (1979): Metaphor and Thought. - Cambridge.

Paprotté, Wolf/Dirven, René (eds.) (1985): The ubiquity of metaphor. - Amsterdam etc.

Scharf, Hans-Werner (1977): Chomskys Humboldt-Reklamation. Ein Beitrag zur Diskontinuität der Sprachtheorie in der Geschichte der neueren Linguistik. - Düsseldorf (Diss.).

- 1983: "Das Verfahren der Sprache. Ein Nachtrag zu Chomskys Humboldt-Reklamation". - In: Eschbach, Achim/Trabant, Jürgen (eds.): History of Semiotics (Amsterdam etc.) 205-49.

- (Hrsg.) (1989a): Wilhelm von Humboldts Sprachdenken. - Düsseldorf.

- (1989b): "Differenz und Dependenz: Wesen und Erscheinung in Humboldts Sprach-Idee". - In: Ders. (1989a) 125-161.

Schmitter, Peter/Schmitz, H. Walter (Hrsg.) (1989): Innovationen in Zeichentheorien. - Münster.

Wittgenstein, Ludwig (1967): Philosophische Untersuchungen. - Frankfurt am Main.

DIE URTEILSARTEN KANTS AUS LINGUISTISCHER SICHT
Alte Antworten auf neue Fragen

Klaus-Peter Lange

0. Vorbemerkung

Daß Immanuel Kant (1724-1804) in seinen philosophischen Werken Aussagen gemacht hat, die direkt sprachwissenschaftlich relevant sind, ist einem größeren sprachwissenschaftlichen Publikum nicht bekannt. Man weiß zwar, daß Kant gewisse Arten von Urteilen unterschieden hat, "analytische" und "synthetische", "synthetische Urteile a priori" und "synthetische Urteile a posteriori", aber seine Unterscheidung von "Wahrnehmungsurteilen" und "Erfahrungsurteilen" gehört nicht zum Besitzstand linguistischen Grundwissens, obwohl Kant sich gerade hier an der Schnittstelle von Logik und Erkenntnistheorie einerseits und sprachlichen Überlegungen anderseits bewegt hat. Im folgenden soll es nun zunächst darum gehen, Kants ursprünglicher Intention bei der Bildung der Begriffe "Wahrnehmungs-" bzw. "Erfahrungsurteil" und ihrer sprachwissenschaftlichen Relevanz nachzuspüren (vgl. dazu Lange 1990) und den Leser für einen semantischen Unterschied zu sensibilisieren, der in deutschen Sätzen mit vermeintlich gleicher oder ähnlicher Bedeutung anzutreffen ist. Es handelt sich hier um einen Unterschied der - fregisch gesprochen - "Sinn"-Ebene. Aber - wie es aus kantischer Sicht nicht anders sein kann - dieser Sinn-Unterschied enthält vor allem einen Unterschied der Gültigkeit des Urteils. In einem Schlußteil wird die in der Interpretation von sprachlichen Beispielen gewonnene Begrifflichkeit in den größeren Rahmen der kantischen Erkenntnistheorie gestellt.

1. Wahrnehmungsurteile vs. Erfahrungsurteile

Wir beobachten das merkwürdige Phänomen, daß einfache Aussagen (oder Urteile) über die wahrgenommene (empirische) Welt in Paaren vorhanden sein können. Wir finden z.B. folgende Urteilspaare:

(1)(a) Er tritt in das Zimmer (ein).
(b) Er betritt das Zimmer.
(2)(a) Er steigt aus dem Auto (aus).
(b) Er entsteigt dem Auto.
(3)(a) Das Messer glitt aus seiner Hand.
(b) Das Messer entglitt seiner Hand.
(4)(a) Er geht/läuft aus dem Haus (hinaus/raus).
(b) Er verläßt das Haus.
(5)(a) Er geht mit jemandem.
(b) Er begleitet jemanden.

An diesen Satzpaaren machen wir eine Reihe von Beobachtungen: Im ersten Moment ist man geneigt zu sagen, daß die jeweiligen (a)- und (b)-Versionen das gleiche bedeuten. Sie scheinen sprachliche Ausdrucksvarianten zu sein. Entweder könne man das eine oder das andere sagen. Sie bezögen sich auf dieselbe äußere Wirklichkeit. Sie hätten dieselbe "Referenz". Bei etwas genauerem Hinsehen zeigt sich aber, daß von Bedeutungsgleichheit nicht die Rede sein kann.

Erstens gehören die jeweiligen Varianten - sagen wir - einer unterschiedlichen Stilebene an. Die linken sind eher umgangssprachlich, die rechten schriftsprachlich. Wieso dies so ist, werden wir noch zu ergründen wissen.

Zweitens sind die Vorstellungen, die jeweils beim Hörer erweckt werden, bei den (a)-Sätzen anders als bei den (b)-Sätzen. Die (a)-Sätze erwecken detaillierte, d.h. sehr bildhafte und plastische Vorstellungen von Abläufen im Raum. Bei Satz (1a) verfolgen wird sozusagen die Person beim Zurücklegen Ihres Weges: Sie bewegt sich noch eine Strecke außerhalb des Zimmers, dann tritt sie - sagen wir - über die Schwelle, darauf gelangt sie in das Zimmer und legt auch hier noch eine Strecke zurück. Dabei machen wir uns auch eine Vorstellung von der Bewegungsart (des ruhigen Schreitens).

Satz (1b) dagegen ist vorstellungsmäßig durchaus anders: Es entsteht nur die Vorstellung einer Person, die eine Bewegung in einen Raum hinein vollführt. Diese Bewegung endet, indem die Raum-Relation "in" realisiert ist, d.h. wo das Zimmer die Person gleichsam umgibt. Die Detailliertheit der Vorstellungen ist hier nicht vorhanden. Obwohl das Verb *treten* verwendet wird, entsteht hier nicht die Vorstellung des ruhigen Schreitens. (1b) kann auch gesagt werden, wenn sich die Bewegung in der Wahrnehmung rasch vollzieht. (1a) kann die Verben variieren (und damit auch die Vorstellungen von der Art und Weise der körperlichen Bewegung): *Er trat / lief / sprang / hüpfte / kroch usw. in das Zimmer.* Satz (1b) erlaubt nur *treten*: *Er *belief / *besprang / *behüpfte / *bekroch das Zimmer.*

Ähnliches läßt sich auch an den Sätzen (2) bis (5) beobachten. Bei den (a)-Sätzen die detaillerten Vorstellungsabläufe, bei den (b)-Sätzen die nicht-detaillierten, sondern allgemeinen oder eher abstrakten Vorstellungen. Um es uns nun terminologisch einfacher zu machen, wollen wir (a)-Sätze "Wahrnehmungsurteile" (abgekürzt "W-Urteile") und (b)-Sätze "Erfahrungsurteile" ("E-Urteile") nennen, wobei wir uns hier der Terminologie Kants aus seinen *Prolegomena* bedienen.

Was ist hier nun logisch gesehen passiert? W-Urteile sind so gesehen eigentlich Komplexe von Einzelurteilen. Und wir haben die Einzelurteile von (1a) ja auch schon genannt: Die Person bewegt sich noch eine Strecke außerhalb des Zimmers, dann tritt sie unter der Tür hindurch, darauf gelangt sie in das Zimmer und legt auch hier noch eine Strecke zurück. Dabei machen wir uns auch eine Vorstellung von der Bewegungsart (des ruhigen Schreitens).

Das entsprechende E-Urteil dagegen ist kein Komplex von zeitlich aufeinanderfolgenden Einzelurteilen, sondern zeichnet sich dadurch aus, daß das Prädikat eines Einzelurteils gleichsam ausgesondert und über das Subjekt ausgesagt wird. In diesem Fall war es das Prädikat des "Hineingelangens". Diesem Prädikat wird der gesamte Vorgang dabei vorstellungsmäßig untergeordnet. D.h., jetzt ist es dem Hörer zwar immer noch erlaubt, sich seine eigenen detaillierten Vorstellungen von dem Vorgang zu machen. Natürlich, wer wollte ihn daran hindern? Aber das Erwecken dieser detaillierten Vorstellungen ist überhaupt nicht mehr die Funktion und der Zweck der Aussage "Er betritt das Zimmer". Der Sprecher erreicht hiermit nur, daß bei seinen Hörern drei Vorstellungen entstehen: die der Person, die des "Hineingeratens in" und die des Zimmers. Die Vorstellung des "Hineingeratens in" aber ist bei allen Hörern gleich. Denn es ist ja eine sehr allgemeine Vorstellung, die auch nicht individuell "ausgeschmückt" zu werden braucht.

Beim Verstehen des Prädikats *betreten* entsteht bei allen Hörern dieselbe Vorstellung. Sie ist also gewissermaßen allgemeinverbindlich. Und wenn Sprecher sich solcher allgemeinverbindlicher Vorstellungen bedienen, dann können sie sich auch ohne Mißverständnisse über das in der Welt Vorkommende verständigen. Sie sprechen dann in einem gewissen Sinn in "objektiver Weise" über die Wirklichkeit. Keine individuellen Vorstellungen führen dazu, daß die Vorstellungen sich nicht decken und daß man "aneinander vorbeiredet".

Jetzt wird auch deutlich, warum Kant die (a)-Sätze "Wahrnehmungsurteile" und die (b)-Sätze "Erfahrungsurteile" genannt hat: Wahrnehmungen sind immer individuelle Vorstellungsabläufe in Raum und Zeit, Erfahrungen aber sind Erkenntnisse objektiverer Art. Sie gelten nicht nur für den einzelnen.

Aber wir müssen noch die Sätze (2) bis (5) mustern: Welche Prädikate sind hier herausgegriffen worden, um E-Urteile zu bilden? Im Fall der Sätze (2a/b) ist es das Prädikat der "Bewegung aus etwas heraus". Dieses Prädikat ist in (2a) zwar auch vorhanden, aber nur als Prädikat unter anderen Prädikaten. Auch hier wieder können wir feststellen, daß das W-Urteil eine Abfolge von detaillierten Vorstellungen in Raum und Zeit erweckt. Jemand befindet sich zunächst noch in einem Auto, dann sieht man ihn einen Fuß aus dem Auto auf den Boden setzen. Dann bewegt er sich aus dem Auto heraus, dann steht er außerhalb des Autos auf der Straße. *Steigen* läßt sich hier ersetzen durch *fallen*, *purzeln*, *springen* ..., und dadurch ändert sich die Vorstellung von der Art der Bewegung. Wird dagegen *entsteigen* verwendet, so sieht man den Vorgang insgesamt als "Herausbewegung". Alle Details der Vorstellung - falls sie nicht völlig verblaßt sind - sind diesem Prädikat untergeordnet. Kant spricht in diesem Zusammenhang davon, daß die Wahrnehmung einem Begriff "subsumiert" wird. Das Satzpaar (3) ist in ganz analoger Weise zu sehen.

Das Satzpaar (4) verhält sich doch etwas anders. Das E-Urteil enthält nur das Prädikat der Herausbewegung. Darunter bzw. dahinter taucht keine Vorstellung von der Art der Bewegung auf. Dies ist auch zeichenmäßig daran zu erkennen, daß das W-Verb nicht in präfigierter Form als E-Verb auftritt. Das Verb *verlassen* bezeichnet also einen rein abstrakten Bewegungsbegriff. Morphologisch interessant ist aber doch, daß auch dieses Verb präfigiert ist.

In Satz (5a) ist die Vorstellung der parallelen Bewegung zweier Gegenstände neben anderen Vorstellungen vorhanden. Hinzu kommt hier auch eine plastische Vorstellung von der Fortbewegungsart. Man verfolgt vor seinem inneren Auge zwei Menschen, die in Raum und Zeit nebeneinander herlaufen. Satz (5b) aber hat den Begriff der Nebeneinander-her-Bewegung zum einzigen Prädikat gemacht.

Zusammenfassend können wir sagen, daß die Prädikate, die in den E-Versionen von (1) bis (5) Verwendung fanden, abstrakte Begriffe sind, und zwar Raum-Zeit-Begriffe. Natürlich gibt es noch viele andere Raum-Zeit-Begriffe.

Wir kommen jetzt zu einer etwas komplizierteren Art von Satzpaaren, nämlich:

(6)(a) Er packt Kleider in den Koffer.
(b) Er verpackt Kleider (im Koffer).
(7)(a) Er macht die Hülle von dem Denkmal ab.
(b) Er enthüllt das Denkmal.

Zunächst einmal: Natürlich sind die jeweiligen (a)-Sätze die W-Urteile. Wenn wir (6a) hören, steht uns in einem raum-zeitlichen Rahmen vor Augen, daß jemand immer wieder zu Kleidern unterschiedlicher Art greift, die irgendwo liegen oder hängen, um sie in einem Koffer unterzubringen, möglicherweise in einem Koffer aufzuschichten. Im Falle von (7a) liegt ein entgegengesetzter Vorgang vor. Hier sehen wir verschiedene Handgriffe, mit denen jemand eine Umhüllung, vielleicht ein Tuch oder eine Plane, von einem Gegenstand, hier einem Denkmal, entfernt, bis es unverhüllt vor aller Augen steht.

Vergleicht man damit nun die jeweiligen (b)-Sätze, so ist es auch hier wieder so, daß sich ihre Prädikate (*verpacken, enthüllen*) schon in den W-Versionen vorgekommener Vorstellungen ("Hinein-in-Umhüllung", "Heraus-aus-Umhüllung") bedienen, aber es sind doch noch weitere abstrakte Begriffe hinzugekommen, nämlich die Begriffe "Ursache" und "Wirkung". Etwas "verpacken" bedeutet ja immer, daß jemand verursacht, daß etwas in den Zustand des Umhülltseins gerät. Etwas "enthüllen" meint ja auch immer, daß jemand verursacht, daß etwas in den Zustand des - sagen wir - Nackt- oder Bloß-Seins gerät. Aber auch die Kausalität war in verkappter Weise schon in den W-Urteilen vorhanden, nämlich in der Tatsache, daß zunächt Handlungen von Personen vorgestellt wurden, die dann gleichsam in Zuständen anderer Gegenstände mündeten.

In diesen E-Urteilen liegen also Kombinationen von prädikativen Begriffen vor. Hier verbinden sich die Raum-Zeit-Begriffe "Hinein-in-Umhüllung" bzw. "Heraus-aus-Umhüllung" mit den Begriffen der Kausalität, d.h. mit den korrelativen Begriffen "Ursache" und "Wirkung".

Wir werden also damit zu rechnen haben, daß auch Verknüpfungen von Begriffen als Prädikate in E-Urteilen vorkommen. Und dabei sind dann verschiedene Möglichkeiten der Verknüpfung in Betracht zu ziehen, wie Kant bereits gewußt hat. Wir kehren zu diesem Punkt noch einmal zurück.

Wir kommen zu einer anderen Art von W/E-Varianten:

(8)(a) Er wird wach.
(b) Er erwacht.

Der (a)-Satz ist ein typisches Wahrnehmungsurteil. So wie er hier steht, im Präsens also, vollzieht sich ein Vorgang direkt vor den Augen des Sprechers. Solch ein Satz wird normalerweise nur gesagt, wenn der Sprecher den Vorgang im Blick hat und gleichsam über das Wahrgenommene berichtet. Er schaut auf einen Schläfer, an dessen Bewegungen und Regungen deutlich wird, daß er in einem Vorgang befangen ist, der letztlich zu einem Zustand führt, der als *wach* bezeichnet werden kann. Der Sprecher beobachtet und antizipiert in den wahrgenommenen Vorgängen den Zustand der Wachheit. Auch hier entwickeln sich die Vorstellungen wieder in Raum und Zeit. So allerdings, daß hier nicht eine einzelne Wahrnehmungskomponente als Prädikat herausgegriffen und über die Gesamtvorstellung prädiziert wird, sondern so, daß ein Erfahrungsurteil als sich in dem Wahrgenommenen ankündigend herausgegriffen wird. Um es kurz zu sagen: ein objektiver Zustand wird in

Wahrgenommenem antizipiert. "Wach", das ist ja schon ein abstrakter Begriff, denn er geht nicht mit detaillierten Vorstellungen in Raum und Zeit einher.

(8a) ist damit eigentlich ein Mischurteil: das Element *werden* enthält den Wahrnehmungsteil des Urteils, das Element *wach* den Erfahrungsteil.

Wenn es aber heißt: "Er erwachte", dann ist der vorstellungsmäßige Durchlauf durch die Erscheinungen, die dem Wachsein vorhergingen, nicht vorhanden. Dieser Satz sagt, daß ein Prozeß des Wachwerdens in ein Wachsein mündete. Der Satz entblößt den Gedanken von allen detaillierten Vorstellungen (in Raum und Zeit). Es bleibt nur der Gedanke an einen objektiven Vorgang übrig, der im Zustand des Wachseins endet. Die von (8b) erregten Gedanken sind nicht individuell, sie sind allgemein. Aber das heißt zugleich auch allgemeinverbindlich. Wir befinden uns als Sprecher und Hörer dann auf derselben gedanklichen Ebene. Wir stehen letztlich in derselben Weise gegenüber der Wirklichkeit.

Sätze wie (8b) prädizieren also ebenfalls eine Kombination von Begriffen, nämlich die Kombination "Vorgang" und "Zustand". Satzvarianten dieser Art lassen sich auch syntaktisch gut unterscheiden. Während es (umgangssprachlich) ohne weiteres möglich ist zu sagen:

(9)(a) Er war dabei, wach zu werden.

ist eine Äußerung wie

(9)(b) *?Er war dabei zu erwachen.

unüblich. Bei (9a) handelt es sich um ein W-Urteil, das nur einen zeitlichen Ausschnitt aus einem längeren Ablauf herausgreift. Das entsprechende E-Urteil dagegen präsentiert den Vorgang sofort als ganzen. Er kann gar nicht als Fragment dargestellt werden.

Nur die W-Urteile dieser Art können mit Modalverben verwendet werden. Vgl.

(10)(a) Er konnte nicht wach werden.
(b) *Er konnte nicht erwachen.

Oder, um ein anderes Beispiel dieser Art zu verwenden:

(11)(a) Er wollte nicht krank werden.
(b) *Er wollte nicht erkranken.

E-Urteile dieser Art stellen einen objektiven Vorgang dar, der entweder so oder nicht so abgelaufen ist. Eine willentliche Steuerung dieses Vorgangs, ein Einflußnehmen auf seinen Ablauf ist bei dieser E-Sichtweise nicht möglich.

Demgegenüber sind nun Sätze wie:

(12) Er ist wach. Er war krank. Es ist grün. Körper sind schwer.

lupenreine Erfahrungsurteile, weil sie nichts anderes tun, als auszusagen, daß gewissen Gegenständen gewisse allgemeine Prädikate zukommen. Beim Verstehen solcher Sätze entwickeln sich keine Vorstellungen in Raum und Zeit. Kant (*Kritik* B 140-141) war der erste, der erkannte, daß solche Sätze, in denen eine Form von *sein* vorkommt, Erfahrungsurteile sind und daß die Kopula nicht die Funktion hat, die Vorstellung einer Verbindung zwischen Subjekt und Prädikat zu erwecken, sondern daß sie ein Indikator für Erfahrungsurteile ist.

Wir wenden uns jetzt einem weiteren sprachlichen Beispiel zu, das bereits von Kant verwendet worden ist, und zwar in seinen "Prolegomena". Er sagt dort in der Fußnote zu Paragraph 20:

> Um ein leichter einzusehendes Beispiel zu haben, nehme man folgendes.
>
> (13a) *Wenn die Sonne den Stein bescheint, so wird er warm.*
>
> Dieses Urteil ist ein bloßes Wahrnehmungsurteil, und enthält keine Notwendigkeit, ich mag dieses noch so oft und andere noch so oft wahrgenommen haben; die Wahrnehmung findet sich nur gewöhnlich so verbunden. Sage ich aber:
>
> (13b) *die Sonne erwärmt den Stein,*
>
> so kommt über die Wahrnehmung noch der Begriff der Ursache hinzu, der mit dem Begriff des Sonnenscheins den der Wärme notwendig verknüpft und das synthetische Urteil wird notwendig allgemeingültig, folglich objektiv und aus einer Wahrnehmung in Erfahrung verwandelt.

Wir finden auch bei diesem Beispiel alle Merkmale der W- bzw. E- Urteile wieder: Die Detailliertheit der Vorstellungen in Raum und Zeit beim W-Urteil und die Abstraktheit der Vorstellungen und Begriffe beim E-Urteil. Bei dem E-Urteil (13b) ist z.B. die Vorstellung des Scheinens der Sonne und des Da-Liegens des Steins ganz verschwunden. Ebenso das langsame Warmwerden des Steins. Der Vorgang in (13b) präsentiert sich als einheitlicher Prozeß. Entscheidend aber ist, daß der in der *wenn/dann*-Form des W-Urteils verkappte Kausalbegriff gleichsam herauspräpariert und zum übergeordneten Prädikatbegriff gemacht worden ist: "Die Sonne verursacht das Sich-Erwärmen des Steins". Was Kant über die subjektive bzw. allgemeine Gültigkeit dieser Urteile sagt, spricht für sich selbst.

2. W- und E-Urteile im Rahmen der kantischen Erkenntnistheorie

Welches Interesse hatte nun Kant eigentlich an diesen sprachlichen Phänomenen? Ein linguistisches? Nein. Sein Anliegen ist die "Kritik der reinen Vernunft", d.h. also die kritische Überlegung, inwieweit die menschliche Vernunft zu objektiv-gültigen synthetischen Urteilen fähig ist. Zu diesem Zwecke muß er die objektiv-gültigen Urteile von anderen Urteilsarten unterscheiden, und dabei führen ihn seine Untersuchungen dahin, die objektiv-gültigen Urteile zunächst von den subjektiv-gültigen oder Wahrnehmungs-Urteilen zu unterscheiden. Seine entscheidende Entdeckung bestand nun darin, daß er erkannte, daß die objektiv-gültigen oder Erfahrungs-Urteile sich von den Wahrnehmungsurteilen dadurch unterscheiden, daß die Prädikate der E-Urteile allgemeine Begriffe sind, unter die das Vorstellungsmäßige subsumiert wird. Zitat aus den "Prolegomena" 18:

> Empirische Urteile, sofern sie objektive Gültigkeit haben, sind Erfahrungsurteile; die aber, so nur subjektiv gültig sind, nenne ich bloße Wahrnehmungsurteile. Die letztern bedürfen keines reinen Verstandesbegriffs, sondern nur der logischen Verknüpfung der Wahrnehmung in einem denkenden Subjekt. Die ersteren erfordern jederzeit, über die Vorstellungen der sinnlichen Anschauung, noch besondere i m V e r -

> s t a n d e u r s p r ü n g l i c h e r z e u g t e B e g r i f f e, welche es eben machen, daß das Erfahrungsurteil o b j e k t i v g ü l t i g ist.

E-Urteile unterscheiden sich also von W-Urteilen dadurch, daß in ihnen "ursprünglich im Verstande erzeugte Begriffe" zur Anwendung kommen. Diese Begriffe sind nun aber keineswegs willkürlich im Verstand erzeugte Begriffe, sondern solche, die der ursprünglichen Anlage des Verstandes konform sind. Und Kant hat alles daran gesetzt, diese ursprüngliche Ausstattung des Verstandes zu ergründen. Er findet sie einerseits in den "reinen Formen der Anschauung", Raum und Zeit, und anderseits in den logischen Momenten (oder Funktionen) des Urteils.

An dieser Stelle kann es nicht darum gehen, Kants eigene Deduktion der Verstandesbegriffe zu referieren, sondern nur darum, noch einmal auf unsere sprachlichen Beispiele und auf unsere von Kant geleiteten Reflexionen zu verweisen. Die Wahrnehmungsurteile, die wir zunächst vorführten, enthielten bereits Raum-Zeit-Begriffe. Ohne einen solchen war z.B. der Vorgang des Eintretens gar nicht vorstellbar. Das entsprechende Erfahrungsurteil bediente sich dann gerade dieses Raum-Zeit-Begriffs des Hineingeratens. Wahrnehmungsurteile mit dem Hilfsverb *werden* antizipierten in sich verstärkenden empirischen Erscheinungen das spätere vollständige Vorhandensein eines Zustandes oder einer Eigenschaft. Auch hier war also schon irgendwie der Begriff des sich akkumulierenden Vorgangs vorhanden, und er wurde dann in den entsprechenden E-Urteilen zu einem übergeordneten Prädikat. Das *wenn/dann*-Urteil (13a) enthielt in verkappter Weise schon den Begriff der Kausalität, zumindest wurden wahrgenommene Vorgänge schon als bedingt angesehen. Dieses Ordnungsprinzip des Wahrgenommenen wurde dann herausgezogen und über den gesamten Vorgang prädiziert. So traten die Begriffe von Ursache und Wirkung dann deutlich hervor.

In unseren Beispielen kamen also als "im Verstand ursprünglich erzeugte Begriffe" erstens Raum-Zeit-Begriffe, zweitens der Begriff der antizipierten Realität und drittens der Begriff der Kausalität vor. Die beiden letzteren Begriffe sind - um mit Kant zu sprechen - Verstandesbegriffe oder Kategorien. Es sind nur zwei von insgesamt zwölf Verstandesbegriffen, die Kant entdeckt zu haben glaubt. Der Begriff der antizipierten Realität gehört nach ihm zu der Kategorienklasse der Qualität, der Begriff der Kausalität zu der Kategorienklasse der Relation. Weiterhin gibt es nach Kant quantitative und modale Kategorien.

3. Folgerungen

Die kantische Behauptung, daß es zwei Ebenen des Urteilens gibt, läßt sich auch sprachlich wenden: Offenbar gibt es auch zwei Ebenen des Sprechens, das Sprechen auf der Vorstellungs- und das Sprechen auf der Erfahrungsebene. Die beiden Ebenen unterscheiden sich nicht nur durch die Detailliertheit der erregten Vorstellungen (ein eminenter semantischer Unterschied!), sondern auch durch ihre unterschiedliche Gültigkeit. Das Sprechen auf der W-Ebene ist nur individuell und subjektiv-gültig, das Sprechen auf der E-Ebene ist allgemein und objektiv-gültig. Diese beiden Ebenen spiegeln damit unterschiedliche Erkenntnisstufen des Menschen wider. Der auf der E- Ebene Sprechende urteilt in gültigerer Weise über das Empirische als der auf der W-Ebene Sprechende. Dies ist im übrigen eins der wesentlichen Ergebnisse der Erkenntniskritik Kants.

Es ist nun auch nicht verwunderlich, daß die beiden Ebenen unterschiedlichen stilistischen Wert haben. Das W-Sprechen ist persönlich und eher umgangssprachlich, das E-Sprechen ist unpersönlich, verbindlich, offiziell, einen höheren Grad der Objektivität erstrebend.

Ins Auge fallend ist die Unterschied der morphosyntaktischen Mittel, die auf den beiden Ebenen eingesetzt werden. Das W-Sprechen ist analytisch. Die Raumvorstellungen z.B. manifestieren sich in einer eigenen Wortart, in Präpositionen. Das E-Sprechen ist synthetisch, genauer gesagt: präfigierend. Die Raumvorstellungen treten als verbale Elemente auf. (Vgl. auch das engl. *enter*, wo die Raumbewegung direkt verbal zum Ausdruck kommt.) Hier haben wir also einen semantischen Theorieansatz, der Bedeutungsstruktur und Zeichenstruktur miteinander in Beziehung setzt, ein Vorzug, der von Linguisten zwar immer anerkannt, aber bisher noch nicht überzeugend dargelegt wurde. Dieser Theorieansatz wirft ein neues Licht auf den Zusammenhang zwischen dem Erkenntnisvermögen und dem semiotischen Vermögen des Menschen, und zwar in einer Weise, wie es weder die positivistische noch die pragmatistische Semantik erwarten ließ.

Literatur

Kant, Immanuel (1781/1787): Kritik der reinen Vernunft. - Riga: Hartknoch.

- (1783): Prolegomena zu einer künftigen Metaphysik die als Wissenschaft wird auftreten können. - Riga: Hartknoch.

Lange, Klaus-Peter (1990): "Kantische Semantik und bedeutungsverändernde Satzkonversen im Deutschen". - In: Linguistische Berichte 128, 277-297.

ZUM LOGISCHEN WESEN DER KAUSALEN KONJUNKTIONEN

Aleksej Krivonosov

I. Die traditionelle Grammatik untersuchte kausale Konjunktionen vom Standpunkt ihrer semantischen Bedeutung und ihrer syntaktischen Funktion beim Aufbau zusammengesetzter Sätze. Dabei wurde der Typ solcher syntaktischen Verbindungen analysiert, mit deren Hilfe die Beziehung unter dem Haupt- und Nebensatz bzw. unter den einfachen Sätzen zustande kommen. Aber die Rolle der kausalen Konjunktionen beschränkt sich nicht auf ihre syntaktischen und semantischen Funktionen.

Im modernen Deutsch gibt es drei gleichberechtigte kausale Konjunktionen: "weil", "da", "denn". Sie dienen als formale semantische Kennzeichen beim Ausdruck der kausalen Beziehungen unter zwei Sätzen. Aber dieser semantischen kausalen Bedeutung liegen logische kausale Verhältnisse zugrunde.

II. Als wichtigste logische Form gilt der deduktive Schluß. Er besteht aus drei Urteilen: 1. Prämisse (Obersatz) 2. Prämisse (Untersatz), Conclusio (Schlußsatz). Das Ziel des Schließens ist die Ableitung eines neuen Urteils aus den Urteilen, die bereits früher bekannt waren. Da aber jedes Urteil gleichzeitig durch zwei Eigenschaften gekennzeichnet wird (allgemeine und besondere Quantität, bejahende und verneinende Qualität), werden vier Arten von Urteilen unterschieden, von denen hier nur zwei interessieren: allgemein bejahende (A) und allgemein vereinende (E).

Da aber jeder Syllogismus aus drei Urteilen besteht, so kann er aus einer bestimmten Reihenfolge der genannten Vokale bestehen (A,A,A = Modus "Barbara"; E,A,E = Modus "Celarent"; A,E,E = Modus "Camestres" usw.). Die Reihenfolge der Buchstaben drückt aus: 1) den Typ des Urteils einer bestimmten Quantität und einer bestimmten Qualität, 2) weist gleichzeitig auf die Reihenfolge der Urteile im Syllogismus und 3) auf das Merkwort des Syllogismus hin.

Da sich die meisten Schlüsse der natürlichen Sprache in der Form von Enthymemen (Syllogismen, bei denen die 1. Prämisse ausgelassen und als bekannt vorausgesetzt wird) vollziehen, so müssen alle Enthymeme zu vollen Syllogismen wiederhergestellt werde.

Ich verwende in diesem Aufsatz folgende Zeichen: 1. und 2. Prämisse sowie die Conclusio werden durch Zahlen in Klammern markiert: (1), (2), (3). Das Zeichen → bedeutet die Übersetzung natürlicher Sprache in die Sprache der Logik (der "Syllogistik"). Das nicht vorhandene Urteil im Enthymem wird durch eckige Klammer angezeigt [...]. Formale und halbformale Sprachmittel, die auf die Ursache (2. Prämisse) oder die Folge (Conclusio) hinweisen, sowie alle Mittel der Negierung werden unterstrichen. Die folgenden Aussagen beruhen auf der Analyse eines 400seitigen schöngeistigen Textes (Heinrich Mann, Im Schlaraffenland. Berlin: Aufbau 1951).

III. 1) Logische Schlüsse, die nach den Regeln des Modus "Barbara" gebaut werden, funktionieren in der natürlichen Sprache in der Form von Enthymemen, die zwei verschiedene Positionen der Untersätze und Conclusionen zueinander aufweisen: (2)-(3) und (3)-(2). Die Enthymeme mit der Reihenfolge der Urteile (2)-(3) werden nur durch Satzgefüge ausgedrückt, in denen die Konjunktion "da" gebraucht wird (17 mal): (2) "Da der Wein in einen nüchternen Magen gelangte, (3) brachte er bald freundlichste Wirkung hervor → [Wein bringt freundliche Wirkung]. (2) Er hat Wein getrunken. (3) Er war freundlich gestimmt. Die Enthymeme mit der Reihenfolge der Urteile (3)-(2), in denen die Funktion des Untersatzes der Nebensatz und die der Conclusio der Hauptsatz erfüllen, sind in der deutschen Sprache durch drei sprachliche Formen vertreten: a: zwei selbständige Sätze (mit "weil" =2, mit "denn" =25), b: Satzgefüge (mit "weil =22, mit "da" =9, c: Satzreihen (mit "denn =27).

A) Zwei selbständige Sätze mit "weil": (3) "Sie müssen doch wissen, wer der Verfasser ist." "Warum?" (2) "Nun, weil Sie Schriftsteller sind." → [Der Schriftsteller soll alle seine Kollegen kennen.] (2) Er ist Schriftsteller. (3) Er soll den Verfasser kennen. Konjunktion "denn": (3) "Er riß ... ein Blatt ab, um die Hemden anzuschreiben, die er in die Wäsche gab." (2) "Denn er hielt seine Habe zusammen wie ein ... Hausvater." → [Wer seine Habe zusammen hält, muß sie aufzählen.] (2) Er hält seine Habe zusammen. (3) Er zählt sie auf.

B) Satzgefüge. Konjunktion "weil": (3) "Sie hält sich an Adelheid, (2) weil sie ... reich ist ..." → (1) [Man hält sich an reiche Leute.] (2) Sie ist reich. (3) Sie hält sich an sie. Konjunktion "da": (3) "Dreimal am Tage speiste er ... nahe bei seiner Wohnung, (2) da ihm die Bewegung beschwerlich zu fallen begann." → [Wem die Bewegung beschwerlich fällt, der speist bei seiner Wohnung] (2) Ihm fiel die Bewegung beschwerlich. (3) Er speiste bei seiner Wohnung.

C: Satzreihe. Konjunktion "denn": (3) "Er sprang vor Überraschung auf, (2) denn Dietrich ... stand hinter ihm." → (1) [Wer seinen Freund plötzlich hinter sich sieht, der fühlt sich überrascht]. (2) Sein Freund stand plötzlich hinter ihm. (3) Er war überrascht.

2) Logische Schlüsse, die nach den Regeln des Modus "Celarent" gebaut werden, sind im Deutschen nur durch eine gegenseitige Stellung von Untersatz und Conclusio vertreten und zwar (3)-(2).

A) Satzgefüge: Konjunktion "weil": (3) "Die neue Generation ... hat das ... Ausgeben nicht gelernt, (2) weil sie es immer nur mit Jobbern zu tun hat ..." → (1) [Wer immer mit Jobbern zu tun hat, hat das Ausgeben nicht gelernt]. (2) Er hat immer mit Jobbern zu tun. (3) Er hat das Ausgeben nicht gelernt. Konjunktion "da": (3) "Andreas wunderte sich ... nicht mehr, daß man ihn selbst mit dem Ausdruck anredete, (2) da er auch einer Dame an den Kopf geworfen wurde."

B) Satzreihe. Konjunktion "denn": (3) "Frau Pimbusch war ... keine vereinzelte Erscheinung, denn zahlreiche Damen zeigten eine ... Neigung ... zu kopieren."

C) Zwei selbständige Sätze. Konjunktion "denn": (3) "Er erblickte ... kein Hindernis. (2) Denn er stellte sich ... eine lange Reihe von Liebhabern vor ..." Konjunktion "weil": (3) "Warum können Sie nicht ins Theater kommen? (2) "Weil" ich zur Kirche gehe."

3) Logische Schlüsse nach dem Modus "Camestres" sind im Deutschen durch zwei Typen von Enthymemen (Reihenfolge (2)-(3) und (3)-(2)) vertreten. In der Funktion des Untersatzes tritt der Nebensatz auf. Das Modell (2)-(3) wird durch das Satzgefüge ausgedrückt. Konjunktion "weil": (2) "Gerade weil sie dich nicht mehr sehen, (3) kommen sie auf unpassende Gedanken." Das Modell des Enthymems (3)-(2) wird durch Satzgefüge, Satzreihe und durch zwei selbständige Sätze ausgedrückt.

A) Satzgefüge: Konjunktion "weil": (3) "Abel, der keinen Frack trug, (2) weil er zu unscheinbar darin aussah ..." → (1) [Den Frack tragen nur Leute, denen er gut steht.] (2) Der Frack steht ihm nicht gut. (3) Er trug keinen Frack. Konjunktion "da": (3) "Bei meiner Pleite kam für meine Gläubiger ... nichts heraus, (2) da ich ... mittellos bin."

B) Satzreihe. Konjunktion "denn": (3) "Er würde niemals daran denken, sie zu verlassen, (2) denn er hatte kein Geld." → (1) [Man verläßt seine Geliebte, wenn man Geld hat.] (2) Er hatte kein Geld. (3) Er würde sie nie verlassen.

C) Zwei selbständige Sätze. Konjunktion "weil": (3) "Ich habe ... keine Brennschere mitgebracht." (3) Warum nicht? (2) Weil ich nicht dachte, daß du gleich so heftig sein würdest." → (1) [Die Brennschere bringen nur die Frauen mit, die die Situation voraussehen.] (2) Sie sah die Situation nicht voraus. (3) Sie brachte die Brennschere nicht mit.

Ergebnisse

1) Auf 400 Seiten des ausgewerteten Textes wurden 141 kausale Konjunktionen gebraucht ("weil"=36, "da"=31, "denn"=74), die als formale sprachliche Mittel auf der Ebene der Sprachwissenschaft zum Aufbau der zusammengesetzten Sätze mit der kausalen semantischen Bedeutung dienen. Dieselben formalen Sprachmittel sind gleichzeitig formale logische Marker auf der Ebene der Logik und drücken reduzierte logische Schlüsse (Enthymeme) des einfachen kategorischen Syllogismus aus. Wenn man berücksichtigt, daß im Text 1895 logische Schlüsse entdeckt wurden, so beträgt der Anteil der Sprachgebilde mit formalen logischen Makers nur 7,44%. Die Fähigkeit der natürlichen Sprache, logische Schlüsse hauptsächlich ohne formale logische Makers zu bilden, ist nicht mit dem Gebrauch der speziellen formalen Sprachmittel verbunden. Folglich werden logische Syllogismen in der natürlichen Sprache hauptsächlich aufgrund der semantischen Mittel gebaut.

2) Alle zusammengesetzten Sätze mit kausalen Konjunktionen (weil, da, wenn) dienen als logische Ausdrucksformen, in denen der Obersatz fehlt. Folglich hat sich die natürliche Sprache solche Mittel ausgearbeitet, die nach Algorythmen zur Eliminierung des Obersatzes als eines allgemeinbekannten Urteils führen. Das erlaubt dem Sprecher, das sprachliche Material zu "sparen"; er verspürt kein Bedürfnis, sein Enthymem durch das allgemein bekannte Urteil vorwegzunehmen. Die kausalen Konjunktionen "weil", "da", "denn" sind so das universalste Mittel der natürlichen Sprache, das zur "Einsparung des Sprachstoffes" in der Form des Obersatzes und zur Realisation des ökonomischen Gesetzes führt.

3) Unter allen kausalen Konjunktionen, die dem Aufbau der logischen Enthymeme dienen, wird dir Konjunktion "denn" am häufigsten gebraucht, d.h. zweimal so oft wie "weil" und "denn" zusammen (74:67).

4) Der Sprecher gebraucht den logischen Schluß des Modus "Barbara" (ohne Negation) dreimal so oft wie die Modi "Celarent" und "Camestres" (mit Negation) zusammengenommen.

5) Was die Gebrauchsfrequenz jeder analysierten Konjunktion in Enthymemem mit verschiedenen Modellen (verschiedene Reihenfolgen des Untersatzes und der Conclusio) anbetrifft, so sind zwei Schlußfolgerungen zu ziehen: a) Die Konjunktionen "weil" und "denn" eröffnen fast nie den zusammengesetzten Satz. Das bedeutet, daß der Sprecher, wenn er den logischen Syllogismus mit diesen Konjunktionen gebraucht, die natürliche Reihenfolge von Ursache und Folge verletzt, d.h. die Reihenfolge "Conclusio - Untersatz" gebraucht [(3)-

(2)]. Die Konjunktion "da" ist universaler und zur gegenseitigen Position des Untersatzes und der Conclusio fast nicht empfindlich. b) Die "richtige" logische Reihenfolge von Ursache und Folge [(2)-(3)] wird in der deutschen Sprache an Beispielen von Satzgefügen und Satzreihen mit den kausalen Konjunktionen "weil", "da", "denn" siebenmal seltener gebraucht als die "nichtrichtige" Reihenfolge [(3)-(2)] (im Verhältnis 18:123). Das zeugt davon, daß die innere semantische Struktur der kausalen Konstruktion der natürlichen Sprache der inneren logischen Struktur der Schlüsse teilweise widerspricht. Das hat sein Ziel, und dieses Ziel ist rein pragmatisch, intentional: der Sprecher als Träger des "gemeinsamen Bestandes der Kenntnisse" mit anderen Sprachträgern versteht, daß er, indem er im Informationskanal die Reihenfolge "Ursache - Folge" verletzt, den Effekt des Unerwarteten schafft, den Effekt der Verstärkung der Ursache selbst, die nach der Folge zutage tritt. Der Sprecher schafft im operativen Gedächtnis des Hörers den Effekt eines festeren Einprägens des letzten Urteils in der Funktion des Untersatzes. Das ist ein stilistischer Handgriff für die Hervorhebung der Ursache, die der Sprecher für wichtiger hält im Vergleich zur Folge in der Kette der Information.

6) Man könnte die allgemeine Frequenz des Gebrauchs der zusammengesetzten Sätze mit kausalen Konjunktionen "weil", "da", "denn" feststellen. Auf 400 Seiten des analysierten Textes wurden 1895 logische Schlüsse registriert. 141 Schlüsse davon waren speziell für diese Zwecke geschaffene logische Markers ausgedrückt, die als absolut eindeutige Sprachmittel im System aller Sprachmittel gelten. Der Gebrauch der formalen Sprachmittel zwecks Ausdruckes der logischen Schlüsse entlastet die semantische Bedeutung des Satzes und weist gleichzeitig auf den Untersatz hin, der durch diese Konjunktion eingeführt wird. Am Beispiel der kausalen Konjunktionen "weil", "da", "denn" kommt das Zusammenwirken der Grammatik und der Logik und das Zusammenwirken der Sprache und des Denkens im allgemeinen zum Ausdruck.

Literatur

Krivonosov, Aleksej (1986): "Zur logischen Struktur des Textes". - In: Zeitschrift für Phonetik, Sprachwissenschaft und Kommunikationsforschung 4/39, 415-435.

Krivonosov, Aleksej (1989): "Die Rolle der modalen Partikel in logischen Schlüssen der natürlichen Sprache." - In: Weydt, Harald (Hrsg.): Sprechen mit Partikeln (Berlin etc.: de Gruyter) 370-377.

Mann, Heinrich (1951): Im Schlaraffenland. - Berlin: Aufbau Verlag.

IST EUROLINGUISTIK GOTTESLÄSTERUNG?

Norbert Reiter

Mit dem 1928 von Trubetzkoy (1930: 17f.) unter die Leute gebrachten Begriff *Sprachbund* ist zugleich eine Dichotomie in die Welt gesetzt worden, nämlich die von *Sprachbund* und *Sprachfamilie*. Diese Dichotomie hat in gewissen Zweigen der Sprachwissenschaft Verwirrung hervorgerufen.[1]

Der Begriff *Sprachbund* führt forschungspraktisch in einen logischen Zirkel. Weinreich scheint der erste gewesen zu sein, der das bemerkt hat.[2]

Die Inkonsistenz beruht nicht auf Versehen, sondern darauf, daß der Sprachbund analog zur Sprachfamilie konzipiert ist. *Sprachfamilie* ist aber ein mythischer, bei Trubetzkoy sogar ein religiöser Begriff. Folgt der Sprachbund der Sprachfamilie, so ist er es ebenfalls. Die Kernfrage lautet: Wodurch werden Sprachfamilie und Sprachbund zusammengehalten? Gibt es die Dichotomie, so muß es auch zwei Faktoren geben, einen, der die Familie, einen anderen, der den Bund stiftet.

Wie sich Sprachbund und Sprachfamilie zueinander verhalten, hat Trubetzkoy bereits 1923 in einem Aufsatz erörtert, der sich "Vavilonskaja bašnja i smešenie jazikov" betitelt und in der russischen Emigrantenzeitschrift "Evrazijskij vremennik" erschienen ist (Trubeckoj 1923).

Darin vertritt Trubetzkoy - ernsthaft und nicht nur bildlich - die Ansicht, die Existenz von Sprachfamilien gehe auf Gottes Gebot zurück.

Verärgert über den Hochmut des Menschen, es ihm mit jenem Turme[3] gleichtun zu wollen, habe der Herr ihre bis dahin einheitliche Sprache durcheinander gebracht. Sie sollten sich - würden wir heute sagen - zur Kräfte-Addition nicht mehr verabreden können. So seien die Sprachfamilien in die Welt gekommen. Daran sei nichts zu ändern. Wer es trotzdem versuche, mache sich der Gotteslästerung schuldig. Damit meint Trubetzkoy alle diejenigen, die dem Internationalismus das Wort redeten, in erster Linie die Vertreter der jungen Sowjet-Macht, aber auch die im Westen, die Gottes Geheimnisse auszuforschen sich bemühten und mit deren technischer Umsetzung auf dem verhängnisvollen Wege seien, den Turm von Babel neu zu errichten. Das Resultat wäre eine seelenlose, gotteslästerliche Einheitsgesellschaft.

Was hat nun der Herr getan? Er hat Sprachen als Individuen geschaffen. Er hat einer jeden etwas beigegeben, was sie mit sich selbst identisch und von anderen verschieden macht, so jedoch, daß die Mitglieder einer Sprachfamilie oder die Dialekte einer Sprache untereinander graduell gleich sind. Gleichheit innerhalb der Familie und Ungleichheit nach außen beruhen auf Gottes Fügung, der familienstiftende Faktor ist Gottes Wille.

Worin er sich äußere, ist bis heute nicht festgestellt worden, obschon dieser Faktor laufend benannt wird, z.B. "Geist", "Wesen" einer Sprache. Die jüngeren Linguisten haben sich auf "Diasystem" geeinigt, den "Geist" sind sie aber nicht losgeworden,[4] was daran zu sehen ist, daß sie die natürliche Einzelsprache für eine Klasse halten. Das kann sie nur sein, wenn es etwas gäbe, was allen Zeichen einer Sprache gemeinsam wäre, zugleich aber auch verschieden von dem einer anderen.

Außer den Sprachfamilien gäbe es noch Sprachbünde, sagt Trubetzkoy. Sie kämen dadurch zustande, daß Menschen verschiedener Zunge nachbarschaftlichen Kontakt miteinander hätten. Offenkundig wäre der Sprachbund Menschenwerk, ja er wäre sogar der Versuch, Gottes Vielsprachengebot zuwiderzuhandeln. Mit einer einzigen Entlehnung schon wäre das Gebot übertreten. Folglich wäre der Sprachbund gotteslästerlich, eine Konsequenz, die Trubetzkoy jedoch nicht zieht.

Obwohl menschlichen Ursprungs, wäre der Sprachbund doch wieder eine numinose Erscheinung. Das kommt daher, daß die Bundesglieder außer benachbart untereinander graduell auch gleich sein müssen. Dieser dem Sprachbund definitorisch untergelegte Zwang zur Gleichheit kann nur göttlichen Ursprungs sein, denn die Benachbarung kann Gleichheit bewirken oder auch nicht.

Die beiden Determinanten des Sprachbundes, nämlich Benachbarung und graduelle Gleichheit der Mitglieder, sind nicht gleichrangig. Die Benachbarung ist vorgegeben, die Gleichheit Ergebnis eines intellektuellen Vorganges. Das macht den Begriff forschungspraktisch untauglich.

Mit der Dichotomie hat uns Trubetzkoy in eine Sackgasse geführt, um aus ihr herauszukommen, müssen wir die Dichotomie auflösen. Wir entmythisieren. Das geschieht, indem wir die Zwangsdeterminante "Gleichheit" aufgeben. Dann bleibt beim Sprachbund die Benachbarung zurück, und die Sprachfamilie verschwindet im Nichts. Damit wird zum maßgeblichen Faktor für die Gleichheit sprachlicher Zeichen die Benachbarung. Obschon mit anderen Argumenten, so ist zu diesem Ergebnis 1980 schon Eugen Seidel gekommen, womit er unter den Indogermanisten Unwillen ausgelöst hat.[5]

Benachbarung ist ein Notbehelf. Sie steht für menschliche Interaktion. Nicht Sprachen stehen miteinander in Kontakt, sondern Menschen. Weinreich wußte das sehr wohl, obschon er sein Buch "Languages in contact" überschrieben hat.[6]

Entmythisieren wir, so haben wir es nur noch mit Menschen zu tun, von denen sich jeder genau den Vorrat an Zeichen zulegt, den er braucht, um mit anderen kommunizieren zu können - Kinder eingeschlossen!

Damit wenden wir uns von den Philologien ab und den Völkern als den Konsubstantialitätspartnern der Sprachen. Dann ist es nicht mehr interessant, ob einer deutsch spricht oder französisch, sondern allein, was und wieviel zwei Individuen gemeinsam haben, und was sie tun, um Lücken aufzufüllen. Dann geht es um die Bestimmung ihres jeweiligen Grades an Homo- und Heteroglosse und nicht mehr darum, ihr sprachliches Über-Ich auszukundschaften. Dann können wir die Sprache eines Deutschen mit der eines Franzosen, ja sogar die eines Ungarn mit der eines Rumänen vergleichen. Mit der Entmythisierung der Sprache und der Verabschiedung des Volkes verhalten wir uns im wahrsten Sinne des Wortes sprachlich, da ja Sprache die Menschen verbindet, wohingegen sie die Philologien samt Teilen selbst der modernen Linguistik voneinander abgeschottet haben. Zumeist waren die Sprachwissenschaftler darauf aus, das Spezifische an ihrem Gegenstande zu entdecken, das Deutsche am Deutschen, das Russische am Russischen.

Die Philologien insbesondere separieren.[7] Damit erfüllen sie ein gesellschaftliches Erfordernis des 19. Jahrhunderts, als es darum ging, Mikroverbände zu leistungsfähigeren größeren Einheiten, den Nationen, zusammenzuschließen. Die Philologien waren die Priester der Nation. Zumeist dienten sie ihr unauffällig, doch haben sie sich mitunter auch willentlich für die Durchsetzung nationalpolitischer Interessen in Dienst nehmen lassen.

Die für das 19. Jahrhundert tatsächliche kreative Abschottung wird allmählich überwunden. Immer deutlicher tritt hervor, daß die Gesellschaft am effektivsten funktioniert, je mehr monolithisches Denken abgebaut und durch individuelle Eigenverantwortlichkeit ersetzt wird. Das erfordert ein hohes Maß an Einsicht in mikrostrukturelle Zusammenhänge. Sie ist im Westen größer als im Osten. Je größer sie wird, desto mehr werden innereuropäische Schranken abgebaut. Es wird unwichtig, ob jemand Deutscher ist oder Pole.

Dieser durch die Eigenverantwortlichkeit gesteuerten Entwicklung sollte auch die Sprachwissenschaft angepaßt werden. Das beginnt damit, daß wir das Individuum der Tyrannei des sprachlichen Über-Ich entheben und seine Eigenverantwortlichkeit auch in sprachlicher Hinsicht anerkennen. Wir finden uns damit ab, daß es seine Sprache nach seinen Bedürfnissen formt. Der Linguist zieht sich auf die Position des wertenden Beobachters zurück. Er fragt nach der Leistung sprachlicher Zeichen. Er bringt Aufwand und Nutzen zueinander ins Verhältnis, nicht nur bei der Anwendung, auch in der l a n g u e kann man das. Dazu muß Sprache berechenbar gemacht werden. Das läßt sich nur durch stärkere Differenzierung erreichen. Allerdings müssen dann gewisse linguistische Standardbegriffe aufgegeben werden, beispielsweise das "Monem", ein Begriff, der ohnehin fragwürdig ist. An seine Stelle treten ganze Ausdrucksformen. Dann erweist sich, daß die Signifikanten nicht ein-, sondern mehrdimensional sind.[8] Man kommt so zu hochkomplizierten Gebilden, die sich numerisch zwanglos umsetzen lassen. So wird es auch möglich, die Phonologie in die Morphologie zu integrieren. Es bringt nicht viel ein, ein Phonemsystem nach allen Richtungen zu berechnen, wenn man nicht weiß, wie die Alternationen morphologisch genutzt werden.

Man kann an den Signifikanten hochsensible Berechnungen anstellen, aber auch sie führen zu nichts, wenn der Bezugsrahmen weiterhin durch die Einzelsprachen bestimmt wird. Sollen Leistungsvergleiche tatsächlich angestellt werden, so kann - eingangs wenigstens - nur unter Synonymen verglichen werden. Der Bezugsrahmen wird semantisch abgesteckt - gleichbleibend für jeden Untersuchungsfall - territorial entweder gesamt oder teileuropäisch.

Nehmen wir als Beispiel für eine semantische Bestimmung das Zeichen *bestimmter Artikel*. Es ist in weiten Teilen Europas bekannt. Der Signifikant ist aber nicht einfach das, was herkömmlich "Artikel" genannt wird, z.B. deutsch "der", "die", "das". Er ist weit umfangreicher, ja er gehört zu den umfangreichsten und kompliziertesten überhaupt. Einige dieser Exemplare sind ziemlich einfach, so der englische und der ungarische. Die romanischen Signifikanten würden auf einer Kompliziertheitsskala eine Mittelposition einnehmen, komplizierter wäre der deutsche, die allerkompliziertesten Signifikanten findet man auf dem Balkan.

So kann mit bisher unerreichter Genauigkeit bestimmt werden, wieviel in jeder Region für einen gesetzten Inhalt aufgewendet wird.[9] Selbstverständlich müssen die semantischen Inhalte selbst zutreffend erfaßt und in ihrer kommunikativen Leistung bewertet werden. Notbehelfe wie *bestimmter Artikel*, ja sogar *Determination* sind für solcherart Untersuchungen untauglich.

Eine Linguistik, die auf die Bewertung des Sprachpotentials vornehmlich in Europa gerichtet ist, würde ich E u r o l i n g u i s t i k nennen.[10] Der Name rechtfertigt sich aber auch durch die politischen und gesellschaftlichen Verhältnisse, in die wir ja allmählich hineinwachsen wollen. Diese Verhältnisse werden zunehmend durch Eigenverantwortlichkeit und den Abbau mythischer Schranken bestimmt. Eine Sprachwissenschaft, die ihren Gegenstand nicht ebenfalls, und zwar radikal, entmythisiert, wird ins gesellschaftliche Abseits geraten.

Mit der Entmythisierung werden falsche Götter gestürzt, daher wäre an der Eurolinguistik noch nichts Verwerfliches; lästerlich würde sie erst dann, wenn sie zur Stütze einer lästerlichen Gesellschaft würde.

Anmerkungen

1 Steinke (1991) spricht von der "Gegenposition" des Sprachbundes zur Sprachfamilie. Eichner (1988: 14f.) versucht die Dichotomie mengentheoretisch aufzubauen, doch trifft er die Entscheidung zugunsten der Sprachfamilie, indem er den Sprachhistorikern redliches Bemühen bescheinigt, den Sprachbündnern aber nachsagt, sie hätten "ihre Auffassung mehr oder weniger lautstark zu behaupten" versucht (Eichner 1988: 11).

2 Weinreich (1958: 378) formuliert es so:
"Its [d.h. des Sprachbundes, Rt.] fundamental fault is that it implies a unit, as if a language were or were not a member of a given Sprachbund. But of course a grouping of this sort has no specific a priori criteria; a group of geographically continuous languages may be classified as a Sprachbund ad hoc with respect to any structural isoglos".

3 Auf die Bibelstelle, es handelt sich um 1. Mose 11, nimmt auch Herder (1770, wieder 1901: 127) Bezug, doch nennt er sie ein "Poem", das uns erläutere, wie es zur Sprachenvielfalt gekommen sei: "[...] schnelle Verbitterung und Zwietracht, zu der eben ein solches großes Werk den reichsten Anlaß gab [...]". Die Sprache ist für ihn Familienbesitz, daß eine von der anderen abweicht, begründet er durch Familienhaß. Seidel (1980: 13), einer der von Eichner [s. unsere Anmerkung 2] namentlich genannten und gescholtenen Vertreter der Sprachbundhypothese, erwähnt den Babel-Turm ebenfalls, jedoch so: "Diese [d.i. die Ursache, Rt.] blieb weiterhin unangetastete ursprüngliche Einheit, deren Einheit als denknotwendig erschien - der Mythos vom Turmbau zu Babel in neuer Gestalt."

4 Das erkennt man daran, daß sie in der Einzelsprache eine Klasse sehen (vgl. Lieb 1970: 12), dem "die historische Sprache eine Klasse von individuellen Verständigungsmitteln" ist. Implicite auch Eichner (vgl. oben), da er an den Einzelsprachen Mengenoperationen vornimmt.

5 Vgl. unsere Anmerkung 3.

6 Weinreich (1953: 1): "The language-using individuals are thus the locus of contact."

7 Jobson (1963: 35) hält die akademische Trennung in "Sektionen" (z.B. ital., franz. usw.) für künstlich. Dadurch komme es zu einer Abschottung benachbarter Sprachen voneinander. Hierzu: Diese Sektionierung - in Philologien - ist nicht Folge einer akademischen Unsitte, wie man Jakobson vielleicht interpretieren könnte, sondern akademisches Phänobild gesellschaftlicher Opportunität.

8 Ein erster Versuch bei Reiter (1973). Inzwischen ist die Sache weiterentwickelt, aber noch nicht veröffentlicht worden.

9 Es kommt darauf an, Sprache berechenbar und damit vergleichbar zu machen, d.h. sprachliche Phänomene müssen numerisch umgesetzt werden, womit angestrebt wird, was auch Anliegen der Informatiker ist und von den Computer-Linguisten in vielfältiger Ausfertigung schon eine ganze Weile betrieben wird.

10 In diese Richtung laufen auch Überlegungen von - besonders - Osthistorikern, vgl. dazu Jelavich (1988: 3), der den Nobelpreisträger Czeslaw Milosz zitiert:
"An East-Central Europe composed of closed national compartments hostile or indifferent to each other would be against the vital interests of its nations. The remedy for such a division is a clear understanding of that past which, in spite of national differences, is common".
Und Jelavich selbst fügt hinzu:
"As long as each ethnic group continues to pursue its own specific interests, comparative studies, which are essential for an understanding of East-Central and Southeastern Europe, will languish [...]".

Dem bleibt nur hinzuzufügen: Wenn sich die Sprachwissenschaft als die Hauptverursacherin des inzwischen anachronistischen Zustandes nicht umbesinnt, wird sie ins gesellschaftliche Abseits geraten.

Literatur

Eichner, H( ) (1988): "Sprachwandel und Rekonstruktion". - In: Zinko (Hrsg.) 10-40.

Herder, Johann G. ([1770] 1901): Abhandlung über den Ursprung der Sprache, hg.v. Matthias, Theodor. - Leipzig.

Jakobson, Roman (1963): "Problèmes généraux". - In: Jakobson (1963): Essais de linguistique générale. Aus dem Englischen von Nicolas Ruwet (Paris) 25-99.

Jelavich, Charles (1988): "East European Studies today". - In: Newsletter. American Association for the Advancement of Slavic Studies 28/1, 2-4.

Lieb, Hans-H. (1970): Sprachstadium und Sprachsystem. Umrisse einer Sprachtheorie. - Stuttgart etc.

Reiter, Norbert (1975): "Binomialkoeffizienten als Klassifizierungshilfe" . - In: Zeitschrift für Balkanologie XI/2, 53-70.

Seidel, Eugen (1980): "Gedanken über das Indogermanenproblem". - In: Beiträge zur Ethnolinguistik. Gedenkschrift zum 100. Geburtstag von Ferdinand Hestermann (Jena) 10-30.

Steinke, Klaus (1991): "Zur Typologie der Sprachkontakte auf dem Balkan". - In: Zeitschrift für Balkanologie XXVII/1.

Trubeckoj, Nikolai S. (1923): "Vavilonska ja bašnja i smešenie jazikov". - In: Evrazijskij vremennik 3, 107-124.

Trubetzkoy, Nikolai S. (1930): "Über den Sprachbund". - In: Actes du premier congrès international de linguistes à la Haye, du 10-15 avril 1928 (Leiden) 17-18.

Weinreich, Uriel (1953): Languages in contact: Findings and problems. - New York.

- (1958): "On the compatibility of genetic relationship and convergent development". - In: Word 14, 374-379.

Zinko, Christian (Hrsg.) (1988): Akten der 13. Österreichischen Linguistentagung. Graz, 25.-27. Oktober 1985. - Graz.

3. SEMANTIK

SEMIOPHÄNOMENALE INVARIANTEN UND DIE DIFFERENZIERUNG KATEGORIALER IMPLIKATUREN

Hans Günter Still

> […] *ὥστε εἴτε τις εἶναί τι ὀνομάζει, τινὶ εἶναι ἢ τινὸς ἢ πρός τι ῥητέον αὐτῷ, εἴτε γίγνεσθαι* '[…] Nennt es demnach jemand Sein, so muß er sagen, es sei für etwas oder von etwas oder auf etwas hin; entsprechend auch wenn er es Werden nennt.' (Platon, Theaet., 160b)[1]

Sprache ist ein verallgemeinertes, im zeitlichen Prozeß wieder und wieder funktionalisierbares Potential semiostruktiver Verfahren. Die syntaktische Basis sprachlicher Äußerungen ist ganz wesentlich von "Distributionen" geprägt, denen neuronal spezifische Impulsschemata entsprechen. Andererseits dient das Materielle übergeordneten Funktionen des Sagens. Trotzdem ist es nicht etwa der Beginn fehlplazierten Philosophisierens, wenn in Betracht des Semantischen vom "Sein" sprachlicher Gestaltungen gesprochen wird. Das grammatiko-semantisch Gesetzte ist das Medium, und auch die Möglichkeitsbeziehungen, in denen das Gesetzte steht bzw. stehen kann, dürfen nicht übersehen werden. Sprache vollzieht sich in verschiedenen Tempi und unter verschiedenen "Aufmerksamkeiten". Nicht alles in diesem komplexen Vorgang ist einfach "Rede".

Sprache läßt sich nicht wirklich beschreiben bei Überschlagung dessen, was mit ihren Gliederungen in geregelter Entsprechung verbunden ist, sei es "intrinsisch" oder in Ansehung der durch sie auftretenden Einwirkung auf gegebene Informationszustände. Wie ist "Grammatik" als prozeßkonforme Konstitutionsanalyse zu bestimmen? Allgemein wird man sagen können, daß Sprache als Potential reprozessualisierbarer und in verschiedener Hinsicht evaluierbarer Konstanzen auf linguistischer Seite eine strukturdynamische Auffassung erfordert.

Das Sprachliche und das "Okkasionelle"

In Anbetracht der Veränderlichkeit und scheinbaren Unbeständigkeit der Bedeutungsseite im Diskurs war und ist es bekanntlich das Hauptanliegen strukturalistischer Analyse herauszuarbeiten, was eine Sprache "als Sprache", d.h. im Eigentlichen ausmacht und bestimmt. Die Relevanz dieser Aufgabe steht außer Frage. Es ist allerdings von vorentscheidender Wichtigkeit, im Bemühen um die Erfassung des "Sprachlichen" der Tatsache Rechnung zu tragen, daß Sprache auch in dem, wodurch sie autonom scheint, eine b a s i e r t e O r d n u n g darstellt, ein in Hervorbringung verwirklichtes Verfahren zu möglicher Ordnung (vgl. Humboldt 1836: CXXII). Sprachwissenschaft spricht zum Menschen vom Menschen. "La Linguistique parle à l'homme de lui-même" (Bréal 1897/1921: 2).

Das monoplane "Auseinanderdividieren" von Merkmaloppositionen allein führt noch nicht zur Erfassung der "Form", der S e m a n t i s i e r u n g , in der Inhalte gefaßt, präsentiert und aufeinander bezogen werden. Bei allem Fragen nach den "traits pertinents" ist auch die unterschiedliche Qualität, in der Distinktionen einer vorgesetzten Ordnung gegeben sein können, zu berücksichtigen. Λόγος δ ε δ ό σ θ α ι λέγεται, ᾧ δυνάμεθα τὸν αὐτὸν πορίσασθαι 'Ein Verhältnis heißt g e g e b e n , zu dem wir uns das mit ihm zusammenfallende verschaffen können.'[2] Die für die Gemeinschaft der Teilhaber einer Sprache verfahrensmäßig stabilen Faktoren des Sprachwissens sind in die Definition sprachlicher Form einzubeziehen.

Von "Semantisierung" wird, sei es mit dem Wort selbst, sei es in Ausdrucksentsprechung, in unterschiedlichen Kontexten des Bezugnehmens auf Sprache gesprochen; etwa im Bereich experimentalpsychologischer Untersuchungen zur "Begriffsbildung" (Ach 1921), in Untersuchungen der Zusammenhänge zwischen geistiger Entwicklung und "Begriffsentwicklung" (Vygotskij 1934, Deutsch 1964) oder in der Sprachdidaktik hinsichtlich der "Semantisierung neu eingeführter Wörter" (Kostomarov)[3]. Demgegenüber sollte der Ausdruck "Semantisierung" in spezifischer Nutzung dazu dienen, im Sinne eines prozessual-analytischen Begriffs das Quale (ποιόν) inhaltlicher Vermittlung zu bezeichnen.

Der komplexe und zunächst undifferenziert verstandene Begriff S p r a c h w i s s e n erweist sich als zentral für den Zugang zur Problematik. Da er für einen allgemein beteiligten Faktor supponiert, hat er "intrinsische Geltung". Im einzelnen handelt es sich dann um unterschiedliche Formen und Aktualitäten der Geltung je nachdem, auf welche Art bzw. Möglichkeitsbeziehung des Wissens Bezug genommen wird. "Wissen" ist in der einen oder anderen Weise immer involviert oder impliziert. Der Begriff "Sprachwissen" ist geeignet, Widersprüche aufzulösen, die sich aufgrund der unterschiedlichen "Genera" zuzuordnenden "Facetten" des Sprachlichen ergeben können.

In speziellem Sinne kann "Sprachwissen" als Bereich einer Menge aufgefaßt werden, beschränkt auf die tragenden Bestimmungen und Beziehungen einer Sprache. So aufgefaßt werden sowohl systemexterne Elemente als auch individuell, situationell bzw. diskurspunktuell bedingt auftretende Momente ausgeklammert.

- Λόγον ἀναγκαῖον, ὅτανπερ ᾖ, τινὸς εἶναι λόγον, μὴ δὲ τινὸς ἀδύνατον. '- Rede ist doch, wann immer sie wirklich Rede ist, notwendig Rede von etwas; als nicht von etwas dagegen eine Unmöglichkeit.' - Οὕτως '- So ist es.' - Οὐκοῦν καὶ ποιόν τινα αὐτὸν εἶναι δεῖ; '- Muß sie zudem nicht auch eine bestimmte Beschaffenheit haben?' - Πῶς δ'οὔ; '- Wie das bestreiten?'[4] Es ist nicht ohne Wert, diese Stelle aus Platon (Soph., 262e) von ihrem Kontext und besonderen Sinn zu isolieren (ποιόν bewußt nicht mit 'Wahrheitshaltigkeit' zu assoziieren) und so zu deuten, als handele es sich um eine "linguistische" Thematisierung. Es stehe λ für λόγος, φ für φωνή (für die lautliche Seite von Sprache; vgl. Aristoteles, De int., 16a-17a), Π für ποιόν (für die 'Beschaffenheit' der Inhalte, Semantisierungen und Funktionen; versehen mit dem Index m für den M o d u s der Beschaffenheit; versehen mit dem Index s für die durch Distinktionen gegebene s t r u k t u r w e r t liche Besonderung). Die Figur des Rhombus stehe für die verbindende Instanz des Sprachwissens. Der Grundzusammenhang läßt sich dann schematisch wie auf Tafel 1 darstellen.

Tafel 1:

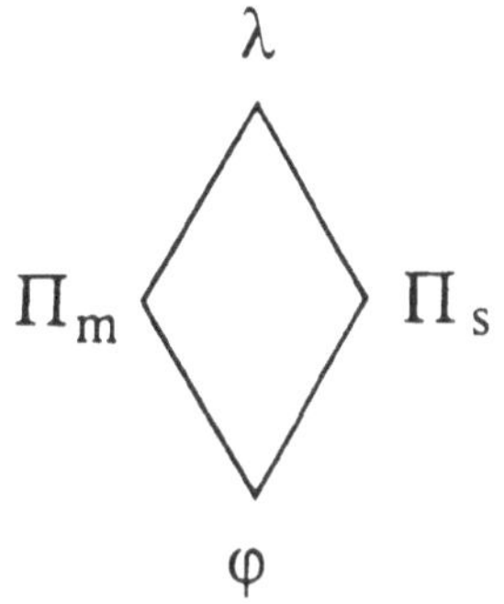

Bezogen auf die Menge dessen, was als subsistent bzw. verfahrensmäßig stabil ausgewiesen ist, ließe sich jeder Konstituente, die zu Recht Anspruch erhebt, Element der so ausgezeichneten Menge zu sein, im Sinne der sogenannten " charakteristischen Funktion" der Wert 1 zuordnen. Die charakteristische Funktion ordnet den Elementen einer bestimmten Menge den Wert 1 und den nicht zu dieser Menge gehörenden Elementen der Allmenge E den Wert O zu.

Entscheidend für die positive Zuordnung ist, daß einer Konstituente bzw. Bezugsweise über die Einzelokkurrenz hinaus der Status einer "Implikatur" zukommt. Die Zusammenhänge sind also modelltheoretisch zu bewerten. Es ist zu beachten, daß eine Konstituente das, was sie in einem bestimmten Bezug nicht hat, von der Definition her haben kann.

Qualitative Differenzierung sprachlicher Implikaturen

Der Ausdruck "Wissen" hat je nachdem, worauf er bezogen ist, bzw. je nachdem, wofür er supponiert, sehr unterschiedliche Geltung. Wir unterscheiden "unmittelbares Wissen" (*Insichhaben, Können*) von "Wissen aus Distanz"; "Vorstellungswissen" von "begrifflich vermitteltem Wissen"; "Erfahrungswissen" (*wissen, daß*) von "Ursachenwissen" (*wissen, weshalb*); "Wissen konkreter Gegebenheiten" von "Abstraktionswissen"; "positives" von "deduktivem" bzw. "konstruktivem Wissen"; "extrinsisches" und "korrelatives Wissen" von "Wissen intrinsischer Gegebenheiten"; "punktuelles Wissen" von "konspektivem Wissen"; "subjektives Wissen" von "ejektivem (intersubjektiv kongruentem) Wissen" u.a. Sprache besteht "im Wissen" und die vornehmste Aufgabe des Linguisten liegt darin, das Differenzierungsinstrumentarium seines Metawissens soweit wie möglich dieser Grundgegebenheit angemessen zu gestalten.

Sprache besteht - allgemein gesprochen - aus Prädikationen, aus Einheiten des Sagens. *Prädikation* ist ein Setzen und Aufeinanderbeziehen bzw. ein aufeinander bezogenes Setzen von "Werten" zum Zwecke des Sagens. Hinsichtlich einer Prädikation sind drei Hinsichten ihres Gegebenseins zu unterscheiden: 1) ihr "konstitutional-konstruktionales Gegebensein", 2) ihr "logischer Status", d.h. ihre mögliche Einbettung in eine inhaltlich festlegende Metainterpretation, 3) ihre "operationale Dynamik" hinsichtlich möglicher Zwecke und Wirkungen in der kommunikativen Informations- bzw. Verhaltensmodulation. Der Linguist hat sich primär mit der ersten dieser drei Hinsichten zu befassen, also mit den Unterscheidungen und Repräsentationen des "konstitutional-konstruktionalen Gegebenseins".

Nicht alle Formen des Wissens betreffen die Sprache so, daß sie in den Bereich linguistischer Aufmerksamkeit fallen. In erster Annäherung ist zunächst das Wissen der "materiellen Seite" (das Wissen der "Lautformen" und das der "Konstruktionen 'in schematischer Hinsicht'") vom Wissen der "inhaltlich-funktionalen Seite" zu unterscheiden. Die inhaltlich-funktionale Seite umfaßt "Bedeutungen und Funktionen" (bzw. "funktionale oder funktional gewertete Verfahren").[5] Obwohl die materielle Seite Grundlage für die inhaltlich-funktionale ist, erweist sie sich nicht immer als "nur materiell". Das Materielle (das Lautliche bzw. Konstruktionale) kann "valorisiert" werden, kann über seine tragende, unterscheidende und gliedernde Bestimmung hinaus in sekundärer Intention inhaltliche bzw. funktionale Relevanz implizieren.

Zur genaueren Differenzierung im Bereich der "Inhalte" und "Funktionen" sind zwei Unterscheidungsfelder in Betracht zu ziehen, und zwar sowohl hinsichtlich der Faktoren im einzelnen als auch hinsichtlich der Wechselbeziehungen und Vertretungsmöglichkeiten. Das eine Unterscheidungsfeld steht unter dem Aspekt "instanzrückbezüglicher Bedeutungsbeschaffenheit" und umfaßt vier Qualitäten: l)" komplexionale", 2) "konjektionale", 3) "intimale", 4) "präsentationale".

K o m p l e x i o n a l e Bedeutungen werden primär ohne eine Interferenz korrelativer inhaltlicher Beziehungen, gewissermaßen e n b l o c gewußt. K o n j e k t i o n a l e Bedeutungen (gemeint sind vor allem "Begriffsbildungen") bestehen in einem "Zusammenwurf" gewußter Wertigkeiten und "definieren sich" im Rückbezug über ein Feld wechselseitiger Differenzierung. I n t i m a l e Qualitäten (Ausdrucksbildung in Analogie zu engl. *intimation*, vgl. Locke, Essay, III, 7, 1 / 1979: 471-473) sind in Bedeutungen gegeben, die andeutende bzw. anweisende Funktionen inhaltlicher Art ausdrücken (Konjunktionen etwa). P r ä s e n t a t i o n a l e Qualitäten sind Bedeutungen, die Hauptinhaltliches grammatikosemantisch exponieren (bestimmte kasuelle Auszeichnungen etwa, aspektuelle Fassungen u.a.).

Das andere Unterscheidungsfeld steht unter dem Aspekt "innersyntaktischer Funktionalität" und umfaßt drei Modi: l) "(kon-)formale", 2) "(prädikational-)funktionale", 3) "konstruktionale" Modi.

Der Ausdruck k o n f o r m a l bezieht sich auf morphologisch ungebundene bzw. morphologisch gebunden repräsentierte Signaturen, die nicht in intimaler oder präsentationaler Qualität prädikationsrelevant werden. Der Ausdruck p r ä d i k a t i o n a l - f u n k t i o n a l bezieht sich auf die Stellenfunktionen in der Prädikation (*Subjekt, Prädikat* u.a.). Der Ausdruck k o n s t r u k t i o n a l bezieht sich in weiterem Sinne auf funktional relevante Verfahren der Syntax (Verfahren der *Hervorhebung*, der *Gewichtung* u.a.).

Bedeutungen und Funktionen stehen in einem oft nicht problemlos zu differenzierenden Verhältnis. Wechselbeziehungen, Überlagerungen, Doppelungen, Koppelungen und Vertretungsmöglichkeiten sind in Betracht zu ziehen.

'Semiophänomenalität'

Sprachwertigkeiten dürfen nicht allein unter einem nur äußerlich klassifizierenden Ordnungsgesichtspunkt beurteilt werden. Wesentlich für die Einschätzung ist die Frage nach dem Gegebensein im Zusammenhang mit den Leistungen der repräsentierenden und modulierenden interaktiven Instanzen des sprachfähigen Selbst (s. Eccles 1977/1982: 359 ff.). Allgemein läßt sich folgendes sagen: 1) Wegen ihrer überlegenen neuronalen Ausstattung wird eine der Hemisphären des menschlichen Gehirns (gewöhnlich die linke) in der sprachlichen Leistung dominant. Die anatomisch repräsentierten Basen (anatomischen Substrate) sind materiell die Grundlage für die ihnen einbestimmte S p r a c h f ä h i g k e i t . Die "prinzipielle Fähigkeit" ist von der "systematisierten", die durch den Besitz einer bestimmten Sprache (gewöhnlich der Muttersprache) reguliert ist, zu unterscheiden. 2) Latent ist immer die Möglichkeit gegeben, daß Leistungen, die mit der prinzipiellen Sprachfähigkeit assoziiert sind, mit systematisierten Leistungen interferieren. Die Vorbedingung für Sprachbildung überhaupt scheint in der Fähigkeit zu liegen, sogenannte "crossmodale Assoziationen" (Assoziationen verschiedener sinnlicher Inputs) zu bilden, diese zu apperzipieren (vgl. Leibniz, Nouveaux Essais), bewußtheitlich abzugrenzen, abstraktivierend zu verdinglichen, hypothetisch zu behandeln und aufeinander zu beziehen. 3) Das inhaltliche Wissen "erster Intention" kann unter gewissen Bedingungen (und unter Voraussetzung ausreichender "Phasenzeit") durch eine "zweite Intention" mit Verfahren abstraktivierender Vergegenständlichung und relationaler Bewertung verknüpft werden.

Die sprachfähige Instanz hat die Möglichkeit, in Synthese gegebenes semantisches Wissen in verschiedenen Arten und Weisen relational zu transformieren. Dabei handelt es sich nicht etwa nur um subjektive Willkürlichkeiten. Involviert sind definierbare Züge semioschemativer Verfahren. Sie können in umgekehrter Weise auch als Wirkungen interpretiert werden und gestatten dann Rückschlüsse auf die Qualität der Substrate, die Grundlage für ihre Ableitung waren.

Es ist unmöglich zu semantisieren, ohne e t w a s zu semantisieren. Ist ein Substrat gegeben, können kopräsentative Faktoren grammatischer Kategorialität gegeben sein ("präsentationale" Bedeutungsqualitäten). Qualitäten solcher Art lassen sich semioschemativ in Gestalt f o r m a l e r E p i t y p e n beschreiben. Sie lassen sich "semiophänomenalisieren". Sofern es präsentationaler Natur ist, läßt sich das Kategoriale aus formal weiter nicht zurückführbaren Zügen des Relationalen aufbauen. '(Setzung von) Einheit', '(Setzung von) Entgrenzung', '(Setzung von) Fassung', '(Setzung von) Ausrichtung', '(Setzung von) begrenzter Richtung' u.ä. sind formale Charakteristika im Sinne semiophänomenalisierbarer Epitypik. Isoliert betrachtet sind semiophänomenalisierbare Epitypen universal und in verschiedenster Bedeutungsstruktur impliziert. Die spezifischen Modi der Präsenz sind selbstverständlich von Sprache zu Sprache verschieden.

Klärungen und Bemerkungen

1. In Betracht von Semiophänomenalität ist grundsätzlich zu unterscheiden, ob es um ein Gegebensein für die Teilhaber der Sprache geht oder um Visualisierungen, die auf der Grundlage linguistischer Deduktion gewonnen wurden. Es scheint zweckmäßig, hinsichtlich linguistischer Phänomenalisierungen zunächst einfach nur von "Repräsentationen" zu sprechen.

2. Die Sprachteilhaber haben von den Semantisierungen ihres Mediums ein verläßliches, aber "undeutliches" Wissen. Sie "gebrauchen und verstehen", bestimmen aber für gewöhnlich nicht, was impliziert ist, wenn sie "gebrauchen" und "verstehen". Andererseits wissen sie die Implikaturen und machen sich die entsprechenden Vorstellungen, wenn diese in die Aufmerksamkeit gerufen werden sollen. Der um Wörterbuchdefinitionen bemühte Lexikograph kommt nicht selten in Schwierigkeiten. Nicht immer kann die Gebrauchsdefinition eines Lexems (die Beschreibung der Akzeption) eine "Implikationsdefinition" ersetzen. Im Zusammenhang mit Implikationsdefinitionen kann Semiophänomenalisierungen eine wichtige Kontrollfunktion zukommen. Semiophänomenalisierbarkeit (bis hin zu -formalisierbarkeit) erweist sich als Parameter, als kennzeichnendes Kriterium, mit dessen Hilfe Aussagen über Grad und Beschaffenheit einer Semantisierung präzisiert werden können.

3. Die Beziehung zur Möglichkeit schematisch-symbolischer Phänomenalisierung von aus Verwendungstypen paradigmatischer Kategorien gezogener (und deduktiv gewußter) Invarianzen ist m.E. für die Kategorienlehre von entscheidender Relevanz. Eine aspektuell signierte Verbalform etwa "zeigt" ("exponiert") das ihr zugrunde liegende Semantem ("Indikatem") auf der Grundlage einer formalwertlichen Fassung. Der Status einer "formalwertlichen Fassung" erweist sich in der Möglichkeit der (bzw. zur) Konstruktion einer schematisch-symbolischen Phänomenalisierung. Er ist gegeben, wenn die Teilhaber der betreffenden Sprache seine Gültigkeit bestätigen. Die Bestätigung einer "formalwertlichen Fassung" (einer "Sub"- bzw. "Perstruktion") bedeutet allerdings nicht, daß ein solcher Grundriß bewußtheitlich immer "präsent" mit der Kategorie gegeben ist. Ein sprachlicher Grundwert kann im Gebrauch unterschiedlich funktionalisiert sein. So wird etwa der Wert des perfektiven Aspekts im Russischen kommunikativ oft nur in der Weise "gefühlt", daß die prozessuale Bedeutung des zugrunde liegenden Verbs attentionell unterdrückt erscheint. Die Nutzung ist oft eher "funktional" als "präsentational". Die Sprachteilhaber stehen in den Phasen der Äußerung nie mit allen Facetten der Relevanz sprachlicher Form zugleich in Übereinstimmung. Die Auffassung einer einheitlichen formal-präsentationalen Implikatur ist für sie erst dadurch gegeben, daß sich über die "Gebrauchsweisen" hinaus eine allgemeine Auffassung von instanzrückbezüglich gefühlter (also nicht allein rational-abstraktiver) Verhältnisähnlichkeit entwickelt.[6]

4. "Semiophänomenalisierungen" sind nicht "Dinge", sondern "Konstruktionen". Ihre Wiedergabe durch graphische Symbole (wie auf Tafel 2 etwa) ist konkret genommen immer unverbindlich. "Unverbindlich" sind graphische Symbole aber nicht der Intention nach. Abgebildet bzw. entfaltet wird die Intention eines formalen Begriffs.

fel 2: ≡ o •

> > > ——

→ ⇒

merkungen

)eutsch H. G. S.
:uklid [um 300 v.Chr.], Δεδομένα (Data), Def. 2. Deutsch H. G. S. Zit. nach der Ausgabe von H. Menge, .ipsiae, Teubner 1896.
'. G. Kostomarov ist Herausgeber des bekannten Lehrwerks "Russkij jazyk dlja vsech" (1989 in 12. Auf-age, Izd. Russkij jazyk, Moskva).
)eutsch H. G. S.
edeutungen definieren sich in der Unterscheidung gegenüber *Funktionen*. Sie sind nicht direkt, sondern in-tanzrückbezüglich gegeben; ihre Setzung impliziert einen *Reflex*.
'gl. Aristoteles, Met. I: 981a.

teratur

h, Narziß (1921): Über die Begriffsbildung. Eine experimentelle Untersuchung. - Bamberg: Buchner.
stoteles [gest. 322 v.Chr.]: περὶ Ἑρμηνείας (De interpretatione). Aristoteles Graece I ex rec. Immanuelis Bekkeri (1831) - Berolini: Reimer, 16-24.
ι Μετὰ τὰ φυσικά (Metaphysicorum libri). Aristoteles Graece II ex rec. Immanuelis Bekkeri (1831) - Berolini: Reimer, 980-1093.
al, Michel (1897): Essai de sémantique, science des significations. - Paris: Hachette, 5me éd. 1921.
:les, John C. ([1977] 1982). Siehe: Popper, Karl R.
mboldt, Wilhelm von (1836): "Einleitung über die Verschiedenheit des menschlichen Sprachbaues [...]". - In: Ders.: Über die Kawi-Sprache auf der Insel Java I. - Berlin: Königliche Akademie der Wissenschaften.
ıt, Immanuel (1787): Kant's Werke. III: Kritik [Critik ...] der reinen Vernunft. - Berlin: Reimer, 2.A. 1904.
sslyn, Stephen M. (1980) Image and mind. – Cambridge, Mass.: Harvard University Press.
bniz, Gottfried Wilhelm ([um 1704] 1962): Sämtliche Schriften und Briefe. VI, 6: Nouveaux Essais sur l'entendement humain. - Berlin: Akademie (bearb. von André Robinet und Heinrich Schepers).
:ke, John ([1690] 1979): An Essay concerning Human Understanding, ed. by P( ) H. Nidditch. - Oxford: Clarendon Press (Nachdr.)
ller, G[eorg] E[lias] (1913): Zur Analyse der Gedächtnistätigkeit und des Vorstellungsverlaufes, Teil III. - Leipzig: Barth (= Zeitschrift für Psychologie, Ergänzungsband 8).
ton [gest. 347 v.Chr.]: Θεαίτητος (Theaetetus). - Platonis opera I. Recognovit ... Ioannes Burnet (1900). - Oxonii: e typographeo Clarendoniano.
οφιστής (Sophista). - Platonis opera I. Recognovit ... Ioannes Burnet (1900) - Oxonii: e typographeo Clarendoniano, 357-442.
ɔper, Karl R./Eccles, John C. ([1977] 1982): [The self and its brain] Das Ich und sein Gehirn. - München etc.: Piper.
gotskij, Lev S.] Wygotski, Lew S. ([1934] 1964): [Myšlenie i reč'] Denken und Sprechen. - Berlin: Akademie Verlag.

AKTIONSARTSEMANTIK UND AUXILIARISIERUNG IM DEUTSCHEN

Werner Abraham

1. Umriß: Frage- und Zielstellung

Temporalisierung, vornehmlich im Sinne der lateinischen Zeitenfolge, ist in den modernen idg. Sprachen nach allgemeiner Auffassung eine Neuerung, an der sich die modernen Töchter der idg. Mutter allerdings in unterschiedlichem Maße beteiligten. Der vorliegende Aufsatz will in der gebotenen Kürze ausloten, was im modernen Deutschen an Aspekt- und Aktionsartsystematik vorhanden ist und zwar beschränkt auf den Anteil, den die periphrastischen Konstruktionen mit den nhd. Hilfsverben innerhalb dieses Erscheinungsbereichs ausmachen (zu produktiven Verbableitungen, die denselben Aktionsartwechsel implizieren sowie strukturelle Korrelate vgl. Abraham 1986/1991). In einem Ausschnitt soll besonders ein bestimmter diachronischer Wechsel zwischen dem Althochdeutschen und Neuhochdeutschen beleuchtet werden (ahd. *wërdan/wesan/habên* bzw. nhd. *werden/sein/haben*).

2. Das frühe periphrastische Passiv: AHD.

Das ahd. 2. Partizip war im "Passiv" nach Numerus, Genus und Kasus gebeugt und kongruierte bei den Verben *wërdan* bzw. *wesan/sîn* mit dem Subjekt, bei *habên/eigan* mit dem Objekt. Man vgl. zum ersten (1).

(1) Ir sizzêt in thera burgi, unz ir s î t g i u u â t i t e mit megine fon hôhi (Tatian 244,1)
"Ihr sollt in der Stadt bleiben, bis ihr a u s g e s t a t t e t w e r d e t (eigentlich *seid*) mit Kraft aus der Höhe".
giuuâtite "bekleidet": *-e* = Flexionsmorphem für den Nominativ Plural Masculinum.

Angesichts der adjektivartigen Flexionsendung im Partizipialkomplex erhebt sich die Frage, ob man im Falle des Ahd. zu Recht, d.h. im nhd. Verständnis von einem "(Vorgangs)Passiv" sprechen kann. Andererseits verbietet die spezifische temporale Hypotaxe mit *unz* "bis" die Lesart als Zustandspassiv, das die Kopula *sît* nahelegen würde - hier liegt tatsächlich eine Vorgangsbeschreibung vor. Angesichts dieses Dilemmas möchte ich die partizipiale Verbgruppe im Fregeschen Sinne kompositionell aufspalten in eine Komponente mit *wërdan* bzw. *sîn* einerseits und in eine Komponente mit dem partizipialen Hauptverb. Für die "vorauxiliaren" Kopulae liegt eine eigene Aktionsartcharakteristik nahe. Vgl. (2a, b), wobei (2c) fürs Ahd. auszuschließen ist.

(2) Aktionsartsemantik von *wërdan/sîn* als Vollexemen:
(a) *wërdan* | > > > > > | ———— |
E_1 E_2
(b) *wesan* | ≈ ≈ ≈ ≈ ≈ | ≈ ≈ ≈ ≈ ≈ |
E E
(c) *wesan* * | > > > > > | ———— |
E_1 E_2

Da wir keine *wërdan*-Passive mit nichtterminativen Verben beobachten (Abraham 1989 fürs Gotische), liegt folgende Abbildungsbeschränkung für die Fregesche Komposition nahe.

(3) Der strukturelle Kopf, ahd. *wërdan*, kann nicht über einem nichtterminativen Verb (in der Form des präteritalen Partizips (PP)) operieren, da sich die komplexe (bi-phasische) Ereignisstruktur nicht auf das unstrukturierte (monophasische) durative (Vorgangs)Ereignis abbilden läßt.

Diese Abbildungsbeschränkung fürs Ahd. weicht wesentlich von der bekannten Beschränkung für Zustandspassive im Nhd. ab. Diese lautet gleich wie (3), gilt allerdings für *sein*, nicht jedoch für *werden*. Vgl. (4).

(4) Der strukturelle Kopf, nhd. *sein*, kann nicht über einem nichtterminativen Verb (in der Form des präteritalen Partizips (PP)) operieren, da sich die komplexe (bi-phasische) Ereignisstruktur nicht auf das unstrukturierte (monophasische) durative (Vorgangs)Ereignis abbilden läßt.

Wie sehen Ereignisstrukturen für die beiden nhd. Passivtypen unter Berücksichtigung der Verbaktionsarten aus? Beachten wir zuerst, daß die 2. Partizipien im Nhd. grundsätzlich nicht zweideutig sind. Siehe (5).

(5) Subkategorialregeln für das nhd. PP:
(a) *__(*werdend*)
(b) __(*seiend*)

Das heißt z.B., *geschlagen* bedeutet niemals "geschlagen werdend", sondern nur "geschlagen (worden) seiend". *werden* steht weiter in folgenden Subkategorial- und Selektionsgittern.

(6) (a) | > > > > > | ———— | für: __[[+term]]pp]/__ADJ; *geschlagen werden*
E_1 E_1 E_2 E_2 *s c h ö n werden*
(b) | ≈ ≈ ≈ ≈ ≈ | ≈ ≈ ≈ ≈ ≈ | für: __[[-term]$_V$]PP; *geschoben werden*
E E
(c) | . . . . . | ≈ ≈ ≈ ≈ ≈ | für: __ADJ/[Inf.Präs.]; *schön werden*
¬E E *k r ä n k e l n d werden*

(6b) gilt nicht für nhd. *sein*, wohl aber für ahd. *wesan/sîn*. Vgl. (7) wie schon oben (2b).

(7) Inti u u a s t h ô g i u u o r t a n , mittiu her in uuihita, eruueiz fon in into u u a s b r â h t in himil inti saz in ceso gotes (Tatian 244,2)
"Und dies begab sich: während er sie segnete, schied er von ihnen und w a r in den Himmel (= [war ein gebracht *Werdender*]) g e b r a c h t und saß zur Rechten Gottes".

Um die Vorgangsbedeutung bei *uuas* herauszubringen, müssen wir im Nhd. zu der Umschreibung "*war* ein gebracht *Werdender*" greifen. D.h. das Ahd. besitzt auch eine andere Partizipialbedeutung als das Nhd., nämlich gerade eine, die (5) widerspricht: Das ahd. PP ist zweideutig. Vgl. (8a, b) als Interpretationsregeln mit kategorialem Status, nämlich dem von Adjektiven.

(8) (a) [PP *werdend-*]$_A$
(b) [PP *seiend-*]$_A$

Wir können somit von zwei grammatischen Subscenarios im Ahd. sprechen.

(9) (a) einem für *wërdan* + PP mit der Kompatibilitätsbedingung für das eingebettete Verb bzw. seine Aktionsart (Terminativität). Dieses Subscenario ist identisch damit, was im Gotischen gilt (Abraham 1989).
(b) einem für *wesan* + PP, welches kontrolliert ist durch die Strategie, Ambiguität zwischen der Futurreferenz und Inchoativät oder aktuellem Vorgang zu vermeiden (Eroms 1990: 85f., so früher schon Oubouzar 1974). Vgl. (10) zur Zukunftsereignisstruktur.

(10) | . . . . . | ≈ ≈ ≈ ≈ ≈ |
t1 ¬E tm E tn mit einer Ereignissättigung von t_x nicht vor t_m (= ¬E).

Mit anderen Worten, ahd. *wesan*+PP besetzt die ereignisreferierende Funktion, die im Nhd. das futurische *werden*+Infinitiv/Adjektiv übernimmt. Man vgl. die ereignisreferentielle Übereinstimmung, die *wesan*+PP mit (10) mit dem nhd. *werden*+Adj/Präsenspartizip in (6c) besitzt, welches es in der ahd. Phase noch nicht entwickelt hatte und welche es zu vermeiden galt.

3. Consecutio temporum: Temporalisierung katexochen

Wenn ahd. *wërdan* bzw. *sîn* noch keine Hilfsverben waren, sondern als Vollexeme Zeitreferenz noch über ihre Aktionsartsemantiken (ereignisstrukturelle Referenzen) zustandebrachten, dann ist zu erwarten, daß wesentliche Erscheinungen der Zeitenfolge noch nicht realisiert werden konnten. Dies scheint sich zu bestätigen. Die folgenden ahd. Beispielsätze sind Eroms (1990) entnommen.

(11) Inti uuas tho giuuortan, mittiu her in uuihita, eruueiz fon in inti uuas brâht in himil inti saz in ceso gotes [Tatian 244,2]
"Und dies begab sich: Während er sie segnete, schied er von ihnen und war in den Himmel gebracht (=[*war* ein in den Himmel *gebracht Werdender*]) und saß zur Rechten Gottes"

Wie Eroms (1990: 85) betont, handelt es sich hier nicht um ein Vorgangspassiv wie im Nhd., sondern - eben aufgrund der aktionsartsemantischen Zeitreferenz - um ein "Transformativpassiv". Ich habe gezeigt, welche Komponente "transformativ" ist: das PP des Vollverbs, in (11) *brâht* = *gebracht Werdender* mit den ereignisstrukturellen Eigenschaften, die in (6a) skizziert wurden.

In (11) liegt noch Gleichzeitigkeit der Vorgänge in den beiden Sätzen vor, in (12) und (13) dagegen Vorzeitigkeit, wofür das Lateinische schon die hochentwickelte Temporalitätsschichtung in der Consecutio temporum entwickelt hatte. Tatian ging vom Lateinischen aus und hatte sich der Zeitenfolge zu stellen. Wie tat er das? Wieder erwarten wir, daß er dies aufgrund des andersartigen Zeitreferenzmechanismus im Ahd. grundlegend implizit tat.

(12) Thesan titul manage lasun thero Iudeono, uuanta nah theru burgi uuas thiu stat thar der heilant e r h a n g a n u u a s , inti u u a s g i s c r i b a n in ebraigon inti in criehisgon inti in latinisgon [Tatian 204,2]

uuas giscriban setzte Tatian für lat. *erat scriptum*, was aller Wahrscheinlichkeit nach als Plusquamperfekt, also "geschrieben worden war", da ja vorzeitig zu *erhangan uuas* "gekreuzigt wurde [= "ein gekreuzigt Werdender war]!) zu lesen ist. Man beachte, daß *giscriban* mit dem perfektivierenden Affix *gi-* terminative Bedeutung erhielt; damit stellt sich die zu implizierende Vorzeitigkeit aus der Verbsemantik leichter ein.

(13) Thô Herodes gisah uuanta her b i t r o g a n u u a s fon then magin ([Tatian 10,1] Eroms 1990: 84)

Die lat. Vorlage hatte *illusus esset a magis*, was unzweifelhaft ein Plusquamperfekt ist, also "betrogen worden war" - das Zustandspassiv ist schon wegen der Agenskonstituente *fon then magin* auszuschließen. *bitriugan* ist terminativ, sein PP verweist auf einen erreichten Zustand mit Implikation der vorangehenden Entwicklungsphase zu diesem Zustand - ein terminatives Ereignis par excellence. Vgl. wiederum (6a) zu seiner quasiformalen Darstellung.

Temporalisierung, so können wir annehmen, war ein noch nicht entwickeltes Konzept im Ahd.. Dies paßt zu dem Bild, welches wir vom Status der Kopulae im periphrastischen Passiv erhalten haben und welches in völliger Übereinstimmung mit dem im Gotischen ist. Ahd. *wërdan* bzw. *wesan/sîn* sind noch keine Auxiliarverben, sondern quasi noch Vollverben mit eigener Aktionsartsemantik. Dieser Eigenstatus, so haben wir argumentiert, drängt die Bedeutung des PP in Konstruktion mit *wërdan/sîn* im Ahd. (und Gotischen) in die eines partizipialen Adjektivs. Vgl. (8a, b).

Der Eigenstatus dieser ahd. Kopulae wäre nicht erklärlich, wenn ahd. *habên/eigan* - die für das periphrastische Perfekt verwendet wurden - nicht einen vergleichbaren vollexikalischen Status hätten. Gehen wir somit zunächst dem periphrastischen Perfekt nach.

4. Periphrastisches Perfekt im Ahd.

Welche Eigenschaften können wir für das periphrastische Perfekt erwarten, wenn, wie wir behaupten, das Ahd. kein Hilfsverb kannte. Vgl. (14a-f).

(14) (a) Da das PP nicht in einen Verbkomplex mit *habên* mit dem gemeinsamen Status V° (wie im Nhd.) eingeht, ist nicht Kongruenz des PP mit dem Subjekt, sondern mit dem Objekt zu erwarten.
(b) Aus (a) folgt, daß dieses periphrastische Perfekt im Ahd. auf terminative transitive Verben beschränkt ist - der Objekt+PP-Komplex muß ja Eigenschaftsstatus mit implizitem Entwicklungsstatus (aufgrund des Verbstatus) besitzen. Dies wäre bei Nichtterminativen ausgeschlossen. Auch Intransitiva sind in dieser Phase vom periphrastischen Perfekt ausgeschlossen.
(c) Es ist Stellungsadjazenz zwischen Objekt und PP zu erwarten und zwar wegen der attributiven Zusammengehörigkeit.
(d) Das NP+PP ist als Element aus der Rektions- und Selektionsklasse für *habên* bzw. *eigan* charakterisiert.

Diese Voraussagen bestätigen sich ausnahmslos. Vgl. (14) mit Objektkongruenz nach Numerus, Kasus und Genus beim PP *giflanzôtan*.

(15) phîgboum	habête sum	giflanzôtan	in sinemo wîngarten. [Tatian 102,2]
Feigenbaum	hatte jemand	gepflanzten-ACC.MASC.	in seinem Weingarten

Dies zeigte sich schon im Gotischen (Abraham 1989). Die wachsende Auxiliarisierung von *haben* wird also im besonderen die Selektionseinschränkungen abzubauen haben, die für die Objekte von ahd. *habên* galten. Zusätzlich zu (13a-d) erwarten wir weiter (14e, f).

(14) (e) Die stilistischen bzw. semantischen Beschränkungen zu lexikalischen Doppelverwendungen der "vorauxiliarischen" Kopulae heben sich im Laufe der Auxiliarisierung auf. Darauf wird in Abschnitt 6 kurz eingegangen.

(f) Die ahd. Beschränkung, daß keine Modalverben eingebettet werden, da sie ja nicht den Subkategorisierungs- und Selektionseigenschaften von *habên/eigan* entsprechen, verliert sich im Laufe der Auxiliarisierung.

Ich gehe nicht weiter anhand von Beispielen darauf ein, wie sich diese Voraussagen für das nhd. *haben* erfüllen. Es genügt, zusammenfassend darauf hinzuweisen, daß das Ahd. infolge der weitgehenden Aktionsartorientierung der "Vorauxiliarverben" auf Temporalisierung und das Passivkonzept des Nhd. verzichten konnte. Letzteres im besonderen wirft einen Schlagschatten auf Passivtheorien, die in jüngster Zeit rein strukturell entwickelt wurden. Es ist denkbar, daß Passiv im Gegensatz zu solchen rein strukturellen Annahmen aktionsarttechnisch begründbar ist (Abraham 1990).

Auxiliarisierung von *habên* ist als struktureller Reanalyseprozeß im Sinne von (16) zu beschreiben.

(16) $[[NP]_{DO}[PPP]_{A}]_{NP}]_{PP}[[hab\text{-}]_{V}{}^{\circ} => [[NP]_{DO}\ [PPP+hab\text{-}]_{V^{o}}]_{VP}$

(16) beschreibt im besonderen die Ausbildung einer VP-Konstituenten, die ja Voraussetzung für die Subjektkongruenz ist. Man beachte, daß die vorauxiliarische Struktur dem PP-Attribut zum Objekt Adjektivstatus zumißt.

5. Futur bei mhd. *werden*: Neuerung und Hapaxerscheinung im Germanischen

werden als Futurhilfsverb hat sich innerhalb der Germania nur im Deutschen und zwar zögernd und relativ spät eingestellt (zum jüngsten Begründungsversuch vgl. Leiss 1986). Die folgenden wenigen Beispiele dienen bloß dazu, die starke, vollverbhafte Aktionsartbedeutung noch von mhd. *werden* gegenüber nhd. *werden* vor Augen zu führen. Man erwartet bei autonomer Terminativität des Verbs folgende strukturelle Eigenschaften: 1. Selektion von [+N, V], also Adjektiven sowie Verbsubstantiven und -adjektiven, somit Gerundien und Präsenspartizipien; und 2. die Lösung aus der Beschränkung von *werden* mit dem Präsens(infinitiv) - als Vollverb müßte *werden* mit Vollverbeinbettung auch im Präteritum erscheinen. Man vgl. übrigens hierzu die ganz ähnlichen Grammatikalisierungserscheinungen bei den sog. s e r i a l i s i e r e n d e n Verben in afrikanischen und südostasiatischen Sprachen.

Die Voraussagen zum vorauxiliarischen, "toleranteren" selektiven Verhalten von mhd. *werden* bestätigen sich: Man vgl. das adjektivische Präsenspartizip in (17) sowie das Präteritum *ward* in (18) (vgl. Paul/Wiehl/Grosse 1989: 298).

(17) (a) Jâ w i r t ir d i e n e n d e vil manic waetlîcher man (Nib.lied)
Fürwahr (,es) wird ihr dienen manch stattlicher Mann
(b) ir w e r d e n t mich ain clain zit niht s e h e n d e
(18) (a) er w a r d k l a g e n
(b) so diz liuht nahtis w a r d s l â f i n (Annolied 36,1)
(c) dô w a r t ouch Wolfhart k l a g e n (Virginal 921,9)

Man wird davon auszugehen haben, daß (18) im Unterschied zu nhd. *werden*+Adjektiv nicht 2 Lesarten hat wie in (6a, c); vielmehr ist die rein prognostizierend-futurische in (6c) noch nicht vollentwickelt, so daß die terminative, biphasische fürs Mhd. übrigbleibt. Wir würden nhd. wohl übersetzen mit "Er kam ins Klagen" bzw. "Er konnte nicht umhin, sich stets mehr (darüber) zu beklagen".

6. Dativpassiv

Ein interessanter Fall innerhalb des angeschnittenen Themenbereichs ist das deutsche Dativpassiv insofern, als die für *werden* und *haben* angedeutete Auxiliarisierung - hier für *bekommen/erhalten/kriegen* soz. in statu nascendi, vor unseren Augen abrollt. Reis (1976) unterscheidet 4 Entwicklungsstufen für das Dativpassiv, die allesamt innerhalb unseres aktuellen, synchronischen Sprachverständnisses Raum haben - allerdings mit unterschiedlichen Stil- und soziolektischen Zuordnungen.

(19) Dativpassivtyp I:
(a) *etwas geschenkt bekommen, etwas zurückgesandt erhalten, etwas zugereicht kriegen*
(b) syntaktische Analyse (Kurzsatzstatus für das Objekt der einbettenden Verben *bekommen/ kriegen/erhalten*):
[$_{VP}$ [$_{NP}$ [$_{NP}$ etwas][$_{AP}$ geschenkt]][$_{V}$ bekommen]]
(c) Selektions- und Subkategorisierungskriterien:
(I) *etwas* ist direktes Objekt von *bekommen* im kanonischen Akkusativ;
(II) *geschenkt* ist das adjektivische 2. Partizip zum terminativen Verb;
(III) es besteht semantische Valenzkongruenz zwischen Subjekten für die beiden Verben, das einbettende *bekommen* und das eingebettete *geschenkt* und zwar als BENEFAKTIV.
(IV) das gemeinsame Subjekt trägt das Selektionsmerkmal [+hum]
(d) ereignisstrukturelle Beschreibung:
| >>>>> |——————| . . . . . |
bekommen geschenkt S,R ... terminativ, wobei die Resultatsphase lexikalisch spezifiziert ist (*geschenkt*).

(20) Dativpassivtyp II:
(a) *ich erhielt (von ihm) (etwas) geschrieben, er bekam jedes Wort wiedererzählt*
(b) syntaktische Analyse:
[$_{VP}$ [$_{NP}$ [$_{NP}$ e][$_{AP}$ geschrieben][$_{V}$ erhalten]] bzw. [$_{VP}$ [$_{NP}$ jedes Wort][$_{AP}$ wiedererzählt][$_{V}$ bekommen]]

oder

$[_{VP}\ [_{NP}\ [_{NP}\ e][_{V}$ geschrieben][AUX erhalten]] bzw. $[_{VP}\ [_{NP}$ jedes Wort]$[_{V}$ wiedererzählt][AUX bekommen]]

(c) Selektions- und Subkategorisierungskriterien:

(I) das direkte Objekt ist weglaßbar;

(II) der terminative Status (Resultat) ist unsicher - es ergibt sich als Alternativlesart Auxiliarität für *bekommen*; vgl. b oben;

(III) die Θ-Rollen der beiden Verbeninvolved sind nicht mehr identisch: *bekommen* regiert den BENEFAKTIV, *geschrieben/wiedererzählt* ein weniger spezifisches GOAL. *bekommen* ist also seiner ursprünglichen Θ-semantischen Charakteristik als Vollverb beraubt - erster Auxiliarisierungsschritt.

(21) Dativpassivtyp III:

(a) *Der Bub kriegt das Auto weggenommen, der Betrunkene kriegte die Fahrerlaubnis entzogen*

(b) syntaktische Analyse: identisch mit (19b)

(c) Selektionskriterien:

(III) das Subjekt-Θ des eingebetten Verbs ist nicht nur kein BENEFAKTIV, sondern gerade der semantische Gegensatz zu BEN, nämlich MALFAKTIV.

(d) ereignisstrukturelle Beschreibung: identisch mit jener in (19) and (20).

(22) Dativpassivtyp IV:

(a) *Er bekam (von uns) geholfen/geschmeichelt, sie kriegte gönnerhaft auf die Schulter geklopft*

(b) syntaktische Aanalyse:

$[_{CP}\ [_{Spec}$ er]$[[_{Aux}$ bekam]]$[_{VP}\ [_{PP}$ von uns]]$[_{VP}\ [_{V}$ geholfen]]]

(c) Selektions- und Subkategorisierungskriterien:

(I) die eingebetteten Verben sind nicht mehr transitiv, d.h. es gibt kein DO;

(II) das eingebettete Verb ist nicht-terminativ; somit ist syntaktisch keine Analyse als Kurzsatz (small clause) mehr möglich;

(III) es besteht keine semantische Valenzkongruenz zwischen den Subjekten des einbettenden *bekommen* mit BEN und dem eingebetteten mit AG;

(IV) identisches Selektionsmerkmal beim gemeinsamen Subjekt, d.h. [+hum].

(d) ereignisstrukturelle Beschreibung: parallel zur Kategorienumpolung bei *bekommen* von V zu AUX!

```
| ≈≈≈≈≈ | ...... |
  geklopft          S,R
  kriegen
```

Die Auxiliarisierung von *bekommen* beim Dativpassiv ist schrittweise anhand der Auflösung der strukturellen Bedingungen zu verfolgen.

7. Doppeltes Perfekt und Plusquamperfekt im Oberdeutschen

Die folgenden Beispiele aus den periphrastischen Präterita im gesamten Obd. erweitern den Erscheinungsbereich hinüber in jene semantische Kategorie, die man aspektuell nennt. Im Obd. gibt es keine synthetischen Präterita wie im Norddeutschen und Hochdeutschen. Statt *sahen ab* bzw. *kam an* verwendet man ausschließlich periphrastische Perfekte und in Ableitung auch Dopplungen zur Zeitenfolge des Plusquamperfekts.

(23) Sie h a b e n es auf ihn a b g e s e h e n g e h a b t

(24) Er i s t schon a n g e k o m m e n g e w e s e n

Im Bewußtsein seines Präteritumdefizits verwendet der Oberdeutsche freilich auch hyperurbane Präteritalformen, allerdings ausschließlich dort, wo er im Sinne des Präteritumschwunds bereits in Dopplungen ausgewichen ist. Vgl. (25).

(25) (a) Ich h a t t e die Sache längst v e r g e s s e n g e h a b t.
(b) Der Pachtvertrag w a r von R. g e k ü n d i g t g e w e s e n

Dabei ergeben sich allerdings unerwartete Beschränkungen, die in das Bild passen, das wir über die frühen, auf terminativen Verben eingeschränkte Perfektperiphrastik im Ahd. gewonnen haben.

(26) (a) *Der Wagen i s t / (w a r) schon g e s c h l e p p t g e w e s e n
(b) Er h a t / (h a t t e) schon g e s c h l a f e n g e h a b t
(27) (a) ?Er i s t / (w a r) schon e i n g e s c h l a f e n g e w e s e n
(b) Der Wagen i s t / (w a r) schon a n g e k o m m e n g e w e s e n

schleppen und *schlafen* sind interminativ, durativ. Das doppelte Perfekt und Plusquamperfekt im Obd. ist somit, sofern sich diese Beobachtungen generalisieren lassen, terminativ- und damit aktionsartempfindlich. Man beachte übrigens, wie sich innerhalb der Fortbewegungsverben Terminativität überlexikalisch, also strukturell auswirkt.

(28) Der Wagen i s t schon a u f d e n T e n n g e s c h l e p p t g e w e s e n

Wird in Abweichung von (26a) *schleppen* mithilfe des Richtungs- und Zieladverbials *auf den Tenn* terminativ, dann stellt sich Grammatikalität ein. Diese Erscheinungen wurden in Abraham (1986/1991) in größere Zusammenhänge gerückt.

8. Schluß und Ausblick

Ich habe hier nicht mehr als auf diese Erscheinungen hinweisen wollen, die den Anteil an Aktionsartabhängigkeit beleuchten, dem das Deutsche noch unterliegt, die erhellen, was das Deutsche im Laufe seiner Geschichte seit dem Ahd. von dieser grundlegenden idg. Eigenschaft abgegeben hat.

Folgende Zusammenhänge werden allerdings sichtbar. Zum einen ist die Grammatikalisierung der ursprünglichen Vollverben *werden* und *haben* in minutiösem, strukturell nachvollziehbarem Kleinschritt nachzuzeichnen. Semantische oder pragmatische Mechanismen, die oft ins Treffen geführt worden sind, brauchen nicht bemüht zu werden (man vgl. die Theorieversuche bei Lehmann 1988 und Traugott/Heine 1991). Zum andern berechtigen unsere Beobachtungen zu Zweifeln an dem Versuch, das Passiv universell als Agensrückstufung mit Bindung der semantischen Q-Information an das Passivmorphem zu betrachten (Jaeggli 1986, Baker 1988, Baker/Johnson/Roberts 1989). Oder konkreter: Unsere Beobachtungen verweisen darauf, daß Zusammenhänge zwischen der morphosyntaktischen Erklärung des Passivs und spezifischen lexikalischen Terminativitätsbedingungen bestehen. Diese Zusammenhänge deutlicher zu machen und in größere Erklärzusammenhänge zu rücken, wäre eine weitere Aufgabe.

Literatur

Abraham, Werner (1986): "Transitivitätskorrelate". - In: Groninger Arbeiten zur germanistischen Linguistik 26, 1-60.

- (1990): "Verbal gender: the medium, particularly in Westgermanic". Vortrag zur Tagung über *Voice*, Santa Barbara, March 1990. - In: Fox, B( )/Hopper, P( ) (eds.) (im Druck): Voice: Function and Form (Amsterdam: John Benjamins).

- (im Druck): "Rektion im Deutschen". - In: Studien zur deutschen Grammatik. - Tübingen.

Baker, Mark/Johnson, Kyle/Roberts, Ian (1989): "Passive arguments raised". - In: Linguistic Inquiry 20/2, 219-250.

Eroms, Hans-Werner (1990): "Zur Entwicklung der Passivperiphrasen im Deutschen". - In: Betten, Anne (Hrsg. unter Mitarbeit von C( )M( ) Roehl): Neuere Forschungen in der historischen Syntax des Deutschen (Tübingen: Niemeyer) (= Reihe Germanistische Linguistik 103) 82-97.

Jaeggli, Osvaldo (1986): "Passive". - In: Linguistic Inquiry 17, 587-622.

Lehmann, Christian (1985): "Grammaticalization: synchronic variation and diachronic change". - Lingua e stile 20/3, 303-318.

Leiss, Elisabeth (1985): "Zur Entstehung des neuhochdeutschen analytischen Futurs." - In: Sprachwissenschaft X, 3/4, 250-273.

Paul, Hermann (1989): Mittelhochdeutsche Grammatik. - Tübingen, 23.A. (neubearb. v. Wiehl, Peter/Grosse, Siegfried).

Reis, Marga (1976): "Zum grammatischen Status der Hilfsverben". - In: Beiträge zur Geschichte der deutschen Sprache und Literatur (T) 98, 64-82.

Traugott, Elisabeth Closs/Heine, Bernd (eds.) (1991): Grammaticalization I, II. - Amsterdam.

FUNKTIONSVERBEN ALS HILFSVERBEN DER AKTIONSART?

Bram ten Cate

In der Forschung zu den sogenannten Funktionsverbgefügen (FVG) wurden zwei zentrale Themenbereiche immer wieder angesprochen, nämlich:

1. Die Abgrenzung der FVG als eigenständige grammatische Kategorie. Die große Menge der vorgeschlagenen Kriterien, die alle auch Ausnahmeklauseln kennen, sowie die Tatsache, daß das FVG außerhalb der Germanistik offenbar nicht als eine unverzichtbare Kategorie gesehen wird, obwohl vergleichbare Konstruktionen in anderen Sprachen durchaus üblich sind, sind als Indizien dafür zu bewerten, daß der grammatische Status der FVG nicht endgültig geklärt ist. Ich schränke den Begriff auf solche Ausdrücke ein, die als Funktionsnomen (FN) ein Nomen actionis enthalten, dessen deverbaler Status erkennbar ist. Ausdrücke wie *zutage/zustatten kommen, im Auge halten, zum Wohle gereichen* und *in Mode sein*, die Herrlitz (1973) als FVG auflistet, sind als Phraseologismen zu betrachten;

2. Welche besondere Aufgabe rechtfertigt das Vorkommen der FVG anstelle vergleichbarer einfacher verbaler Ausdrücke? Besonders vielfach gerügte "bürokratische FVG" wie *zur Anzeige bringen* und *zum Durchbruch kommen* können oft besser durch einfache Verben ersetzt werden, sind also als stilistische Varianten zu betrachten. Gewöhnlich gibt es aber keine komplette Synonymiebeziehung zwischen Sätzen mit einem FVG und solchen mit einem einfachen Verb.

Die Bezeichnung von Aktionsarten wird vielfach als eine der Hauptfunktionen von FVG gesehen[1]. Hier ist ein adäquates Modell des Aspekts und der Aktionsarten wesentlich.

1. Aspekt und Aktionsart

In der auf Vendler (1967), Verkuyl (1972) und Dowty (1979) zurückgreifenden Aspekt- und Aktionsartforschung wurde ein Modell entwickelt, in dem aspektuale Kategorien nicht als feste semantische Eigenschaften von Verben, sondern als Eigenschaften von Propositionen beschrieben werden (vgl. ten Cate 1985). Die sog. Vendlerkategorien ("Zustände", "Aktivitäten", "Handlungen" und "Ereignisse") sind Typen von Sachverhaltsbeschreibungen. Handlungen und Ereignisse sind gegenüber Zuständen und Aktivitäten dadurch gekennzeichnet, daß sie Veränderungsbeschreibungen betreffen, d.h. einen Vor- und einen Nachzustand präsupponieren. Handlungen sind Beschreibungen kausal[2] bewirkter Veränderungen, Aktivitäten sind durch einen Komplex von Eigenschaften gegenüber Zuständen abzugrenzen, die sich für Sachverhaltsbeschreibungen mit einem belebten Subjekt auf den Nenner "volativ" bringen lassen. Typische Vertreter für die vier Aktionsarttypen sind die Sätze (1a-d):

(1a) Jan schläft. (Zustand)
(1b) Jan schreibt (Bücher). (Aktivität)
(1c) Jan schreibt den Brief. (Handlung)

(1d) Jan findet eine Briefmarke. (Ereignis)

Die traditionellen Aspektkategorien "perfektiv" und "imperfektiv" betreffen an erster Stelle die morphologisch-semantische Zweiteilung der Verben in den slawischen Sprachen: ich verwende diese Begriffe abkürzend für die imperfektiven Nichtveränderungsaktionsarten und für die perfektiven Veränderungsaktionsarten.

Die Sätze (1a-d) illustrieren, daß die Aktionsartzuordnung verbunabhängig erfolgt: das Verb *schreiben* kommt sowohl in Aktivitäts- wie in Handlungsbeschreibungen vor. Satz (1c) kann allerdings sowohl mit dem perfektiven Verb *napisatj* wie mit dem imperfektiven *pisatj* ins Russische übersetzt werden, wobei ich von Tempusfaktoren absehe. Mit der imperfektiven Verbform *pisatj* hat (1c) die Lesart einer Aktivitätsbeschreibung (*schreibt an einem Brief*); das perfektive Verb *napisatj* erlaubt nur eine (limitative) Handlungslesart. Satz (1c) kann somit auch eine imperfektive Lesart haben und ist dann der Aktionsartkategorie der Aktivitäten zuzuordnen.

Daueradverbien konstituieren einen Rahmen, in dem eine Aktionsartzuordnung eindeutig erfolgt, ja in dem sogar über eine Frequenzlesart oder eine habituelle Lesart eine an sich weniger plausible imperfektive Aktionsartzuordnung "erzwungen" werden kann. So können die Nichtveränderungssachverhalte der Zustände und Aktivitäten frei mit Daueradverbien wie *drei Stunden lang* verbunden werden, während dies bei Veränderungsaktionsarten zu einer habituellen oder iterativen Lesart führt, wodurch die Aktionsartzugehörigkeit "wechselt". Der Aktionsartwechsel kann auch durch die Definitheit pluralischer Nominalkonstituenten bedingt sein (vgl. 1b: *Bücher*).

Bevor ich auf dieses Aktionsartenmodell im Zusammenhang mit den FVG näher eingehe, ist ein kurzer Blick auf die bisherige Forschung zum Thema "FVG und Aktionsart" geboten.

2. FVG und Aktionsart

Die Beschreibung der Aktionsarten von Funktionsverben (FV) und FVG richtet sich nach einem einfachen Muster, das sich an den Beispielsätzen (2a-d) illustrieren läßt:

(2a) Jan (ver)setzt / bringt den Apparat in Bewegung.
(2b) Der Apparat kommt / gerät in Bewegung.
(2c) Der Apparat ist / bleibt in Bewegung.
(2d) Jan hält den Apparat in Bewegung.

Das strukturelle Grundprinzip ist hier die Serienbildung, d.h. es läßt sich ein Paradigma der Funktionsverben aufstellen, die mit einem bestimmten nominalen Ausdruck verbunden werden können. Die Serienbildung ist nicht bei allen FVG so vollständig ausgebaut wie bei denen mit dem FN *Bewegung*. Zu beachten ist außerdem, daß nicht alle FV gleich oft vorkommen: *kommen* und *bringen* sind die "mit Abstand häufigsten Funktionsverben" (Eisenberg 1986: 293). Einige Beispiele für mehr oder weniger vollständige Serien sind (3a-d):

(3a) in/(zur) Anwendung bringen/kommen/sein/bleiben
(3b) in/(zur) Bearbeitung bringen/kommen/sein/bleiben/haben/geben/lassen

(3c) zur Reife bringen/kommen
(3d) in Verbindung sein/stehen/bleiben/kommen/geraten/setzen/bringen/treten

Oft kommen FN aber auch nur in einer Verbindung mit einem FV vor (4):

(4) - in Vergessenheit geraten
- zur Entwicklung kommen
- in Erfüllung gehen

Die mit den Serien unter (3) zusammenhängenden einfachen Verben sind keine echten Konkurrenten der FVG, denn sie können gewöhnlich nur einen Teil der FVG ersetzen: *anwenden* ersetzt das FVG mit dem FV *bringen*, *bearbeiten* das FVG mit *haben*, *reifen* das FVG *zur Reife kommen*; *verbinden* die FVG mit *setzen* und *bringen*. Die FVG mit *sein*, *kommen* und *bleiben* in (3ab) sind u.a. Passivumschreibungen (Eine der wichtigsten syntaktischen Funktionen von FVG liegt im Bereich der Diathese).

Die Sätze unter (2a) und (2b) bezeichnen den Anfang eines Sachverhalts und somit eine Veränderung, einen Übergang von einem Sachverhalt zu einem anderen; in (2a) wird der Kausalfaktor explizit gemacht, in (2b) fehlt dieser Faktor. Von einigen Forschern[3] werden diese Typen von Sachverhaltsbeschreibungen mit semantischen Begriffen wie "inchoativ" oder "transformativ" für (2b) und "kausativ" oder "inchoativ(/transformativ)-kausativ" für (2a) bezeichnet. Die Sätze (2c) und (2d) beschreiben das Geschehen in seinem Verlauf; (2d) macht explizit, daß die Kontinuität im Verlauf des Geschehens kausal bedingt ist. Für (2c) und (2d) bieten sich Begriffe wie "kursiv" und "intransformativ" an. Da sich die Sätze (2a-d) im wesentlichen nur durch die in ihnen vorkommenden FV unterscheiden, könnte man die semantischen Eigenschaften dieser Sätze auf Grund eines einfachen strukturalistischen Prinzips den einzelnen FV als Aktionsartkategorien zuordnen. Inchoativ wären dann u.a. die FV *kommen*, *geraten*, *gehen*, *treten*; (inchoativ-)kausativ *bringen*, *setzen*, *stellen*, *versetzen*; kursiv / intransformativ *sein*, *stehen*, *bleiben*, *haben*. Da die Funktion der FV innerhalb der FVG sich als rein grammatisch beschreiben läßt (sie kennzeichnen sich gegenüber den gleichlautenden Vollverben durch die reduzierte Semantik), sind die FV in dieser Sehweise praktisch als Hilfsverben der Aktionsart zu betrachten, denn außer der Aktionsartzuordnung erhalten die FV keine Aufgaben, die nicht auch von anderen Hilfsverben übernommen werden.

3. Aktionsarten und Phasenaktionsarten

Die Vendlerkategorien teilen Sachverhaltsbeschreibungen in Typen auf. Für ihre Bestimmung ist an erster Stelle das Kriterium der Veränderung entscheidend, die weitere Unterverteilung erfolgt nach den besonderen Umständen, unter denen sich die Vorgänge abspielen. Traditionelle Aspektkategorien wie "Gerichtetsein" (teleologisch) und "Anstreben eines Abschlusses" oder einer "Begrenzung" (limitativ) sind auf die Vendlerkategorien anwendbar. Temporale Faktoren spielen für ihre Bestimmung, anders als bei der Festlegung der Begriffe "perfektiv" und "imperfektiv", zunächst eine untergeordnete Rolle, sie lassen sich aber in das Modell einbringen. Als "imperfektiv" sind nämlich vor allem solche Sachverhaltsbeschreibungen zu betrachten, deren "Laufzeit" tA den Sprechzeitpunkt tS, zumindest aber den Betrachtzeitpunkt tR inkludiert. Auch der Begriff "Abgeschlossenheit" ist da wichtig, weil damit eine "Anfangs-", bzw. eine "Endabschließung" eines Vorgangs gekennzeichnet wird. Dieser Abschluß kann aber sowohl temporal als auch unter dem Gesichtspunkt einer Veränderung gesehen werden, so daß hier die Verbindung zwischen den Kategorien Perfektiv und Imperfektiv auf der einen und den Aktionsartkategorien im vendlerschen Sinne auf der anderen Seite gegeben ist.

Begriffe wie "inchoativ" und "kursiv", die in der Beschreibung der FVG auftauchen, betreffen die sog. "Phasen" eines Vorgangs. Üblicherweise werden an Vorgängen drei Phasen unterschieden, nämlich Anfang, Verlauf und Ende, für die sich Begriffe wie "inchoativ" (auch "ingressiv" oder "evolutiv"); "kursiv" (auch "durativ", "delimitativ" und "intransformativ") und "egressiv", "resultativ" oder "terminativ" eingebürgert haben (vgl. die Übersicht in (5)):

(5)	Anfang	Verlauf	Ende
	inchoativ	kursiv	resultativ
	ingressiv	durativ	egressiv
	evolutiv	delimitativ	terminativ
	(transformativ)	intransformativ	limitativ

Diese Begriffe dienten in der traditionellen Grammatik zunächst vor allem der Unterscheidung von präfigierten (inchoativen oder resultativen) und nichtpräfigierten (kursiven) Verben nach dem Muster in (6):

(6) Die Blume erblüht/blüht/verblüht.

Für dieses Muster gibt es aber im Deutschen nur so wenige Belege, daß sich dafür der Aufwand einer generalisierenden Beschreibung kaum lohnt. Sehr gut entwickelt ist diese Einteilung dagegen etwa im Russischen, wo sie gleichfalls mit Präfigierung, und zwar gewöhnlich mit perfektiven Verben, verbunden ist. Für Beschreibungen der Phasenaktionsarten ist deshalb vor allem auf die slawistische Sprachwissenschaft zu verweisen[4]. Im Deutschen kommt man damit nicht sehr weit, allerdings (außerhalb der Periphrasen mit etwa *beginnen*, *fortfahren* und *aufhören*) mit einer Ausnahme, nämlich den reihenbildenden FVG.

Zu einer besseren Sicht auf die Phasenaktionsartenproblematik der FVG gelangt man, wenn aus der Beschreibung solche Elemente entfernt werden, die auch auf anderen Ebenen, etwa der Ebene der Vendlerkategorien, repräsentiert werden können. Dies betrifft insbesondere die Kausativität, die in Hinderdaels (1986) Darstellung sowohl die transformative wie die intransformative Aktionsart unterteilt. Die kausativ- transformative Aktionsart fällt mit dem Sachverhaltstypus der Handlungen zusammen. Kausativität ist schließlich nicht eine Aktionsart, sondern eine satzsemantische Beziehung (etwa zwischen Propositionen oder Argumenten), die auch als ein Merkmal der inhärenten Semantik vieler Verben zu beschreiben ist, während Aktionsarten und Aspekt mit der Beziehung zwischen dem Betrachterstandpunkt und dem Geschehen wiedergegeben werden sollen, einen Bezug zur deiktischen Dimension haben und nicht Eigenschaften auf der verbalen Ebene, sondern auf propositionaler Ebene sind. Kennzeichnend für die FVG sind somit nur die Aktionsarten, die die drei Phasen eines Vorgangs betreffen.

4. FVG und Phasenaktionsarten

Einen wichtigen Beitrag zur theoretischen Absicherung des Begriffs "Phase" in einigen grammatischen Bereichen liefert Löbner (1987), indem er den Nachweis erbringt, daß die Verben *continue*, *begin* und *stop* Quantoren im Sinne der "generalized quantifiers"- Theorie sind. Löbner (1987: 72) folgert daraus, daß der Verbalaspekt zum Bereich der Quantifizierung gehört, da diese Verben eben die "Standardaspekte" *durativ*, *ingressiv* und *perfektiv* vertreten[5]. Auch die FV können als Quantoren behandelt werden, in deren Bereich sich die FN als eingebettete Prädikate befinden. Attraktiv ist dieser Gedanke vor allem auch deshalb, da die Quantoren mit rein temporalen Parametern beschrieben werden: Der Anfang eines Vorgangs markiert auch das Ende eines Intervalls, in dem der Vorgang nicht stattfand, usw.; in dieser Weise wird ein Element wie Kausativität, das nur mittelbar mit Aspektkategorien verknüpft werden kann, aus der Beschreibung der Aspektualität eliminiert. Der wichtigste Faktor bei den Sachverhaltstypen, die Veränderung, läßt sich nämlich in der gleichen Weise in der temporalen Dimension beschreiben wie die Prädikate *begin* und *stop* in Löbners Darstellung, während *continue* die Eigenschaften der Nichtveränderungsaktionsarten teilt. Das heißt, es besteht auf weiten Strecken Übereinstimmung zwischen Phasenaktionsarten und Sachverhaltstypen.

Die Lackmusprobe für den konfigurationalen Charakter des Aspekts ist das Beispielpaar (1bc), aus dem sich ableiten läßt, daß dem Verb *schreiben* nicht inhärent eine Aktionsart zugeordnet werden kann, sondern, in der konfigurationalen Behandlung, seine aspektualen Eigenschaften dem weiteren Kontext entnimmt, oder, anders gesagt, in verschiedene Sachverhaltstypen eingepaßt werden kann. Wenn auch FVG dieses Verhalten aufweisen, erübrigt sich die Frage nach den inhärenten Aktionsarten der FV. Ein Problem ist, daß sich Satzpaare mit FVG analog zu (1bc) nicht bilden lassen, da FVG nicht ohne direktes Objekt vorkommen (7a-c):

(7a) *Der Vorsitzende bringt zur Abstimmung!
(7b) *Die Königin setzt in Betrieb.
(7c) *Ich nehme in Bearbeitung.

Bei den FVG mit den FN *kommen*, *sein*, *geraten* usw. ist die Situation natürlich anders, da sie eben die Aufgabe haben, die Passivdiathese zu realisieren. Sie schließen ein Objekt durchweg aus (8):

(8) Der Zug kommt/ist/gerät in Bewegung.

Es bleibt im Bereich der FVG mithin nur die Möglichkeit, über ein Daueradverb oder mit einem indefiniten Pluralobjekt eine imperfektive Lesart zu "erzwingen" (vgl. die Sätze 9a-e):

(9a) Jan setzt die Maschine stundenlang in Bewegung.
(9b) Jan setzt stundenlang Maschinen in Bewegung.
(9c) Jan setzt stundenlang drei Maschinen in Bewegung.
(9d) Jan setzt die Maschine seit drei Stunden in Bewegung.
(9e) Jan setzt seit drei Wochen manches in Bewegung.

Die Sätze (9a-e) bezeichnen eine Veränderung. Wenn der Kontext eine imperfektive Lesart nahelegt, ist eine Interpretation nur über eine habituelle Lesart, bzw. über Frequenz- oder Iterativitätslesarten möglich. Auch FVG kommen also in Sachverhaltsbeschreibungen mit verschiedenen Aktionsarten vor, so daß auch für FVG zutrifft, daß ihnen nicht eine Aktionsart fest zugeordnet werden kann, sondern daß die Aktionsart FVG-haltiger Propositionen konfigurational bestimmt werden soll: FVG verhalten sich aspektual nicht anders als einfache Verben.

Kommen wir jetzt zurück auf die Frage nach den Zusammenhängen zwischen Sachverhaltstypen und Phasenaktionsarten. Von den drei möglichen Phasenaktionsarten ("Anfang", "Verlauf" und "Ende") werden praktisch nur die beiden ersten durch FVG abgedeckt; mir sind keine FVG-Parallelen zu (6: *Die Blume verblüht*) bekannt. Satz (10) ist ein scheinbares Gegenbeispiel, denn zwar bezeichnet dieser Satz durch die Semantik des FNs *Abschluß* den Abschluß eines Vorgangs, aspektual relevant ist aber nur, daß der Übergang zu einem neuen Sachverhalt bezeichnet wird. Mit (10) wird also zum Ausdruck gebracht, daß ein Vorgang abgeschlossen wird und daß dadurch eine neue Situation ("Die Verhandlungen sind abgeschlossen") entsteht.

(10) Die Verhandlungen wurden zum Abschluß gebracht.

Es gibt also keine Notwendigkeit, Phasenaktionsarten wie "Anfang" und "Ende" anzunehmen. Damit ist die Dreiteilung wieder auf die traditionelle Dichotomie "Veränderung" - "Nichtveränderung", bzw. perfektiv - imperfektiv reduziert, die auch die Basis für das Aktionsartenmodell nach den Vendlerkategorien bildet.

5. Schluß

Die Antwort auf die Frage, ob FV als Hilfsverben der Aktionsart zu betrachten sind, hängt von dem Standpunkt ab, unter dem Aktionsart betrachtet wird. Wenn Aktionsarten als feste semantische Kennzeichen von Verben aufgefaßt werden, die als inhärente Merkmale in den Lexikoneintragungen von Verben aufzuführen sind, so kann die Frage positiv beantwortet werden und können die Funktionsverben als Realisierungen von Phasenaktionsarten fest charakterisiert werden.

Auf Grund meiner Erörterungen sind aber FVG unter semantischen Gesichtspunkten als unanalysierbare Einheiten zu betrachten. Aktionsartzuordnungen erfolgen auf Grund der propositionalen Konfiguration. FV mögen keine ausgeprägte Semantik haben, wodurch sie eher als grammatische Elemente einzustufen sind, es führt aber zu weit, sie als Hilfsverben der Aktionsart zu bezeichnen.

Die Phasenaktionsarten wurden auf die Kategorien perfektiv und imperfektiv reduziert und konnten somit problemlos in das übergreifende Aktionsartenmodell der Sachverhaltstypen eingepaßt werden.

Anmerkungen

1 Eisenberg (1986: 299) stellt fest: "Die FVG schließen lexikalische Lücken, sie erlauben besondere Thema-Rhema-Strukturen und sie ermöglichen bestimmte Passivumschreibungen. Ihre eigentliche Leistung besteht jedoch in der Signalisierung von Aktionsarten". Beobachtungen wie die in Heidolph (1983), daß FVG nach einem bisher allerdings unaufgedeckten Regelschema zufällige Lücken im Verbsystem ausfüllen, die "in anderen Sprachen durchaus geschlossen sein [können]" (439), bestätigen sich. FVG füllen nämlich einzelsprachliche Lücken, wenn sie nicht durch ein einfaches Verb ersetzbar sind, auch wenn dieses einfache Verb an sich vorhanden ist. Ein sprachvergleichendes Beispiel ist folgendes: Es gibt im Niederländischen keine Entsprechung für das deutsche Verb *gefährden*: wohl finden sich einige FVG, nämlich, die genaue deutsche Entsprechungen haben:

(a) in gevaar brengen, zijn, komen, raken
in Gefahr bringen, sein, kommen, geraten

(b) gevaar lopen
Gefahr laufen

Die niederländischen FVG übernehmen also die Aufgaben, die auch die FVG im Deutschen erfüllen, aber sie erfahren keine Konkurrenz von einem einfachen Verb: Die niederländischen FVG füllen also eine zufällige Lücke im Verbsystem.

2 Kausativität ist eine notwendige, aber nicht eine hinreichende Bedingung für die Handlungsaktionsart, kann aber auch in "imperfektiven" Sachverhaltsbeschreibungen festgestellt werden, vgl.: *Die Pumpe hält das Wasser unter konstantem Druck.*

3 So schon bei Herrlitz (1973). Vgl. auch Fabricius-Hansen 1975, Hinderdael 1986 und Helbig/Buscha 1986.

4 Nach Isacenko (1962) ist der Zusammenhang zwischen Aspekt und Phasenaktionsart nicht eindeutig. Er behandelt die Phasenaktionsarten unter anderem deshalb ausführlich, weil "diese Begriffe immer wieder verwechselt werden" (387; manche Forscher ordnen die Phasenaktionsarten als Differenzierungen des perfektiven Aspekts ein), während sie andererseits im Russischen bei so vielen Verben vorkommen, daß Generalisierungen möglich sind.

5 Löbner (1987: 72): "verbal aspect belongs to the realm of quantification, because [...] [these verbs] just represent the standard aspects *durative*, *ingressive*, and *perfective*.

Literatur

ten Cate, Abraham P. (1985): Aspektualität und Nominalisierung. - Frankfurt: Lang.

Dowty, David R. (1979): Word meaning and Montague grammar. - Dordrecht: Reidel.

Duden (1984): Grammatik der deutschen Gegenwartssprache. - Mannheim: Bibliographisches Institut, 4.A. (bearb. v. Drosdowski, Günther et al.).

Eisenberg, Peter (1986): Grundriß der deutschen Grammatik. - Stuttgart: Metzler.

Fabricius-Hansen, Cathrine (1975): Transformative, intransformative und kursive Verben. - Tübingen: Niemeyer.

Helbig, Gerhard/Buscha, Joachim (1986): Deutsche Grammatik. - Leipzig: Enzyklopädie Verlag, 9.A.

Heidolph, Karl E. et al. (1981): Grundzüge einer deutschen Grammatik. - Berlin: Akademie-Verlag.

Herrlitz, Wolfgang (1973): Funktionsverbgefüge vom Typ 'in Erfahrung bringen'. Ein Beitrag zur generativ-transformationellen Grammatik des Deutschen. - Tübingen: Niemeyer.

Hinderdael, Michael (1986): "Aktionsartenbezeichnung in deutschen und niederländischen präpositionalen FVGen". - In: Cox, Heinrich L. et al. (eds.): Wortes anst, verbi gratia: donum natalicium Gilbert A.R. de Smet (Leuven etc.: Acco) 195-205.

Isacenko, Aleksandr V. (1962): Die russische Sprache der Gegenwart. Formenlehre. - Halle/Saale: Niemeyer.

Löbner, Sebastian (1987): "Quantification as a major module of natural language semantics". - In: Groenendijk, Jeroen et al. (eds.): Studies in discourse representation theory and the theory of generalized quantifiers (Dordrecht: Foris).

Vendler, Zeno (1957): "Verbs and times". - In: The philosophical review 66, 143-160. - Wieder in: Vendler, Zeno (ed.): Linguistics in philosophy (Ithaca: Cornell U.P.) 97-121.

Verkuyl, Hendrik J. (1972): On the compositional nature of the aspects. - Dordrecht: Reidel.

ZUR SEMANTISCHEN UND SYNTAKTISCHEN VALENZ AKUSTISCHER PROZESSE IM DEUTSCHEN

Hiltraud Dupuy-Engelhardt

Dem folgenden Beitrag liegt eine Untersuchung deutscher Verben, die Laute und/oder Geräusche bezeichnen, zugrunde. Zur Ermittlung ihrer Bedeutung wurden u.a. auch die für sie typischen Kollokationen herangezogen, wobei außer Lexikoneinträgen ein eigens dafür erstelltes Textkorpus ausgewertet wurde. In besagtem Korpus galt es nun, die für den akustischen Prozeß verantwortlichen Faktoren zu identifizieren und ihre Verantwortlichkeit zu definieren, z.B. die Geräuschquelle, denn es ist zu vermuten, daß sie vorzugsweise als Kollokation in Frage kommt.

Es war nun anzunehmen, daß die verantwortlichen Faktoren an bestimmte Oberflächenkasus gebunden sind, in denen sich die "syntaktische Valenz" der betreffenden Verben niederschlägt, und daß man dabei auf Kategorien wie die Fillmoreschen *Tiefenkasus*, die Chomskyschen *Theta-Rollen*, die *Argumente* von Schenkel (1976), die *semantischen Kasus* von Helbig (1977ff.) usw. stößt. Kategorien also, die über die semantische Valenz (Helbig 1982, Wotjak 1982ff.) Auskunft geben, z.B. die Geräuschquelle erscheint im Subjektsnominativ und verweist auf das Agens oder die Ursache des akustischen Prozesses.

An einigen Belegen soll gezeigt werden, daß es nicht möglich ist, diese Faktoren über die Oberflächen- und Tiefenkasus allein zu eruieren, sondern nur über ein außersprachliches Referenzmodell. Von diesem aus läßt sich dann angeben, welche der am akustischen Prozeß beteiligten Faktoren in welchen syntaktischen und semantischen Rollen erscheinen können. Im Vordergrund steht die qualitative, nicht die quantitative Bestimmung.

Die Aussagen beschränken sich auf Verben, die nicht ausschließlich von Lebewesen prädiziert werden können, sondern auch von Unbelebtem und von Naturkräften (*brummen, knarren, knattern, rascheln, rauschen, ...*) und möchten in erster Linie als eine Auseinandersetzung mit der Tiefenkasusforschung verstanden werden. Auffallend ist, daß Verben, die akustische Prozesse bezeichnen, von Valenz- und Tiefenkasusforschern eher stiefmütterlich behandelt werden, selbst in den Valenzwörterbüchern, die keine Angaben zur semantischen Valenz enthalten. So findet man bei Helbig/Schenkel (3.A. 1975) nur drei dieser Geräuschverben: *donnern, klingeln, pfeifen*; bei Engel/Schumacher (2.A. 1978) zwei: *hupen* und *klingeln*. Lediglich Götze (1979) führt sieben Verben an: *brüllen, donnern, klappen, knirschen, kratzen, läuten, pfeifen*. Angaben zu semantischen Kasus enthalten Schenkel (1976: 18 "Das Laub raschelt", "Die Tür knarrt", "Er raschelt mit dem Laub", "Er knarrt mit der Tür"; S.36: "Das Radio spielt" als Beispiel für akustische Prozesse; 1977, nur noch S. 96: "Das Laub raschelt") und Helbig/Buscha (12.A. 1989: 635: "Das Laub raschelt" und S.636, "Sein Kopf brummt"). Diese Beiträge werden diskutiert.[1]

Die gesuchte Geräuschquelle erscheint auf der Oberfläche in den verschiedensten syntaktischen Positionen. Manche davon sind über syntaktische Regeln ableitbar:

> Stories 116: <u>Die Treppenstufe knarrte</u>, als er an der Tür vorbeischlich, hinter der der SS-Mann und Frau Geiger leise sprachen.[2]
> Stu 45: Er hatte den obersten Treppenabsatz erreicht. Man hörte es am <u>Knarren der Stufe</u>.

St 87: Acht Stufen führten hinunter, und das Schleifen von Raupenbändern, das Knarren von Wagenrädern, von Tritten marschierender Abteilungen, [...] war unten zu hören.
St 223: [...] und vorgestern war dort Lärm, Motorengeräusch, Räderknarren, Schleifen von Raupenbändern, waren marschierende Kolonnen zu hören gewesen.
MR 3: [...] eilte Brigitte von Mühlfeldt die knarrenden Stufen nach oben.

andere wieder nicht, z.B. das Vorkommen in der mit-Phrase:

Schenkel (1976: 18): Er knarrt mit der Tür.

oder in einer lokalen in-Phrase, wie das bei *rascheln* üblich zu sein scheint:

Die Mäuse rascheln im Stroh.

Dabei zeigt sich, daß auch mehrere Faktoren für den akustischen Prozeß verantwortlich sein können, in diesen beiden Belegen zwei, das im Subjektsnominativ Genannte und das in der mit- bzw. in-Phrase. Sind sie in gleicher Weise verantwortlich? Alles Probleme, die auf der semantischen Ebene gestellt werden. Mehrere Lösungen werden angeboten, meistens ohne explizite Differenzierung der Kriterien:

- Die Verantwortlichkeit, d.h. der semantische Kasus, ist abhängig von der Beschaffenheit des betreffenden Faktors. Ist er belebt = Agens (Helbig/Buscha 1989, Schenkel 1976: 18, Agensl), ist er unbelebt = Ursache (Helbig/Buscha, Schenkel 1976, Agens3) mit einer eventuellen Zwischenstufe für Naturkräfte (fehlt in Helbig/Buscha 1989, Schenkel 1976: 18, Agens2 entspricht der "force" in der Fillmoreschen Diskussion (1971 und 1977)). Ob sich die Zwischenstufe rechtfertigt, wäre noch nachzuprüfen; im Falle akustischer Prozesse könnte innerhalb des Unbelebten ein Unterschied bestehen. Manchmal kann man die Faktoren austauschen (die Blätter rascheln im Wind - der Wind raschelt in den Blättern), aber nicht immer (er raschelt mit den Blättern - *er raschelt mit dem Wind).
- Mit dem Kriterium der Beschaffenheit werden Oberflächenerkenntnisse verbunden, wodurch eine Spezifizierung des Unbelebten erreicht wird; es kann z.B. erscheinen im Instrumental (Er raschelt *mit dem Laub*; Schenkel 1976: 69, Anm. 29 (3)) oder im Lokativ (Er wohnt *in Dresden*; Schenkel 1975: 26, auch: er raschelt *im Laub*?). Dabei wird festgestellt, daß weder instrumentale Informationen auf die mit-Phrase noch lokale auf die entsprechenden Präpositionalphrasen blockiert sind (Helbig/Buscha 1989: 637, Instrument: *Der Schlüssel* öffnet die Tür, Lokativ: *Die Kiste* enthält Bücher). Auch mit diesem Kriterium kann man *Laub* und *Wind* unterscheiden: *Laub* kann im Instrumental genannt werden, *Wind* nicht. Die Bestimmung der semantischen Kasus wird aus der Verbbedeutung abgeleitet. Das führt vor allem zu einer semantischen Spezifizierung des im Subjektnominativ Genannten. Von den sechsundzwanzig von Helbig/Buscha (1989: 635) erwähnten semantischen Kasus kommen dreizehn für diese Position allein in der aktivischen Diathese in Frage. Die Entscheidung für den einen oder andern dürfte nicht immer leicht fallen. So wird z.B. (S. 636) in "Sein Kopf brummt", *sein Kopf* als Träger physischer Prozesse, *das Laub* in "Das Laub raschelt" (S. 635) als Ursache interpretiert. Wenig plausibel ist, daß *sein Kopf* als Ursache des Brummens verstanden wird, aber man könnte durchaus verallgemeinernd *das Laub* als Träger des physischen Prozesses "rascheln" betrachten, genauso wie den *Wind*.

Selbstverständlich läßt sich anhand einiger Beispiele die Adäquatheit der semantischen Kasus weder beweisen noch widerlegen. Sie sollten nur die Problematik aufzeigen, die sich bei der Kasusbestimmung im Falle der Geräuschverben ergibt, und die sicher darin begründet ist, daß der Sachverhalt nicht so durchsichtig ist wie bei Handlungs- und Tätigkeitsverben.

Um diesen klar zu legen, empfahl es sich, die Spezialisten für akustische Prozesse, die Physiker, zu befragen, welche Faktoren für die Entstehung eines akustischen Prozesses Voraussetzung sind. Ein eindeutig außersprachlicher Standpunkt, weshalb dann in diesem Zusammenhang auch nicht mehr von "semantischer Valenz", sondern von "referentieller" die Rede sein wird.

Aber auch hier ergaben sich Schwierigkeiten. Die Physiker scheinen sich im allgemeinen nicht die Frage zu stellen, wieviele Faktoren am "Schallereignis" beteiligt sind. Sie beschreiben Vorgänge, die sich folgendermaßen zusammenfassen lassen: Eine Kraft (K) setzt ein Medium (M) in Bewegung (mov), das dadurch in Schwingung gerät und ein Schallereignis (SE) erzeugt. Dies wiederum könnte man so formalisieren:

$$K \xrightarrow{\text{caus}} M_{\text{mov}} \xrightarrow{\text{prod}} SE \quad (SE = \text{hörbare Schwingung})$$

Eine solche Formel findet man allerdings in keinem Handbuch für Akustik. Zum Vergleich sei jedoch ein Physiker zitiert, Borucki (3.A. 1989):

> Ursache für eine Schallempfindung ist stets eine mechanische Schwingung, die in Form einer Longitudinalwelle über ein elastisches Medium auf unser Ohr wirkt. (S. 86)
> Unter einer mechanischen Schwingung versteht man einen Bewegungsvorgang, bei dem nach Ablauf bestimmter Zeitintervalle stets wieder der gleiche Bewegungszustand erreicht wird. (S. 13)

Der Bewegungsvorgang wird dadurch erreicht, daß irgendeine Kraft dieses Medium aus seiner Ruhelage bringt, da dieses aber 1. eine "Rückstellkraft" besitzt, will es in die Ruhelage zurückfallen, und da 2. eine "träge Masse" den sich bewegenden Körper über die Ruhelage hinausschießen läßt, er also nicht sogleich zum Stillstand kommt, entsteht "Schwingung". Zur Fortpflanzung dieses Schallereignisses bedarf es weiterhin eines Leitermediums (LM), das dann auch mit dem Trägermedium (TM) zusammenfallen kann. Deshalb sind zu unterscheiden:

$$K \dashrightarrow M1\ (= TM) \dashrightarrow M2\ (= LM) \dashrightarrow SE$$

Daraufhin befragte Physiker akzeptierten diese Formel. In den Größenordnungen, in denen wir Linguisten arbeiten, meinen sie, seien weitere Feinunterscheidungen nicht relevant. Z.B. daß sich bei der Bewegung potentielle in kinetische Energie umsetzt und vice versa, ist vielleicht interessant für die Beschreibung von Bewegungsvorgängen, nicht für die von Schallereignissen, oder daß zu ihrer Wahrnehmung ein sensibler Empfänger notwendig ist, wird mehr die interessieren, die Verben der auditiven Wahrnehmung untersuchen.

Außerdem finden diese Vorgänge zu/während einer bestimmten Zeit, an einem bestimmten Ort und auf eine bestimmte Art statt. Da dies allen Prozessen, nicht nur den akustischen, gemeinsam ist, braucht es nicht in die Formel aufgenommen zu werden. Allerdings, wenn man die maximale Stelligkeit des akustischen Prozesses ermitteln möchte (G.

und B. Wotjak schlagen das vor),.müßte man zumindest Zeit und Ort zu den drei bisher genannten Valenzen (K, TM, LM) hinzufügen[4]. Weiterhin läßt sich diese Formel beliebig erweitern, weil das Schallereignis durch die Einwirkung eines Mediums auf ein anderes entstehen kann: TM1 --------▸ TM2

DL 96: In der Vorlesung war keine Musik drin. Die Typen [K], die vor uns standen, eine Hand in der Hosentasche, mit der anderen [TM_1] in ihren Aufzeichnungen [TM_2] raschelnd, bezeichneten wir damals als Fachidioten.

oder durch den Zusammenprall zweier Medien: TM_1 ◂--------▸ TM_2:

St 162: Gönnern trommelte mit der Faust auf den Tisch.

Die größte Ausdehnung, die das Textkorpus enthält, ist eine mit vier verschiedenen Medien:

IR 69: Ich klatsche mir [sc. mit der Hand; TM_1] den Waschlappen [TM_2] mit kaltem Wasser [TM_3] ins Gesicht [TM_4] und werde nicht wach davon.

Man kann von diesem Modell aus auch ermitteln, welche dieser Komponenten bei den entsprechenden Verben in der Bedeutung enthalten sind, welche "aktantifiziert" werden (ein Begriff von B. und G. Wotjak), in welcher Form und in welcher syntaktischen Position sie aktantifiziert werden. Die Reduzierungen habe ich schon - weniger ausführlich - 1981 und - ausführlich - 1987 vorgestellt. Sie seien deshalb hier nur kurz referiert.

Einige Verben z.B. berücksichtigen nicht, daß Schallereignisse an Bewegung gebunden sind (*schallen, hallen*, ...), andere halten davon nur die Schwingung in Form von Vibration fest, ohne sie an einen Körper zu binden, der sich bewegt (*puffern, schrillen, tuckern*, ...) bei wieder anderen ist es umgekehrt, die Bewegung wird bezeichnet, nicht aber die Vibration (*klappern, klickern, knattern* ...).

Wenn die Sprache es genau nähme, dann müßten diese Verben alle trivalent sein, ein Aktant, der auf die Kraft, einer, der auf das Trägermedium und einer, der auf das Leitermedium verweist, wären zu erwarten. Die meisten sind aber monovalent (*brummen, knattern, rattern, rauschen*, ...) oder sie haben neben dem obligatorischen noch einen fakultativen Aktanten (*hallen*, ...). Am häufigsten wird LM, das Leitermedium, verschwiegen, übrigens nur die Luft, nicht das Wasser wird als solches anerkannt. Es wird eigentlich nur zur Spezifizierung erwähnt:

St 326: Ein Revolverschuß hallte durch die eisige Luft.

Wenn sich die Luft verdichtet zu Wind, Sturm, Orkan, wird sie als Trägermedium betrachtet, das Geräusch erzeugt, weil es auf einen Widerstand stößt:

KV 201: Eisiger Wind pfiff durch die engen Gassen des 'Alten Viertels' [...].

Die Kraft, die alles in Bewegung bringt, fehlt oft. Sie erscheint jedoch meist, wenn das Medium ein Körperteil des Menschen ist:

MR 45: Petra von Grabow schnippte mit den Fingern.
KV 282: Der Norweger knirschte mit den Zähnen vor Wut.

Oft sind die Kraft und das Medium nicht dissoziierbar. Das trifft einmal für gasförmige und flüssige Körper zu (*Der Wind/der Regen rauschte*) und zum andern für komplexe mechanische Vorgänge; was alles gerät z.B. in einer Klingel oder bei einem Motor in Bewegung, bis das spezifische Geräusch erzeugt wird? Dann vereinfacht die Sprache, wie sie das übrigens auch bei Sprechprozessen tut. Was selten fehlt, ist das Trägermedium. Es braucht nur dann nicht erwähnt zu werden, wenn es aus dem Kontext zu erschließen ist.

Genauer zu untersuchen wären noch die Präferenzen in der Form und in der syntaktischen Funktion bei der Aktantifizierung der einzelnen Komponenten. Auffallend ist, daß die Geräuschverben sehr oft als substantivierte Infinitive und ihre Trägermedien dementsprechend als Genitivattribute in den Texten erscheinen.

Welche Erkenntnisse ergeben sich von diesem außersprachlichen Standpunkt aus für den Status und die Definition der semantischen Kasus?

Zunächst zum Begriff "Agens". Wie aktiv und wie passiv ein Aktant ist, hängt von zwei Sachverhalten ab, nämlich zum einen davon, wieviel Aktivität ihm der Verbalinhalt einräumt. Es wird oft betont, daß der Aktivitätsgrad bei Handlungsverben höher anzusetzen ist als bei Vorgangs-, Geschehens- oder Zustandsverben. Die Adäquatheit dieser Subkategorisierung braucht hier nicht erörtert zu werden. Zum andern ist zu berücksichtigen, wieviel Aktivität der Aktant selbst aufbringen kann, die Menschen und die Tiere mehr als die Naturkräfte, Pflanzen, Artefakte, was sich in den Unterscheidungskriterien "belebt", "unbelebt" niederschlägt. Ob also das in der Subjektsposition bzw. in den ihr entsprechenden abgeleiteten Positionen Genannte als ein aktives Agens oder als eine wenig aktive Ursache zu betrachten ist, darüber entscheiden Sprecher-Hörer über ihr Sprachwissen und über ihr Weltwissen: Wieviel Aktivität kann ein Lebewesen, eine Pflanze, ein Stein aufbringen, wieviel Aktivitat räumt ihm das Verb ein? Wenn sie sich überhaupt solche Fragen stellen - das betrifft nun den Status dieser Kasus dann könnte das daran liegen, daß sie mit den verschiedenen syntaktischen Positionen Subjekt - Objekt und auch Formen wie mit-Phrase ganz bestimmte Erwartungen verknüpfen, z.B. daß im Deutschen in der aktivischen Subjektsposition ein "Agens" = Täter in der mit-Phrase ein Instrument (Hammer, Besen ...) erscheint[5]. Diese Erwartungen ließen sich - eine Anregung von Welke (1988: 194-205) - als solche prototypisch bestimmen. Sie sind - eine Behauptung von Whorf[6] - auch dann präsent, wenn in der Agens-Position von der Sache oder vom Verbalinhalt her gar kein "Täter" möglich ist. Von dieser Präsenz aus läßt sich dann auch klären, warum ein Trägermedium wie Laub als Agens in *das Laub raschelt*, als Instrument in *er raschelt mit dem Laub* und als Lokativ in *die Mäuse rascheln im Laub* vorgestellt werden kann[7]. Eine solche Interpretation der semantischen Kasus würde deren Zahl entscheidend verringern und die Homonymie der Oberflächenkasus begrenzen.

Anmerkungen

1 U. Engel (1988: 360-377) erwähnt unter dem Titel "Liste deutscher Verben mit ihren Bedeutungbeschränkungen" mit Angaben zur morpho-syntaktischen und semantischen Valenz kein einziges Geräuschverb.

2 Zu den Quellenangaben siehe die Belegbibliographie.

3 W. Schenkel argumentiert jedoch auf der semantischen Ebene: In Verbindung mit einem Agens1 wird ein Agens3 in den Instrumental verschoben.

4 Angaben zur Art werden in den konsultierten Beschreibungsmodellen nicht als Argumente des Prädikats, sondern als Prädikatsmodifikatoren betrachtet (Schenkel 1976: 32ff., B. Wotjak 1989: 325). Sie sind valenzirrelevant (Helbig 1983: 167).

5 Vgl. hierzu E. Coseriu (1979).

6 B.L. Whorf ([1956] 1988: 65): "Wir schreiben dem, was wir 'halten' nennen, Handlungscharakter zu, weil die Formel: Substantiv + Verb = Täter + seine Tätigkeit für unsere Sätze grundlegend ist. Wir sind daher in vielen Fällen gezwungen, in die Natur fiktive Täterwesen hineinzulesen, nur weil unsere Satzstrukturen verlangen, daß unsere Verben, wenn sie nicht im Imperativ stehen, Substantive vor sich haben."

7 Auf diese Weise kann man auch die "Perspektivierung" weniger wortreich beschreiben als Ch. J. Fillmore (1977).

Literatur

Borucki, Hans (1989): Einführung in die Akustik. - Mannheim etc.: Wissenschaftsverlag, 3.A.

Busse, Winfried (1974): Klasse - Transitivität - Valenz. Transitive Klassen des Verbs im Französischen. - München: Fink.

- /Duboist, Jean-Pierre (1977): Französisches Verblexikon. - Stuttgart: Klett-Cotta.

Coseriu, Eugenio (1979): "Verbinhalt, Aktanten, Diathese. Zur japanischen Ukemi-Bildung". - In: Ezawa, Kennosuke/Rensch, Karl H. (Hrsg.): Sprache und Sprechen. Festschrift für Eberhard Zwirner zum 80. Geburtstag (Tübingen: Niemeyer) 35-55.

Dupuy-Engelhardt, Hiltraud (1981): "Typen syntagmatischer Relationen, dargestellt an den Verben des deutschen Paradigmas 'hörbar'". - In: Geckeler, Horst et al. (eds.): Logos semantikos, studia linguistica in honorem Eugenio Coseriu 1921-1981 III (Madrid etc.: de Gruyter) 361-372.

- (1982): "Reden, sagen, sprechen. Von den Distributions- zu den Bedeutungsunterschieden". - In: Dupuy, Hiltraud/Bothorel, Arlette/Brunet, Louis. (eds.): Recherches Linguistiques. Articles offerts à Marthe Philipp (Göppingen: Kümmerle) 95-112.

- (1990): La saisie de l'audible. Etude lexématique de l'allemand. Thèse d'Etat. - Tübingen: Narr.

Engel, Ulrich (1988): Deutsche Grammatik. - Heidelberg: Groos.

- /Schumacher, Helmut (1978): Kleines Valenzlexikon deutscher Verben. - Tübingen: Narr, 2.A.

Fillmore, Charles J. (1968): "The Case for Case". - In: Bach, Emmon/Harms, R( )T. (eds.): Universals in Linguistic Theory (New-York et al.: Holt-Linehart-Winston) 1-88.

- (1971): "Some Problems for Case Grammar". - Übers.: "Quelques problèmes posés à la grammaire casuelle". - In: Langages 38 (1975) 65-80.

- (1977): "The Case for Case Reopened". - In: Heger, Klaus/Petöfi, Janos S. (Hrsg.): Kasustheorie, Klassifikation, semantische Interpretation (Hamburg: Buske) 3-26.

Götze, Lutz (1979): Valenzstrukturen deutscher Verben und Adjektive. - München: Hueber.

Helbig, Gerhard (1977): "Zur semantischen Charakteristik der Argumente des Prädikats". - In: Herder-Institut (Hrsg.): Probleme der Bedeutung und Kombinierbarkeit im Deutschen (Leipzig: VEB Enzyklopädie) 40-92.

- (1982): Valenz, Satzglieder, semantische Kasus, Satzmodelle. - Leipzig: VEB Enzyklopädie.

- (1983): "Zu Lexikoneinträgen für Verben unter dem Aspekt der semantischen und syntaktischen Valenz". - In: Schildt, Joachim/Viehweger, Dieter (Hrsg.): Die Lexikographie von heute und das Wörterbuch von morgen (Berlin: Akademie-Verlag) 166-186.

- (1987): "Valenz, semantische Kasus und 'Szenen'". - In: Deutsch als Fremdsprache 4, 200-207.

- /Buscha, Joachim (1989): Deutsche Grammatik. Ein Handbuch für den Ausländerunterricht. - Leipzig: VEB Enzyklopädie, 12.A.

- /Schenkel, Wolfgang (1975): Wörterbuch zur Valenz und Distribution deutscher Verben. - Leipzig: Bibliographisches Institut, 3.A.

Schenkel, Wolfgang (1976): Zur Bedeutungsstruktur deutscher Verben und ihrer Kombinierbarkeit mit Substantiven. - Leipzig: VEB Enzyklopädie.

- (1977): "Zur semantischen Kombinierbarkeit deutscher Verben mit Substantiven". - In: Herder-Institut (Hrsg.): Probleme der Bedeutung und Kombinierbarkeit im Deutschen (Leipzig: VEB Enzyklopädie) 93-115.

Schreiber, Herbert/Sommerfeldt, Karl Ernst/Starke, Günter (1987): "Zur Beschreibung verbaler Wortfelder des Deutschen für den Fremdsprachenunterricht". - In: Deutsch als Fremdsprache 2, 84-88.

Welke, Klaus M. (1988): Einführung in die Valenz- und Kasustheorie. - Leipzig: VEB Bibliographisches Institut.

Whorf, Benjamin Lee ([1956] 1988): Sprache - Denken - Wirklichkeit, hg. und übers. v. P. Krauser. - Reinbek bei Hamburg: rororo.

Wotjak, Barbara (1982): "Zur Analyse von semantischen Makrostrukturen, dargestellt am Feld der Verben des Beförderns". - In: Deutsch als Fremdsprache 1, 34-39.

- (1982a): "Zur Darstellung der Zuordnungsbeziehungen zwischen formalgrammatischer Ausdrucksstruktur und propositionalsemantischer Inhaltsstruktur (am Beispiel ausgewählter Verben des Beförderns)". - In: Deutsch als Fremdsprache 2, 103-107.

- (1989): "Inkorporierungen und Valenztheorie". - In: Deutsch als Fremdsprache 6, 323-328.

Wotjak, Gerd (1975): "Valenzmodelle und semantische Merkmalanalyse". - In: Linguistische Arbeiten und Berichte 11, 19-39.

- (1988): "Verbbedeutung und Geschehenstypenbeschreibung". - In: Zeitschrift für Psychologie CXCVI, 325-334.

- (1989): "Überlegungen zur Verbbeschreibung". - In: Energeia 15, Arbeitskreis für deutsche Grammatik (Tokyo) 1-29.

Belege

DL = Heinz Piontek (1976): Dichterleben. - Hamburg: Hoffmann und Campe .

IR = Günter Wallraff (1970): Industriereportagen. Als Arbeiter in deutschen Großbetrieben. - Reinbek bei Hamburg: Rowohlt (=rororo Taschenbuch).

KV = Johannes Mario Simmel (1960): Es muß nicht immer Kaviar sein. - Zürich: Droemer/Knaur (= Taschenbuchausgabe).

MR = Ilka Korff (o.J.): Wie schön, daß ich dich wiederfand, Schicksalsroman um neues Glück auf Schloß Grabow. - Geesthacht: Kelter.

St = Theodor Plievier (1973): Stalingrad. - München etc.: Desch.

Stories = (1973): Werksliteratur der Arbeitswelt, Stories für uns. - Frankfurt am Main: Fischer (= Fischer Taschenbuch).

Stu = Otto F. Walter (1974): Der Stumme. - Reinbek bei Hamburg: Rowohlt (= rororo Taschenbuch).

STEREOTYP UND SPRACHLICHE BEDEUTUNG
(an Beispielen eines neuen politischen Diskurses der sowjetischen Presse)

Lew Zybatow

Seitdem Walter Lippmann 1922 das Wort "Stereotyp" der Buchdruckersprache entlehnt und als "vereinfachte, emotional stark gefärbte Vorstellung über ein Objekt, die nicht auf eigenen Erfahrungen beruht und von der Realität abweicht" definiert hat, scheint dieses Wort eine geradezu unwiderstehliche Faszination auf die Sozialwissenschaften auszuüben.

Wir wollen nachfolgend die STn aus linguistischer Sicht betrachten. Dabei lassen wir von vornherein den engeren Begriff des sprachlichen bzw. verbalen STs als häufig gebrauchtes sprachliches Ausdrucksmittel des normierten Abbildes eines Sachverhaltes (z.B. Schlagwörter, Modewörter, Losungen etc.) außer acht und wenden uns der viel diskutierten, aber immer noch umstrittenen Frage der Beziehung "Stereotyp - Wortbedeutung" zu.

Das Konzept des STs wurde von Sprachphilosophen wie Putnam bemüht, um die sprachliche Bedeutung von Lexikoneinheiten zu erklären. So ergibt sich nach Putnam (1975) die Beschreibung der sprachlichen Bedeutung eines Wortes aus einem oder mehreren semantischen Merkmalen sowie einem ST: einer standardisierten Beschreibung der Eigenschaften, die für die fragliche natürliche Art charakteristisch sind. Diese Eigenschaften kommen jedoch nicht allen Referenten des Wortes in gleicher Weise zu.

Auch Schaff (1980), der unter einem ST ein von einer Überzeugung getragenes Werturteil versteht, ruft die Linguisten auf den Plan der Stereotypenforschung, da der Zugang zu den STn nur über Sprache erfolgen kann.

Den ersten Vorstoß, das ST in linguistischen Termen zu definieren, hat Quasthoff (1973: 28) getan: "Ein Stereotyp ist der verbale Ausdruck einer auf soziale Gruppen oder einzelne Personen als deren Mitglieder gerichteten Überzeugung. Es hat die logische Form eines Urteils, das in ungerechtfertigt vereinfachender Weise, mit emotional wertender Tendenz, einer Klasse von Personen bestimmte Verhaltensweisen zu- oder abspricht. Linguistisch ist es als Satz beschreibbar."

Das STn-Konzept wird also zum einen - wie bei Quasthoff - auf Äußerungen bezogen, zum anderen - wie bei Schaff und Putnam - auf mentale Strukturen. Vergleichen wir Quasthoffs und Putnams Definition, so fällt außerdem auf, daß sich das ST bei Putnam - als konventionell verwurzelte Meinung darüber, wie ein X aussehe, was es tue oder sei - auf alle Arten von Wortbedeutungen bezieht und nicht, wie bei Quasthoff und den meisten anderen STn-Autoren, nur auf soziale Gruppen beschränkt ist.

Daraus leiten sich für uns folgende Fragen ab:

1. Handelt es sich bei den sozialen und den - nennen wir sie nichtsozialen STn um ein und dieselbe kognitive Erscheinung oder nicht?
2. Wie paßt das Stereotypenkonzept in linguistische Semantikauffassungen? und
3. Wie kommen STn in politischen Texten in sowjetischen Massenmedien zum Ausdruck?

1. Soziale vs. nichtsoziale Stereotypen

Nach Putnam (1975) sind die mit *Wasser* verbundenen STn: "farblos", "durchsichtig", "ohne Geschmack", "durstlöschend". Wie aus soziologischen STn-Analysen über *Russen* aus der Sicht der Deutschen hervorgeht, sind Russen "stur", "unkultiviert", "derb" und "ungebildet" (vgl. Theobald/Sommer 1988). Betrachtet man nun Leipzigs Gewässer, so dürften Putnams typische Merkmale nicht auf ein einziges zutreffen. Trotzdem fallen auch die dortigen Exemplare eines schwarzen, phenolig schillernden, sicher übelschmeckenden, auf alle Fälle übelriechenden, nicht trinkbaren Nasses unter Vorkommen von *Wasser*.

Und ein Russe könnte wahrscheinlich selbst durch ein tolerantes, kultiviertes, zartes, gebildetes Auftreten das ST von einem *Russen* nicht erschüttern.

Das nichtsoziale ST von *Wasser* und das soziale ST von einem *Russen* zeigen also insofern dieselbe Eigenschaft, als beide nicht zutreffen müssen, die Bezeichnung für das entsprechende Objekt aber trotzdem bleibt. Dennoch scheint es, daß es sich bei den angeführten Eigenschaften doch um unterschiedliche Dinge handelt.

Der Unterschied sozial/nichtsozial besteht m.E. darin, daß nichtsoziale STn Eigenschaften paradigmatischer Elemente der jeweiligen Klasse einfangen, die der Mensch im Sozialisationsdiskurs erfährt, während soziale STn bewußt über Massenmedien, Ideologien usw. geschaffen werden, wobei die oft postulierte Starrheit und Resistenz sozialer STn gegen Veränderungen eine relative Größe sein dürfte (s. auch Lakoff 1984).

2. Stereotypenkonzept und semantische Bedeutungsmodelle

Vielerorts wird die Stereotypen- bzw. Prototypensemantik als Sieg über die Merkmalssemantik angesehen (vgl. Rieger 1985) und die lexikalische Bedeutung als etwas aufgefaßt, was im wesentlichen keine analytischen Folgerungen zuläßt. In den von der Sprachpsychologie inspirierten dynamischen Bedeutungsauffassungen, die auch von der Künstlichen Intelligenz übernommen wurden, wird das Lexikon als Komponente von Prozeduren der Sprachverarbeitung repräsentiert und die Annahme einer spezifisch sprachlichen lexikalischen Bedeutung aufgegeben. Es wird davon ausgegangen, daß die Sprecher einer Gemeinschaft bei der Verwendung eines Lexikonzeichens in Normalsituationen nicht auf identische oder äquivalente Konfigurationen stereotypischer Eigenschaften rekurrieren, sondern aus merkmalhaft organisierten Konfigurationen stereotypischer Eigenschaften auswählen. D.h., der Wortinhalt wird als Teil des typischen Wissens angesehen und die Wortbedeutung als flexible Struktur behandelt, in dem Sinne, daß beim Verstehen von Texten Deutungen aufgrund revidierbarer Inferenzen erfolgen. Revidierbar ist die Inferenz deshalb, weil alle Elemente in einem ST Default-Optionen sein sollen und nur zum Tragen kommen, wenn das vorangehende Kontextmodell keine Informationen enthält, die ihre Stelle einnehmen könnten.

Das sehr zeitgemäße Wort "dynamisch" scheint mir aber dennoch nicht alle Probleme der Wortbedeutungen zu lösen. Denn zum einen gibt es ganz "konservative" Wörter, die immer dasselbe bedeuten, wie z.B. Wörter mit rein relationaler Bedeutung (Verwandtschaftsbezeichnungen u. dgl.). Und obwohl den Bedeutungen dieser Wörter nur analytische Komponenten zugeschrieben werden, können sie dennoch mit zusätzlichen STn verbunden sein, die aber eben nicht ihre Bedeutung sind. So können Wörter wie *Mutter*, *Vater*, *Schwiegermutter* als Bezeichnung für einen bestimmten Komplex von Verhaltensweisen und Einstellungen eine zusätzliche Lesart haben, die auf dem ST dieser Wörter beruht, was aber inhaltlich etwas anders sein dürfte als die von Putnam angeführten Wasser-STn. Diese Art ST schwebt vielleicht auch Lutzeier (1985) vor, wenn er vorschlägt, ein ST mit Hilfe einer Menge von Eigenschaften zu beschreiben, die aber nicht mit der Bedeutung des jeweiligen Wortes verwechselt werden sollte. Er unterstreicht, daß ein einzelner Sprachteilnehmer mit demselben Wort durchaus verschiedene STn verbinden kann, je nach den Gesichtspunkten, die eine Rolle spielen. Als Beispiel führt er das Substantiv *Doktor* an, dem unter dem Gesichtspunkt "Status und Besitz" Eigenschaften wie "hochangesehen", "unverzichtbar für die Gesellschaft", "hohe Einkommen erzielend" zuzuordnen sind, während unter dem Gesichtspunkt "berufliche Fähigkeiten" wahrscheinlich Eigenschaften wie "hohe Belastbarkeit", "in heiklen Situationen einen klaren Kopf bewahrend", "Interesse an Menschen" wichtig seien (Lutzeier 1985: 116).

Der Versuch von Putnam scheint zwei verschiedene Phänomene der Bedeutungsbeschreibung mit dem STn-Konzept abdecken zu wollen. Zum einen soll er die Funktionsweise lexikalischer Intensionen auch beim Fehlen strikter Entscheidungskriterien einsichtig machen, und zum anderen soll er die auf der Ähnlichkeit zum ST beruhende Bestimmung der Extension erfassen. Und obwohl die dynamischen Stereotypensemantiker (z.B. Rieger 1985, Rieser 1985) vehement die Merkmalssemantik ablehnen, sehe ich durchaus Möglichkeiten, Auffassungen der Stereotypensemantik mit der Merkmalssemantik Bierwisch'scher Prägung zu vereinen. Bierwisch (u.a. 1983a) unterscheidet ja bekanntlich zwischen sprachlicher (= semantischer) Bedeutung und Äußerungsbedeutung (= konzeptuelle Interpretation) eines Wortes. Er sieht die gedanklichen bzw. konzeptuellen Strukturen als die Extension sprachlicher Ausdrücke an. In diesem Sinne sind dann STn reguläre konzeptuelle Strukturen kombinatorischer Art, die sich bei verschiedenen möglichen Fixierungen der offenen Werte ergeben. So lassen sich z.B. die von Lutzeier angeführten *Doktor*-STn als Fälle der Bierwisch'schen "konzeptuellen Verschiebung" ansehen, d.h. daß bedingt durch den Kontext (verstanden als konzeptuelle Struktur) die semantische Repräsentation des Wortes *Doktor* durch Verschiebung in verschiedene begriffliche Bereiche verschiedene Interpretationen erhält.

An diesem Beispiel wird auch sichtbar, daß die konzeptuellen Einheiten, die den Putnamschen STn entsprechen (in Abhängigkeit von der entsprechenden Gesellschaft, die sie projizieren und dem Wissensstand des entsprechenden Sprechers), durchaus unterschiedlich sein können. So käme z.B. bei den STn hinsichtlich Status und Besitz in bezug auf die Ärzte unter sowjetischen Verhältnissen wahrscheinlich genau das Gegenteil von den STn in der BRD heraus.

3. Beispiele der (Re)produktion sozialer Stereotypen in der sowjetischen Presse

Das politische Diskursuniversum in der Sowjetunion der Vorperestrojkazeit war im Grunde von einem uniformen politischen Diskurs beherrscht, der unter der Orwell nachempfundenen Bezeichnung als "newspeak" (vgl. Weiss 1986) bekannt wurde. Durch die Perestrojka sind aber inzwischen neue politische Subjekte mit neuen politischen Diskursen auf den Plan gerufen worden.

Nachfolgend beschränken wir uns vorerst darauf, nur streiflichtartig einige Beispiele für den direkten und indirekten Ausdruck von sozialen STn in der sowjetischen Presse anzuführen. Dieser wurde im politischen Diskurs der Neokonservativen in der Sowjetunion verfolgt, der für die sowjetischen Postnewspeakmedien heute nicht bestimmend, aber dennoch nicht zu übersehen ist. Ich glaube, daß derartige Vergleiche zwischen dem alten "newspeak" und dem neuen "perestrojkaspeak" dazu angetan sind, bestimmte übergreifende Strategien der politischen Indoktrinierung mittels Sprache aufzudecken.

Untersucht man z.B., wie mit welchen sprachlich-kommunikativen Mitteln verschiedene politische Subjekte aufeinander Bezug nehmen, so scheint dem alten "Neusprech" und dem heutigen Diskurs sowjetischer russophiler Neokonservativer ein Mittel gemeinsam zu sein: die referentielle Vagheit, wenn es sich z.B. um unwillkommene Sachverhalte bzw. den politischen Gegner handelt. Man operiert dabei

a) mit Indefinit- und Demonstrativpronomina wie *nekotorye*, *koe-kto*, *opredelennye*, *te ili inye*, *otdel'nye*, *te* ("einige", "gewisse", "bestimmte", "jene"):

(1) *Nekotorye* učenye pereocenivajut dostiženija nauki i techniki v kapitalističeskom mire. (L. Brežnev - Beispiel aus Weiss 1986: 314.)
"*Einige* Wissenschaftler überschätzen die Errungenschaften von Wissenschaft und Technik in der kapitalistischen Welt."

(2) *Te že, v belych maniškach, s brilliantovymi perstnjami*, kto sdelal armiju mišen'ju dlja oskorblenij, ... dolžny pomnit', čto za pjat' razrušitel'nych let tol'ko armija okazalas' sposobnoj na konkretnye dejanija i žertvy. (Naš Sovremennik 5/1990, 2: 93).
"*Jene aber, in weißen Chemisetts, mit Diamantringen*, die die Armee zur Zielscheibe von Diffamierungen gemacht haben ... ,dürfen nicht vergessen, daß in den zerstörerischen fünf Jahren es lediglich die Armee war, die sich konkreter Taten und Opfer als fähig erwies."

b) mit Passivkonstruktionen, in denen das Agens weggelassen wird, bzw. mit Sätzen der im Russischen sog. "neopredelenno-licnaja forma" ("unbestimmt-persönliche Form"), die den deutschen "man"-Sätzen entspricht:

(3) *Razrušena* v odnočas'e vsja geopolitičeskaja architektura Vostočnoj Evropy, sozdavaja kotoruju strana zaplatila gromadnuju čenu. *Narušen* balans vnutri evropejskich sil s nepredskazuemymi posledstvijami. (Naš Sovremennik 5/1990: 87).
"*Zerstört* im Handumdrehen *ist* die gesamte geopolitische Architektur Osteuropas, für deren Schaffung das Land einen immensen Preis zahlen mußte. *Gestört* ist das Gleichgewicht innerhalb der europäischen Kräfte mit unvoraussagbaren Konsequenzen."

c) mit der Referenz auf mythische Gruppen oder Kategorien:

(4) Vse éti metody ... javljajutsja chorošo organizovannoj služboj po razloženiju armii protivnika, ispol'zujut rekomendacii voenno- propagandistskich *služb zarubežnoj voennoj razvedki*, i *nevidimye nam analitiki* mogut pozdravit' sebja s uspechom ich podryvnych operacii. (Naš Sovremennik 5/1990: 97). "Alle diese Methoden ... stellen einen gut organisierten Dienst zur Zersetzung der Armee des Gegners dar, machen von Empfehlungen der *Propagandadienste ausländischer Militäraufklärungen* Gebrauch, und *uns verborgene Analytiker* können sich zum Erfolg ihrer subversiven Operationen gratulieren."

In dem Text, dem Beispiel (4) entstammt und in dem die gegenwärtige Zersetzung der Sowjetarmee beklagt wird, geht es um die Aufdeckung der "Zersetzer", die aber mit der Benennung "uns verborgene (wörtlich: unsichtbare) Analytiker" und dem altbekannten Buhmann "ausländischer Militäraufklärungsdienst" doch ziemlich im Dunkeln bleiben.

Methodologisch bin ich bei der Suche nach STn davon ausgegangen, daß es sich semantisch bei den STn um Propositionen handelt: sie weisen einem Individuenkonzept bestimmte Eigenschaften bzw. Verhaltensweisen zu, was sich in sprachlichen Äußerungen sowohl explizit als auch implizit niederschlagen kann. Die Grundform für stereotypenschaffende Äußerungen ist ein quasidefinitorischer Satz des entsprechenden Themawortes der Art "X HAT/IST P" oder "X MACHT Q" bzw. der Gebrauch entsprechender qualifizierender Adjektive oder Adverbien als Attribute. Dabei beinhaltet der explizite Ausdruck von STn sowohl mittels Prädikation als auch mittels Attribution für die entsprechende Eigenschaftszuschreibung den Wahrheitsanspruch. Der Unterschied zwischen Prädikation und Attribution besteht dabei m.E. darin, daß mit einer Prädikation das ST aufgebaut und reaktiviert wird, während bei den verschiedenen Arten der Attribution davon ausgegangen wird, daß die Eigenschaftsrelation bereits als bewiesen gilt. Die Attribution wird solange als argumentreduzierte Form eingesetzt, wie die Textautoren es für notwendig erachten, die fixierte Form eines Seins bzw. Geschehens zu unterstreichen.

An den Adjektiv-Substantiv-Kollokationen läßt sich bereits im alten sowjetischen "newspeak" die Technik der Wertepolarisierung nach dem Freund-Feind-Schema exemplarisch verfolgen, d.h., das eigene Lager wird mit positiv konnotierten Attributen versehen, der Gegner mit negativen.

Die heute kaum zu erfassende Diversifizierung der politischen Diskurse in der Sowjetunion ist u.a. auch daraus ersichtlich, daß selbst innerhalb des dem alten "newspek" verwandten Diskurses der Konservativen das frühere grobe Schwarzweißraster Sozialismus/Kapitalismus durch eine feinere Distinktion von Dichotomien, durch eine größere Vielfalt an konnotativen Klassen ersetzt wurde. Die folgende Tabelle führt unter A.-E. beispielhaft (siehe Naš Sovremennik 5/1990: 85-99) neuere Dichotomien an, wobei links die "Guten" und rechts die "Bösen" stehen:

A. Rußland, das Russische	die übrige Welt
kosmičnost', neutolennost' zemnym "Kosmizität", "Unbefriedigtsein mit dem Irdischen" *moguščestvo, bogatyrstvo* "Macht", "Reckenhaftigkeit"	sytye blagopolučnye civilizacii, iščuščie v svoem technologičeskom komforte dopingov dlja razvitija "satte, wohlhabende Zivilisationen, die in ihrem technologischen Komfort das Dopingmittel für ihre Entwicklung suchen"
B. das Volk	**die Intellektuellen**
glubinnyj, sokrovennyj mir naroda "die tiefe, geheimnisvolle Welt des Volkes" *obogrannyj, obmanutyj svoej tysjačeletnej istoriej narod* "das bestohlene, von seiner tausendjährigen Geschichte betrogene Volk"	liberal'nye ekonomisty, pisateli, istoriki, ... orientirujas' duchovno ... na demokratičeskij Zapad, sliškom malo uznali o sobstvennom narode "die liberalen Ökonomen, Schriftsteller, Historiker, ... die sich geistig ... am demokratischen Westen orientierten, haben zu wenig über ihr eigenes Volk erfahren"
C. die Partei	**die Sowjets**
sokrovennye nedra partii "das undruchdringliche Innere der Partei"	govoril'nja "Schwatzbude"
D. Zentralismus	**Perestrojka**
dragocennyi centralistskij opyt "die kostbare zentralistische Erfahrung"	bezdumnyj, dilletantskij, bezotvetstvennyj eksperiment "gedankenloses, dilletantisches, unverantwortliches Experiment"
E. die Armee	**Pazifismus, neues Denken**
opyt grandioznych sveršenij opytžertvennosti i stoicizma "die Erfahrung grandioser Taten, die Erfahrungen von Opferbereitschaft und Stoizismus	utopičeskie mifologemy o večnom mire die utopischen Mythologeme des ewigen Friedens

Im Gegensatz zu den bisher exemplifizierten expliziten STn müssen bei der Interpretation der impliziten STn eigentlich alle textlinguistischen Register gezogen werden. Gedacht sei hier der Hörmannschen "Feststellung" (1976: 210): "man kann Sprache nur verstehen, wenn man mehr als Sprache versteht", oder der in Fillmores "framesemantischen" Ansatz verankerten Fähigkeit des "knowing more than you are told" (Fillmore 1976: 28). D.h., es geht um das Referieren auf mitgemeinte, im Text aber nicht explizierte STn, die als in konventionalisierten "frames" angelegte Präsuppositionen, als unassertierte Propositionen anzusehen sind. Einige Illustrationen dazu liefern die Sätze (5-7). Dabei präsupponiert Satz (5): bei Stalin herrschte Ordnung und Disziplin, der Satz (6): ein Kommunist dient den Interessen seines Volkes und (7): ein wahrer Kommunist tritt nicht aus der Partei aus, und über Austrittsgründe hat nur die Partei zu befinden.

(5) Ja ne stalinist, no ja za porjadok i disciplinu v strane. (Pravda 14. Februar 1990)
"Ich bin kein Stalinist, aber ich bin für Ordnung und Disziplin im Land."

(6) Rjutin služil interesam naroda, i poetomu - on - kommunist. (Pravda 17. Januar 1990)
"Rjutin hat den Interessen des Volkes gedient, und deshalb ist er ein Kommunist."

(7) ... osnovnaja massa sovetskych graždan, osobenno, istinnye kommunisty, ne razdeljaet rešenija tovarišča Tichonova o vychode iz KPSS i ego dovody ščitaet nesostojaetl'nymi. (Pravda 17. Januar 1990)
"... die Masse der sowjetischen Bevölkerung und besonders die wahren Kommunisten teilen den Entschluß des Genossen Tichonov, aus der KPdSU auszutreten, nicht und halten seine Begründungen für nicht stichhaltig."

Zum Schluß sei mir noch eine Bemerkung zu der eingangs aufgeworfenen Frage nach der Beziehung Stereotyp - sprachliche Bedeutung gestattet. Ich bin nicht der Auffassung, daß die über Textanalysen zu ermittelnden STn, die mit verschiedenen politischen und sozialen Begriffen verbunden werden, in die semantische Repräsentation der entsprechenden Wörter im Lexikon als Grammatikkomponente eingehen. Ich denke aber, daß in den Lexikonrepräsentationen entsprechende Variablen vorhanden sind, die jeweils ideologieabhängig durch entsprechende Konzeptualisierungen der Sprachträger ausgefüllt werden.

Literatur:

Bierwisch, Manfred (1983a): "Semantische und konzeptuelle Repräsentation lexikalischer Einheiten". - In: Ruzicka, Rudolf/Motsch, Wolfgang (Hrsg.): Untersuchungen zur Semantik (Berlin: Akademie-Verlag) 61-99.

- (1983b): "Psychologische Apsekte der Semantik natürlicher Sprachen". - In: Motsch, Wolfgang/Viehweger, Dieter (Hrsg.): Richtungen der modernen Semantikforschung (Berlin: Akademie-Verlag) 15-64.

Fillmore, Charles J. (1976): "Frame Semantics and the Nature of Language". - In: Annals of the New York Academy of Science CCLXXX (New York) 20-32.

Hörmann, Hans (1976): Meinen und Verstehen. Grundzüge einer psychologischen Semantik. - Frankfurt am Main: Suhrkamp.

Lakoff, George (1984): A Cognitive Model Approach To Prototype Theory. Cognitive Science Program. - Berkeley: University of California (Manuskript).

Lippmann, Walter ([1922] 1961): Public opinion. - London: George Allen & Unwin Ltd.

Putnam, Hilary (1975): "The Meaning of Meaning". - In: Gunderson Keith (ed.): Language, mind, and knowledge (Minneapolis: University of Minnesota Press) 131-193.

Quasthoff, Uta (1973): Soziales Vorurteil und Kommunikation. - Frankfurt am Main.

Rieger, Burghard (Hrsg.) (1985): Dynamik in der Bedeutungskonstitution. - Hamburg: Buske.

Rieser, Hannes (1985): "Prozedurale Grammatik und Wortsemantik". - In: Rieger (Hrsg.) 19-30.

Schaff, Adam (1980): Stereotypen und das menschliche Handeln. - Wien etc.: Europaverlag.

Theobald, Karl-Günther/Sommer, Gert (1988): Ein Instrument zur Messung des Feindbildes Kommunismus/Sowjetunion: Entwicklung und erste Erprobung. Diskussionsbeiträge aus dem Fachbereich Psychologie der Philipps-Universität Marburg. - Marburg (Manuskript).

Weiss, Daniel (1986): "Was ist neu am 'newspeak'? Reflexionen zur Sprache der Politik in der Sowjetunion". - In: Slavistische Beiträge 200, 247-325.

ZUM KOLLOKATIONSVERHALTEN ENGLISCHER TEMPERATURADJEKTIVE
Adjektiv - Substantiv - Kollokationen

Cordula Krahl

1. Einordnung des Gegenstandes und Begriff der Kollokation

Die hier vorgestellte Problematik des Kollokationsverhaltens englischer Temperaturadjektive in bezug auf Substantive ist Teil einer übergreifenden Studie "Syntaktisch-semantische Kombinationen und ihre Einführung in ein Lexikon". Ausgehend von einigen theoretischen Grundannahmen zum Kollokationsbegriff umfaßt die Studie die paradigmatische Untersuchung der englischen Temperaturadjektive, Temperaturadjektiv-Substantiv-Kollokationen und Graduator-Temperaturadjektiv-Kollokationen. In einem abschließenden Teil werden, darauf aufbauend, paratagmatische Aspekte, dreigliedrige Kollokationen und die Eintragung von Kollokationswissen in ein Lexikon als Komponente eines Grammatikmodells diskutiert. Dabei werden Kollokationen als mehrdimensionale Komplexbildungen betrachtet, bei deren Bildung und Interpretation verschiedene relativ autonome Wissenssysteme interagieren (Motsch 1988).

2. Konzeptuelle Grundlagen und Feldregel

Die auf der Ebene der objektiven Realität bestehende Einheit von Gegenstand und Eigenschaft dokumentiert sich bezüglich der Eigenschaft Temperatur in ihrem Gebundensein an einen Temperaturträger. Die Trennung dieser Einheit im Verlauf des Erkenntnisprozesses führt zur Bildung von Temperaturkonzepten und Körperkonzepten. Als Ergebnis eines Prozesses einzelsprachlicher Parametrisierung (Chomsky 1981) steht dem Temperaturkonzept u.a. das Paradigma der englischen Temperaturadjektive gegenüber, dem Körperkonzept die Klasse der Körpersubstantive. Die auf der konzeptuellen Ebene angelegte Möglichkeit der Kombination von Konzepten wird auf der Sprachebene z.B. durch Syntagmenbildung realisiert. Für das kombinatorische Verhalten der Adjektive läßt sich die konzeptuell begründete und enzyklopädisch gestützte Regel ableiten: Temperaturadjektive sind mit Körpersubstantiven vereinbar. Die eigentliche Problematik der Kollokation ergibt sich aus der Diskrepanz zwischen dieser Regel und ihrer defektiven Erfüllung durch die einzelnen Adjektive.

3. Adjektivbedeutung und Klassifizierung der Substantive

Es werden primäre Temperaturadjektive, deren Bedeutung einen Merkmalskomplex 'temperature' enthält (*cold*, *boiling*), und sekundäre Temperaturadjektive, die im Sinne von 'temperature' kontextuell interpretiert werden (*crisp*), unterschieden. Es gibt Adjektive, deren Bedeutung nur aus einem spezifizierten Merkmalskomplex 'temperature' besteht, und solche, die zusätzliche Grad- und/oder Wertmerkmale (*frigid*, *coldish*, *chilly*) und/oder temperaturbegleitende Merkmale (*wintry*, *torrid*) aufweisen. Diese Adjektive mit ihren Bedeutungen sind einstellige Prädikate und eröffnen eine Leerstelle für einen Temperaturträger, d.h. einen physikalischen Körper. Dessen Repräsentation erfolgt auf der Ebene des Sprachsystems durch Körpersubstantive, Lexeme, in deren semantischer Struktur der Merkmalskomplex 'concrete having mass' nachweisbar ist. Im Sprachgebrauch sind diese beiden Mengen geringfügig gegeneinander verschoben. So können einerseits abstrakte Zeitangaben (*winter*, *morning*) für einen Temperaturträger (hier: Luft) stehen (*mild winter*, *cold morninq*) und müssen im Sinne eines Körpersubstantivs interpretiert werden. Andererseits werden Körpersubstantive auf Grund bestehender Polysemie auch in Verbindung mit Temperaturadjektiven in bestimmten Kontexten als Abstrakta interpretiert (*cold heart*, *cool head*) und fallen in dieser Bedeutung aus der Klasse der Körpersubstantive heraus.

Da im Gegensatz zu anderen Untersuchungen (Bald 1970, Eder 1980) der erste Ansatz zur Ermittlung der Kollokationspartner in einem deduktiv orientierten Verfahren besteht, stellt die Subklassifizierung der Körpersubstantive ein zentrales Problem der Untersuchung dar. Die erste Klassifizierung ist, da die semantische Vereinbarkeit die Grundlage der Kollokationsproblematik bildet, semantischer Natur und erfolgt unabhängig vom Partner. Sie führt zu den bekannten hierarchisch aufgebauten Klassen (Johnson-Laird 1983) 'inanimate', 'animate', 'animal', 'human' usw., die sowohl bei paradigmatischen Beschreibungen von Substantiven als auch bei syntagmatischen Angaben in theoretischen Untersuchungen und Nachschlagewerken (Schumacher 1987) verwendet werden. Die untere Begrenzungsebene für diese im Prinzip bis hin zu Einzellexemen vorzunehmende Untergliederung wird von Klassen aufgebaut, die für das Kollokationsverhalten der Temperaturadjektive differenzierend sind. So lassen sich einige Adjektive nur mit Substantiven bestimmter Klassen kombinieren, z.B. *lukewarm* nur mit Flüssigkeiten, *severe* nur mit Lexemen für Außenluft. Diese Klassen und die in Ergänzung zu ihnen formulierten übrigen Klassen bilden die untere Klassifizierungsebene. Begründet sind 'external air' durch *mild*, 'internal air' durch *frowsty*, 'liquid' durch *lukewarm*, 'human' durch *ardent* und 'animal' durch *feverish*. Davon können die Klasse der übrigen gasförmigen Stoffe 'gas' sowie 'solid' und 'plant' abgeleitet werden.

In Abhängigkeit von der spezifischen Bedeutung der Adjektive läßt sich eine weitere Klassifizierung der Substantive vornehmen. So ist z.B. der spezifizierte Merkmalskomplex 'temperature' auch in der Bedeutungsstruktur bestimmter Substantive nachweisbar. Gehört er zu den definitorischen Merkmalen dieser Lexeme, führt das bei der Kombination mit entsprechenden Adjektiven zu semantischen Kontradiktionen oder Tautologien (**hot ice*, **cold fire* bzw. **cold ice*, **hot fire*). Auch temperaturbegleitende Merkmale der Adjektive können zu Restriktionen, Blockaden oder bedingter Vereinbarkeit führen, wenn sie für bestimmte Substantive Relevanz besitzen.

Diese Untergliederung der Substantive in Abhängigkeit von der Bedeutung der Adjektive führt entweder ebenfalls zu den o.g. Subklassen, oder schneidet diese und filtert aus ihnen Einzellexeme heraus.

4. Kollokationstypen

Durch die Auswertung von Wörterbucheinträgen, umfangreiche Beleganalysen und Muttersprachlerbefragungen wurden nun die Kombinationsmöglichkeiten der einzelnen Temperaturadjektive mit Klassen von Substantiven unter Beachtung übergreifender Restriktionen und Blockaden bestimmt. Dabei sind verschiedene Typen des Kollokationsverhaltens erkennbar, denen die Adjektive zugeordnet werden können.

F e l d r e g u l ä r e Temperaturadjektive kombinieren entsprechend der Feldregel und sind semantisch motiviert. Unter Berücksichtigung der Temperaturblockade gegenüber Einzellexemen können sie mit allen o.g. Teilklassen der Körpersubstantive verbunden werden. Die Bedeutungsstruktur der Adjektive setzt die Gesamtklasse der Körpersubstantive voraus. Es bestehen in bezug auf die Klassen keine semantisch begründeten Restriktionen. Die gebildeten Syntagmen sind ohne Hinzuziehung weiterer Wissenssysteme interpretierbar. Zu diesem Typ gehören die Adjektive *cold*, *cool*, *warm* und *hot*.

W o r t r e g u l ä r e Temperaturadjektive sind nur mit einigen der o.g. Teilklassen der Körpersubstantive vereinbar. Die Einschränkungen haben jedoch den Charakter semantischer Restriktionen, d.h., sie sind aus der Bedeutungsstruktur des jeweiligen Adjektivs heraus erklärbar. Es handelt sich um Adjektive, die neben dem spezifizierten Temperaturmerkmal sogenannte temperaturbegleitende Merkmale aufweisen, auf deren Grundlage aus der Gesamtvoraussetzungsklasse der Körpersubstantive bestimmte Teilklassen als vorausgesetzt abgeleitet werden können. D.h. die Kombinationsmöglichkeiten dieser Adjektive entsprechen einer jeweils für ein Lexem spezifischen Wortregel. Ein Beispiel ist *feverish*, in dessen semantischer Struktur neben den Temperaturmerkmalen ein Merkmalskomplex 'fever' enthalten ist. Dieser setzt die Klasse der Menschen und Säugetiere voraus, so daß Syntagmen vom Typ *feverish hand* auf dieser Basis gebildet und interpretiert werden können. Kombinationen wie **feverish air/tea* sind auf Grund semantischer Restriktionen ausgeschlossen.

T e i l k o n v e n t i o n a l i s i e r t e Temperaturadjektive erfüllen die Feldregel ebenfalls nicht vollständig, die Defekte sind jedoch nur teilweise auf der Basis semantischer Restriktionen und Blockaden erklärbar. Ein Beispiel für diesen Typ ist *torrid*, das nur mit Substantiven der Klasse 'external air' vereinbar ist. Die Bedeutungsstruktur dieses Adjektivs weist ein Merkmal 'dry' auf, das eine Blockade aller Substantive, die Flüssigkeiten bezeichnen, bewirkt. Das erklärt die Unkorrektheit von Bildungen wie **torrid water*, jedoch nicht die ausschließliche Beschränkung auf Bezeichnungen für Außenluft. Bei polysemen Temperaturadjektiven wie z.B. *boiling* ist eine Blockade der Klasse 'liquid' als Partner der Temperaturbedeutung semantisch erklärbar, da diese Voraussetzungsklasse der Bedeutung 'kochend' ist. Wir sprechen hier von polysemiebedingten Blockaden, die jedoch die Beschränkungen der Kollokationsmöglichkeiten ebenfalls nicht vollständig begründen. Diese

Adjektive stellen einen Mischtyp dar, die Kombinationsmöglichkeiten ergeben sich zum einen aus semantischen Restriktionen und Blockaden, zum anderen aus Konventionen der Sprachgemeinschaft.

Vollkonventionalisierte Temperaturadjektive erfüllen die Feldregel nicht, und ihre Defekte haben keine semantische Erklärung. Die Bedeutungsstruktur dieser Adjektive enthält keine Merkmale, die eine eingeschränkte Voraussetzungsklasse begründen würden. Ein Beispiel hierfür ist das Adjektiv *lukewarm*, das nur mit Substantiven vereinbar ist, die der Klasse 'liquid' angehören. Der Ausschluß von Kombinationen wie **lukewarm bread/hand* usw. ist semantisch nicht begründbar, sondern beruht allein auf Konventionen der Sprachgemeinschaft. Diese Adjektive sind teilregulär, da ihre Kombinatorik innerhalb der Feldregel liegt, sie jedoch nur bestimmte, semantisch nicht vorhersagbare Teile derselben erfüllen.

Eine exakte Zuordnung der Adjektive zu diesen Kollokationstypen ist nur bei streng synchronischer Betrachtung vorzunehmen. Im Prinzip bilden die Typen eine Skala abnehmender Regularität, die sich von Feldregularität über Wortregularität und Teilkonventionalisierung bis hin zur vollständigen Konventionalisierung erstreckt. Diachronische Untersuchungen und auch bestimmte synchronische Erscheinungen deuten an, daß sich die Kollokabilität der Adjektive zwischen diesen beiden Polen auf der Skala bewegt.

5. Dispositionelle Aspekte

Das hier auf der Basis von Merkmalskomplexen und Konventionalisierung dargestellte Raster von Kollokationstypen wird überlagert von einem System dispositioneller Aspekte. Als Beispiele seien hier Realisierungen, Präferenzen und kommunikative Effekte genannt.

Obwohl alle Körper eine bestimmte Temperatur haben oder annehmen können, ist diese nur bei bestimmten Gegenständen für den Menschen von Interesse. Dabei handelt es sich um solche Dinge, deren Temperatur das Leben der Menschen mehr oder weniger stark beeinflußt, so z.B. die umgebende Lufttemperatur, die Temperatur von Speisen und Getränken und die Temperatur von Menschen als Indikator für Krankheiten. Fast völliges Desinteresse besteht bezüglich der Temperatur von Pflanzen. Auf der sprachlichen Ebene äußert sich dieses Interesse darin, daß Syntagmen des Typs *cold wind*, *cold morning*, *cold drink*, *warm meal*, *cold fingers*, *hot forehead* häufiger realisiert werden als z.B. *warm acid*, *cold oaktree*.

Über die interessenbedingte Realisierung bestimmter Substantiv-Adjektiv-Kombinationen hinaus existieren Präferenzen, die z.B. auf Erwartungen oder Wünschen des Sprechers beruhen. Sie beziehen sich auf Körper, die eine bestimmte Normtemperatur aufweisen. Sprachlich äußert sich die Spezifik dieser Substantive dahingehend, daß Syntagmen, die die Erfüllung oder Nichterfüllung von Erwartungs- oder Wunschnormen anzeigen, präferiert werden.

Syntagmen, die die Nichterfüllung der Norm beschreiben (*warm blizzard*, *cold simoom*, *cold grog*, *warm beer*) oder sogar semantische Regeln verletzen (*cold fire*, *warm ice*), signalisieren spezielle kommunikative Effekte. Über die Temperaturangabe hinaus informieren solche Kombinationen über bestimmte Einstellungen des Sprechers oder fordern den Hörer zu Uminterpretationen auf.

Diese sachlichen und kommunikativen Aspekte, die auf der sprachlichen Ebene quantitative und qualitative Auswirkungen haben, deuten die Komplexität der Kollokationsproblematik an.

Literatur

Agricola, Erhard/Schildt, Jochen/Viehweger, Dieter (Hrsg.) (1982): Wortschatzforschung heute. Aktuelle Probleme der Lexikologie und Lexikographie. - Leipzig: Verlag Enzyklopädie.

- /Brauße, Ursula/Karl, Ilse/Ludwig, Klaus-Dieter/Viehweger, Dieter (1987): Studien zu einem Komplexwörterbuch der lexikalischen Mikro-, Medio- und Makrostrukturen ("Komplexikon"). - Berlin (= Linguistische Studien des Zentralinstituts für Sprachwissenschaft 169, Reihe A).

Bald, Wolf-Dietrich (1970): "Collocational restrictions and semantic components". - In: Lebende Sprachen XV/5, 129-137.

Chomsky, Noam (1981): "Markedness and core grammar". - In: Belletti, Adriana/Brandi, Luciana/Rizzi, Luigi (eds.): Theory of markedness in generative grammar. Proceedings of the 1979 glow conference (Pisa: Scuola Normale Superiore di Pisa) 123-145.

Eder, Eugen (1980): Das Kollokationsverhalten englischer Adjektive. - München (unveröff. Mag.).

Johnson-Laird, Philip N. (1983): Mental models. Towards a cognitive science of language, inference, and consciousness. - Cambridge etc.: Cambridge University Press.

Monaghan, James (1979): The neo-Firthian tradition and its contribution to general linguistics. - Tübingen: Niemeyer.

Motsch, Wolfgang (1988): "Zur Autonomie der Wortstruktur". - In: Bierwisch, Manfred/Motsch, Wolfgang/Zimmermann, Ilse (Hrsg.): Syntax, Semantik und Lexikon. Rudolf Ruzicka zum 65. Geburtstag (Berlin: Akademie-Verlag) (= Studia grammatica XXIX) 147-170.

Schumacher, Helmut (Hrsg.) (1986): Verben in Feldern. Valenzwörterbuch zur Syntax und Semantik deutscher Verben. - Berlin etc.: de Gruyter.

WERTENDE ETHNISCHE APPELLATIVA

Gabriele Birken-Silverman

Ziel des Beitrags ist eine sprachvergleichende Analyse des Wortfelds der wertenden ethnischen Appellativa (EA) unter den Gesichtspunkten sozialpsychologische Motivation und lexikalische Struktur. Der methodische Ansatz folgt den Wortschatzanalysen von Oksaar (1976) und Radtke (1979). Das umfangreiche, aber nicht exhaustive Korpus, das Beispiele aus dem Französischen, Rumänischen und Italienischen sowie Vergleichsmaterialien aus dem Englischen und Deutschen umfaßt[1], ist charakterisiert

I. durch die Stilniveaus (literarisch, familiär, Umgangssprache, im Frz. außerdem Argot, im Engl. Slang),

II. durch die Wertungen, die von ‹scherzhaft›, ‹ironisch› über ‹vulgär› und ‹pejorativ› bis zu seltenem ‹kosend› reichen[2],

III. durch folgende Bildungsmuster:

1. Fremdwörter,
2. Eigennamen,
3. Metaphern,
4. Metonyme[3],
5. Synekdoche,
6. Litotes,
7. Komposita,
8. Deformationen.

1. Sozialpsychologische Motivation

Neben den in allen Sprachen vorhandenen wertneutralen EA existiert in sämtlichen untersuchten Idiomen ein begrenztes, nur auf bestimmte Ethnien zielendes Lexeminventar diaphasischer Varianten mit emotiver Konnotation. Dieser Bestand ist charakterisiert durch

1. nur partielle Kongruenz in den einzelnen Sprachen,
2. oft relative Kurzlebigkeit,
3. Überlexikalisierung in einzelnen Subkategorien,
4. Synonymreihungen.

Aus den jeweiligen soziokulturellen Rahmenbedingungen ergeben sich als Voraussetzung für die Prägung wertender - und zwar vorwiegend negativ konnotierter - EA die Variablen Kontaktsituation mit größeren fremdvölkischen Gruppen, Minoritäten im eigenen Land und regionalen Gruppen mit ausgeprägten, von der überregionalen Norm abweichenden Merkmalen sowie die sozialen, politischen und wirtschaftlichen Beziehungen der Trägergruppen.

So finden sich im Rum u.a. Spitznamen für Griechen und Türken, die vom 17.-19. Jh. die Oberherrschaft innehatten, für Russen und Minoritäten wie Deutsche und Aromunen. Die Zahl der Bezeichnungen und ggf. Differenzierung nach Geschlecht und Alter korreliert mit dem Grad der Abweichung vom sozialen Normensystem und den damit verbundenen Wertvorstellungen. So weist das Rum. die meisten wertenden EA für die Zigeuner auf (18), die denotativ in Bezug auf Alter und Geschlecht variieren, konnotativ in Bezug auf Stilniveaus und Ebenen der Bewertung (3 wertneutral, 2 umgangsspr., 13 scherzh., 2 iron., 1 kosend)[4]. Als Bezeichnung für die Türken finden sich 2 verächtliche Termini (*ciutac* "Beschnittener", *pilafgiu* "Pilawfresser") und das negativ konnotierte reg. *bulă* "Türkenweib", heute "Schlampe", für die Griechen 4 (neben einem allgemeinen je nach ihrer sozialen Stellung variierende Spottnamen[5]), für die Deutschen 2 (spött. *cartoflar*, *cartofleant* "Kartoffelfresser"). Im Frz. dominieren im Rahmen der lange problematischen Beziehungen zu den deutschen Nachbarn entsprechende Bezeichnungen, v.a. aus dem Soldatenargot: u.a. pej. *chleu* (1943 in der Résistance), im 1. Weltkrieg fam. *Fritz* (›pop. *frisé*, *Frizou*) und fam., pej. *alboche* (bereits seit 1896 *boche*, *tête de boche*, 1866 *tête carrée*, in der Schweiz *têtu*), ferner pop. *Fridolin*, *Haricot vert*, *Mangetout*, *doryphore*[6]. Hingegen findet sich für die Spanier nur ein Spitzname (Arg. *espago*, *espingo(uin)*), für die Nordafrikaner treten 6 Bezeichnungen auf, z.T. mit Varianten (Soldatenarg. *arbi(cot)*, pej. *sidi*, pej. *crouille*, *pied-de-figuier*, *tronc (de figuier)*, fam. deprez. *raton* (1937)). Der gleiche Zusammenhang zwischen Kontaktsituation mit Konflikt und Bezeichnungsreichtum zeigt sich im American English (AE) mit etwa 100 Appellativa für die Schwarzen.

Dieser soziokulturell bedingten einzelsprachigen Varianz gegenüber steht eine kleine Zahl von Ethnien, für die in einer Reihe von Sprachen wertende EA existieren, begründet durch die weite Verbreitung dieser Volksgruppen und durch die ihnen zugemessene Bedeutung. Davon betroffen sind neben den Zigeunern v.a. die Juden, letztere im Rum. durch 5 EA repräsentiert (pej. *tîrtan*, pop., pej. *jidan*, scherzh. *balabustă* "jüdische Frau", *jupîn*, f. *-eascǎ* (veralt.) 'Herrentitel'), im Frz. durch ebenfalls 5 (deprez. *youpin*, *-e* (1890), Var. *youdi*, *youtre*, *youvance*, *Nez gras*, *Cormoran*), im Engl. durch rund 35, im Dt. nur durch drei[7], abgesehen von Komposita mit pej. Elementen, die auch mit anderen Völkernamen kombinierbar sind (z.B. *-pack*). Im Dt. findet sich indessen oft der umgekehrte Fall der Übertragung des wertneutralen Ethnonyms auf negative Erscheinungen oder Verwendung in negativen Redensarten[8]. Weitverbreitet sind auch Spottnamen und Pejorativa für die Deutschen, z.B. engl. Sl. verächtl. *Bo(s)che* (1942), spött. *Fritzie*.

Von den soziokulturellen Rahmenbedingungen sind gleichermaßen Zunahme, Abnahme oder Aussterben wertender EA abhängig. So datieren 69% der rum. Zigeunernamen aus dem 19. Jh., und zwar zumeist gegen Ende der Epoche zur Zeit eines wachsenden Nationalismus, während an zweiter Stelle diejenigen aus der Frühzeit des Zigeunertums stehen. Ebenfalls die gegen die Juden gerichteten Ethnophaulismen stammen aus der zweiten Hälfte des 19. Jh., die Appreziativa hingegen aus dem 16. Jh.

Die Frage nach den sozialen Schichten, die zur Kreation wertender EA beitragen, läßt sich nur mit äußerster Zurückhaltung beantworten und hängt v.a. von der Art der sozialen Beziehung zu den einzelnen Ethnien ab. Immerhin ist bei gebührender Vorsicht anzunehmen, daß die usuellen wertenden Bezeichnungen als Reaktion gegen die Norm der konventionellen wertneutralen Ethnonyme in den unteren Volksschichten entstanden sind, begründet durch die soziokulturellen Verhältnisse. So dürfte es z.B. selten direkte Beziehungen zwischen der rum. Oberschicht und zumeist jüdischen Kneipenwirten gegeben haben. Weiter spricht für diese Hypothese die Herkunft der Lexeme aus der Sprache bestimmter Gruppen am unteren Ende der sozialen Skala (Soldatenargot, Slang der Seeleute) und die soziolektale Entstellung der Lexeme. Ferner läßt die Bedingung des Kontakts größerer Gruppen auf die Ausbildung wertender EA insbesondere in städtischem Milieu schließen (Dauzat 1946: 6).

Schichtenspezifische Varianz der wertenden EA äußert sich wegen ihrer Kurzlebigkeit selten durch Verlagerung von einem Register in ein anderes (z.B. vom Arg. in die langage pop.), sondern eher durch wenige im Schrifttum herausgebildete Ethnonyme. Ihre wertenden Konnotationen sind zumeist textimmanent (z.B. *Babbitt* "Amerikaner").

2. Lexikalische Analyse

Die Klassifikation der wertenden EA nach rekurrenten Wortmustern weist wegen der möglichen mehrfachen Zuordnung starke Überschneidungen auf. Es zeichnen sich im wesentlichen folgende Substitutions und Modifikationsverfahren ab:

2.1. Fremdwörter

Dabei ist zu differenzieren zwischen fremdsprachigen Ethnonymen und sonstigen Lehnwörtern, wie sie bei über 50% der rum. Belege auftreten, und zwar größtenteils aus der Sprache der Zigeuner zur Bezeichnung dieser Ethnie: u.a. iron. *(z)garoi* ‹ *gera*, *piranda* "Dirnchen" ‹ *pirando* 'id.'. Im frz. Argot indessen handelt es sich bei etwa 1/3 um fremdsprachige Ethnonyme: z.B. pej. *romanichel* ‹ *romani čel* (Eigenname der Zigeuner) neben *sidi* "Nordafrikaner" ‹ ar. *sidi* "Herr". Auch unter den engl. Belegen fremder Herkunft dominieren bereits ursprüngliche Ethnonyme (British Engl., am. Unterschicht-Sl. *Yid* "Jude", Seemanns-Sl. *Norsker* neben *monsieur* "Franzose"). Stark vertreten sind Anredeformen. Den höchsten Grad an Abwertung zeigen übernommene, einst wertneutrale Eigenbezeichnungen der Ethnien, erklärbar durch die negative Konnotierung zunächst seitens des Adressaten in entsprechend markierten Kommunikationsakten. Aufgrund der häufigen Herkunft der übrigen Fremdwörter aus prestigearmen Sprachen ist anzunehmen, daß Konnotationen des sozialen Kontextes und Milieus zu der Abwertung beitragen (vgl. Oksaar 1976: 92). Außerdem kann ein humoristischer Effekt erzielt werden. Schließlich sind im Einzelfall pragmalinguistische Aspekte zu berücksichtigen.

2.2. Eigennamen

Sehr beliebt ist die Übertragung eines Eigennamens, v.a. häufiger Vornamen, auf eine Volksgruppe: z.B. rum. *Gaşpar*, der Name des Mohrs unter den Hl. Drei Königen, als Spitzname für Zigeuner, f. *Gasperiţă*, frz. Soldatenarg. (Kolonialtruppen) *Toumané* "Senegalese", frz. *Tommie* "Engländer" (auch dt.)[9], mit Bezug auf Patronyme frz. *Popoff* "Russe"; am. niederer Sl. *Mouchey* "Jude" ‹ *Moishé*, dt. deprez. (19. Jh.) *Itzig* 'id.' ‹ *Isaak* (*Jitzchak*).

Ursprünglich neutrale EA und seltener Toponyme, z.T. in deformierter Form, erscheinen nur mit negativer Bedeutungsverschiebung, z.B. rum. *ţuţuian* 'transsilvanischer Volksstamm' › 'Spitzname der Siebenbürger', *ciutac* 'türkisierter bulg. Volksstamm' › 'Schmähwort für Türken', dt. scherzh. *Zoni*, *Ossi*, *Wessi*.

Besondere Komik oder Verachtung impliziert der seltenere Typ alter negativ konnotierter EA wie engl. *hun*, deprez. 'Deutscher' (1. Weltkrieg), it. alb. *lëtir* 'Schimpfname für Italiener', eig. "Lateiner".

Die häufige Bezeichnung mittels eines durch Volksetymologie falsch zugeordneten Ethnonyms oder Toponyms weist auf ihren Ursprung in wenig gebildeten Schichten hin, z.B. am. Sl. *Dutcher* "Deutscher", eig. "Holländer", *Arab* "Jude". Die bewußte Übertragung exotischer Ethnonyme indiziert vermeintliche gemeinsame Primitivität, z.B. dt. *Kanacker* "Italiener", engl. *Kanuck* "Frankokanadier", it. (Turin) *baluba* "südit. Zuwanderer" nach einem Negerstamm im Kongo.

2.3. Metaphern

Die Metaphern als eine der schöpferischen Hauptströmungen emotiver Sprache (u.a. Volksspr., Arg.) dienen der Konkretisierung der abstrakten wertneutralen EA sowie der Degradierung. Sie sind gekennzeichnet durch starke Transparenz und Verwendung in spöttischer Funktion. Insbesondere treten folgende Typen auf:

1. Tiere, und zwar solche, deren dem Volksglauben nach negative Eigenschaften vermeintlich zu physischen Merkmalen der Ethnie stimmen. Sie drücken ein moralisch- ästhetisches Werturteil aus. Z.B. frz. *cormoran* "Kormoran"/"Jude", rum. *gargaun* "Hornisse"/Zigeuner", frz. *doryphore* "Kartoffelkäfer" / Arg. "Deutscher", kalabres. *cagnuolë* "kleine Hündin"/"Italoalbaner", engl. *skunk* "Stinktier"/Sl. "Neger", *monkey* "Affe"/Sl. "Chinese".

2. Nationalspeisen als Stereotyp in Kurzform bei Reduktion der ethnischen Kultur auf ein überbewertetes Merkmal. Oft liegen substantivierte Ellipsen in Form von Komposita vor. Z.B. rum. *pilafgiu* "Pilawfresser"/"Türke", frz. *haricot vert*, engl. *kraut*, *limberger* "Deutscher", frz., dt., am. Sl. *macaroni* "Italiener", südit. *polentone* "Maisbreifresser"/ "Norditaliener", am. Sl. *beans eater*, *tamale* "Mexikaner", *butter-box* "Holländer". Dieser Typ ist bereits im Agr. bezeugt *lwto-fagoz* "Lotosfresser"/"Kyrenaiker".

3. Pflanzen (charakteristische Flora des Herkunftslands; Farbe als Tertium Comparationis): frz. *tronc/pied de figuier* "Nordafrikaner", AE *shamrock* "Ire" nach dem nationalen Emblem, *punkin yeller* "Mulatte".

4. Gegenstände (selten und fast nur im am. Sl., zumeist mit dem Semem 'schwarz': AE *charcoal* "Holzkohle"/"Neger", *spade* "Spielkarte mit schwarzen Figuren"/"Neger", frz. *cirage* "Schuhwichse"/"Sudanese".

2.4. Metonyme

Eine beliebte Quelle metonymischer Bezeichnungen sind bestimmte äußere Merkmale, seltener Charaktereigenschaften. Diese Bildungen mit simplifizierter Sicht der Realität, Beschränkung auf ein einziges überbewertetes Merkmal, Abstraktion von allen weiteren Kennzeichen und verallgemeinernder Übertragung auf alle Angehörigen einer Ethnie stellen den Grundtyp eines Stereotyps dar. Bezug auf äußere Merkmale erscheint u.a. in Gesellschaften mit Rassenkonflikten: z.B. im am. Sl. adjektivische Metonymien wie pej. *Blackie* "Schwarzer", *Whitie*, *Redneck* (auch in Kanada) "Weißer". Linguistisch entlarvt wird das Vorurteil durch Verbindung derselben Merkmale mit verschiedenen Ethnien: so rum. *(în)tăciunat* "Schwarzer" / eig. "angebrannt" als Spitzname für Zigeuner. Partielle Übereinstimmung besteht indessen in Fällen wie frz. *Nez gras* "Jude", am. Sl. *hook-nose* 'id.', frz. *mal blanchi* "Schwarzer", AE *unbleached American* 'id.'.

Das fast völlige Fehlen von auf Charaktereigenschaften bezugnehmenden EA unterstreicht zum einen Einseitigkeit und Oberflächlichkeit der zugrundeliegenden Wertmaßstäbe, zum anderen das Streben nach Konkretisierung der abstrakten wertneutralen Ethnonyme: z.B. rum. *cochinte* "Geizkragen" / "griechischer Landpächter", frz. *têtu* "Deutscher", am. Sl. *Squarehead* "Deutscher", "Skandinavier". Sehr häufig ist die semantische Verbindung mit 'Dummheit': am. Sl. *buggy* "blöd"/"Neger", rum. *netot* "blöd" / Pl. "nomadische Zigeuner", alb. *gogë* 'Spitzname für Rumänen', dazu rum. *gogoman* "Dummkopf".

Seltener nehmen Metonyme Bezug auf die typische Musik einer Volksgruppe, v.a. Tänze (am. Sl. *Hulahula* "Hawaiian girl" ‹ haw. *hula* "woman's dance", *boogie* "Neger") oder auf "Berufe" (AE *chili picker* "Mexikaner", *laundry queen* "Negerin", rum. *parpalec* "fliegender Händler"/"Grieche".

2.5. Synekdoche

Die auf wenige Fälle beschränkte Substitution der Gesamtvorstellung durch ein Einzelmerkmal in Form der Synekdoche tritt unter folgenden Aspekten auf:

1. Kleidung: frz. *pointu* "dt. Soldat" (nach dem spitzen Helm), frz. *doryphore* "Deutscher" (nach der bunten Parteiuniform der Sonderführer 1939-45)[10], AE *grass skirt* "Hawaiian girl", *Kilty* "Schotte".
2. Haartracht: rum. *top* 'Spottname für die zopftragenden Motzen', AE *pigtail* "Hängezopf"/"Chinese".

Hierher wäre auch AE *bow-and-arrow* "Indianer" nach der "charakteristischen" Ausrüstung der Ethnie zu stellen.

2.6. Litotes

Noch seltener findet sich die Litotes, begründet durch das weniger direkt ausgedrückte Werturteil. Beispiele weist nur der am. Sl. auf: *snowball* "very dark Negro", iron. *whitelily* "Negermädchen", *white nigger* "Weißer".

2.7. Komposita

Komposita erscheinen in den romanischen Sprachen relativ selten, zu erklären aus dem Gegensatz zu den auf prägnante Kürze bedachten Spottnamen oder Verbalinjurien: z.B. im Rum. allein *cîine creştin* "Christenhund", im Frz. das Kopulativkompositum *Mange-tout* "Deutscher", der Typ Substantiv + Attribut *tronc / pied de figuier* "Nordafrikaner", *lion noir* "Senegalese". Häufiger sind zweigliedrige verstärkende Determinativkomposita im dt. Sprachraum (*Spaghettifresser*, *Stockfranzose* (1809), *Stockengländer* (1840) als elliptische Bildungen, *Krautwelsche*, *Grobwelsche* als Analogiebildungen). Verbindungen mit Tiernamen erscheinen relativ oft im Dt. und Engl., z.B. *Sau-* + Ethnonym, am. Sl. *alligator bait* "Negerkinder" / eig. "Alligatorenköder".

2.8. Deformationen

Deformationen kennzeichnen die frz. Argot- und die am. Slangwörter, in geringerem Maße dt. EA. Gründe für die Entstellung sind a) defizitäre Wiedergabe von Lexemen, b) Vereinfachung, c) Bedeutungsnuancierung durch Suffigierung, d) volksetymologische Assoziationen, e) Wortspiele, f) Absicht der Ridikülisierung. Die Wortbildung zeigt u.a. folgende Deformationserscheinungen: a) Aphärese, b) Suffigierung, und zwar frz., engl. *-o*, frz. *-ot*, *-o(u)che*, frz., AE, dt. *-i(e)*, *-y*, AE *-er*, c) sowohl Aphärese als auch Suffigierung, d) Kontraktion, e) Infixe, f) phonetische Veränderungen aufgrund des Einflusses anderer Lexeme oder aufgrund schichtenspezifischer Varianz, g) im AE Rhyming Slang. Derartige Deformationen treten u.a. bei ursprünglich wertneutralen Ethnonymen und Eigennamen auf. Beispiele:

- Aphärese:
  frz. *Talien* ‹ *Italien*, frz. pop. *ricain* ‹ *Américain*, am. Sl. *coon* "Neger" ‹ *racoon* "Waschbär", am. Sl. *possum* "Neger" ‹ *opossum* "Beutelratte";
- Suffixbildungen:
  frz. pej. *Romano*, *-i* ‹ *Romanichel* "Zigeuner", frz. *Gréco* "Grieche", am. Sl. *Chino* "Chinese", frz. *Amerlot* "Amerikaner", frz. *Arménouche* "Armenier", frz. *Tommies* "Engländer", engl. *Aussie*, *Arsie*, *Ossie*, *Ozzie* "Australier", dt. *Ossi* "DDR-Bürger", engl. *Frenchy*, *-er* "Franzose";
- Aphärese + Suffigierung:
  frz. *bicot* "Algerier", "Senegalese" ‹ *arbico* ‹ ar. *arbi*, frz. *manouche* "Zigeuner" ‹ *Romanichel* ‹ zig. *romani čel*, engl. *Tally* ‹ *Italian*;
- Kontraktion:
  engl. *F(l)ip* "Philippino";
- phonetische Entstellung:
  am. Sl. *burglar* "Bulgarian", *Spinach* "Spaniard";
- schichtenspezifisch bedingte phonetische Varianz:
  am. Sl. *Injun* "Indian", *yeller*, *yaller* "Mulatte";
- Rhyming Slang / Wortspiele:
  box of glue "Jew", *Refujews* "German-Jewish refugees", *Chinky-Chinky-Chinaman*.

3. Schluß

Abschließend ergibt sich aus der kurzen sprachvergleichenden Analyse der wertenden EA, die an dieser Stelle nur durch eine limitierte Zahl repräsentativer Beispiele belegt werden kann[11], folgendes:

1. Wertende EA korrelieren mit sozialen Veränderungen in der Weise, daß sich das Lexeminventar als Resultat von Gruppensprachen und Sachstilen darstellt.
2. Besondere Bedeutung kommt den pragmalinguistischen Bedingungen wie der Sprecher-Hörer-Beziehung zu, im Rahmen derer verschiedene Auffassungen der Wirklichkeit erscheinen.
3. Spottnamen überwiegen gegenüber Depreziativa und selteneren, oft veralteten Appreziativa.
4. Einfache und durchsichtige Bildungsmuster herrschen vor.
5. Die Kreation wertender EA ist u.a. in den Soziolekten und Jargons wenig gebildeter Unterschichtgruppen anzunehmen, entsprechend einem Bedürfnis nach indirekter Selbstbestätigung.

Anmerkungen

1 S. Literaturverzeichnis. Nach der summarischen Arbeit von Roback (1979/1.A. 1944) und dem richtungsweisenden Aufsatz von Jaberg (1901ff.) soll die Problematik unter modernen linguistischen Aspekten wieder aufgegriffen werden.

2 Die lexikographische Darstellung der Lexeme weist in dieser Hinsicht erhebliche Mängel auf, insofern als vielfach Notierungen zum Stilniveau und zur Wertung fehlen oder widersprüchlich sind. Ebenso beklagenswert ist das häufige Fehlen von Datierungen.

3 Zu den Problemen der Stilniveaus und der Metaphern sei auf Nabrings (1981: 160ff.) und Radtke (1979: 228ff.) verwiesen.

4 Z.B. wertneutral *tigan* (1385), umgangsspr. *puradel* (1806) "Zigeunerkind", scherzh. *baragladina* (1846), iron. *danci* (1511) "Zigeunerknabe", kosend *piranda* (1881) "Dirnchen".

5 Allgemein *cataon* (1820), *loghiotat* (1837) (+) "Lehrer", *cochinte* (1863) "Landpächter", *parpalec* (1875) "Händler".

6 Die uneinheitliche Groß- und Kleinschreibung entspricht den Quellen.

7 *Itzig*; *Tailacher* "jüd. Kaufmann" (vor 1913); *Schickse* "Judenmädchen" ‹ jidd. *schekez* "Greuel" (18. Jh.), urspr. "Christenmädchen".

8 Z.B. *Judentücke*; *ein Lärm wie in der Judenschule.*

9 Bei den Beispielen aus der Soldatensprache wird man psychologisch ein Streben nach Verharmlosung des Kriegsgegners anzunehmen haben.

10 Im besetzten Gebiet zur Verwaltung landwirtschaftlicher Betriebe. Vgl. Küpper, s.v. *Kartoffelkäfer*.

11 Eine ausführlichere Darstellung wird an anderer Stelle erscheinen.

Literatur

Altimari, Francesco (im Druck): "Alcuni etnici di origine albanese nei dialetti della Calabria". - In: Birken-Silverman, Gabriele/Kotschi, Thomas/Rössler, Gerda (Hrsg.): Paradigmenwechsel in der Romanistik? Beiträge zur sprachlichen, literarischen und kulturellen Vielfalt in den Philologien. Festschrift für Rupprecht Rohr zum 70. Geburtstag, 173-178.

Berrey, Lester V./Van den Bark, Melvin (1942): The American Thesaurus of Slang with Supplement. A Complete Book of Colloquial Speech. - New York, 7.A. 1950.

Cortelazzo, Manlio/Cardinale, Ugo (1986): Dizionario di parole nuove. 1964-1984. - Torino.

Dauzat, Albert (1918): L'Argot de la Guerre. - Paris.

- (1946): Les Argots. - Paris.

Dittmar, Norbert (1975): Soziolinguistik. Exemplarische und kritische Darstellung ihrer Theorie, Empirie und Anwendung. - Frankfurt am Main.

Edouard, Robert (1979): Les 9300 Gros Mots. - Paris.

Fowler, Henry W./Fowler, F( ) G. (eds.) (1964): The Concise Oxford Dictionary of Current English. - Oxford, 5.A.

Galli de' Paratesi, Nora (1969): Le brutte parole. Semantica dell' eufemismo. - Milano.

Gebhardt, Heidemarie (1979): "Die Nachweisbarkeit von Vorurteilen in der Sprache. Untersuchungen zur Stereotypie am Beispiel spanischer Sprachlehrbücher". - In: Rössler, Gerda/Gebhardt, Heidemarie: Frieden und Vorurteil. Zwei linguistische Beiträge zu sozialwissenschaftlichen Schlüsselbegriffen (Frankfurt am Main) (= Mannheimer Studien zur Linguistik 2) 116-224.

Guiraud, Pierre (1956): L'Argot. - Paris (= Que sais-je? 700).

- (1975): Les gros mots. - Paris (= Que sais-je? 1597).

Halliday, Michael A. (1978): Language as social semiotic. The social interpretation of language and meaning. - London.

Jaberg, Karl (1901): "Pejorative Bedeutungsentwicklung im Französischen". - In: Zeitschrift für romanische Philologie 25, 561-601.

- (1903): "Pejorative Bedeutungsentwicklung im Französischen". - In: Zeitschrift für romanische Philologie 27, 25-71.

- (1905): "Pejorative Bedeutungsentwicklung im Französischen". - In: Zeitschrift für romanische Philologie 29, 57-71.

Küpper, Heinz (1963): Wörterbuch der deutschen Umgangssprache. - Hamburg.

Marcillac, Jean (1968): Dictionnaire Français-Argot. - Paris.

Miron, Paul (Hrsg.) (1985-89): H. Tiktin. Rumänisch-Deutsches Wörterbuch I-III. - Wiesbaden, 2.A. (überarb.u.erg.).

Nabrings, Kirsten (1981): Sprachliche Varietäten. - Tübingen (= Tübinger Beiträge zur Linguistik 147).

Oksaar, Els (1976): Berufsbezeichnungen im heutigen Deutsch. Soziosemantische Untersuchungen. Mit deutschen und schwedischen experimentellen Kontrastierungen. - Düsseldorf (= Sprache der Gegenwart. Schriften des Instituts für deutsche Sprache 25).

Quasthoff, Uta (1973): Soziales Vorurteil und Kommunikation - Eine sprachwissenschaftliche Analyse des Stereotyps. Ein interdisziplinärer Versuch im Bereich der Linguistik, Sozialwissenschaft und Psychologie. - Frankfurt am Main.

Radtke, Edgar (1979): Typologie des sexuell-erotischen Vokabulars des heutigen Italienisch. Studien zur Bestimmung der Wortfelder PROSTITUTA und MEMBRO VIRILE unter besonderer Berücksichtigung der übrigen romanischen Sprachen. - Tübingen (= Tübinger Beiträge zur Linguistik 136).

Roback, Abraham Aaron (1979): Dictionary of International Slurs (Ethnophaulisms). With a supplementary essay on Aspects of Ethnic Prejudice. - Cambridge/Mass. (= Maledicta Press Publications).

Rössler, Gerda (1979): "Konnotationen. Untersuchungen zum Problem der Mit- und Nebenbedeutung". - Wiesbaden: Steiner (= Zeitschrift für Dialektologie und Linguistik, Beiheft 29).

Sandry, Geo/Carrere, Marcel (1953): Dictionnaire de l'Argot Moderne. - Paris, 7.A. 1965.

Schippan, Thea (1972): Einführung in die Semasiologie. - Leipzig, 2.A. 1975.

Sodhi, Kripal Singh/Bergius, Rudolf (1953): Nationale Vorurteile. Eine sozialpsychologische Untersuchung an 881 Personen. - Berlin (= Forschungen zur Sozialpsychologie und Ethnologie 1).

Wundt, Wilhelm (1904-12): Völkerpsychologie. Eine Untersuchung der Entwicklungsgesetze von Sprache, Mythus und Sitte I, II. - Leipzig.

FUNKTIONALE ASPEKTE DER KONNOTATION UND SPRACHTABU
Vorschläge für eine prozessuale Beschreibung

Johannes Helmbrecht

I. Konnotation und Denotation

In der lexikalischen Semantik werden traditionell die Begriffe Konnotation und Denotation einander gegenübergestellt. Trotz der verschiedenen Definitionen und Bedeutungen dieser Begriffe, je nach theoretischem Kontext, finden sich in den gängigen sprachwissenschaftlichen Nachschlagewerken folgende übereinstimmende Explikationen. Danach bezeichnet Denotation die kontext- und situationsunabhängige, konstante begriffliche Grundbedeutung eines sprachlichen Ausdrucks.[1] Bei vielen Autoren wird Denotation auch im Sinne von Referenz oder extensionaler Bezugnahme auf Gegenstände oder Sachverhalte in der Welt verwendet.

Demgegenüber steht die Konnotation. Sie wird kumulativ durch Aufzählungen definiert als die individuellen, emotiven, stilistischen, regionalen, affektiven, sozialen oder assoziativen Bedeutungskomponenten eines sprachlichen Ausdrucks, die den festen begrifflichen Gehalt des Ausdrucks überlagern oder erweitern. Die konnotative Bedeutung ist akzidentell und orts-, zeit- und sprecherabhängig.[2] Beide Begriffe werden häufig durch einfache Beispielnomina illustriert, und zwar a) aus semasiologischer Perspektive: das Substantiv *Nacht* denotiert den Zeitraum von "Sonnenuntergang bis zum nächsten Sonnenaufgang" und hat Konnotationen wie "romantisch", "Mond", "Stille", "Angst" etc. (vgl. Abraham 1988: 141, Bußmann 1983: 86 u.a.); und b) aus onomasiologischer Perspektive: beinahe Synonyme wie "Gaul", "Roß", "Klepper", "Pferd" denotieren in etwa das gleiche Tier, weisen aber konnotative Unterschiede auf.

Anhand einer Anzahl ausgewählter Beispiele aus einem Textkorpus soll gezeigt werden, wie Konnotation und Denotation bei der Produktion von Äußerungen ineinandergreifen, und daß die Beschränkung der Anwendung der Begriffe auf isolierte lexikalische Einheiten, wie die oben referierten Beispiele es suggerieren, die Dynamik ignoriert, die durch das Zusammenspiel von semantischer Struktur und morphosyntaktischer Mittel im aktuellen Kontext erzeugt wird. Die Beispiele werden auf dem Hintergrund der Bedeutungskonzeption, die die kognitive Linguistik entwickelt hat, beschrieben und interpretiert. Dabei spielt die Prototypentheorie als Herzstück einer funktional-kognitiven Linguistik eine zentrale Rolle.

II. Kognitive Semantik

Die Prototypentheorie ist das Kernstück der sich etablierenden kognitiven Linguistik. Sie ist eine originär psychologische Theorie, die die universelle Struktur des menschlichen Kategorisierens beschreibt. Lexikalische Einheiten werden danach gefaßt als Konzepte mit prototypischen Struktureigenschaften; d.h. sie enthalten einen relativ klaren konzeptuellen Kern und mehr oder weniger große und vage Peripherien. Sie sind polyseme Cluster sich überlappender semantischer Nuancen. Ihre Bedeutung läßt sich nicht durch eine Durchschnittsmenge semantischer Kriterien darstellen. Die Merkmale oder Attribute eines lexikalischen Konzepts haben unterschiedliches Gewicht für die Konzeptualisierung von Gegenständen oder Sachverhalten. Die Tatsache, daß die Bewertung über die Zugehörigkeit eines Gegenstandes oder Sachverhaltes zu einer Kategorie sich nach dem Prinzip der Ähnlichkeit und nicht nach Identität vollzieht, verleiht kognitiven Kategorien eine hohe Flexibilität. Sie werden dadurch auch auf völlig neue Objekte und Sachverhalte, die von den bisherigen Erfahrungen abweichen, anwendbar, und bilden so das zentrale Instrument für die Gewinnung neuer Erfahrung. Lexikalische Konzepte haben die dynamische Fähigkeit, auf wechselnde Bedingungen und Ausdrucksbedürfnisse zu reagieren, zugleich haben sie die Tendenz, sich selbst als Gestalten oder holistische Entitäten durchzuhalten (vgl. Geeraerts 1988: 223).

Die dieser Konzeption inhärente Dynamik läßt sich am einfachsten durch das schematische Bild einer Amöbe illustrieren (vgl. Abbildung). Die Amöbe weist einen Kern in der Mitte auf und mehrere Arme, die die Peripherie darstellen. Lexikalische Konzepte können nun sowohl in ihrer prototypischen Bedeutung gebraucht werden, als auch in einer mehr oder weniger peripheren. Der prototypische oder kernige Gebrauch eines Konzepts ist in der Regel der hochfrequente und unmarkierte. Der Gebrauch eines Konzepts in eher peripherer Bedeutung ist tendenziell seltener und mehr oder weniger markiert. Dieser synchronen Dynamik kann innerhalb dieser Konzeption eine diachrone Dynamik an die Seite gestellt werden. Durch Spannungen zwischen Kern und Peripherie kann sich der konzeptuelle Kern umgestalten, verschieben oder in die Peripherie abdriften (vgl. Geeraerts 1983/1988).

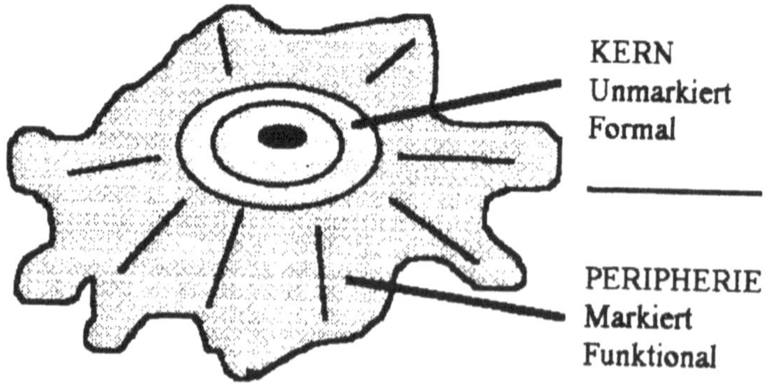

Die kognitive Konzeption der Semantik lexikalischer Einheiten führt konsequenterweise zu einem enzyklopädischen Bedeutungsbegriff.[3] Es wird kein grundsätzlicher Unterschied mehr gemacht zwischen lexikalischer Bedeutung und extralinguistischem Wissen. Wenn die Bedeutung sprachlicher Ausdrücke auf die Konzeptualisierung von Gegenständen und Sachverhalten reduziert wird, dann kann das Wissen, das mit dem lexikalischen Konzept verbunden ist, nur noch nach dem Parameter mehr oder weniger zentral bzw. konventionalisiert abgestuft werden. Die zentralsten Wissens- bzw. Erfahrungskomponenten machen den Bedeutungskern aus (vgl. Langacker 1988: 58). Die kognitive Semantik ist für sich genommen einseitig, weil sie ihren Blick fast ausschließlich auf die Konzeptualisierung von Entitäten und den Ausdruck von Inhalten richtet. Sie beschränkt sich auf die kognitive Funktion von Sprache. Es kann aber in bestimmten Kontexten durchaus funktional sein, gerade nicht den "normalen" Ausdruck für einen Sachverhalt zu gebrauchen, sondern nach anderen Ausdrucksmöglichkeiten zu suchen. Der aus kognitiven Gründen zu erwartende Ausdruck kann durch Ausdrücke ersetzt werden, die keineswegs kognitiv effizienter sind. Dies ist, wie gezeigt werden soll, der Fall, wenn die auszudrückenden Sachverhalte durch Sexualtabus belastet sind. Die kognitive Semantik muß daher eingebettet werden in den weiteren Rahmen eines funktional-pragmatischen Ansatzes. Die kognitive Funktion der Sprache ist eine zentrale, aber nicht die alleinige.

III. Das Material

Die Sprachbeispiele, an denen einige Wirkungen des Tabuprinzips illustriert werden sollen, stammen aus einem Textkorpus, dem eine vom WDR live ausgestrahlte Diskussionssendung zugrunde liegt. Es handelt sich um die Radiosendung "Hallo Ü-wagen" mit dem Titel "Und sie erkannten einander - Erinnerungen an das erste Mal". Thema der Gespräche und Diskussionen ist, wie versteckt im Titel der Sendung anklingt, der erste Geschlechtsverkehr. Geladene Gäste und Leute von der Straße berichten, wie sie persönlich den ersten Geschlechtsverkehr erlebt haben, und diskutieren die damit verbundenen Probleme. Die Sendung ist ein öffentlicher Diskurs über ein tabuisiertes Thema. Es wird durchweg die standardsprachliche Variante des Deutschen verwendet. Bezüglich einer Klassifizierung nach Textsorte ist sie zwischen Interview und gelenkter Diskussion einzuordnen.

IV. Tabustrategien und Techniken

Die Wirksamkeit der Sexualtabus auf die Sprache bzw. das Sprechen über Sexualität ist eine Alltagserfahrung. Sie äußert sich in der Schwierigkeit, Sexuelles anzusprechen oder zu thematisieren, als auch in der Schwierigkeit, konkret und explizit über Sexuelles zu sprechen. Die Versuche der Sprecher/innen, die Sprachtabus zu überwinden, aufzuheben oder zu ignorieren, führen in schöner Regelmäßigkeit zu ihrer Bestätigung. In den Äußerungen der Sprecher/innen lassen sich grob dreierlei Strategien erkennen, eine zu enge sprachliche Berührung mit den tabuisierten Handlungen und Sachverhalten zu vermeiden:

1. Die Sprecher/innen verschleiern die sexuelle Handlung, indem sie eine explizite Abbildung, einen expliziten Ausdruck vermeiden. Dies wird erreicht durch die z.T. stark periphere Verwendung sprachlicher Ausdrücke.
2. Die Sprecher/innen blenden, wenn möglich, die an einer sexuellen Handlung beteiligten Akteure aus, und zwar besonders, wenn sie selbst an den berichteten Ereignissen beteiligt sind. Als Technik dafür dienen die verschiedenen Arten der Valenzreduktion.
3. Die Sprecher/innen schaffen zwischen sich und dem referierten oder prädizierten sexuellen Sachverhalt eine Distanz. Dies wird erreicht durch deiktische und intonatorische Mittel.

Zu den Techniken:

IV.1. Semantisch peripherer Gebrauch von Prädikaten

Einige Verwendungen des Prädikats *streicheln*, der prototypische Kern:

Paraphrasen	Semantische Primitive
x berührt y mit der Hand	TOUCH (x,y)
x bewegt seine Hand mehrmals	CAUSE (x)(MOVE (z))
x drückt Sympathie aus	SAY (x,w)

$$(\mathrm{STREICHELN}_{V(+\mathrm{iterativ})}(x_1{:}\mathrm{hum}(x_1))_{AG}(x_2{:}\mathrm{anim}(x_2))_{GO})$$

Der prototypische Kern von *streicheln* läßt sich zum einen durch Paraphrasen beschreiben, die die zentralen Bedeutungskomponenten des Konzepts wiedergeben, zum anderen durch einen Prädikatsrahmen, der die Aktantenstruktur des Prädikats wiedergibt. Der an der Prädikatenlogik orientierte Formalismus, der dafür verwendet wird, ist von S.C. Dik (1978) im Rahmen seiner "Funktionalen Grammatik" entwickelt worden. Damit verbunden ist die Position, daß sämtliche Inhaltswörter des Lexikons als Prädikate zu behandeln sind. Ergänzend zu Paraphrase und Prädikatsrahmen werden die potentiell primitiven Konzepte angegeben, die Bestandteil des lexikalische Konzepts sind. Der prototypische Gebrauch von *streicheln* läßt sich durch Ausdrücke wie

1. jemandes Gesicht, Hand s t r e i c h e l n; zärtlich über jemandes Haar s t r e i c h e l n; das Fell des Tieres s t r e i c h e l n (Wahrig 1980)

illustrieren. In den folgenden Beispielen wird *streicheln* in eher peripherer Bedeutung als *sexuelle Stimulation* verwendet:

2. Sprecherin 10: "Also, er hat eben auch gesagt äh, daß es heute viel angenehmer is und viel schöner is, wenn man nich nur, also, diesen diesen einsamen Akt, sondern sich vorher s t r e i c h e l t und küßt und was weiß ich nich alles ... "
3. Sprecherin 7: "Mir ist es aber wichtig, daß ich wirklich das nochmal betone, daß wenn ma anfängt, ja, wirklich sich zu s t r e i c h e l n, sich zu küssen, daß ma dann einfach unsicher ist, und daß ma dann auch Angst . haben darf ...".

Dabei werden einige der prototypischen Bedeutungskomponenten in den Hintergrund gedrängt oder nur schwach aktiviert: z.B. die diminutive Komponente und das Ausdrücken der Zuneigung. Dagegen findet ein Foregrounding des Wissens um das Resultat, das die Handlung *streicheln* haben kann, statt. Die periphere Bedeutung ist für den Hörer aus dem Kontext zu erschließen. Er kann nicht von vornherein wissen, wie ein Prädikat gebraucht wird, er muß den Konzeptualisierungspfad des Sprechers nachgehen, um die Äußerung verstehen zu können. Die Voraussetzung dafür ist, daß der Hörer über Wissen und Erfahrung bezüglich Sexualität verfügt, das bis zu einem gewissen Grad konventionalisiert ist. Zentral für die Inferenz auf die periphere Bedeutung in Äußerung 2 ist das Temporaladverb *vorher*, das die Handlung *streicheln* einem Handlungskontext Geschlechtsverkehr vorordnet. Der zweite wichtige Hinweis für eine periphere Interpretation ist die Reflexivierung von *streicheln*, wodurch die Handlung reziprok wird, der dritte Hinweis die Serialisierung oder Koordinierung mit *küssen*. Durch das Temporaladverb, die Reflexivierung und die Serialisierung setzt die Sprecherin dem Hörer quasi Pfeile für dessen Konzeptualisierungspfad. Diese Pfeile lassen sich als kognitive Instruktionen folgendermaßen übersetzen: Interpretiere prototypisches *streicheln* als reziproke und damit dynamischere Handlung. Betrachte es mit anderen Handlungen wie *küssen* als Handlung, die vor dem Geschlechtsverkehr stattfindet, und erinnere dich, was für eine Art *streicheln* das sein kann. Die periphere Bedeutung von *streicheln* ist genauso beschreibbar wie der Prototyp:

Paraphrase	Semantische Primitive
x berührt y mit/am ganzen Körper	TOUCH (x,y)
x stimuliert y sexuell	CAUSE (x)(BECOME (p))

$$((\mathrm{STREICHELN}+\mathrm{REFL})_{V(+\mathrm{iterativ},\,+\mathrm{reziprok})}{}^{(2x_1:\mathrm{hum,mat},\,+/\text{-}\mathrm{female}(x_1))_{AG})}$$

Diese Skizze des Verstehensprozesses am Beispiel von peripherem *streicheln* ist natürlich allzu vereinfachend und unzureichend. Worauf es jedoch ankommt ist festzustellen, daß die periphere Verwendung von *streicheln* im Kontext besonders markiert werden muß und zugleich besonderen kognitiven Aufwand erfordert. Der linguistische und kognitive Aufwand wäre notwendig und gerechtfertigt, wenn es keinerlei alternative Ausdrucksmöglichkeiten gäbe. Es wäre ein weiterer Beleg für die Flexibilität der Sprache als kognitives Instrument. In der Standardsprache, und sie ist es, die durch die Tabuisierung besonders betroffen ist, gibt es aber mindestens den Ausdruck *Petting*, der "sexuell erregende körperliche Berührungen aller Art mit Ausnahme des Geschlechtsaktes selbst" (Wahrig 1980) bezeichnet. *Petting* drückt also prototypisch aus, was *streicheln* nur peripher ausdrücken kann, deutlich z.B. in der metasprachlichen Äußerung von Sprecher 5:

4. ... und ich hab nicht gesagt, ich will nur nur vögeln, sondern ich hab gesagt, daß man die Dinge beim Namen nennen soll, ich hab ja auch von streicheln gesprochen, ne. man kann auch Petting sagen und und und ...

Daß die Sprecherinnen in den zitierten Kontexten 2 u. 3 trotzdem *streicheln* verwenden, widerspricht dem Effizienz- oder Ökonomieprinzip der Sprache (Zipfsche Gesetz, vgl. auch Geeraerts 1988) und muß hier durch das Tabuprinzip "Vermeide eine explizite, prototypische Abbildung der sexuellen Handlung" erklärt werden.

Was hier ausführlich für *streicheln* skizziert wurde, gilt in gleicher Weise auch für die Verwendung lexikalischer Konzepte wie *lieben* oder *schlafen*. Wenn die Handlung "Geschlechtsverkehr" verbal prädiziert wird, was in dem Korpus vergleichsweise selten vorkommt, dann werden vorzugsweise diese beiden Konzepte in ihrer peripheren Bedeutung verwendet. Für beide Konzepte gilt, daß sie, wenn sie peripher gebraucht werden, im Kontext besonders markiert werden. Zweck der peripheren Verwendung ist es, den Gebrauch alternativer Konzepte wie *vögeln* u.a. zu vermeiden, die die gleiche Handlung prototypisch abbilden. *Vögeln* ist, obwohl es eine sehr alte Bildung ist, die schon für das Mhd. belegt ist, durch seine metaphorischen Ursprünge zusätzlich belastet. Charakteristisch für die periphere Verwendung der genannten lexikalischen Konzepte ist die inferentielle Erhöhung der Kontrolle des Agensaktanten. Besonders krass ist das Verhältnis bei dem Konzept *schlafen*, wo aus dem prototypisch intransitiven Patiens, der gerade durch Nicht-Aktivität und Nicht-Kontrolle bestimmt ist, in der peripheren Verwendung ein quasitransitiver Agens wird: das hohe Maß an Kontrolle, der wahre Eingriffsgrad der Partizipanten soll/darf nicht prototypisch abgebildet werden.

IV.2. Präferenz für Nomina

Unter diesem Titel ist ein ganzes Bündel von Techniken zu verstehen, die alle etwas mit der Kategorie Nomen und deren Eigenschaften zu tun haben. Wie oben angedeutet gibt es eine Tendenz, die verbale Prädikation sexueller Handlungen zu vermeiden. Wie stark diese Tendenz ist, ist sehr gut am Beispiel 2 zu erkennen. Die Sprecherin ersetzt den syntaktisch zu erwartenden verbalen Ausdruck durch den definiten nominalen Ausdruck *diesen diesen einsamen Akt*, der referentielle Funktion hat. Durch die Referenz schafft die Sprecherin eine Distanz zwischen sich und der tabubelasteten Handlung. Referenz ist ein u.a. deiktischer Akt. Eine Entität wird aus dem Kontinuum der Erscheinungen isoliert; auf diese Entität wird gezeigt, wobei vorausgesetzt ist, daß zwischen Sprecherorigo und Entität ein Zwischenraum existiert. In dem Beispiel wird die Distanz durch die Verwendung der Demonstrativa noch verstärkt. Die Reduplikation des Demonstrativpronomens ist als ikonische Bildung zu interpretieren, die eine Intensivierung bzw. Vermehrung der deiktischen Distanz anzeigt, und sie mit einer pejorativen Wertung verbindet.

Eine verbale Prädikation tabuisierter Handlungen wird vermieden, weil die Handlung auf diese Weise zu plastisch und unmittelbar in ihren Stadien abgebildet wird. Da in dem Diskurs schon aus thematischen Gründen, vor allem aber in den narrativen Passagen häufig die Notwendigkeit entsteht, sexuelle Handlungen oder Sachverhalte zu prädizieren, verwenden die Sprecher/innen dafür in den meisten Fällen Funktionsverbgefüge: z.B. *Geschlechtsverkehr machen, (- haben, - vollziehen), Zärtlichkeiten austauschen, in einer Beziehung stehen, Petting machen,* bis hin zu *ehelichen Kontakt pflegen.* Dazu die Äußerung von Sprecher 6:

5. Also, wir haben noch ne Weile/ wir sind noch ne Weile zusammengeblieben, haben natürlich auch . weiterhin . Z ä r t l i c h k e i t e n a u s g e t a u s c h t, auch n bißchen G e s c h l e c h t s v e r k e h r, aber ...

Meistens werden die nominalen Prädikate, die den Sachverhalt abbilden, durch verschiedene Formen nicht-referenzidentisch pronominalisiert: vgl. Sprecherin 10

6. ... dann ähm/ wie gesagt, heute bin ich diejenige, die n Zimmer suchen muß, um d a s zu machen. Denn die Neubauten und so, die sind ja so gebaut, daß Sie d a s gar nicht mehr tun können, wenn Kinder da sind.

Das wesentliche der Funktionsverbgefüge ist die formale Dislozierung der Abbildungsfunktion und der Prädikationsfunktion. Das nominale Prädikat mit einer reduzierten Valenz bezeichnet die Handlung und ist der konzeptuelle Kern, das semantisch leere Funktionsverb expandiert die Valenz des Ausdrucks und zeigt als Träger der Flexion die prädikative Funktion an. Der Gebrauch dieser Konstruktionen erlaubt es den Sprecher/innen, die sexuellen Sachverhalte nominal abzubilden. Die nominale Abbildung hat den Effekt, daß die Handlung als abgegrenzte kompakte Entität schematisiert wird (vgl. Langacker 1987: 90f.); die Semantik der Prädikate wird insgesamz abstrakter. Es ist intuitiv klar, daß es sich auf dem Hintergrund des Tabuprinzips um einen beabsichtigten Effekt handelt. Diachron gesehen hat die tabubedingte Präferenz für Nomina zu einer einseitigen Verarmung des Lexikons geführt. Es gibt in der Standardsprache keine echten verbalen Äquivalente für Ausdrücke wie *Petting machen, Höhepunkt erleben*, oder *Orgasmus haben*. Zusätzlich greift hier noch die Tendenz des bevorzugten Gebrauchs von Lehnwörtern.

Anmerkungen

1 vgl. Abraham 1988: 141, Bußmann 1983: 86, Lewandowski, 4.A. 1985: 134f., Lyons 1980: 219; Allan (1986: 68) verwendet den Terminus *Sense* für das, was hier als Denotation bezeichnet wird.

2 vgl. Abraham 1988: 141, Allan 1986: 194, Bußmann 1983: 261, Lewandowski, 4.A. 1985: 134f., Lyons 1980: 64f.

3 vgl. Geeraerts 1988, Lakoff 1977/1987, Langacker 1988: 50.

Literatur

Abraham, Werner (1988): Terminologie zur neueren Linguistik. - Tübingen: Niemeyer.

Allan, Keith (1986): Linguistic Meaning. - London: Routledge.

Bußmann, Hadumod (1983): Lexikon der Sprachwissenschaft. - Stuttgart: Kröner.

Dik, Simon C. (1978): Functional Grammar. - Amsterdam: North-Holland.

Geeraerts, Dirk (1983): "Prototype Theory and Diachronic Semantics. A Case Study". - In: Indogermanische Forschungen 88, 1-32.

Geeraerts, Dirk (1988): "Where does Prototypicality come from?" - In: Rudzka-Ostyn, Barbara (ed.): Topics in Cognitive Linguistics (Amsterdam: Benjamins) 207-229.

Lakoff, Georg (1977): "Linguistic Gestalts" - In: 13th Annual Meeting of the Chicago Linguistic Society CLS 13, 236-287.

Lakoff, Georg (1987): Woman, Fire, and Dangerous Things: What Categories Reveal about the Mind. - Chicago: C.U.P.

Langacker, Ronald W. (1987): "Nouns and Verbs". - In: Language 63, 53-94.

- (1988): "A View of Linguistic Semantics". - In: Rudzka-Ostyn, Barbara (ed.): Topics in Cognitive Linguistics (Amsterdam: Benjamins) 49-90.

Lewandowski, Theodor (1973): Linguistisches Wörterbuch III. - Heidelberg: Quelle und Meyer, 4.A. 1985.

Lyons, John (1980): Semantik. - München: Beck.

Wahrig, Günter et al. (1980): Brockhaus Wahrig - Deutsches Wörterbuch. - Wiesbaden: DVA.

4. SPRACHGESCHICHTE

TOPOLOGIE DER SPANNSÄTZE / NEBENSÄTZE (NS) DER ALTHOCHDEUTSCHEN TATIANÜBERSETZUNG

Arne Dittmer

Was hier vorgelegt wird, ist ein Bericht über ein Teilproblem des Projekts, das ich zusammen mit Professor Ernst Dittmer, Universität Aarhus, DK, bearbeite.

Wir hoffen, 1991 das Projekt zu Ende bringen zu können. Den "Tatian" haben wir gewählt, weil das Werk so alt und umfangreich ist und auch weil es eine explizite lateinische Vorlage gibt, die mit dem ahd. Text unmittelbar vergleichbar ist.[1] Der "Tatian"[2] ist eine Übersetzung, manchmal interlinear, wobei das Ergebnis deutsch oder undeutsch anmutet, z.B.:

[135,2] ..., thaz gidiurisot si ther gotes sun thurah sia
..., ut glorificetur filius dei per eam.

Solche interlinearen Stellen haben für unser Projekt keine Beweiskraft, auch nicht, wenn das Resultat deutsch klingt. Manchmal ist das Ergebnis topologisch vom Lateinischen abweichend, aber immer in Richtung auf das Deutsche:

[133,12] Soso mih min fater uueiz, so ...
sicut novit me pater, ...

oder aber auf die Weise vom Lateinischen abweichend, daß neue Wörter hinzugefügt werden; auch dieser Fall ist zentral, weil hier eine deutsche Struktur an den Tag tritt:

[124,6] ..., thaz her iz fon in quad
..., quod de ipsis diceret.

Manchmal ist das Resultat ein originaler deutscher Satz, wo das Lat. keinen Satz, also eine ganz andere Konstruktion aufweist:

[110,3] Thanne ist thir tiurida fora then thie mit thir
samant sizzent
Tunc erit tibi gloria coram simul discumbentibus.

Solche Neuschöpfungen sind sehr wichtig, weil eben keine Nachahmung vorliegt. Neben den Originalsätzen sind prinzipiell wichtig und schwerwiegend nie vorkommende Änderungen:

[110,4] min odo sie thih abur uuidarladon
ne forte et ipsi te reinvitent.

Nie wird (im NS) ein im Lat. links vom Finitum stehendes Personalpronomen (als Subjekt oder Objekt) im Deutschen statt dessen rechts vom Finitum gestellt.

NS-Kriterien (wobei NS für "eingeleitete Nebensätze" benutzt wird). Es gibt keine 1:1 Entsprechung zwischen Lat. und Dt. in bezug darauf, daß, wenn ein lat. NS vorliegt, auch ein dt. NS vorhanden ist - oder umgekehrt. Ahd. NS haben ein subjungierendes Element, ein Subjunktional als Einleitung - entweder eine Subjunktion, wobei zu bemerken ist, daß dasselbe Morphem syntaktisch zwei Rollen spielen kann, z.B. (*bithiu*) *huuanta* (= "weil" oder "denn"), oder aber ein relatives/interrogatives Pronomen/Adverb. Auch hier gibt es Zweifelsfälle: so kann ahd. *ther* u.U. sowohl relativ als auch demonstrativ gedeutet werden, der Satz demnach als NS oder HS verstanden werden:

[107,1] Inti uuas sum arm betalari ginemnit Lazarus,
ther lag zi sinen turun, fol gisuueres, gerota sih ...

Andere NS-Kriterien sind z.B. der Modusgebrauch, syntaktische Funktion des Satzes als Satzglied oder Satzgliedteil oder die Existenz eines - voran- oder nachgestellten - Bezugswortes:

[231,1] habet ir hier uuaz thaz man ezzan megi
[106,3] forcoufi thiu thu habes
[109,3] odo nist mir arloubit thaz ih uuilla tuon
[133,2] inti ther mit thir sprihhit, er ist iz
[132,3] mih gilimphit uuirkan sinu uuerc, thie mih santa.

Wenn die Kombination *ther thar* vorliegt, handelt es sich - fast ausnahmslos - um Relativsätze. In dem folgenden Beispiel wäre auch eine Übersetzung der lat. lokativischen Präpositionalphrase *in illa* möglich:

[225,1] thiu thar gitan uuarun in thesen tagon
quae facta sunt in illa his diebus.

Wir haben alle - sicheren sowie unsicheren - ahd. NS mit Symbolen in ein Schema eingetragen, versehen mit Belegstelle und etwaigen Bemerkungen. Im folgenden werden besonders Subjunktions- und Relativsätze zur Debatte stehen.

Unser Schema besteht aus Feldern und Stellen, wie es in der Topologie gang und gäbe ist. Die ahd. - und nur die ahd. - NS werden eingetragen, aber so, daß topologische Übereinstimmungen und topologische Unterschiede in bezug auf das Lateinische unmittelbar ablesbar sind. Auf solche Weise wird das scheinbar triviale, aber kontrastiv doch wichtigste Prinzip erfüllt:

Nur Vergleichbares kann/darf verglichen werden.

Als erstes Feld erscheint das Verbindungsfeld mit einer Konjunktionalstelle und einer Subjunktionalstelle mit alternativen Möglichkeiten:

Verbindungsfeld des NS					
Konjunktional	Subjunktional (Alternativen)				
Konjunktion	Subjunktion	Pronomen (als Kern oder Attribut)		Adverb	
		interr.	relativ	interr.	relativ
(x)	x				
(x)		x			
x					

Interessant ist der letzte Fall, wo nur die Konjunktion da ist:

[128,8] Sama teta thie ambaht: mit thiu her uuas nah
thero steti inti gisah inan, furifuor.

Inti-Sätze als Fortsetzung von NS zeigen HS-Topologie-Tendenz. Die Tendenz, die nicht nur *inti*-Sätze betrifft, kann wie folgt formuliert werden:

Je umfangreicher ein Nebensatzgefüge wird, je öfter stellt sich am Ende des Gefüges Hauptsatz-Topologie ein.

Dieses Feld bildet in beiden Sprachen das Initialfeld des Nebensatzes.[3]

Nebensätze - in beiden Sprachen - müssen auch ein verbales Feld enthalten; dieses Feld besteht aus dem Finitum und eventuell aus anderen Prädikatsteilen.[4]

Eine Teiluntersuchung von rund 400 Relativsätzen[5] in bezug auf das Verbalfeld ergibt folgendes Resultat:

	Sätze	wie lat.	original	gegen lat.
Infinitum plus Finitum	32	28	4	Ø
Prädikativum - Finitum	38	28	7	3
Finitum plus Infinitum	14	7	7	Ø
Finitum - Prädikativum	13	11	Ø	2

Infinitum plus Finitum Pädikativum →	3 Beispiele (alle original)
Prädikativum plus Infinitum plus Finitum →	1 Beispiel (original)
Finitum plus Infinitum plus Prädikativum →	11 Beispiele (alle original)

Diese Untersuchung zeigt eigentlich keine Tendenzen in bezug auf die Folge der Elemente. Es herrscht aber ständig Kontaktstellung zwischen Finitum und Infinitum/Prädikativum in beiden Sprachen. Wo zwei Elemente zusammen erscheinen, haben von den 97 Beispielen die 70 dieselbe Folge wie im Nhd., 27 weichen vom Nhd. ab, 74 von 97 stimmen mit dem Lat. überein. Wo drei Elemente zusammen auftreten, habe ich nur ahd. Beispiele; bemerkenswert ist hier die Kontaktstellung in allen 15 Fällen zwischen Finitum und Infinitum - die beiden vertreten ja oft e i n e lateinische Verbform, z.B.

- qui vocatur Christus: ther ginemnit ist Christus.

Von den 6 Kombinationsmöglichkeiten der 3 Elemente sind nur 3 realisiert.

Es gibt noch zwei Felder, eins vor dem Verbalfeld und eins nach dem Verbalfeld. Da das Verbalfeld der NS immer ein Finitum enthält, könnte von einem präfiniten und einem postfiniten Feld gesprochen werden. Das präfinite Feld entspricht dem gängigen Terminus Zentralfeld oder Mittelfeld. Das postfinite Feld entspricht somit dem Nachfeld - cum grano salis, was die Besetzung betrifft - ich komme darauf zurück. Das präfinite Feld kann in ein Feld der levia, d.h. der leichten Glieder, vor allem Personalpronomen und Reflexivpronomen, aber auch der leichten Adverbien wie *tho*, und ein Feld der gravia, d.h. der schweren Glieder, geteilt werden. Das postfinite Feld der ahd. Nebensätze bei "Tatian" enthält im Prinzip nur gravia. Levia tauchen auch postfinit auf, aber selten und prinzipiell nur, wenn sie auch lat. postfinit stehen; d.h. ein lateinisches präfinites *leve* entspricht n i c h t einem ahd. postfiniten *leve*. Es gibt im Ahd. keine Umstellung der levia nach rechts, sondern nur den Weg nach links: lat. postfinite levia = ahd. präfinite levia.

Die Tendenz der Reihenfolge leuchtet ein: levia vor gravia. Die gravia verteilen sich über das präfinite und das postfinite Feld, vermutlich, was weiter zu untersuchen wäre, nach einem Gesetz wie gravia - graviora - gravissima. Unser Schema kann u.a. folgende Fragen beantworten:

- Sind die verschiedenen Elemente ahd. Neuschöpfungen?
- Wenn ja, wie werden sie gestellt?
- Wenn nein, d.h. wenn sie auch im Lat. vorhanden sind, wird weiter gefragt:
  1. stehen sie präfinit
     1. wie lat.?
     2. gegen lat.?
  2. stehen sie postfinit
     1. wie lat.?
     2. gegen lat.?

Unser Präfinitfeld sieht demnach wie folgt aus:

ahd. original (nur ahd. da)	ahd. umgestellt (lat. postfinit)	ahd. wie lat. (lat. auch präfinit)

Die levia werden durch kleine Buchstaben bezeichnet. Kleine Buchstaben wie "s" und "o" geben gleichzeitig die Funktion ("Subjekt von" und "Objekt von") an; ein kleines "a" gibt an, daß es sich um ein leichtes Adverb handelt, und zwar in der syntaktischen Rolle Adverbialglied; ein kleines "pp" bezeichnet eine leichte Präpositionalphrase, d.h. Präposition plus Personalpronomen/Reflexivpronomen als Regimen; große PPs bezeichnen schwere Präpositionalphrasen; bisher haben wir aber nicht feststellen können, ob es topologisch von Bedeutung ist, hier zwischen Adverbialfunktion und Objektfunktion zu unterscheiden.

Präpositionalphrasen; bisher haben wir aber nicht feststellen können, ob es topologisch von Bedeutung ist, hier zwischen Adverbialfunktion und Objektfunktion zu unterscheiden.

Nach dem Finitfeld mit dem finiten Verb und eventuellen anderen Prädikatsteilen folgt das Postfinitfeld: Substantive in der syntaktischen Rolle "S" und "O" dürfen ahd. durchaus postfinit stehen (vgl. weiter unten), was nhd. nur in Extremfällen der Fall ist. Deshalb benützen wir das Wort "Finitfeld" statt der semantisch problematischeren Bezeichnung "Schlußfeld" oder "Finalfeld".

Unser Postfinitfeld könnte wie das präfinite aussehen:

ahd. original	ahd. umgestellt	ahd. wie lat.

Es zeigt sich aber, daß deutsche Wörter postfinit n i c h t eingefügt werden und daß eine ahd. Umstellung nach rechts (im NS) ä u ß e r s t s e l t e n ist.

Die dritte Kolonne lat. postfinit = ahd. postfinit ist dagegen das Übliche: so bleibt z.B. das große "S" postfinit stehen (oder präfinit) wie im Lat. Umstellung des "S" ist ahd, nur nach links möglich, also lat. postfinites "S" = ahd. präfinites "S". Das "O" bleibt im Prinzip postfinit (oder präfinit) stehen. Somit wäre in unserem Schema im Postfinitfeld des NS eine Kolonne genug: "ahd. wie lat." Rechts vom Postfinitfeld wird die Belegstelle notiert. Ganz rechts stehen eventuelle Bemerkungen über Zweifelhaftes, Bemerkenswertes, die ganz seltenen Fälle o.ä.

Nach dieser Darstellung des Schemas konzentriere ich mich auf zwei Gruppen:

1. Nebensätze mit Subjunktion.
2. Relativsatze.

1. Nebensätze mit Subjunktion

Subjektlose Nebensätze sind in der ahd. Tatianübersetzung selten.

Einfügung des im Lateinischen oft fehlenden "s" (also des leichten Subjekts) - und nur ein solches darf im Lat. fehlen - ist im Ahd. Regel: nur in wenigen Fällen fehlt auch in unserem Text das leichte Subjekt. Wir zählen hier nur die Fälle, wo ein s u b s t i t u i e r - b a r e s Subjekt hätte da sein können, und nicht die Fälle mit unpersönlichen Verben oder mit subjektlosen Passivkonstruktionen. In der von mir untersuchten Hälfte (Kap. 106-244) habe ich nur neun Subjunktionssätze gefunden, wo das Subjekt fehlt und folglich aus dem vorangehenden Kontext (oder der Situation) geholt werden muß. Dabei gibt es folgende Möglichkeiten:

a. der Kontext ist o h n e enge syntaktische Verbindung mit dem Nebensatz, z.B.

[135,30] Thaz fon imo selbemo ni quad, oh mit diu her
uuas bisgof thes iares, uuizagota thaz *ther heilant*
sterbenti uuas furi thiota. Inti nalles ecrodo
furi thiota, oh thaz thiu gotes kind thiu thar
uuarun cispreitiu *gisamanoti* in ein.

b. der Kontext hat enge syntaktische Verbindung mit dem Nebensatz, entweder als übergeordneter Hauptsatz, z.B.

[107,3] Ih bitiu *thih*, fater, thaz inan *sentes* in hus mines fater

oder als übergeordneter Nebensatz, z.B.

[110,4] inti salig bist, uuanta *sie* ni habent, uuanan thir *gilonon*

oder als untergeordneter Nebensatz, z.B.

[147,7] uuahhet uuarlihho: ... min thanne *her* quimit sliumo, *finde* iuuuih slafenti.

Überhaupt ist die Kontaktstellung "Subjunktion-Finitfeld" unbeliebt - oder anders gesagt: leeres Präfinitfeld im ahd. Subjunktionssatz ist nicht beliebt.

Ein Präfinitfeld entsteht durch die geregelte Umstellung der levia ("s", "o", "a", "pp") oder durch Einfügung eines "s" oder durch Umstellung der übrigen levia und Einfügung des im Lat. fehlenden "s". Fest steht demnach folgendes:

- lat. levia erscheinen präfinit oder postfinit
- ahd. levia erscheinen präfinit
- ahd. "pp" (leichte Präpositionalphrasen) zeigen präfinite Tendenz.
- lat. gravia erscheinen präfinit oder postfinit (sicher nicht zufällig, denn die lat. Positionen sind zwar frei, nicht aber willkürlich oder zufällig.)
- ahd. gravia erscheinen präfinit, aber nach den levia, oder postfinit.

Ahd. Nebensätze zeigen somit präfinit ein wachsendes Gewicht: levia vor gravia, wobei "Gewicht" qualitativ und quantitativ, was gewiß zusammengehört, zu verstehen ist. Zu untersuchen wäre die Vermutung, daß wachsendes Gewicht auch zwischen den präfiniten gravia und den postfiniten gravia besteht und ebenso wachsendes Gewicht zwischen den postfiniten gravia an sich.

Die Unbeliebtheit der Kontaktstellung zwischen Subjunktion und Finitfeld läßt sich mit folgenden Zahlen belegen: von den rd. 610 Subjunktionssätzen der Kapitel 106-244 haben etwa 42%, 250 Sätze, besetztes Präfinitfeld wie im Lat.; in diesem Fall wird keine Änderung vorgenommen, was auch ein Zeichen für genuines Deutsch ist. In 313 Sätzen = etwa 50% ist die lat. Kontaktstellung gebrochen worden, besonders durch ahd. Einfügung des "s" oder durch Umstellung anderer Glieder, die im Lat postfinit stehen, oder durch beides, Einfügung und Umstellung. Nur etwa 8%, 47 Sätze, haben leeres Präfinitfeld u n d postfinites Subjekt wie im Lat. Es kommt im Prinzip n i c h t vor, daß ein lateinisches präfinites Feld geräumt wird, so daß eine ahd. Kontaktstellung zwischen Subjunktion und Finitfeld entsteht.

Die Besetzung des präfiniten Feldes ist ahd. bevorzugt, so aber verhält es sich nicht im Lateinischen.

2. Relativsätze

Relativsätze treten mit oder ohne *thar* auf. All diejenigen mit *thar* zählen wir als Relativsätze. Hier kommen verschiedene Möglichkeiten vor: *ther* hat im Obersatz, d.h. im Matrixsatz in bezug auf den *ther*-Satz, ein Korrelat und hat im eigenen Satz Kasus gemäß Funktion. Oder *ther* steht ohne eine explizite Korrelat-Größe im Obersatz sozusagen apokoinu als Demonstrativum im Obersatz und als Relativum im Nebensatz: *ther* hat dann Kasus gemäß Funktion im NS, wobei der Obersatz denselben oder einen anderen Kasus verlangt; oder aber *ther* hat den nur im Obersatz verlangten Kasus:

[188,2] Zuogiengun tho thie thar stuontun inti quadun Petro ...
[229,3] Inti sie sagetun thiu dar gitaniu uuarun
[188,1] Abur gisah in ander thiu, inti quad then dar umbistuontun.

Im letzten Fall wäre zu überlegen - und wohl kaum zu entscheiden -, ob *ther* die Rolle eines demonstrativen Korrelats im Obersatz spielt und *thar* ohne Rücksicht auf Satzgliedfunktion allein Funktion als relativierendes Element innehat.[6]

Bei den Sätzen mit *ther* ohne *thar* müssen weitere - nicht-topologische Kriterien entscheiden, ob Hauptsatz oder Relativsatz vorliegt. Davon war schon weiter oben die Rede.

Bei der Untersuchung der topologischen Verhältnisse - und dies ist ja unser Hauptthema - unterscheiden wir in bezug auf die Relativsätze

- *ther* im Nominativ plus/minus *thar*

und

- *ther* im Nicht-Nominativ plus/minus *thar*.

Bei den Nominativsätzen der von mir untersuchten Hälfte (Kap. 1o6-244) stellt sich heraus:

- in 65	Fällen	bleibt das Präfinitfeld besetzt	- wie im Lat.
- in 56	-	wird das Präfinitfeld besetzt	- gegen Lat.
- in 183	-	bleibt das Präfinitfeld leer	- wie im Lat.

von diesen 183 stehen 140 mit *thar*, 43 ohne *thar*.

Es zeigt sich hier noch einmal, daß eine ahd. Räumung des lat. Präfinitfeldes, also eine Umstrukturierung "besetztes lat. Präfinitfeld/geräumtes ahd. Präfinitfeld, dafür besetztes ahd. Postfinitfeld" nicht vorkommt.

Ein leeres Präfinitfeld gibt es - im Normalfall - nur, wenn es im Lateinischen auch ein solches gibt: 183 Fälle. In diesem Falle könnte eine Verwechslung mit einem Hauptsatz entstehen. Dem wird aber in 140 Fällen durch ein *thar* vorgebeugt.

Übrig bleiben 43 Fälle mit leerem Präfinitfeld und ohne *thar*. In einigen Fällen entscheiden hier nicht-topologische Kriterien, ob Hauptsatz oder Nebensatz vorliegt. In einigen Fällen ist die Entscheidung Hauptsatz/Nebensatz nicht möglich - und offensichtlich auch nicht so sehr wichtig.

Ein topologisches Problem bleibt bestehen: Steht in der Verbindung *ther thar* das *thar* im Subjunktionalfeld oder im Präfinitfeld?

Wenn wir uns für *thar* im Präfinitfeld entscheiden, haben alle *ther-thar*-Sätze ein Präfinitfeld - wie die meisten Subjunktionssätze auch. Oft schafft *thar* ein Präfinitfeld, oft erweitert es das Präfinitfeld, das schon im Lat. da war, oder das durch Umstellung besonders der lateinischen levia entsteht.

Wenn wir uns für *thar* als Teil des Subjunktionals, also als Teil des Verbindungsfeldes entscheiden, müssen wir erkennen, daß $ther_{nom}$ + *thar*-Sätze ein leeres Präfinitfeld erlauben. Aber: e i n Satzglied, und zwar das Subjekt, taucht v o r dem Finitum auf. Auch bei den Subjunktionssätzen taucht im Prinzip (mindestens) e i n Satzglied, vor allem das Subjekt, vor dem Finitum auf.[7]

Bei den Relativsätzen mit *ther* im Nicht-Nominativ plus/minus *thar* ändert sich das Bild. In den 127 Fällen der von mir untersuchten Hälfte verteilen sich die Möglichkeiten wie folgt:

- in 32 Fällen bleibt das Präfinitfeld besetzt - wie im Lat.
- in 80 Fällen wird das Präfinitfeld besetzt - gegen Lat.
- in 15 Fällen bleibt das Präfinitfeld leer wie im Lat.

Von den 32 Fällen stehen 3 plus *thar*, 29 ohne *thar*, von den 80 Fällen, wo das Präfinitfeld besetzt wird, stehen die 75 ohne *thar*. Von den 15 Fällen mit leerem Präfinitfeld sind 8 mit, 7 ohne *thar*. In den 80 Fällen entsteht das präfinite Feld durch Hinzufügung eines "s". Die Tendenz leuchtet ein:

1. Im Ahd. entsteht ein Präfinitfeld/wird ein Präfinitfeld vergrößert
   1. durch Einfügung eines "s",
   2. durch Umstellung der postfiniten lateinischen levia,
   3. weniger durch Umstellung der postfiniten lat. gravia.
2. Im Ahd. wird das schon im Lat. vorhandene Präfinitfeld bewahrt, d.h. im Ahd. findet im Nebensatz keine Rechtsumstellung statt.

Das Ergebnis der Untersuchung der Relativsätze (Kap. 1o6-244) kann folgendermaßen schematisch dargestellt werden:

431 relative *ther*-Sätze	*ther* (Nominativ)		*ther* (Nicht-Nominativ)	
	plus *thar*	minus *thar*	plus *thar*	minus *thar*
Präfinitfeld besetzt wie Lat.	33	32	3	29
Präfinitfeld gegen Lat.	21	35	5	75
Präfinitfeld leer wie Lat.	140	43	8	7

Abschließend folgt hier, schematisch dargestellt, eine Antwort auf die Frage, ob/wie oft die gravia, "S" und "0", postfinit oder präfinit stehen bleiben und ob/wie oft sie umgestellt werden, d.h. ahd. anders stehen als lat.

(Kap. 106-244)

Subjekt grave	lat. präfinit	lat. postfinit
ahd. präfinit ahd. postfinit	116 1	35 95
Objekt grave	lat. präfinit	lat. postfinit
ahd. präfinit ahd. postfinit	89 4	6 156

Überwiegend herrscht status quo. Umstellung findet nur nach links statt. Das Präfinitfeld ist ahd. ein starkes Zentralfeld. Bei den "S" ist die Umstellung nach links zahlreich im Verhältnis zu den "0", wo es fast keine Umstellung gibt.

Die überwiegende Beibehaltung der postfiniten und der präfiniten "S" und "0", also der Umstand, daß hier überwiegend k e i n e Änderung vorgenommen wird, spricht dafür, daß die Stellung der gravia, genauer der valenzbedingten gravia in beiden Feldern genuines Althochdeutsch ist - im Gegensatz zum Neuhochdeutschen, wo postfinite Stellung dieser gravia im Nebensatz Spezialfälle sind.

Anmerkungen

1 Ein Problem der Forschung ist, ob der in der Ausgabe von Sievers links stehende lateinische Text die Vorlage, die einzige Vorlage ist. Es wird sich so verhalten, daß der links stehende Text als Vorlage gedient hat - möglicherweise nicht als die einzige, wohl aber als die "Hauptvorlage". Auf dieses Problem gehe ich hier nicht ein. Außerdem ist die Frage für die Topologie nicht sehr zentral. An einer anderen Stelle unseres Projekts wird die Frage ausführlich erörtert werden.

2 Der "Tatian" steht gekürzt für "Die althochdeutsche Tatianübersetzung". Wenn es im folgenden einfach "ahd." heißt, ist eben die "ahd. Tatianübersetzung" gemeint.

3 Damit sei natürlich nicht gesagt, daß es keine uneingeleiteten Nebensätze gebe.

4 Ich sehe davon ab, daß das Finitum als Hilfsverb im Nebensatz fehlen kann, z.B. Goethe: Reineke Fuchs III, Vers 258-259:

Da seh' ich/meine Sünden vor mir,
so viel ich deren begangen.

5 Die Beispiele des vorliegenden Referats stammen aus den von mir untersuchten Kapiteln 106-244 des Tatian.

6 Vgl. Braune (14.A. 1987): § 287.

7 Das Interessante am Relativum ist eben, daß es sowohl eine subjungierende Rolle als auch eine Satzgliedrolle spielt.

Literatur

Braune, Wilhelm (1987): Althochdeutsche Grammatik. - Tübingen: Niemeyer, 14.A.

Sievers, Eduard (Hrsg.) (1966): Tatian. Lateinisch und altdeutsch mit ausführlichem Glossar. - Paderborn: Schöningh, 2.A. (unveränd. Nachdr.).

ÜBERSETZUNG MITTELHOCHDEUTSCHER DICHTUNG ZU BEGINN DES 19. JAHRHUNDERTS*

Otfrid Ehrismann

Man hat sich daran gewöhnt, die Übersetzung mittelhochdeutscher Dichtungen am Anfang ihrer verstärkten Rezeptionsphase zu Beginn des 19. Jahrhunderts wenn schon nicht als liebenswürdige Verirrungen zu belächeln, so doch als unangemessen und verfälschend zu verdammen. Das jüngste, nicht mehr ganz in die Zeit passende, aber für die Einstellung eines großen Teils der Germanistik gegenüber ihren Übersetzungen nicht untypische Urteil hat Joachim Heinzle über das Nibelungenwerk Karl Simrocks abgegeben: "Was Simrock mit alledem erreicht hat, ist nicht Kunst (...), sondern Kitsch" (Heinzle 1991: 114). Urteile solcher Art, die aus einem philologischen "Richtig" und "Falsch" abgeleitet sind, sind unhistorisch und lassen deshalb ein wesentliches Kriterium von Wissenschaftlichkeit außer acht. Ich denke darüber nach, ob es nicht besser wäre, die frühen Adaptionsversuche im Rahmen der entsprechenden zeitgenössischen, in meinem Falle frühromantischen Übersetzungstheorien zu diskutieren.

Als Friedrich Heinrich von der Hagen seine Revitalisierung des Nibelungenliedes, seine "Wiedererweckung und lebendige Herstellung" (Hagen 1805: 255), mit dem horazisch-ciceronianischen Treuetopos (Koller 1984: 115, Senger 1971: 28ff./53) empfahl, setzte er Ausgangs- und Zielsprache miteinander in Wechselwirkung, so daß sich seiner Ansicht nach "eine neue, freie, lebendige und kräftige Sprache" (Hagen 1807: 491) einstellte. Was hat es mit diesem Idiom auf sich, das mit dem typischen dynamischen Vokabular der Romantik gefeiert wird? Dies zu beantworten, ist eine Skizze der relevanten romantischen Übersetzungstheorien notwendig, die ihren kontrastierenden Ausgangspunkt von der Übersetzungstheorie der Aufklärung nehmen kann. Dabei spielt die Frage, ob die Ausgangssprache eine Fremdsprache oder eine ältere Sprachstufe der Zielsprache ist, eine untergeordnete Rolle.

Gottsched hatte eine modernisierende Eindeutschung nach den Vorgaben des "guten Geschmacks" verlangt, die Übersetzung sollte gleichsam ein zweites Original werden (Pohling 1971: 143). Demgegenüber begann Breitinger die Angleichung der Form zu betonen und legte mit dem Bild des Konterfeis den Grundstein zur romantischen Übersetzungskunst: "Die Übersetzung ist ein Conterfey, das desto mehr Lob verdienet, je ähnlicher es ist." (Breitinger 1740: 139) Ausgangs- und Zieltext sollten "einen gleichen Eindruck auf das Gemüthe des Lesers" machen (ebd.). Breitinger vollzog damit die Wende von der "Begriffsähnlichkeit" zur "Wirkungsähnlichkeit"[1], vom Verstand zum Gemüt als der Instanz, die die Treue zu beurteilen hatte.

Ähnlich dachte A. W. Schlegel: "Wörtlichkeit ist noch lange keine Treue. Zu dieser gehört es, daß dieselben oder ähnliche Eindrücke hervorgebracht werden, denn diese sind hier ja eben das Wesen der Sache" (Schlegel 1964: 17). Er adaptierte Bürgers Überlegungen zur Eindeutschung des Homer, zur "Nachbildnerei", und entwickelte sie weiter. Bürger hatte dafür plädiert, die Übersetzung durch Archaismen und Neologismen anzureichern, um die Illusion der Originalität zu wecken (Gebhardt 1970).

Entschieden erhob Friedrich Schlegel das Übersetzen zur hermeneutischen Kunst und definierte es als schöpferisches Verstehen (Huyssen 1969: 122). Zusammen mit Schleiermacher begann er um die Jahrhundertwende Plato zu übertragen, eine Arbeit, die der unstete Geist dann freilich bald ganz dem Freunde überließ. Dieser systematisierte seine Überlegungen in der Abhandlung "Über die verschiedenen Methoden des Übersetzens"[2], die er im Juni 1813 an der Berliner Akademie vortrug. Übersetzung bedeutete für ihn Verfremdung. Er forderte eine eigene Übersetzersprache, die auch gelegentlich steif, schroff und anstößig sein müsse, damit der Leser "das Bewußtsein der Sache nicht verliere" (Schleiermacher [1813]: 55). Mutig solle man sich dem Tadel der Mitwelt aussetzen, schon immer hätten fremde Kulturen die deutsche bereichert (vgl. Schleiermacher [1813]: 69). In den Idiotismen schlage sich der für eine Nation typische Geist nieder, und so könnten gerade diese zur Bereicherung des Deutschen beitragen. Übersetzen führt zur Umgestaltung der Sprache.

Schleiermacher hielt zwei Methoden des Übersetzens streng auseinander: den Leser zum Original hinzubewegen, an eine ihm "eigentlich fremde Stelle", bzw. das Original diesem entgegenzuführen (vgl. Schleiermacher [1813]: 47f.). Er favorisierte die erste, an deren Seite sich auch der Freund Tieck stellte (vgl. Tieck [1803]). Mit Tieck, der die romantische Theorie erstmals auf eine Vorstufe der eigenen Sprache übertrug und die bisherigen Übertragungen des Minnesangs als "meist zu sehr modernisirt und verändert" (Tieck [1803]: 62) kritisierte, ist der Bogen zu dessen Freund, dem nachmaligen "Vertriebs-Manager" der altdeutschen Dichtung, von der Hagen, gezogen. Ich schlage vor, seine Art, altdeutsche Texte zu übersetzen, nicht als einen hilflosen, allenfalls ideologiebefrachteten Dilettantismus zu belächeln, sondern als einen Versuch zu würdigen, Leserinnen und Leser im Rahmen der romantischen Theorie an die "ihnen eigentlich fremde Stelle hinzubewegen" (Schleiermacher [1813]: 48, Hagen 1807: 493), damit die Wechselwirkung zwischen den Zeiten und Sprachen (Tieck [1803]: 40, Hagen 1807: 491) eintreten könne. Sein "starker Schritt zum Alten zurück" (Hagen 1824: VIII) war ein theorieadäquates Unternehmen, dessen Scheitern der Bewegungslosigkeit des Publikums, nicht einer fehlenden Stringenz der Theorie anzulasten wäre.

Von der Hagen verfremdete die Sprache durch Archaisierungen und Neologismen, und ganz bewußt, nicht etwa naiv und in Unkenntnis der historischen Semantik, auch dadurch, daß er vertrauten Wortkörpern der Gegenwartssprache ihren alten Sinn zurückgab[3]. Er erarbeitete ein illusionäres Idiom im Sinne Bürgers, das er mit Hilfe von Nachwort und Glossar aufzuschlüsseln anbot und das er nicht als Rückschritt empfand, sondern als Fortschritt im Rückgriff auf die guten Kräfte der Geschichte nach deren postreformatorischem Zusammenbruch, wie sie sich nach dem triadischen Gesetz der romantischen Naturphilosophie (Schelling) in der Zukunft mehr und mehr entfalten würden. So half er dem Guten "auf künstliche Weise gleichsam" (Hagen 1807: 477) auf die Sprünge.

Der "anderen" Germanistik, die damals noch nicht von den verehrenden Epigonen zur einzigen hochstilisiert worden war und ihre Überlegungen durchaus auch im Rahmen der zeitgenössischen Naturphilosophie entwickelte, mußte solche "Künstlichkeit" ein Graus sein. Jacob Grimm folgte einer Philosophie des Vonselbst, die derart massive Eingriffe in die Sprachgeschichte ablehnte und jegliche Bewegung des Originals zum Publikum als Verfälschung der Ursprünglichkeit, der ursprünglichen Naivität verwarf: "diese ausdrücke einer kindlichen sprache erlauben schlechthin keine übertragung in die ausgebildete, und ihr höchster reiz würde verloren gehen"[4]. Er konterkarierte Breitingers Bild des "Conterfey" und nannte den Übersetzer einen Maler, der ein herrliches Bild in bloßes Grau kopiere (vgl. Schoof 1953: 102), er schalt die Schlegel, Voß oder Fouqué "Sünder und Lügner" (vgl. Steig et al. 1904: 140f.), die sich an der "Unschuld" (vgl. Steig et al. 1904: 117) der alten Sprache vergriffen.

Die romantische Kontroverse, aus ein und derselben Philosophie hervorgegangen, harrt bis heute der Lösung. Beide Parteien argumentierten vor dem Hintergrund einer sporadisch durchdachten, im wesentlichen aber zu optimistischen und wirklichkeitsfernen Adaptions- und Vermittlungstheorie, welche die rezeptiven Bedingungen des Publikums, die "Trägheit der Masse" nicht beachtete. Die erfolgreiche Praxis hat erst Simrock erreicht, indem er allein das Prinzip der Wirkungsähnlichkeit verfolgte und durch Angleichung an die zeitgenössische spätromantisch-biedermeierliche Bildlichkeit der "Trägheit der Masse" entgegenwirkte. Das bringt ihm heute die Schelte des Philologen ein, der qua Amt auf der Begriffsähnlichkeit beharrt. Der Versuch, die alte Poesie der neuen zurückzugeben, scheitert an der alten Einmaligkeit, zu der ja nicht nur die Begriffe und Stimmungen, sondern auch das breite soziokulturelle Umfeld gehören - das hat Jacob Grimm ganz richtig gesehen. Jede Zeit aber hat das Recht und die Pflicht, unter den ihr eigenen hermeneutischen Bedingungen die alte Poesie als ihre Geschichte neu einzuholen; von selbst geht hier nichts - da irrte Grimm. Simrock hat diese Pflicht für seine Zeit nicht schlecht, jedenfalls nicht populistisch erfüllt, wie der zunächst spärliche Erfolg beweist. Wenn seine späteren Rezipienten sich zu wenig zum Text hinbewegten, zum Nibelungenlied wie zu seiner Nibelungen-Übertragung, so wird man ihm dies nicht anlasten wollen.

Anmerkungen

* Eine ausführliche Fassung dieser Überlegungen mit reichhaltigeren Literaturangaben liegt in der von Gerhard Augst, Otfrid Ehrismann und Hans Ramge herausgegebenen Festschrift für Heinz Engels zum 65. Geburtstag, Göppingen 1991, unter dem Titel "*Reken, welches man hier zu Land unedel genug von Haushunden braucht*" Romantische Kontroversen zur Übersetzung altdeutscher Dichtung" vor.

1 Begriffe nach Senger 1971: 64.

2 Schleiermacher 1813, hier in Störig 1973: 38-70.

3 Vgl. von der Hagen 1807: 497: "Zwar, da Darstellung des Ganzen, in seinem wahren Gehalt und Form, der Hauptzweck dieser Arbeit ist, so kommen dabei Sprachbereicherung, Wiedereinführung alter trefflicher Wörter, Herstellung anderer in ihrer eigentlichen wahrhaften Bedeutung (...) nur sofern in Betrachtung, als sie nothwendig zur Form des Werkes selbst gehören."

4 Grimm [1807]: 6. - Zu Grimms Ablehnung literarischer Übersetzungen und Bearbeitungen vgl. Istock 1961: 140-170 und die eingehende Darstellung bei Ginschel 1967: 87-170.

Literatur

Breitinger, Jacob ([1740] 1966): "Von der Kunst der Übersetzung". - In: Breitinger, Jacob: Critische Dichtkunst. Faksimile mit einem Nachwort hg. von Bender, Wolfgang II (Stuttgart) 136-199.

Gebhardt, Peter (1970): A. W. Schlegels Shakespeare-Übersetzung. Untersuchungen zu seinem Übersetzungsverfahren am Beispiel des Hamlet. - Göttingen (= Falaestra 257).

Ginschel, Gunhild (1967): Der junge Jacob Grimm. 1805-1819. - Berlin: Akademie der Wissenschaften (= Veröffentlichungen der Sprachwissenschaftlichen Kommission 7).

Grimm, Jacob ([1807] 1869): "Über das Nibelungen Liet". - In: Grimm, Jacob: Kleinere Schriften IV (Berlin) 1-7.

Hagen, Friedrich Heinrich von der (1805): "Das Lied der Nibelungen. Probe einer neuen Ausgabe dieses Epos, mit Angabe der Grundsätze, welche bei der Bearbeitung desselben befolgt worden ist". - In: Eunomia März, 171-187; April, 254-265.

- (1807): Der Nibelungen Lied. - Berlin.

- (1824): Der Nibelungen Lied. Erneuet und erklärt. - Frankfurt, 2.A. (überarb.).

Heinzle, Joachim (1991): "'... diese reinen kräftigen Töne'. Zu Karl Simrocks Übersetzungen des *Nibelungenliedes*". - In: Heinzle, Joachim/Waldschmidt, Anneliese (Hrsg.): Die Nibelungen (Frankfurt) 111-118.

Huyssen, Andreas (1969): Die frühromantische Konzeption von Übersetzung und Aneignung. Studien zur frühromantischen Utopie einer deutschen Weltliteratur. - Zürich (= Zürcher Beiträge zur deutschen Literatur- und Geistesgeschichte 33).

Istock, Ruth (1961): Die Wiedergewinnung mittelhochdeutscher Lyrik in den Übersetzungen deutscher Romantiker. Ein Beitrag zur romantischen Poetik. - Mainz (Diss.).

Koller, Werner (1984): "Übersetzungen ins Deutsche und ihre Bedeutung für die deutsche Sprachgeschichte". - In: Besch, Werner/Reichmann, Oskar/Sonderegger, Stefan (Hrsg.): Sprachgeschichte. Ein Handbuch zur Geschichte der deutschen Sprache und ihrer Erforschung (Berlin etc.: de Gruyter) (= Handbücher zur Sprach- und Kommunikationswissenschaft 2.1) 112-129.

Pohling, Heide (1971): "Zur Geschichte der Übersetzung". - In: Kade, Otto (Leiter des Forschungskollektivs): Studien zur Übersetzungswissenschaft (Leipzig: Verlag Enzyklopädie) 125-162.

Schlegel, August Wilhelm (1964): Kritische Schriften und Briefe. III: Geschichte der klassischen Literatur, hg.v. Edgar Lohner. - Stuttgart: Kohlhammer.

Schleiermacher, Friedrich ([1813] 1963): "Ueber die verschiedenen Methoden des Uebersezens". - In: Störig, Hans Joachim (Hrsg.): Das Problem des Übersetzens (Darmstadt: Wissenschaftliche Buchgesellschaft) (= Wege der Forschung 8) 38-70.

Schoof, Wilhelm (Hrsg.) (1953): Briefe der Brüder Grimm an Savigny. Aus dem Savignyschen Nachlaß. - Berlin etc.: Schmidt (= Veröffentlichungen der Historischen Kommission für Hessen und Waldeck 23, 1).

Senger, Anneliese (1971): Deutsche Übersetzungstheorie im 18. Jahrhundert (1734-1746). - Bonn (= Abhandlungen zur Kunst-, Musik- und Literaturwissenschaft 97).

Steig, Reinhold et al. (Hrsg.) (1904): Achim von Arnim und die ihm nahe standen. III: Achim von Arnim und Jacob und Wilhelm Grimm. - Stuttgart etc.: Cotta. - Bern: Lang 1970 (Neudr.).

Tieck, Ludwig ([1803] 1975): "Die altdeutschen Minnelieder". - In: Ribbat, Ernst (Hrsg.): Ludwig Tieck. Ausgewählte kritische Schriften (Tübingen) (= Deutsche Texte 34) 39-66.

TEXTTRADITIONEN IN DEN ERBAUUNGSSCHRIFTEN GEORG PHILIPP HARSDÖRFFERS

Oliver Pfefferkorn

Im Spektrum der Textsorten des 17. Jahrhunderts nehmen diejenigen religiös-erbaulichen Charakters quantitativ und wohl auch qualitativ eine besondere Stellung ein. Sie zählten zu den am häufigsten gedruckten Texten der Zeit, was auf ihre weite Verbreitung schließen läßt. Sie sprachen zumeist ganz allgemein den Christen an, unabhängig von seinem weltlichen Stand, seinem Besitz und seiner Bildung. Für viele Menschen boten sie die einzige Möglichkeit, mit literatursprachlichen Varianten der deutschen Sprache in Berührung zu kommen. So lernten die Protestanten des 16. und 17. Jahrhunderts an Erbauungsbüchern, Kirchenliedern, dem Katechismus und der Bibel lesen und schreiben, so daß diese Texte sicher Einfluß auf ihren Wortschatz und ihren sprachlichen Ausdruck nahmen, allerdings in einem heute wahrscheinlich nicht mehr eindeutig zu rekonstruierenden Maße. Es liegt hier die Vermutung nahe, daß die sprachliche Varietät im Bereich der Erbauungsliteratur einen besonderen Einfluß auf die Entwicklung der deutschen Standardsprache ausgeübt hat, den es freilich noch nachzuweisen gilt. Dieser ist weniger auf den Ebenen des Sprachsystems zu suchen; die besondere Leistung der Erbauungsliteratur in diesem Prozeß liegt m. E. vielmehr in einem Ausbau der Mittel des individuell-emotionalen Sprechens und des emotionalen Argumentierens und Beeinflussens.

Die Erbauungsliteratur erlebte im 17. Jahrhundert zum letzten Mal einen großen Aufschwung. Vor allem Geistliche, aber auch Angehörige der höheren weltlichen Schichten sowie nahezu alle bedeutenden Dichter der Barockzeit verfaßten derartige Literatur. Ein Vergleich mehrerer Erbauungsbücher aus der 1. Hälfte des 17. Jahrhunderts zeigte, daß sie in wesentlichen Merkmalen übereinstimmen, daß also der von der Textsorte vorgegebene Rahmen relativ starr war. Die bei der Produktion solcher Texte zu beachtenden Regeln waren traditionell bestimmt. Anhand dreier Erbauungsschriften des Nürnbergers Georg Philipp Harsdörffer (1607-1658), der "Geistreichen Betrachtungen nach den Sieben Bitten in dem heiligen Gebete Vater unser" (Nürnberg 1649), der "Göttlichen Liebeslust / Das ist die verborgenen Wohlthaten Gottes zur Erweckung himmlischer Liebe entdecket" (Nürnberg 1653) und der "Hohen Schul Geist- und Sinnreicher Gedancken" (Nürnberg 1656), sollen die Rolle von und der Umgang mit Texttraditionen sowie ihre Herkunft exemplarisch demonstriert werden. Harsdörffer wurde gewählt, weil er im 17. Jahrhundert zu den bekanntesten und produktivsten Autoren zählte, weil seine Werke fast ausnahmslos keine literarischen Meisterleistungen darstellen, sondern eher dem Tagesschrifttum zuzuordnen sind und damit als typisch für diese Zeit gelten können und weil Texttraditionen auch in seinen anderen Werken eine bedeutende Rolle spielen.

Die Entstehung und das Wirken von Traditionen ist nun eng mit der Erscheinung der Intertextualität verbunden. Dadurch, daß sich ein Autor mit seinem Text bewußt oder auch unbewußt irgendwie auf andere Texte oder Gruppen von Texten bezieht, die wiederum intertextuelle Bezüge aufweisen, entwickeln sich ja Traditionslinien und Textsortenregeln. Lerchner (1988: 289) unterscheidet sechs verschiedene Klassen von Intertextualitätsbeziehungen, die die Phänomene des Vortextuellen systematisieren und damit die komplexe Erscheinung der Tradition faßbarer machen können. Der Produzent eines Textes stellt nach Lerchner über der Erzeugung seiner Äußerung Bezüge her:

- auf ein adäquates Handlungsmuster bzw. eine entsprechende Textsorte,
- auf einen exemplarischen Einzeltext innerhalb dieses Handlungsmusters,
- auf einen exemplarischen Einzeltext im Rahmen nichtidentischer Handlungsmuster,
- auf eine Summe von Einzeltexten, die bestimmte gemeinsame Merkmale besitzen,
- auf von konkreten Texten relativ isolierte Textsequenzen, Strukturtypen oder stilistische Stereotypen,
- auf ein Muster der Sachverhaltsdarstellung.

Zu ergänzen wäre noch, daß solche intertextuellen Bezüge sowohl struktureller als auch thematischer oder funktioneller Natur sein können. Welche derartigen Beziehungen lassen sich nun an Harsdörffers Erbauungstexten nachweisen? Bevor ich detailliert darauf eingehe, möchte ich zunächst die wichtigsten Merkmale dieser Schriften angeben.

Es handelt sich bei diesen Texten ausschließlich um Aufforderungstexte, die sich dem Untermuster RATSCHLAG zuordnen lassen (vgl. Hindelang 1978: 413). Das ergab die Analyse der Handlungsbedingungen und der Illokutionsstruktur. Harsdörffer realisiert in ihnen das allgemeine Handlungsmuster BEHAUPTEN - BEGRÜNDEN - AUFFORDERN. Die Einbettung der Erbauungstexte in den spezifischen Handlungszusammenhang einer Beratungssituation dominiert die übrigen für sie charakteristischen Merkmale, ihre Adressierung an eine breite Bevölkerungsschicht, ihre inhaltliche Konzentration auf christliche Wertvorstellungen und schließlich, als ein textinternes Merkmal, die Nutzung von Stilelementen, die das Akzeptieren der Intentionen des Verfassers durch den Leser absichern, indem sie eine positive Einstellung des Lesers zum Aufforderungsinhalt hervorzurufen beabsichtigen (vgl. Pfefferkorn 1990: 45ff.).

Bei der Produktion seiner Erbauungstexte orientierte sich Harsdörffer, im Gegensatz zu seinen nichtpoetischen weltlichen Texten, in starkem Maße an den von der Rhetorik bereitgestellten Verfahren, er nutzte in erster Linie ihre Vorschriften für die inventio und die elocutio.

Als Ansatzpunkte für die Ermittlung von Traditions- bzw. Intertextualitätsbeziehungen dienten entsprechende Markierungen in den Texten, die deutlich auf einige Prätexte verweisen. Zu nennen sind hier an erster Stelle die Werke Martin Luthers und die Bibel, die Harsdörffer mehrfach als das Ideal für geistliche Schriften bezeichnet und ausgiebig zitiert. Daneben bezieht er sich oft auf Augustin, und schließlich erwähnt er noch Johann Arndt und seine "Bücher vom wahren Christentum" sowie den Engländer Joseph Hall.

Aus der Bibel in der Übersetzung Luthers übernimmt Harsdörffer neben vollständigen Sätzen, die er inhaltlich kaum verändert, auch Teilsätze und längere Wendungen, die er inhaltlich erweitert oder kürzt und in ihren syntaktischen Konstruktionen dem neuen Kontext angleicht. Interessant ist, daß er in diesen Zitaten zwar alte lautliche und morphologische Formen verändert, die Satzverknüpfung deutlicher kennzeichnet, den Wortschatz aber weitgehend unberührt läßt (vgl. ders.: 170). Da seit dem Erscheinen der Lutherbibel schon über 100 Jahre vergangen waren, drängt sich die Vermutung auf, daß einige Wörter und Wendungen doch schon archaisch wirkten und gerade deshalb in diese Texte aufgenommen wurden. Sie geben ihnen ein im Gegensatz zur Alltagssprache und anderen literatursprachlichen

Varianten stehendes sakrales bzw. feierliches Gepräge. Mit den Zitaten baut Harsdörffer zugleich auch die in ihnen enthaltenen Stilelemente in seine Texte ein.

Luther erscheint bei Harsdörffer vorrangig als Vorbild im stilistischen Bereich. Ein Bezug der untersuchten Texte zu konkreten Lutherschriften ließ sich nicht nachweisen, Harsdörffer schließt sich vielmehr an das Gesamtwerk Luthers an, vor allem aber an seine Predigten und Erbauungsschriften. Ein Vergleich der "Geistreichen Betrachtungen" mit zwei Lutherschriften zum gleichen Thema, der "Auslegung deutsch des Vater unnser fuer dye einfeltigen leyen" (WA, Werke II: 80130) und der Abhandlung "Eyn kurtze form, das Pater noster zu versteen unnd zu beten" (WA, Werke VI: 11-19) ergab jedoch, daß sich die intentionalen Strukturen dieser Texte gleichen und Ähnlichkeiten im Wortschatz bis in einzelne Wendungen hinein bestehen (vgl. ders.: 171). Zudem besitzen diese Schriften auch in stilistischer Hinsicht weitreichende Gemeinsamkeiten, die auf der Dominanz jeweils analoger Stilelemente beruhen. Die für Harsdörffers Texte charakteristischen Stilelemente der Wiederholung, der Entgegensetzung, der Steigerung, des bildlichen Ausdrucks, des Personenbezugs und der Häufung und Reihung finden sich ebenso bei Luther, wenngleich die Frequenz ihres Auftretens verschieden ist. Somit scheinen also Luthers Werke und Harsdörffers Erbauungsschriften in einer direkten intertextuellen Relation zu stehen. Eine Ausweitung des Betrachtungsrahmens führt allerdings zu einem davon etwas abweichenden Bild. So besitzen auch andere Erbauungstexte des 17. Jahrhunderts sowohl in der intentionalen Struktur als auch in ihrem Stil ähnliche Merkmale, z. B. Johann Arndts erstes Buch "Vom Wahren Christentum" (Frankfurt am Main 1605) oder Martin Hyllers "Güldenes Schatzkästlein" (Lüneburg 1644), die mit Harsdörffers Schriften dann ebenso intertextuell verbunden sind. Andererseits gingen von Luther zwar entscheidende Impulse für die protestantische Erbauungsliteratur aus, doch auch seine Texte existieren nicht unabhängig von Traditionen. Zu nennen wäre hier die Tradition der volkssprachlichen Erbauungsliteratur, die sich an der Wende vom Hohen zum Späten Mittelalter herausbildete. Sie war ursprünglich von Bettelorden im franziskanisch-augustinischen Bereich als volksmissionarisches Mittel konzipiert worden, suchte also den Weg in breite Schichten. Diese frühen Erbauungsschriften boten zumeist konkrete nachvollziehbare Regeln für ein frommes Leben. Dieser Zweck bestimmte weitestgehend ihre Form. Luther nahm diese im Lauf der Zeit von verschiedenen theologischen Strömungen weiterentwickelte Form auf und verband sie mit dem seiner Lehre gemäßen neuen Inhalt (vgl. Schwencke 1970).

Auf eine weitere Traditionslinie, in der Luther steht und mit ihm die gesamte Erbauungsliteratur, weist u. a. Krummacher (1976) hin, worauf ich mich im folgenden beziehe. Es ist die Tradition der Rhetorik, die Luther mit den Schreibern des 17. Jahrhunderts verbindet. Sowohl seine Predigten als auch seine Erbauungsschriften und entsprechende Werke der Barockzeit übernahmen die rhetorischen Regeln für die inventio und die elocutio. Sie orientierten sich dabei am sermo humilis, der auf Augustin zurückgeht und in dem Frömmigkeit und Beredsamkeit auf einer mittleren Stilebene miteinander verschmelzen (vgl. Auerbach 1952). Die Kirchenväter versuchten dem Vorwurf, die Bibel weise ein sprachlich dürftiges Gewand auf, entgegenzutreten, indem sie behaupteten, die Bibel sei nach den rhetorischen Regeln der Antike verfaßt, sie enthalte alle rhetorischen Tropen und Figuren. So kamen sie zu der Auffassung, daß die Heilige Schrift ein Kunstwerk von hohem sprachlichen Rang sei, das sich durchweg an den antiken Schriften messen lasse, diese sogar überrage. Von da an erscheint die Bibel als Vorbild für die rhetorisch-affektive Textgestaltung. Augustin koppelt gleichzeitg die Rhetorik mit der christlichen Verkündigung überhaupt. Für die Predigt lehnt er allerdings die in der Rhetorik übliche Zuordnung der Stilhöhe zum Gegenstand ab, da diese sich ausschließlich mit erhabenen Gegenständen beschäftige, er stellt vielmehr eine Beziehung zum Zweck der Rede her. Je nachdem, ob der Prediger belehren, loben oder tadeln will, bewegen oder aufrufen, soll er die entsprechenden Stilmittel wählen. "Da das docere Hauptaufgabe der Predigt und diese eine Hauptform christlicher Literatur ist, gewinnt der niedere Stil in allen Erörterungen christlicher Literaturtheorie besonders breiten Raum, wenn nicht sogar [...] ausschließliche Bedeutung." (Krummacher 1976: 412) Dieses Postulat eines einfachen Stils in der geistlichen Literatur erhält sich bis ins 17. Jahrhundert, beginnt sich aber im Kreise der Sprachgesellschaften deutlich zu lockern. Da diese danach strebten, die deutsche Sprache auf eine Stufe mit den übrigen europäischen Sprachen zu stellen, und sie deren Vorzüge, vereinfacht ausgedrückt, vor allem in der Möglichkeit zum Ausdruck einer hohen Stillage sahen, mußte ihnen der einfache Stil besonders für die geistliche Dichtung nicht unbedingt geeignet erscheinen. So plädierten sie für die Verwendung auch des hohen Stils in geistlichen Gedichten und verwiesen wiederum auf die Bibel als die entscheidende Autorität in solchen Fragen. Im Hohen Lied und in den Psalmen sahen sie ihre Vorstellung von einer erhabenen religiösen Dichtung in vorbildlichem Maße realisiert. Diese Auffassung befindet sich jedoch nicht außerhalb der von Augustin begründeten Tradition der christlichen Rhetorik, denn er hatte nur allgemein die genera dicendi mit dem Redezweck in Verbindung gebracht. Für den barocken Dichter bestand somit die völlig legitime Möglichkeit, auch geistliche Gedichte im hohen Stil zu verfassen. Daneben behielt der niedere Stil vorrangig in auf die Auslegung von biblischen Texten gerichteten Dichtungen weiterhin Gültigkeit. Diese Bemerkungen gelten nun in gleicher Weise für geistliche Prosaschriften.

Harsdörffer ordnet sich mit seinen Erbauungsschriften in diese primär stilistische Tradition des sermo humilis ein, er steht genau in dem aufgezeigten Spannungsfeld zwischen niederem und hohem Stil in der christlichen Literatur. Die Analyse ergab, daß die sprachlich-stilistische Gestaltung seiner Erbauungstexte durchaus nicht schlicht und einfach ist, wie das generalisierend für die gesamte protestantische Erbauungsliteratur von Merkel (1967: 9f.) behauptet wurde, sondern von den Regeln der Rhetorik geprägt ist, daß sie aber der Sprachgestaltung seiner geistlichen Gedichte hinsichtlich des sprachlichen Schmucks noch weit unterlegen ist. Harsdörffer ordnet damit in seinem praktischen Wirken einem Stoff, dem durchaus der höchste Stil entspräche und dem er in der Dichtung auch entspricht, eine weniger hohe Stillage zu. Wahrscheinlich geschieht dies unter dem Einfluß der soeben aufgezeigten Tradition, die das Aufkommen gesteigerter Stilelemente in der Erbauungsliteratur zwar nicht völlig verhindert, aber doch erschwert.

Als ein weiterer Traditionsbezug in Harsdörffers Erbauungstexten kann der Rückgriff auf sprachliche Mittel genannt werden, die für Texte der mittelalterlichen deutschen Mystik typisch waren. Harsdörffer nimmt viele mystisch vorgeprägte sprachliche Bilder auf, er teilt mit der mystischen Sprache ebenso den Hang sowohl zum steigernden bzw. hyperbolischen als auch zum paradoxen Ausdruck. Es ließ sich allerdings nicht feststellen, ob er die entsprechenden Werke tatsächlich gelesen hat. In den untersuchten Schriften weist er jedenfalls nicht ausdrücklich auf die mystische Literatur. Da er jedoch mit der zeitgenössischen Literatur des In- und Auslands sehr vertraut war, ist anzunehmen, daß der mystische Zug auf diesem Wege in seine Texte kam. Die Mystik erfuhr ja im 17. Jahrhundert in Deutschland sowie in ganz West- und Südeuropa eine Wiederbelebung. Dieser Traditionsbezug stellt sich somit wahrscheinlich nicht durch den intertextuellen Bezug auf bestimmte Texte her, sondern eher wohl durch eine Beziehung auf von konkreten Texten relativ isolierte Textsequenzen und stilistische Stereotype, die in den verschiedensten Textsorten der Barockzeit anzutreffen sind.

Traditionell vorgegeben ist auch die Illokutionsstruktur der untersuchten Texte, sie geht letztlich ebenso auf die Bibel zurück, konkret auf die Briefe des Neuen Testaments. Die Mehrzahl dieser Briefe setzt sich aus einer Abfolge informierender und auffordernder Textteile zusammen, wobei die Aufforderungen die dominierenden illokutiven Handlungen darstellen. Die informierenden Abschnitte behandeln meist in argumentativer Weise einzelne Aspekte der christlichen Lehre, die auffordernden Teile ziehen daraus dann entsprechende Schlußfolgerungen für den Leser und ermahnen ihn, diese in seinem täglichen Leben zu beachten. Eine genauere Analyse muß an dieser Stelle unterbleiben. Die Gemeinsamkeiten mit Harsdörffers Texten reichen partiell bis in die formale Struktur der Aufforderungen hinein, sie bestehen auch hinsichtlich der Rezeptionshaltung. Als Beispiele möchte ich nur die Briefe des Paulus an die Epheser und die Philipper hervorheben.

Schließlich verarbeitete Harsdörffer in seinen Erbauungstexten noch Einflüsse fremdsprachiger, vor allem spanischer und englischer Erbauungsliteratur, auf die ich hier aus Platzgründen nicht mehr eingehen kann (vgl. Sträter 1987: 98ff.).

Nahezu alle Charakteristika der Erbauungstexte Harsdörffers sind somit in irgendeiner Weise traditionell bestimmt. Sie beziehen sich dabei intertextuell jeweils nicht direkt auf exemplarische Einzeltexte, eine Ausnahme bildet die Bibel, die jedoch eine Vielzahl sehr verschiedenartiger Texte enthält, auch nicht auf das Gesamtwerk eines Autors, wie z. B. Luther, sondern vielmehr auf die Textsorte der Erbauungsliteratur mit der Gesamtheit ihrer für das 17. Jahrhundert gültigen Merkmale. Alle Kennzeichen der untersuchten Texte besitzen den Status von Textsortenspezifika der Erbauungsliteratur dieser Zeit, sie treten in den meisten der von mir bislang untersuchten Erbauungstexte mehr oder weniger deutlich zutage. Harsdörffer bringt also kaum Eigenes in seine derartigen Schriften ein, er verharrt weitestgehend in den von der Tradition abgesteckten Grenzen. Was ihn von ihr unterscheidet, besonders von Luther und der älteren Tradition, was er jedoch mit vielen zeitgenössischen Erbauungsschriftstellern gemeinsam hat, kann man vielleicht mit dem Begriff "Überbietungssyndrom" bezeichnen, mit dem Lange die Kunstsprache des Barock generell charakterisiert. Er meint damit den Sachverhalt, der in der "selbstauferlegten Verpflichtung der Barockautoren zur imitatio einerseits und dem schaffenspsychologischen Grundbedürfnis nach der 'aemulatio veterum' andererseits" wurzelt. Dieses Verfahren erlaubte es dem Dichter, "den antiken Musterautoren ihre künstlerischen Geheimnisse abzulauschen, sie auf ihre formalen Techniken hin abzuklopfen, um dann ihre Errungenschaften selbst zu perfektionieren." (Lange 1974: 32). Was Lange zuerst einmal auf die antiken Musterautoren bezieht, läßt sich ohne Probleme auf die Bedeutung der Vertreter der traditionellen Erbauungsliteratur für Harsdörffer ausweiten. Er greift die von der Tradition überlieferten Merkmale und Stilelemente auf, verwendet aber gerade die Stilelemente viel ausgedehnter und weitreichender, aber doch noch in gewissen Grenzen. Indem er sie allerdings kaum variiert, nichts Neues hinzubringt, erliegt er zumindest partiell der Gefahr des Stereotypen. Die ständige Wiederholung derselben Bibelzitate und bestimmter Wendungen deutet in diese Richtung. Diese Äußerungen werden nicht mehr neu formuliert, sondern einfach immer wieder übernommen, als Ganzes in den neuen Kontext eingebaut, womit die Tendenz zu ihrer inhaltlichen Entleerung einhergeht, die dazu führen kann, daß der Rezipient das Interesse am Text verliert, da dieser keine neuen Informationen mehr bietet. Harsdörffer bleibt mit seinen Erbauungsschriften völlig in den von den Textsortenregeln festgelegten Erwartungen, versucht allerdings, einzelne ihrer Elemente zu intensivieren. Wer aber bei den intendierten Adressaten Interesse für seine Werke wecken will, muß zwischen Erwartungserfüllung und sich in Grenzen haltender Erwartungsstörung balancieren, muß neue Aspekte in die Diskussion einbringen. Gerade das geschieht bei Harsdörffer nicht, womit wohl auch der geringe Erfolg und die kaum vorhandene Wirkung seiner Erbauungsschriften zu erklären sind.

Literatur

Auerbach, Erich (1952): "Sermo humilis". - In: Romanische Forschungen 64, 304-364.

Hindelang, Götz (1978): Auffordern. Die Untertypen des Aufforderns und ihre sprachliche Realisierung. - Göppingen: Kümmerle.

Krummacher, Hans-Henrik (1976): Der junge Gryphius und die Tradition. Studien zu den Perikopensonetten und Passionsliedern. - München: Fink.

Lange, Hans-Joachim (1974): Aemulatio veterum sive de optimo genera dicendi. Die Entstehung des Barockstils im XVI. Jahrhundert durch eine Geschmacksverschiebung in Richtung der Stile des manieristischen Typs. - Bern etc.: Lang.

Lerchner, Gotthard (1988): "Der Diskurs im sprachgeschichtlichen Prozeß. Zur Rolle des Subjekts in einer pragmatischen Theorie des Sprachwandels". - In: Zeitschrift für Phonetik, Sprachwissenschaft und Kommunikationsforschung 41, 279-292.

Merkel, Gottfried F. (1967): "Vom Fortleben der Lutherischen Bibelsprache im 16. und 17. Jahrhundert". - In: Zeitschrift für deutsche Sprache 23, 4-12.

Pfefferkorn, Oliver (1990): Studien zur Textdifferenzierung bei Georg Philipp Harsdörffer unter besonderer Berücksichtigung seines Erbauungsschrifttums. - Halle (masch. Diss.).

Schwencke, Olaf (1970): "Strukturen des Spätmittelalters und deutsche Literatur. Eine Studie". - In: Colloquia Germanica 4, 129-184.

Sträter, Udo (1987): Sonthom, Bayly, Dyke und Hall. Studien zur Rezeption der englischen Erbauungsliteratur in Deutschland im 17. Jahrhundert. - Tübingen: Mohr.

ZUR SEMI - ORALEN SPEZIFIK VON TEXTTRADITIONEN FRÜHER DEUTSCHER MORALISCHER WOCHENSCHRIFTEN

Udo Sachse

> Die neueren Entdeckungen an den Gestirnen haben gar vieles dazu beygetragen, daß unser Gemüth zu einer grössern Bewunderung der Göttlichen Unermeßlichkeit empor gehoben worden. ... Alle Sternkündiger halten es auch für eine unstreitige Wahrheit, daß jeder Fix=Stern eine Sonne sey, die ihre eigenen Planeten, mit deren besonderen Monden, um sich herum habe. (Martens 1969 I: 358)

Diese Passage aus dem 42. Stück des von 1724 - 1726 in Hamburg erschienenen "Patrioten", die stellvertretend für eine ganze Reihe von Äußerungen ähnlichen Inhalts auch in den beiden noch von mir untersuchten Moralischen Wochenschriften "Die Discourse der Mahlern" (Zürich 1721 - 1723) und "Die Vernünfftigen Tadlerinnen" (Leipzig 1725 I / 1726 II) steht, weist auf die entscheidenden Veränderungen hin, die sich in der Weltanschauung jener Zeit vollziehen. Die im 17. Jahrhundert einsetzende Popularisierung des Kopernikanischen Weltbildes und die Anfänge der modernen Naturwissenschaften bewirkten eine Veränderung der Vorstellungen über Gott und die Stellung des Menschen in der Welt. Bekanntlich hatte sich der Mensch bis weit über das Mittelalter hinaus als ein nicht sonderlich hervorgehobener Teil des Universums verstanden. Seit dem 17. Jahrhundert sehen sich die europäischen Gelehrten in zunehmendem Maße im Gegensatz zu dieser Auffassung von Welt, wobei es nun auch mehrere mögliche Welten gab. Welt und Natur stehen dem Menschen in wachsendem Maße als Material und Stoff zur Verfügung. Der damit verbundene Zuwachs an Individualitätsbewußtsein und an Gewißheit, daß alle Geheimnisse der Welt und des Menschen mit Hilfe der Vernunft zu erklären seien, wenn man nur die richtige Methode anwende, bewirkten eine Umorientierung und Veränderung tradierter Wissensbestände. Diese sich naturgemäß allmählich vollziehende Entwicklung muß auch im Zusammenhang mit den Gebieten gesehen werden, in denen sich der naturwissenschaftliche Fortschritt vollzog. Es handelte sich dabei vorwiegend um Bereiche, die konkret meßbar waren. Bei Aussagen über nichtmechanische Erscheinungen und hier vor allem bei solchen der Lebewesen war man weiterhin auf Erklärungen aus der Metaphysik, der Bibel bzw. der Theologie angewiesen. Die auf diese Weise entstandene Trennung hatte R. Descartes in seinem "Discours de la méthode" in ein System eingeordnet, wobei er zwischen denkendem und ausgedehntem Wesen unterschied, d.h. zwischen Seele und Materie, deren gegenseitige Wechselwirkung er ausschloß. Descartes Annahme zweier grundverschiedener Substanzen, der ausgedehnten und der denkenden, war sowohl eine Aufforderung zur Erforschung der körperlichen Welt als auch der Ausdruck des Wunsches nach Übereinstimmung mit einem religiösen Weltbild. Eine Neubestimmung der Rolle des Menschen in der Welt ist damit auch immer mit dem Versuch der Rettung der Allgegenwart Gottes in dieser nun veränderten Welt verbunden.[1]

Die drei genannten frühen Moralischen Wochenschriften, die sich in diese Entwicklung einordnen, gehören ohne Zweifel zu den hervorragenden Quellen, die eine detaillierte Ermittlung dieser veränderten Vorstellungen über Gott und über den Menschen in psychisch-emotionaler, kognitiver, ethischer, didaktischer, ästhetischer, sozialer und sprachlich-kommunikativer Hinsicht ermöglichen. Als Typ einer periodischen Zeitschrift, deren Stücke einmal wöchentlich erschienen, entstanden sie in England und waren dort Bestandteil eines Prozesses, in dem man sich in der Unmittelbarkeit des Gespräches vom gelehrten Diskurs und der Zeremonie zu lösen suchte, um nun durch eigene Überlegungen zu bestimmten Erkenntnissen zu gelangen. Dabei steht das Gespräch mit sich selbst als Ausdruck dieser Erkenntnis- bzw. Denkbewegung am Anfang und bildet die notwendige Voraussetzung für das Reden mit anderen. Diese Gespräche sind von den bisherigen auf Standesbewußtsein basierenden Konversationsmodellen der galanten Gesellschaft verschieden und dienen anderen Zwecken. Durch die Praxis der Selbsterkenntnis wird - scheinbar von Rollenzwängen befreit - aufrichtig und um Wahrheit bemüht miteinander gesprochen. Als Ausgangspunkt dieser Entwicklung gilt das Sprechen über Glaubensfragen in der eng begrenzten Glaubensgemeinschaft, während in einem fortgeschritteneren Stadium der Vergesellschaftung jeder mit jedem über alles spricht, Autoren intensive Gespräche mit Lesern beginnen, Leser fragen und Magazine antworten (vgl. Schlaeger 1984: 374f.). Diese einsetzende Institutionalisierung des Sprechens untereinander wird auch in dem von Addison und Steele herausgegebenen "Spectator" deutlich, der in seiner französischen Übertragung, dem "Spectateur", das Vorbild für die frühen deutschen Moralischen Wochenschriften darstellte.[2] Mit dem Hinweis auf die wöchentliche Erscheinungsweise und die Einheit der Stücke, die moralischen Themen und deren zeitlosen Charakter, den fiktiven Verfasser bzw. die Verfassergesellschaft und die handelnden Personen, die der realen sozialen, Tätigkeits- und Umgebungssituation weitgehend enthoben sind, sind in literaturwissenschaftlichen Untersuchungen wesentliche institutionelle Merkmale genannt worden (vgl. Martens 1968, Scheibe 1973, Brandes 1974, Gühne 1978).

Da Institutionen auf einem System institutioneller Rollen, entsprechender Status-Differenzierung und Systemen expliziter Normen beruhen, können diese ausgehend von ihren Zwecken erläutert und hinsichtlich ihrer Anwendung überprüft werden (vgl. Dittmann 1979: 210f.). Ich möchte mich in diesem Beitrag auf einige Aspekte jener expliziten Normen beschränken, die die Verwendung traditioneller Textmuster in den Wochenschriften regeln und dabei auch versuchen, die Frage zu beantworten, in welcher Weise das Verhältnis von Schriftlichkeit und Mündlichkeit dafür konstitutiv ist.

Da die Auswahl entsprechender Textmuster im Zusammenhang mit den veränderten Vorstellungen vom Menschen und damit verbundenen Soll-Normen gesehen werden muß, soll dieses Verhältnis zunächst kurz erläutert werden. Ich hatte bereits darauf hingewiesen, daß mit den in den frühen Moralischen Wochenschriften reflektierten naturwissenschaftlichen Entdeckungen und den damit verbundenen Konsequenzen für die Bestimmung der Allgegenwart Gottes aber noch keine Zusammenhänge im organischen Bereich erklärbar waren. Zu diesem Zweck wird auf ein Stück neuplatonischen Gedankengutes zurückgegriffen, auf die Idee von der Kette der Wesen. Diese Idee von der Kette der Wesen kann als ein Gedankenschema gelten, das bis in das 19. Jahrhundert hinein für gebildete Menschen Gültigkeit hatte. Ende des 17. / Anfang des 18. Jahrhunderts bildete es die Grundlage für eine Reihe deistisch geprägter Theorien. Deshalb ist es auch nicht möglich (etwa im Falle der Moralischen Wochenschriften, die sich ebenfalls auf die Idee von der Kette der Wesen stützen), einzelne Schriftsteller bzw. Quellen als Vorbild zu benennen. In einer großen Anzahl der in den Wochenschriften genannten aufklärerischen Literatur spielt dieses Gedankenschema eine Rolle. Kennzeichnend für die frühe Aufklärung ist, daß die zunächst als statisch verstandene Kette der Wesen nun als dynamisch aufgefaßt wird. Das heißt, alle Geschöpfe existieren, um sich in Richtung Gott zu entwickeln. Mit der auf diese Weise vorgenommenen Verbindung des Unsterblichkeitsgedankens mit dem Gedanken der Kette der Wesen ist eine Veränderung der traditionellen christlichen Eschatologie des jüngsten Gerichtes zu einer aufgeklärten Eschatologie der unendlichen Vervollkommnung verbunden. Der Gedanke an das ewige Leben wird aus diesem Grund nur mit der Seele verbunden, die, durch den Tod vom Körper befreit und vollkommener geworden, zu neuen Erkenntnissen über Gott und das Universum fortschreitet (vgl. Saine 1984: 54-67, bes. 64f.). Über die Vervollkommnung der Seele wird in den frühen deutschen Moralischen Wochenschriften sehr häufig reflektiert. Im Gebrauch des Verstandes bzw. der Vernunft wird dieses Mittel zur Vervollkommnung gesehen. Dabei ist die Vernunft dem Menschen von Gott verliehen worden, damit er sie gebraucht und Gott sich an der Vervollkommnung des Menschen erfreuen kann (vgl. Martens 1970 II: 379-383). Ein wesentlicher Punkt bei dieser Vervollkommnung der Seele ist die Fähigkeit zur Selbsterkenntnis, um "diese vornehmste Hälffte seiner selbst vor aller Befleckung und vor der unsinnigen Wuth thörichter Neigungen zu bewahren; Hingegen die Kräffte derselben am Verstande und Willen, mit Untersuchung erbaulicher Wahrheiten, Erlernung nützlicher Wissenschafften, Ausübung der wahren Klugheit und aller Christlichen Tugenden mehr und mehr auszuzieren" (Martens 1969 I: 424). Das Erkennen von Fehlern bei anderen Menschen dient nur dazu, eigene Fehler um so besser erkennen zu können. Bescheidenheit und Unterdrückung der Eigenliebe sind bei diesen Vervollkommnungsbemühungen unbedingte Voraussetzung. Die frühen deutschen Moralischen Wochenschriften bewegen sich mit diesen Aussagen im wesentlichen auf der von Descartes vorgenommenen Unterscheidungen zwischen reinem Denken und Denkformen (Passion, Imagination), die erst durch die Verbindung von Körper und Seele entstehen und der Korrektur durch Vernunft und Willenskräfte bedürfen (vgl. dazu auch Ricken 1984: 18). Im Anschluß an J. Lockes Sensualismus (vgl. Locke [1690] 1962) wird die Imagination des Menschen bei der Geburt als tabula rasa aufgefaßt. Vernunft und Passionen werden als bei allen Menschen vorhandene gleichartige geistige Anlagen aufgefaßt. Diese Gleichheit der geistigen Anlagen und das von Gott gewünschte Verhältnis beider zueinander bilden auch die wesentliche Grundlage für die Vorstellungen vom Menschen in psychisch-emotionaler, didaktischer, sozialer und sprachlich-kommunikativer Hinsicht. Beherrschung der Affekte, vernünftige Erziehung und keine durch die Natur legitimierten sozialen Unterschiede stehen in enger Verbindung zu den Soll-Normen sprachlich-kommunikativer Tätigkeit. Wesentlich für die sprachliche Kommunikation ist die faktische Gleichsetzung von Rede und Denken. Zwar ist die Rede dem Gebrauch der Vernunft nachgeordnet, sie wird aber als ein Mittel hervorgehoben, wodurch sich der Mensch vom Tier unterscheidet und die Vernunft entwickelt werden kann, und als sichtbarstes Zeichen der Gesellschaft gewertet. Ausführlich äußern sich die "Die Vernünfftigen Tadlerinnen" (1726) hierzu:

> Die Rede ist ein Ausdruck unserer Gedanken / und Schrifften sind getreue Dollmetscher dessen / was in der Seele eines Scribenten vorgehet. Man kann von der Beschaffenheit des einen gantz sicher auf die Eigenschafft des anderen schlüßen. Hat er lauter undeutliche und verwirrte und übelzusammenhangende Bildungen im Kopf / so wird er auch eine dunckle undordentliche und weitgedehnte Art des Ausdrucks haben. (Die Vernünfftigen Tadlerinnen 1726: 91)

Die Rede bzw. das Sprechen als "Tochter der Vernunfft, eine Mutter der Wissenschaft, ein Tausch der Gedancken, eine Gemeinschafft des Hertzens" (Martens 1969 I: 60) ist zwar dem Verstand nachgeordnet, gibt aber über dessen Zustand Auskunft.

Dieses Verhältnis von Denken und Sprechen spiegelt sich auch in einer spezifischen Auffassung von Schriftlichkeit und Mündlichkeit wider. Einmal wird bemängelt, daß schriftliche Texte unbegrenzt Traditionselemente aufbewahren können, im Gegensatz zu mündlichen Texten aber nicht daraus auswählen, wie es für eine vernünftige Rede notwendig wäre. Im 1. Teil der "Discourse der Mahlern" (1721) heißt es dazu:

> Die Rede ist es durch welche der Mensch bekannt machet, daß er gedencket, ...: Aber wenn ihr auf die Conversationen des grősten Theils der Menschen achtung gebet, so werdet ihr wahrnehmen, daß ihre Reden lauter machina=lische Wirckungen des Gedåchtnisses sind. Sie werden mit tausend Historien einkommen, mit Fabeln, Complimenten, Wort=spielen = = = welche ihnen von Mutter und Großmutter angeerbet sind, ... Also ist ihre gantze Wissenschafft in dem Grunde nichts anders als eine Nachfolge und Wiederholung. (Die Discourse der Mahlern 1721 I: 45)

Die in Kunst (ars) und Wissenschaft (scientia) gespeicherten Wissensbestände werden deshalb der Schriftlichkeit zugeordnet und problematisiert. Künste und Wissenschaften werden als nicht vom Schöpfer verliehen aufgefaßt. Die Menschen "haben dieselben von der Auferziehung, der Gewohnheit, dem Caprice, der ungeformten Fantasie ... Paßionen die gantz außgelassen sind, ..." (Die Discourse der Mahlern 1723 III: 174) empfangen. Sie sind deshalb zugunsten einer natürlichen Erkenntnis aufzugeben. Eng damit ist die Frage nach der Wahrheit verbunden, die für beide Formen der Wissensbestände nicht gegeben ist. Demgegenüber erscheint die Mündlichkeit (vor allem auf Grund ihres dialogischen Charakters) als das Medium, das dem für die rationelle Rede geforderten beständigen Fortschreiten der Erkenntnis Rechnung trägt. Vorbild sind aber geschriebene Gespräche, die den tatsächlichen Situationen enthoben und deutlich von Alltagsgesprächen abgegrenzt sind. Dabei wird auf die Reden politer und witziger Männer orientiert (vgl. "Discourse...", 1721 I: 34). Damit ist zunächst einmal ein an der Logik orientiertes rhetorisches Textherstellen gemeint. Die Ablösung der Topik durch freies Nachsinnen oder Meditieren und die Abkehr von enzyklopädischer Realiengelehrsamkeit, von Schatzkammern und Kollektaneen und die Hinwendung zu einer realwissenschaftlich erfaßbaren, erfahrungsbezogenen Realität wird beim Textherstellen durch die 'Erfindung des Hauptsatzes' realisiert, "der thesenhaft auf die mit dem Redethema und der Sprech- und Schreibsituation sich aufdrängenden Problemstellung reagiert" (Beetz 1981: 171) und mit dem der die Rede steuernde Zweck gefunden ist. Aber auch für die dispositio und elocutio ist die Orientierung an logisch orientierten Lösungsmustern unverkennbar. Hierunter fallen auf der makrotextuellen Ebene die Argumentationsmuster, die sich am Syllogismus und dem mäeutischen Dialog orientieren.[3] Auf der mikrotextuellen Ebene gehören hierzu vor allem die Figuren und Tropen, die die Erkenntnis in der Kommunikation fördern, so z.B. der Vergleich, die Ironie, das Exempel. Im "Patrioten" (Martens 1970 II) heißt es dazu:

1.) Nehmt einen eintzelnen Satz vor euch, und richtet bestandig euer Augenmerck darauff, damit der Leser allezeit einen so viel deutlichern Begriff davon habe, je weiter er auch folget. Was er zuerst von ferne siehet, scheinet ihm eine Wolcke zu seyn: hernach findet er, daß es ein Berg ist, und endlich ein Wein=Garte. Er gehet hinein, und die Trauben sind reiff.

2.) Schreibet, als ob ihr jedes Ding vor euch sähet, davon ihr handeln wollt. Die Gleichniß=Reden, so uns eine Sache ins Gesicht bringen, sind die allerlebhafftesten und nachdrücklichsten.

3.) Zeiget in euren Schrifften, daß ihr höfflich, edelmüthig und wohl auffgebracht seyd. Bedienet euch keiner niederträchtigen Figuren, noch anderer Pedantischen Zierrahten. Denn beydes sind untriegliche Kennzeichen eines schlechten Verstandes. (Martens 1970 II: 23f.)

Für ein so gestaltetes Schreiben im Duktus der Mündlichkeit (vgl. Schlieben-Lange 1983: 81) sind traditionelle Textsorten vorhanden, die in den frühen deutschen Moralischen Wochenschriften Verwendung finden. Als den erläuterten Erfordernissen des rationalen Diskurses entsprechend gelten und lassen sich in den Wochenschriften nachweisen: der Sokratische Dialog, der moralische Charakter bzw. die Charaktererzählung, die protestantischen Teufelbücher, die Satire, die Reisebeschreibung, die protestantische Andachtsliteratur.[4] In welchem Umfang und in welcher Weise diese Textsorten durch ihre Verwendung im rationalen Diskurs Veränderungen unterliegen, wird Gegenstand weiterer Untersuchungen sein.

Anmerkungen

1 Ausführlich dazu Saine (1984: 11-36).
2 Über die Vorbildwirkung des "Spectator" vgl. Rau (1980: bes. 151-233).
3 Zur Verwendung des Syllogismus in der frühen Aufklärung vgl. Klassen (1974: 72-81).
4 Diese Auflistung erhebt nicht den Anspruch auf Vollständigkeit.

Literatur

Beetz, Manfred (1981): "Rhetorisches Textherstellen als Problemlösen. Ansätze zu einer linguistisch orientierten Rekonstruktion von Rhetoriken des 17. und 18. Jahrhunderts". - In: Zeitschrift für Literaturwissenschaft und Linguistik 11/43-44: 164-191.

Brandes, Helga (1974): Die "Gesellschaft der Mahler" und ihr literarischer Beitrag zur Aufklärung. Eine Untersuchung zur Publizistik des 18. Jahrhunderts. - Bremen: Schünemann.

"Die Discourse der Mahlern". Vier Theile in einem Band (1721-1723). - Zürich: Lindinner.

Dittmann, Jürgen (1979): "Institutionen und sprachliches Handeln". - In: Dittmann, Jürgen (Hrsg.): Arbeiten zur Konversationsanalyse (Tübingen: Niemeyer) 198-234.

Gühne, Ekkehard (1978): Gottscheds Literaturkritik in den "Vernünfftigen Tadlerinnen" (1725/26). - Stuttgart: Heinz.

Klassen, Rainer (1974): Logik und Rhetorik in der frühen deutschen Aufklärung. - Augsburg: Blasaditsch.

Locke, John ([1690] 1962): Über den menschlichen Verstand (An Essay concerning human understanding [dt.]. I, II. - Berlin: Akademie-Verlag.

Martens, Wolfgang (1968): Die Botschaft der Tugend. Die Aufklärung im Spiegel der deutschen Moralischen Wochenschriften. - Stuttgart: Heinz.

- (1969 I/1970 II, III/1984 IV): "Der Patriot" nach der Originalausgabe 1724-26 in drei Textbänden und einem Kommentarband. - Berlin: de Gruyter.

Rau, Fritz (1980): Zur Verbreitung und Nachahmung des Tatler und Spectator. - Heidelberg: Winter.

Ricken, Ulrich (1984): Sprache, Anthropologie, Philosophie in der französischen Aufklärung. Ein Beitrag zur Geschichte des Verhältnisses von Sprachtheorie und Weltanschauung. - Berlin: Akademie-Verlag.

Saine, Thomas P. (1984): Von der Kopernikanischen bis zur Französischen Revolution. Die Auseinandersetzung der deutschen Frühaufklärung mit der neuen Zeit. - Berlin: Schmidt.

Scheibe, Jörg (1973): Der "Patriot" (1724-1726) und sein Publikum. Untersuchungen über die Verfassergesellschaft in der frühen Aufklärung. - Göppingen: Kümmerle.

Schlaeger, Jürgen (1984): "Vom Selbstgespräch zum institutionalisierten Dialog. Zur Genese bürgerlicher Gesprächskultur in England". - In: Stierle, Karlheinz/Warning, Rainer (Hrsg.): Das Gespräch (München: Fink) 361-376.

Schlieben-Lange, Brigitte (1983): Traditionen des Sprechens. Elemente einer pragmatischen Sprachgeschichtsschreibung. - Stuttgart etc.: Kohlhammer.

Die Vernünfftigen Tadlerinnen. Der erste Theil (1725). Andrer Jahr=Theil 1726 (1727). - Leipzig: Bey Johann Brauns sel. Erben.

5. GRAMMATIK

KONVERGENZEN ZWISCHEN NEUEREN GRAMMATIKTHEORIEN UND DESKRIPTIONSGRAMMATIKEN?
Zum Verhältnis von Konstituenz, Rektion (*Government*), Valenz und Dependenz

Jürgen Erich Schmidt

Hätte man die Frage nach dem Verhältnis von Grammatiktheorie und Deskriptionsgrammatiken, die Frage nach möglichen Konvergenzen vor 10 oder gar 15 Jahren gestellt, so hätte sich etwa die folgende Antwort ergeben: Die grammatiktheoretische Diskussion war von einer generativen Grammatik dominiert, die sich zwar keineswegs monolithisch darstellte, die sich aber mit der "Standardtheorie", später dann mit der "erweiterten Standardtheorie" auf klar umrissene Grundannahmen, Teilkonzepte und einen relativ einheitlichen Notationsapparat beziehen konnte. Dieser dominierenden Stellung entsprach es, daß auch nichtgenerative Deskriptionsgrammatiken - ich beschränke mich hier auf Deskriptionsgrammatiken für das Deutsche - sich in unterschiedlichem Ausmaß Teilkonzepte der generativen Grammatik zu eigen machten bzw. sich diesen annäherten. Eine zentrale Rolle kam dabei dem Transformationsbegriff zu. Zwei Beispiele mögen die Situation, wie sie sich noch vor etwa 10 Jahren darstellte, verdeutlichen: In Ulrich Engels valenzgrammatischer "Syntax der deutschen Gegenwartssprache" hieß es noch in der 2. Auflage von 1982: "Jede brauchbare Grammatik unter den heute verbreiteten ist eine Transformationsgrammatik"(Engel 1982: 26). In den als kommunikativ-pragmatische Grammatik neu konzipierten "Grundzügen einer deutschen Grammatik" von 1981 werden syntaktische Strukturen durchgängig als "Abwandlungen" (also: Transformationen) aus "Grundstrukturen" (also: Tiefenstrukturen) beschrieben.[1] Diese Situation hat sich seither grundlegend geändert. Von einer generativen Grammatik kann man heute nicht mehr ausgehen. Zu konstatieren sind vielmehr eine Reihe von Theorievarianten[2], die sich von ihrem gemeinsamen Ausgangspunkt konzeptionell z.T. recht weit entfernt haben. So leugnet die heute wahrscheinlich wichtigste Version, die im wesentlichen auf Noam Chomsky selbst zurückgehende, sich selbst als Universalgrammatik verstehende "Theory of Government and Binding", nicht nur die Bedeutung des spezifischen Notationsapparates der Standardversion, sie gibt auch den zentralen Stellenwert der "Generativität" auf[3] und reduziert den ehemals so wichtigen Transformationsteil auf bloße "Bewegungen" (movements = Permutationen) (vgl. Grewendorf 1988: 66). Es gibt sogar Stimmen, die bestreiten, daß es der generativen Theorie jemals um deskriptive Adäquatheit gegangen sei.[4]

Die Vielzahl der Theorieversionen, die Beschäftigung mit einigen wenigen potentiell universellen grammatischen Prinzipien und die starke Konzentration auf theorieinterne Probleme wie etwa die Frage nach der Konfigurationalität/Nichtkonfigurationalität bestimmter Sprachen[5] oder die Zuordnung bestimmter Strukturen zu den Projektionsebenen innerhalb der Xbar-Syntax[6] dürften der Grund dafür sein, daß diese Art von Grammatiktheorie keinen oder kaum einen Niederschlag in den jüngsten Deskriptionsgrammatiken des Deutschen gefunden hat. So wird in den 1988 erschienenen Grammatiken von Ulrich Engel und Hans Jürgen Heringer auf die Diskussion der neueren Grammatiktheorien nicht eingegangen (vgl. Engel 1988 und Heringer 1988). Nur in Peter Eisenbergs zuerst 1986 erschienenem "Grundriß der deutschen Grammatik", einer Konstituentenstrukturgrammatik, spielt ein allerdings gegenüber Chomsky stark modifiziertes Rektionskonzept eine Rolle, auch wird auf die Xbar-Darstellung von Phrasenstrukturen kurz eingegangen.[7] Auf diesem Hintergrund könnte es naheliegen, die aktuelle Situation von Grammatikschreibung und Grammatiktheorie zu kennzeichnen, indem man den Gegensatz zwischen Deskriptionsgrammatiken, denen theoretische Defizite vorgeworfen werden[8], und einer auf universale Prinzipien ausgerichteten Grammatiktheorie, die erst noch auf Deskriptionstauglichkeit hin entwickelt werden müßte, herausstellt. Dabei besteht allerdings die Gefahr, daß sich abzeichnende Konvergenzen ganz anderer Art als in den 70er Jahren und die Chancen, die sich hieraus ergeben, übersehen werden.[9] Ergaben sich Konvergenzen in den 70er Jahren aus der Übernahme von Teilkonzepten der generativen Grammatik in Deskriptionsgrammatiken, so gibt es heute Indizien, die umgekehrt auf eine Annäherung aktueller, aus der generativen Grammatik hervorgegangener Theorieversionen an nichtgenerative Grammatiken hindeuten. Diese Indizien sind:

1. das *Government*-Konzept Noam Chomskys, also die Analyse von Konstituentenstrukturen als Beziehung zwischen einem regierenden Element (*Governor*) und regierten Elementen;
2. verbozentrische Satzanalysen im Rahmen der Xbar-Syntax;
3. die Verwendung des Valenzbegriffs in Xbar-Analysen und im Zusammenhang mit dem *Government*-Konzept[10].

Im folgenden soll der naheliegenden, aber bisher nicht bearbeiteten Frage (vgl. Kolde 1989: 75) nachgegangen werden, was es bedeutet, wenn zwar nicht unbedingt die Termini und Darstellungsverfahren, wohl aber die zentralen Theoreme und Begriffe der verbozentrischen Dependenzgrammatik (Verbozentrik, Regens/Dependens-Beziehung, Valenz) im Rahmen der neueren Grammatiktheorien eine Rolle spielen. Insbesondere soll der Frage nachgegangen werden, ob Werner Abrahams Ansicht, das Problem der unbefriedigenden Begründungen der valenztheoretischen Zentralbegriffe könnte im Rahmen der neueren Grammatiktheorien gelöst werden (vgl. Abraham 1988: 944f.), zutrifft. Bekanntlich hatte schon Louis Hjelmslev den Dependenzbegriff als undefinierbar erklärt[11], der Valenzbegriff wurde von generativen Grammatikern als "vortheoretisch" kritisiert, die Begründung des Valenzbegriffs ist, wie die aktuelle Diskussion um Klaus M. Welkes "Einführung in die Valenz- und Kasustheorie" zeigt[12], auch innerhalb der verbozentrischen Dependenzgrammatik umstritten. Es erübrigt sich fast zu erwähnen, daß es für die konkrete Deskription von Einzelsprachen ein erheblicher Fortschritt wäre, wenn sich hier im Rahmen der neueren grammatiktheoretischen Diskussion tatsächlich befriedigende Lösungen ergäben.

Ich beginne mit der Xbar-Syntax: Ausgangspunkt für die Entwicklung dieses Konzepts war die von Chomsky schon 1970 vorgetragene Ansicht, daß der transformationelle Ansatz nur begrenzt geeignet ist, die offensichtlichen strukturellen Parallelitäten von Nominalphrasen und Sätzen zu beschreiben (vgl. Chomsky 1970). Sehr viel besser als transformationell meinte man die Parallelität aller Phrasentypen (VP, NP, AP, PP) mit Sätzen herausstellen zu können, indem man die besondere Beziehung des "lexical head" (Verb, Nomen, Adjektiv, Präposition) einer Phrase (=Konstituente) zu den übrigen Konstituenten einer Phrase in den Mittelpunkt der Beschreibung stellte und auf Satzebene eine vergleichbare Zentralkategorie, und zwar meist den "Finitheitsknoten" (=INFL), ansetzte.[13]

Um diese besondere Strukturbeziehung der *head* genannten Zentralkategorie zu den übrigen Konstituenten mit der Darstellung von Phrasenstrukturen vereinbaren zu können, wurde die Xbar-Darstellung (=X') entwickelt, die Chomsky (1986: 160) folgendermaßen zusammenfaßt:

> Each lexical category X (X=N,V,A,P) heads a category X' (X-bar) consisting of X and its complements. Call X' a *projection* of X. We assume a further projection X'' consisting of X' and a specifier of X', where the specifier of N' is the determiner (DET: articles, quantifiers, possessive NP). We call X'' the maximal projection of X and X the head of X'' (and of X'); we will continue to use the conventional symbols NP, VP, AP, and PP for the *maximal projections* of N, V, A, and P, respectively.

Wie das folgende vereinfachte Schema zeigt, bringt diese Darstellung sowohl die Konstituentenstruktur (Konstituenten, die in derselben TEIL VON-Relation stehen, sind auf einer Ebene angeordnet) als auch mit Hilfe der Projektionen des *head* dessen Beziehungen zu den übrigen Konstituenten zur Anschauung.

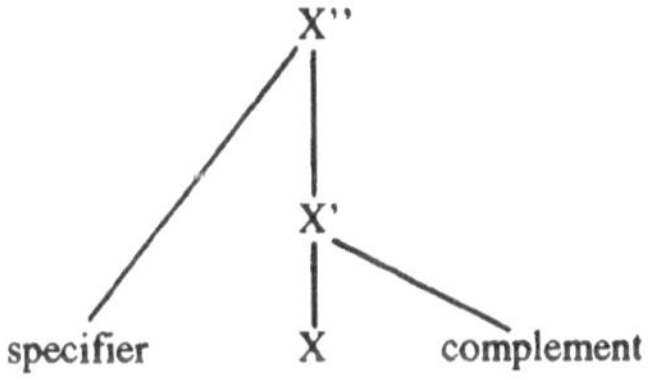

(Beisp.: Der Student der Geowissenschaften)
DET N NP

Genau betrachtet stellt schon die Xbar-Syntax eine Annäherung an die verbozentrische Dependenzgrammatik dar, da, auf Satzebene, mit dem Ansetzen einer Zentralkategorie als Ausgangspunkt der strukturbestimmenden Projektionen der alte NP/VP-Binarismus zumindest partiell überwunden ist. Da es nicht konsequent ist, bei allen Phrasen eine lexikalische Kategorie als Zentralkategorie anzusetzen, auf Satzebene mit dem Finitheits- oder Flexionsknoten (INFL) aber ein abstraktes Element, kann es nicht verwundern, daß Theorievarianten entwickelt wurden, die auch auf Satzebene eine lexikalische Kategorie, also das Verb, als Zentralkategorie ansetzen. So haben u. a. W. Mayerthaler und G. Fliedl genau dies vorgeschlagen und können daher in ihrer "natürlichkeitstheoretischen Syntax" von einem "verbzentrierten Modell der X'-Syntax" sprechen.[14] Es wäre jedoch überzogen, zum heutigen Zeitpunkt eine allgemeine Tendenz der Xbar-Syntax hin zur Verbozentrik konstatieren zu wollen. Die angesprochene Inkonsequenz läßt sich natürlich auch beseitigen, indem man auch für die übrigen Phrasentypen eine nichtlexikalische Kategorie als Zentralkategorie ansetzt. Diesen Weg haben für deutsche Nominalphrasen in jüngster Zeit etwa Hubert Haider und Elisabeth Löbel vorgeschlagen, indem sie den Determinator (Det) zum Ausgangspunkt der Xbar-Projektionen machen (vgl. Haider 1988, Löbel 1990).

So bemerkenswert die im Extremfall bis zur Übernahme des Konzepts der Verbozentrik gehende Annäherung der Xbar-Syntax an nichtgenerative Grammatiken ist, so ist diese theoretisch doch von nachgeordneter Bedeutung, da es sich bei der Xbar-Syntax letztlich lediglich um ein alternatives Verfahren zur Darstellung von Phrasenstrukturen handelt. Seine eigentliche Bedeutung für das hier behandelte Thema liegt darin, daß die Xbar-Konventionen, die formalen Definitionen des *Government*- bzw. Rektionsbegriffs ermöglichen, auf denen der erwähnte Anspruch der theoretischen Überlegenheit beruht. Ich beziehe mich im folgenden auf die Theorievariante, in der diesem Begriff nach vorherrschender Meinung[15] die zentrale Stellung zukommt, eben die *Government and Binding*-Theorie.[16] In diesem Rahmen hat man für *Government* und *proper government* (deutsch: "strikte", "echte" oder "strenge Rektion") eine Reihe von mehr oder weniger formalen Definitionen diskutiert[17], deren verbreitetste Variante Grewendorf (1988) folgendermaßen wiedergibt:

Government:

Ein Knoten α regiert einen Knoten β gdw. [genau dann, wenn; J. E. S.] (i) und (ii) gilt:
(i) α ist X° oder INFL°
(ii) α und β werden von derselben maximalen Projektion dominiert.

Proper government:

Ein Knoten α regiert einen Knoten β streng gdw. (i) und (ii) gilt:
(i) α regiert β
(ii) α ist eine lexikalische Kategorie.[18]

Solche Definitionen leisten nichts anderes, als die Beziehung bestimmter Konstituenten innerhalb einer gegebenen Konstituentenstruktur mit dem Terminus *Government* zu etikettieren, und besagen z. B. nichts anderes, als daß das Verhältnis einer lexikalischen Kategorie zu einer anderen Konstituente der die lexikalische Kategorie enthaltenden Phrase (= "von derselben maximalen Projektion dominiert") *proper government* heißen soll. Die zweite sehr verbreitete Definitionsmöglichkeit, *Government* als Sonderfall der *c-command*-Beziehung zu definieren (vgl. etwa Cook 1988: 151f./156), ist sachlich identisch. Die Attraktivität solcher Definitionen besteht darin, daß sie rein konstituentenstrukturell erfolgen, also darin, daß hier die Beziehung des *head* zu seinen "Schwester"-Konstituenten unabhängig von Kriterien wie ‹Obligatorik›, ‹Subklassenspezifik› o.ä. bestimmt wird, also unabhängig von Kriterien, deren exakte Fassung und theoretische Begründung der Valenztheorie so dauerhaft Schwierigkeiten bereitet. Entsprechend heißt es bei Abraham zum Status des Rektionsbegriffs: "Der strenge, formale Rektionsbegriff ist kategorienunabhängig, d.h. alleine durch hierarchische Beziehung in der Konstituentenstruktur [...] ausdrückbar." (Abraham 1988: 682) Dieser Auffassung entspricht es, daß die *Government*-Beziehung, der Konzeption nach, Begriffen wie ›Subklassenspezifik‹ oder seinem generativ grammatischen Äquivalent ›Subkategorisierung‹ vorgeordnet ist. Rein theoretisch ist das Vorliegen einer *Government*-Beziehung Voraussetzung für das Auftreten "subkategorisierter" Konstituenten, sie ermöglicht die Zuweisung von Kasus und semantischen Rollen (vgl. etwa Cook 1988: 35). Die postulierte Überlegenheit des *Government*-Begriffs gegenüber dem Dependenzbegriff und des Begriffs des *proper government* gegenüber dem Valenzbegriff hat ihren Grund darin, daß auf der Basis von Definitionen wie der oben wiedergegebenen das Vorliegen/Nichtvorliegen der entsprechenden Strukturbeziehung aus einer gegebenen (!) Konstituentenstruktur, d.h. aus einer einmal vorliegenden (!) Xbar-Darstellung zweifelsfrei "abgelesen" werden kann. Die tatsächliche Vorgehensweise sieht jedoch auch im Rahmen der *Government and Binding*-Theorie anders aus. Konstituentenstrukturen sind nicht einfach "gegeben": Sobald in einem konkreten Fall festgestellt werden soll, ob *proper government* vorliegt oder nicht, zeigt sich, daß diese rein konstituentenstrukturelle Definition nicht ausreicht. Das gilt sowohl für das theorieimmanent wichtige Postulat, daß leere Kategorien (*empty categories*; ECs) strikt regiert sein müssen, als auch für Versuche, mit dem Xbar-Ansatz konkrete sprachliche Strukturen zu deskribieren, was sinnvoll nur dann möglich ist, wenn Konstituenten, die in derselben Beziehung zum *head* stehen, auch dieselbe Projektionshöhe zugeordnet wird.[19] Um hier ohne Willkür und unter Vermeidung von logischen Zirkeln[20] Entscheidungen treffen zu können, werden zusätzliche Kriterien benötigt, wobei das weitaus wichtigste das der (strikten) Subkategorisierung ist.[21] So heißt es bei Grewendorf, daß "es primär Subkategorisierungsnotwendigkeiten sind, die die [...] Identifizierbarkeit gestatten [...]" (Grewendorf 1988: 123). Daher kommt es, daß sich in der einschlägigen Literatur Formulierungen finden, die *Government* und Subkategorisierung in vager Weise parallel setzen:

> Rektion [wird] immer dort eine Rolle spielen, wo Subkategorisierungseigenschaften betroffen sind [....]. (Grewendorf 1988: 123)

> This configuration [~government; J.E.S.] is familiar, of course, from the theory of subcategorization. If α is a 0-level category of X-bar theory, then the category β must satisfy the subcategorization frame of α. (Chomsky 4.A. 1986: 37)

Daraus, daß für die konkrete Deskription weniger formalisierte, sondern in erster Linie klar operationalisierte Begriffe benötigt werden, erklärt sich, daß in deskriptiven Arbeiten *Government*/Rektion und Subkategorisierung identifiziert werden oder in Xbar-Analysen gleich von *Valenz* gesprochen wird: Hier kann beispielsweise auf verschiedene Versuche, die Substantivgruppe des Deutschen nach dem Xbar-Ansatz zu beschreiben, verwiesen werden. Sigrid Freytag ordnet präpositionale Attribute aufgrund ihrer Valenzeigenschaften den verschiedenen Projektionsstufen zu (vgl. Freytag 1988). Einen Schritt weiter geht Heinz Vater, indem er die "Partner"-Konstituenten des Substantivs auf der ersten Projektionsstufe (=X, X') als "Valenz-Komplemente" bezeichnet[22] und dabei einen Valenzbegriff zugrunde legt, der sich an den Gerhard Helbigs und Wolfgang Schenkels anschließt (vgl. Vater 1986).

An der bisher jüngsten Auseinandersetzung mit dem *Government*/Rektions-Begriff zeigt sich, daß zunehmend deutlicher gesehen wird, daß es nicht genügt, die theoretische Lücke zwischen einem konstituentenstrukturell definierten, de facto aber auf das "Fügungspotential" (vgl. Mayerthaler/Fliedl i.E.) abzielenden *Government*-Begriff lediglich terminologisch (als traditionelle grammatische Begriffe beinhalten sowohl *Government* als auch Rektion die Kasusfestlegung bei abhängigen Elementen (vgl. Cook 1988: 148)) oder in Form von Postulaten[23] zu überbrücken. So versuchen W. Mayerthaler und G. Fliedl die Lücke definitorisch zu schließen, indem sie für "Kasusrektion" eine dritte Bedingung ansetzen: "c) β muß von X1 dominiert sein und ist *deshalb* [Hervorhebung J. E. S.] ein Element des Subkategorisierungsrahmens des X0-Elements" (Mayerthaler/Fliedl i.E.). Da sich die Subkategorisierungseigenschaften nicht aus der konstituentenstrukturellen Definition ergeben, ergibt dieses *deshalb* nur dann einen Sinn, wenn man umgekehrt das Vorliegen subkategorisierter Konstituenten implizit oder explizit zum Definiens der Xbar-Struktur (genauer: einer bestimmten Projektionshöhe innerhalb der Xbar-Struktur) macht. Bei Mayerthaler/Fliedl ist dies der Fall, da sie an anderer Stelle tatsächlich eine Modifikation des "üblichen X'-Mechanismus" vorschlagen, in der die "spezifische[n] Valenzeigenschaften" der verschiedenen lexikalischen Kategorien zum Ausgangspunkt der Strukturanalyse gemacht werden (vgl. Mayerthaler/Fliedl i.E.). Es erübrigt sich fast festzustellen, daß für eine solche Modifikation angesichts der Operationalisierungsschwierigkeiten gute Gründe vorliegen mögen, daß hiermit aber die Voraussetzung für eine unabhängige, rein konstituentenstrukturelle Bestimmung des *Government*-Begriffs entfallen ist.

Zusammenfassend ist festzuhalten, daß wichtige neuere grammatiktheoretische Konzepte[24] insofern mit der verbozentrischen Dependenzgrammatik konvergieren, als Einigkeit darüber besteht, die je nach Theorie (*proper*) *government*, (*strikte*) *Rektion* oder *Valenz* genannte Strukturbeziehung zwischen dem Regens/*head* einer Phrase oder eines Satzes und seinen je nach Theorie *Komplemente*, (*strikt*) *regierte Konstituenten* oder *Ergänzungen/Aktanten* genannten Partnern in den Mittelpunkt der Analyse zu stellen. Daß es sich unabhängig von der jeweiligen theoretischen Einbindung tatsächlich um dieselbe Strukturbeziehung handelt, zeigt sich besonders auch an der identischen Operationalisierung in der konkreten Deskription: zentrales Kriterium für das Vorliegen der Strukturbeziehung ist jeweils die subklassenspezifische Selektion/Subkategorisierung syntaktischer Einheiten durch den Regens/*head* einer Phrase (Konstituente) oder eines Satzes. Mindestens ebenso beachtenswert wie diese theoretischen und deskriptionspraktischen Konvergenzen ist eine ganz andere "Konvergenz" der ursprünglich so verschiedenen grammatikographischen und grammatiktheoretischen Ansätze: Die theoretische Begründung der zentralen Strukturbeziehung bzw. die Verbindung von Operationalisierung und theoretischer Begründung bleibt unbefriedigend. Durchaus vergleichbar mit den theoretischen Schwierigkeiten der verbozentrischen Dependenzgrammatik mit dem Valenzbegriff bleibt die Beziehung der Subkategorisierung zum konstituentenstrukturell definierten *Government*-Begriff in den neueren Grammatiktheorien bemerkenswert undeutlich.

Anmerkungen

1 Vgl. Heidolph et al. 1981: bes. 135-144.

2 Unter diesen Theorievarianten kommen der "Generalized Phrase Structure Grammar" (Gazdar 1982, Gazdar/Pullum 1982), der "Lexical Functional Grammar" (Kaplan/Bresnan 1982) und der "Theory of Government and Binding" (Chomsky 4.A. 1986/1.A. 1981) besondere Bedeutung zu.

3 "Das Epitheton ›generativ‹ [ist] keineswegs ein essentielles Charakteristikum der generativen Grammatik. ›Generativ‹ heißt im Grunde nichts anderes als ›explizit‹. Insbesondere ist der spezifische Notationsapparat, den Chomsky vor allem in "Aspects of the theory of syntax" entwickelte bzw. vorstellte, kein wesentlicher und unverzichtbarer Bestandteil der generativen Grammatiktheorie. Er ist nicht viel mehr als ein weitgehend willkürlicher und historisch bedingter Weg, um sprachliche Regularitäten formal zu erfassen." (Fanselow/Felix I, 1987: 172).

4 "Um es deutlich zu sagen: wer Syntax um der reinen Sprachbeschreibung willen betreibt, wer primär an einer vollständigen Erfassung von Daten und möglichst hoher **deskriptiver Adäquatheit** interessiert ist, [...] für den ist die generative Grammatik und insbesondere die *Government and Binding*-Theorie das denkbar ungeeignetste Instrument." (Fanselow/Felix I, 1987: 9, vgl. 8ff.; Hervorhebung J.E.S.). Vgl. dagegen Chomsky 1965 (11.A. 1976): 24-27/34, wo er sich zur deskriptiven Adäquatheit als Voraussetzung der explanativen Adäquatheit äußert.

5 Vgl. etwa Schmidt 1989 zu Rüffer 1987.

6 Vgl. hierzu etwa Stechow/Sternefeld 1988: 127 und Haider 1988: 33ff.

7 Vgl. Eisenberg 2.A. 1989: bes. 52-57/252ff.

8 Vgl. etwa Abraham 1988: 944 zur Valenz- und Dependenzgrammatik.

9 Zur Frage nach möglichen Konvergenzen zwischen verbozentrischer Dependenzgrammatik und neueren Grammatiktheorien vgl. auch Eroms 1988: 258 und Kolde 1989: 75.

10 Vgl. z.B. Abraham 1988: 682, Freytag 1988, Kolde 1985: bes. 252f., Mayerthaler/Fliedl (im Druck), Vater 1985: 14 und Vater 1986: 125.

11 "The definition of analysis presupposes only such terms or concepts as are not defined in the specific definition system of linguistic theory, but which we posit as indefinables: *description*, *object*, *dependence*, *uniformity*." (Hjelmslev 1961: 29).

12 Vgl. Welke 1988 und dazu Helbig 1989, Welke 1990a/1990b und Wotjak 1990.

13 Meine Darstellung geht von Chomsky 4.A. 1986: bes. 153-230 und Chomsky 1986: bes. 145-220 aus und zieht daneben neuere, das Deutsche stärker berücksichtigende Darstellungen wie Fanselow/Felix II: 105-113 und Grewendorf 1988: 121-127 heran.

14 Mayerthaler/Fliedl (im Druck): Vorabdruck 18. Eine verbozentrische Xbar-Analyse findet sich auch in Kolde 1985: bes. 248-256.

15 "These are the basic configurations for GB-theory. In particular, a governs b [...] under additional conditions that we will explore, "government" being the fundamental concept unifying various subtheories." (Chomsky 4.A. 1986: 36). "The concepts of c-command and government play a central role throughout the modules of UG [...]". (Chomsky 1986: 162). Vgl. dagegen Grewendorf 1988: 121.

16 Zum Begriff *Government* in der "Lexical-Functional Grammar" vgl. Kaplan/Bresnan 1982: 211 und Bresnan 1982.

17 Vgl. etwa Chomsky 4.A. 1986: 164ff./273f.

18 Grewendorf 1988: 122f. Die "Antezedens-Rektion", die Grewendorf (1988: 124) zu einer Begriffserweiterung veranlaßt, stellt einen Sonderfall dar und kann hier außer acht bleiben.

19 Vgl. Fanselow/Felix II, 1987: 48f./172f.

20 Vgl.Grewendorf 1988: 43, wo Komplemente und Spezifikatoren durch ihre Stellung im Xbar-Schema definiert werden, mit dem oben wiedergegebenen Chomsky-Zitat (1986: 160), in dem die Projektionen als Zusammenfassung von X bzw. X' mit einem *complement* oder *specifier* definiert werden.

21 Vgl. Chomsky 1965 (11.A. 1976): 94f.

22 Vater 1986: 125, 1985: 14.

23 Vgl. Abraham 1985: 22. "Der formale Rektionsbegriff [Chomskys; J. E. S.] impliziert die strenge Subkategorisierung und damit die lexikalische Valenzbeziehung".

24 Zum *Government*-Begriff in der hier nicht behandelten *Lexical-Functional Grammar* vgl. oben, Fn. 16.

Literatur

Abraham, Werner (1985): "Einleitung und Begriffsvorklärung". - In: Abraham, Werner (Hrsg.): Erklärende Syntax des Deutschen (Tübingen) (= Studien zur deutschen Grammatik 25) 7-26.

- (1988): Terminologie zur neueren Linguistik. - Tübingen. (= Germanistische Arbeitshefte, Ergänzungsreihe 1) 2.A.

Bresnan, Joan (1982): "Control and Complementation". - In: Bresnan, Joan (ed.): The mental representation of grammatical relations (Cambridge Mass./London) 282-390.

Chomsky, Noam (1965): Aspects of the Theory of Syntax. - Cambridge, Mass./London, 11.A. 1976.

- (1970): "Remarks on Nominalization". - In: Jacobs, Roderick A./Rosenbaum, Peter S. (eds.): Readings in English transformational grammar (Washington) 184-221.

- (1981): Lectures on Government and Binding. The Pisa Lectures. - Dordrecht (= Studies in Generative Grammar 9) 4.A. 1986.

- (1986): Knowledge of Language: Its Nature, Origin, and Use. - New York etc. (Convergence).

Cook, Vivian James (1988): Chomsky's Universal Grammar. An Introduction. - Oxford etc. (= Applied Language Studies).

Eisenberg, Peter (1986): Grundriß der deutschen Grammatik. - Stuttgart, 2.A. 1989.

Engel, Ulrich (1977): Syntax der deutschen Gegenwartssprache. - Berlin (= Grundlagen der Germanistik 22) 2.A. 1982.
Engel, Ulrich (1988): Deutsche Grammatik. - Heidelberg.
Eroms, Hans-Werner (1988): "Der Artikel im Deutschen und seine dependenzgrammatische Darstellung". - In: Sprachwissenschaft 13, 257-308.
Fanselow, Gisbert/Felix, Sascha W. (1987): Sprachtheorie. Eine Einführung in die Generative Grammatik. I: Grundlagen und Zielsetzungen. II: Die Rektions- und Bindungstheorie. - Tübingen.
Freytag, Sigrid (1988): "Adverbiale Ergänzungen als Bestandteil komplexer Nominalphrasen". - In: Deutsch als Fremdsprache 25, 327-331.
Gazdar, Gerald (1982): "Phrase Structure Grammar". - In: Jacobson, Pauline/Pullum, Geoffrey K.: The nature of syntactic representation (Dordrecht etc.) (= Synthese language library 15) 131-186.
- /Pullum, Geoffrey K. (1982): Generalized Phrase Structure Grammar: A Theoretical Synopsis. - Bloomington.
Grewendorf, Günther (1988): Aspekte der deutschen Syntax. Eine Rektions-Bindungs-Analyse. - Tübingen (= Studien zur deutschen Grammatik 33).
Haider, Hubert (1988): "Die Struktur der deutschen Nominalphrase". - In: Zeitschrift für Sprachwissenschaft 7, 32-59.
Heidolph, Karl Erich et al. (1981): Grundzüge einer deutschen Grammatik. - Berlin.
Helbig, Gerhard (1989): "Kontroversen in der Valenztheorie. Zu K. M. Welkes "Einführung in die Valenz- und Kasustheorie" (statt einer Rezension)". - In: Deutsch als Fremdsprache 26, 257-262.
Heringer, Hans Jürgen (1988): Lesen lehren lernen. Eine rezeptive Grammatik des Deutschen. - Tübingen.
Hjelmslev, Louis (1943, dän. Original Kopenhagen): Prolegomena to a Theory of Language. - Madison 1961.
Kaplan, Ronald M./Bresnan, Joan (1982): "Lexical-Functional Grammar: A Formal System for Grammatical Representations". - In: Bresnan, Joan (ed.): The mental representation of grammatical relations (Cambridge, Mass./London) 173-281.
Kolde, Gottfried (1985): "Zur Topologie deutscher Substantivgruppen. Rahmenbildung und mehrfache Attribuierung." - In: Zeitschrift für germanistische Linguistik 13, 241-277.
- Gottfried (1989): Der Artikel in deutschen Sachverhaltsnominalen. - Tübingen (= Reihe Germanistische Linguistik 96).
Löbel, Elisabeth (1990): "D und Q als funktionale Kategorien in der Nominalphrase". - In: Linguistische Berichte 127, 232-264.
Mayerthaler, Willi/Fliedl, G. (im Druck): "Natürlichkeitstheoretische Syntax (NTS)". - In: Jacobs, Joachim et al. (Hrsg.): Syntax. Ein internationales Handbuch zeitgenössischer Forschung (Berlin etc.).
Rüffer, Norbert (1987): Konfigurationalität. Zur phrasenstrukturellen Repräsentation von Argumentstrukturen in natürlichen Sprachen. - Tübingen (= Linguistische Arbeiten 186).
Schmidt, Jürgen Erich (1989): "Rezension von Rüffer 1987". - In: Leuvense Bijdragen 78, 170-171.
Stechow, Arnim von/Sternefeld, Wolfgang (1988): Bausteine syntaktischen Wissens. Ein Lehrbuch der generativen Grammatik. - Opladen.
Vater, Heinz (1985): Einführung in die Nominalphrasensyntax des Deutschen. - Trier (= Kölner Linguistische Arbeiten Germanistik [sic!] 10.
- (1986): "Zur NP-Struktur im Deutschen". - In: Vater, Heinz (Hrsg.): Zur Syntax der Determinantien (Tübingen) (= Studien zur deutschen Grammatik 31.) 123-145.
Welke, Klaus M. (1988): Einführung in die Valenz- und Kasustheorie. - Leipzig.
- (1990a): "Schwierigkeiten beim Schreiben einer Einführung in die Valenztheorie: Ergänzungen und Angaben". - In: Zeitschrift für Germanistik 11, 5-11.
- (1990b): "Kontroverses in der Valenztheorie. Eine Erwiderung auf Gerhard Helbig". - In: Deutsch als Fremdsprache 27, 153-159.
Wotjak, Gerd (1990): "Kontroversen in der Valenztheorie. Anmerkungen zu K. Welkes "Einführung in die Valenz- und Kasustheorie" und zu G. Helbigs Reviewartikel". - In: Deutsch als Fremdsprache 27, 159-166.

VALENZBINDUNG UND VALENZSCHICHTUNG IM SATZ

Hans-Werner Eroms

1. Valenz und Dependenz

In neueren Arbeiten zur Valenzlehre setzt sich zunehmend die Erkenntnis durch, daß der Valenzbegriff in seiner bisher genutzten Form nicht als ausreichendes Erklärungsprinzip für die syntaktische Beschreibung angesehen werden kann.[1] Vor allem die Verengung auf die verbale Valenz wird der Struktur des Satzes nicht gerecht, sie fällt sogar hinter die Grundannahmen Lucien Tesnières zurück, der die vier 'vollen' Wortarten Verb, Substantiv, Adjektiv und Adverb in vielem parallel gesehen hatte (Tesnière 1976: 59-66), wenn sein Hauptinteresse auch der Hervorhebung gerade der unterschiedlichen Leistungen der Wortarten bei der Darstellung der hierarchischen Struktur des Satzes gegolten hatte.

Weder sind seine Ansichten über die Schichtungen des Satzes bislang voll ausgeschöpft, noch sind sie konsequent weiterentwickelt worden. Doch finden sich Ansätze, die sich ausbauen lassen: Dazu rechnen die von einigen Dependenzgrammatikern weitergedachten Konsequenzen der Abhängigkeitsrelationen zwischen den Wörtern. So hat Richard Hudson am Tabu gerüttelt, daß ein Wort nicht mehrere Regentien haben dürfe (Hudson 1984: 82-85). Wichtiger noch ist, daß man zunehmend diskutiert, inwieweit Wörtern anderer Wortarten Valenz zukomme.[2] Das hat den Blick dafür geschärft, die Eröffnung und Besetzung von Leerstellen als die syntaktische Konsequenz der lexikalischen Vorgaben genauer zu fassen. Was die verbale Valenz betrifft, so mehren sich die Versuche, den Begriff so zu erweitern, daß auch die sogenannten Angaben erfaßbar werden. Dies wiederum ruft den Protest der 'klassischen' Valenzgrammatiker hervor, wie man beispielsweise an der Rezension des Buches von Klaus M. Welke, "Einführung in die Valenz- und Kasustheorie" (Welke 1988), durch Gerhard Helbig sehen kann (Helbig 1989).[3] Fast alle Valenz- und Dependenzgrammatiker aber weichen dem Problem der Linearisierung aus[4]; mit der Erfassung der hierarchischen Struktur des Satzes ist seine Beschreibung noch keineswegs vollständig. Es kann nicht angehen, die syntaktische Beschreibung an Stellen zu unterbrechen, die in anderen grammatischen Richtungen zentral stehen. Die Linearisierung - so weit sie beeinflußbar ist - wird man mit der Intonationskontur am ehesten dem 'mitgelieferten' Interpretationsangebot des Satzes zurechnen dürfen. Die Satzintonationsführung wird nun in kaum einem grammatischen Modell bislang integrativ behandelt.[5] Im übrigen muß die Linearisierung in einer syntaktischen Prozedur erzeugt werden, man kann sie nicht sich selbst überlassen. Für eine Dependenzgrammatik, die die hierarchische Struktur des Satzes primär über Valenzbindung aufgebaut sieht, gibt das Prinzip der Projektivität einen brauchbaren Ansatz ab; darauf wird in 3. kurz eingegangen.

Zunächst jedoch soll gezeigt werden, daß trotz unterschiedlicher Valenzbindung und Leerstellenfüllung eine weitgehende kategoriale Strukturparallelität bei den verschiedenen Wortarten besteht. Danach soll auf die gegenseitige Verrechnung von Valenzen eingegangen werden, die bei einer Sprache wie dem Deutschen insbesondere die periphrastischen und die Klammer-Strukturen angemessener erfassen läßt als ein mechanisches Abgreifen von Leerstellenfüllungen.

2. Strukturparallelen im Satzaufbau

2.1. Zum Valenzbegriff

Wenn wir davon ausgehen, daß alle Wörter Fügungspotenzen aufweisen, wie es Admoni ausgedrückt hat (Admoni 1982: 2), gestehen wir die Erweiterung des Valenzbegriffs über das Verb, aber auch über das Adjektiv und das Substantiv hinaus zu. Die Dependenzgrammatiken sind konsequente Wortgrammatiken, aber Wort ist nicht gleich Wort, schon Tesnière trennt in 'leere' und 'volle' Wörter (Tesnière 1976: 53ff.) und hat damit wichtige Klassenunterschiede im Auge. Bei einer Radikalisierung des Valenzbegriffs, das heißt einer Ausdehnung auf alle Wörter, läßt sich sagen, daß der Wortschatz einer Sprache so angelegt ist, daß sich Wörter verketten und dadurch Syntagmen und Sätze bilden können. Ihre Fügungspotenzen machen sich dadurch bemerkbar, daß Leerstellen eröffnet werden, die durch Wörter oder Wörterketten anderer Wortklassen zu füllen sind. Dies gilt im Prinzip für alle Wortklassen, selbst für die Funktionswörter, wenn auch mit gewissen Einschränkungen.

Zunächst: Was ist Valenz, auf welcher sprachlichen Ebene ist sie angesiedelt? Häufig trennt man in logische, semantische und syntaktische Valenz.[6] Die beiden letzteren Kategorien werden auch als inhaltsseitige und ausdrucksseitige Valenz bezeichnet.[7] Es ist zuzugeben, daß der Valenzbegriff eine logische Komponente hat: So wie - logisch gesehen - ein Prädikat Argumente bindet und wie - übereinzelsprachlich - Prädikatskonzepte mit Personen-, Ding- und Sachverhaltsbezeichnungen verbunden werden, darf man sich das Funktionieren der sprachlichen Füllung von Fügungspotenzen vorstellen. Dies ist allerdings wenig mehr als eine Metapher für den s y n t a k t i s c h e n Vorgang. Das gleiche gilt für die Annahme, daß der Satz gleichsam schichtweise aus einer logischen Struktur über eine semantische bis zu einer oberflächensyntaktischen aufgebaut wird. Für den Dependenzgrammatiker ist die syntaktische Struktur maßgeblich. Diese wird interpretiert: auf Interpretationsangebote ist oben schon hingewiesen worden. Mithin läßt sich sagen, daß Valenz ein lexikalisch-syntaktisches Konzept ist oder genauer, daß Valenz wortsemantische Vorgaben syntaktisch einbringt und einen Beitrag zur - interpretativen - Satzsemantik leistet.

2.2. Ergänzungen und Angaben

Dies ist die eine Seite des Valenzkonzeptes, wie es für alle Wörter gilt. Die andere ist, daß Valenz im Normalfall die Bindung von sogenannten Ergänzungen (E) meint, die Füllung von vorgesehenen Leerstellen, zugleich aber die Organisation von weiteren Wörtern oder Wortketten betrifft, die nicht Leerstellen besetzen, sondern als sogenannte Angaben (A) einen Filter passiert haben müssen, der ihre Zulässigkeit garantiert. Ergänzungen sind 'gefordert', Angaben werden 'zugelassen'. Nur Ergänzungen sind als spezifische Leerstellenfüller im Stellenplan vorgesehen, Angaben werden dagegen nur kategorial in ihrer semantischen Kompatibilität kontrolliert. Hier ist zu erkennen, daß der Streit, auf welcher Ebene

Valenz 'eigentlich' angesiedelt sei, seine Berechtigung hat: Es bedarf logisch-semantischer Überlegungen, um zu erkennen, daß ein Adverbial gleichsam eine Leerstelle für eine Proposition eröffnet, die syntaktischen Valenzverhältnisse also umkehrt. Die Annahme einer "Valenz zweiter Stufe", wie es Bondzio ausgedrückt hat (Bondzio 1974), geht davon aus, daß eine Temporalangabe wie *am 23. September* eine Leerstelle für eine Proposition wie *der Präsident kommt* eröffnet. Auch Welke stellt vergleichbare Angaben durch Überordnung dar (Welke 1988: 74-85):

am 23. September
|
kommt der Präsident.

Daß es sich um zwei Propositionen handelt, die zusammentreten, erweist u.a. der sogenannte *geschehen*-Test: *Der Präsident kommt. Das geschieht am 23. September.* Es wäre nun aber asyntaktisch gedacht, wenn man im kompakten Satz die Temporalangabe als Hyperprädikat der Proposition ansehen würde. Solche Hyperprädikate gibt es durchaus: die Modalwörter, etwa

Glücklicherweise kommt der Präsident am 23. September.

Während man im Falle der Temporaladverbialia davon sprechen kann, daß die Verben ihre Zulässigkeit steuern, kann man das bei den Modalwörtern nicht. Sie beziehen sich in einer hierarchisch höher anzusetzenden Weise auf den gesamten Satz. Sie führen nicht sachverhaltsbezogene Wahrheitsbedingungen, sondern äußerungsbezogene Bedingungen an. So ist ihre Abhängigkeitsstelle auch über dem propositionsstiftenden Verb anzusiedeln.

Wie schon angedeutet wurde, gibt es gute Gründe, bei der Dichotomie E/A zu bleiben. Denn die Ergänzungen und die Angaben leisten einen unterschiedlichen Beitrag zur Satzbedeutung. Der syntaktischen Steuerung durch das Verb aber wird dadurch Rechnung getragen, daß es als deren Regens aufgefaßt wird. Über die in der Literatur immer wieder dargestellten Unterschiede von E und A hinaus sind es nun bei einem erweiterten Dependenzbegriff die jeweiligen Gemeinsamkeiten von E und A auch bei a n d e r e n Regentien, die für die Entscheidung sprechen, Leerstellenbesetzung und Angabenkontrolle als grundlegende syntaktische Prinzipien der Wortverkettung anzunehmen. Ich weise an dieser Stelle darauf hin, daß es die Idee der Konstruktionsparallelität zwischen den v e r s c h i e d e n e n Konstituenten des Satzes ist, die der X-Bar-Theorie zu ihrem großen Erfolg verholfen hat.[8] Eigentlich schon vor Jackendoff haben die Valenzgrammatiker - ganz informell allerdings - derartige strukturelle Gleichartigkeiten zu erfassen versucht. Sie beschränkten sich auf die Parallelität von Verbalphrasen, Adjektivphrasen und Nominalphrasen.[9] Ich möchte diese Gruppe erweitern um Präpositionalphrasen, Konjunktionalphrasen (das sind Nebensätze) und Sätze.

Der parallele Aufbau soll zunächst nur in bezug auf die Dichotomie E/A skizziert werden.

2.2.1. Verbalphrasen

Da hiervon ausgegangen wird, erübrigt sich eine eingehende Behandlung. Die Ergänzungen gelten als im 'Stellenplan' des Verbs verankert, die Angaben können ausgefiltert werden.

Zahl und Art der Ergänzungen des Verbs - Vergleichbares gilt für das Adjektiv - führen zu den sogenannten Satzbauplänen.[10] Dies sind syntaktische Strukturpläne der propositionalen Ebene, die unterhalb von Satztypdifferenzierungen (vgl. 2.2.6.) liegen und Modalwörter, Satznegationen und andere übergeordnete Satzphänomene außer Betracht lassen. Die Angaben sind ebenfalls propositionsbezüglich, sie stellen im Prinzip unrestringierte Erweiterungsmöglichkeiten von Sätzen dar. Die - seltene - Unzulässigkeit hat verschiedene Gründe:

(1) Morgen kommt der Präsident.
(2) *Gestern wird der Präsident kommen.

Dieses Temporaladverbial wird nicht akzeptiert, weil es mit dem Tempusmorphem des Verbs nicht kompatibel ist. Die Ungrammatikalität liegt nicht 'am Verb selber', denn die Tempusmorpheme sind satzbezogen. Für eine verblexematisch bedingte Ungrammatikalität eines Adverbials sei hier auf ein Beispiel von Welke (Welke 1988: 36) verwiesen:

*Er ähnelt seinem Bruder aus Dummheit.

2.2.2. Adjektivphrasen

Adjektive verhalten sich weitgehend analog den Verben.[11] Auf die charakteristischen Unterschiede ist hier nicht einzugehen. Die Restriktionen bei den Angaben sind aber im Prinzip die gleichen wie bei den Verben.

(1) *Gestern wird der Präsident gesprächsbereit sein.
(2) *Er ist seinem Bruder aus Dummheit ähnlich.

2.2.3. Nominalphrasen

Hier sollen nur zwei Typen betrachtet werden: Verbal- bzw. Adjektivabstrakta und (sonstige) Abstrakta. Konkreta lasse ich hier außer Betracht, weil die Frage der Valenzbindung sehr unterschiedlich beurteilt wird.[12]

E ('Adjunkte')[13]:

(1) Die Bearbeitung d i e s e s T h e m a s ist notwendig.
(2) Die Ähnlichkeit m i t s e i n e m B r u d e r ist frappierend.
(3) Die Theorie d e r G e l d w i r t s c h a f t ist kompliziert.

A ('Attribute'):

(1) Die s o r g f ä l t i g e Bearbeitung dieses Themas ist notwendig.
(2) Die Ähnlichkeit mit seinem Bruder i n v i e l e m ist frappierend.
(3) Die Theorie der Geldwirtschaft b e i m a n c h e n A u t o r e n ist kompliziert.

Beim letzten Satz ist u.a. zu konstatieren, daß nominale nichtadjektivische Attribute manchmal so locker angeschlossen sind, daß ihr Beitrag zur Satzbedeutung dem von Verb-Angaben ähnlich ist. Meist sind es postnukleare. Die pränuklearen sind diejenigen, die erstens nominal spezifischer sind und zweitens gehäuft auftreten können und dann unter einem eigenen Erklärungsparamenter zu erfassen sind. Dafür hat sich der Determinationsbegriff durchgesetzt. Wie er mit dem Dependenzbegriff interagiert und welche Differenzierungen in der Nominalphrase sonst noch vorzunehmen sind, insbesondere, wie der Artikel von daher gedeutet werden kann, wäre noch darzustellen.[14]

In jedem Fall ist die Dichotomie E/A bei Nominalphrasen mit substantivischem Nukleus gut begründbar.

2.2.4. Präpositionalphrasen

In allen Dependenzgrammatiken werden Präpositionen als Regentien ihrer Konstruktionen aufgefaßt. Logisch gesehen sind sie als Relatorwörter ohnehin prototypische Prädikatoren.[15] Sie eröffnen, syntaktisch gesehen, in der Regel eine Leerstelle, die obligatorisch zu besetzen ist:

auf den Tisch; über meine Verhältnisse; vor Weihnachten.

Neben diesen Ergänzungen treten aber auch modifizierende Ausdrücke auf, die sich als Angaben erfassen lassen:

mitten auf den Tisch; weit über meine Verhältnisse; kurz vor Weihnachten.

Bei den Präpositionen handelt es sich um 'Funktionswörter', bei denen meist von einer eingeschränkten Aufgabe, verglichen mit der Fülle der Möglichkeiten bei Verben, Adjektiven und Substantiven, ausgegangen wird. Was die dazutretenden Angaben betrifft, so zeigen die Beispiele, daß es durchaus nicht nur Gradausdrücke sind, die bei den Präpositionen begegnen, auch sind die Kommutationsmöglichkeiten relativ groß und im Prinzip auch mehrwortig:

genau mitten auf den Tisch; im Grunde weit über meine Verhältnisse; nicht lange vor Weihnachten.

Bei den Lokalphrasen erkennt man, daß hier eine Restrukturierung von genaueren Determinationen, die sich appositiv fassen lassen, vorliegen muß:

auf den Tisch, genau in die Mitte.

2.2.5. Konjunktionalphrasen (Nebensätze)

Die Nebensatzkonjunktion eröffnet eine Leerstelle, die obligatorisch zu besetzen ist:

weil/nachdem/bis/obwohl er kommt.

Ganz gleich wie umfangreich Ergänzungen sind, nach herkömmlicher Auffassung lassen sich stets einwortige Besetzungen finden, ja diese sind - jedenfalls aus der Sicht von Lucien Tesnière - die prototypischen. Das ist bei verbalen, adjektivischen und substantivischen Ergänzungen immer der Fall und auch bei präpositionalen. Bei konjunktionalen aber wird ein Satzäquivalent erfordert. Dies ist die auffällige Besonderheit bei nebensatzeinleitenden Konjunktionen, aber kein Einwand gegen die Entscheidung, die Konjunktionen als Regentien aufzufassen. Einmal gibt es sehr oft funktionsäquivalente adverbiale Präpositionalgruppen, manchmal sogar mit dem gleichen Wort:

(1) Bis Weihnachten/bis es Weihnachten wird, ...
(2) Trotz der Kälte/trotzdem es kalt ist,[16] ...

Aber dieses Faktum soll nicht strapaziert werden, denn die deutsche Sprache scheint gerade die Differenzierung der Kennzeichnung von präpositionaler und satzmäßiger Fassung anzustreben. Das andere Moment, das sich hier anführen läßt, ist, daß die Nebensatzkonjunktion auch dem Wortklassenäquivalent 'S' gleichzusetzen ist. Darauf wird in 2.2.6. eingegangen. - Angabeäquivalente bei Nebensatzkonjunktionen sind leicht zu finden: *gerade weil, unmittelbar nachdem, auch wenn*. Auch ist die Tatsache zu nennen, daß viele Nebensatzkonjunktionen aus zwei Wörtern zusammengetreten sind: *ob-wohl; trotz-dem; bi-ze (bis)*.

Als Ganzes haben die angeführten Nebensätze Angabestatus. Nebensätze als Leerstellenfüller sind *daß-*, *ob-*, und *wie*-Sätze.

Im übrigen verhalten sich die Konjunktionen weitgehend gleich. Alle lassen - in eingeschränktem Maße - Modalwörter zu:

(1) Als er erstaunlicherweise nicht pünktlich kam, mußten wir anfangen.
(2) Daß er offensichtlich unpünktlich ist, erstaunte uns.

Die Modalwörter sind auch hier äußerungsbezogen, allerdings sozusagen 'herabgestuft'. Die Abstufung kann bekanntlich noch weiter gehen; bei einer Teilmenge der Modalwörter sind auch attributive Verwendungen möglich:

Seine offensichtliche (und erstaunliche) Unpünktlichkeit ist störend.

Hier ist die Äußerungsmodalisierung auf den Status von Determinationen herabgedrückt. A sind sie in allen Fällen. Bei den Nebensätzen ist die Konjunktion ihr Regens.

2.2.6. Sätze

Die meisten Valenzgrammatiker sind so aufs Verb fixiert, daß sie die Dependenzverhältnisse an der Satzspitze auf sich beruhen lassen. Ich sehe das Versäumnis, der Satzstruktur auch hier genauer nachzugehen, mit als Erklärung dafür an, daß die Dependenzgrammatik weithin steckengeblieben ist. Abhängigkeitsbeziehungen bestehen zunächst zwischen Wörtern. Aber es ist offensichtlich, daß Bezüge mannigfacher Art damit nicht erfaßt werden können. Auf die Modalwörter als einen der wichtigsten Fälle ist in 2.5. hingewiesen worden. Modalwörter begegnen hauptsächlich im Satz, weniger im Nebensatz. Im Satz beziehen sie sich auf die gesamte Aussage, sollten deswegen also über dem Verb stehen. Über dem Verb sind nun noch auf jeden Fall die Konjunktionen *und, aber, denn, oder* sowie die Konnektoren *nur, tatsächlich, allerdings* usw. mit Hauptsatzwortstellung anzusetzen. Von diesen Elementen könnte man nun das finite Verb abhängig sein lassen. Aber einmal würde der strukturelle Zusammenhang derartiger Sätze mit solchen, die diese Wörter nicht enthalten, zerrissen. Nullpositionen sollten nicht angesetzt werden. Zum andern muß auch noch bedacht werden, daß es (zumindest) das Äußerungsparadigma Aussagesatz, Fragesatz, Imperativsatz gibt. Schriftsprachlich manifestiert sich dieses Paradigma in den Satzschlußzeichen '.', '?', '!'.[17] Diese - echten - Zeichen haben ihre sprechsprachliche Entsprechung in der unterschiedlichen Intonationskontur. Aus beidem zusammen leite ich die Berechtigung ab, die Abhängigkeitskanten über das Paradigma S mit {., ?, !} laufen zu lassen. S ist ein 'Wortklassenäquivalent'. ., ?, ! sind dann Wortäquivalente. Die Ausdrucksweise 'Äquivalente' soll deutlich machen, daß der 'qualitative Sprung' vom Wort zum Satz keineswegs übersehen wird. Das suprasegmentale Satz-Zeichen ist der die Wörter einschließende Intonationsbogen. Er läßt sich materialiter als Wörter umgreifendes Zeichen auffassen, das schriftsprachlich auch konsequenterweise am Satzbeginn, durch Großschreibung des Anfangswortes, und am Satzende, durch das Satzschlußzeichen repräsentiert wird. Mithin markiert dieses Zeichen die äußersten Grenzen der Satzklammer. Bei Sätzen, die nicht mit einer Konjunktion oder einem Konnektor beginnen, ist das Satz-Zeichen Quelle der Dependenzen. Die verbale Valenz ist Quelle der Dependenzen im propositionalen Teil des Satzes. Illokutionen sind mit S nicht direkt zu gewinnen, doch werden Interpretationserwartungen aufgebaut, die in den anderen Teilen des Satzes zu erfüllen sind. Die illokutive Komponente des Satzes ist grundsätzlich eine, die ein diskursives Integral über den Satzkomponenten darstellt. Denn der 'Satz' ist ja in jedem Fall die Verkettung von Elementen. Selbst einwortige 'Kommunikative Minimaleinheiten'[18] bestehen immer aus mindestens einem Wort und dazu einer aufgeprägten bestimmten Intonation, d.h. einer solchen, die aus einem Paradigma gewählt wurde:

Erledigt. (→)
Gut! (↘)
Gut? (∼↗)

Die Intonationskontur ist die äußerungskennzeichnende Einheit. Sie hat im Satz gravierende Auswirkungen, z.B. auf die Wortstellung (etwa bei Entscheidungsfragen und imperativischen Aufforderungssätzen), auf die Weglaßbarkeit von Gliedern, auf das Vorkommen von Modalwörtern usw. Sie ist nichts 'Zusätzliches', kein 'Interpretationsangebot' des Satzes, wie es die Signalisierung der Thema-Rhema-Gliederung vor allem durch die Variation des Druckstärkeakzentes darstellt, sondern das Signal für die Einordnung des Satzes in eine bestimmte Äußerungsklasse, wofür sich der Ausdruck 'Satzmodus' durchzusetzen beginnt.[19] Die Intonation ist also ganz und gar satzbezogen, und es liegt nahe, sie für den Satzaufbau heranzuziehen. Dadurch wird nicht nur gegenüber der Transformationsgrammatik etwa die Fragesatztransformation eingespart, sondern man erhält auch die genauen Bezugsstellen für die Konjunktionen und Modalwörter. Denn die ersteren verankern in direkter Weise den Satz im Text. Sie stehen auch außerhalb der Intonationskontur, was meiner Meinung nach bislang in den einschlägigen Arbeiten nicht beachtet wurde. In verschrifteten Texten deutet der vielfach gesetzte Doppelpunkt auf die Unabhängigkeit der Intonation.

(1) Aber: Er kommt nicht.
(2) Aber: Kommt er?

Allerdings stehen die Konjunktionen nun nicht 'zwischen' den Sätzen, in der Art, daß sie z.B. paarweise Sätze zusammenbänden (wie es die Transformationsgrammatik in ihrem frühen Stadium dargestellt hat). Konjunktion und Satz stehen dabei zusammen in einer Hyper-Intonationskontur. Und im Normalfall wird die Konjunktion in den Satz an dessen Spitze hineingeschrieben. Sie eröffnet den ersten 'Spannungsbogen' und ist das linke Element der maximalen Satzklammer.[20]

Die Modalwörter sind dagegen satzintegriert, auch wenn sie Satzparaphrasen erlauben:

Vermutlich kommt er./Ich vermute, er kommt.

Ihre Normalstellung ist die Satzspitze, Adverbialia sind dagegen in ihren Stellungsmöglichkeiten variabler.

So ergibt sich als Valenzschichtungssystem im Satz mit einfachem finitem Verb:

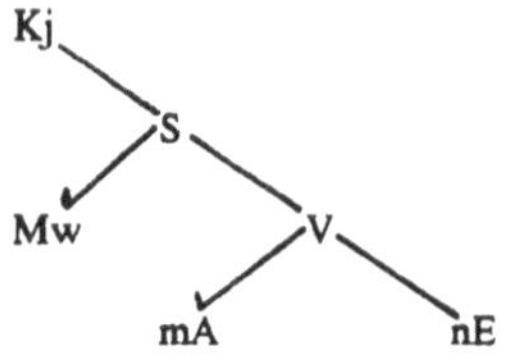

Innerhalb von A und E gibt es die Typen:

n regelt sich bei den E nach der Wertigkeit und m bei den A nach der Zulässigkeit. n ist ein positiv spezifizierter Index, m ein negativer (ein Filter). Wortartenspezifische Unterschiede sind für die Bildung der einzelnen Typen verantwortlich. Aber als einheitliches Strukturprinzip des Satzes ist die Bindung von E und A zu erkennen. Die hierarchische Struktur des Satzes wird faßbar als valenzgesteuertes Schichtensystem. Die Projektion des Stemmas auf die Ebene stellt die lineare Kette her. Wortstellungsregularitäten müssen unter Beachtung von progressiver und regressiver Projektivität[21] erfaßt werden. Dabei ist auf das Klammerprinzip des deutschen Satzes einzugehen.

3. Anordnungsregularitäten

3.1. Subjekt und finites Verb

Das Klammerprinzip macht sich nun besonders bei der internen Struktur der Verbalphrase bemerkbar, der ich mich abschließend zuwenden möchte. Hier sind zwei weitere Probleme zu bedenken: die Regelung der Abhängigkeitsbeziehung des Subjekts und die Verrechnung der Valenzen im Prädikatsverband. Dabei entsteht ein Schichtengefüge, das ebenfalls die meisten Dependenzgrammatiker auf sich beruhen lassen.

Zunächst ist zu klären: Verfügen die Hilfsverben über Valenzen?

Diese Frage ist eindeutig mit ja zu beantworten. Einmal haben wir bereits zugelassen, daß die Funktionswörter über Valenzen verfügen, da wäre nicht einzusehen, daß die Auxiliarverben diese Eigenschaft nicht hätten. Zum andern kommen die Hilfsverben auch als Vollverben vor; sie sind dann zweiwertig:

Er mag sie / Sie kann es / Er wird Lehrer.

In auxiliarer Funktion ist die Valenz dieser Verben auf die Bindung anderer Verbformen (Partizipien und Infinitive) reduziert. Dies ist ihre hilfsverbspezifische Eigenschaft.

Die Frage ist nur, in welcher Weise die Einbindung in periphrastische oder auch freiere Strukturen die Valenz tangiert. Daß man bei Verben von Rektion sprechen darf, wissen wir spätestens seit G. Bech.[22] Sein Ausdruck dafür ist 'Statusrektion'. Es sind verschiedene Status zu unterscheiden. Vereinfachend läßt sich sagen, daß ein infinites Verbmorphem anzeigt, daß ein Verb regiert ist, das finite zeigt an, daß es regiert. Dies sind aber erstens nur die Extrempunkte der Abhängigkeitskanten - es gibt auch umfangreichere Verbkomplexe -, und über die Valenzen ist noch nichts Genaueres festgelegt.

Schauen wir zunächst das finite Verbalmorphem an. Es ist bekanntlich multifunktional: es regelt die Personkongruenz und ist darüber hinaus Modus- und Tempusanzeiger. Modus und Tempus sind satzbezügliche Kategorien. Das Personmorphem - oder besser der personbezügliche Morphemteil - regiert das Subjekt, infinite verbale Teile sind ja gerade dadurch gekennzeichnet, daß das Subjekt nicht auftritt. Wenn wir also das Subjekt vom Verbalmorphem abhängig sein lassen, dann erkennt man eine weitere Parallele zur Rektions- und Bindungstheorie.[23] Bei nichtperiphrastischen Strukturen ergeben sich dabei für die Dependenzbestimmung noch keine Probleme, diese treten erst bei periphrastischen auf. Bei Strukturen aus zwei verbalen Teilen ist davon auszugehen, daß der finite das Subjekt, der infinite alle anderen Ergänzungen bindet.

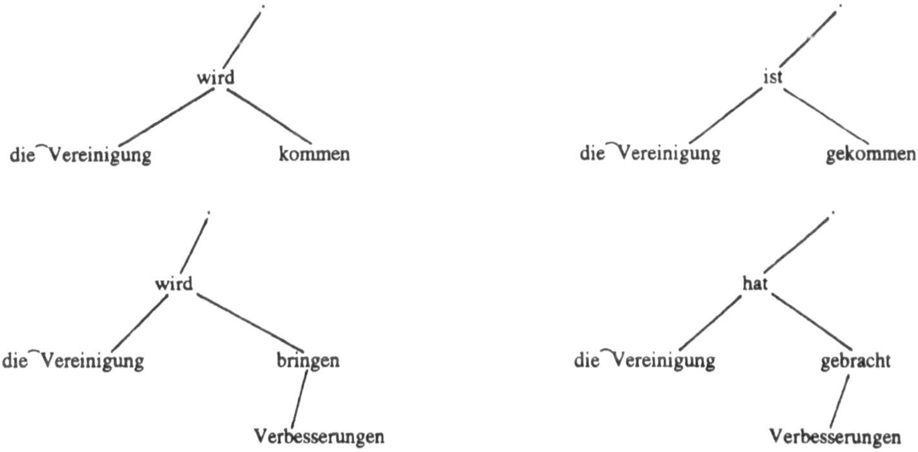

Die Wertigkeit des Hilfsverbs ist in beiden Fällen korrekt. Für den infiniten Teil ergibt sich eine Reduktion um eine Stelle. Aber dies ist nur eine scheinbare Reduktion, denn ein Prädikat verfügt immer über eine Gesamtwertigkeit. Hier wird nur genauer die Regelung der Einzelvalenzen gezeigt. Und für die Erklärung von Valenzbindung im verbalen Bereich darf auf Analogien bei anderen Wörtern zurückgegriffen werden: Auch die Präpositionen sind syntaktisch gesehen um eine Wertigkeitsstelle reduziert; bzw. eine Wertigkeitsstelle ist bereits 'abgebunden', indem eine syntaktisch höher stehende Valenz ins Spiel kommt. Logisch gesehen ist *auf* in: *Ich sitze auf dem Stuhl* zweiwertig und relationiert die bezeichnete Person im Subjekt und den bezeichneten Gegenstand in der Präpositionalphrase. Der 'linke' Valenzzweig ist dabei syntaktisch überlagert. Vergleichbar ist das mit den verbalen Valenzen in periphrastischen Konstruktionen: Die infiniten Teile nutzen den um die Subjektvalenz verminderten Teil der Gesamtvalenz.

3.2. Projektive und nichtprojektive Strukturen

So sind auch größere Komplexe bei ihrer Linearisierung zu behandeln:

Der Herbst wird morgen Stürme gebracht haben.

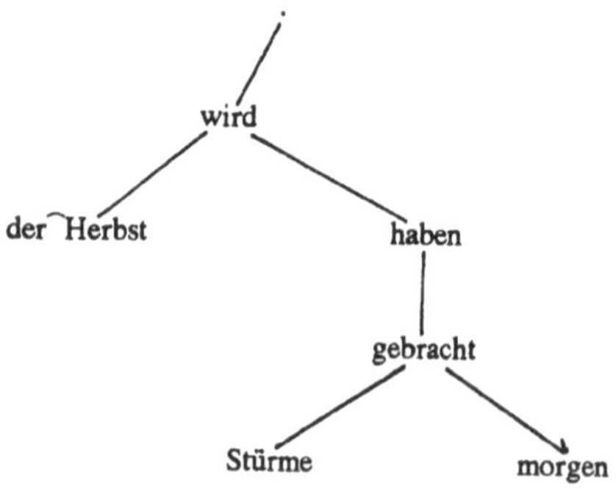

Auf diese Weise entsteht ein projektives Stemma:

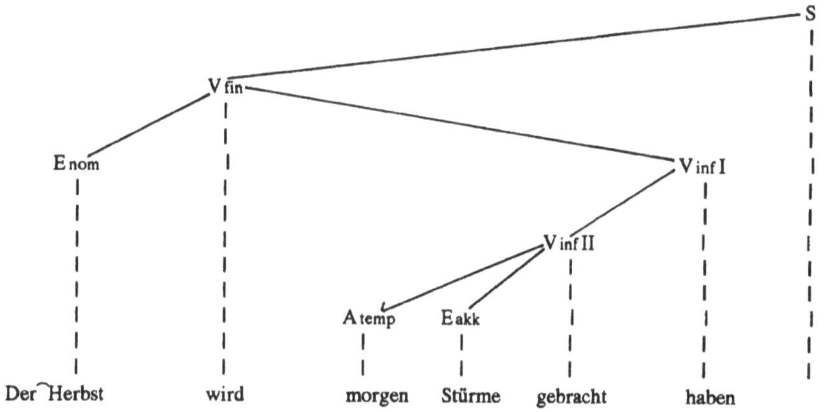

Würden die Abhängigkeiten allein über den letzten infiniten Verbteil geregelt, ergäbe sich ein nichtprojektives Stemma, d.h. eines, bei dem sich die Abhängigkeitskanten kreuzen:

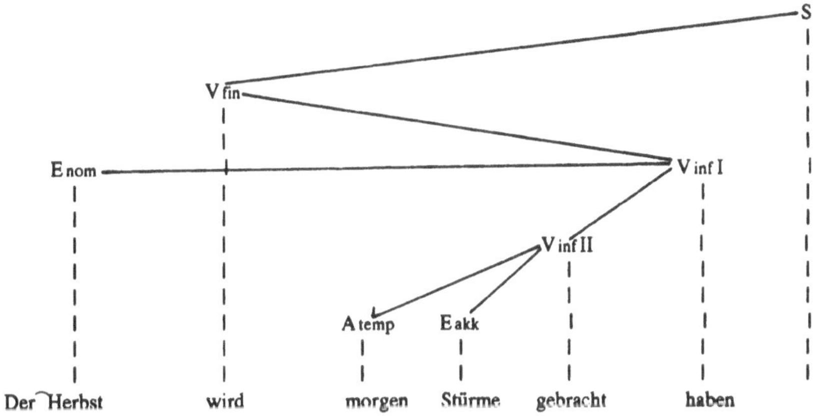

Eine komplette Dependenzgrammatik konnte hier nicht skizziert werden. Es sollte nur gezeigt werden, daß die genauere Beachtung der Valenzschichtung im Satz seine hierarchische Struktur deutlicher machen kann. Insbesondere vermitteln die durchgängigen Wortverkettungsprinzipien nach E und A Einsichten über die Verkettungsmöglichkeiten im Satz. Da aber die Wortstellung nicht willkürlich ist, muß mit dem Projektivitätsprinzip auch die Linearstruktur des Satzes hergestellt werden. Zu betonen ist aber, daß es einer der Hauptvorteile der Dependenzgrammatik ist, hierarchische Struktur und lineare Kette deutlich und systematisch zu trennen.[24]

Anmerkungen

1 Besonders deutlich, im Vergleich mit der Rektions- und Bindungstheorie, von Heide Wegener (Wegener 1990) herausgearbeitet.
2 Vgl. Welke 1988: 115-162 mit weiterer Literatur.
3 Vgl. dazu auch Hyvärinen 1990, Wotjak 1990 und Welke 1990.
4 Eine der wenigen Ausnahmen bilden Heringer/Strecker/Wimmer 1980: 182-192.
5 Zur Forschungslage vgl. Altmann 1988 und Altmann/Batliner/Oppenrieder 1989.
6 Vgl. z.B. Tarvainen 1981: 14-19, und Welke 1988: 97-106.
7 Vgl. schon Stötzel 1970.
8 Vgl. Jackendoff 1977 und Fanselow/Felix 1987 II, 40-61.
9 Vgl. Anm. 2 und Tarvainen 1981: 72-86.
10 Auf Vollständigkeit bedachte Listen bei Drosdowski (ed.) 1984: 602-635 und Engel 1988: 198-218.
11 Vgl. Sommerfeldt/Schreiber 1983.
12 Vgl. z.B. Teubert 1979: 81 und Emons 1982.
13 Außer der in Anmerkung 12 genannten Literatur vgl. Wolf 1982: 57.
14 Dazu genauer Jung 1989.
15 Vgl. Eroms 1981: 148-151 und 185-239.
16 Als nebensatzeinleitende Konjunktion ist *trotzdem* (noch) nicht normgerecht.
17 Zum Status der Satzzeichen unter syntaktischer und semantischer Perspektive vgl. R. Baudusch 1988, die den bedeutungsdifferenzierenden Charakter der Interpunktion herausarbeitet.

18 Vgl. Zifonun 1987.
19 Vgl. Altmann/Batliner/Oppenrieder 1989: 1.
20 Zum Klammerprinzip im Deutschen vgl. Thurmair 1990 und Eichinger (im Druck).
21 Vgl. Heringer/Strecker/Wimmer 1980: 185-190.
22 Bech 1955/57, vgl. dazu u.a. Askedal 1984.
23 Ausführlich begründet bei H. Wegener 1990: 153-156.
24 Eine frühere Version dieser Überlegungen ist am 5.12.1989 in der Universität Hannover vorgetragen worden. Für vielfältige Anregungen und Kritik möchte ich namentlich Frau Prof. Dr. Angelika Redder an dieser Stelle herzlich danken.

Literatur

Admoni, Wladimir (1966): Stroj sovremennogo nemeckogo jazyka. - Moskau etc.: Prosveščenie. - Übers.: Der deutsche Sprachbau. - München: Beck, 4.A. 1982.

Altmann, Hans (Hrsg.) (1988): Intonationsforschungen. - Tübingen: Niemeyer.

Altmann, Hans/Batliner, Anton/Oppenrieder, Wilhelm (Hrsg.) (1989): Zur Intonation von Modus und Fokus im Deutschen. - Tübingen: Niemeyer.

Askedal, John O. (1984): "Grammatikalisierung und Auxiliarisierung im sogenannten bekommen/kriegen/erhalten-Passiv des Deutschen". - In: Kopenhagener Beiträge zur Germanistischen Linguistik 22, 5-47.

- (1985): "Einige kritische Ueberlegungen zur Unterscheidung von Ergänzungen und Angaben in der Valenzlehre". - In: Nouveaux Cahiers d'Allemand 3, 113-121.

Baudusch, Renate (1988): "Zur relativen Autonomie der Interpunktion". - In: Nerius, Dieter/Augst, Gerhard: Probleme der geschriebenen Sprache. Beiträge zur Schriftlinguistik auf dem XIV. Internationalen Linguistenkongreß 1987 in Berlin (Berlin: Akademie der Wissenschaften der DDR) 103-112.

Bech, Gunnar (1955/1957): Studien über das deutsche Verbum infinitum. - Kopenhagen: Det Kongelige Danske Videnskabernes Selskab. - Tübingen: Niemeyer, 2.A. 1983.

Bondzio, Wilhelm (1974): "Die Valenz zweiter Stufe als Grundlage der Adverbialsyntax". - In: Wissenschaftliche Zeitschrift der Humboldt Universität zu Berlin. Gesellschafts- und Sprachwissenschaftliche Reihe 23, 245-257.

Drosdowski, Günther (Hrsg.) (1984): Duden. Grammatik der deutschen Gegenwartssprache. - Mannheim etc.: Bibliographisches Institut/Dudenverlag.

Eichinger, Ludwig M. (im Druck): "Vom Nutzen der Nominalklammer. Eine funktionale Erklärung für die Reihenfolge gestufter Adjektivattribute im Deutschen". - In: C. R. L. G.: Akten des Kolloquiums über die Nominalgruppe im Deutschen, Nizza 22.-23.11.1990 (Tübingen: Niemeyer).

Eisenberg, Peter (1986): Grundriß der deutschen Grammatik. - Stuttgart: Metzler, 2.A. 1989.

Emons, Rudolf (1982): Englische Nominale. Konstituenz und syntagmatische Semantik. - Tübingen: Niemeyer.

Engel, Ulrich (1988): Deutsche Grammatik. - Heidelberg: Groos. Tokyo: Sansyusya.

Eroms, Hans-Werner (1981): Valenz Kasus und Präpositionen. Untersuchungen zur Syntax und Semantik präpositionaler Konstruktionen in der deutschen Gegenwartssprache. - Heidelberg: Winter.

- (1985): "Eine reine Dependenzgrammatik für das Deutsche". - In: Deutsche Sprache 13, 306-326.

Fanselow, Gisbert/Felix, Sascha W. (1987): Sprachtheorie. Eine Einführung in die Generative Grammatik I: Grundlagen und Zielsetzungen. II: Die Rektions- und Bindungstheorie. - Tübingen: Francke.

Helbig, Gerhard (1989): "Kontroversen in der Valenztheorie. Zu K. M. Welkes 'Einführung in die Valenz- und Kasustheorie' (statt einer Rezension)". - In: Deutsch als Fremdsprache 26, 257-262.

Heringer, Hans J./Strecker, Bruno/Wimmer, Rainer (1980): Syntax. Fragen - Lösungen - Alternativen. - München: Fink.

Hudson, Richard (1984): Word Grammar. - Oxford: Blackwell.

Hyvärinen, Irma (1990): "Ergänzungen und Angaben - hü oder hott? - = Rez. von Welke (1988)". - In: Neuphilologische Mitteilungen 91, 259-272.

Jackendoff, Ray (1977): X-bar-syntax. A study of phrase structure. - Cambridge, Mass.: MIT Press.

Jung, Wha-Young (1989): Syntaktische Relationen im Rahmen der Dependenzgrammatik. - Passau (Mag.).

Kunze, Jürgen (1975): Abhängigkeitsgrammatik. - Berlin: Akademie-Verlag.

Sommerfeldt, Karl-Ernst/Schreiber, Herbert (1974): Wörterbuch zur Valenz und Distribution deutscher Adjektive. - Leipzig: VEB Bibliographisches Institut. - Lizenzausgabe nach der 3.A. Tübingen: Niemeyer 1983.

Stötzel, Georg (1970): Ausdrucksseite und Inhaltsseite der Sprache. Methodenkritische Studien am Beispiel der deutschen Reflexivverben. - München: Hueber.

Tarvainen, Kalevi (1981): Einführung in die Dependenzgrammatik. - Tübingen: Niemeyer.

Tesnière, Lucien (1976): Éléments de Syntaxe Structurale. - Paris: Klincksieck, 2.A.

Teubert, Wolfgang (1979): Valenz des Substantivs. Attributive Ergänzungen und Angaben. - Düsseldorf: Schwann.

Thurmair, Maria (1991): "Weinrich, Harald: Textgrammatik der deutschen Sprache". - In: Jahrbuch Deutsch als Fremdsprache 16, 267-275.

Wegener, Heide (1990): "Komplemente in der Dependenzgrammatik und in der Rektions- und Bindungstheorie. Die Verwendung der Kasus im Deutschen". - In: Zeitschrift für germanistische Linguistik 18, 150-184.

Welke, Klaus M. (1988): Einführung in die Valenz- und Kasustheorie. - Leipzig: VEB Bibliographisches Institut.

- (1990): "Kontroverses in der Valenztheorie. Eine Erwiderung auf Gerhard Helbig." - In: Deutsch als Fremdsprache 27, 153-159.

Wolf, Norbert R. (1982): Probleme einer Valenzgrammatik des Deutschen. - Innsbruck: Institut für Sprachwissenschaft der Universität Innsbruck.

Wotjak, Gerd (1990): "Kontroversen in der Valenztheorie. Anmerkungen zu K. Welkes 'Einführung in die Valenz- und Kasustheorie' und zu G. Helbigs Reviewartikel". - In: Deutsch als Fremdsprache 27, 159-166.

Zifonun, Gisela (1987): Kommunikative Einheiten in der Grammatik. - Tübingen: Narr.

ENGLISH VERB VALENCY RECONSIDERED

Kensei Sugayama

1. Introduction

As a point of departure, let us consider (1) and (2):

(1a) He: What did you do this bank holiday?
She: I just watched *(a cricket match on telly) all day.
(1b) Watch *(the wall), my darling, while the gentlemen go by.
(2) I went to see the bowling. Brian was watching already.

From a question-answer pair and a sentence in (1), it apparently follows that the verb *watch*, in terms of grammatical category, is subcategorised as a transitive verb. If we categorise it in this way, the question arises how the phenomenon in (2) could be explicated. Since it is subcategorised as a transitive verb, the grammar automatically tells us that it needs a direct object (or complement) at the S-structure. On the other hand, a short discourse (2) clearly shows that *watch* can be used as an intransitive verb. At this stage, another question arises. That is whether it is a transitive or intransitive verb? If it is a transitive verb, how is it that it stands on its own in (2)? If it is not, how should we deal with its behaviours in (1).

There are several other cases where transitive verbs can occur without the object. This is illustrated by the following examples.

(3) Shake well before use.
(4) Just heat and serve.
(5) I tried to learn to play the piano but I can't play (it) well yet. (Lehrer 1970)
(6) I ate.
(7) Peter is always ready to please (people).

The aim of this paper is to propose that the valency of English verbs should include as a contextual and lexical information as its component to describe and explain the missing object phenomena in the framework of verb valency.

2. Verb Centred Analysis

2.1. Preliminaries

Some work in linguistic theories has so far been devoted to analysing the structure of a sentence by seeing a verb (or more generally a predicate) as its head. In such attempts the verb syntactically governs the rest of the sentence and, therefore, the rest of the sentence should depend on it. Such theories which spring to mind are "Valenztheorie" in West and

East Germany (e.g. Helbig/Schenkel 1975) whose origin, in fact, dates back to a French linguist L. Tesnière, C. Fillmore's Case Grammar (1968), S. Dik's Functional Grammar (1978/1989), D.J. Allerton's Verb Valency Theory (1980/1982), and R. Hudson's Word Grammar (1984/1990). There is some supportive evidence for this idea of viewing the verb as the head of a sentence. Consider the conceptual structure of sentence (8).

(8) The witches put the powder *(on the nose).
(9) [EVENT]
[*PUT* ([THING/the witches], [THING/the powder], [PLACE/on the nose])]

It seems more plausible to explain the ungrammaticality of (8) by assuming the conceptual structure (or semantic structure) of (8) to that given in (9), where the predicate *put* is to be understood as a semantic function which maps three conceptual constituents (i.e. [THING], [THING], and [PLACE]) onto another conceptual structure [EVENT], as Jackendoff (1983) claims. Adopting the semantic structure of this kind where the predicate (i.e. verb) is the head, sentence (8), if a locative PP were taken out of it, would be ungrammatical because it lacks a [PLACE] element which is indispensable for its conceptual structure shown in (9)[1].

In Government and Binding Theory, ungrammaticality of this kind would be explained as a violation of Θ-Criterion which requires that each argument bear one and only one Θ-role and each Θ-role be assigned to one and only one argument.

If one defines at this stage the valence of a verb as a certain number of syntactic hands, as it were, which each verb is lexically provided with and which enables a verb to combine with a certain limited number of NPs, in typical cases, (or more precisely complements), then it will be predicted that the valence of transitive verbs is two, comprised of a subject and a direct object and that of intransitive verbs is one, if we assume the hierarchy of complements in terms of semantic relations to the verb according to which the subject and object functions are assigned to the complements.

2.2. Valency-based Grammars

As I mentioned earlier, the notion of valency was first introduced into linguistics by Tesnière (1953/1966), where it is not at all clear whether he defined the valence at the level of syntax or semantics. Tesnière's valence seems to imply the number of syntactic arguments which a verb may govern. Let us consider his definition of valence.

> On peut comparer le verbe à une sorte d'a t o m e c r o c h u susceptible d'exercer son attraction sur un nombre plus ou moins élevé d'actants, selon qu'il comporte un nombre plus ou moins élevé de crochets pour les maintenir dans sa dépendance. Le nombre de crochets que présente un verbe et par conséquent le nombre d'actants qu'il est susceptible de régir, constitue ce que nous appellerons la v a l e n c e du verbe. (Tesnière 1966: 238)

According to this, the valence of a verb is the number of *actants* (complements) it governs; hence an intransitive verb is monovalent, a transitive divalent and a ditransitive trivalent according to the number of dependents a head governs. It must be noticed here that not all the NP dependents of a verb count as its *actants*. Tesnière draws a fundamental distinction between *actants* and *circonstants* which are also dependents of a verb, but in a different dependency relation to its head, verb. He claims that the difference between the two is that the former indicates the participants in the action, state or event described by the verb and are indispensable to the meaning of the verb and, moreover, they are morphosyntactically non-oblique NPs, whereas the latter represent the circumstances, typically the place and time, of the action, state or event described by the verb and are not essential to its meaning. Omissibility has often been proposed as a syntactic test to distinguish between complements which cannot be freely eliminated from a sentence and adjuncts which can. In (13) *in the final race* can be deleted without affecting the grammaticality of the sentence, while *Carl* obviously cannot, as shown in (10) and (11).

(10) Johnson beat Carl.
(11) *Johnson beat.

However, the deletion test unfortunately raises as many problems as it solves. First, many sentences contain PPs which cannot be eliminated without rendering the sentence ungrammatical.

(12) Mary put the rotten eggs *in the dustbin*.
(13) *Mary put the rotten eggs.
(14) Stuff the feathers *(*into the pillow*).

Underlined PPs in the above are considered to be indispensable to the meaning of the verb, yet they are realised as a PP and cannot be missed out. This shows Tesnière's criterion that complements are in the S-structure non-oblique and adjuncts oblique to be inadequate. Conversely, NPs which seem to be complements are omissible with certain verbs. Compare (15) and (16) with (10) and (11).

(15) The peasant ploughed (his fields).
(16) John cooked (food) for the children.

The direct object *his fields* in (15) must be a complement of *plough* in the same way that *Carl* is a complement of *beat* in (10). Optionality of complements is also the case with sentence (16). Thirdly, his definition of two kinds of dependents cannot explain the alternations in the so-called double object construction, where theme and goal arguments can appear after a verb in two different ways, say in English. The goal argument, which is an obligatory argument semantically, therefore a complement, is a PP in (17a).

(17a) The Soviet Union sold Scud missiles *to Iraq*.
(17b) The Soviet Union sold *Iraq* Scud missiles.
(17c) The Soviet Union sold Scud missiles.
(17d) *The Soviet Union sold Iraq.

This clearly demonstrates that the deletion test alone is not a sufficient means of distinguishing complements from adjuncts. It also shows that syntactic realisation cannot be a criterion for a semantic/thematic argument of the verb. Tesnière's definition (Tesnière 1966: 238) suffers from a couple of problems into which I shall not look into any further here. One of the critical problems about his definition is that it is not clear whether he intended this distinction to be semantic one or syntactic.

A much more sophisticated analysis of valency is conducted by Helbig and Schenkel (1975), where it is defined quite explicitly as syntactic valence. Let us consider their definition.

Entsprechend diesen drei Voraussetzungen verstehen wir unter s y n t a k t i s c h e r V a l e n z die Fähigkeit des Verbs, bestimmte Leerstellen um sich herum zu eröffnen, die durch obligatorische oder fakultatative Mitspieler zu besetzen sind. (Helbig/Schenkel 1975: 49)

According to this definition, the valence of a verb is taken as the fixed number of empty slots around a verb which are to be filled by obligatory or optional complements. Let us have a quick look at a full entry for *trinken* ("to drink"). It is given in (18).

(18) *trinken* (Helbig/Schenkel 1975: 125)
I. *trinken* $_{1+(1)=2}$
II. *trinken* → Sn, (Sa/pS)
III. Sn → Hum (*Der Verunglückte trinkt.*)
Sa → -Anim (flüssig) (*Er trinkt Milch.*)
p=*von*,
pSd → -Anim (*Er trinkt von Milch.*)

What (18) tells us in terms of verb valency is that the German verb *trinken* is basically a monovalent verb, taking an optional direct (accusative) object and that the subject is semantically human and the direct object is inanimate and fluid when there is one. Furthermore this entry also shows that *trinken* sometimes takes a PP which is composed of a preposition *von* and an inanimate dative noun.

Allerton (1982) in his discussion of the English verb valency refers to NPs, APs and PPs hanging obligatorily around a verb like the specifiers and complements in X-bar syntax with the neutral term 'verb elaborators'. He claims that these elaborators should constitute verb valency. Examples of typical lexical entries of verbs from Allerton (1982) are given in (19).

(19a) *rain* "wet precipitation":	{0}
(19b) *see* "visual observation":	{1} subject "patient"
	{2} object "mental focus"
(19c) *watch* "continuous observation":	{1} subject "agent"
	[{2} object "mental focus"]
(19d) *read* "graphic linguistic recording":	(1) subject "agent"
	((2) object "mental focus")

(19a) shows that the verb *rain* has "wet precipitation" as its semantic content. Below the semantic content is the valence of *rain* enclosed by parentheses. In (19b) is shown that *see* has as its semantic content "visual observation" and that it is a divalent verb whose divalency is syntactically realised as a grammatical function subject being assigned to the agent and a grammatical function direct object being assigned to the "mental focus" or theme in terms of thematic relations. An object enclosed by square brackets can be deleted by contextual deletion and one enclosed by round brackets by indefinite deletion.

After having seen these brief surveys, it seems now that verb valency could be by and large defined as the total number of obligatory elements of the verb without which the grammaticality of a sentence would be affected. What I would like to propose here as valency of verbs is not just the number of obligatory elements (complements), but valency in lexical form where the grammatical functions which are to be assigned to those complements are also represented alongside the complements themselves.

3. Predicate Argument Structure and Grammatical Function Assignment

One of the significant attempts to come to terms with the problems involved in analysing the lexicon in grammar is in Bresnan (1980), where she assumes that the minimal semantic information about a verb should be represented in the lexicon is its predicate argument structure [PAS]. She assumes that lexical rules assign grammatical functions to the arguments of the predicate in the lexicon. In her theory, a mapping between PAS and syntactic constituent structure is specified by means of grammatical functions. (20) illustrates how grammatical functions are assigned to a predicate.

(20)

```
                (SUBJ) (OBJ) (TO OBJ)
                  |      |       |        ← lexical assignment of
                  |      |       |          grammatical functions
                  |      |       |
bequeath        ( 1  ,   2  ,    3 )      ← predicate argument
                                            structure
```

As (20) shows, the lexical form for the verb *bequeath* has a triadic PAS whose three arguments are identified by a number. Arguments 1, 2, and 3 of this PAS have been assigned the respective grammatical functions (SUBJ), (OBJ) and (TO OBJ) by lexical rules.

A lexical predicate argument structure combined with grammatical functions is called a lexical form. This is illustrated in (21).

(21a) *bequeath* ((SUBJ), (OBJ), (TO OBJ))
(21b) Fred's family bequeathed his collection of paintings to the Tate Gallery when he died.
(21c) *bequeath* ((SUBJ), (OBJ), (OBJ2))
(21d) He bequeathed his wife Kitty £1,000,000,000.

Notice here that the verb *bequeath* can have two different lexical forms, (21a) and (21c). The latter is produced by assigning a different set of grammatical functions to the same PAS. As shown in (21d), the grammatical function (OBJ2) or (DAT OBJ) will be assigned to the theme argument.

To explain the contrast in grammaticality in (22)-(24), Bresnan adduces the difference in the verb's argument structure and the premise that the argument structure is independent of its syntactic structure.

(22a) Mary agreed that Susan is living with strange people.
(22b) #Mary agreed what kind of people Susan is living with.
(23a) #Mary inquired that Susan is living with strange people.
(23b) Mary inquired what kind of people Susan is living with.
(24a) Mary discovered that Susan is living with strange people.
(24b) Mary discovered what kind of people Susan is living with.

The verb *agree* selects a that-Comp but not a wh-Comp, while *inquire* selects not a that-Comp but a wh-Comp. On the other hand, *discover* selects both types of complements. Given that a that-Comp and a wh-Comp are syntactically an S'-comp, and *agree* and *inquire* are both subcategorised as allowing a following S'-comp, why is it then that *agree* and *in-*

quire show this contrast in the choice of complement types? To account for these facts, she gives lexical forms such as (25), (26) and (27) to *discover*, *inquire* and *agree*, respectively.

```
(25) discover    ((SUBJ),(S'-COMP)/(OBJ))
                    |         |
                    X        P,Q
(26) inquire     ((SUBJ),  (S'-COMP))
                    |         |
                    X         Q
(27) agree       ((SUBJ),  (S'-COMP))
                    |         |
                    X         P
```

The basic idea here is that verbs like *discover* have two semantic arguments, one of which is identified with a proposition or a question. That argument is assigned a grammatical function of S'-Comp or Obj irrespective of whether it is semantically a proposition or a question. As (26) shows, the second argument of *inquire*, which is the theme in terms of - role, is identified semantically with a question and it syntactically functions as an S'-Comp. Agree, however, has the second argument which is semantically a proposition and syntactically an S'-Comp. Important facts about *agree* and *inquire* is that they can appear without an S'-Comp in a proper context, which would be in general impossible in the discourse-initial position or without a proper context. These facts suggest that it is not necessary for *agree* or *inquire* to be assigned a grammatical function of S'-Comp in the surface form, which is indicated by double parentheses in (28).

```
(28) agree       ((SUBJ),  ((S'-COMP)))
                    |          |
                    X          P
     inquire     ((SUBJ),  ((S'-COMP)))
                    |          |
                    X          Q
```

4. Lexical Form and Valency

Returning now to our original problem of verb valency illustrated in section 1, it seems necessary to specify in verb valency the properties of deletable objects. According to the properties of the omissible objects of transitive verbs, one can recognise the following cases which are diagrammed in (29). Syntactically unexpressed objects seem to make a system according to how and from where unsaturated arguments are filled. The default syntactic valence of the two-argument verb is two, expressed as subject and direct object. Its non default valence would be one, realised as the subject. If there in no DO in the surface structure, then it must be filled (or saturated) in the lexicon, not in the syntax, which is usually the case.

(29) if there is no DO, then it will be filled:

```
[ +deicted: instructional language
[ -deicted ──┬── +anaphoric: "watch"
             └── -anaphoric ──┬── semantic constant: "shoot", "dine"
                              ├── unspecified object: "read", "eat"
                              └── arbitrary object: "please"
```

By "deictic", I mean the referent of the missing object is identified in relation to spatiotemporal context created and sustained by the act of the utterance of a sentence and the speaker's participation in it. In this type, omission of the object is not lexically determined, by which I mean that some style of language, i.e. what I call an instructional language, allows transitive verbs to omit its direct object on the condition that it is or is assumed to be known to the addressee without recourse to the linguistic context. If one sees or hears sentences like those in (3) which have no DO in the surface structure, one will surely have no difficulty identifying the intended referent of the DO, because it is within easy reach of the addressee's place, which is considered to be a deictic centre in the relevant discourse space.

"Non-deictic" saturation is further divided into two subtypes: anaphoric and non-anaphoric. "Anaphoric" means that null complement anaphora (i.e. the missing object) has an antecedent in the nearby (usually preceding) linguistic context[2].

By "non-anaphoric" is meant that the second (typically theme) argument is saturated lexically in three different ways. Thus, non-anaphoric identification is divided further into three subtypes. One way is to saturate an argument by semantic constant, which prevents that argument from being assigned a grammatical function, therefore not appearing in the surface structure. Semantic constant, like a constant in predicate logic, is a semantically constant argument of the predicate, which is not allowed to turn up in the surface structure. That is to say, it is not assigned any grammatical function. For instance, the sense of the English verb *shoot* allows us to assume that any kind of projectile thing moves from the shooter to the goal by the action of shooting, along with the existence of the shooter and the goal, which is also inferred from the sense of the verb. However, a transitive *shoot* does not take the theme argument as its DO, but it does take the goal argument as the DO as in (30). Another verb of the same type is *dine*, the lexical argument structure of which should have the theme argument, which never appears in the surface structure as in (31).

(30) *John shot Mary (with) a bullet.
(31) *Margaret dined a dinner at the Ritz.

In the second case, i.e. an unspecified object, the missing object is saturated by a more or less canonical or prototypical object. It is considered to be canonical or prototypical because (32) could not appropriately describe a situation in which *John ate marbles*, as observed by Gruber (1976).

(32) John ate.

Notice that the crucial difference between the first case and the second of the non-anaphoric type is that in the former, the object cannot appear in any way, while in the latter it can.

In the third case, the missing object is identified semantically with the set of features [+human, +generic] and it can appear in the surface structure. To put it another way, verbs of this type have its second argument position filled by an arbitrary object matching the relevant properties in the lexicon, therefore it does not have to let it appear in the surface structure.

Based on these considerations, we have now made it clear that there are five types of the missing object phenomenon recognised in English. Lexical forms in (35)-(38) represent a typical verb which allows each type of the phenomenon. Lexical form (33) is a default lexical form of transitive verbs. A lexical form in (34) corresponds to a transitive verb used in an instructional language. Round brackets around OBJ means it may not appear in the surface structure.

(33) *Vt* (SUBJ, OBJ)
(34) *Vt* (SUBJ, (OBJ_{dei}))
(35) *watch* (SUBJ, (OBJ_{i}))
(36) *shoot* (SUBJ, ‹OBJ_{c}=BULLET›, OBJ_{GOAL})
(37) *eat* (SUBJ, (OBJ_{unsp}))
(38) *please* (SUBJ, (OBJ_{arb}))

5. Conclusion

To conclude, I have proposed here that it is necessary to incorporate into verb valency contextual (or pragmatic) information within and outside the linguistic context, such as anaphora and deixis, and also the (intra)lexical information of verbs to give an adequate description and account of the missing object in English.

Notes

1 The English verb *leave* is considered to have the same conceptual structure as *put*, but it can be used with or without the locative in the surface structure. This fact cannot be explained in this analysis. The difference between the two might be due to difference in the process of the lexicalisation for the two verbs.

2 However, Hudson (1984/1990) points out that this type of verbs are often used with the referent of its object identified deictically. One could say, *I was watching*, for instance, where someone came and turned off the television one was watching.

References

Allerton, David J. (1975): "Deletion and proform reduction". - In: Journal of Linguistics 11, 213-38.

- (1980): "Grammatical subject as a psycholinguistic category". - In: Transactions of the Philological Society 1980, 40-61.

- (1982): Valency and the English verb. - London: Academic Press.

Bresnan, Joan (1980): "Polyadicity". - In: Hoekstra, Teun/van der Hulst, Harry/Moortgat, Michael (1980): Lexical grammar (Dordrecht: Foris) 97-121. - Also in: Bresnan, Joan (ed.) (1982): The mental representation of grammatical relations (Cambridge, Mass.: MIT Press) 149-172.

Dik, Simon C. (1989): The Theory of Functional Grammar. - Dordrecht: Foris.

Fillmore, Charles J. (1968): "The case for case". - In: Bach, Emmon/Harms, Robert T. (eds.) (1968): Universals in linguistic theory (New York: Holt, Rinehart & Winston) 1-88.

Grimshaw, Jane (1979): "Complement selection and the lexicon". - In: Linguistic Inquiry 10, 279-326.

Gruber, Jeffrey S. (1976): Lexical structures in syntax and semantics. - Amsterdam: North-Holland.

Helbig, Gerhard (1982): Valenz - Satzglieder - semantische Kasus-Satzmodelle. - Leipzig: VEB Verlag Enzyklopädie.

Helbig, Gerhard/Schenkel, Wolfgang (1975): Wörterbuch zur Valenz und Distribution deutscher Verben. - Leipzig: VEB Bibliographisches Institut, 2.A.

Hudson, Richard A. (1984): Word grammar. - Oxford: Blackwell.

- (1990): English word grammar. - Oxford: Blackwell.

Jackendoff, Ray (1983): Semantics and cognition. - Cambridge, Mass.: MIT Press.
Lehrer, Adrienne (1970): "Verbs and deletable objects". - In: Lingua 25, 227-53.
Roeper, Thomas (1987): "Implicit argument and the head-complement relation". - In: Linguistic Inquiry 18, 267-310.
Rika, Rudolf (1978): "Three aspects of valence". - In: Abraham, Werner (ed.) (1978): Valence, semantic case and grammatical relations (Amsterdam: Benjamins) 47-53.
Růžička, Rudolf (1978): "Three aspects of valence". - In: Abraham, Werner (ed.) (1978): Valence, semantic case and grammatical relations (Amsterdam: Benjamins) 47-53.
Somers, Harold L. (1987): Valency and case in computational linguistics. - Edinburgh: Edinburgh University Press.
Sugayama, Kensei (1984): "Some notes on verb valency in English, part 1". - In: Kobe Gaidai Ronso 35/4, 5-21.
- (1988): "Some notes on verb valency in English, part 2". - In: Kobe Gaidai Ronso 39/1, 67-79.
Tesnière, Lucien (1953): Esquisse d'une syntaxe structurale. - Paris: Klincksieck.
- (1966): Eléments de syntaxe structurale. - Paris: Klincksieck, 2.A.

COMPOUND TENSES AND VERBAL SYSTEM STRUCTURE
A Functional Approach from Modern Spanish

Alexandre Veiga

0. Grammars usually differentiate simple and compound forms as expressions of the units which, strictly speaking, constitute the verbal system. We do not lack theories that deny the integration of the compound forms in the nucleus of the verbal system nor, in the extreme, theories that consider the admission in a system of different periphrastic constructions of the traditional "compound tenses".

Starting from the facts of the modern Spanish verb and centering on the relationship between the verbal units expressed by simple forms and those expressed by compound forms, our aim is to apply a model of functional analysis which allows us to reply to questions such as (a) whether the meanings expressed by compound forms form a part of the nucleus of the verbal system, together with those expressed by simple forms and (b) whether, in the affirmative case, a parallel exists in the system between the set of simple forms and the set of compound forms.

In the history of Spanish grammar the attitudes of scholars towards the position of compound forms in the verbal system have been diverse. For some authors, among whom we can quote Togeby (1953) or Hernández Alonso (1973) and (1984), only the simple forms constitute the verbal system itself. Faced with this point of view, it is more frequent to consider both simple and compound forms as integrated in the system. Authors such as, for example, Bello (1847), Alarcos Llorach (1949), or Lamíquiz (1982) consider that the two types of forms constitute two parallel sets, an idea which is also present in the interpretation of the Romance verb proposed by Coseriu (1976); on the other hand Gili Gaya (1943), Bull (1960), or Rojo (1974, cf. also Rojo 1990), for example, do not show a rigourous functional parallel between both groups of forms[1]; Alarcos Llorach (1975) has rectified his opinion of 1949 concerning this point.

1. The reduction of the Spanish verbal system to the units in whose expressions simple forms appear, has been decidedly criticized by authors such as Ruipérez (1967) and Slawomirski (1983).

1.1. Ruipérez (1967) has demonstrated the functionally unitary nature of the compound forms considering that every segment that constitutes a linguistic unit must be commutable and verifying that the participle appearing in these forms is neither commutable with zero nor with any other morphological element).[2] Ruipérez also points out that the verb *haber* which constitutes these forms is not commutable with other units either (impossibility derived from the invariability of the participle), an opinion against which we would have to argue the existence in Spanish of a periphrasis such as *tener* + participle, with delexicalization of the verb *tener.*[3] In any case, the non-commutability of the participle proves the functional unity of the compound forms[4] and puts us on guard, faced with a "split" interpretation of these forms like that which, following Tesnière (1939), Alarcos Llorach (1949: § 30) applied to Spanish.

1.2. Slawomirski (1983: § 2.6) has criticized the authors gave "demasiada importancia" to the compound nature of the forms of the type *he cantado*. This author considers that in Castilian the grammaticalization of these forms has gone further than in other languages and that the differences between them and the simple forms "se han hecho borrosas" (ibid.), and he notes three main criteria in order to prove the grammaticalization of these forms: (1) verification of the inseparability of the auxiliary and the auxiliated in modern language, that does not allow the intercalation of other elements, nor even of adverbs (*no *he nunca leído* un libro tan bueno), an argument already handled by Ruipérez (1967) and that is not exclusive to these forms (cf. footn. 3); (2) verification of the invariability of the participle in its masculine singular form, with any possibility, therefore, of concordance (cf. 1983: § 2.6.2.), which is neither exclusive of the compound forms[5] (Ruipérez (1967) pointed out this fact in relation to the non-commutability of *haber*, cf. *supra*), and (3) verification of the possibility of autoauxiliation of the verb *haber*: "*ha habido* un choque", a fact which is impossible in other periphrases: *"ella *está estando* loca", *"*estáis estando* buenos" (cf. 1983: § 2.7; but again we have to insist is neither exclusive of compound forms[6]).

These three criteria are accompanied in Modern Castilian with other phenomena that could be interpreted as exponents of the grammaticalization of the compound forms, such as the loss of the original possessive semantic value of *haber*, with the consequent diminution of its uses, and the generalization of the said verb as an auxiliary of intransitive and reflexive verbs. Slawomirski concludes that *haber* could be considered as a "prefix" - an idea already pointed out by Gili Gaya (1943: § 120) *bis* - whose complete joining to the auxiliated element has not been possible because of its proclitic position.

1.3. The arguments employed by Slawomirski (1983) are basically formal, as it is easy to see. They would be, together with the reflections of Ruipérez (1967), more than sufficient to conclude that the compound forms are expressions of unitary, not split, grammatical elements, which offer formal characteristics that not all the periphrases present.[7]

1.4. But the proof of the fact that the compound forms have reached a determined level of grammaticalization in the history of the language does not imply any demonstration of the said forms constituting expressions of elements pertinent to the nucleus of the verbal system. The definitive demonstration can only start from the verification of whether the grammatical meanings expressed by these forms enter into the same set of morphological oppositions to which the meanings expressed by the simple forms belong. In this sense the functioning of the Spanish verbal system offers unequivocal pieces of evidence for the investigator who, being able to initially avoid any prejudice about the simple or compound nature of the forms, implements the adequate verifications starting from the facts of content.

For example, from the temporal point of view it is easy to verify that the relationship existing between the examples

mañana *lloverá*
en estos momentos *llueve*

and the results of their transformations establishing *temporal correlation*[8] with a verb in the *preterite*,

anunciaron que al día siguiente *llovería*
anunciaron que en aquellos momentos *llovía*

is the same existing between

ayer *llovió*

and its transformation in temporal correlation with a verb in the *preterite*

anunciaron que el día anterior *había llovido*,

that is, the temporal orientations that the forms *lloverá*, *llueve*, *llovió*, express directly from the deictic centre of references of the system - deictic centre which, following Rojo (1974), we shall call *origin* and we shall symbolize by O - (orientations of anteriority, simultaneity and posteriority respectively), become focused from a different reference - the realization of temporal content expressed by *anunciaron* (*preterite*) -, and in the plane of expression, maintaining the same modal circumstances (indicative without addition of any extra modal nuance), become represented by the forms *llovería*, *llovía*, *había llovido*. Employing the model of vectorial representation proposed by (Rojo 9.A. 1974), we see that we are faced with the following temporal interrelations:

O+V / (O-V)+V = *cantaré / cantaría*
OoV / (O-V)oV = *canto / cantaba*
O-V / (O-V)-V = *canté / había cantado*.

In conclusion, the temporal content expressed by the compound form *había cantado* establishes, with the content expressed by a simple form, *canté*, the same relationship that in other points of the system is expressed between simple forms (*cantaré / cantaría*, *canto / cantaba*) or, considering the question from another angle, the content expressed by *había cantado*, establishes, with those expressed by *cantaría* y *cantaba*, the same relationship that the content expressed by a simple form, *canté*, maintains with other contents also expressed by simple forms, by *cantaré* and *canto*. So, the temporal content which is characteristic of *había cantado* in the Spanish indicative, belongs to a set of oppositions of which the contents expressed by the simple forms also participate.

From the modal point of view, the opposition based on the feature ±unreality, that in the indicative and in temporal circumstances of *present* (temporal relation OoV) is expressed by the formal opposition *canto / cantaría* in two examples such as

estoy encantado en la playa
estaría [=no *estoy*] encantado en la playa

is the same that, replacing the temporal orientation by that of a *preterite* (relation O-V), becomes expressed by *canté / habría cantado*:

se lo *dije* de buena gana
se lo *habría dicho* [=no *dije*] de buena gana.

In conclusion, the modal content expressed by the compound form *habría cantado*[10] establishes, with the content expressed by a simple form, *canté*, the same relationship that, in combination with other temporal scopes, is expressed by simple forms such as *canto / cantaría.*[11]

Coming back to the temporal oppositions, we also verify that the formal expression of the functional differentiation between the temporal realizations *present* and *preterite* (OoV / O-V), which corresponds to simple forms in the normal indicative (*canto / canté*):

> *son* las cuatro
> *fue* Bruto el que mató a César,

in the normal subjunctive (*cante / cantara-cantase*):

> dudo que *sean* las cuatro
> dudo que *fuera-fuese* Bruto el que mató a César,

and in the indicative with the addition of a modal nuance of uncertainty:

> *serán* [=probablemente *son*] las cuatro
> *sería* [=probablemente *fue*] Bruto el que mató a César,

becomes expressed, if an extra modal content of unreality is added, by the formal distinction between a simple form and a compound one, both in modal circumstances of indicative,

> *estaría* [=no *estoy*] encantado en la playa
> se lo *habría dicho* [=no *dije*] de buena gana,

and in combination with the subjunctive,

> ¡ojalá *estuviera-estuviese* [=no *estoy*] en la playa!
> ¡ojalá se lo *hubiera-hubiese dicho* [=no *dije*]!

The commutative process, starting from the analysis of the content and then verifying its manifestation in the expression[12], has revealed to us that the compound forms express meanings, both modal and temporal, of the same kind as those expressed by the simple forms and that, consequently, the modal and temporal meanings expressed by both types of forms belong to a same set of morphological oppositions.

1.5. Therefore, the integration of the compound forms in the nucleus of the Spanish verbal system is a fact that brings us to discard the theories that have reduced the study of the structure of the said system to the values of the simple forms. And the same type of verification proves to us that the meanings peculiar to other periphrastic constructions do not belong to the nuclear structure of the system, due to not being expressions of terms that establish morphological oppositions with units expressed by simple forms. Not even the periphrases that appear to be the nearest to the verbal system strictly speaking - and we can think of *voy a cantar*, *acabo de cantar*, *estoy cantando*, for which Cerny (1971) defended a criterion of *objective actuality* as a justification of their integration in the system - are characterized by features of content similar to those which oppose among them the values expressed by the simple and compound forms, for which their consideration, together with the nuclear elements of the strict verbal system, is not justified.

2. Having replied to the first of the questions that we posed in § 0, let us examine the symmetry or assymetry between the two sets of forms, simple and compound.

2.1. At first glance, the modern Spanish verb already offers evidence against the supposition of two parallel sets or subsystems of forms. In the present state of the system a simple form of the indicative, *canté*, lacks its correspondent compound form since *hube cantado*, the traditional *pretérito anterior*, is a fossilized form which does not exist in spoken language and is only reduced to the most cultural levels of the written language, where, moreover, and for several centuries, its use is limited to very special syntactic circumstances: it only appears in combination with particular temporal conjunctions, where it functions, following the opinion of Bull (1960: 107) of Ruipérez (1962: § 2), with which we agree, as a simple stylistic variant of another form (or of other forms), an opinion which has also been defended by Alarcos Llorach (1975: § 16) and which corroborates the impressions of Gili Gaya (1943: § 125).

The maintaining - more residual nowadays - of the use of *hube cantado* in litterary Spanish has favoured this verbal form to normally appear in grammars and studies as another member of the system. However, even if we were to claim a description of the verbal system as reflected in the Spanish literature of the Golden Age, the taking into consideration of this particular compound form could not bring us to see a parallel between the two sets of forms (simple / compound) which goes further than the purely formal: the analysis of the facts of content prevents us seeing this parallel.

It is well known that the only evident error made by Bello (1847) in his admirable temporal analysis of the Spanish verb consisted of assigning to the compound forms *hube cantado* and *había cantado* meanings rigorously parallel to those expressed by the simple forms *canté* y *cantaba*, meanings described in 1847: §§ 624/628/640/646. This procedure, based on a desire for symmetry, has provoked logical criticisms from more than one author concerning this opinion (cf. Veiga 1987: footn. 10 and forthcoming b: § 4.2.2, footn. 9). But in the nomenclature and symmetrical presentation of these forms in the style of Bello, strictly speaking, we should expect the compound forms *hube cantado* and *había cantado* to express an orientation of anteriority respectively envisaged from the values of *cantaba* and *canté* and this is not so: *había cantado* can express anteriority in the temporal correlation as well as to *cantaba* as to *canté*, *cantaría*, *había cantado* or *habría cantado*:

ayer *anunciaban* que *había llovido*
ayer *anunciaron* que *había llovido*
más tarde *anunciarían* que *había llovido*
antes *habían anunciado* que *había llovido*
antes del día siguiente *habrían anunciado* que *había llovido*.

Therefore, the temporal meaning of *había cantado* in the indicative is functionally characterized by the expression of an orientation of anteriority - a *primary vector* in the terms of Rojo (1974) - to any other realization of temporal content in which a vector of anteriority figures directly linked to the *origin*, which we call *original anteriority* ("anterioridad originaria", cf., e.g., Veiga (forthcoming b): IV.2.3.2), a characteristic common to the values of *canté*, *cantaba*, *cantaría*, *había cantado*, *habría cantado*, in the indicative and without the addition of extra modal contents.[13] As far as *hube cantado* is concerned, this form, reduced from the beginning to the temporal sentences, has never been able to appear in completives, a context where the temporal correlation, strictly speaking, can operate. There is no such parallel of values between *canté* / *cantaba* and *hube cantado* / *había cantado*, and let us emphasize the fact that Alarcos Llorach (14.A. 1975) or Rojo (15.A. 1974) present these last two forms as equally characterized in the temporal system. In reality we have to see in *hube cantado* a form that, historically, when the primitive aspectual values of the compound forms became relations of anteriority (cf. Rojo 1974: § 6.4), did not enter into the structure of the system and lost its usefulness, becoming a stylistic variant in very particular constructions.

2.2. The Spanish verbal system, however, offers another important point of desequilibrium between the values of the simple and compound forms that, even having been observed by some authors, has not been interpreted, to our judgement, in an adequate manner and in its true repercussions.

We refer to the inequality of the use of the simple and compound verb forms in modal circumstances of indicative + unreality, that occasionally has been pointed out with reference to the unreal conditional apodoses.[16] In effect, while in the case of the simple forms, e.g., in *present*, the expression of this content is doubly allomorphic, alternating in the system the forms *cantaría* and *cantaba*,

de buena gana *estaría-estaba* ahora en la playa
si fuera rico, *viviría-vivía* en un lugar mejor,

and with three certain verbs triply allomorphic in Modern Peninsular Spanish (let us think of the traditional "polite uses" of the forms *pudiera*, *debiera*, *quisiera* in place of *podría*, *debería*, *querría*, which maintain the ancient indicative nature of the *-ra* form and coherently seen as indicative uses of it by Gili Gaya (1943: § 135)), in the case of the compound forms - in any temporal relationship of *primary anteriority* - the Modern Castilian allows four allomorphs:

de buena gana ya se lo *habría - había - hubiera - hubiese dicho*
si hubiéramos empezado antes, a estas horas ya *habríamos - habíamos - hubiéramos - hubiésemos terminado*.

The differences are greatly accentuated: (a) the number of allomorphs is different from one case to another, (b) the use of *cantaba* instead of *cantaría* is very common in colloquial speech, while that of *había cantado* instead of *habría cantado* is quite sporadic, (c) when contrasted with the limitation of *cantara* as an unreal indicative in Peninsular Spanish to three modal verbs - apart from some fixed constructions like, e.g. "otro gallo nos *cantara*" -, the unreal indicative use of *hubiera cantado* is absolutely free and, in fact, more frequent than that of *había cantado* (cf. Mariner Bigorra 1971: 218, footn. 1), (d) while the form *cantase* cannot be used as an allomorph of *cantaría*, being the case of the unreal indicative, the only circumstance in which Castilian *cantase* is not equivalent to *cantara*, the corresponding compound form *hubiese cantado*, has extended its uses, also becoming equivalent in these modal circumstances to *hubiera cantado* and, therefore, to *habría cantado*, and thus we are faced with the only case in all the history of Spanish verb in which an etymologically subjunctive form has come to adquire indicative uses and, consequently, to appear in contexts that demand the indicative and discard the subjuntive (e.g. after *afirmar que*: "afirmo que en ese caso se lo *hubiese dicho*", (cf. Veiga forthcoming a)).

2.3. The analysis of the facts of content, taking care to avoid all formal prejudice, reveals to us that in the Spanish verb the simple and the compound forms do not constitute two parallel sets or subsystems at all, as many authors had claimed.

2.4. Another important factor of the lack of parallel between the contents expressed by the simple and compound forms is the fact that the feature of meaning common to the compound ones, namely the temporal property that we call *primary anteriority* (an expression of an orientation of anteriority to a reference) is not exclusive to these forms. A simple form, *canté*, shares this characteristic in the indicative, because its temporal formula is, employing Rojo's symbolization, O-V. The facts reveal this. From the confrontation between

ayer *llovió*

and

anunciaron que el día anterior *había llovido*

we can deduce that the relationship that *había llovido*, (O-V)-V, expresses with respect to *anunciaron*, O-V, is the same that *llovió*, O-V, expresses with respect to the *origin* - the deictic centre of temporal orientations -; both forms express a primary orientation of anteriority: the only thing that varies is the point of reference (in the first case, directly the point O, in the second, the temporal realization expressed by a *preterite* constituted in point of reference by temporal correlation). Thus, we have to reject any hypothesis that would imply a general opposition, temporal or aspectual, between the meaning of the two sets of forms.

3. The conclusion we have to reach, after the analysis to which we have submitted the functional behaviour of certain elements integrated into the modern Spanish verbal system, is that the units of content expressed by the compound forms belong, together with those expressed by the simple forms, to the nuclear structure of it, but without establishing a strict parallel with their values. So, we have to discard those theories that reduce the study of the system to the simple forms, as well as those that, paying more attention to the formal facts than to the functional ones, present the two sets of forms as symmetrical, either with reference to the Spanish verb in particular - or to a set of languages that includes Spanish -, or to languages in general where the formal difference between simple and compound forms exists. From the existence of languages where it is possible to doubt the integration of the compound forms in the nucleus of the system and/or it is possible to point out a parallel between both sets of forms, we cannot claim the generalization of conclusions of this kind. The functionally-based intralinguistic analysis we have carried out shows once again the necessity to study each system in itself as the unavoidable methodological base. In the particular case of our approach to the Spanish verb we think we have recognized certain realities and have shown that every approach to it which starts from the most external facts of expression can lead to serious errors of interpretation.

Notes

1 In the case of Bull (1960), cf. his opinion about *hube cantado* in 1960: 107 -cf. *infra* § 2.1 -, that is not reflected in the general diagram the author constructs in 1960: 72.

2 This situation is directly linked to the fact that the verb *haber* is employed in modern Spanish exclusively as an auxiliary verb - apart from its impersonal conjugation (cf. 1967: 1.42) -.

3 "Tengo leído en un libro - dijo María Lourdes - que, la primera vez, hay que hacerlo así" (Manuel Hidalgo (1986): El pecador impecable. - Barcelona: Tusquets).

4 Ruipérez (1967) adds that in Modern Castilian the order of the two elements must be *haber* + participle, not the contrary, and that, moreover, in the spoken language it is impossible to intercalate another unit between them. Let us point out, however, that none of these characteristics is exclusive to the compound forms: in any periphrasis the norm demands a determined order of elements, therefore, in Spanish we say *he cantado* and not *cantado he* as we also say *voy a cantar*, *debo cantar*, *acabo de cantar*, *he de cantar* ... and not **a cantar voy*, **cantar debo*, **de cantar acabo *de cantar he* ...; on the other hand, neither *he de cantar* admits any intercalation at all.

5 In Slawomirski's opinion the invariability of the participle sets the compound forms against other periphrases of the participle: "*he escrito* la carta"/"*tengo escrita* la carta". This thought is not valid, since in "tengo *escrita* la carta" *escrita* functions as a predicative of the direct object, thus no periphrasis exists at all. The periphrasis *tener* + participle also offers its second element invariable in the *-do* form: "¡con la de veces que le *tengo explicado* esa lección!".

6 Examples such as "vosotros *id yendo*, que ya os alcanzaremos", "*voy a ir* a verla", "*acabo* de *acabar* por fin el trabajo" show the possibility of autoauxiliation with other verbs.

7 It is not permissible to compare *a priori* compound forms to other periphrases. Hernández Alonso (1973: 149f.) argued that if we consider these forms as elements of the verbal system, there is no reason to not do the same with *está pensando*, *anda diciendo*, *está preparando*, *va a empezar*. The extremely easy separability of elements as a means of insertion in the first three examples mentioned by Hernández Alonso (e.g. *está todavía pensando*, *anda siempre diciendo*, *está desde ayer preparando*) manifests this author's precipitous words. As far as *ir a* + infinitive is concerned, the main characteristic of this prospective periphrasis, which is not exclusive to it, but is in fact distinctive when contrasted with the compound forms, is that the auxiliary verb can only appear in them expressing, independently of the modal content, the temporal contents peculiar to the "present" and the "imperfect" (cf. in indicative *va a llover*, *iba a llover*, but not **fue a llover*, **había ido a llover* ...; *irá a llover* is only grammatical as temporally present: [=probablemente *va a llover*]).

8 Understanding by *temporal correlation* the fact that a verbal element takes, as a reference point for the temporal orientation of the process that it expresses, the realization of temporal content expressed by another verb, a possible relationship in particular syntactic structures, although never compulsory (cf. Rojo 1976, Veiga 1987: § 4).

9 A model which offers clear differences with the system of Bull (1960). The symbols employed by Rojo are the following: O = origin, +V = vector of posteriority, oV = vector of simultaneity, -V = vector of anteriority. The formulae O+V, OoV, O-V, express respectively posteriority, simultaneity and anteriority to the deictic centre of the system; the formulae (O-V)+V, (O-V)oV, (O-V)-V express respectively these three temporal orientations with respect to a reference which is anterior to the said deictic centre.

10 In these cases, modally unreal, allomorphically replaceable by other compound forms such as *hubiera cantado*, *hubiese cantado*, or even *había cantado* in the most colloquial speech (cf., e.g., forthcoming b: § IV.2.9).

11 In these cases, modally unreal, *cantaría* may be replaced by *cantaba*, more colloquial, and, in the specific case of the verbs *poder*, *deber*, *querer*, also by *cantara*.

12 Cf. Veiga (1990a) for our idea of a model of functional analysis of a verbal system such as Spanish.

13 Let us think of the formulae proposed by Rojo (1974: §§ 4ff.) for these five forms: respectively O-V, (O-V)oV, (O-V)+V, (O-V)-V, (O-V)+(V-V).

14 The disuse of *hube cantado* and his lacking of functional autonomy did not prevent Alarcos Llorach (1949: § 33) defending a strict parallel in the system between *canté/cantaba* and *hube cantado/había cantado*, an opinion that the author rectifies in 1975 on considering these two compound forms as equivalent.

15 Rojo (1974: § 4.4.6) attributes the temporal formula (O-V)-V both to *había cantado* and to *hube cantado* and defends the fact that the notion of immediate succession, characteristic of the latter (cf. Bello's opinion in 1847: §§ 640-644), is redundant because it already figures in the temporal conjunction which systematically accompanies it in its few utterances (cf. Gili Gaya 1943: § 125).

16 See some opinions with respect to this in Veiga (forthcoming a/forthcoming b: § IV.2.9).

Literature

Alarcos Llorach, Emilio (1949): "Sobre la estructura del verbo español". - In: Estudios de gramática funcional del español (Madrid: Gredos, 3rd ed. 1980) 50-89.

- (1975): "Otra vez sobre el sistema verbal español". - In: Estudios de gramática funcional del español (Madrid: Gredos, 3.A. 1980) 120-47.

Bello, Andrés (1847): Gramática de la lengua castellana destinada al uso de los americanos. Crit. ed. by R. Trujillo. - Santa Cruz de Tenerife: Insituto Universitario de Lingüística Andrés Bello - Cabildo Insular de Tenerife, 1981.

Bull, William E. (1960): Time, Tense and the Verb, a Study in Theoretical and Applied Linguistics with Particular Attention to Spanish. - Berkeley: University of California Press, 4th ed. 1971.

Coseriu, Eugenio (1976): Das romanische Verbalsystem. - Tübingen: Narr.

Gili Gaya, Samuel (1943): Curso superior de sintaxis española. - Barcelona: Bibliograf, 9th ed. 1961.

Hernández Alonso, César (1973): "Sobre el tiempo en el verbo español". - In: Revista Española de Lingüística 3/1, 143-178.

Lamíquiz, Vidal (1982): El sistema verbal del español. - Málaga: Agora.

Mariner Bigorra, Sebastián (1971): "Triple noción básica en la categoría modal castellana". - In: Revista de Filología Española 54, 209-252.

Rojo, Guillermo (1974): "La temporalidad verbal en español". - In: Verba 1, 68-149.

- (1976): "La correlación temporal". - In: Verba 3, 65-89.

- (1990): "Relaciones entre temporalidad y aspecto en el verbo español". - In: Bosque, Ignacio (ed.): Tiempo y aspecto en español (Madrid: Cátedra) 17-43.

Ruipérez, Martín S. (1962): "Observaciones sobre el aspecto verbal en español". - In: Strenae. Estudios ofrecidos al profesor García Blanco (Salamanca) 427-435.

- (1967): "Notas sobre estructura del verbo español". - In: Problemas y principios del estructuralismo lingüístico (Madrid: C.S.I.C.) 89-96.

Slawomirski, Jerzy (1983): "La posición del aspecto en el sistema verbal español". - In: Revista Española de Lingüística 13/1, 91-119.

Tesnière, Lucien (1939): "Théorie structurale des temps composés". - In: Mélanges offerts à Charles Bally (Génève) 153-183.

Togeby, Knud (1953): Mode, aspect et temps en espagnol. - København: Det Kongelige Danske Videnskabernes Selskab, 2nd ed. 1963.

Veiga, Alexandre (1987): "El *presente histórico* como hecho de sistema verbal". - In: Verba 14, 169-216.

- (1990a): "Planteamientos básicos para un análisis funcional de las categorías verbales en español". - In: Wotjak, Gerd/Veiga, Alexandre (eds.): La descripción del verbo español (Santiago de Compostela: Universidade de Santiago de Compostela) 237-57.

- (forthcoming a): "El subjuntivo en la apódosis irreal". - In: Actas del II Congreso Internacional de Historia de la Lengua Española, Sevilla 1990.

- (forthcoming b): Condicionales, Concesivas y modo verbal en español. - Santiago de Compostela: Universidade de Santiago de Compostela.

GIBT ES EIN MEDIUM IM DEUTSCHEN DER GEGENWART?

Olga Rösch

0. Das deutsche verbale Genussystem ist in der Grammatikschreibung zweigliedrig. Den grammatischen Verbformen *Aktiv* und *Passiv* werden entsprechend aktivische und passivische Bedeutungen[1] zugeordnet, und somit gelten die semantischen Kategorien *Aktiv* und *Passiv* im Gegenwartsdeutsch als grammatikalisiert.

Der semantischen Kategorie *Medium* entsprechen im Deutschen keine grammatischen Formparadigmen. Aber auch die Darstellungen des semantischen Begriffes *Medium* selbst werden in der Literatur (s.u.) eher universalgrammatisch und im engeren Sinne sogar universalsemantisch als einzelsprachlich verstanden.

In meiner Untersuchung geht es jedoch nicht primär um das Verständnis des Mediums, sondern um das Verständnis einer bestimmten Konstruktion, die einige Berührungspunkte mit dem früheren Medium aufweist. Die Rede ist von einer formal gekennzeichneten Klasse der Funktionsverbgefüge (FVG), die vielfach als passivische bzw. passivwertige (pw) FVG[2] bezeichnet werden. Es sind Fügungen vom Typ

(1) zur Aufführung gelangen,
(2) der Kontrolle unterliegen,
(3) Vertrauen genießen,
(4) unter Schutz stehen u.a.

Das äußerliche Indiz für die Identifizierung der pw FVG sind solche Funktionsverben (FV) wie *erleiden*, *erfahren*, *erhalten*, *bekommen*, *unterliegen*, *stehen/liegen* unter, *genießen*, *sich erfreuen*, *finden*, *geraten in*, *kommen/gelangen zu* u.a., die in Verbindung mit Verbal- bzw. Adjektivabstrakta treten und mit ihnen als komplexe Prädikate fungieren.[3]

Viele Fügungen der Klasse der pw FVG lassen sich durch das grammatikalisierte Passiv ersetzen, was als Kriterium für ihre Passivität betrachtet wird[4], vgl.

(5) in Vergessenheit geraten = vergessen werden,
(6) Vervollkommnung erfahren = vervollkommnet werden.

Einigen FVG kommt aber auch eine Reflexivkonstruktion nahe, vgl.

(7) zum Ausdruck kommen = sich ausdrücken,
(8) Niederschlag finden = sich niederschlagen,

oder ein einstelliges intransitives Verb, vgl.

(9) ins Stocken geraten = stocken,
(10) zur Wirkung gelangen = wirken; beginnen zu wirken,

oder eine Konstruktion aus einem kopulativen Verb und Adjektiv, vgl.

(11) in Verlegenheit kommen = verlegen werden,
(12) in Wut geraten = wütend werden.

Manchmal haben die Fügungen weder verbale noch adjektivische Entsprechungen, vgl.

(13) Beifall finden,
(14) Fiasko erleiden.

Die Klassifizierung dieser Fügungen pauschal als passivische erweist sich also als nicht ganz korrekt.

Die formale Struktur der pw FVG scheint für den Ausdruck diverser p a s s i v i s c h e r Bedeutungen geeignet zu sein. Es müssen hier offensichtlich Übergangsstufen zwischen Aktiv und Passiv angenommen werden. Die Frage ist nur, ob man solchen Übergangsstufen auch Eigenwert zugestehen will. Die paradigmatischen Beziehungen zu verschiedenen syntaktischen Klassen von Verben ist offensichtlich ein Indiz für die besondere Funktion der formalen Klasse der pw FVG in der Sprache. Diese besondere Funktion der pw FVG innerhalb des traditionellen Genussystems im Deutschen scheint mir mit einigen Funktionen des idg. Mediums zu korrelieren.

Die Informationen über das Medium bezog ich hauptsächlich aus den Ausführungen von Grimm [1837], v.d. Gabelentz (1861: 449-546) und Lyons (1975: 381f.). Die drei Darstellungen des Mediums haben gemeinsam, daß dort die semantische Nähe des Mediums zu den Intransitiva, zum Passiv und zu den Reflexiva, die sowohl von Intransitiva als auch von Transitiva gebildet sind, hervorgehoben wird. Grimm spricht von "vielfacher mischung transitiver, intransitiver und passiver bedeutung" (Grimm [1837] 1898: 57), die zum Wesen des Mediums gehört.

Den genannten Quellen lassen sich weiterhin einige Merkmale des Mediums entnehmen, die auch für die formale Klasse der pw FVG charakteristisch sind:

- die Medialbildungen sind im valenztheoretischen Sinne hauptsächlich einstellig;
- das einzige Argument des medialen Prädikates fungiert syntaktisch als Subjektnominativ;
- die semantische Funktion des Argumentes läßt sich nicht eindeutig bestimmen; dies spricht offenbar für seine semantische Polyfunktionalität.

Nehmen wir den Beschreibungsapparat der modernen Kasusgrammatik zu Hilfe, so wäre eine der mehrfach ausdrücklich genannten Funktionen des medialen Subjektes dann (in der Tendenz) als Benefaktiv beschreibbar, wenn das mediale Prädikat inhaltlich einem passivischen nahekommt (Lyons 1975: 381f.).

Diese Merkmale sind zwar im großen und ganzen für die pw FVG kennzeichnend, reichen jedoch nicht aus, um die pw FVG als Medialbildungen in das deutsche Verbalsystem aufzunehmen, weil die Kategorie *Medium* in der deutschen Sprache nicht wie die Kategorien *Aktiv* und *Passiv* grammatikalisiert ist, zumindest aber nicht als eigene Kategorie von der Grammatikschreibung bewertet wird.

Aus diesem Grunde erscheinen mir zunächst einige Annahmen über die Funktion und den eventuell möglichen Bereich der medialen Bedeutung im Deutschen notwendig.

1. Die Funktion des Mediums besteht (vielleicht gerade im Deutschen der Gegenwart?) darin, einen f l i e ß e n d e n Ü b e r g a n g zwischen den Genusoppositionen *Aktiv* : *Passiv* zu schaffen.

Ich verstehe es so, daß die drei wichtigsten syntaktischen Klassen (transitive, intransitive und reflexive Verben) mit semantischen Funktionsmodellen korrelieren, welche die semantische Abstufung der Aktivität in Richtung Passivität kennzeichnen.

An einem Pol der Opposition steht der aktivische transitive Satz, dessen prototypisches semantisches Modell als *Agens - actio - Patiens* beschreibbar ist. An dem anderen Pol befindet sich seine Umkehrung, der dreigliedrige Passivsatz[5] (s. Tabelle).

In der oberen Zeile der Tabelle stehen die Angaben über die abstrakt-logische Reihenfolge der Argumente des jeweiligen Prädikates, die als Merkmal für die Klassenbildung (aus logischer Sicht) prominent ist. Der transitive Aktivsatz hat die Formel P(x,y), der entsprechende dreigliedrige Passivsatz die Formel P(y,x). Die Prädikate, die in der Skala zwischen dem Aktiv und dem dreigliedrigen Passiv liegen, lassen sich im wesentlichen auf die Klassen P(x) und P(y) reduzieren[6] (s. Tabelle nächste Seite).

Diese logischen Strukturen werden in der Sprache unterschiedlich abgebildet, d.h., daß aufgrund der genannten logischen Formeln sich jeweils typische syntaktische Klassen (wie die einstelligen Intransitiva, Reflexiva und das zweistellige Passiv) ergeben. Von der semantischen Polyfunktionalität der syntaktischen Modelle wird hier abgesehen. Für die Klassenbildung ist in dieser Aufstellung vor allem die semantische Besetzung der Subjektstelle relevant.

Die syntaktischen Klassen von Verben, die in der Skala zwischen Aktiv und Passiv liegen, kennzeichnen mit m o r p h o l o g i s c h e n Mitteln die Abstufung der Aktivität in Richtung Passivität und sind keineswegs als Medialbildungen zu verstehen, sondern als wichtige Bezugsgrößen für die Ermittlung der semantischen Strukturen der pw FVG.

Die erste Klasse nach den Transitiva und mehrstelligen Intransitiva, bei der von einer Abschwächung der Aktivität gesprochen werden kann, sind die einstelligen Intransitiva sowie die intransitiv gebrauchten Transitiva, bei denen das Objekt der Aktivität fehlt (z.B. *singen*, *essen*). Ihnen folgt die syntaktische Klasse der Reflexiva, in der zwei funktionale Typen zu unterscheiden sind: P(x) und P(y), wobei diese Einordnung kontextabhängig bleibt. Die nächste Abstufung in Richtung Passivität zeigen die intransitiv gebrauchten Transitiva mit reduziertem erstem Argument (z.B. *das Geschäft öffnet/schließt*).

Eine weitere Annäherung zur passivischen Sachverhaltsdarstellung wird durch syntaktisch heterogene Konstruktionen (auch Passivkonstruktionen) angegeben, die ebenfalls die Struktur P(y) abbilden.[7]

Den Passivkonstruktionen folgt das grammatikalisierte Passiv. Hier ist zunächst das Zustandspassiv zu nennen. Im syntaktischen Modell des w e r d e n - Passivs können nach dem Grad der zunehmenden Passivität drei Gruppen unterschieden werden:[8]

a. das zweigliedrige Passiv,
b. das zweigliedrige Passiv mit einem nicht grammatikalisierten Agensanschluß (z.B. mit den Präpositionen *bei*, *seitens*, *in*, u.a.),
c. das dreigliedrige Passiv.

Das dreigliedrige Passiv wäre in der angenommenen Skalierung als funktional-semantischer Kern des syntaktischen Modells *w e r d e n-Passiv* zu betrachten, weil es die volle Umkehrung des aktivischen Agens-actio-Patiens-Modells erlaubt, so daß die von Hause aus relationalen Begriffe *Agens* und *Patiens* wieder in Relation zueinander stehen.

Eventueller Bereich medialer Bedeutung

P(X,Y)	P(X,Y,(Z))	P(X)	P(X)	P(Y)	P(Y)
Ag - Pat	Ag - Pat'	Ag'	Ag''	...	...
Transitiva	Intransitiva	1-stellige Intransitiva Transitiva	Reflexiva		Intransitiv gebrauchte Transitiva
schlagen	verhandeln, abstimmen	ruhen, stehen, essen, zusammenbrechen	sich bewegen sich betätigen		kochen, enden
	X gerät in Abhängigkeit von Y	X kommt zum Stehen, X erleidet Zusammenbruch	X kommt in Bewegung, X findet Bestätigung	Y kommt in Bewegung, Y findet Bestätigung	Y kommt zum Kochen, Y findet (sein) Ende
X bringt Y in Bewegung	X bringt Y zur Abstimmung	X schafft Veränderungen			

P(Y);P(-)	P(Y)	P(Y)	P(Y,(X'))	P(Y,X)
...	Pat''	Pat'	Pat - Ag'	Pat - Ag
diathetisch nicht aktivische Konstruktionen	Zustandspassiv	Vorgangspassiv		
			nicht gramm. Agensanschluß	
bezahlbar sein, sich schlagen lassen	geöffnet sein werden	aufgeführt, unterstützt in	ausgedrückt werden bei/	geschlagen werden von
es kommt zur Verhandlung	Y kommt in Verlegenheit Y steht unter dem Motto	Y kommt zur Aufführung, Y findet Verbreitung	Y kommt zum Ausdruck (in/ bei X), Y findet Unterstützung (in/ bei X)	Y kommt in Ordnung durch X, Y findet Berücksichtigung von/ durch X
		Y wird in Bewegung/ zur Abstimmung gebracht		Y wird von X in Bewegung gebracht

2. Aus der Annahme, daß die Kategorie des Mediums den fließenden Übergang zwischen den Polen der Genusopposition "andeutet", leite ich die These ab, daß der eventuelle Bereich der medialen Bedeutung zwischen den einstelligen Intransitiva einerseits und dem zweigliedrigen werden-Passiv andererseits liegt und von der formalen Klasse der FVG, die nach dem Muster der pw FVG gebildet werden, ausgedrückt werden kann. Diese syntaktisch homogene, formale Klasse der pw FVG deckt den gesamten Medialbereich ab, der im Verbalsystem durch verschiedene syntaktische Klassen "gefächert" ist.

Dem FV ist hier die Rolle des Medialoperators zuzusprechen, der die syntaktischen Basisstrukturen zu einer homogenen, aber komplexeren formalen Struktur transponiert und den Medialbereich durch die "Umgestaltung" der verbalen Prädikate zugunsten der gleichstrukturierten nominalen Prädikate lexikalisch-semantisch kennzeichnet. Das FV weist vor allem dem Sprachbenutzer an, daß es sich hier um keine regelrechte Aktiv- bzw. Passivdiathese handelt.

Die formale Klasse der pw FVG ermöglicht die systematische, semantische Umdeutung der verbalen Basisstrukturen. Im Anschluß an Daniels (1963: 32), der die FVG als "nominale Umschreibungen" auffaßt, kann hier "von einem nominalen Ausbau des verbalen Denkkreises" gesprochen werden.

Die semantische Polyfunktionalität der formalen Klasse pw FVG, die sich u.a. auch in den unterschiedlichen paradigmatischen Beziehungen niederschlägt, kommt der von Grimm, v.d. Gabelentz und Lyons beschriebenen Polyfunktionalität des Mediums sehr nahe.

3. In meiner Austellung befinden sich transitive Verben und ihre Umkehrung an den Polen der Opposition *Aktiv* : *Passiv*. Die Argumente dieser Prädikate P(x,y,) und P(y,x) haben die semantischen Rollen *Agens* und *Patiens* mit dem jeweils prototypischen Merkmalsatz für diese Kasus. In der Skala zwischen diesen Polen liegen m.E. die Prädikate, deren Argumente eine weniger prototypische Rollenverteilung aufweisen bzw. andere semantische Funktionen (als Agens und Patiens) ausüben.

Ich denke, daß die Abstufung der Aktivität derart ist, daß die Prototypikalität der semantischen Rollen *Agens* und *Patiens* in der jeweiligen syntaktischen Klasse (von links nach rechts) abnimmt. Mit der Zunahme der Passivität, die ungefähr bei den Passivkonstruktionen ansetzt, wird die Identifizierung mit den prototypischen Rollen immer deutlicher. In der Tabelle (zweite Zeile) wird die Abschwächung und die Verstärkung der Prototypikalität[9] der Rollen *Agens* und *Patiens* mit den Zeichen ' und " dargestellt. Während bei der Abschwächung der Aktivität zunächst das Patiens seine prototypischen Merkmale verliert, gewinnt dasselbe bei der Zunahme der Passivität als erstes seine Merkmale zurück. Die prototypischen Merkmale der Agensrolle nehmen dagegen langsamer ab, jedoch im Passivfeld werden sie erst beim dreigliedrigen Passiv durch den grammatikalisierten Anschluß des Agensrepräsentanten deutlicher.

4. Metahypothese. Die Annahmen über den möglichen Bereich der medialen Bedeutungen im Gegenwartsdeutsch und ihr Ausdruck in der Form der pw FVG bringen mich nun doch auf den Gedanken, die Existenz der medialen Kategorie zu postulieren. Al-

lerdings kann man hier von der grammatischen Kategorie *Medium* n u r i n d e r T e n d e n z, d.h. in der Entwicklung sprechen. Sicher würde, wenn es zu einem voll ausgebildeten dreigliedrigen Genussystem käme, die formale Bildung des Mediums viel e i nh e i t l i c h e r. Für die Bildung der pw FVG bietet die Sprache mehr als zehn FV!

Die Interpretation der Klasse der pw FVG als Medialbildungen sondert sie natürlich aus der gesamten syntaktischen Klasse der FVG aus. Die aktivischen FVG (s. untere Zeile der Tabelle) umschreiben in der Regel die transitiven und intransitiven Verben. Die meisten von ihnen bilden mit morphologischen Mitteln die Genusopposition *Aktiv* : *Passiv*, vgl.

(15) x nimmt y in Anspruch,
(16) y wird von x in Anspruch genommen.

Mit meinen Hypothesen über das Medium will ich die traditionelle Einordnung in das Kategoriensystem nicht grundsätzlich in Frage stellen, und es soll auch bei der Bezeichnung *passivwertig* bleiben. Dennoch will ich auch den Gedanken nicht ausschließen, daß die Klasse der pw FVG möglicherweise dahin tendiert, eine n e u e K a t e g o r i e im deutschen Genussystem zu werden.

5. Wie lassen sich nun die semantischen Rollen des Subjektnominativs der pw FVG bestimmen?

Die Identifizierung der semantischen Rollen der Argumente im pw FVG-Satz schließt offenkundig den Bezug auf das Basisverb in Aktivform (Verb im Lexikon) ein, welches somit als das aktivische Pendant angenommen und durch die Aktivtransformationen, die nur den Wert empirischer Verfahren haben, ermittelt wird. Zur Veranschaulichung soll hier ein Belegsatz

(17) Der Pellmann g e n o ß unter den alten Insassen einen hohen R e s p e k t.

angeführt und ein konverser (stark vereinfachter) Satz

(18) Die Insassen respektierten Pellmann.

gebildet werden. Schematisch ließen sich die Beziehungen zwischen den Prädikaten und ihren Argumenten wie folgt darstellen:

A k t i v:

respektieren

	Insassen	Pellmann	
log.E.	x	y	Argumente
sem.E.	Agens	Patiens	sem. Rollen
syntE.	Subjekt	Objekt	gramm. Rollen

p w F V G:

Respekt genießen

	Pellmann	unter den Insassen
log.E.	y	
sem.E.	Patiens (?)*	
synt.E.	Subjekt	Lokalbestimmung

* Das Fragezeichen soll darauf hinweisen, daß es hier um eine vom Patiens abgeleitete Funktion geht (s.u.), die zwar dem Patiens des Aktivsatzes entspricht, womit aber nicht gesagt wird, daß sie im pw FVG-Satz dieselbe bleibt. Der Agensrepräsentant wird im pw FVG-Satz nur selten realisiert und hat dann den Status einer Angabe.[10]

Die meisten pw FVG der Belegsätze korrelieren mit mindestens zweiwertigen Basisverben und stehen in paradigmatischer Beziehung zum zweigliedrigen w e r d e n - Passiv, und somit sind die e i g e n t l i c h p a s s i v w e r t i g e n FVG. Sie betrachte ich als den p r o t o t y p i s c h e n B e r e i c h, also als den funktional-semantischen Kern der formal-syntaktischen Klasse der pw FVG.

Die Analyse des Kernbereiches der pw FVG hat ergeben, daß als aktivische Pendants zu 97% die transitiven Verben auftreten und das Argument (y) dieser Verben semantisch als Patiens fungiert. 2,7% aller ermittelten aktivischen Basisverben machen die zweiwertigen Verben aus, die den Dativ fordern. Es sind Verben, die keine Opposition des Akkusativs und Dativs zulassen, z.B. *helfen*, *schaden*, *zustimmen*, *vertrauen* u.a.[11] Den kleinen Rest bilden die frequentierten pw FVG (*zur Abstimmung gelangen/kommen*), die mit dem intransitiven Basisverb *über etw. abstimmen* korrelieren, sowie zwei pw FVG (Ersatz finden, Antwort erhalten), die die dreiwertigen transitiven Verben *jdm. etw. ersetzen*, *jdm. etw. beantworten* als Pendants im jeweiligen Kontext voraussetzen. Bezeichnend ist dabei, daß die Dativergänzung dieser Basisverben zur Nominativergänzung der pw FVG befördert wird.

Aus der näheren Betrachtung der aktivischen Pendants kann geschlußfolgert werden, daß zwischen der selektierenden Eigenschaft des FV, welches in die Subjektposition nur die Ergänzungen einweist, die keine Agensrolle ausüben, und der semantischen Funktion des gewählten Argumentes (y), das zum Subjekt des pw FVG wird, ein erkennbarer Zusammenhang besteht.

Die Feststellung, daß nur von bestimmten semantisch-syntaktischen Gruppen von Verben die eigentlichen pw FVG abgeleitet werden können, korrespondiert mit meiner Beobachtung, daß auch im Bereich der medialen Bedeutung die letzteren eine besondere Stellung einnehmen. Die Bedeutung der Patiens- und Dativrelation der Basisverben erfährt im Kernbereich der pw FVG eine semantische Uminterpretation, die sich nun mit der semantischen Rolle *Benefaktiv* bzw. *Malefaktiv* erfassen läßt; vgl.

(19) Das Buch erlebte eine Neuauflage (Benefaktiv).
(20) Das Theaterstück fand viel Zuspruch (Benefaktiv).
(21) Der Gefangene erlebte eine Demütigung (Malefaktiv).
(22) Viele Obstbäume haben Schaden erlitten (Malefaktiv).

Auch wenn die Umdeutung zur Benefaktivrelation zum unterschiedlichen Grade und mit unterschiedlicher Deutlichkeit festzustellen ist (rechts vom Kernbereich tendiert sie eher zur Patiensrelation; links von ihm nimmt die Benefaktivrelation ebenfalls an Deutlichkeit ab), kann dennoch behauptet werden, daß die Klasse der pw FVG eine Art benefaktiver Prädikate im Deutschen darstellen. Eine scharfe Grenze zwischen dem Kernbereich und anderen FVG der formalen Klasse der pw FVG kann allerdings nicht gezogen werden.

Anmerkungen:

1 Zum Problem der Erfassung der passivischen Bedeutung vgl. Ammann (1961: 95-103/105-111); und Helbig (1968: 129-148, 1989: 215-221).
2 Die Bezeichung "passivwertig" übernehme ich von Bzdega (1980: 37-54).
3 Beschreibung der internen Struktur der FVG siehe Rösch (1990: 118ff.)
4 Vgl. Schippan (1969: 25-37), Helbig (1984: 183), Sommerfeldt/Starke (1988: 69/101ff.)
5 Zur Beschreibung des Passivs als Aktivkonverse vgl. Meinhard (1975).
6 Die Notation P(-), mit der in der Tabelle die unpersönlichen Passivkonstruktionen mit fehlendem grammatischen Subjekt bzw. mit dem Platzhalter *es* bezeichnet werden, entspricht allerdings nicht den Regeln des prädikatenlogischen Kalküls.
7 Über die Passivkonstruktionen siehe bei Askedal (1987: 17-51), Sommerfeld/Starke (1988: 100ff.).
8 Zur Rolle der Agensbeziehung in der passivischen Sachverhaltsdarstellung siehe Rösch (1990: 40ff.)
9 Zur prototypischen Kasusbestimmung vgl. Welke (1988: 194ff.).
10 Zur Rolle der Agensbeziehung in der passivischen Sachverhaltsdarstellung siehe Rösch (1990: 40f./50f.).
11 Die Dativergänzung dieser "besonderen semantischen Gruppe" der Verben mit Dativ wird als Patiens bestimmt. Vgl. Heidolph/Flämig/Motsch (1981: 343).

Literatur:

Amman, Hermann (1961): "Das Passiv als Leideform". - In: Nachgelassene Schriften zur vergleichenden allgemeinen Sprachwissenschaft (Innsbruck: Sprachwissenschaftliches Institut) (= Insbrucker Beiträge zur Kulturwissenschaft, Sonderheft 12) 95-103.
- (1961): "Probleme der verbalen Diathese". - In: Nachgelassene Schriften zur allgemeinen Sprachwissenschaft (Insbruck: Sprachwissenschaftliches Institut) (= Innsbrucker Beiträge zur Kulturwissenschaft, Sonderheft 12) 105-111.
Askedal, John Ole (1987): "Syntaktische Symmetrie und Asymmetrie im Bereich der passivischen Fügungen im Deutschen". - In: Altmann, Hans et al. (Hrsg): Das Passiv im Deutschen. Akten des Kolloquiums über das Passiv im Deutschen, Nizza 1986 (Tübingen: Niemeyer) (= Linguistische Arbeiten 183) 17-49.
Bzdega, Andrzej (1980): "Agensabgewandte Konstruktionen im Deutschen und Polnischen". - In: studia germanica posnaniensia 9, 37-54.
Daniels, Karlheinz (1963): Substantivierungstendenzen in der deutschen Gegenwartssprache. Nominaler Ausbau des verbalen Denkkreises. - Düsseldorf.

Gabelentz, Hans Conon von der (1861): "Über das Passivum. Eine sprachvergleichende Abhandlung". - In: Abhandlung der Königlichen Sächsischen Gesellschaft der Wissenschaften. VIII. Philol.-hist. Classe 3. - München.
Grimm, Jacob ([1837] 1898): Deutsche Grammatik IV. - Göttingen. Zitiert nach der Ausgabe von 1898. - Gütersloh.
Helbig, Gerhard (1968): "Zum Problem der Genera des Verbs in der deutschen Gegenwartssprache". - In: Deutsch als Fremdsprache 3, 129-148.
- (1984): "Probleme der Beschreibung von Funktionsverbfügungen im Deutschen". - In: Studien zur deutschen Syntax II (Leipzig: VEB Verlag Enzyklopädie) 163-188.
- (1989): "Das Passiv - und kein Ende". - In: Deutsch als Fremdsprache 4, 215-221.
Heidolph, Karl E./Flämig, Walter/Motsch, Wolfgang et al. (Autorenkollektiv) (1981): Grundzüge einer deutschen Grammatik.- Berlin: Akademie Verlag.
Lyons, John (1975): Einführung in die moderne Linguistik. - München.
Meinhard, Hans-Joachim (1975): Untersuchungen zum Passiv im Deutschen unter dem Gesichtspunkt der Konversion. Studien zu einem operativen valenztheoretischen Konzept der Bedeutung. - Berlin (Diss.A).
Rösch, Olga (1990): Untersuchungen zu passivwertigen Funktionsverbfügungen im Deutschen der Gegenwart. Ein Beitrag zur funktionalen Beschreibung grammatischer Strukturen. - Berlin (Diss.A).
Schippan, Thea (1969): "Antworten oder Antworten geben?". - In: Deutschunterricht 1, 25-37.
Segeth, Wolfgang (1973): Elementare Logik. - Berlin.
Sommerfeldt, Karl-Ernst/Starke, Günter (1988): Einführung in die Grammatik der deutschen Gegenwartssprache. - Leipzig.
Viehweger, Dieter (1977): Probleme der semantischen Analyse. - Leipzig (= studia grammatica XV).
Welke, Klaus M. (1988): Einführung in die Valenz und Kasustheorie.- Leipzig.

DIE ROLLE DER SYNTAX BEI MORPHOLOGISCHEN VERÄNDERUNGEN

Ivan Duridanov

In einer Reihe von Artikeln, die zwischen 1890 und 1935 veröffentlicht wurden, versuchte der bulgarische Slawist Ljubomir Miletič, die Ursachen für den Verfall der Deklination im Bulgarischen zu erklären. Aufgrund der sogenannten walachisch-bulgarischen Urkunden (15.-16. Jh.) bemühte er sich nachzuweisen, wie es infolge von Lautwandel zunächst bei den *ā*-Stämmen zum Ausgleich verschiedener Kasusformen kam (Miletič 1893: 290f., 1896: 106). Daneben verwies er ausdrücklich auf die Rolle des syntaktischen Faktors:

> Der Schwund der obliquen Kasus geschieht s y n t a k t i s c h: es schwinden die typischen Sätze, welche die alten Kasus obliqui enthalten, und an ihrer Stelle erheben sich die Typen jener Sätze, in denen der Kasus generalis auftaucht. Solange der Kampf zwischen den Sätzen mit Kasus generalis und denen mit den alten Kasus dauert, leben auch noch die letzteren in der Sprache. Schließlich aber verschwinden diese zusammen mit ihren Sätzen, wobei sie Relikte in adverbialer Funktion hinterlassen können. (Miletič 1896: 107, 1925: 270, 1935: 62)

Und noch deutlicher schreibt Miletič:

> Im Gegenteil den lautlichen Bedingungen nur die Rolle des ersten Anstoßes zur Bildung eines Kasus generalis beimessend, habe ich den zweiten Faktor, die syntaktischen Verschiebungen, meistenteils durch syntaktische Kontaminationen veranlaßt, in vollerem Maße berücksichtigt. Meine Auffassung der Flexionsänderungen nach einzelnen Kasus gibt Zeugnis von der großen Wichtigkeit, welche ich überhaupt den syntaktischen Prozeßen in der Sprachentwicklung einräume. (Miletič 1925: 270)

Diese These, die als *phonosyntaktisch* und *internal* bezeichnet werden kann, fand in neuerer Zeit wenig Beifall bei den Linguisten, doch enthält sie wichtige Anhaltspunkte, die man bei der Erklärung morphologischer Phänomene unbedingt beachten muß. Es handelt sich um die Einwirkung der syntaktischen Modelle. Dieser Gedanke entstand, als ich vor etwa zehn Jahren eine sonderbare nominale Form des Neubulgarischen zu erklären versuchte. In der Literatursprache und den meisten Dialekten lautet hier der Plural von *orech* "Walnuß" *óre-chi* anstatt des zu erwartenden *oresi*, das nur in manchen Dialekten vorkommt. Die Form *orechi*, die heute in der Funktion des Subjektes, des direkten Objektes und nach Präpositionen gebraucht wird, stellt offenbar einen Akkusativ Plural dar, abulg. *orěchy* (nach dem Übergang von y›i). Diese Form hat sich als Kasus generalis auf syntaktischem Wege durchgesetzt. Als Ausgangspunkt dienten offensichtlich solche Satzmodelle, in denen *orechi* als direktes Objekt fungierte, wie z.B. *Berem orechi* "Wir ernten Walnüsse", *Brulim orechi* "Wir schlagen Walnüsse herunter" (Duridanov 1986: 55). Weitere Beispiele mit alten Akkusativformen, die als allgemeine Form fungieren, sind nur mundartlich belegt. So findet sich gegenüber der Pluralform *rogá* (alter Dual) und *rogove* von *rog* "Horn" (in der Literatursprache und den meisten Dialekten) im Dialekt von Kriva bara (Kreis Lom, Nordwestbulgarien) *rogi* (=abulg. Akk. *rogy*). In den Memoiren des Pfarrers Minčo Kănčev (aus Arabadžii, Kreis Stara Zagora, Südbulgarien), die zwischen 1876 und 1903 geschrieben sind, begegnet vielmals die Pluralform *raki* (=abulg. *raky*) von *rak* "Krebs" (vgl. *raci* in der Literatursprache); ein Beispiel:

(1) Pop Minčo, raki nalovi li? "Pfarrer Minčo, hast du Krebse gefangen?" (Kănčev 1983: 314)

In der bulgarischen Toponymie sind ebenfalls solche Akkusativformen bis heute erhalten geblieben. Z.B. *Vlachi* (Dorf im Kreise Sveti Vrač, heute Sandanski, Südwestbulgarien) ‹abulg. *Vlachy*, von *vlachъ* "Rumäne", in Sätzen wie *Idą vъ Vlachy* "Ich gehe in Vlachy"; die übliche Pluralform dieses Wortes lautet *vlasi* (so schon altbulgarisch), vgl. den Ortsnamen *Vlasi* (Dorf im Kreis Caribrod, westlich von Sofia). - *Oboki* bulgarisches Dorf im Gebiet Gorni Debăr, Westmakedonien abulg. o- "um, herum" + *boky*, Akk. von *bokъ* "Seite, Abhang" (Duridanov 1960: 130).

Die Durchsetzung der Akkusativformen in der Funktion des Kasus generalis ist eine bekannte Tatsache in den romanischen Sprachen. Die Anfänge dieses Prozesses sind bereits im Vulgärlatein bezeugt, vgl. z.B. die Nominativform im Plural auf *-as* (neben *-ae* = *-e*) bei den *ā*-Stämmen: *reliquias*, *alumnas*, *filias* (inschriftliche Belege), *termas Neronianas, ceterasque civitates, alias urbis* (= urbes) *plurimas, gentes que vicinas erant* (bei Fredegar, 7.Jh.). (Sergievskij 1954: 10f., s. auch Lausberg 1972: 21, Herman 1975: 62).

Diese Form auf *-as* hat sich im Französischen, Portugiesischen und Spanischen erhalten; vgl. frz. *roses*; port. u. span. *rosas*. Bei den alten *o*-Stämmen ist inschriftlich auch die Akkusativendung auf *-os* anstelle des Nominativs auf *-i* belegt:

(2) Iulius Victor C. Camurn, filios et nepotes salvos memoria patri dulcissimo posuerunt. (Inschrift aus Afrika, CIL VIII: 7467)

Darüber hinaus kommen Beispiele hierfür in der Chronik des Fredegar vor (Sergievskij 1954: 108). Die Form auf *-os* lebt noch heute im Spanischen und Sardischen fort; vgl. span. *años* von *año*; sard. *annos* von *annu*.

Die Einwirkung der Satzmodelle mit Ablativus loci hat Spuren in der Toponymie der West-Romania hinterlassen. Aus Sätzen mit lokativischen Ablativen sind moderne Ortsnamen erklärbar, wie frz. *Aix*; it. *Acqui* aus *Aquis*; it. *Capri* aus *Capreis*; it. *Pozzuoli* aus *Puteolis*; der heutige Ortsname *Firenze* (it.) geht auf den Lokativ Singular *Florentiae* zurück (Lausberg 1972: 20/21/26).

Schon lange bekannt ist die Rolle der syntaktischen Strukturen für die Gestaltung einer ganzen Reihe von Ortsnamen im deutschen Sprachgebiet. Folgenden Ortsnamen liegen alte lokativische Dative zugrunde: *Buchen*, *Eichen*, *Linden*, *Baden* "Bei den Buchen,... den Bädern"; *Bergern*, 1321 *zu den Bergern* "bei den Bergbewohnern", den Ortsnamen auf *-walde*, *-felde*, *-tale*, *-berge*, *-hausen*, *-felden*, *-hofen*, *-büren*, *-stätten*; *München* "bei den Mönchen" usw. (Bach 1953: 91/117).

Ferner sind hier auch zusammengesetzte Ortsnamen zu nennen, in denen das Adjektiv im Dativ steht: *Lenginsee* (1002), heute *Lengsee* "bei dem langen See" *Obrundorf* (1070), heute *Eberndorf* "bei dem oberen Dorf" *Weissenburg*, *Neuenburg*, *Altenburg*, *Schwarzenberg*, *Altenkirchen* u.a. (Bach 1953: 105, Solmsen/Fraenkel 1922: 64f.).

Eine weitere morphologische Veränderung, die durch syntaktische Strukturen bedingt ist, stellt das Ersetzen des Nominativs durch die Anredeform (den Vokativ) dar. Ich gebe hier zunächst ein Beispiel aus dem Neubulgarischen. Das Wort *otec* (abulg. отьсь) "Vater" wird heute als Bezeichnung für Geistliche verwendet, und zwar mit dem Vornamen, z.B. *otec Grigorij*; *otec Christofor* u.a.. In der Umgangssprache aber kann man oft hören: *Otčeto dojde* "Der Pfarrer kam", oder *Povikaj otčeto* "Ruf den Pfarrer her". *Otče* ist in der Tat die übliche Anredeform von *otec*, die Sätzen wie *Otče, blagoslovi ni* "Pfarrer, segne uns" verwendet wird. Im Rumänischen trifft man Personennamen auf *-e* wie *Vasile*, *Petre*, *Gheorghe* und dergleichen, die eigentlich Anredeformen sind (möglicherweise sind sie aus dem Bulgarischen entlehnt).

Die bisher rätselhaften Nominativformen im Altbulgarischen *mati*, Gen. *-ere* "Mutter" und *dъšti*, Gen. *-ere* "Tochter", deren *-i* phonetisch keineswegs erklärt werden kann (vgl. lit. *mótė*, *duktẽ*, aind. *mātā́*, *duhitā́*), stellen wohl alte Vokative nach den *-i*-Stämmen dar (so nach St. Romanski, Vorlesungen über altbulgarische Morphologie - nach meinen Notizen).

Aus den obigen Ausführungen ist zu folgern, daß das morphologische System nicht isoliert existiert, sondern in bestimmten Fällen stark von der Syntax abhängig ist. Das ist besonders klar am Beispiel des Nominalsystems zu ersehen. Aufgrund entsprechender syntaktischer Strukturen werden oblique Formen der Substantiva als casus rectus verallgemeinert, was zur Erschütterung und Umbildung des Nominalsystems führen konnte.

Literatur

Bach, Adolf (1953): Die deutschen Ortsnamen I. - Heidelberg: Winter.

Duridanov, Ivan (1960): "Prefiksalno-imennijat tip v bălgarski i negovoto znacienie za toponimičnata stratigrafija". - In: Onomastica 6, 121-186.

- (1986): "The Problem of the Analytical Development of Bulgarian in Slavonic and Bulgarian Linguistics". - In: Proceedings of the Second Bulgaro-Scandinavian Symposium, held at Kungälv, 9.-15 August 1982 (o.O.) 53-68.

Herman, Joseph (1975): Le latin vulgaire. - Paris: Presses universitaires de France.

Kănčev, Pop Minčo (1983): Vidrica. Spomeni, zapiski, korespondencija. - Sofija: Bălgarski pisatel.

Lausberg, Heinrich (1972): Romanische Sprachwissenschaft. III: Formenlehre. - Berlin etc.: de Gruyter, 2.A.

Miletič, Ljubomir (1893): "Dako-romănite i tjahnata slavjanska pisme n ost". - In: Sbornik za narodni umotvorenija, nauka i knižnina 9, 211-390.

- (1896): "Novi vlaho-bălgarski gramoti ot Brašov". - In: Sbornik za narodni umotvorenija, nauka i knižnina 13, 3-152.

- (1925): "Rez. von Karl H. Meyer: Der Untergang der Deklination im Bulgarischen. Heidelberg 1920". - In: Archiv für Slavische Philologie 39, 267-276.

- (1935): "Kam istorijata na bălgarskoto analitično sklonenie". - In: Makedonski pregled 9, fasc. 3-4, 59-76.

Sergievskij, M( ) V. (1954): Vvedenie v romanskoe jazykoznanie. Izdanie vtoroe.- Moskva.

Solmsen, Felix/Fraenkel, Ernst (1922): Indogermanische Eigennamen als Spiegel der Kulturgeschichte. - Heidelberg: Winter.

DER WORTBILDUNGSTYP "KOPULATIVKOMPOSITION" IM HEUTIGEN DEUTSCH

Robert J. Pittner

1. Die bisherige Forschungstradition

Die Klasse der Kopulativkomposita umfaßt im Deutschen relativ wenige Wörter verglichen mit anderen, sehr viel produktiveren Wortbildungstypen wie Präfigierung, Suffigierung oder Determinativkomposition. Vielleicht ist diese Tatsache der Grund dafür, daß man sich bisher recht spärlich mit diesem Typ auseinandersetzte. Den wenigen Seiten über Kopulativkomposita (oft auch Dwandwa oder Koordinativkomposita genannt) stehen in den einschlägigen Wortbildungslehren dicke Kapitel über Determinativkomposita gegenüber und auch die Fachaufsätze handeln nur zum geringen Teil wie Neuß (1981) oder Breindl/Thurmair (im Druck) über das hier gestellte Thema.

Bis ins 19. Jahrhundert hinein wurden Kopulativkomposita überhaupt nicht explizit erwähnt (s. Bödiker 1746, Aichinger 1754, Gottsched 1762 u.a.) oder aber explizit aus dem Bereich der Komposition ausgeschlossen. So bezeichnet Adelung (1782) die Kopulativkomposita als bloße Aneinanderreihung von Wörtern, da kein neuer einheitlicher Begriff gebildet werde.

Im Zuge der Romantik wurde, bedingt durch die Auseinandersetzung mit dem Sanskrit, auch für das Deutsche die Kopulativkomposition eingeführt, zunächst in Anlehnung an die im Sanskrit existierenden Dwandwa. Diese Gleichsetzung beruhte rein auf semantischen Kriterien wie der Paraphrasierbarkeit mit einer Und-Phrase und ist aus morphosyntaktischer Sicht keineswegs gerechtfertigt (s.a. Breindl/Thurmair (im Druck)), was allerdings in der Folgezeit weder von den Junggrammatikern noch von den neueren Wortbildungslehren wie Fleischer (1982), Erben (1983) oder Naumann (1986) moniert wird. Einzig Ludwig Tobler weist 1868 nochmals darauf hin, daß Kopulativkomposita eine Mittelstellung zwischen Wort und Syntagma einnähmen (Tobler 1868: 38), allerdings ohne daß er in adelungscher Konsequenz diese völlig von der Komposition ausschließen würde.[1]

Blättert man die einschlägigen Wortbildungslehren durch, so fällt ins Auge, daß unter dem Begriff Kopulativkompositum eine große Zahl sehr unterschiedlicher Wörter subsumiert werden. Neben klassischen Fällen wie *'weiß'blau* (im Ggs. zu *'graublau*) findet man auch Wörter wie *'Waisenkind*, *'naßkalt*, *'kohl'pech'raben'schwarz*, *'Butterbrot* oder sogar alle Zahlwörter ab *elf*.

Grund für diese Verwirrung ist die Tatsache, daß, auch wenn andere Eigenschaften der Kopulativkomposita angesprochen wurden, bisher nur die Frage der Paraphrasierbarkeit mit einer *Und*-Phrase als Entscheidungskriterium herangezogen wurde. Da sich nun aber vortrefflich streiten läßt, ob man *Waisenkind* mit dem Ausdruck 'Kind, das Waise ist' oder mit 'jemand, der zugleich Waise und Kind ist' paraphrasieren soll, finden sich in den einschlägigen Publikationen auch große Differenzen über Umfang und Zusammensetzung des als Kopulativkomposita auszuweisenden Wortschatzes.[2]

Ausgehend von dieser Situation soll nun versucht werden, eine Definition für Kopulativkomposita zu finden, die eine einheitliche Klasse ergibt und die darüber hinaus der Tatsache Rechnung trägt, daß es im Deutschen durchaus eine Klasse von Komposita gibt, die sich nach morphologischen Gesichtspunkten von der großen Gruppe der Determinativkomposita abgrenzen läßt.

2. Morphologische Charakterisierung von Kopulativkomposita

Kopulativkomposita sind wie alle Komposita eine Kombination aus zwei (*'weiß'blau*) oder mehr (*'schwarz'rot'gold*) Wortstämmen. Dieses erste morphologische Kriterium, das sie von Prä- oder Suffigierungen unterscheidet, wird gemeinhin anerkannt und kann daher rasch abgehakt werden.

Schaut man sich diese Konstituenten näher an, so stellt man bei den unzweifelhaft als Kopulativkomposita geltenden Wörtern aber noch einige Besonderheiten fest. So können nur gleichrangige Konstituenten miteinander verbunden werden, d.h. beide Teile müssen der gleichen Wortart angehören und auch von der gleichen semantischen Bezeichnungsklasse sein (s.a. Erben 1983: 37, Duden 1984: 439, Stepanova/Fleischer 1985: 161). So kann man zwar *'deutsch-'französisch*, nicht aber **'deutsch-'schön* bilden. Der Wortbildungstyp der Ausgangsprodukte spielt hingegen keine Rolle, was Beispiele wie *'schonend-'mild* oder *'cremig-'weich* deutlich machen, wo ein Simplex mal mit einem durch Konversion entstandenen Adjektiv und mal mit einer Suffigierung kombiniert wird. Darüber hinaus bleibt festzuhalten, daß bei Kopulativkomposita die Kategorie der Ausgangsbestandteile auch nach der Komposition erhalten bleibt. Die Kombination aus zwei Ländernamen (z.B. *Österreich, Ungarn*) ergibt also wieder eine Bezeichnung für ein Land (*'Österreich-'Ungarn*) (vgl. Stepanova/Fleischer 1985: 161).

Keinem anderen Wortbildungstyp eigen ist eine weitere Besonderheit der Kopulativkomposita. Sie lassen nämlich eine Vertauschung der Einzelbestandteile zu, ohne daß sich die Semantik des Endprodukts ändert. So bedeutet *'süß'sauer* dasselbe wie *'sauer'süß*, doch bürgert sich aus Gründen der Sprachökonomie eine bestimmte Reihenfolge ein, sobald das betreffende Wort zum festen Bestandteil unseres Lexikons wird. Daher erscheint die Umkehrung dann ungewohnt und wird kaum bis gar nicht verwendet (s.a. Fleischer 1982: 109, Erben 1983: 37, Duden 1984: 439 und Stepanova/Fleischer 1985: 161).

Als letztes der hier zu diskutierenden morphologischen Merkmale bleibt der Wortakzent.[3] Dieser verteilt sich gleichermaßen auf alle Bestandteile des Kopulativkompositums, was ja auch ganz vernünftig erscheint, da die kopulative Form der Zusammensetzung etwas gleichwertiges nebeneinanderstellt. Trotzdem muß darauf näher eingegangen werden. Bei mehrgliedrigen Wörtern findet sich oft der mittlere Bestandteil ohne starken Akzent (*'schwarz'rot'gold*). Kohler (1977: 194f) erklärt dies mit rhythmischen Gründen und verweist darauf, daß dieses Phänomen auch bei Steigerungsbildungen wie *'funkel'nagel'neu*[4] auftreten kann. Desweiteren kann man oft Sprecher beobachten, die bei Kopulativkomposita den letzten Bestandteil stärker akzentuieren. Dieses Phänomen, das auch bei Steigerungsbildungen auftritt, kann allerdings als realisationsphonologische Variante der Doppelakzentuierung gewertet werden, da man auch bei isolierender Akzentuierung von Sätzen, d.h. wenn jedes Wort im Satz gleich stark betont wird, den Eindruck hat, daß das letzte Wort einen stärkeren Akzent trägt.

3. Überblick über die Kopulativkomposita im Deutschen

Die oben diskutierten morphologischen Merkmale ergeben zusammen eine Definition für den Wortbildungstyp Kopulativkomposition, die folgende Gruppen von Wörtern als Kopulativkomposita klassifiziert.

Im Bereich der Adjektive sind zunächst die Farbkombinationen wie *'rot'weiß'rot* oder *'rot'grün* zu nennen, wobei Vorsicht geboten ist, da, wie schon erwähnt, eine Verwechslung mit den anders akzentuierten und zu den Determinativkomposita gehörenden Bezeichnungen für Farbmischungen (*'gelbgrün*) leicht möglich ist.

Auch andere Adjektive für Eigenschaftskombinationen sind gebräuchlich und gehören in die Gruppe der Kopulativkomposita. Man denke nur an *'süß'sauer* (nicht: *'süßsauer*), *'feucht'warm*, *'feucht'fröhlich*, *'wissenschaftlich'-technisch* usw.

Aus dem Bereich der Geographie schließen sich die Bezeichnungen für die Himmelsrichtungen (*'nord'ost*, *'süd'ost*) sowie Adjektive des Typs *'deutsch-'französisch*, *'schwedisch-finnisch* an. Erstere können übrigens auch als Zweitglied eines Kopulativkompositums (*'nord'nord'ost*) fungieren.

Nicht stark vertreten ist die Gruppe der Kopulativkomposita im Bereich der Substantive. Außer in Bildungen wie *'Marxismus-'Leninismus* kommt der hier diskutierte Wortbildungstyp nur in geographischen Namen wie *'Schleswig-'Holstein*, *'Elsaß-'Lothringen*, *'Garmisch-'Partenkirchen* oder Eigennamen vor. Dabei kann es sich sowohl um Vornamen (*'Klaus-'Dieter*) als auch um Nachnamen wie (*Eli*) *'Beinhorn-'Rosemeyer* oder (*Monika*) *'Holzner-'Pflug* handeln. Nicht hierher zu rechnen sind solche Vornamen, die offensichtlich nicht mehr als durchsichtig empfunden werden (*'Annemarie*, *'Annegret*, *'Hannelore*).

4. Semantische Charakterisierung von Kopulativkomposita

Die nach obigen Kriterien gewonnenen Kopulativkomposita weisen alle eine semantische Struktur auf, die mehr als eine bloße Nebeneinanderstellung der Einzelbestandteile ist. Damit erweisen sich Kopulativkomposita nicht nur in morphologischer (nur das Zweitglied wird flektiert), sondern auch in semantischer Hinsicht als "echte" Wörter und nicht als Wortgruppen, wie Adelung annahm. Zwar besteht die Gesamtbedeutung dieser Wörter aus einer additiven Aneinanderreihung der einzelnen Bestandteile, doch bezeichnet sie einen neuen, einheitlichen Begriff, der nicht mit einer *Und*-Phrase paraphrasiert werden kann. *Nordost* bezeichnet also nicht *nord* und *ost* zusammen, sondern eine neue Himmelsrichtung, die zwischen beiden liegt und die durch den Bezug zu beiden definiert wird. Ebensolches gilt für den Bereich der Eigennamen. Jemand der *'Hans-'Jürgen* heißt, trägt nicht *Hans* als ersten und *Jürgen* als zweiten Vornamen, sondern hat einen eigenständigen Namen, der sich von beiden unterscheidet, obwohl er aus beiden gebildet wurde und so bezeichnet *'Österreich-'Ungarn* auch nicht einfach die beiden Staaten zusammengenommen, sondern eine heute nicht mehr existierende politische Einheit, die mehr umfaßte als die beiden Staaten zusammen.

5. Abgrenzung von anderen Wortbildungstypen

Nachdem gezeigt werden konnte, daß der Wortbildungstyp Kopulativkomposition eine eigene, morphologisch definierte Klasse bildet, bleibt noch zu zeigen, daß diese sich auch von allen anderen unterscheidet. Da die Abgrenzung von den meisten Wortbildungstypen trivial ist, sollen hier nur die problematischen Fälle Determinativkomposition, Steigerungsbildung und Zusammenrückung angesprochen werden.

Als Zusammenrückungen bezeichnet man gemeinhin Fälle wie *Vergißmeinnicht* oder *Gottseibeiuns* ('Teufel'), wo ein konkretes Syntagma zusammengewachsen ist, ohne daß dies einem produktiven Wortbildungsmuster entspricht. Dies trifft für Kopulativkomposita nicht zu, da hier ein Muster vorliegt, nach dem jederzeit neue Wörter gebildet werden können, was Beispiele aus dem Bereich der Werbesprache veranschaulichen (*'geschmeidig-'zart, 'schonend-'mild, 'cremig-'weich*). Die oft als Kopulativkomposita angesehenen komplexen Zahlwörter müssen dagegen als Zusammenrückungen angesehen werden. In Fällen wie *dreiundzwanzig* ist sogar noch die Koordinierende Konjunktion mit eingeschoben, was keinem Kompositionsmuster entspricht, doch zeigen Beispiele wie *hundertundeins* vs. *hunderteins*, daß diese Konjunktion immer mehr reduziert wird, so daß man mit einiger Berechtigung davon ausgehen kann, daß auch die anderen komplexen Zahlwörter aus Zusammenrückungen entstanden sind.

Von den Steigerungsbildungen unterscheiden sich die Kopulativkomposita in zweierlei Hinsicht. Zum einen ist bei jenen die Reihenfolge nicht umkehrbar (*'stein'reich* aber nicht **'reichstein*) und zum anderen haben die Erstglieder von Steigerungsbildungen semantisch nichts mehr mit den lautgleichen Wörtern (sofern solche existieren) gemein. Man kann bei diesen also nicht aus einer Kombination aus zwei Stämmen sprechen. Das eingangs erwähnte *'kohl'pech'raben'schwarz* ist also kein Kopulativkompositum, sondern eine Steigerungsbildung.

Ebenso leicht lassen sich Kopulativkomposita von den Determinativkomposita unterscheiden, wenn man morphologische Kriterien zugrundelegt. Letztere haben nämlich den Wortakzent auf dem ersten Wortbestandteil und eine Vertauschung der beiden Glieder führt in der Regel zu einer Änderung der Bedeutung des Wortes. So ist ein *'Hasenstall* etwas völlig anderes als ein *'Stallhase* usw. Trotzdem wurden viele Wörter dieser Klasse fälschlicherweise zu den Kopulativkomposita gerechnet. Für Substantive wie *'Dichterkomponist*, *'Strichpunkt*, *'Kleiderschürze*, *'Eichbaum* etc. zeigen Breindl/Thurmair (im Druck), daß eine determinative Interpretation hier eigentlich näher liegt als eine kopulative. Dies gilt auch für Adjektive wie *'naßkalt*, *'taubstumm*, *'dummdreist* sowie für Verben wie *'drehfrä-*

sen. Letzteres bedeutet nämlich nicht 'drehen und fräsen zusammen', sondern viel eher 'drehend fräsen' also 'während des Drehens oder durch Drehen fräsen'. Ähnliches gilt für *naßkalt*, das einen Kältezustand bezeichnet, der typischerweise durch Nässe verursacht wird. Der Inhalt einer Schüssel kalten Wassers wäre 'naß und kalt zugleich', doch kann das Adjektiv *naßkalt* hierauf gerade nicht angewendet werden.

Ein besonderes Problem stellen Wörter des Typs *München-'Schwabing* oder *Berlin-'Tempelhof* dar. Sie wurden in der Vergangenheit gelegentlich als kopulativkompositaverdächtig angesehen, was wohl durch die Tatsache, daß bei ihnen der Wortakzent auf dem zweiten Bestandteil liegt, verursacht wurde. Allerdings läßt sich sowohl aus morphologischer wie auch aus semantischer Sicht gegen eine solche Einordnung argumentieren. Zum einen läßt sich bei den hier diskutierten Beispielen die Reihenfolge der unmittelbaren Konstituenten nicht umdrehen, ohne gravierende semantische Änderungen in Kauf zu nehmen und zum anderen liegt eine ganz andere semantische Struktur vor als bei den Kopulativkomposita, da hier von einer additiven Aneinanderreihung nicht die Rede sein kann. Vielmehr liegt eine klare Spezifikationsrelation vor, wobei der zweite Bestandteil den ersten näher spezifiziert. *München-'Schwabing* ist eben nicht ein neues Gebilde, dem sowohl München als auch Schwabing angehören, sondern bezeichnet einen Teil Münchens. Damit zeigen Bildungen dieses Typs auffallende Ähnlichkeiten mit der oben diskutierten Gruppe der Determinativkomposita. Wie diese bestehen sie aus zwei Wortstämmen, deren Reihenfolge sich nicht umkehren läßt und auch der Wortakzent liegt wie bei diesen auf dem Determinans. Allerdings geht bei den landläufig als Determinativkomposita bezeichneten Bildungen das Determinans dem Determinatum voraus, d.h. man könnte sie als präspezifizierend bezeichnen. Anders bei den hier diskutierten Fällen, wo das Determinatum dem Determinans vorausgeht, also postspezifizierende Bildungen vorliegen. Es ist daher sinnvoll neben den geläufigen (präspezifizierenden) Determinativkomposita noch einen weiteren Typ anzunehmen, den man als postspezifizierende Determinativkomposition bezeichnen könnte.

Der Wortbildungstyp Kopulativkomposition läßt sich also von allen anderen Wortbildungstypen morphologisch abgrenzen, wobei die so gewonnene Grenzziehung auch auf der semantischen Seite ihren Niederschlag findet.

Anmerkungen

1 Auch Elmar Seebold hat mir mündlich erklärt, daß er die Koopulativkomposita eigentlich für Zusammenrükkungen halte.

2 Breindl/Thurmair (im Druck) weisen zudem in ihrer empirischen Studie nach, daß Paraphrasetests generell höchst fragwürdig sind und kein sehr klares Bild liefern.

3 Mit Wortakzent ist derjenige Akzent eines Wortes gemeint, den es erhält, wenn es außerhalb eines Satzzusammenhangs isoliert, gesprochen wird. Im Satzzusammenhang kann sich die Akzentuierung eines Wortes aus übergeordneten Gründen ändern.

4 Unter Steigerungsbildungen verstehe ich in etwa jene Wörter, die traditionell als Verstärkende Komposita, Volkssuperlative oder Elativkomposita bezeichnet werden. Warum für diese ein eigener Wortbildungstyp anzunehmen ist, kann in Pittner (im Druck) nachgelesen werden.

Literatur

Adelung, Johann Christoph ([1782] 1971): Umständliches Lehrgebäude der Deutschen Sprache zur Erläuterung der Deutschen Sprachlehre für Schulen. - Hildesheim: Olms.
Aichinger, Carl Friedrich (1754): Versuch einer teutschen Sprachlehre. - Frankfurt etc.
Bödiker, Johann (1746): Grundsaeze der Teutschen Sprache. - Berlin.
Breindl, Eva/Thurmair, Maria (im Druck): "Der Fürstbischof im Hosenrock. Eine Studie zu den nominalen Kopulativkomposita des Deutschen". - In: Deutsche Sprache.
Bühler, Karl (1934): Sprachtheorie. - Jena.
Duden (1974): Das Aussprachewörterbuch VI. - Mannheim etc., 2.A.
Duden (1984): Grammatik der deutschen Gegenwartssprache IV. - Mannheim etc., 4.A.
Erben, Johannes (1983): Einführung in die deutsche Wortbildungslehre. - Berlin, 2.A.
Fleischer, Wolfgang (1982): Wortbildung der deutschen Gegenwartssprache. - Tübingen, 5.A.
Gottsched, Johann Christoph (1762): Vollständigere und Neuerläuterte Deutsche Sprachkunst. - Leipzig.
Henzen, Walter (1965): Deutsche Wortbildung. - Tübingen, 3.A.
Kohler, Klaus J. (1977): Einführung in die Phonetik des Deutschen. - Berlin.
Naumann, Bernd (1986): Einführung in die Wortbildung des Deutschen. - Tübingen, 2.A.
Neuß, Elmar (1981): "Kopulativkomposita". - In: Sprachwissenschaft 6, 31-68.
Paul, Hermann (1920): Deutsche Grammatik V, Teil IV: Wortbildungslehre. - Halle/Saale.
Pittner, Robert J. (im Druck): "Der Wortbildungstyp Steigerungsbildung". - In: Akten des 24. Linguistischen Kolloquiums, Bremen 1989 I-II. Betriebslinguistik und Linguistikbetrieb (Tübingen: Niemeyer).
Stepanova, Marija Dmitrievna/Fleischer, Wolfgang (1985): Grundzüge der deutschen Wortbildung. - Leipzig.
Tobler, Ludwig (1868): Über die Wortzusammensetzung nebst einem Anhang über verstärkende Zusammensetzungen. - Berlin.

PSEUDOREFLEXIVA IM SUBSTANDARD EINIGER EUROPÄISCHER SPRACHEN

Jörn Albrecht

Vorbemerkungen

Meine Ausführungen werden notgedrungen skizzenhaft sein, da ich selbst noch zu keiner gefestigten Meinung über das Problem gekommen bin, das ich vorstellen will. Der Titel verspricht etwas zu viel: Ich nehme vorerst an, daß es sich bei diesem Problem um eine universelle, vorsichtiger, um eine übereinzelsprachliche Erscheinung handelt; ich werde aber vorzugsweise über das Deutsche und das Französische sprechen und nur gelegentlich auf andere Sprachen eingehen.

Mein Vortrag wurde von den Organisatoren des Linguistischen Kolloquiums der Sektion "Grammatik" zugeschlagen, und ich habe nichts dagegen einzuwenden. Ich möchte jedoch gleich eingangs betonen, daß sich - wie in modernen Grammatiktheorien allgemein üblich - starke Affinitäten zur lexikalischen Semantik ergeben werden. Das eigentliche Erkenntnisinteresse meiner Ausführungen liegt auf dem Gebiet der Varietätenlinguistik.

Ich werde im allgemeinen eklektizistisch, d.h. nicht im Rahmen einer spezifischen Sprachbeschreibungstheorie argumentieren. Da jedoch die mir relevant erscheinende neuere Literatur vor allem im Rahmen von "Government and Binding" entstanden ist (vgl. z.B. Haider 1985), werde ich in allgemeinster Form auf einige Elemente dieser Theorie eingehen müssen.

Problemstellung

In den informellen Registern des Französischen, des Deutschen und einiger anderer Sprachen fällt eine Gruppe von Verben besonders auf, die hier "Pseudoreflexiva im Substandard" genannt werden sollen. Verben wie *haben, fühlen, drücken* können im Standard entweder überhaupt nicht oder nur mit bestimmten obligatorischen Ergänzungen (*sich schlecht fühlen, sich fühlen wie im siebten Himmel, sich an jemandem vorbeidrücken*) reflexiv verwendet werden. *Sich haben* "sich zieren", *sich fühlen* "Stolz über die eigene Person in naiver Weise zur Schau tragen", *sich drücken* "sich einer Verpflichtung entziehen" sind umgangssprachlich. Im Französischen sind Konstruktionen dieser Art besonders häufig: *s'amener, se barrer, s'envoyer/se payer/se taper q.ch., se pointer, se tailler, se tirer* usw. Es handelt sich dabei meist um Pseudoreflexiva, d.h. um "inhärent reflexive Verben, wo das *sich* als Verbteil zu analysieren ist" (Grewendorf 1984: 14). Konstruktionen dieser Art kommen auch im Standard vor: Bei Verben wie *sich begeben, sich freuen, sich schämen, sich erholen* usw. kann *sich* weder durch ein anderes Pronomen noch durch eine NP ersetzt werden (**ich schäme ihn*). In manchen französischen Substandardvarietäten ist diese Entwicklung bereits so weit fortgeschritten, daß das Pronomen nicht mehr flektiert wird (*je s'en fous* statt *je m'en fous* etc; vgl. Norberg 1943: 174). "Inhärent reflexiv" sind die betreffenden Verben allerdings meist nur innerhalb der Varietät, in der sie erscheinen: Ersetzt man in *er drückt sich* das Pronomen *sich* durch die NP *einen Knopf*, so ändert sich dabei gleichzeitig die Bedeutung, die im Substandard an die pseudoreflexive Konstruktion gebunden ist. Genau entsprechende Fälle scheinen im Italienischen weniger häufig aufzutreten; Konstruktionen wie *farsi, stirarsi* "rovinarsi con droghe" sind vor allem jugendsprachlich.[1] Häufiger sind im diaphasisch markierten Substandard Konstruktionen, die zusätzlich ein pronominales Element aufweisen, wie z.B. *battersela, cavarsela, filarsela* usw. (vgl. Schweikard (im Druck), Renzi 1988: 65f. und weiter unten).

Im lateinisch-romanischen Bereich lassen sich die Anfänge dieser spezifischen Form der Reflexivität bis zu Plautus zurückverfolgen. Ihre Entstehung scheint einerseits mit dem Untergang des Deponens in medialer Funktion, andererseits mit dem seit jeher diaphasisch markierten *dativus commodi* bzw. *ethicus* zusammenzuhängen (vgl. Norberg 1943: 158ff., Löfstedt 1966: 140ff., Hofmann 4.A. 1978). Die Parallelen im Deutschen und, wie es scheint, im Schwedischen (Löfstedt 1966: 141)[2], lassen vermuten, daß es sich bei den Pseudoreflexiva des Substandards um eine übereinzelsprachliche Erscheinung handelt, die unter einem universalgrammatischen Gesichtspunkt betrachtet werden kann.

Kommentar mit terminologischem Exkurs

Die großen deskriptiven Grammatiken enthalten verhältnismäßig wenig zu diesem Problem; erstaunlicherweise findet man auch in den Valenzwörterbüchern nicht viel Verwertbares. Am besten ist die Erscheinung in gemeinsprachlichen und in spezialisierten Wörterbüchern (Argotwörterbücher, Wörterbücher der Umgangssprache etc.) dokumentiert.

Der von mir gewählte Terminus *Pseudoreflexivum* stellt eine Notlösung dar. Die Terminologie auf diesem Gebiet ist alles andere als einheitlich. Traditionell spricht man im Deutschen u.a. von "echten Reflexiva", "medio-passivischen", "unpersönlichen", "reziproken" Reflexiva usw. Im Französischen faßt man die ganze Gruppe streng semasiologisch unter dem Terminus *verbes pronominaux* zusammen und unterscheidet dann weiter onomasiologisch ähnlich wie im Deutschen. Einige unter den Typen, die mich hier interessieren, erhalten bei Cellard/Rey (1980), also in einem typischen "Substandardwörterbuch", den Index *faux pronominaux*.

Tesnière (1965: 274) hat eine Besonderheit der französischen Terminologie streng kritisiert: Traditionell spricht man von *verbes accidentellement* oder *essentiellement réfléchis*, je nachdem, ob das Reflexivum fakultativ auftreten kann (*se laver*) oder ob es obligatorisch ist (*se souvenir*). Diese Sprechweise ist insofern unglücklich, als gerade die akzidentellen Reflexiva im Sinne Tesnières (und auch in meinem) "echte", die "essentiellen" "unechte" (da inhärente) sind.

In der neueren, insbesondere in der generativen Literatur, werden Reflexivkonstruktionen in erster Linie unter dem Gesichtspunkt der "Bindung" des Relativpronomens und darüber hinaus auch im Zusammenhang mit dem Problem der Diathese, vor allem mit der Kategorie des Mediums, diskutiert. Ich kann hier aus Platzmangel auf den ersten Punkt überhaupt nicht, auf den zweiten nur am Rande eingehen.[3] Kanski (1986) unterscheidet bei den Konstruktionen mit unbetontem Reflexivpronomen zwischen "true reflexivity", "reciprocity" und "middleness". Als Kriterium für "Medialität" dient ihm - ähnlich wie hier für "Pseudoreflexivität" - die Nichtersetzbarkeit des Relativpronomens durch ein anderes Pronomen oder durch eine NP (Kanski 1986: 58). Dennoch darf es keineswegs als sicher gelten, daß alle Typen, die mich hier interessieren, als "medial" oder als "ergativisch" anzusehen sind.

Haider (1985) läßt die Kategorie der Reziprozität (*sie schreiben sich täglich*) außer acht und klassifiziert folgendermaßen:

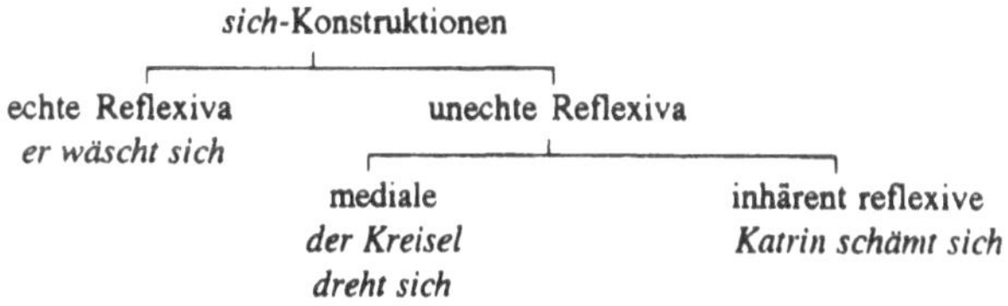

Auf diese zusätzliche Unterscheidung kann und will ich hier nicht eingehen; ich lege nur Wert auf die Feststellung, daß es sich bei den Typen, die mich hier interessieren, um "unechte" Reflexiva im Sinne Haiders handelt.

Im Zusammenhang mit dem varietätenlinguistischen Aspekt des Problems - für mich der zentrale - spielen die *reziproken* Reflexiva, auf die sowohl Tesnière (1965: 253f.), Cartagena (1972: 94-110), Kanski (1986) und Coseriu (1987: 139f.) ausführlich eingehen, nur eine marginale Rolle. In meinem Korpus befindet sich gegenwärtig nur ein Beispiel für eine reziproke Reflexivkonstruktion unterhalb der Norm:

- sie kriegen sich "erhalten die Möglichkeit zu heiraten"

Im Zusammenhang mit dem spezifischen Interesse, das mich hier leitet und das - wie bereits gesagt - nicht nur ein grammatiktheoretisches ist - sei auf folgende Probleme hingewiesen (meine Beispiele stammen, wenn es angebracht erscheint, aus allen sprachlichen Varietäten, keineswegs nur aus dem Substandard):

Mein Hauptkriterium für die Unterscheidung zwischen "echten" und "unechten" Reflexiva ist rein distributioneller Natur. Bei "Pseudoreflexivkonstruktionen" kann das Reflexivpronomen nicht durch ein anderes Pronomen oder eine NP ersetzt werden:

- *Katrin schämt ihren Bruder → beschämt[4]

Mein Zusatzkriterium zur Abgrenzung der im Titel genannten Gruppe von reflexiven Verben ist semantisch-varietätenlinguistischer Natur. Läßt sich das Reflexivpronomen zwar durch ein Pronomen oder eine NP ersetzen, ändert sich dabei jedoch die Bedeutung und/oder das Register, so werden die unterschiedlichen Vorkommensweisen des Verbs als diasystematische Homonyme (oder Polyseme) aufgefaßt:

- er drückt sich	- er drückt den Klingelknopf
- il se casse "s'en va"	- il casse la bouteille

Hier stellt sich nun die folgende Frage: Wie groß muß die Bedeutungsänderung sein, damit auf Homonymie (oder Polysemie) erkannt werden darf? Sehen wir uns hierzu zunächst einmal einige Parallelen transitiver und reflexiver Konstruktionen innerhalb des Standards an:

- lever une pierre	- se lever (vgl. Tesnière 1965: 273)
- il porte un beau costume	- il se porte bien
- er erhebt sein Glas	- er erhebt sich
- er langweilt seine Zuhörer	- er langweilt sich

Der jeweilige Unterschied in der lexikalischen Bedeutung scheint subtil; dennoch hat man sich zu fragen, ob bei den Konstruktionen in der rechten Spalte das Reflexivpronomen wirklich einen "zweiten Aktanten" bzw. ein effiziertes oder affiziertes Objekt repräsentiert, wie dies z.B. in *er wäscht sich* (im Vergleich zu *er wäscht das Auto*) zweifellos der Fall ist. Weder Tesnière noch die Vertreter der GTG, die sich mit diesem Problem auseinandergesetzt haben, sind dieser Ansicht.

Tesnière (1965: chap. 115) spricht in solchen Fällen von *diathèse récessive à marquant réfléchi*. Die reflexive Form sei hier im Französischen - und in vergleichbaren Fällen in vielen anderen Sprachen - formales Indiz für eine Valenzminderung.

Haider unterscheidet, ähnlich wie Abraham, zwischen "Medialkonstruktionen" (*das sagt sich leicht*) und "medialen Verben" (*der Wind legt sich*) und sieht in letzeren eine lexikalische Variante der ersteren:

> Zu einem transitiven Verb V existiert eine Variante V', die sich von V genau darin unterscheidet, daß anstelle der designierten Argumentposition von V in V' ein Reflexivum ohne Argumentstatus auftritt. (Haider 1985: 247, zum Unterschied zwischen Aktant und Argument vgl. ibid.: 228)

In beiden Fällen kommt dem Reflexivpronomen kein Aktanten- bzw. Argumentstatus zu. Bei den *medialen Konstruktionen* handele es sich jedoch um Ergebnisse eines syntaktischen Prozesses, bei dem das Reflexivpronomen zwar die Position, nicht jedoch die semantische Rolle des Agens 'geerbt' habe; mediale Konstruktionen haben obligatorische Adverbiale, so daß eine Identifikation von Agens und Subjekt ausgeschlossen ist. Mediale Verben haben dagegen kein obligatorisches Adverbiale, so daß die reflexive Verwendung in unmittelbare Nähe zu den sog. "nicht-akkusativischen" oder "ergativischen Verben" gerät (vgl.: *sie trocknet ihr Haar - ihr Haar trocknet*; *Anna dreht den Kreisel - der Kreisel dreht sich*).[5]

Mich interessieren hier in erster Linie die Verben mit inhärentem Reflexivum, also "lexikalisierte mediale Verben" (Haider 1985: 247).

Vorläufige Zwischenthese

Die auffälligen syntaktischen Eigenschaften, die "Pseudoreflexiva" gegenüber "echten" Reflexiva einerseits und transitiven Verben andererseits aufweisen, machen diese für allerlei semantische Veränderungen "anfällig" - Veränderungen, die man sich als im weitesten Sinne metaphorische Prozesse vorstellen kann. Der Kernbestand der inhärenten Reflexiva ist vermutlich mehr oder weniger "zufällig" auf verschiedenen Wegen entstanden und innerhalb des "primären Substandard" tradiert worden. Dieser Kernbestand dient jedoch darüber hinaus als Modell für analogische Neubildungen, die innerhalb des "sekundären Substandard" gewissermaßen als spielerische Deformationen korrespondierender Standardkonstruktionen entstehen (cf. infra). Hierzu gehören z.B. Verben wie *sich giften*, *sich verkrümeln*, *sich verpissen*.

Einige Bemerkungen zur Diachronie

Untersuchungen von Reichenkron (1933), Norberg (1943), Löfstedt (1966) haben gezeigt, daß schon im Spätlatein bei den hier interessierenden Konstruktionen die Unterscheidung zwischen Dativ und Akkusativ verwischt wird, wie viele Schwankungen zeigen: *credere*, *confiteri*, *dicere*, *putare*, *sperare*, *vadere*, *velle* und andere Verben können sowohl mit *se* als auch mit *sibi* konstruiert werden (vgl. Norberg 1943: 170). Es kann dabei vorkommen, daß "Pseudoreflexiva" aus einer *dativus commodii-* bzw. *dativus ethicus*-Konstruktion hervorgehen:

> [...] quia sera erat, gustauimus nobis ("ließen wir es uns schmecken"; Pereg. Aeth., zit. nach Löfstedt 1966: 140)

Wenn sich nun später der morphologische Unterschied zwischen Dativ und Akkusativ verwischt, wird damit gleichzeitig der dativische Ursprung der Konstruktion verdunkelt. Norberg (1943: 171) meint, es sei "fruchtlos, hinter der einheitlichen romanischen Form des Reflexivums im einen Fall einen Akkusativ, im anderen einen Dativ zu suchen".

Darüber hinaus können im Romanischen wie im Deutschen Reflexivkonstruktionen aus Dativ- und Akkusativkonstruktionen mit suppletivem Subjekt hervorgehen:

- mihi subvenit aliquid - il me souvient - je me souviens - me paenitet - me paeniteo - je me repens (s. Norberg 1943: 172f.)
- es freut ihn - er freut sich - es ärgert ihn - er ärgert sich

Noch im 19. Jahrhundert konnte das Verb *schämen*, das bereits im Althochdeutschen in der Regel reflexiv konstruiert wurde, mit suppletivem Subjekt erscheinen:

- Es hat mich geschämt und gegrämt. (Arndt; zit. nach Haider 1985: 248)

Für eine gewisse Affinität der Pseudoreflexiva zu den unteren Registern zumindest des Französischen spricht die Tatsache, daß diese Verben im älteren Französischen sehr häufig waren und dann zu Beginn der Sprechnormierung im 17. Jahrhundert zum größten Teil aus dem Standard eliminiert wurden (vgl. Brunot 1936: 297).

Es ist also keineswegs sicher, daß alle Pseudoreflexiva des Substandard aus medialen Konstruktionen hervorgegangen sind. In manchen Fällen gehen sie möglicherweise auf alte Konstruktionen mit ethischem Dativ zurück, bei denen das direkte Objekt getilgt worden ist. Das Substandardverb *se brosser* "avoir faim, être privé de q.ch. sur quoi l'on comptait" wird z.B. traditionell als Ellipse von *se brosser le ventre* erklärt.[6]

Verben, bei denen das Reflexivum als "benefaktiver" Dativ aufgefaßt werden kann, sind im Substandard der modernen romanischen Sprachen recht häufig. Hierher gehören z.B. die ursprünglich argotischen Ersatzformen für *s'offrir*, also Verben wie *se colletiner*, *s'envoyer*, *se farcir*, *se taper q.ch.* und italienische Konstruktionen wie *mangiarsi la minestra* (allenfalls leicht umgangssprachlich) oder *mangiarsi un gol* "ein Tor kassieren", letztere eine typische Konstruktion des "sekundären Substandard" mit der charakteristischen Kombination von semantischer und syntaktischer "Abweichung" gegenüber dem Standard (vgl. Albrecht 1990: § 3.4.). Renzi (1988: 65f.) rechnet die eingangs erwähnten idiomatischen Konstruktionen mit klitischem Pronomen vom Typ *battersela*, *cavarsela*, *filarsela*, *prendersela*, usw. ebenfalls diesem Typ zu, einem Typ, der im Deutschen nicht sehr stark vertreten zu sein scheint (vgl. z.B. *den Kerl werde ich mir kaufen*).

Weitere Beobachtungen

In der generativen Literatur wird angenommen, daß die "unechten" Reflexiva von den "echten" einige Eigenschaften ererbt haben, so z.B. die Verbindung mit dem Auxiliar *haben* im Deutschen, *être* bzw. *essere* im Französischen und Italienischen. Dieser Regel scheint ein meines Wissens nur im Bairischen übliches Reflexivverb zu widersprechen, nämlich *sich schleichen* "abhauen". Zumindest im Standarddeutschen wird *schleichen* mit *sein* konstruiert.

Normalerweise bilden "nicht-akkusativische" oder "ergativische" Verben und die in diesen Umkreis gehörigen Pseudoreflexiva keine *nomina agentis*: (vgl. u.a. Haider 1985: 238). Der Wind, der die Wolken nach Süden *treibt*, ist ein *Treiber*, die Wolken, die *nach Süden treiben*, sind es nicht. Ebensowenig ist die Tür, die *sich öffnet*, eine **Öffnerin* oder die Birke, die *sich biegt*, eine **Biegerin*. Dagegen wird jemand, der *sich drückt*, als *Drückeberger* bezeichnet. Haider (a.a.O.) formuliert dementsprechend vorsichtig: "Ergative Verben erlauben keine Derivation mit dem Agenssuffix 'er'. In der Tat ist *Drückeberger* kein regulär gebildetes *nomen agentis*.

Nun noch einige Bemerkungen zu den eingangs angedeuteten Zusammenhängen mit anderen linguistischen Disziplinen:

Lexikalische Semantik

Innerhalb moderner syntaktischer Theorien wird die Komplementarität zwischen Lexikon und Syntax wieder stark betont; auch die GTG ist im vergangenen Jahrzehnt gegenüber der sog. "Standardtheorie" entschieden "lexikalistischer" geworden. Im Zentrum des Interesses stehen die sog. syntaktischen Eigenschaften lexikalischer Einheiten und die Lexikalisierungen komplexer syntaktischer Relationen (z.B. X *veranlaßt, daß* Y *stirbt* → X *tötet* Y; X *veranlaßt, daß* Y Z *sieht* → X *zeigt* Y Z). Mir geht es hier um den komplementären Fall, nämlich um die Möglichkeit, ähnliche lexikalische Bedeutungen durch unterschiedliche Konstruktionen auszudrücken:

- die Tür öffnete sich	- sie ging auf
- er erhob sich	- er stand auf
- er begab sich nach X	- er ging hin

So unangenehm es mir ist - es widerspricht meiner These -, es gibt Reflexivkonstruktionen, die in engem semantischen Zusammenhang mit zusammengesetzten Verben stehen, wobei die lexikalisch nahezu synonyme Konstruktion mit Verbzusatz einem informelleren Register angehört als die reflexive.

Aus diachroner Sicht fällt auf, daß gewisse lexikalische Bedeutungen eine besonders starke Affinität zu "pseudoreflexiven" Konstruktionen aufweisen: Bedeutungen wie "sich erinnern", "sich freuen", "sich bewegen", "sich langweilen" usw. werden in vielen Sprachen (pseudo)reflexivisch realisiert. Es stellt sich nun speziell für die europäischen Sprachen die Frage, ob es Bedeutungen gibt, die übereinzelsprachlich zu bestimmten syntaktischen Repräsentationen neigen ("systemlinguistische" Erklärung), oder ob es sich um Lehnübersetzungen aus dem Lateinischen, insbesondere aus dem Mittellateinischen, handelt (sprachhistorische Erklärung).

Varietätenlinguistik

Die neuere Soziolinguistik, die in den siebziger Jahren zumindest teilweise als Reaktion auf das "Chomskysche Paradigma" entstanden ist, versucht zwischen den "Analogisten" und den "Anomalisten", die es in der Sprachwissenschaft immer gegeben hat und weiterhin geben wird, zu vermitteln: Sie relativiert einerseits die Annahme, Einzelsprachen seien insgesamt homogene Regelsysteme, die sich widerspruchsfrei beschreiben ließen; sie versucht andererseits, eine gewisse Ordnung in das scheinbar chaotische Nebeneinander von Varietäten innerhalb einer Einzelsprache zu bringen, indem sie unterschiedliche Regeln in verschiedenen Varietäten zueinander in Beziehung setzt.[7] Die hier vorgetragenen Überlegungen stehen zumindest teilweise in dieser Tradition. Ich bin zu der Überzeugung gelangt, daß es durchaus sinnvoll ist, gewisse Phänomene der sprachlichen Substandardvarietäten in engem Zusammenhang mit korrespondierenden Erscheinungen des Standards zu beschreiben. Man darf dabei jedoch nicht den gesamten Substandard in einen Topf werfen; es ist vielmehr nötig, zwischen einem primären Substandard (oder "Nicht-Standard") und einem sekundären Substandard (oder Substandard *sensu stricto*) zu unterscheiden:

> Der primäre Substandard entsteht durch einen Aussonderungsprozeß, er enthält all das, was keine Gnade vor den Augen der Sprachnormierer gefunden hat und daher, von einem gewissen Zeitpunkt an, außerhalb der Norm tradiert wurde. Der sekundäre Substandard setzt dagegen die Existenz eines Standards voraus; er enthält Elemente, die ihren Ursprung im Standard selbst haben und deren Substandardcharakter sekundär aufgrund bestimmter semantisch-syntaktischer "Abweichungen" zustandekommt. Allgemeine Charakteristika von Substandardvarietäten lassen sich vor allem im "sekundären" Substandard ausfindig machen. (Albrecht 1990: 121)

Der primäre Substandard liegt im Bereich des "Historisch-Kontingenten"; seine Erforschung ist in erster Linie Aufgabe der Sprachgeschichte und der deskriptiven Soziolinguistik. Der sekundäre Substandard kann dagegen , wenn er im Hinblick auf die feststellbaren

"Abweichungen" vom Standard untersucht wird, durchaus auch Gegenstand der "Systemlinguistik" sein.

Schlußhypothese

Ich komme nun zur eigentlichen These meines kurzen Vortrags, eigentlich eine H y p o - these, denn es handelt sich keineswegs um "gesichertes Wissen":

Es gibt eine gewisse Affinität zwischen pseudoreflexiven Konstruktionen und diastratisch und/oder diaphasisch niedrig markierten Varietäten. Diese Affinität läßt sich übereinzelsprachlich nachweisen; sie ist sicherlich n i c h t universell, da Konstruktionen dieser Art an bestimmte typologische Voraussetzungen gebunden sind.

Wie die zahlreichen Beispiele aus den Standardvarietäten zeigen (dt. *sich freuen*, *sich schämen*, *sich erholen*; frz. *se porter*, *s'éteindre*, *il se peut que*; it. *annoiarsi*, *girarsi*, *sbagliarsi*; span. *abrirse*, *deshacerse*, *secarse* usw.) ist die syntaktische Konstruktion allein noch nicht ausschlaggebend für die Zugehörigkeit zum Substandard. In der Regel kommen noch weitere Erscheinungen wie metaphorischer Gebrauch, Verletzung der üblichen Selektionsbeschränkungen oder Tilgung von Ergänzungen hinzu wie z.B. in:

- *sich schaben* (schwäb. "sich ärgern")
- ein Gewitter *verzieht sich* → *Verzieh dich*, sonst setzt's was!
- die Blumen *machen sich* hübsch in der Vase → er *macht sich*.

Wie ich vorhin in meiner vorläufigen Zwischenthese bereits erwähnt habe, scheinen die pseudoreflexiven Konstruktionen metaphorische Prozesse geradezu zu begünstigen. Vergleichbares gilt auch für solche Konstruktionen, bei denen das Reflexivpronomen einen "ethischen" oder "benefaktiven" Dativ vertritt.[8] Der Substandardcharakter von Konstruktionen dieser Art wird durch lexikalische Abweichungen gegenüber dem Standard verstärkt, die im großen und ganzen den Tropen der antiken Rhetorik entsprechen. In einem Ausdruck wie *sich einen Schnupfen holen* steckt nicht nur ein "benefaktives" Dativpronomen, sondern auch der Tropus "ironia (illusio)", da der Inhaltszug "sich etwas absichtlich verschaffen" mit einem Objekt kombiniert wird, das man gewöhnlich ängstlich meidet. Die "stilistischen" Effekte, die von solchen Erscheinungen ausgehen können, werden bei zunehmender Lexikalisierung weitgehend unwirksam; sie können jedoch jederzeit reaktualisiert werden:

- Aids *kriegt* man nicht einfach, meine Damen und Herren, Aids kann man *sich* im wahrsten Sinne des Wortes nur *holen*.[9]

Anmerkungen

1 Viele italienische Beispiele für den hier interessierenden Typ finden sich bei Pasquali (1968: 58ff. und 123ff.). Sie haben jedoch zum größten Teil keinen Substandardcharakter.

2 Mein Kollege Lars Johanson teilt mir brieflich mit, daß Konstruktionen der hier besprochenen Art in den skandinavischen Sprachen sowohl im Standard als auch im Substandard auftreten. (vgl. u.a. schwed. *komma sig* "herrühren von"; *lata sig* (zu *lat* "faul") "faulenzen", *apa sig* "den Affen spielen, sich wie ein Affe auf-

führen". Bekanntlich hat sich das synthetische Passiv der nordgermanischen Sprachen ähnlich wie im Russischen aus enklitisch hinzugefügten Reflexivpronomina entwickelt. Der "analytische" Ausdruck der medialen Diathese durch freie Reflexivmorpheme stellt also so etwas wie eine Wiederholung eines Vorgangs dar, der in der Sprachgeschichte schon einmal stattgefunden hat.

3 Einen beeindruckenden Überblick mit Beispielen aus vielen Sprachen gibt Abraham (im Druck).

4 Auf das Problem der Diathese- und Valenzänderung durch Verbzusätze speziell im Deutschen kann hier nicht eingegangen werden. Vgl. u.a. *Geld stehlen / den Chef bestehlen* (effiziertes vs. affiziertes Objekt); *er freut sich / er erfreut sie* usw.

5 Vgl. "middle constructions" vs. "middle verbs" bei Abraham (im Druck): § 3) und "pronomi riflessivi e il 'si' impersonale e passivo" bei Renzi 1988: 101ff.

6 Bei Cellard/Rey 1980 wird diese Erklärung angezweifelt.

7 Das gilt vor allem für die in den siebziger Jahren heftig diskutierten Varietätengrammatiken. Vgl. die Kurzcharakterisierung der verschiedenen Typen bei Albrecht 1986: 82ff.

8 In diesem Zusammenhang bemerkt Hofmann (4.A. 1978: § 127) zum *Dativus ethicus*: "er ist [...] in erster Linie dem umgangssprachlichen und volkstümlichen Sprecher eigen, der einerseits keine Distanz zwischen sich und dem Gesprächspartner kennt, andererseits eben in der ständigen Einmischung seiner persönlichen Interessiertheit ein Mittel findet, den engen Kontakt zwischen sich und dem Hörer festzuhalten.

9 Hörbeleg. Das Zitat stammt aus einer Sendung der ARD.

Literatur

Abraham, Werner (im Druck): "Verbal gender: the medium, particularly in Westgermanic. Or: what does reflexivation have to do with dethematization?". - In: Akten der *Conference on VOICE*. Santa Barbara, März 1990.

Albrecht, Jörn (1986): "'Substandard' und 'Subnorm'. Die nicht-exemplarischen Ausprägungen der 'Historischen Sprache' aus varietätenlinguistischer Sicht". - In: Holtus, Günther/Radtke, Edgar (Hrsg.): Sprachlicher Substandard (Tübingen) 65-88.

- (1990): "'Substandard' und 'Subnorm'. Die nicht-exemplarischen Ausprägungen der 'Historischen Sprache' aus varietätenlinguistischer Sicht (Fortsetzung)". - In: Holtus, Günter/Radtke, Edgar (Hrsg.): Sprachlicher Substandard III (Tübingen) 44-127.

Brunot, Ferdinand (1936): La pensée et la langue. - Paris.

Cartagena, Nelson (1972): Sentido y estructura de las construcciones pronominales en español. - Concepción.

Cellard, Jacques/Rey, Alain (1980): Dictionnaire du français non conventionnel. - Paris.

Coseriu, Eugenio (1987): "Grundzüge der funktionellen Syntax". - In: Idem: Formen und Funktionen. Studien zur Grammatik (Tübingen) 133-176.

Grewendorf, Günter (1984): "Reflexivierungsregeln im Deutschen". - In: Deutsche Sprache 12, 14-30.

Haider, Hubert (1985): "Von *sein* oder nicht *sein*: Zur Grammatik des Pronomens sich". - In: Abraham, Werner (Hrsg.): Erklärende Syntax des Deutschen (Tübingen) 223-254.

Hofmann, Johann Baptist (1978): Lateinische Umgangssprache. - Heidelberg, 4.A.

Kanski, Zbigniew (1986): "Reflexivity, Reciprocity, and Middleness". - In: Linguistica Silesiana 8, 57-85.

Löfstedt, Einar (1966): Philologischer Kommentar zur Peregrinatio Aetheriae. Untersuchung zur Geschichte der lateinischen Sprache. - Darmstadt.

Norberg, Dag (1943): Syntaktische Forschungen auf dem Gebiete des Spätlateins und des frühen Mittellateins. - Uppsala etc.

Pasquali, Giorgio (1968): Lingua Nuova e Antica. Saggi e note a cura di Gianfranco Folena. - Florenz.

Reichenkron, Günter (1933): Passivum, Medium und Reflexivum in den romanischen Sprachen. - Jena etc.

Renzi, Lorenzo (ed.) (1988): Grande grammatica italiana di consultazione. I: La frase. I sintagmi nominale e preposizionale. - Bologna.

Schweikard, Wolfgang (im Druck): "Zur Charakteristik des umgangssprachlichen Italienisch: der Typus 'saperla lunga', 'cavarsela' und verwandte Bildungen". - In: Romanistisches Jahrbuch.

Tesnière, Lucien (1965): Eléments de syntaxe structurale. - Paris.

ZUR GRAMMATIK VON INTERJEKTIONEN

Norbert Fries

0. Einleitung[1]

Unter ›Interjektionen‹ verstehe ich sprachsystematische lexematische Einheiten, welche sowohl einzelsprachlich determinierten Regularitäten bzw. Idiosynkrasien unterliegen wie übereinzelsprachlichen Gesetzmäßigkeiten. ›Interjektionen‹ weisen einerseits diverse (subsystem-spezifische) einzelsprachlich determinierte Eigenschaften auf, andererseits sind sie in besonderer Weise in die Systeme integriert, welche für die Interpretation von Äußerungen zuständig sind. ›Interjektionen‹ treten zudem (unter anderem) in Phrasen auf, welche nicht als Expansionen von den sie begleitenden Einheiten klassifiziert werden können.

Nach einigen grundlegenden Bemerkungen zum sprachsystematischen Stellenwert der ›Interjektionen‹ in Abschnitt [1.] beschäftigt sich Abschnitt [2.] mit der Phonologie der ›Interjektionen‹, Abschnitt [3.] mit ihrer Morphologie, Abschnitt [4.] mit ihrer Syntax und der Syntax ihrer Phrasen, Abschnitt [5.] schließlich mit ihren semanto-pragmatischen Eigenschaften.

1. Zum sprachsystematischen Status der ›Interjektionen‹

1.1. ›Interjektionen‹ sind unflektierbare Einheiten. Die Berechtigung zu einer Klassenbildung ›Interjektionen‹ ist somit nicht auf einer einzigen sprachsystematischen Ebene (Lexikon, Morphologie, Syntax, Semantik, Phonologie) begründbar. ›Interjektionen‹ unterscheiden sich in diesem Punkt (wie weitere Klassen nicht-flektierbarer Wörter im Deutschen) von den lexikalischen Hauptkategorien ›Nomen‹, ›Verb‹ und ›Adjektiv‹. Sie passen - zumindest in den flektierenden Sprachen - durchaus in das Gesamtbild der unflektierbaren Wortarten, von welchen z.B. im Deutschen (sieht man von einigen Funktionswörtern wie z.B. ›Complementizern‹ ab) bekanntlich nur ›Präpositionen‹ (inklusive gewisser ›Adverbien‹, die hier als intransitive ›Präpositionen‹ aufgefaßt werden) aufgrund ihrer Syntax (Komplementfähigkeit sowie Kasusrektion) und Semantik (Argumentfähigkeit) relativ sicher als eine Klasse grammatischer Einheiten konstatiert werden können, welche sich auf allen grammatisch-pragmatischen Beschreibungsebenen als relevant erweist. Im Vergleich mit jeder der drei lexikalischen Hauptklassen ›Nomen‹, ›Adjektiv‹ und ›Verb‹ ist der unflektierbare Lexembestand ausgesprochen heterogen hinsichtlich seiner grammatischen Charakteristika; das gilt sowohl in syntaktischer Hinsicht (Topologie; Phrasenbildung), in semantischer Hinsicht (Modifizierbarkeit; Argumentfähigkeit) wie in phonologischer Hinsicht (Betonbarkeit; Anteilnahme am Tonmuster). Andererseits resultieren aus charakteristischen Unterschieden gewisser interjektionaler Lexeme hinsichtlich einzelner Sprachbeschreibungsebenen bestimmte Untergruppen von ›Interjektionen‹, insbesondere (a) solche, die auf Emotionen (einschließlich körperlichen Erlebens) bzw. Intentionen des Sprechers Bezug nehmen, (b) solche, die Geräusche bzw. Bewegungsabläufe usw. symbolisieren, und (c) solche, die spezifische extra-sprachsystematische Funktionen wahrnehmen. Den Begriff ›Interjektionen‹ verwende ich hier also zunächst in einem (hinsichtlich verschiedener Sprachbeschreibungsebenen) heterogene Einheiten umfassenden Sinn.

1.2. Billigt man ›Interjektionen‹ lexematischen Status zu, so besteht aus linguistischer Perspektive das Problem, die betreffenden Lexeme von solchen Lautäußerungen abzugrenzen, die übereinzelsprachlich als ›Affektgeschrei‹ geäußert werden. Gegenüber ›Affektlauten‹ sind in das Sprachsystem eingegliederte interjektionale Lexeme einzelsprachlich und müssen dementsprechend erlernt werden. Solche einzelsprachlichen Lexeme liegen beispielsweise vor bei ›Interjektionen‹ wie [deutsch] *ohweh*, *auweh*, *nana*, [französisch] *flist* (spöttische Zurückweisung), [italienisch] *oibo* (Zurückweisung u.a.), [neugriechisch] *sut* (Aufforderung zur Ruhe). Diese (wie andere ›Interjektionen‹) gehören ebenso zum einzelsprachlichen Lexembestand wie nicht-interjektionale Lexeme. ›Interjektionen‹ verfügen demnach über einzelsprachlich-spezifische grammatische Eigenschaften, die wiederum mit einzelsprachlich-spezifischen Interpretationsprozessen korrelieren. Das gilt gleichermaßen für gewisse (häufig als lautmalend aufgefaßte) interjektionale Lexeme wie *tzong*, *doing* usw. Auch Lexeme dieser Art, die sich von Lexemen wie *au*, *pst*, *pfui* usw. signifikant unterscheiden, folgen einzelsprachlichen Regularitäten.

Andererseits ist die Nähe interjektionaler Lexeme zu ›Affektlauten‹ mindestens eine der Ursachen, welche für gewisse übereinzelsprachliche Eigenschaften der entsprechenden Lexeme verantwortlich ist. Übergänge zwischen sprachlichen und extra-sprachlichen Strukturen in diesem Bereich sind zudem dafür verantwortlich, daß interjektionale Lexeme über zahlreiche grammatische Besonderheiten verfügen, insbesondere:

- sie sind phonologisch instabil;
- sie verletzen kerngrammatisch geltende phonologische Regularitäten;
- ihre funktionalen Eigenschaften können wesentlich durch mediale Faktoren (Mündlichkeit, Schriftlichkeit) bzw. durch die Textsortenzugehörigkeit beeinflußt werden;
- ihre funktionalen Eigenschaften können wesentlich von formalen Mitteln modifiziert werden, die in der betreffenden Sprache sonst keinen oder nur geringen Stellenwert besitzen.

2. Zur Phonologie der ›Interjektionen‹

›Interjektionen‹ unterscheiden sich durch zahlreiche phonologisch-phonetische Besonderheiten vom übrigen Lexembestand; unter anderem:

Sie können erstens durch sprachunübliche Laute oder Lautdistributionen konstituiert werden. So tritt in den deutschen ›Interjektionen‹ *pfui*, *hui* der sonst im Deutschen unübliche Diphthong [ui] auf; im Neugriechischen (wie in vielen anderen Sprachen) konstituiert ein Schnalzlaut diverse ›Interjektionen‹; im Italienischen tritt sonst nicht am phonologischen

System beteiligtes [ö] als ›Interjektion‹ auf; ›Interjektionen‹ können ferner generellen phonologischen Wortkonstituierungsprinzipien zuwiderlaufen, vgl. etwa *pst*, *pss*, *tsts*.

Zweitens hat sich, wie Ehlich (1986) nachwies, im Bereich der ›Interjektionen‹ ein spezifisches Tonmuster-Distinktionssystem herausgebildet, an welchem möglicherweise 5 Tonmuster-Distinktionen beteiligt sind[2]: Fallender Ton [\], steigender [/], steigend-fallender [/\], fallend-steigender [\/] und gleichbleibender [-] Ton. Der Anteil einer ›Interjektion‹ in einer Äußerung an der Äußerungsbedeutung wird nun wesentlich von ihrem Ton(muster) determiniert, wobei sich für bestimmte phonologische Muster und ›Interjektionen‹ gleichbleibende Ausdrucksfunktionen erkennen lassen. Beispielsweise bilden einige ›Interjektionen‹ mit steigend-fallendem Ton(muster) ein Subsystem zum Ausdruck des Behagens, dem einerseits die ›Interjektionen‹ *ah*[/], *ei*[/], *oh*[/], *hm*[/] zum Ausdruck des Wohlbehagens, andererseits die ›Interjektionen‹ *ih*[/], *uh*[/] zum Ausdruck des Unbehagens angehören. Umfang und Wirksamkeit dieses Systems sind zur Zeit unbekannt.

3. Zur Morphologie der ›Interjektionen‹

3.1. ›Interjektionen‹ bilden, wie gesagt, eine Untergruppe nicht-flektierender Wörter. Nach den Markiertheitsvorstellungen der generativen Grammatik entspricht dies im Deutschen einer Markierung als [-N, -V]. Nimmt man an (vgl. Fries 1988a: Kap. 3), daß ›Präpositionen‹ (inklusive gewisse ›Adverbien‹) generell die Merkmalspezifikation [-N, -V, αDIR] aufweisen, so verbleibt noch eine Vielzahl stark unterschiedlicher Lexeme, auf welche die Markierung [-N, -V] zutrifft; es ist also anzunehmen, daß ›Interjektionen‹ über charakteristische spezifizierende weitere Merkmale verfügen. Die Spezifizierung [-N, -V] deckt im Deutschen (wie in zahlreichen anderen Sprachen) die Nicht-Flektierbarkeit der ›Interjektionen‹ ab.

3.2. Ebenso scheinen die Wortbildungseigenschaften von ›Interjektionen‹ in generellen morphologischen Eigenschaften [-N, -V]-markierter Lexemklassen begründet zu sein. Zwar sind auch für [-N, -V]-Lexemklassen im Deutschen reguläre und produktive Wortbildungsmuster konstatierbar, diese betreffen jedoch in erster Linie lediglich gewisse ›Adverbien‹. Für die Wortbildung der deutschen ›Interjektionen‹ spielen sonst im Sprachsystem nur marginale Wortbildungsprinzipien eine vornehmliche Rolle. Typisch für die Morphologie interjektionaler Lexeme sind beispielsweise Prinzipien wie ›Wiederholung‹, ablautende und nicht-ablautende ›Reduplikation‹, ›Wortkreuzung‹ und ›Verkürzung‹. Beispiele für ›Verdopplung‹ und ›Reduplikation‹ sind ›Interjektionen‹ wie *dalli dalli*, *eiapopeia*, *nana*, *toi toi toi*, *heidi heida*, *hoho*, *papperlapapp*. Beispiele für ›Wortkreuzungen‹ und ›Verkürzungen‹ sind *herrjemine* (‹ *Herr Jesus domine*), *sapperlot* (‹ *sacré nom*).

Verdoppelte bzw. reduplizierte interjektionale Lexeme stellen eigenständige Formen dar mit teils idiosynkratischen phonologischen und funktionalen Eigenschaften. So etwa sind bei *hoi* [/,\,-,\/] die reduplizierten Formen ausgeschlossen, [a\], [a/], [a\/] und [a:/\] erlauben Reduplikation ([aha\], [aha/], [aha\/], [aha/\]) mit jeweils unterschiedlichen (und von den nicht-reduplizierten Formen unterschiedenen) Ausdrucksfähigkeiten (vgl. Ehlich 1986), usw.

4. Zur Syntax der ›Interjektionen‹

4.1. Im folgenden will ich nur auf solche Fälle eingehen, in welchen eine ›Interjektion‹ mit einer anderen Konstituente eine Phrase bildet, welche nicht plausibel als Expansion der nicht-interjektionalen Konstituente aufgefaßt werden kann (zu anderen Fällen s. [4.2.]). Mindestens drei Typen sind zu unterscheiden:

1. Phrasen des Typs [INT - INT]
2. Phrasen des Typs [INT - X^0]
3. Phrasen des Typs [INT - XP]

4.1.1. Phrasen des Typs [INT - INT].

Es handelt sich um Typen wie unter (1):

(1) (a) ach hm
(b) i pfui

Der Typ ist relativ unproduktiv und scheint auf maximal zwei ›Interjektionen‹ innerhalb einer Phrase beschränkt zu sein. Es handelt sich wohl um eine Phrase des Typs (2), mit ›INTP‹ für ›Interjektionsphrase‹:

(2) [$_{INTP}$ INT^0 - (INT^0)]

Die Äußerungsbedeutung solcher Phrasen scheint von beiden auftretenden ›Interjektionen‹ gleichermaßen getragen zu werden. Zur näheren Bestimmung wären spezifische empirische Untersuchungen notwendig, insbesondere hinsichtlich der Frage, welche Kombinationen von ›Interjektionen‹ als lexikalisiert betrachtet werden müssen.

4.1.2. Phrasen des Typs [INT X^0].

Auch Typ (3), in welchem [X^0] ein nicht-pronominales nicht-expandierendes Lexem repräsentiert,

(3) [INT^0 - X^0]

ist nur gering produktiv:

(4) (a) na / o / ach ja
(b) ach / i was

Die hierzu zu rechnenden Kombinationen von *na* wurden von Ehlich (1986: 93ff.) eingehender untersucht. Die Ergebnisse sind im wesentlichen auch auf Kombinationen anderer ›Interjektionen‹ mit expansionsunfähigen Lexemen (bzw. X^0-Größen) übertragbar. Die Besetzung von INT^0 und X^0 unterliegt Beschränkungen, welche wesentlich semanto-pragmatisch gesteuert werden, die im großen und ganzen jedoch nicht vorhersagbar zu sein scheinen (*ach/o ja / ach/o nein* vs. *na ja / * na nein / * i ja / * i nein*; *na schön* vs. * *na schlecht*, usw.). Soweit das zum gegenwärtigen Zeitpunkt aufgrund mangelnder empirischer Untersuchungen feststellbar ist, besitzen die betreffenden Phrasen keine typisch interjektionale Distribution (vgl. (5b) vs. (5a/c)) und auch keine typisch interjektionale Auftretensweise in Äußerungen (vgl. (6)). Ihre syntaktische Distribution richtet sich - soweit feststellbar - im allgemeinen nach der Distribution von X^0 in ähnlicher semanto-pragmatischer Interpretation; in diesem Sinne besitzt die Phrase [*na schön*] die Distribution von [*schön*], die Phrase [*ach ja*] die Distribution von [*ja*], usw.:

(5) (a) Schön, daß du das weißt.
(b) Na schön, daß du das weißt.
(c) * Na, daß du das weißt.
(6) (a) Geht's dir besser? - Ach ja. / Ja. / * Ach.
(b) Komm doch her. - Na gut. / Gut. / * Na.
(c) Ich hab' das Buch. - Na endlich! / Endlich! / Na.

Ich schließe hieraus, daß es sich um Phrasen des Typs (7) handelt, mit starken Beschränkungen für X^0, also möglicherweise generell lexikalisierten Phrasen:

(7) [X INT^0 X^0]

4.1.3. Phrasen des Typs [INT - XP].

4.1.3.0. Für Phrasen des Typs [INT - XP] sind drei Fälle unterscheidbar: XP kann eine Nominalphrase (NP), eine Präpositionalphrase (PP) oder ein Satz sein; Sätze fasse ich hier als CP (Complementizer-Phrase) auf.

4.1.3.1. ›Interjektionen‹ treten in den diachronen Entwicklungsphasen des Deutschen gemeinsam mit einer NP oder PP auf und bilden mit dieser eine komplexe Phrase des Typs [ZP INT NP/PP]. Die Kategorisierung von ZP ist zunächst unklar.

›Interjektionen‹ sind hier strikt linksperipher und erlauben maximal eine Schwesterkonstituente. Der genannte Strukturtyp ist bis zum FNHD. relativ produktiv, im NHD. hingegen stark eingeschränkt; heute erlauben ›Interjektionen‹ - sieht man von den relativ unproduktiven Fällen mit *weh* ab (vgl. *? Weh dem Fritz!*) - lediglich nominativische NPs und gewisse CPs als Schwesterkonstituenten. Bis zum FNHD. konnten ›Interjektionen‹ mit einer NP beliebigen Kasus eine Phrase bilden; im einzelnen:

(8) (a) o deiner elenden bulerei! (Sachs)
(b) o meines königs und meines herrn! (Ayrer)
(c) o dem verhängnis! (Opitz)
(d) o mir! (Gerstenberg; Schiller)
(e) o mich elenden! (Schuppius)
(f) pfui dich! (Megenberg)
(g) pfui den hundskerl! (Siegwart)
(h) o unsere freiheit! (Goethe)
(i) pfuy schlechter Mensch! (Goethe)
(j) Ach / pfui / i / o Peter!
(k) o über sie! (Gutzkow)
(l) pfui übers hocken! (Schiller)

Nur Phrasen mit nominativischer NP sind im heutigen Deutsch regulär und scheinen keinen syntaktischen Beschränkungen zu unterliegen: Die nominativische NP wird bei Empfindungen zum Ausdruck bringenden ›Interjektionen‹ beispielsweise durch auf Personen (oder

Haustiere) referierende Ausdrücke realisiert; die NP kann jedoch auch auf eine Sache oder auf einen Sachverhalt referieren, der den durch die ›Interjektion‹ zum Ausdruck gebrachten Affekt verursachte. Insbesondere erlauben auch solche ›Interjektionen‹ diese Konstruktion, welche in einer Äußerung einen Affekt des Sprechers zum Ausdruck bringen, welcher durch einen Sachverhalt, an welchem die Person, auf die die NP referiert, beteiligt ist, hervorgerufen wurde (*Pfui Peter!*; *Oh du Glückspilz!*). Die Konstruktion wird bei diesen ›Interjektionen‹ stets in diesem Sinn interpretiert; beispielsweise ist *Au / Brr Peter!* nur dann akzeptabel, wenn Peter der Auslöser des Schmerz- bzw. des Ekel- bzw. Kälte-Empfindens ist, das der Sprecher zum Ausdruck bringt. Darüber hinaus spielen auch idiosynkratische Eigenschaften einzelner ›Interjektionen‹ eine Rolle; so etwa erlaubt *he* ([he:\]) die Konstruktion [INT NP], *ts* nicht (*He Sie!*; * *Ts Sie!*; *ts* dient wie *he* zur Kontaktaufnahme, allerdings unter speziellen Äußerungsbedingungen). ›Interjektionen‹ wie *kracks*, *tsong* usw. (›Interjektionen‹, die Geräusche symbolisieren) sind von diesem Konstruktionstyp generell ausgeschlossen.

›Interjektionen‹ regieren keinen bestimmten Kasus, sondern - zumindest bis ins FNHD. - lassen jeden beliebigen Kasus bei einer NP als Schwesterkonstituente zu. Ich schließe hieraus, daß ›Interjektionen‹ (zumindest in den belegbaren Fällen des Deutschen) nicht (Kasus-) rektionsfähig sind,- eine für ihre Abgrenzung von anderen Lexemgruppen (insbesondere von ›Präpositionen‹ im Deutschen) wichtige Eigenschaft. In der INTP herrscht - mit anderen Worten - im gegenwärtigen Deutsch *strukturelle Kasuszuweisung* (Nominativ). Aufgrund der (regulären) semanto-pragmatischen Eigenschaften betreffender Phrasen komme ich zu dem Schluß, daß ›Interjektionen‹ der in der Phrase auftretenden NP jedoch eine thematische Rolle (Q-Rolle) zuweisen, mögliche Q-Rollen allerdings stark eingeschränkt sind. Die NP verweist bei jenen ›Interjektionen‹, welche eine (psychische oder körperliche) Empfindung des Sprechers zum Ausdruck bringen, im allgemeinen auf die Ursache des Affektes (bzw. auf das, was vom Sprecher als Ursache verantwortlich gemacht wird), bei jenen ›Interjektionen‹, welche eine direktive Äußerungsbedeutung determinieren, auf den/die Angesprochenen. Hieraus folgt beispielsweise die Inakzeptabilität von Sätzen wie * *Pst bist du still!*, * *Au tust du mir weh!* (vs. z.B. *! Au Peter!*, *Pst Peter!*), welche der genannten semantischen Relation nicht entsprechen. Möglicherweise sind einige weitere semantische Beziehungen zu konstatieren (vgl. *He/hallo du!*, *Prost du dummer Kerl!*, *Ade/tschüss Fritz!*).

Hinsichtlich der Kategorisierung der Phrase [INT NP] kann aus ihrer Distribution geschlossen werden, daß es sich um eine ›Interjektionen-Phrase‹ [INTP] (und nicht um eine [NP]) handelt; die betreffenden Phrasen besitzen weder die Semantik noch die Distribution des Anrede-Nominativs, wie die Beispiele unter (9) zeigen:

(9) (a) Peter, komm her!
(b) Ach/o/pfui/i Peter, komm her!
(c) Ach/o/pfui/i, komm her!

In Phrasen wie (9b) besitzt die [INT NP]-Phrase die Distribution der betreffenden ›Interjektion‹; Phrasen wie (9b) werden wie solche in (9c) interpretiert, und nicht wie (9a). Völlig klar wird das in Fällen wie (9d-f):

(9) (d) Komm her, Peter!
(e) Komm her, ach/o/pfui/i Peter!
(f) Komm her, ach/o/pfui/i!

Im NHD. ist für ZP also eine Struktur wie (10) anzusetzen:

(10) [$_{INTP}$ INT^0 NP^{nom}]

4.1.3.2. Phrasen des Typs [INT CP] sind auch im heutigen Deutsch akzeptabel:

(11) (a) Oh/pfui/igitt wie das stinkt!
(b) Uff/jesses ist das heiß!
(c) Brr ist das kalt!
(d) Ach daß du immer so rechthaberisch sein mußt!

In allen Sprachstufen des Deutschen sind weitere Satzstrukturen in CP in der Phrase [INT CP] nachweisbar; bei den Belegen handelt es sich meist um einen Imperativsatz oder um einen *daß*-Satz.

Die Daten sprechen dafür, auch im Falle der Phrase [INT CP] davon auszugehen, daß die betreffende ›Interjektion‹ semantischen und syntaktischen Einfluß auf die Realisierungsmöglichkeit von CP besitzt; besonders deutlich ist das in Fällen wie (12a):

(12) (a) Ach bist du still!
(b) Bist du still!

Eine Äußerung von (12a) erlaubt zwar eine Exklamativ-Interpretation, entgegen einer Äußerung von (12b) jedoch keine direktive Interpretation.

Semantische Gründe sind für die Inakzeptabilität der Sätze unter (13) verantwortlich:

(13) (a) ? Brr ist das heiß hier!
(b) ? Brr kommst du spät!

Andererseits zeigt die Inakzeptabilität der Beispiele unter (14), daß es sich bei dieser um ein syntaktisch-determiniertes Phänomen handelt, und nicht um ein semanto-pragmatisch determiniertes: Nicht etwa eine mögliche Exklamativ-Interpretation von CP oder der Gesamtphrase entscheidet über die Akzeptabilität der Äußerung der [INT CP]-Phrase, sondern die grammatischen Eigenschaften der betreffenden ›Interjektion‹ sowie möglicherweise generelle Eigenschaften von INTP:

(14) (a) * Pfui ein schlimmer Geruch ist das hier!
(b) * Uff heiß ist das hier!
(c) * Pst bist du still!

pst erlaubt zwar eine NP als Komplement, jedoch keine CP; *uff* erlaubt zwar einen Verb-Erststellungssatz (mit fallendem Tonmuster) als Komplement, jedoch (unter anderem) keinen Verb-Zweitstellungssatz, usw.

Das bedeutet in Einklang mit unseren bisherigen Ergebnissen, daß die hier erörterte Struktur [INT CP] zwar besonderen pragmatischen Interpretationsprozessen unterliegt, daß es sich bei den erörterten Phänomenen jedoch in erster Linie um grammatisch determinierte handelt. Das äußert sich auch darin, daß Sätze mit der Struktur [INT CP] besonderen phonologischen Bedingungen folgen, die hier allerdings aufgrund fehlender empirischer Analysen im wesentlichen unberücksichtigt bleiben müssen.

Ich nehme daher an, daß die Phrase [INT CP] eine Struktur wie (15) aufweist, also eine Expansion der ›Interjektion‹ darstellt:

(15) [$_{\text{INTP}}$ INT^0 CP]

4.2. ›Interjektionen‹ treten in weiteren Distributionen auf, welche entweder spezifischen nicht-interjektionalen Distributionen entsprechen (*da fällt er plumps hin*, usw.) oder typisch für ›Interjektionen‹ sind, jedoch nicht als ›Interjektionen‹-Expansionen analysiert werden können (*Du bist - ach - mir zu dumm!*, usw.), auf welche hier nicht näher eingegangen werden kann. Interjektionsphrasen, welche Komplemente enthalten, sind in dieser Distribution zwar nicht ausgeschlossen; Äußerungen wie *Ich - hallo Peter - freue mich, dich zu sehen.* werden allerdings generell so interpretiert, daß die INTP außerhalb der durch die CP ausgedrückten Proposition steht. Demgegenüber gliedern ›Interjektionen‹ wie [ɛ:], [:], *hm* usw. in dieser Distribution die betreffende Proposition in kognitiv relevante Subeinheiten (*Ich - hm - freue mich* ...).

4.3. Zusammenfassend läßt sich sagen, daß ›Interjektionen‹ entgegen bisheriger Annahmen der Forschung expansionsfähig sind und (abgesehen von Strukturen wie (2) und (7)) im NHD. Strukturen zweierlei Typs bilden, die ich unter (10) und (15) aufgeführt habe. Im NHD. gilt in INTP als *struktureller* Kasus der Nominativ; für CP gilt, daß C^0 in CP durch Elemente wie *daß*, *wie*, möglicherweise wenn und evt. *w*-Phrasen, oder durch V^0 besetzbar ist (*ob* scheint generell ausgeschlossen zu sein). Semantisch weist INT^0 der XP eine Θ-Rolle zu, welche interjektionsspezifisch ist.

5. Zur Semantik der ›Interjektionen‹

5.1. Zwar weisen ›Interjektionen‹ im Deutschen keinen morphologischen Kasus zu,- das aber ist ein sprachspezifisches Faktum, das (bis auf Ausnahmen wie *Glück dem Fleißigen*) unter anderem ja auch auf ›Nomina‹ im Deutschen zutrifft oder in zahlreichen Sprachen auf ›Präpositionen‹, usw. Die betreffenden ›Interjektionen‹ weisen jedoch Θ-Rollen zu, und das bedeutet zugleich, daß sie lexikalisch für Argumente spezifiziert sind. Das heißt nun aber auch, daß diese ›Interjektionen‹ keineswegs "bedeutungsleer" sind.

Die Daten zeigen vielmehr, daß ›Interjektionen‹ durch volle lexikalische Einträge spezifiziert werden müssen, die sich in den in den vorhergehenden Abschnitten charakterisierten Hinsichten von anderen Lexemen bzw. Lexemklassen unterscheiden.

Beispielsweise ist für *pfui* entsprechend der Akzeptabilität und Semantik von Phrasen wie *Pfui Peter!*, *Pfui ist das häßlich!*, *Pfui daß du dich immer bepinkelst!*, *Pfui!* anzunehmen, daß diese ›Interjektion‹ alternativ für eine (fakultative) NP und CP subkategorisiert ist, welcher sie die semantische Rolle ›Verursacher (der durch *pfui* ausgedrückten Ekel-Empfindung)‹ zuweist. *au* ist für eine NP subkategorisiert, welcher die semantische Rolle ›Verursacher (der Schmerz-Empfindung)‹ zukommt (*Au Peter!*); zudem ist *au* für eine CP subkategorisiert, welche in C^0 *wie* / *was* (*Au wie/was der schreit!*), oder V^0 (*Au schreit* *der laut!*) aufweisen muß, nicht jedoch für einen *daß*-Satz (* *Au daß du so laut sein mußt!*, * *Au daß du das getan hast!*). *hü* oder *put put* u.ä. selektieren (wenn überhaupt) Komplemente, welche auf bestimmte Tiere bzw. Tiergruppen referieren müssen (vgl. * *Put put / hü Peter!*).

Beachtenswert ist in diesem Zusammenhang, daß eine Äußerung von Sätzen wie *Pfui ist der dünn!* das Ekel-Empfinden des Sprechers (hier: über die Dünnheit des Referenzobjektes) kundtut, und nicht im Sinne einer Exklamativ-Interpretation verstanden wird, (d.h. nicht in dem Sinne) wie eine Äußerung des Satzes *Ist der dünn!*, daß der Sprecher nämlich mit seiner Äußerung eine affektive Einstellung über einen normabweichenden Sachverhalt ausdrückt. Gleichermaßen gilt das für Sätze wie *Pfui wie der geht!* vs. *Wie der geht!*: Erstere bringen eine mehr oder weniger spezifische Empfindung (hier: Ekel) des Sprechers über die Art und Weise der Ausführung der durch das Prädikat von CP genannten Handlung (bzw. Eigenschaft, vgl. *Pfui ist der dreckig!*, ferner jedoch auch *Pfui was für ein Säufer!*, usw.) zum Ausdruck, letztere die affektive Einstellung des Sprechers, daß dieser die Art und Weise der Ausführung der durch das Prädikat genannten Handlung (bzw. den Grad einer Eigenschaft, usw.) als normabweichend empfindet.

›Interjektionen‹, welche *Emotionen* (einschließlich *körperliche Empfindungen*) zum Ausdruck bringen, ordnen demnach in semantischer Hinsicht Objekten bzw. Sachverhalten ›Emotionen‹ des Sprechers zu: Sie *referieren* somit auf den Sprecher, indem sie sein Erle ben über ein Objekt bzw. einen Sachverhalt kundtun,- sie *referieren* (auf den Sprecher) und tun kund zugleich.

Ähnlich gilt das für ›Interjektionen‹, die einen Appell zum Ausdruck bringen; in semantischer Hinsicht ordnen diese Wörter Objekten einen Appell des Sprechers zu: Sie referieren somit auf den Sprecher, indem sie seinen Appell an ein Objekt kundtun, sie *referieren* (auf den Sprecher) und *appellieren* zugleich.

Im Prinzip könnte man also sagen, daß eine Struktur wie (15) die semantische Struktur (16a) bzw. (16b) aufweist:

(16) (a) EMOTION (x)
(b) APPELL (x)

in welchen ›EMOTION‹ bzw. ›APPELL‹ Variablen für Elemente der Menge von ›Emotionen‹ bzw. ›Appell‹-Typen darstellen, und ›x‹ dasjenige Objekt bzw. denjenigen Sachverhalt, über welche ›EMOTION‹ bzw. ›APPELL‹ kundgetan wird.

Nun gleichen (16a,b) einer Art *Prädikation*, unterscheiden sich von dieser jedoch logisch in wesentlicher Hinsicht: Die Zuordnung einer ›EMOTION‹ bzw. eines ›APPELLS‹ zu einem Objekt ist nämlich weder negierbar, noch ist sie jenen logischen Verknüpfungen zugänglich, die gewöhnlicherweise für *Prädikationen* erwartbar sind (insbesondere sind ›ODER‹-Verknüpfungen ausgeschlossen: * *Oh oder ach tut das gut!*, * *Ach und weh wie das schmerzt!*, usw. Sie ist zudem in Äußerungen nicht als *wahr* oder *falsch* beurteilbar, d.h. auf eine Äußerung wie *Au!* kann man nicht *Das stimmt nicht!* oder *Das ist wahr!* antworten. Man wird höchstens beurteilen können, ob die durch den Sprecher zum Ausdruck gebrachte Empfindung (usw.) *zutrifft* oder *nicht zutrifft*, u.z. insofern, als es gewisse Instanzen geben kann, nach welchen beurteilt werden kann, ob derjenige, der eine Emotion oder einen Appell kundtut, tatsächlich über die psychischen bzw. physischen Äquivalente der Emotion bzw. des Appells verfügt. Die Äußerung der Phrase *Au!* trifft also in diesem Sinne dann und nur dann zu, wenn der Sprecher *Schmerz* empfindet. Eine Negierung der in (16) symbolisierten Zuordnungsfunktionen bedeutet hingegen, *daß die Zuordnung nicht stattfindet*. Die Negierung einer Emotion würde in diesem Zusammenhang heißen: *Der Sprecher verfügt nicht über diese Emotion*, es gibt keine Zuordnungsfunktion. Gleichermaßen gilt das für (16b): Die Negierung eines Appells heißt soviel wie: *Der Sprecher tut den Appell nicht kund*, es gibt keinen Appell. In diesem Sinne wird die in (16) angenommene Funktion nicht auf Wahrheitswerte abgebildet, sondern in eine Menge {1,0}, wobei *1* soviel bedeutet wie: ›EMOTION‹ (bzw. ›APPELL‹) trifft zu; *0* soviel wie: *in allen anderen Fällen*.

Wir müssen aus den genannten Gründen also annehmen, daß es sich bei den in (16) genannten Zuordnungsfunktionen nicht um *Prädikationen* handelt, sondern um besondere semantische Typen von Zuordnungsfunktionen.

Es handelt sich bei den ›Interjektionen‹ um sprachliche Zeichen, die in ihren Bezeichnungsmöglichkeiten einseitig festgelegt sind,- sie besitzen (i.S. Bühlers (1978) *Organon*-Modells) keine *Darstellungs-Funktion*, sondern entweder nur eine *Ausdrucksfunktion* (*au*, *oh*, usw.) oder nur eine *Appellfunktion* (*pst*, *put put*, usw.). Ich möchte in diesem Sinne die beiden in (16) symbolisierten Zuordnungsfunktionen benennen und charakterisieren: In (16a) soll es sich um die Zuordnungsfunktion *Exponieren* handeln, in (16b) um die Zuordnungsfunktion *Appellieren*.

Die Zuordnungsfunktionen *Exponieren* bzw. *Appellieren* können nun wie folgt spezifiziert werden:

Die Zuordnungsfunktion *Exponieren* ordnet ihrem Funktionsargument (Sachverhalt, Objekt) eine *Emotion* des *Sprechers* zu; der *Sprecher* gehört zur *Extension* des Ausdrucks vor der Klammer in (16a), für welchen ich den Begriff ›Exponat‹ (analog zu ›Prädikat‹ sowie zu, s.u., ›Appellat‹) verwenden möchte. Das *Exponat* verfügt über mindestens ein Funktionsargument, nämlich den *Sprecher*, in Fällen wie *Au!*, in Fällen wie *Au Peter!*, *Au wie der schreit!* über zwei *Funktionsargumente*. Zudem ist auch mit Fällen zu rechnen, in welchen der Sprecher nicht (notwendig) zur Extension des Exponats gehört (s.u. [5.2.]). Wir können also (16a) nun wie in (17) explizieren:

(17) EM (x, z)

mit ›EM‹ als eine Variable für Elemente der Menge von Emotionen, ›x‹ als erstes Funktionsargument von ›EM‹, das auf den Sprecher referiert, und - gegebenenfalls - ›z‹ als zweites Funktionsargument von ›EM‹, das auf das Objekt bzw. den Sachverhalt referiert, über welchen ›EM‹ exponiert wird. ›Interjektionen‹ des für (17) spezifizierten Typs können also als ein- bzw. als zwei-stellige Exponate aufgefaßt werden.

Formal kann die Funktion *Exponieren* wie in (18) gefaßt werden:

(18) Es sei:
EMM = {mögliche Emotionen}, EM ϵ EMM
x ϵ {SPRECHER}, y ϵ {›Interjektionen$_2$‹}
dann gilt:
fEXPONIEREN : (x, y) → EM

Zur genauen Bestimmung der Menge EMM sind empirische Untersuchungen notwendig.

Analog zur Zuordnungsfunktion *Exponieren* kann die Zuordnungsfunktion *Appellieren* verstanden werden als diejenige Zuordnungsfunktion, welche einem ›Appellat‹ mindestens ein *Funktionsargument* zuordnet. Zur Extension des Appellats gehört in den hier erörterten Fällen wiederum stets der *Sprecher* (*Pst!*); als zweites Funktionsargument tritt - wenn überhaupt - meist ein auf ein Lebewesen referierender Name auf, welchem der Appell zugeordnet wird (*Pst Peter!*). Dementsprechend kann (16b) wie in (19) expliziert werden:

(19) AP (x, z)

mit ›AP‹ als eine Variable für Elemente der Menge von Appell-Typen. ›Interjektionen‹ des für (19) spezifizierten Typs können als ein- (*Gar gar!*) oder als zwei-stellige Appellate (*Pst Peter!*) aufgefaßt werden.

Formal kann (19) analog zu (18) wie in (20) gefaßt werden:

(20) Es sei:
APM = {mögliche Appell-Typen}, AP $\in$ APM
x $\in$ {SPRECHER}, y $\in$ {›Interjektionen$_2$‹}
dann gilt:
fAPPELLIEREN : (x, y) $\rightarrow$ AP

Bei der Menge APM handelt es sich um eine nur kleine Menge, in welcher sich mindestens die Elemente *Ruhe verlangen* und *Herkommen verlangen* befinden, jedoch auch weitere (vgl. *Topp!*, *Prost!*, *He du!*, usw.).

Nach der hier entwickelten und motivierten Auffassung stellen sich Abweichungen, wie in Äußerungen wie *? Brr ist das heiß!*, *? Pfui ist das schön!*, *? Pst / he / hü / put put Tisch!*, usw., als primär *semantisch* bedingte Abweichungen dar, und nicht als Abweichungen, welche sich lediglich durch bestimmte extra-sprachliche Faktoren des Äußerungskontextes ergeben. Das ist adäquat, insofern entsprechende Äußerungen unabhängig von jedem neutralen Kontext inakzeptabel sind.

5.2. Um eine offenbar auch in semantischer Hinsicht andere Gruppe von ›Interjektionen‹ als der im vorhergehenden fokussierten handelt es sich bei Lexemen wie *doing*, *zack*, *kracks*, usw. Erstens sind für Lexeme dieser Art Konstruktionen wie (15) ausgeschlossen (* *Doing fiel der Schwengel gegen die Glocke.*, * *Zisch ist das scharf.*, * *Miau wie die jault.*, usw.); zweitens können diese Lexeme als Komplement und Argument von Verben wie *machen* (auch in einer Konstruktion des Typs *es machte X* auftreten, was auf ›Interjektionen‹, die Konstruktionen wie (15) erlauben, nicht zutrifft (vgl. *Wumms machte es.* vs. * *Au / pfui / ach / ih / hm machte es.*). In semantischer Hinsicht referieren diese Lexeme nie auf den *Sprecher* und ordnen Objekten oder Sachverhalten keine *Emotionen* oder *Appelle* zu. Die betreffenden Lexeme verfügen über die Zuordnungsfunktion *Exponieren*, es sind jedoch *null-stellige Exponate*. Die lexikalische Semantik dieser ›Interjektionen‹ kann wie in (21) beschrieben werden:

(21) (a) OPA
(b) Es sei:
EMM = {mögliche Emotionen}, EM $\in$ EMM
OPAM = {onomatopoetische Ausdrücke}, OPA $\in$ OPAM
A = OPAM $\cup$ EMM, OPAM $\cap$ EMM = 0
x $\in$ {SPRECHER}, y $\in$ {›Interjektionen$_1$‹}
dann gilt:
*f*Exponieren : (x, y) $\rightarrow$ A

(21a) unterscheidet sich signifikant von (17), indem es sich hierbei um *null-stellige Exponate* handelt; bei für (17) spezifizierten ›Interjektionen‹ handelt es sich stets um mindestens *ein-stellige Exponate* (mit der obligatorischen *Extension ›Sprecher‹*). Hinsichtlich ihrer Null-Stelligkeit sind für (21a) spezifizierte ›Interjektionen‹ also vergleichbar mit *null-stelligen Prädikaten* wie z.B. *REGNEN*, usw.

Was die Intension von OPA in (21a) betrifft, so ist diese ähnlich auf spezifische Bereiche festgelegt, wie das für *null-stellige Prädikate* gilt: *null-stellige Exponate* können nur einen spezifischen Ausschnitt der Welt umfassen (Trabant 1988), für welchen die hierunter fallenden Ausdrücke *Onomatopoetika* darstellen, meint, daß sie "nur einen limitierten Aspekt der Welt, nämlich das *Tönen der Welt*" gestalten (a.a.O. 261).

Die Festlegung OPAM $\cap$ EMM = 0 in (21b) bedarf der empirischen Überprüfung; es scheint jedoch so zu sein, daß es zwischen den beiden Mengen EMM und OPAM im Deutschen (sprachspezifisch) keine Überschneidungen gibt: Eine ›Interjektion$_1$‹ gehört alternativ der Menge OPAM oder der Menge EMM an, ist entweder ein OPA-Ausdruck oder ein Ausdruck für eine Emotion EM. Daher können ›Interjektionen‹ wie *au* und *doing* als ›Interjektionen‹ eines Typs ›Interjektionen$_1$‹ klassifiziert werden, die sich lexikalisch spezifiziert lediglich in der Hinsicht unterscheiden, daß *null-stellige* ›Interjektionen$_1$‹ für die Menge OPAM spezifiziert sind, nicht-*null-stellige* für die Menge EMM. ›Interjektionen‹ des semantischen Typs (21a) verfügen ferner sowohl in grammatischer (insbesondere morphologisch-phonologischer) wie in pragmatischer Hinsicht über spezifische Eigenschaften. In pragmatischer Hinsicht sind sie textsortenspezifisch; in bestimmten Textsorten haben sich relativ eigengesetzliche Systeme von ›Interjektionen‹ diesen Typs herausbilden können, wie sich eindrucksvoll an den *Comics* zeigt (vgl. Havlik 1981).

6. Resümee

In den vorhergehenden Abschnitten habe ich die Auffassung motiviert, daß es sich bei ›Interjektionen‹ um *Lexeme* handelt, welche in allen grammatisch relevanten Hinsichten starke Besonderheiten aufweisen, welche über spezifische lexikalische Spezifikationen erfaßbar sind. ›Interjektionen‹ *expandieren*, verfügen über Komplemente (in syntaktischer Hinsicht) und Argumente (in semantischer Hinsicht). In der Interjektionsphrase (INTP) herrscht im heutigen Deutsch strukturelle Kasus-Rektion; als Kasus ist in der INTP nur noch der Nominativ zulässig. ›Interjektionen‹ weisen - wie alle Lexeme, welche über Argumente verfügen - ihren Argumenten jeweils eine und nur eine Θ-Rolle zu. Die Semantik von INTP ist allerdings nicht als *Prädikation* interpretierbar; sie wird wesentlich durch zwei spezifische Zuordnungsfunktionen determiniert, die ich als *Exponieren* bzw. *Appellieren* definiert habe.

Der hier vorgestellte Beschreibungsansatz ermöglicht nicht nur die adäquate Erfassung einer Vielzahl von Daten, sondern zugleich eine relativ tiefgreifende Strukturierung der komplexen und heterogenen Bereiche, welche ausdrucks- und inhaltsseitig mit dem Bereich der ›Interjektionen‹ verbunden sind. In Äußerungen unterliegen Strukturen, welche eine INTP enthalten, charakteristischen Interpretationsprozessen, die aufgrund der hier vorgestellten Grammatik der INTP grundsätzlich beschreibbar sein sollten.

Anmerkungen

1 Die vorliegende Arbeit beruht auf Vorarbeiten, die im Rahmen des von Rosengren (Lund) geleiteten Projektes "Sprache und Pragmatik" entstanden und erschienen sind (Fries 1988b); ein umfangreicher Abschlußbericht, in welchem hier nur andeutungsweise vorgestellte Ergebnisse ausführlich begründet werden, erscheint mit Fries (1991). Zur Datenbasis der vorliegenden Arbeit sei auf die vorstehend genannten Aufsätze verwiesen.

2 Inwiefern es sich hierbei tatsächlich um ›Töne‹ handelt, wie Ehlich (1986) das postuliert, oder um ›Intonationen‹, spielt hier keine Rolle.

Literatur

Bühler, Karl (1978): Sprachtheorie. - Frankfurt am Main.

Ehlich, Konrad (1986): Interjektionen. - Tübingen.

Fries, Norbert (1988a): Präpositionen und Präpositionalphrasen im Deutschen und im Neugriechischen. - Tübingen.

- (1988b): "Interjektionen. Forschungsberichte 1" - In: Rosengren, Inger (Hrsg.): Sprache und Pragmatik 2 (Lund) 24-36.

- (1988c): "Interjektionen. Forschungsberichte 2" - In: Rosengren, Inger (Hrsg.): Sprache und Pragmatik 9 (Lund) 1-15.

- (1989): "Interjektionen. Forschungsberichte 3" - In: Rosengren, Inger (Hrsg.): Sprache und Pragmatik 13 (Lund) 63-68.

- (1990): "Interjektionen und Interjektionsphrasen. Forschungsberichte 4" - In: Rosengren, Inger (Hrsg.): Sprache und Pragmatik 17 (Lund) 1-43.

- (im Druck): "Interjektionen und Interjektionsphrasen". - In: Rosengren, Inger (Hrsg.): Satzmodus (Lund).

Havlik, Ernst J. (1981): Lexikon der Onomatopöien. - Frankfurt am Main.

Scherer, Klaus R.(Hrsg.) (1982): Vokale Kommunikation. - Weinheim.

Trabant, Jürgen (1988): "Onomato-Poetika". - In: Lüdtke, Jens (Hrsg.): Das sprachtheoretische Denken Eugenio Coserius in der Diskussion II (Tübingen) 253-264.

ES IM MITTELFELD IN KOPULASÄTZEN MIT PRÄDIKATIVEM ADJEKTIV UND FOLGENDEM SUBJEKTSATZ

Herbert Pütz

0. Es ist verdienstvoll und notwendig, Arbeiten zu schreiben, die in übergreifenden Linien fundamentale strukturelle Zusammenhänge in einer Sprache oder der Sprache generell als Untersuchungsgegenstand haben. Dergleichen ist nicht das Ziel der folgenden Arbeit. Diese Arbeit beschäftigt sich mit einem Problem innerhalb der Syntax des Deutschen, das in seiner Detailliertheit fast wirken kann wie grammatikalische Haarspalterei. Aber bekanntlich ist Detailwissen Voraussetzung für das Erstellen der großen Linien.

Die Arbeit beschäftigt sich mit Kopulasätzen, aber nur ausschnittsweise, nämlich solchen mit prädikativem Adjektiv, aber nur ausschnittsweise, nämlich solchen mit einem satzförmigen Subjekt, das obendrein extraponiert sein soll, aber auch das nur ausschnittsweise: Es handelt sich um solche Sätze, bei denen ein *es*, das gemeinhin als vorläufiges Subjekt bezeichnet wird, wenn es vorkommt, an nicht-erster Stelle im Matrixsatz vorkommt[1]. Es geht also um die Behandlung von Sätzen wie

(1) Mir ist es egal, ob du kommst.

Die Empirie beruht auf umfassenden Informantenbefragungen. Es sind vorgelegte Sätze beurteilt worden, was für die Distribution des jeweiligen *es* relevant ist, und es sind von Informanten Sätze produziert worden, was für die Frequenz der Größe relevant ist. Die Problematik der Untersuchung ist dabei den Informanten nicht klar gewesen.

Überraschend bei solchen Strukturen sind nun distributionelle Fakten des *es*, die bei folgenden Sätzen sichtbar werden.

(2) Heute ist es bekannt, daß er kommt.
(3) Heute ist es angenehm, daß er kommt.
(4) Heute ist bekannt, daß er kommt.
(5) *Heute ist angenehm, daß er kommt.

Die Sätze (4) und (5) sind ein minimales Satzpaar, unterschieden nur durch das prädikative Adjektiv. Daß Satz (5) ungrammatisch ist, muß also mit der Verwendung des prädikativen Adjektivs in Verbindung stehen. Der Vergleich mit den Sätzen (2) und (3) zeigt, daß die Distribution des *es* mit der Grammatikalität der relevanten Sätze in Zusammenhang steht. Mit der Distribution von *es* in den beschriebenen Konstruktionen beschäftigt sich diese Arbeit. Sie gliedert sich nach den Faktoren, die sich für die *es*-Verteilung als relevant erwiesen haben, nämlich die Klassenzugehörigkeit des prädikativen Adjektivs (im weiteren: APR) (1.), die Mitverwendung bestimmter Größen im Matrixsatz (2.), die Spitzenstellung des APR und damit einhergehenden Intonationsmustern sowie aus anderen Gründen gegebene Intonationsmuster (3.), verschiedene Subjektsatztypen (4.). In (5.) werden die Ergebnisse kurz zusammengefaßt.

1. Es gibt offenbar Adjektive, die, in Sätzen des obigen Typs prädikativ verwendet, ein *es* erfordern und andere, für die dies nicht gilt (vgl. (2) bis (5)). Also sind die APR im Hinblick auf die *es*-Distribution relevante Größen.

Es ist demnach plausibel, eine Klasseneinteilung von Adjektiven vorzunehmen. Die Klassenbildung geschieht nach syntaktischen Kriterien, nämlich mit welchen Nebensätzen als Subjekt solche Adjektive verbindbar sind. Nach ihren syntaktischen Eigenschaften teilt u.a. Wolfgang Motsch sie ein (vgl. Motsch 1965: 35ff.). Wir lehnen uns an seine Einteilung an und untersuchen verschiedene APR in bezug auf den genannten Faktor.

Wir wählen die Adjektive *klar, unbekannt, angenehm, einerlei, leicht* und untersuchen, mit welchen Nebensätzen sie sich verbinden lassen.

(6) Jetzt ist es klar,	daß wir ihm helfen müssen. / *ob wir ihm helfen müssen.
	warum wir ihm helfen müssen. / *ihm helfen zu müssen.
(7) Jetzt ist es unbekannt,	daß er der Täter ist. / ob er der Täter ist.
	warum er der Täter ist. / *der Täter zu sein.
(8) Jetzt ist es angenehm,	daß wir ihm helfen können. / *ob wir ihm helfen können.
	*warum wir ihm helfen können. / ihm helfen zu können.
(9) Jetzt ist es einerlei,	daß er es getan hat. / ob er es getan hat.
	warum er es getan hat. / in Europa oder Amerika zu leben.
(10) Jetzt ist es leicht,	*daß man in Probleme gerät. / *ob man in Probleme gerät.
	*warum man in Probleme gerät. / in Probleme zu geraten.

In bezug auf die Verbindbarkeit mit Nebensätzen haben die 5 ausgewählten Adjektive als APR folgende syntaktische Faktoren:

(11) klar	[+daß, -ob, +warum, -Inf]	einerlei	[+daß, -ob, +warum, +Inf]
unbekannt	[+daß, +ob, +warum, -Inf]	leicht	[-daß, -ob, -warum, +Inf]
angenehm	[+daß, -ob, -warum, +Inf]		

Mit den APR und den syntaktisch möglichen Nebensätzen werden nun minimale Satzpaare gebildet, die bis auf die Verwendung des relevanten *es* identisch sind. Aus Platzersparnisgründen schreiben wir *es* in Klammern, wenn es fakultativ steht. Ein Satz mit eingeklammertem *es* steht also für ein minimales Satzpaar. Die Sätze haben, abgesehen von der *es*-Verwendung, dasselbe Konstruktionsmuster: einleitendes Adverbial, Kopula, APR, Subjektsatz.

(12) Jetzt ist (es) klar, daß (warum) wir ihm helfen müssen.
(13) Jetzt ist (es) unbekannt, daß (ob) (warum) er die Tat begangen hat.
(14) Jetzt ist es angenehm, daß wir ihm helfen können / ihm helfen zu können.
(15) *Jetzt ist angenehm, daß wir ihm helfen können / ihm helfen zu können.
(16) Jetzt ist es einerlei, daß (ob) (warum) er es getan hat / in Europa oder Amerika zu leben.
(17) *Jetzt ist einerlei, daß (ob) (warum) (Inf) ...
(18) Jetzt ist es leicht, in Schwierigkeiten zu geraten.
(19) *Jetzt ist leicht, in Schwierigkeiten zu geraten.

Es zeigt sich, daß beim obigen Satzmuster bei Verwendung der APR *klar, unbekannt* das *es* fakultativ steht und bei *angenehm, einerlei, leicht* obligatorisch. Vergleicht man die syntaktischen Merkmale der gewählten APR (vgl. Schema (11)) mit den Distributionskriterien für *es* in den Beispielen (12)-(19), wird folgender Zusammenhang klar. In den Sätzen, deren APR nicht mit einem Infinitiv verbunden werden können, steht *es* fakultativ. Bei möglichem Infinitiv als Subjektsatz steht *es* fest. Bei den anderen Subjektsatztypen läßt sich ein solcher Zusammenhang vorläufig nicht feststellen. Wir verwenden deshalb zunächst wenn möglich nur *daß*-Sätze und Infinitive und kommen später auf andere Nebensatztypen zurück.

Damit haben wir ein erstes für die Distribution von *es* relevantes Kriterium: die Verbindbarkeit der verwendeten APR mit einem Infinitiv-Subjektsatz. Im gegebenen Satzmuster steht *es* fakultativ bei APR [-Inf], obligatorisch bei APR [+Inf], vorbehaltlich jedoch der Frage, ob die Verwendung anderer Adverbiale dies Bild ändern kann. Das wird später untersucht.

Aufgrund der obigen distributiven Fakten werden die APR in zwei vorläufige Klassen eingeteilt. Einteilungskriterium ist die Verbindbarkeit mit einem Infinitivsatz. Die APR mit dem syntaktischen Merkmal [-Inf] nennen wir APR 1. Zu dieser Klasse gehören etwa *bekannt, sicher, deutlich, rätselhaft, klar, unbekannt*. Die APR [+Inf] heißen APR 2, Elemente dieser Klasse sind etwa *angenehm, gut, interessant, falsch, einerlei, leicht*.

Es stellt sich die Frage, ob die ermittelte Distribution auch gilt, wenn die relevanten APR in Entscheidungsfragen bzw. konjunktionalen Nebensätzen stehen. Man vergleiche dazu folgende Sätze.

(20) Ist (es) jetzt klar, daß wir ihm helfen müssen?
(21) Ist es jetzt angenehm, daß er kommt?
(22) *Ist jetzt angenehm, daß er kommt?
(23) Wenn (es) jetzt klar ist, daß wir ihm helfen müssen, ...
(24) Wenn es jetzt angenehm ist, daß er kommt, ...
(25) *Wenn jetzt angenehm ist, daß er kommt, ...

Es ändert sich nichts am bei Aussagesätzen ermittelten Ergebnis, in Satz (20) und Satz (23) steht ein APR Klasse 1, *es* steht fakultativ, wird ein APR Klasse 2 gewählt, steht *es* obligatorisch, vgl. Satz (21), (22) und (24), (25). Die *es*-Verteilung ist also bei allen drei Satztypen, abhängig von den gewählten APR, die gleiche.

2. Die bisher im Kopulasatz mitvervendete Adverbialgröße hatte keinen Einfluß auf die *es*-Verteilung. Es ist aber nicht auszuschließen, daß andere Größen für die Distribution relevant sind. Dieser Frage gehen wir nach. So können einige der APR Dativgrößen regieren, andere nicht. Folgende Sätze enthalten Dativobjekte, (26) mit APR Klasse 1 und (27) mit APR Klasse 2.

(26) Mir ist (es) bekannt, daß er kommt.
(27) U: Mir ist angenehm, daß er kommt.

Satz (27) ist mit 'U' etikettiert. Das bedeutet 'Unsicherheit' und gilt bei Beispielen, wo mehrere Informanten in bezug auf einen gegebenen Satz verschieden geurteilt haben und ein gegebener Informant verschiedene Sätze desselben Musters verschieden beurteilt hat. Meist haben dann auch mehrere Informanten kein klares Urteil geben können, sie waren unsicher. Entsprechende Entscheidungsfragen und konjunktionale Nebensätze erbrachten dasselbe Ergebnis.

Bei den APR 2 steht *es* obligatorisch, wenn ein Adverbial wie etwa in Beispiel (14) im Satz mitverwendet wird, und es gilt 'U' bei Verwendung eines Dativobjekts. Also ist diese

Größe distributiv relevant. Nicht alle APR 2 können aber einen Dativ regieren, das gilt etwa für *falsch, gut, wesentlich, interessant*, die alle zur Klasse 2 gehören, weil sie eine Infinitivkonstruktion als Subjektsatz haben können, während *angenehm, wichtig, nützlich, peinlich* auch in diese Klasse gehören, aber einen Dativ regieren können. Demnach differenzieren wir APR Klasse 2 in APR 2a [+Dativ]; APR 2b [-Dativ].

Innerhalb der Menge der Adverbiale gibt es zumindest einen Typ, der für die *es*-Distribution relevant ist. Es handelt sich um die (nicht lokale) Präpositionalphrase *an*+NP bzw. das entsprechende Pronominaladverb *daran*. Das läßt sich zeigen anhand minimaler Satzpaare, in deren jeweils erstem Satz eine beliebige Adverbialgröße steht und im jeweils zweiten die besprochene Größe. Das *es* fehlt obligatorisch, vgl.

(28) Jetzt ist es rätselhaft, daß der Einbruch so völlig unbemerkt geschehen konnte.
(29) *An diesem Vorfall ist es rätselhaft, daß der Einbruch so völlig unbemerkt geschehen konnte.
(30) In diesem Zusammenhang ist es wichtig, daß der Täter gestanden hat.
(31) *An diesem Vorfall ist es wichtig, daß der Täter gestanden hat.
(32) An diesem Vorfall ist rätselhaft, daß der Einbruch so völlig unbemerkt geschehen konnte.
(33) An diesem Vorfall ist wichtig, daß der Täter gestanden hat.

In Satz (32) steht eine APR 1, in (33) eine APR 2, die Regelmäßigkeit, daß *es* hier fehlt, gilt generell bei allen APR und in allen Satztypen. Warum das der Fall ist, weiß ich nicht. Auch unter dem Aspekt der Valenz ist die beschriebene Größe rätselhaft, weil nicht klar ist, ob es sich bei ihr um einen Mitspieler oder eine Angabe handelt. Allerdings scheinen solche Sätze selten vorzukommen. Die Informanten waren ihnen gegenüber skeptisch und lieferten nur Beispiele mit den APR aus Klasse 1: *bekannt, verständlich, fraglich, sicher, gewiss, wahrscheinlich*, aus Klasse 2: *angenehm, wichtig, nützlich, gut, interessant, falsch, wesentlich.*

Es hat sich gezeigt, daß neben den APR auch andere Größen für die *es*-Distribution relevant sind, nämlich Dativobjekte bei APR 2 und die beschriebene Präpositionalphrase generell. Die Verwendung anderer Größen darüber hinaus scheint vorläufig irrelevant.

Beim Durchtesten von Sätzen, die außer den im Kopulasatz notwendigen Gliedern dort keine weiteren Elemente enthalten, wobei dann plausiblerweise Aussagesätze ausgeschlossen sind, bleiben die bisherigen Ergebnisse unverändert, vgl. dazu (34) mit APR 2 und (35) mit APR 1.

(34) *Ist peinlich, daß er kommt?
(35) Wenn sicher ist, daß er kommt, ...

3. Im folgenden sind Gesetzmäßigkeiten zu erörtern, die für die *es*-Verteilung in Sätzen gelten, wo das APR in Spitzenstellung steht. Damit einher gehen nämlich Intonationsmuster, die folgende Beispiele (mit Vorkontext in Klammern) deutlich machen.

(36) (Du findest das Landleben angenehm? Ich nicht.) Angenehm ist, in der Stadt zu wohnen.
(37) (Du behauptest, das Stadtleben sei zu anstrengend? Da bin ich aber anderer Meinung.) Angenehm ist es, in der Stadt zu wohnen.

Die Sätze (36) und (37) haben verschiedene Melodieverläufe. Da *es* in (36) fehlen kann, in (37) aber nicht, liegt die Vermutung nahe, daß ein Zusammenhang besteht zwischen dem Melodieverlauf und der *es*-Distribution in solchen Sätzen.

Also muß der intonatorische Verlauf solcher Sätze beschrieben werden. Dazu scheint uns die Vorgangsweise von Isacenko und Schädlich adädquat (vgl. Isacenko/Schädlich 1966: 7ff.). Sie beschreiben den Melodieverlauf von Sätzen durch die Markierung der Stimmübergänge von einer Tonhöhe in eine andere, und zwar solcher, die für die Konstituierung eines Intonationsmusters relevant sind. Dieser Wechsel in der Stimmhöhe heißt bei ihnen Tonbruch, markiert werden ein steigender (/) und ein fallender (\) Tonbruch. Für das Intonationsmuster relevant ist auch die Stelle im Wort, an der der Tonbruch stattfindet, er kann vor oder hinter die Akzentsilbe fallen, präiktisch (in 38) oder postiktisch (in 39), vgl.

(38) Die /Kinder glauben dem \Lehrer.
(39) Die Ki/nder glauben dem Leh\rer.

In Satz (39) sind die Wörter *Kinder* und *Lehrer* besonders hervorgehoben, die Stelle des Tonbruchs im Wort bewirkt also, daß etwa *Lehrer* in (39) besonders hervorgehoben ist, in (38) aber nicht. Postiktische Tonbrüche liegen vor bei Nicht-Normalintonation. Die Beispiele (36), (37) haben folgende Tonbrüche.

(36) An/genehm ist, in der Sta\dt zu wohnen.
(37) /An\genehm ist es, in der Stadt zu wohnen.

Im Rahmen dieser Arbeit ist es angezeigt, diesen beiden nicht-normal intonierten Sätzen besondere Bezeichnungen zu geben. Den Satzintonationstyp in Satz (36) bezeichnen wir mit Bierwisch als 'Kontrast' (vgl. Bierwisch 1966: 99ff). Sätze dieses Typs sind gekennzeichnet durch zwei besonders hervorgehobene Akzentsilben. Den zweiten Typ der Hervorhebung (Satz (37)) nennen wir mit Bierwisch 'Emphase'. Sätze mit Emphaseintonation haben eine besonders hervorgehobene Akzentsilbe. Alle anderen Sätze haben Normalintonation.

Sätze mit Spitzenstellung des APR haben Nicht-Normalintonation, Kontrast- oder Emphaseintonation sind strukturbedingt.

Was hat die Distribution von *es* mit der Intonation in solchen Sätzen zu tun? Dazu Beispiele:

(40) An/genehm ist (es), daß er ko\mmt.

Hier liegt Kontrastintonation vor, und beide Sätze sind grammatisch richtig, *es* steht demnach fakultativ. Die folgenden Beispiele mit Emphaseintonation zeigen, daß *es* dort obligatorisch steht.

(41) /A\ngenehm ist es, daß er kommt.
(42) */An\genehm ist, daß er kommt.

Man könnte aus obigen Beispielen den Schluß ziehen, die *es*-Verteilung ginge mit den Intonationstypen 'Kontrast' und 'Emphase' parallel. Dazu vergleiche man aber folgendes Satzpaar.

(43) An/genehm ist es ni\cht, daß er kommt.
(44) *An/genehm ist ni\cht, daß er kommt.

Hier liegt Kontrastintonation vor, trotzdem tritt *es* obligatorisch auf. Also müssen andere Faktoren mit der *es*-Distribution in Zusammenhang stehen.

Zur Ermittlung dieser Faktoren wird das Satzpaar, wo *es* fakultativ steht, Sätzen mit obligatorischem *es* gegenübergestellt.

(40) An/genehm ist (es), daß er ko\mmt.
(41) /An\genehm ist es, daß er kommt.
(43) An/genehm ist es ni\cht, daß er kommt.

Der intonatorische Unterschied zwischen den Sätzen in (40) und (41), (43) besteht in der Verteilung der Tonbrüche im Satz. In (40) liegen sie im Hauptsatz und Nebensatz, während in (41) und (43) beide Tonbrüche in den Hauptsatz fallen.

Bestimmend für die Verteilung des *es* in Sätzen mit Spitzenstellung des APR scheint also zu sein, wo im Gesamtsatz der letzte Tonbruch erfolgt, vor dem Subjektsatz oder in ihm. Die Stelle des ersten Tonbruchs ist in diesem Zusammenhang nicht relevant. Somit ist die Plazierung des letzten Tonbruchs in solchen Sätzen der einzige für die Distribution von *es* relevante Faktor.

Je nach der Stelle des letzten Tonbruchs werden die Bezeichnungen 'Intonation I' (Int.I) bzw. 'Intonation II' (Int.II) eingeführt. Int.I haben Sätze mit Spitzenstellung des APR (Satztyp SP), bei denen der letzte Tonbruch in den Subjektsatz fällt. Int.II liegt vor, wenn in Satztyp SP kein Tonbruch im Subjektsatz liegt.

Die bisher gewählten Beispiele des Satztyps SP haben nur der Auffindung der für die *es*-Verteilung relevanten Faktoren gedient. Nun muß die Distribution bei verschiedenen APR-Klassen gezeigt werden. Es werden zunächst APR Klasse 2 bei Int.I gewählt. Anhand Satz (40) hat sich schon gezeigt, daß zumindest bei Verwendung dieser APR das *es* fakultativ steht. In den folgenden Sätzen ist die Verteilung anders.

(45) Schwe/r ist es, jedem alles re\cht zu machen.
(46) U: Schw/er ist, jedem alles re\cht zu machen.

Auch das APR *schwer* gehört zur Klasse 2, weil es mit einem Infinitivsatz kombinierbar ist. Es unterscheidet sich aber im gegebenen Satzmuster von *angenehm* durch die Bedingung U bei Fehlen von *es*. Von den APR der Klassen 2a und 2b ist es auch durch den syntaktischen Faktor unterschieden, daß es nicht mit einem *daß*-Satz kombinierbar ist. Somit ist es angebracht, für APR wie *schwer* eine Untergruppe zu etablieren, nämlich APR 2c mit den Merkmalen [-daß, +Inf.].

Bei Verwendung von APR Klasse 2 in Satztyp SP und Int.2 steht *es* obligatorisch. Das haben schon die Beispiele (42) und (44) gezeigt, und dies gilt auch für APR 2c, vgl.

(47) */Schwe\r ist, jedem alles recht zu machen.

Für APR Klasse 1 zeigen bei Int.I die Beispiele

(48) Beka/nnt ist nur, daß er ko\mmt.
(49) *Beka/nnt ist es nur, daß er ko\mmt.

die stellvertretend für alle APR Klasse 1 stehen sollen, daß *es* hier offenbar obligatorisch fehlt. Die Beispiele mit Int.II zeigen, daß *es* dann fakultativ steht.

(50) Be/ka\nnt ist (es), daß er kommt.

Die Verwendng von zusätzlichen anderen Gliedern im Satz ändert nichts an diesen Fakten.

Die Intonationsmuster Int.I und Int.II können auch in anderen Äußerungen als in Satztyp SP vorkommen, vgl.

(51) (Ob mir sein Besuch auf die Dauer Freude bereiten wird, weiß ich noch nicht.) Allerdings ist es mir an/genehm, daß er ko\mmt.

In Satztyp SP ist die Nicht-Normalintonation durch die Stellung des APR determiniert, im Aussagesatz (51) ist sie bestimmt durch die Verwendung des Adverbs *allerdings*. Ob Int.I oder Int.II erscheint, ist kontextbedingt, wie etwa bei den Beispielen (52), (53).

(52) Mi/r dagegen ist es angenehm, daß er ko\mmt.
(53) Mi/r dagegen ist es an\genehm, daß er kommt.

Relevante Adverbien sind, neben den demonstrierten *allerdings* und *dagegen*, auch etwa *jedoch, jedenfalls* an bestimmten Stellen im Satz.

Eine dritte Bedingung für Nicht-Normalintonation liegt vor, wenn ausschließlich der vorangehende Kontext für die Intonation determinierend ist und kein Signal im Satz selbst wie in den beiden ersten Fällen. Das gilt etwa für

(54) Mir ist es a/n\genehm, daß er kommt.

wo die Int.II offenbar durch den Kontext determiniert ist. Die verschiedenen Nicht-Normalintonation bedingenden Faktoren haben denselben Effekt, was die *es*-Verteilung betrifft, die Relevanz von Int.I und Int.II bleibt gleich.

4. Es sollen nun andere als *daß*-Sätze verwendet werden, um zu untersuchen, ob solche Sätze eventuell die *es*-Verteilung beeinflussen. Besprochen werden nur Fälle, die die bisherigen Ergebnisse verändern.

Bei APR 2a besteht bei Mitverwendung eines Dativs die Bedingung U, das zeigt z.B. Satz (27). Wenn statt des *daß*-Satzes dort eine Infinitivkonstruktion verwendet wird, steht *es* fest, vgl.

(55) *Mir ist angenehm, ihn zu treffen.

Bei APR 2b steht bei INT.I *es* fakultativ bei einem *daß*-Satz, obligatorisch jedoch beim Infinitiv, vgl.

(56) Allerdings ist gut, daß wir ihn besuchen.
(57) *Allerdings ist gut, ihn zu besuchen.

Es gibt verschiedene Typen von *wer*-Sätzen. Ein abhängiger Fragesatz liegt vor in etwa *Wer das Buch geschrieben hat, das ist bekannt*, ein Relativsatz in *Wer viel schreibt, der ist bekannt*. Die Relevanz für die *es*-Verteilung zeigt sich an folgenden Beispielen, mit erklärendem Kontext.

(58) (Das Geheimnis um ein Pseudonym ist endlich gelüftet.) Heute ist (es) bekannt, wer das Buch geschrieben hat.
(59) (Werden eigentlich Vielschreiber leicht bekannt? Ja.) Heute ist bekannt, wer viel schreibt.

Ein Satz wie *heutzutage ist es bekannt, wer viel schreibt* wäre im gegebenen Kontext ungrammatisch. Das leuchtet ein, denn ein relevantes Korrelat in (59) wäre nicht *es*, sondern *der*, vgl. *wer viel schreibt, der ist heute bekannt.* Mit abhängigen Fragesätzen wie (58) sind nur APR 1 kombinierbar, und es gelten die für diese Klasse ermittelten Regeln.

Bei *was*-Sätzen gelten die für *daß*-Sätze bzw. Infinitive bereits ermittelten Distributionskriterien, so etwa in (60), (61), wo bei der APR *kompliziert* das *es* obligatorisch steht. Eine Ausnahme bilden generalisierende *was*-Sätze, wo *es* obligatorisch fehlt, was (62) und (63) veranschaulichen.

(60) (Gestern war die Vorlesung leicht verständlich.) Heute ist es kompliziert, was ich vorzutragen habe.
(61) *Heute ist kompliziert, was ich vorzutragen habe.
(62) Heutzutage ist kompliziert, was man früher als einfach betrachtete.
(63) *Heutzutage ist es kompliziert, was man früher als einfach betrachtete.

Ich will hier nicht versuchen, diese Distribution zu erklären. Sie gilt generell bei allen APR-Klassen.

5. Fassen wir zusammen. *Es* fehlt immer bei Verwendung vom nicht lokalen *daran* im Hauptsatz, desgleichen bei einem *wer*-Relativsatz und bei einem generalisierenden *was*-Satz. Ansonsten gelten folgende Tendenzen: *Es* steht fester bei APR 2 als bei APR 1, fester bei einem nicht verwendeten Dativobjekt bei einem APR, das eine solche Größe regiert, fester bei Int.II als bei Int.I, fester bei Infinitiv-Subjektsätzen als sonst. Entsprechend gelten folgende Redundanzen: Wenn bei +Dativ: U, dann bei -Dativ: *es* obligatorisch; wenn bei Int.I: U oder *es* obligatorisch, dann bei Int.II: *es* obligatorisch. Wenn bei Verwendung eines konjunktionalen Subjektsatzes: U oder *es* obligatorisch, dann bei Infinitiv-Subjektsatz: *es* obligatorisch.

Genauer gilt folgende Distribution: Bei APR 1 fehlt *es* bei Int.I und steht fakultativ sonst. Bei APR 2a steht *es* fakultativ bei Int.I, Unsicherheit besteht bei Dativverwendung und Normal-Intonation, und *es* steht fest beim Fehlen des Dativs, bei Int.II und bei einem Infinitiv-Subjektsatz. Bei APR 2b steht *es* fakultativ bei Int.I und fest sonst. Bei APR 2c besteht Unsicherheit bei Int.I und *es* steht fest sonst.

Betrachtet man die Produktionstests der Informanten isoliert, was nicht für die Distribution, aber für die Frequenz relevant ist, wird das Bild noch einfacher. *Es* steht nicht bei APR 1 und Int.I, wird schwankend verwendet, d.h. steht fakultativ sonst, *es* steht bei APR 2 fakultativ bei Int.I und fest sonst.

Tiefschürfender semantischer Interpretationen dieser syntaktischen Fakten enthalte ich mich hier.

Anmerkung

1 Die Einteilung von *es* in syntaktisch definierte Klassen wird hier vorausgesetzt. Man vergleiche etwa Pütz 1986.

Literatur

Bierwisch, Manfred (1966): "Regeln für die Intonation deutscher Sätze". - In: Untersuchungen über Akzent und Intonation im Deutschen (Berlin: Akademie Verlag) (= Studia Grammatica VII) 99-201.

Isacenko, Alexander/Schädlich, Hans-Joachim (1966): "Untersuchungen über die deutsche Satzintonation". - In: Untersuchungen über Akzent und Intonation im Deutschen (Berlin: Akademie Verlag) (= Studia Grammatica VII) 7-67.

Motsch, Wolfgang (1965): Syntax des deutschen Adjektivs. - Berlin: Akademie-Verlag (= Studia Grammatica III) 2.A.

Pütz, Herbert (1986): Über die Syntax der Pronominalform *es* im modernen Deutsch. - Tübingen: Narr (= Studien zur deutschen Grammatik III) 2.A.

ERWEITERTE ATTRIBUTE ZWISCHEN GRAMMATIK UND PRAGMATIK
Probleme bei der Erklärung syntaktischen Wandels

Heinrich Weber

1. Gegenstand und Fragestellung

Erweiterte Attribute, die ganze Satzinhalte ausdrücken und einem Substantiv attributiv zuordnen, konkurrieren mit anderen Konstruktionen, die Ähnliches leisten. Der Titel des Romans von J.G. Schnabel 1738 "Der im Irrgarten der Liebe herumtaumelnde Kavalier" (vgl. Lötscher 1990) könnte wiedergegeben werden durch:

(1) einen Satz: Der Kavalier taumelt im Irrgarten der Liebe herum,
(2) einen Relativsatz: Der Kavalier, der im Irrgarten der Liebe herumtaumelt,
(3) ein nachgestelltes Adjektiv- und Partizipialattribut mit
(3a) dem Partizip in Endstellung: Der Kavalier, im Irrgarten der Liebe herumtaumelnd,
(3b) dem Partizip in Spitzenstellung: Der Kavalier, herumtaumelnd im Irrgarten der Liebe,
(4) ein vorangestelltes Adjektiv- und Partizipialattribut mit
(4a) dem Partizip in Endstellung (wie in Schnabel 1738): Der im Irrgarten der Liebe herumtaumelnde Kavalier,
(4b) dem Partizip in Spitzenstellung: *Der herumtaumelnde im Irrgarten der Liebe Kavalier,
(4c) ausgeklammerter Erweiterung: ??Der herumtaumelnde Kavalier im Irrgarten der Liebe.

Die strukturellen Eigenschaften erweiterter Attribute vom Typ (4a) sind aufgrund der Untersuchungen von Rath 1971, Schenkel 1972, Weber 1971 u.a. gut bekannt. Die Konstruktionen (3) und (4) entsprechen jeweils einer Nominalphrase, die eine Verbal- bzw. Adjektivphrase als Konstituente enthält, unterscheiden sich aber vor allem in der Wortstellung.

In (4a), der Normalform im Deutschen, steht der Kopf der ganzen Konstruktion, das regierende Substantiv der Nominalphrase, am Ende, während die untergeordneten, den Kopf semantisch determinierenden Teile vorausgehen (zentripetale Wortstellung). Dasselbe gilt nochmals für den Aufbau der Partizipialgruppe selbst, in der die Erweiterung dem Partizip vorausgeht. Bezeichnet man den Kopf als "K" und die determinierenden Erweiterungen, die lexikalisches Material erhalten, als "L", so kann man von einer LK-Konstruktion sprechen. Auch der Artikel, der die ganze Nominalphrase eröffnet, ist ein Determinans des Substantivs, hat jedoch keine lexikalische, sondern eine sehr viel allgemeinere grammatische Funktion "G". Das erweiterte Attribut ist somit eine GLK-Konstruktion und entspricht in dieser Hinsicht dem wortstellungstypologischen Grundmuster des Deutschen (vgl. Weber 1990):

```
(5) Der im Irrgarten der Liebe herumtaumelnde Kavalier
        └───────L───────┘ └─────K────┘
    └G┘ └───────────────L─────────────┘ └───K──┘
```

Im Lauf der deutschen Sprachgeschichte sind alle Formen der erweiterten Attribuierung aufgetreten, wenn auch mit deutlichen Unterschieden in den Varietäten und historischen Sprachstufen. Die gesprochene Alltagssprache kennt eigentlich nur den Relativsatz. Vor 1600 gab es in den gehobeneren Stilen außerdem die nachgestellte Partizipialkonstruktion (3a), wenn auch ziemlich selten, gelegentlich aber auch die Typen (3b) und (4c). Der Typ (4b) ist nur ganz selten und nur in latinisierendem Zusammenhang belegt. Der Typ (4a) tritt vor 1500 kaum auf. Gegen Ende des 16. Jahrhunderts überflügelt er die nachgestellten Formen und tritt im 17. Jhahrhundert einen allgemeinen Siegeszug an. Die folgende Graphik zeigt links die Häufigkeit der nachgestellten erweiterten Attribute (Typ 3a, gelegentlich 3b) vom 16.-18. Jahrhundert und rechts die Häufigkeit der voranstehenden erweiterten Attribute (Typ 4a) vom 16. bis zum 20. Jahrhundert, jeweils bezogen auf 10.000 Druckzeichen in einem einigermaßen repräsentativen Textcorpus (vgl. Weber 1971: 125/130).

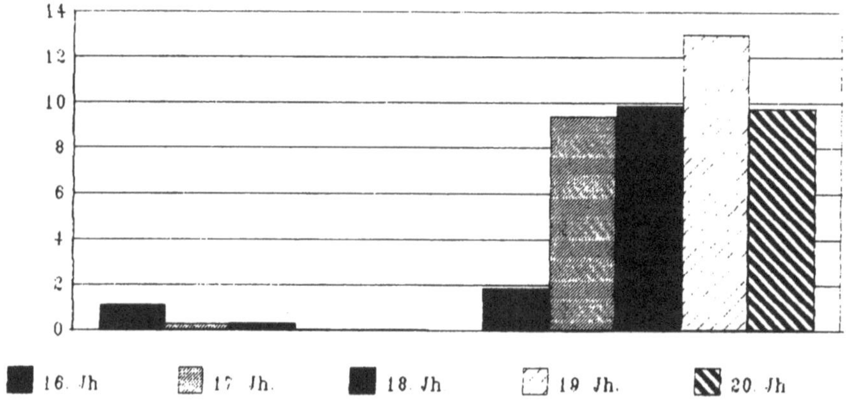

Die voranstehenden erweiterten Adjektiv- und Partizipialattribute haben sich also in erstaunlich kurzer Zeit durchgesetzt, während die entsprechenden nachgestellten Formen deutlich an Bedeutung verloren haben. Die Motivation dieses raschen syntaktischen Wandels bildet den Gegenstand der folgenden Überlegungen. Vor 20 Jahren habe ich zu zeigen versucht,

1. daß um 1600 eine "Veränderung der Verteilung von zentripetaler und zentrifugaler Wortfolge zugunsten der zentripetalen" stattgefunden hat (Weber 1971: 135).
2. daß ein "Bedürfnis" bestand, die voranstehende attributive Partizipialkonstruktion des Lateinischen möglichst originalgetreu wiederzugeben" (Weber 1971: 148).

Dies ist neuerdings von A. Lötscher bestritten worden. Lötscher sieht keinen Strukturwandel, sondern bloß einen "Stilwandel mit genau fixierbaren funktionalen und soziolinguistischen Hintergründen" (Lötscher 1990: 23). Er hält den Begriff der *Lehnsyntax* für überflüssig, da das Deutsche entsprechende Möglichkeiten schon immer gehabt habe. Bei entsprechenden lateinischen Konstruktionen könnte es sich "entweder mehr oder weniger zufälligerweise um gleichzeitig auftretende Tendenzen oder sogar um eine Entlehnung vom Deutschen in das Lateinische handeln" (Lötscher 1990: 21).

Das Thema ist noch aktuell im Hinblick auf die Grammatik-Pragmatik-Diskussion, auf die Wortstellungstypologie (vgl. Greenberg 1963, Weber 1990) und auf die neueren Forschungen zur historischen Syntax (vgl. Betten (Hrsg.) 1990). In Auseinandersetzung mit Lötscher soll im folgenden gefragt werden, (1) ob die deutsche Syntax um 1600 einen Systemwandel erfahren hat, (2) ob und wie der lateinische Einfluß nachweisbar ist, (3) ob es einen Gegensatz von Systemwandel und Stilwandel und damit auch zwischen strukturellen und pragmatischen Erklärungen gibt, und schließlich (4) ob die angeführten Hintergründe des Stilwandels richtig gesehen werden.

2. Systemwandel

Ferdinand de Saussure unterscheidet zwischen der *langue*, dem Sprachsystem als dem Sprachbesitz einer Sprachgemeinschaft, in dem sich alle Teile wechselseitig bedingen, und der *parole*, dem konkreten Sprechen in der Kommunikation. Vor dem Hintergrund dieser Dichotomie ist das Sprachsystem betroffen, wenn eine seltene und nur bei lateinisch beeinflußten Autoren auftretende syntaktische Konstruktion von einer bestimmten Zeit an zu einer allgemein verbreiteten und massenhaften Erscheinung wird. Eugenio Coseriu hat allerdings gezeigt, daß Saussures *langue*-Begriff in sich uneinheitlich ist und daß man innerhalb der *langue* drei Ebenen unterscheiden muß, nämlich die Norm als die normale Realisierung einer Sprache, das System als die Gesamtheit der bedeutungsrelevanten Oppositionen und den Typus als die Gesamtheit der allgemeinen Prinzipien, die den Bau einer Sprache bestimmen (vgl. z.B. Coseriu 1988a: 266f.).

Legt man nun diesen Rahmen zugrunde, so versteht es sich fast von selbst, daß durch die Einführung der erweiterten Attribute eine neue Norm gesetzt wurde. Dagegen muß kein Systemwandel im Sinne Coserius vorliegen, weil das erweiterte Attribut wahrscheinlich nicht in funktioneller Opposition zum Relativsatz und zur nachgestellten Partizipialkonstruktion steht, sondern eher eine Variante der attributiven Konstruktion darstellt. Es ist allerdings eine Variante, die zur kommunikativen Gliederung des Textes genutzt wird, insofern es nach dem allgemeinen pragmatischen Prinzip "Bekanntes vor Unbekanntem" besonders geeignet ist, bereits Bekanntes wieder aufzunehmen.

Auf der Ebene des Typus kann man die Sprachen u.a. nach den Verfahren charakterisieren, nach denen sie die Beziehung zwischen den Köpfen von Konstruktionen (K) und ihren lexikalischen (L) und grammatischen Erweiterungen (G) linear ausgestalten. Für das Französische und Englische ist die GKL-Konstruktion charakteristisch, d.h. die Folge Grammem - Kopf - lexikalische Erweiterungen:

(6) G ‹J'ai› K ‹pris› L ‹ma valise›
(7) G ‹I've› K ‹got› L ‹a passenger›

In diesen Sprachen stehen analytische grammatische Determinationen gewöhnlich vor dem lexikalischen Kopf, während die lexikalischen Erweiterungen gewöhnlich folgen. Im Lateinischen überwiegt dagegen die LKG-Konstruktion mit der Folge lexikalische Einheiten - Kopf - Grammem:

(8) L ‹Chorus puerorum pulchra cantica› K ‹cant-› G ‹-averat›

Für das Deutsche schließlich ist in verschiedenen Bereichen, nämlich beim Aussagesatz mit mehrteiligem Prädikat, beim konjunktionalen Nebensatz, beim Fragesatz und bei der Nominalphrase die GLK-Konstruktion mit der Folge Grammem - lexikalische Einheiten - Kopf charakteristisch (vgl. Weber 1990), z.B.:

(9) Er G ‹hat› L ‹ein Buch› K ‹gekauft›
G ‹daß› L ‹er ein Buch› K ‹liest›
G ‹Hat› L ‹er ein Buch› K ‹gekauft›?
G ‹die› L ‹schreckliche deutsche› K ‹Sprache› (Mark Twain)

Auch der Sprachtypus ist historischem Wandel unterworfen. Im Deutschen scheint um 1600 ein Wandel darin zu liegen, daß die bereits angelegten typologischen Züge verstärkt zur Geltung kommen. Die Klammerkonstruktion "GLK" und die Endstellung des Kopfes von Konstruktionen setzten sich damals in verschiedenen Bereichen stärker durch (vgl. Weber 1971).

3. Lateinischer Einfluß

Lötscher (1990) bestreitet den lateinischen Einfluß bei der Einführung des erweiterten Attributs mit dem Argument, das Lateinische könne das erweiterte Attribut auch aus dem Deutschen entlehnt haben. Er beruft sich dabei zu unrecht auf die Rezension von Hawkins (1972). Hawkins bestreitet nämlich nicht den lateinischen Einfluß, sondern den Systemwandel und beruft sich dabei auf meine Beobachtung, daß sich entsprechende Konstruktionen nicht im Mittellatein, sondern erst im Humanistenlatein finden. Er meint, daß man keinen Systemwandel anzunehmen brauche, wenn die Konstruktion vorher noch gar nicht hätte entlehnt werden können, weil es sie in der Ausgangssprache noch gar nicht gab. Nur unter einer Voraussetzung sei meine Auffassung beweisbar:

> Had Latin instead developed the pronominal construction a couple of centuries earlier and had German still not borrowed it until 1550 then there might have been some evidence, but as it is there is not. (Hawkins 1972: 366)

Der von Hawkins vermißte Beweis läßt sich erbringen; man vergleiche die folgenden Belege:

(10) illa oratorum propria et quasi legituma opera (jene dem wirklichen Redner eigentümlichen, ihm gewissermaßen regelrecht vorgeschriebenen Mittel). (Cicero ([46 v.Chr.] o.J.): 60/61)
(11) sibi semper mentiens imprudentia (die sich stets belügende Torheit). (Boethius ([524] 1981): 20/21)
(12) egregios atque moderni temporis hominibus vix imitabiles actus (die unvergleichlichen und heute unnachahmbaren Taten). (Einhardus ([um 836] 1981): 5/6)
(13) inter tot trium linguarum scientia praestantes viros (in der Gesellschaft von so vielen, durch ihre Kenntnisse in den drei Sprachen hervorragenden Männern). (Erasmus ([1519] 1981): 6/7)

Diese Belege entsprechen dem deutschen erweiterten Attribut insofern, als sie die Reihenfolge *Erweiterung* - *Partizip* oder *Adjektiv* - *Substantiv* aufweisen. Sie unterscheiden sich aber darin, daß der Artikel fehlt und die grammatische Kennzeichnung ausschließlich durch die Flexionsendungen geleistet wird. Nur im ersten Beleg entspricht das Demonstrativpronomen *illa* dem deutschen Artikel.

Die freie Wortstellung des Lateinischen ermöglicht darüber hinaus Formen voranstehender erweiterter Attribute, die den angeführten Typen (4b) und (4c) entsprechen und sich im Deutschen nie durchsetzen konnten:

(14) promptam et paratam in agendo et in respondendo celeritatem (all seine prompte, stets bereite Schnelligkeit beim Plädieren und in der Rechtsberatung). (Cicero ([46 v.Chr.] o.J.): 114/115)

(15) Q. enim Pompeius non contemptus orator temporis illis fuit [...] (So war Quintus Pompeius ein für die damalige Zeit nicht zu verachtender Redner). (Cicero ([46 v.Chr.] o.J.): 72/73)

In (14) folgt die Erweiterung auf das Partizip, und in (15) folgt die Erweiterung erst auf das übergeordnete Substantiv. Formen wie (14) hat schon 1493 Riederer in seiner deutschen Rhetorik als "unschickerlich" für das Deutsche abgelehnt (vgl. Betten (Hrsg.) 1990: 415). Diese Stellungnahme zeigt sowohl den lateinischen Einfluß als auch seine Grenze, wenn die Entlehnung dem deutschen Sprachtypus nicht entspricht.

Die lateinischen Grammatiken weisen in die gleiche Richtung. Kühner und Stegmann stellen fest, daß "erweiterte Attribute oft ohne besonderen Grund voran[stehen], auch schon in klassischer Sprache" (z.B. *suis moribus simillimas figuras*), und dehnen diese Feststellung auch auf "attributive Partizipien mit erweiternden Zusätzen" aus (z.B. *ex antiquis artibus ingeniose et diligenter electas res*) (1955: II, 607). Hofmann und Szantyr (1965: 383/384) konstatieren für das Lateinische, allerdings ohne die Partizipialkonstruktionen nach Stellung und Funktion zu differenzieren, eine Entwicklung, die man mit der im Deutschen vergleichen kann. Die Volkssprache sei gegenüber Partizipialkonstruktionen zurückhaltend gewesen, während die höhere Sprache eigene Wege gegangen sei, bis hin zu einer übertriebenen Häufung der Partizipien. Der "maßlose Gebrauch [...] bei den Spätlateinern" sei eine "gelehrte Entwicklung", nicht zuletzt unter "griechischem Einfluß".

Es gibt somit keine überzeugenden Argumente, den lateinischen Einfluß abzulehnen. Die Entlehnung wurde nicht zuletzt dadurch erleichtert, daß sich das Deutsche und das Lateinische in ihrer Vorliebe für LK-Konstruktionen entsprechen.

4. Strukturelle vs. pragmatische Argumentation

Anne Betten (1990) hat in ihrem Sammelband den Gegensatz zwischen Systemwandel und Stilwandel, d.h. zwischen struktureller und pragmatischer Erklärung, leitmotivisch aufgegriffen, indem sie Admonis systemgeschichtlichen Beitrag und Lötschers Aufsatz an den Anfang gestellt hat. Allerdings glaubt sie - mindestens in der Sache zu Recht - nicht, "daß Admoni Lötschers Vorgehen als unvereinbar mit dem seinen sehen würde" (Betten 1990: XXVII).

Konstatiert man einen Systemwandel, so sagt man zunächst nur, daß die Sprache zum Zeitpunkt B eine andere ist als zum Zeitpunkt A. Man hat zwei Sprachzustände beschrieben und den Unterschied zwischen beiden hervorgehoben. Auch wenn man sagt, daß verschiedene Veränderungen auf den gleichen Oberbegriff gebracht werden können, daß also z.B. erweiterte Attribute, strikte Verbendstellung im Nebensatz und Ausweitung der Klammerbildung im Aussagesatz unter Begriffe wie *Vordringen der zentripetalen Wortfolge* oder *Verallgemeinerung des GLK-Wortstellungstypus* subsumiert werden können, so hat man nur verschiedene Beschreibungen unter einem Allgemeinbegriff zusammengefaßt, was dem Charakter einer Sprache vielleicht besser gerecht wird als eine Liste von Details. Man hat aber in keiner Weise erklärt, warum der Zustand A in den Zustand B übergegangen ist.

Erklärungen des Sprachwandels können nicht beim System einsetzen, sondern nur dort, wo der Wandel tatsächlich entsteht, bei den individuellen Sprechern. Diese Einsicht findet sich schon bei Hermann Paul, der den Sprachwandel aus der individuellen Sprechtätigkeit erklärt, insbesondere aus den Vorgängen bei der Spracherlernung. Sie findet sich bei Eugenio Coseriu (vgl. 1988b), der ihn mit einer Neuerung im Sprechen eines Individuums beginnen läßt. Die Übernahme dieser Neuerung durch andere Individuen und ihre allgemeine Verbreitung führen schließlich zu einem Wandel in der Einzelsprache, d.h. zur Etablierung einer neuen Tradition, einer neuen Technik des Sprechens. Rudi Kellers Theorie des Sprachwandels durch die "unsichtbare Hand in der Sprache" schließlich setzt ebenfalls bei den Intentionen des Individuums an, aus denen sich nach allgemeinen Gesetzen eine neue Struktur bildet, die als solche nicht beabsichtigt zu sein braucht (vgl. Keller 1990: 91f).

Wer *Systemwandel* sagt, gibt eine Beschreibung, indem er zwei Synchronien gegenüberstellt. Wer dagegen einen motivierten Stilwandel annimmt, sucht eine Erklärung dafür zu geben, warum Sprecher anders reden als ihre Mitmenschen oder Vorgänger. Es geht somit nicht um den Gegensatz von Systemwandel und Stilwandel, sondern um eine Erweiterung der Fragestellung: der Sprachwandel soll nicht bloß beschrieben, sondern auch erklärt werden.

5. Sozialprestige vs. Schriftsprachlichkeit

Lötscher betrachtet die erweiterten Attribute als Mittel zur Erhöhung der Komplexität des Satzbaus, und die Komplexität wiederum als ein Mittel, das Sozialprestige des jeweiligen Textproduzenten zu erhöhen:

> "Je komplizierter, desto höher im sozialen Rang", könnte man als Maxime formulieren. Diese Maxime ist im Barock, dem auf formal aufwendige Repräsentanz ausgerichteten Stilideal des Barock entsprechend, auch auf die Wissenschaftssprache und zum Teil auf die Literatursprache ausgedehnt worden. (Lötscher 1990: 23)

Bezüglich der Tragfähigkeit dieser Erklärung sei nur auf zwei Punkte hingewiesen: Zum einen müßte näher untersucht werden, ob die komplizierte Ausdrucksweise der Barockautoren als solche dem Sozialprestige dient oder ob sie bloß Symptom einer anderen, nun tatsächlich prestigeträchtigen Fähigkeit ist. Ich meine, daß letzteres der Fall ist. Die Bildung in der Barockzeit war noch an der lateinischen Tradition orientiert, und das Sozialprestige hing nicht zuletzt von der Beherrschung der lateinischen Bildung und Wissenschaft ab. Was für den schlichten Sprecher des Deutschen als unverständlich erscheinen mußte, war für den lateinisch gebildeten Gelehrten der Sprachgebrauch, den er kannte und in dem er sich auszudrücken pflegte.

Zum anderen ist die Kompliziertheit relativ zu den Kommunikationsbedingungen zu betrachten. Die Sprachkultur in den Volkssprachen war primär eine Sprachkultur der gesprochenen Sprache, die Schriftsprache war Latein. Das Neuhochdeutsche in der Barockzeit war dagegen in erster Linie eine Schriftsprache über den Dialekten. Was für das Ohr schnell an die Grenzen der Verständlichkeit führte, konnte für das Auge durchaus noch überschaubar sein. Die Autoren, die das erweiterte Attribut einführten, wollten nicht Sozialprestige durch Kompliziertheit erringen, sondern produzierten einfach Schriftsprache, und zwar im Deutschen wie im Lateinischen. Das erweiterte Attribut ist bis heute eine eher schriftsprachliche Konstruktion geblieben.

Syntaktischer Wandel ist zu beschreiben als Wandel der *langue* mindestens auf der Ebene der Norm. Er kann erklärt werden aus pragmatischen Bedingungen. Sozialprestige ist eine mögliche Bedingung. Daß es auch eine wirkliche Bedingung ist, ist noch zu zeigen.

Literatur

Betten, Anne (Hrsg.) (1990): Neuere Forschungen zur historischen Syntax des Deutschen. Referate der Internationalen Fachkonferenz Eichstätt 1989. - Tübingen: Niemeyer.

Boethius ([524] 1981): Consolatio. Trost der Philosophie, lateinisch-deutsch, hg.v. Gegenschatz, ( )/Gigon( ). - München.

Cicero ([46 v.Chr.] o.J.): Brutus, lateinisch-deutsch, hg.v. Kytzler, Bernhard. - München.

Coseriu, Eugenio (1988a): Sprachkompetenz. Grundzüge der Theorie des Sprechens. Bearb. und hg. von Heinrich Weber. - Tübingen: Francke.

- (1988b): "Language change does not exist". - In: Albrecht, Jörn (Hrsg.).: Energeia und Ergon. I: Schriften von E. Coseriu (1965-1987) (Tübingen: Narr) 147-157.

Einhard ([um 836] 1981): Vita Magni (Das Leben Karls des Großen), lateinisch-deutsch, hg.v. Scherabon Firchow, Evelyn. - Stuttgart: Reclam (Nachdr.).

Erasmus ([1519] 1982): Familiarum colloquiorum formulae (schülergespräche), lateinisch-deutsch, hg.v. Wirth-Poelchau, Lore. - Stuttgart: Reclam.

Greenberg, Joseph H. (1963): "Some universals of grammar with particular reference to the order of meaningful elements". - In: Greenberg, Joseph H. (ed.): Universals of language (Cambridge, Mass.: MIT Press) 2.A. 1966.

Hawkins, John A. (1972/73): Rezension zu: Weber (1971). - In: German Life and Letters 26 (1972/73) 363-367.

Hofmann, Johann B. (1965): Lateinische Syntax und Stilistik. - München: Beck, 1972 (neubearb. v. Szantyr, Anton).

Keller, Rudi (1990): Sprachwandel. Von der unsichtbaren Hand in der Sprache. - Tübingen: Francke.

Kühner, Raphael/Stegmann, Carl (1955): Ausführliche Grammatik der lateinischen Sprache. Satzlehre. I, II. - Leverkusen: Gottschalk, 3.A.

Lötscher, Andreas (1990): "Variation und Grammatisierung in der Geschichte des erweiterten Adjektiv- und Partizipialattributs des Deutschen". - In: Betten (Hrsg.): 14-28.

Paul, Hermann (1920): Prinzipien der Sprachgeschichte. - Halle: Niemeyer, 5.A.

Rath, Rainer (1971): Die Partizipialgruppe in der deutschen Gegenwartssprache. - Düsseldorf: Schwann (= Sprache der Gegenwart 12).

Schenkel, Wolfgang (1972): Zur erweiterten Attribuierung im Deutschen. - Halle: Niemeyer.

Weber, Heinrich (1971): Das erweitere Adjektiv- und Partizipialattribut im Deutschen. - München: Hueber.

Weber, Heinrich (1990): "Typologische Zusammenhänge zwischen Wortstellung und analytischer Morphologie im Deutschen". - In: Zeitschrift für Germanistische Linguistik 18, 13-30.

LEXIKALISCHE UND GRAMMATISCHE MITTEL ZUR MARKIERUNG DES RHETORISCHEN GEBRAUCHS VON W-FRAGESÄTZEN IM DEUTSCHEN

Thomas Diße-Runte

1. Allgemeines zur Semantik und Pragmatik rhetorisch gebrauchter W-Fragesätze

Rhetorisch gebrauchte W-Fragesätze zeichnen sich in ihrer kommunikativen Funktion gegenüber "echten Ergänzungsfragen" dadurch aus, daß mit ihrer Äußerung nicht ein Informationsdefizit benannt wird, welches der Angesprochene beheben soll, sondern vielmehr in indirekter Form auf einen Tatbestand verwiesen wird, den der Sprecher für so evident hält, daß sich eine explizite Antwort erübrigt. Während also eine Ergänzungsfrage den Gesprächspartner dazu veranlaßt, die W-Variable durch einen Ausdruck zu ersetzen, der semantisch die Lücke in der eingeführten Proposition schließen und diese in eine wahre Aussage überführen kann, wird die entsprechende Ersetzungsoperation bei den rhetorischen Fragen zwar zum Schein gefordert, jedoch wird gleichzeitig zu verstehen gegeben, daß die einzig mögliche Antwort für den Sprecher bereits feststeht.

Je nach der Art der Antwort, die auf diese Weise suggeriert wird, unterscheidet man in der Forschung zwei Typen rhetorischer W-Fragen. Beim ersten Typ wird die Ersetzung des W-Ausdrucks durch ein negatives Pro-Element erzwungen, welches die Nicht-Existenz der erfragten Entität bezeichnet. Dieser Typ wird zuweilen "negativ-rhetorische Frage" genannt (vgl. Weydt/Hentschel 1983: 7), womit terminologisch auf den negativen Charakter der erwarteten A n t w o r t Bezug genommen wird, unabhängig davon, ob der W-Fragesatz möglicherweise selbst ein Negationselement enthält:

(1a) Wer verliert schon gern sein Geld im Spielkasino?
- Es gibt niemanden, der sein Geld gern im Spielkasino verliert.

(1b) Wer möchte nicht irgendwann das große Los ziehen?
- Es gibt niemanden, der nicht irgendwann das große Los ziehen möchte.

Der zweite Typ, die sogenannte "positiv-rhetorische Frage" (Weydt/Hentschel 1983: 16), ist pragmatisch dadurch gekennzeichnet, daß für den W-Ausdruck eine referentiell eindeutig zu bestimmende Konstituente eingesetzt werden soll, deren Spezifizierung dem Fragesteller als so evident erscheint, daß der Gesprächspartner in der Lage sein müßte, sie aufgrund seines kontextuellen Wissens zu erschließen:

(2) Wer hat euch denn immer vor dem Glücksspiel gewarnt?
- Ich.
- Euer Finanzberater.

Anders als bei den "negativ-rhetorischen Fragen" ist die suggerierte Antwort hier nicht kontextunabhängig zu bestimmen, sondern setzt zusätzliche Informationen über den Gesprächszusammenhang voraus.

2. Mittel zur Markierung der Rhetorizität von W-Fragesätzen

Es stellt sich nun die Frage, an welchen Äußerungsfaktoren man erkennen kann, ob entsprechende Sätze rhetorisch gemeint sind und ob gegebenenfalls die "negativ-rhetorische" oder die "positiv-rhetorische" Lesart nahegelegt wird. Tatsächlich lassen sich viele W-Fragesätze formulieren, deren kommunikative Funktion erst durch die kontextuellen Umstände vereindeutigt wird. So kann z.B. der Satz

(3) Wo kann man heutzutage noch günstige Kredite bekommen?

als echte Informationsfrage gebraucht werden, aber auch als "negativ-rhetorische Frage" (wenn die Antwort *Nirgendwo* erwartet wird) oder als "positiv-rhetorische Frage" (wenn etwa in einer Anzeige eines bestimmten Kreditinstituts die Antwort *Bei uns!* suggeriert werden soll).

Diese Mehrdeutigkeit kommt dadurch zustande, daß die syntaktische Struktur von echten Ergänzungsfragen und von rhetorischen W-Fragen keine prinzipiellen Unterschiede aufweist; in Erstposition steht jeweils ein beliebiger W-Ausdruck, die topologische Zweitposition wird durch das finite Verb besetzt, und die übrigen Satzglieder folgen gemäß den normalen Stellungsregularitäten. Unter einem rein formalen syntaktischen Gesichtspunkt existiert also kein Satztyp "rhetorischer W-Fragesatz", dessen Struktur etwa ähnlich wie die eines W-Exklamativsatzes (mit Endstellung des finiten Verbs) oder die eines Echo-W-Fragesatzes (mit einem W-Ausdruck im Mittelfeld statt im Vorfeld) klar von derjenigen eines normalen Ergänzungsfragesatzes abgegrenzt werden könnte.

Gleichwohl ist im Satzmodus-System von Altmann (1987) und in den daran anschließenden Arbeiten ein solcher Typ des "rhetorischen W-Fragesatzes" vorgesehen (vgl. Batliner/Oppenrieder 1989: 304). Als formale Mittel zur Auszeichnung dieses Satztyps werden in diesem Rahmen einerseits die sog. "lexikalisch-kategoriale Füllung", d.h. insbesondere die Verwendung bestimmter Modalpartikeln, und andererseits die Satzintonation angeführt. Während echte Ergänzungsfragen sowohl mit einem fallenden als auch mit einem steigenden Tonmuster realisiert werden können, ist die Intonation der rhetorischen W-Fragen auf das fallende Tonmuster beschränkt. Tatsächlich wäre ja auch die Signalisierung einer besonderen "Wißbegier", die eine zentrale Funktion des steigenden Tonmusters in Ergänzungsfragen darstellt, bei deren rhetorischem Gebrauch aus pragmatischen Gründen widersinnig.

Als Modalpartikeln, die sich besonders zur Markierung des "negativ-rhetorischen" Gebrauchs von W-Fragesätzen eignen, werden meist die Lexeme *schon* und *auch* angeführt, wobei die Partikel *schon* in bestimmten Kontexten auch als Signal für eine "positiv-rhetorische" Frage gewertet wird (vgl. Weydt/Hentschel 1983: 16). Es läßt sich m.E. aber zeigen, daß scheinbare "positiv-rhetorische" Verwendungen von W-Fragesätzen mit *schon* bei einer genaueren Analyse dem "negativ-rhetorischen" Typ zu subsummieren sind, so z.B. der folgende Beleg aus der Anzeige einer Fluggesellschaft, den Meibauer (1986: 189) in seinem Korpus anführt:

(4) Wo können Sie schon wählen, wie Sie während eines Fluges schlafen? Nur bei Philippine Airlines können Sie es - wenn Sie First-Class an Bord eines unserer 74 Jumbos nach Asien fliegen.

Die positive Spezifizierung, die auf die rhetorische Frage folgt, verhält sich hier adversativ zu der impliziten negativen Behauptung, die angesprochene Service-Leistung werde nirgendwo geboten.

Die Funktion der Modalpartikel *schon* ist somit (ebenso wie die von *auch*) im Rahmen von W-Fragesätzen allein die Markierung des "negativ-rhetorischen" Typs; nur diese Funktion soll in meinen weiteren Ausführungen untersucht werden.

Die angesprochenen Mittel zur Markierung des rhetorischen Gebrauchs von W-Fragesätzen gehören verschiedenen Bereichen des sprachlichen Wissens an. Bei einer globalen Charakterisierung läßt sich die Intonation, soweit sie dazu dient, bestimmte Satztypen voneinander zu differenzieren, als ein grammatisches Mittel ansehen, das neben solchen Mitteln wie Wortstellung und morphologische Markierung eine quasi syntaktische Funktion bei der Bildung komplexer sprachlicher Einheiten aus elementaren "Grundbausteinen" übernimmt (vgl. Eisenberg 1986: 46 im Anschluß an ältere Darlegungen Hermann Pauls). Dagegen stellen die Modalpartikeln Einheiten des Lexikons dar, die mit einem bestimmten Bedeutungsinhalt verknüpft sind. Gelegentlich werden die Modalpartikeln aber auch als lexikalisch völlig verblaßte Elemente beschrieben, die sich weitgehend zu grammatischen Funktionswörtern entwickelt haben (vgl. Abraham 1988: 444). Eine weitere Möglichkeit besteht darin, solche Partikeln einem eigenständigen Bereich des pragmatischen Wissens zuzuordnen, der neben den Bereichen des grammatischen und des lexikalischen Wissens existiert und die sprachlichen Mittel zur Verdeutlichung bestimmter Handlungsintentionen umfaßt.

Ich möchte nun zeigen, daß die hier interessierenden Modalpartikeln auch als Rhetorizitätsindikatoren eine gewisse lexikalische Bedeutung besitzen, die sich aus dem Bezug zu ihren Homonymen mit einem anderen Wortartstatus rekonstruieren läßt. Nur so ist z.B. das Nebeneinanderbestehen der Modalpartikeln *schon* und *auch* zu erklären, die jeweils für sich oder in Kombination miteinander die rhetorische Verwendung eines W-Fragesatzes anzeigen können:

(5a) Wer kann schon alle Varianten im Kopf behalten?
(5b) Wer kann auch alle Varianten im Kopf behalten?
(5c) Wer kann auch schon alle Varianten im Kopf behalten?

Eine Bedeutungsanalyse der einzelnen Partikeln müßte die intuitiv zu erfassenden semantischen Nuancen zwischen diesen Sätzen transparent machen können.

In den anschließenden Überlegungen folge ich einem "bedeutungsminimalistischen" Ansatz (vgl. Posner 1979, Abraham 1986: 29f.), d.h. ich versuche, einen bestimmten semantischen Kern der Partikeln zu eruieren, ohne ihre Bedeutung unmittelbar mit der pragmatischen Funktion der Äußerung gleichzusetzen; dann besäße jedes Lexem nämlich genauso viele Bedeutungsvarianten, wie sich grammatische oder pragmatische Verwendungskontexte feststellen lassen.[1]

3. Die Bedeutung von Modalpartikeln als Rhetorizitätsindikatoren in W-Fragesätzen

In den unter (5a) bis (5c) angeführten Sätzen werden die Lexeme *schon* und *auch* - zumindest bei einer unmarkierten Stellung des Satzakzents und bei fallender Satzintonation - als Modalpartikeln verwendet. Meibauer (1986: 124) schreibt diesen Partikeln in dem hier relevanten Kontext geradewegs die Eigenschaft zu, "rhetorizitätserzeugend" zu sein, während *wohl*, *denn*, *überhaupt*, *eigentlich*, *bloß* und *nur* lediglich "rhetorizitätsverstärkend" seien. Durch diese terminologische Distinktion wird allerdings die kommunikative Leistung von *schon* und *auch* überbewertet: "erzeugt" wird die Rhetorizität nämlich niemals durch ein einzelnes Lexem, sondern durch das Zusammenwirken der formalen Merkmale eines Satzes mit den pragmatischen Verwendungsbedingungen, unter denen er geäußert wird. Gerade deswegen bleibt aber zu klären, warum die herausgestellten Partikeln so klare Rhetorizitätssignale darstellen. Meibauer (1986: 126) nimmt an, daß eine "latent vorhandene wörtliche Bedeutung" eine Rolle spielt, die aber nicht mehr durchsichtig ist (vgl. die ähnliche Einschätzung bezüglich *schon* bei Abraham 1986: 27).

Einen Schritt weiter gelangt Thurmair (1989) in ihrer Bedeutungsanalyse von Modalpartikeln, indem sie elementare semantische Komponenten ermittelt, die für die einzelnen Partikeln auch bei ihrer Verwendung innerhalb unterschiedlicher grammatischer Kontexte jeweils konstant bleiben. Das Inventar der semantischen Merkmale ergibt sich dabei im wesentlichen aus der spezifischen Verknüpfungsfunktion im Dialog und der Art der Einstellungsbekundung, die mit den Modalpartikeln geschieht.

Der Partikel *schon* weist Thurmair (1989: 153f.) auf dieser Grundlage das generelle Merkmal "Geltungseinschränkung" zu, das sie auch für den Gebrauch in rhetorischen W-Fragen für zentral hält. Allerdings beschreibt dieses Merkmal m.E. zwar eine mögliche diskursive Funktion der rhetorischen Frage insgesamt, erklärt aber noch nicht, was die Partikel selbst dazu beiträgt, daß ein entsprechender Fragesatz notwendig im "negativ-rhetorischen" Sinne interpretiert werden muß. Daher sollte man von der lexikalischen Bedeutung des adverbialen *schon* ausgehen und auf dieser Basis die Modalpartikel-Bedeutung rekonstruieren.

Die allgemeine Bedeutung von *schon* besteht darin, das Eintreten eines Sachverhalts auf einen bestimmten Punkt einer gedachten Skala zu beziehen, der weiter vorn liegt, als es der Standarderwartung entsprechen würde. Wenn *schon* als Temporaladverb verwendet wird, ist die Zeit die relevante Skalendimension; bei der Verwendung als Gradpartikel können auch andere Skalierungen als Orientierungsgrundlage dienen (vgl. dazu die exakte formale Analyse von Löbner 1986). In einem übertragenen Sinne findet sich der Rekurs auf die zeitliche Skala auch bei der Verwendung von *schon* als Modalpartikel im Aussagesatz (z.B. *Das mußt du schon in Kauf nehmen* o.ä.), insofern ein bestimmter Sachverhalt hier gegen eine abweichende Erwartung als "vorweg" gültig ausgewiesen wird.

Bei der Verwendung von *schon* in einem W-Fragesatz sind die Verhältnisse komplizierter, da eine spezifische Relation zwischen der W-Variablen und der Partikel entsteht. Die W-Variable steht für ein dem Sprecher unbekanntes Referenzobjekt, das er zur Vervollständigung einer Proposition bezeichnet wissen will. Durch die Partikel *schon* wird jede denkbare Ersetzung der Unbekannten aber aus dem Bereich des standardgemäß zu Erwartenden herausgerückt. Indem der Fragende nun selbst zum Ausdruck bringt, daß irgendeine Belegung der Variablen für ihn außerhalb seines Erwartungsbereichs liegt, wird dem Angesprochenen suggeriert, daß ein geeignetes Element tatsächlich nicht existiert.

Die Modalpartikel *auch* bewahrt im Rahmen eines W-Fragesatzes eine Grundfunktion dieses Lexems, die Thurmair (1989: 158) - vielleicht etwas zu unspezifisch - durch die Merkmalsangabe "Konnex" erfaßt. Durch *auch* wird der Inhalt des W-Fragesatzes als ein nachgetragener Aspekt zu einem vorher beschriebenen Sachverhalt gekennzeichnet; aufgrund der Besonderheit des Satztyps ist dabei informatorisch vor allem die durch den W-Ausdruck bezeichnete Unbekannte relevant. Gäbe es für diese Variable eine geeignete referentielle Belegung, so wäre die dadurch zustande kommende Proposition als Zusatz zu dem zuvor Gesagten gültig. Die durch *auch* angekündigte Angabe eines solchen Zusatzelements findet in dem W-Fragesatz aber gerade nicht statt, sondern statt dessen wird der betreffende Sachverhaltsbestandteil zur Unbekannten erklärt. Es ergibt sich hier also aus der Verknüpfung mit dem Kontext die Suggestion, daß ein geeignetes Element nicht existiert.

Damit tritt bei der Verwendung von *auch* im Ergebnis derselbe Effekt wie bei *schon* ein, nämlich die Kennzeichnung des rhetorischen Status des W-Fragesatzes. Für *auch* scheint aber unabhängig vom spezifischen grammatischen Verwendungskontext das Merkmal "Anschluß eines Nachtrags" konstant zu bleiben, während *schon* stärker kontextsensitiv ist und in Abhängigkeit von der grammatischen Umgebung eine speziellere Bedeutung gewinnen kann.

Die Möglichkeit der Kombination von *schon* und *auch* in einem W-Fragesatz führt nach dieser Analyse nicht einfach zu einer redundanten Markierung von Rhetorizität. Vielmehr wird durch *auch* die Kontextanbindung explizit gemacht und damit die Relevanz des Fragesatz-Inhalts für das zuvor Gesagte hervorgehoben; durch *schon* wird die Erwartbarkeit des mit dem W-Fragesatz zur Disposition gestellten Sachverhalts negativ beurteilt.

Ob die jeweilige Bedeutung von *schon* und *auch* eine Erklärung für die strikte Abfolgeregel "*auch* vor *schon*" bei einer kombinierten Verwendung wie im Beispiel (5c) bietet, wäre noch näher zu untersuchen. In einem solchen Zusammenhang müßten aber die Regularitäten für die Serialisierung von Modalpartikeln auf einer breiteren Basis betrachtet werden.[2]

Anmerkungen

1 Vgl. die Argumente gegen das zuletzt genannte Vorgehen bei Abraham (1986: 24-30).

2 Vgl. den Ansatz von Thurmair (1989: 288f.), wo sich aber für den hier interessierenden Fall der Partikelfolge *auch schon* keine passende Regelformulierung finden läßt.

Literatur

Abraham, Werner (1986): "Die Bedeutungsgenese von Modalpartikeln". - In: Groninger Arbeiten zur Germanistischen Linguistik 27, 1-44.

- (1988): "Vorbemerkungen zur Modalpartikelsyntax im Deutschen". - In: Linguistische Berichte 118, 443-465.

Altmann, Hans (1987): "Zur Problematik der Konstitution von Satzmodi als Formtypen". - In: Meibauer, Jörg (Hrsg.): Satzmodus zwischen Grammatik und Pragmatik (Tübingen: Niemeyer) 22-56.

Batliner, Anton/Oppenrieder, Wilhelm (1989): "Korpora und Auswertung". - In: Altmann, Hans/Batliner, Anton/Oppenrieder, Wilhelm (Hrsg.): Zur Intonation von Modus und Fokus im Deutschen (Tübingen: Niemeyer) 281-330.

Eisenberg, Peter (1986): Grundriß der deutschen Grammatik. - Stuttgart: Metzler.

Löbner, Sebastian (1986): "*schon - erst - noch*. Temporale Gradpartikeln als Phasenquantoren". - In: Groninger Arbeiten zur Germanistischen Linguistik 27, 75-99.

Meibauer, Jörg (1986): Rhetorische Fragen. - Tübingen: Niemeyer.

Posner, Roland (1979): "Bedeutungsmaximalismus und Bedeutungsminimalismus in der Beschreibung von Satzverknüpfern". In: Weydt, Harald (Hrsg.): Die Partikeln der deutschen Sprache (Berlin etc.: de Gruyter) 378-394.

Thurmair, Maria (1989): Modalpartikeln und ihre Kombinationen. - Tübingen: Niemeyer.

Weydt, Harald/Hentschel, Elke (1983): "Kleines Abtönungswörterbuch". - In: Weydt, Harald (Hrsg.): Partikeln und Interaktion (Tübingen: Niemeyer) 3-24.

ZUR BESTIMMUNG UND ABGRENZUNG DER PRÄPOSITIONSARTIGEN PRÄPOSITIONALPHRASEN

Hanna Biaduń-Grabarek

In der neueren linguistischen Fachliteratur sind die synonymen Termini "präpositionsartige Präpositionalphrasen" (Schröeder 1986) und "präpositionswertige Präpositionalfügungen" (Beneš 1974) aufgetaucht. Es geht hier um Konstruktionen, die aus einer Präposition und einem Substantiv (mit oder ohne Artikel) bestehen und im Satz dieselbe Funktion wie die eigentlichen Präpositionen erfüllen. Durch ihren verhältnismäßig hochfrequenten Gebrauch haben sie sich in das Sprachsystem integriert und haben einen festen Platz am Rande des Systems der Präpositionen eingenommen (Schröder 1986: 249). Der häufige Gebrauch dieser Einheiten ergibt sich u.E. aus der Notwendigkeit des exakten Kommunizierens. Mit der Lexikalisierung ist die Spezialisierung auf die Markierung von spezifischen Relationen verbunden.

Im Ergebnis der Lexikalisierung kommt es manchmal zum Übergang in die Klasse der eigentlichen Präpositionen, was auf der graphischen Ebene durch die Zusammenschreibung zum Ausdruck kommt (*infolge*, *inmitten*, *zuliebe*). Als Übergangsstadium zwischen den präpositionsartigen Präpositionalphrasen und den Präpositionen kann man Phrasen mit kleingeschriebenen Substantiven betrachten; z.B. *von seiten*; *in bezug*; *auf seiten*. In diesem Übergangsstadium können auch getrennt- und zusammengeschriebene Formen miteinander konkurrieren (*an Hand/anhand*, *auf Grund/aufgrund*, *an Stelle/anstelle*). Bei der Grenzziehung zwischen präpositionsartigen Präpositionalphrasen und den eigentlichen Präpositionen spielt also die Graphie die entscheidende Rolle.

Größere Probleme haben die Forscher mit der Bestimmung der Grenze zwischen den präpositionsartigen und den nicht-präpositionsartigen Präpositionalphrasen, wovon u.a. die z.T. unterschiedlichen Listen der präpositionsartigen Präpositionalphrasen bei E. Beneš (1974) und J. Schröder (1986) zeugen.

Die von diesen Forschern vorgeschlagenen Bestimmungskriterien haben einerseits einen allgemeinen und dadurch unzureichenden Charakter (z.B. Ersetzbarkeit der ganzen Phrase durch eine Präposition / veränderte, verblaßte Bedeutung des Substantivs / charakteristischer Artikelgebrauch usw.), andererseits treffen manche dieser Kriterien nur für einen Teil der in Frage kommenden Phrasen zu (z.B. Kleinschreibung des Substantivs oder das Vorhandensein von zusammengeschriebenen Nebenformen). Außerdem wird auch darauf hingewiesen, daß derartige Phrasen Relationen markieren, was m.E. nicht nur für die Präpositionen und präpositionsartigen Präpositionalphrasen, sondern auch für die nicht-präpositionsartigen Präpositionalphrasen zutreffen kann, besonders wenn die Substantive auf Relationen referieren (*Überfluß - aus Überfluß*, *Mangel - aus Mangel*).

Ein weiterer Versuch der Bestimmung dieser Phrasen wurde von J. Grabarek unternommen. Anhand von vier Tests versucht der Verfasser zu bestimmen, welche von den für seine Forschungszwecke relevanten Phrasen (kausale Phrasen) echte präpositionsartige Präpositionalphrasen sind und in seiner Arbeit berücksichtigt werden sollen. Dabei wird festgestellt, daß es im Deutschen und Polnischen Phrasen gibt, die sich im Übergangsstadium zwischen den nicht-präpositionsartigen und präpositionsartigen Präpositionalphrasen befinden.

Das von mir erarbeitete Diagnoseverfahren besteht aus drei Komplexen von Tests (den Kommutationstests, den Erweiterungstests/Adjazenztests und den Funktionstests), anhand derer nicht nur die präpositionsartigen Präpositionalphrasen abgegrenzt, sondern auch die Verhältnisse im Bereich des Übergangsstadiums (Bestimmung des Lexikalisierungsstadiums) erfaßt werden können. Dieses Diagnoseverfahren kann um zwei weitere Tests erweitert werden, und zwar den Distributions- und den Kleinschreibungstest, die jedoch nur bei der Beschreibung mancher Phrasen von Bedeutung sind.

1. Kommutationstests

1.1. Ganzkommutationstest

These:

Die präpositionsartige Präpositionalphrase kommutiert mit einer Präposition.

Diese Möglichkeit ergibt sich vor allem daraus, daß die präpositionsartigen Präpositionalphrasen im Satz dieselbe Funktion wie die eigentlichen Präpositionen erfüllen (Fügewörter, die Relationen markieren).

(1) In Ermangelung/mangels genauer Angaben war der Forscher auf Vermutungen angewiesen.

Es ist durchaus möglich, daß die Präposition eine andere Rektion und/oder z.T. andere Bedeutung hat.

(2) Der Prozeß fand unter Ausschluß der Öffentlichkeit statt.
(2a) Der Prozeß fand ohne Öffentlichkeit statt.
(3) Mit Rücksicht auf die Kinder ist er zu Hause geblieben.
(3a) Wegen der Kinder ist er zu Hause geblieben.

Es gibt aber präpositionsartige Präpositionalphrasen, die wegen ihrer spezifischen Bedeutung kaum durch eine Präposition ersetzt werden können.

(4) Der Sirup muß im Verhältnis (von) 1:5 mit Wasser gemischt werden.

Dies trägt dazu bei, daß dieser Test selbst nicht als ausschlaggebend betrachtet werden kann. Die einzige Ausnahme bilden hier diejenigen Fälle, in denen die zusammengerückte Variante als Substitut vorkommt.

(5) An Hand/anhand der Tests hat er die Richtigkeit seiner These belegt.

1.2. Teikommutationstests

Jede deutsche präpositionsartige Präpositionalphrase besteht aus drei Konstituenten, und zwar der Präposition, dem Artikel (auch Nullartikel) und dem Substantiv. Im Rahmen dieser Diagnoseverfahren wird überprüft, ob die einzelnen Konstituenten durch andere Vertreter ihrer Klasse ersetzt werden können.

1.2.1. Teilkommutationstest I (Ersetzbarkeit der Präposition)

These:

Die Präposition in der präpositionsartigen Präpositionalphrase kann durch keine andere oder nur in einem sehr beschränkten Ausmaß durch eine andere ersetzt werden.

(6) Aus Anlaß des Nationalfeiertages gab man in der Botschaft einen Empfang (nicht ersetzbar).
(7) Aus/in/mit Rücksicht auf seine kranke Frau raucht er nicht mehr.

Die Anwendung dieser oder jener Präposition im letzten Beleg übt keinen Einfluß auf den Status der Phrase aus. In allen Fällen wird hier der Beweggrund/das Motiv markiert. Mit einem negativen Ergebnis haben wir es zu tun, wenn der Ersatz der Präposition zur Veränderung des Status der Phrase beiträgt (d.h. die Phrase markiert dann eine andere Relation).

(8) Er hat es mit Hilfe der Roboter geschafft. (Instrumental)
(8a) Er hat es ohne Hilfe der Roboter geschafft. (Modal)
(8b) Er hat es dank der Hilfe der Roboter geschafft (Kausal-Medial)

In allen diesen Fällen ist die Phrase nicht völlig lexikalisiert und die gegebene Relation wird in erster Linie mit Hilfe der Präposition markiert.

1.2.2. Teilkommutationstest II (Ersetzbarkeit der Art des Artikels)

Es gibt drei Grundarten des Artikels: den bestimmten, den unbestimmten und den Nullartikel.

These:

Die in der präpositionsartigen Präpositionalphrase stehende Artikelart kann durch keine andere ersetzt werden.

(9) In Abhängigkeit von den Witterungsbedingungen verliefen die Erntearbeiten nicht überall im gleichen Rhythmus.
(9a) *In der/einer Abhängigkeit von den Witterungsbedingungen verliefen die Erntearbeiten nicht überall im gleichen Rhythmus.

Ebensowenig ist auch die Ersetzung der verschmolzenen Formen durch die nicht verschmolzen möglich und umgekehrt.

(10) Im Hinbilck auf die künftige Gestaltung des Fahrplanes muß die neue Verkehrssituation beachtet werden.
(10a) *In einem/dem Hinblick auf die künftige Gestaltung des Fahrplanes muß die neue Verkehrssituation beachtet werden.

In diesem Zusammenhang sei darauf hingewiesen, daß es auch unter den nicht-präpositionsartigen Präpositionalphrasen solche gibt, in denen die Artikelart nicht ersetzt werden kann (*vor Angst*, *aus Angst*, *auf Befehl*, *auf den Befehl hin*). Deshalb ist dieser Test nur bedingt verwendbar.

1.2.3. Teilkommutationstest III (Ersetzbarkeit des Substantivs)

These:

Das Substantiv in der präpositionsartigen Präpositionalphrase kann durch kein anderes oder nur in einem sehr beschränkten Ausmaß durch ein anderes ersetzt werden.

Die Substitution des Substantivs kann den semantosyntaktischen Status der Phrase nicht verändern. Es gibt eine große Gruppe von Phrasen, in denen das Substantiv mit keinem anderen kommutiert (*aus Anlaß*, *an Hand*, *an Stelle*, *in Ermangelung* usw.).

Andererseits gibt es aber auch Phrasen, in denen das Substantiv durch meistens ein anderes ersetzt werden kann.

(11) Ohne Rücksicht/Rücksichtnahme auf andere kann man nicht zusammenleben.

Kann das Substantiv durch sehr viele andere ersetzt werden, so liegt keine präpositionsartige Präpositionalphrase vor.

(12) Auf der Wiese/Bank/Mauer/Liege/... sitzt ein Vogel.

2. Erweiterungstests (Adjazenztests / Attribuierungstests)

In diesen Tests wird überprüft, ob die Konstituenten der präpositionsartigen Präpositionalphrasen adjazent sind. Adjazent müssen auch die präpositionsartige Präpositionalphrase und die von ihr abhängige Phrase sein. Praktisch wird hier die Frage gestellt, ob das in der präpositionsartigen Präpositionalphrase stehende Substantiv attribuiert werden kann.

2.1. Präpositive/interpositive Erweiterung/Attribuierung

These:

Das in der präpositionsartigen Präpositionalphrase stehende Substantiv kann kein vorangestelltes Attribut haben.

(13) *In großer Ansehung der Verdienste des Lehrers konnte man keinen würdigeren als ihn zur Auszeichnung vorschlagen.

Andererseits gibt es aber auch präpositionsartige Präpositionalphrasen, in denen die Substantive bestimmte (meist hervorhebende) Attribute haben können.

(14) Aus dem feierlichen Anlaß ihrer Hochzeit wünschen wir Ihnen viel Glück.

In den nicht-präpositionsartigen Präpositionalphrasen können die Substantive ohne weiteres attribuiert werden.

2.2. Postpositive Erweiterung/Attribuierung

These:

Das in der präpositionsartigen Präpositionalphrase stehende Substantiv kann kein postpositives Attribut haben.

Gedacht wird hier vor allem an die nachgestellten Genitivattribute im Falle der präpositionalen Rektion der Phrasen und an die sich auf das Phrasen-Substantiv beziehenden Attributsätze.

(15) *Aus Rücksicht des Mannes auf seine Mutter ist er zu Hause geblieben.
(16) *Diese Glückwünsche gingen uns aus Anlaß unserer Verlobung zu, von dem alle gewußt haben.

Die Attribute sind hier nicht möglich, weil die Phrasen lexikalisiert sind und die Phrasen-Substantiva eine mindestens z.T. veränderte ("verblaßte") Bedeutungsstruktur haben.

3. Funktionstests

Hier wird davon ausgegangen, daß die präpositionsartigen Präpositionalphrasen gleiche Funktionen im Satz erfüllen wie die Präpositionen. Sie können also Bestandteile der Satzglieder bilden, aber nicht allein für diese Satzglieder stehen. Diese Regel wird anhand des anaphorischen Gebrauches überprüft, weil dort die Tendenz zur Auslassung der bekannten Elemente am stärksten wirkt. Darüber hinaus wird untersucht, ob die Phrasen als Initialelemente/Bestandteile von Initialelementen und als Korrelate/Bestandteile von Korrelaten fungieren können.

3.1. Anaphertest

These:

Auch im anaphorischen Gebrauch kann die präpositionsartige Präpositionalphrase nur in Verbindung mit einem abhängigen, rückverweisenden Prowort die ganze Fügung vertreten.

Das Prowort kann manchmal vor und manchmal nach dem Phrasen-Substantiv stehen. Die einzelnen Phrasen verhalten sich in dieser Hinsicht unterschiedlich.

(17) *Aus Anlaß gingen uns viele Glückwünsche zu.
(17a) Aus diesem Anlaß gingen uns viele Glückwünsche zu.
(18) *Unter Berufung kannst du das Reisegeld beantragen.
(18a) Unter Berufung darauf kannst du das Geld beantragen.

Am Rande sei hier hinzugefügt, daß das Phrasen-Substantiv selbst nie durch ein Prowort/ Pronomen ersetzt werden kann, wenn wir es mit einer präpositionsartigen Präpositionalphrase zu tun haben.

3.2. Initialelementtest

These:

Die präpositionsartige Präpositionalphrase kann nur in Verbindung mit dem abhängigen post- oder interpositiven Prowort als Initialelement der Relativsätze fungieren, wobei das Phrasen-Substantiv nie durch ein Prowort ersetzt werden kann.

(19) *Das war das Jubiläum, aus Anlaß er ausgezeichnet wurde.
(19a) *Das war das Jubiläum, aus dem/ihm er ausgezeichnet wurde.
(19c) Das war das Jubiläum, aus dessen Anlaß er ausgezeichnet wurde.

Liegt keine präpositionsartige Präpositionalphrase vor, so ist der Ersatz des Phrasen-Substantivs durch ein Prowort durchaus möglich.

(20) Das geschah auf dem Feld meiner Mutter, auf dem vor zwei Jahren eine Scheune verbrannte.

3.3. Korrelattest

These:

Die präpositionsartige Präpositionalphrase kann nicht allein, sondern nur mit dem abhängigen Prowort als Korrelat fungieren.

(21) *Mit Rücksicht, daß er krank ist, haben wir beschlossen, in seinem Zimmer nicht zu rauchen.
(21a) Mit Rücksicht darauf, daß er krank ist, haben wir beschlossen, in seinem Zimmer nicht zu rauchen.

Derartige Sätze stehen aber an der Grenze zu den Attributivsätzen.

Liegen nicht-präpositionsartige Präpositionalphrasen vor, so kommt das abhängige Prowort nicht vor, und die abhängigen Sätze werden auf das Phrasen-Substantiv bezogen. Derartige Sätze sind Attributsätze.

(22) Auf die Feststellung, daß er nicht recht hat, ist er hinausgegangen.
(23) Nur unter der Bedingung, daß die Prüfung im Mai stattfindet, können wir an dem Ausflug teilnehmen.

Die hier präsentierte Liste von Tests kann man um zwei weitere ergänzen, die aber nur für die Untersuchung einiger Phrasen genutzt werden können.

4. Distributionstest

These:

Das Substantiv wird nur als Komponente der betreffenden präpositionsartigen Präpositionalphrase gebraucht.

In solchen Fällen haben wir es ohne weiteres mit echten präpositionsartigen Präpositionalphrasen zu tun (*in Ermangelung*, *in Anbetracht*, *in Ansehung*, *nach Maßgabe*).

5. Kleinschreibung des Substantivs

These:

Das Substantiv wird klein geschrieben.

Wird das ursprüngliche Substantiv kleingeschrieben, so liegt eine präpositionsartige Präpositionalphrase vor (*in bezug*, *auf seiten*, *von seiten*).

Die Anwendung dieser Tests hat ergeben, daß die bisherigen Listen der präpositionsartigen Präpositionalphrasen revidiert werden müssen: Ausdrücke wie *aus Mangel*, *wegen Mangels*, *unter der Bedingung* sind keine präpositionsartigen Präpositionalphrasen. Die Einteilung aller präpositionsartigen Phrasen in *präpositionsartige* und *nicht-präpositionsartige Präpositionalphrasen* kann nicht akzeptiert werden, denn eine nicht gerade kleine Gruppe von Phrasen bildet das Übergangsstadium. Die letzte Gruppe ist aber auf keinen Fall homogen, denn es gibt hier sowohl Phrasen, die den präpositionsartigen als auch Phrasen, die den nicht-präpositionsartigen Präpositionalphrasen nahestehen. Es gibt demzufolge in diesem Bereich keine scharfen Grenzen, sondern relativ viele Übergangsstadien (*im Vergleich*, *aus Mangel*, *mit Hilfe*).

Literatur

Beneš, Eduard (1974): "Präpositionswertige Präpositionalfügungen". - In: Sprache der Gegenwart 34, 32-52.

Grabarek, Józef (im Druck): Exponenten des Grundes im deutschen und polnischen einfachen Satz. - Rzeszów/Polen: Hochschulverlag der Pädagogischen Hochschule.

Schröder, Jochen (1986): Lexikon deutscher Präpositionen. - Leipzig: Enzyklopädie.

THE SYNTACTIC PROCESSES OF PARCELLATION AND SUPPLEMENTATION AND THEIR RESULTS: PARCELLATED FORMATIONS AND SUPPLEMENTED FORMATIONS

Jiří Nekvapil

1. One Sentence, Two Utterances

In this paper I will analyze examples of the following type:

(1) Petr selhal. Totálně.
(Peter failed. Totally.)
(2) Jana utekla. Ve čtyři hodiny ráno.
(Jane fled. At four o'clock in the morning.)

To analyze the above-quoted examples I will introduce special metalanguage comprising terms which, though not in current use, are, in my opinion, adequate to the nature of the phenomena studied. At this point I will introduce one general designation for the examples quoted above - viz. the cover-term compounded formations. A preliminary definition of compounded formations could run as follows: a compounded formation consists of at least two parts, the second part being in some way determined by the existence of the preceding part. To describe this fact I will introduce two other terms; the designation base component refers to the first part of a compounded formation, i.e. the unit beginning with the first initial capital letter and ending with the first terminal signal (full stop). The designation bound component refers to the subsequent part of a compounded formation, i.e. the unit ranging from the second initial capital letter up to the second terminal signal.

We shall now perform a simple operation: in the examples quoted above, we shall abolish the first terminal signal and replace the subsequent capital letter with a small letter. In this way we shall obtain sentences and/or utterances of the customary type:

(3) Petr selhal totálně.
(Peter failed totally.)
(4) Jana utekla ve čtyři hodiny ráno.
(Jane fled at four o'clock in the morning.)

To refer to this type of unit I will use a designation which will have no terminological status in our discussion, viz. "continuous (non-segmented) expression" in contrast to "interrupted (segmented) expression" referring to the type of unit illustrated here first.

Provided we reserve the term sentence for a lexically represented and morphologically shaped syntactic structure, we could then define a compounded formation as a sentence realized in several utterances.

2. Static View vs. Dynamic View

Now let us consider the compounded formation

(1) Petr selhal. Totálně.
(Peter failed. Totally.)

Let us analyze the possible genesis of this compounded formation. A plausible answer seems to be suggested by our previous reflection in which regard was paid to the comparison of compounded formations with customary sentences and/or utterances - in the case in point -

(3) Petr selhal totálně.
(Peter failed totally.)

The first answer could be formulated as follows: a compounded formation comes into existence as a result of the segmentation of a sentence and/or utterance containing non-obligatory elements, i.e. as a result of the exclusion of such elements.

However, there is another process that may give rise to compounded formations. One can envisage a situation in which the opening status is assumed by a sentence and/or utterance solely corresponding to the base component, e.g.

(5) Petr selhal.
(Peter failed.)

with some non-obligatory elements being attached to it, e.g.

(6) Totálně.
(Totally.)

In the first case, the bound component was produced by the process of exclusion; in the second case, it was produced by the process of inclusion. I will describe these two mutually opposed processes (the first clearly involving an analytical procedure, the second - a synthetic procedure) as parcellation (or exclusion) and supplementation (or inclusion) respectively.

Now let us consider the type of relationship obtaining between the parcellation/supplementation concept and the compounded formation concept. The concept of compounded formation is pertinent to static analysis, since it reflects the result of processes undifferentiated in closer detail, processes that can be abstracted from during static ("structural") description. Description of this type contents itself with the statement that a compounded formation may originate owing to the operation of both the syntactic process of parcellation and the syntactic process of supplementation.

Now the inadequacy of such a descriptive scheme seems to reside in the lack of clarity surrounding in many cases the actual mode of production of a given syntactic formation (see Section 3). Nevertheless, one can envisage descriptions of a more subtle and more dynamic type duly respecting the possible involvement of two different processes in the rise of a compounded formation. Such descriptions will necessitate a differentiation of the concept of compounded formation in terms of the specific type of process that ultimately gives rise to a compounded formation. Now with this consideration in mind, we shall enrich our conceptual apparatus by several new terms.

I will describe the result of the syntactic process of parcellation as parcellated formation and the result of the syntactic process of supplementation as supplemented formation. I regard it as expedient to introduce a further degree of conceptual differentiation in the bound excluded component (here the designation parcel seems to be appropriate) and in the bound included component (the term supplement springs to mind).

To sum up: compounded formation, parcellated formation and supplemented formation are concepts covering different aspects of identical syntactic formations. The concepts parcellated formation and supplemented formation refer to the processual, dynamic aspects of such formations. In contrast, the concept of compounded formation abstracts from the processual (dynamic) aspects.

3. A Psycholinguistic Account

If we consider no more than mere results of the syntactic processes of parcellation and supplementation, i.e. a compounded formation as a *fait accompli*, it is difficult to decide which of the two processes actually produced the result in question. Now if we possess no more than the results, we must count with the possibility of involvement of both processes (the parcellation process and the supplementation process) in the actual rise of the formation considered. Provided we have some insight into the circumstances surrounding the rise of the given formation, the following premises could be used as a viable starting point.

The process of parcellation is a premeditated and deliberately performed operation resorted to especially in the production of written texts - a type of activity characterizing linguistically conscious writers that are good stylists. The process of supplementation, on the other hand, is a spontaneous and largely automated language activity meeting with application primarily in the production of spoken texts. This basic division requires of course immediate restrictive qualification. Parcellation is a possible contingency even in premeditated speech and - in the case of experienced speakers - in impromptu speech. The role of supplementation must likewise be considered in private correspondence and in certain varieties of journalism and creative writing. Apart from this, text analysis must also take into account the complicated transpositions occurring between colloquial speech and the language and/or style of literary production. A distinction ought to be drawn between compounded formations merely imitating spoken utterances, e.g. in direct speech, and compounded formations employed as an idiosyncratic stylistic procedure, e.g. in narration using the so-called *er*-form.

Using the conceptual apparatus of utterance planning - a field of study undergoing spectacular development, we could perhaps characterize the process of parcellation and the process of supplementation in the following terms: in the case of the parcellation process, both the base and the bound components are planned at a definite point in time t^1. Now the problem here concerns the specific type of unit on which operations leading to the realization of the base and the bound components are actually performed. Supposing the writer decides to change a continuous (non-segmented) expression into an interrupted (segmented) expression, we can describe the ensuing base and bound components as the result of operations performed on an utterance event. But the base-and-bound component plan can also come into existence prior to the "realization" act, i.e. over and above the premeditated utterance. Another possibility is the emergence of the base-and-bound component plan after a certain part of the utterance and/or utterance event has already been realized. What we have here is in fact a certain "conflation" of two plans - the original plan working towards continuous expression merges with a new plan for interrupted (segmented) expression. As to the supplementation process, only the base component is planned at a definite point in time t^1. The bound-component plan emerges after the realization of the previous plan at temporal point t^2 and the producer elaborates the sentence structure already employed. Some authors describe this strategy as an additional expansion of the plan. What is thus supplemented is the utterance event.

From the point of view of communication, the essential distinction between the process of parcellation and the process of supplementation could be described as follows: in the parcellation process there exists a point in time at which both the base and the bound components are planned "simultaneously". In the supplementation process there is no such "simultaneous" base-and-bound component plan - here the base component and the bound component each represent the result of the realization of two plans emerging at different points in time.

It remains true to say that the realization of compounded formations can entail a complicated decision-making strategy which brings an additional degree of difficulty into the actual differentiation of the two processes. A writer may choose to code his utterance as follows:

(7) Jana utekla.
(Jane fled.)

Then he may decide to express some of the circumstances surrounding the event (e.g. time specification). So to the utterance thus coded he will add

(8) Ve čtyři hodiny ráno.
(At four o'clock in the morning.)

Expressed in terms of our conceptual apparatus, the writer implemented two plans, each emerging at a different point in time. The bound component was produced by the process of supplementation. But the bound component may also have come into existence in the course of a complicated decision-making procedure. For example, the writer may decide on

(7) Jana utekla.
(Jane fled.)

and then opt for a temporal specification of the action. Basically he can choose one of the three models of elementary textual development (Nekvapil 1983). First, he may perform an operation on an utterance event already coded and by abolishing the terminal signal (+ implementation of further changes) obtain the utterance event

(4) Jana utekla ve čtyři hodiny ráno.
(Jane fled at four o'clock in the morning.);

second, he may repeat the verb or use a verb of the same semantic class, and/or a semantic derivation of some kind, so that the resulting text may be either

(9) Jana utekla. Utekla/zmizela ve čtyři hodiny ráno.
(Jane fled. (She) fled/vanished at 4 in the morning.)

or

(10) Jana utekla. Ve čtyři hodiny ráno byla pryč.
(Jane fled. At 4 in the morning, (she) was away.);

third, the writer may use a compounded formation - i.e.

(2) Jana utekla. Ve čtyři hodiny ráno.
(Jane fled. At four o'clock in the morning.).

Provided the writer considers all these alternatives - especially the first and the third alternative, we are bound to conclude that the bound component was produced by parcellation (if of course his final choice is the third alternative). Now applying the theory-of-plans point of view, the processes at work here could be described as follows: the utterance event

(7) Jana utekla.
(Jane fled.)

was realized on the basis of the first plan; it was only after the first plan's implementation that the second plan emerged, comprising both the base component and the bound component (with the bound component already coded).

Finally, a brief note on the plan concept. Obviously the term plan requires a different interpretation when applied to the process of parcellation and when used with reference to the process of supplementation. The need to distinguish the two senses ensues from the different degree of intentionality characterizing each process. Parcellation no doubt will have to be ascribed a higher degree of intentionality than supplementation. Interestingly, some authors draw a distinction between *plan* and *program*. In their conception, *plan* is a deliberate program.[1]

Note

[1] This paper is a modified extract from a lengthy study published as "On the asymmetry between syntactic and elementary textual units". - In: Chloupek, Jan/Nekvapil, Jiří (eds.) (in press). See also Nekvapil (1985).

References

Nekvapil, Jirí (1983): "Concerning elementary text development". - In: Linguistische Studien 112/A, 36-43.
- (1985): "A note on obligatory and non-obligatory sentence elements from the viewpoint of text analysis". - In: Linguistica Generalia IV. Philologica 1. Acta Universitatis Carolinae, 63-68.
- /Chloupek, Jan (eds.) (in press): Studies in functional stylistics. - Benjamins: Amsterdam.

ANSÄTZE EINER RELATIONALEN KOMPONENTE IN KOMPLEXEN SÄTZEN

Peter R. Lutzeier

Meine anhand *einfacher* Sätze entwickelte relationale Komponente umfaßt sechs syntaktisch-semantische Relationen. Drei dieser Relationen fungieren als Komplement-(bzw. Ergänzungs-)Relationen: Ursprungs-Relation, Ziel-Relation und Wegweiser-Relation, und die vierte Relation ist als Modifikations-Relation für die Erfassung von Modifikations-Beziehungen zuständig. Zwei weitere, die Null-Relation und die Identitäts-Relation, sind schließlich für Besonderheiten auf der Formebene gedacht (Lutzeier 1988/1991). Hier sollen nun einige komplexe Sätze zur Untersuchung herangezogen werden.

Ein Teil von komplexen Sätzen stellt prinzipiell nichts Neues dar, denn diese Sätze können als durch die Expansion einzelner möglicher Konstituenten relativ einfacher Sätze verstanden werden. Gemeint ist der Fall der Einbettung eines Teilsatzes in den durch einen (relativ einfachen) Satz vorgegebenen Rahmen. Als notwendige Bedingung muß sich der fragliche Teilsatz durch eine nominale, adjektivische oder adverbiale Konstituente substituieren lassen, wobei sich durch die Substitution die Beziehungen zum Rest der Gesamtkonstruktion nicht verändern dürfen. Als Beispiele können dienen:

(1) Daß er bei 'Fang den Hut' verloren hatte, ärgerte Thomas sehr
(2) Der minister, der sich eine eigene meinung leistete, mußte zurücktreten
(3) Ein minister, der sich eine eigene meinung leistete, mußte zurücktreten
(4) Falls du hilfe brauchst, bleibe ich zu hause.

In (1) tritt die Phrase *daß er bei 'Fang den Hut' verloren hatte* in meine Ursprungs-Relation mit der Verbform *ärgerte* ein. Damit wird diese Phrase als eine durch die Verbform *ärgerte* eröffnete Möglichkeit mit Ergänzungsstatus im Gesamtsatz gesehen. Diese Behandlung entspricht in etwa der traditionellen Auffassung von solchen Phrasen als Subjektsätzen und man kann sicherlich von einer relativ starken Bindung an den Rest sprechen.

Ohne weiteren Kontext sehe ich in (2) für die Verbalphrase *der sich eine eigene meinung leistete* den Fall eines restriktiven Relativsatzes vor, der bei mir in die Modifikations-Relation mit dem Substantiv *minister* eintritt und in der Verkettung wiederum ein komplexes Substantiv liefert.

Bei (3) haben wir für die Verbalphrase *der sich eine eigene meinung leistete* wohl eher den Fall eines nicht-restriktiven Relativsatzes. Die Phrase tritt zwar ebenfalls in die Modifikations-Relation mit dem Substantiv *minister* ein, jedoch hier auf gleicher hierarchischer Ebene wie die Form des unbestimmten Artikels. Im Unterschied zu (2) werden hier die attributiven Beiträge des Teilsatzes und des Artikels als gleichwertig gesehen. Der relevante Rahmen in (3) ist die entstehende Nominalphrase. Sowohl in (2) als auch in (3) stellen die betreffenden Verbalphrasen gemäß traditioneller Auffassung Gliedteilsätze dar - eine Vorstellung, die wir selbstverständlich mit erfaßt haben.

In (4) kommt ebenfalls die Modifikations-Relation zum Zuge. Um eine Vergleichsmöglichkeit mit dem späteren Beispiel (6) zu bieten, führe ich hier ein explizites Diagramm

(D 1)[1] an. Zunächst liegt eine syndetische Verkettung mittels der Konjunktion *falls* vor. Dabei ist zu beachten, daß eine unterordnende Konjunktion mit einer der beiden Verbalphrasen einen engeren Zusammenhang aufweist - in (4) ist dies die Phrase *du hilfe brauchst*. Eine unterordnende Konjunktion nimmt sich somit, ähnlich wie eine Präposition, zunächst ein "inneres" Argument und stellt das dominierende Element im syntaktischen Sinne (den Kopf) in der resultierenden Phrase dar. Aus diesem Grunde nenne ich die resultierende Phrase "Konjunktionalphrase" (CP).[2] Zurück zu Beispiel (4): Die Konjunktionalphrase *falls du hilfe brauchst* tritt in die Modifikations-Relation mit der Verbalphrase *bleibe ich zu hause* ein, d.h., traditionell gesprochen, sehen wir für die Phrase *falls du hilfe brauchst* die Funktion eines Satzadverbs vor. Obwohl damit immer noch der Fall der Einbettung in eine Position des Gesamtrahmens gegeben ist, kann, etwa im Vergleich zu (1), sicherlich nur noch von einer relativ schwachen Bindung an den übrigen Rest gesprochen werden. Der Rest in (4) ist bereits so etwas wie ein "selbständiger" Teilsatz. Deshalb ist es wichtig, bei "Einbettung" konsequent von Positionen eines (relativ einfachen) Satzes im Gesamtrahmen zu reden, und nicht von Positionen eines irgendwie "übergeordneten" Rests. Bekanntlich leidet die "Hauptsatz-Nebensatz"-Terminologie unter diesen Schwierigkeiten. Mit der Konzentration auf die Positionen des Gesamtrahmens ist es dann auch kein Problem mehr, von "Einbettung" in Fällen wie (5) zu sprechen[3]:

(5) Während Hans die brötchen beim bäcker besorgte, mahlte Anna die kaffeebohnen, setzte den kaffee auf und deckte den tisch.

Der Inhalt der Phrase *während Hans die brötchen beim bäcker besorgte* leistet, traditionell gesprochen, eine adverbiale Modifikation der übrigen Aktivitäten von Anna, insofern dadurch der zeitliche Rahmen für diese Aktivitäten angegeben wird. Auch hier läßt sich meine Modifikations-Relation zwischen der Konjunktionalphrase *während Hans die brötchen beim bäcker besorgte* und dem "selbständigen" Rest ansetzen. Von einer starken Bindung an die gesamte Konjunktionalphrase *mahlte Anna die kaffeebohnen setzte den kaffee auf und deckte den tisch* oder gar an einen der individuellen Teile kann selbstverständlich nicht gesprochen werden.

Wir haben mit unseren bisherigen Beispielen (1) bis (5) erkannt, daß selbst der einheitliche Fall der Einbettung eventuell unterschiedliche Grade von Bindung des eingebetteten Teilsatzes an den Rest mit sich bringt[4] - eine Situation, die nicht überraschen sollte, da sie selbstverständlich nur Ausfluß der problematischen Abstufungen zwischen Ergänzung und Angabe beim einfachen Satz darstellt. Dennoch sind diese Bindungsgrade allesamt noch im Rahmen der Satzbedeutung zu interpretieren. Deshalb haben sich auch für den Fall der Einbettung meine syntaktisch-semantischen Relationen als wichtiges Beschreibungsmittel erwiesen.

Zieht man für die Subordination intuitiv die Vorstellung eines Ungleichgewichts zwischen den involvierten Teilen heran, dann liegt mit der bisherigen Erfahrung folgende (saloppe) Formulierung für einen Begriff "Subordination" nahe (vgl. Diagramm 2): Phrase A ist subordiniert der Phrase B im Rahmen C, dann und nur dann, wenn A und B unmittelbare Konstituenten von C sind und A über eine der Komplement-Relationen oder die Modifikations-Relation auf B bezogen ist. Hierzu muß man noch wissen, daß die Richtung meiner Relationen jeweils auf das dominierende Element zielt. "Dominanz" ist über morpho-syntaktische Eigenschaften, speziell Rektion bei Verben und Präpositionen, oder über semantische Eigenschaften, speziell Extension bei Substantiven, festgelegt. Unser Begriff "Subordination" ist mit dieser Formulierung als r e l a t i o n a l e r Begriff etabliert. Durch die asymmetrische Beziehung, basierend auf dem Dominanz-Begriff, ist die intuitive Vorstellung eines Ungleichgewichts zwischen den involvierten Teilen voll erfaßt. Ferner ist zumindest mit angelegt, daß wir einerseits "Subordination" bezüglich eines vorgegebenen Hintergrundes und andererseits bezüglich einer bestimmten Sprachebene sehen müssen. Der Hintergrund ist durch die Konstruktion C vorgegeben, wobei C mindestens über einfache Kategorien, komplexe Phrasen, Sätze bis hin zu syntaktische Ketten im Textrahmen variieren sollte. Bereits im Falle der Beispiele (2) versus (3) hatten wir eine Illustration für die wünschenswerte Variabilität von C. In (2) war C ein Substantiv, während in (3) C zur Kategorie "Nominalphrase" gehörte. Da meine Liste von Relationen als syntaktisch-semantische Relationen für den Satzrahmen eingeführt wurde, ergibt sich somit eine Beschränkung für die im Augenblick erfaßbare Variationsbreite von C. Weder ist eine naheliegende Ausweitung auf den vollen Textrahmen noch eine naheliegende Einengung auf den komplexen Wortrahmen unmittelbar möglich. Hierzu müßte erst eine extra Liste von rhetorischen/textuellen Relationen und eine extra Liste von morpho-logischen Relationen aufgestellt werden. Was die Sprachebenen angeht, so ist der für den konkreten Fall anzuwendende Dominanz-Begriff entscheidend, ob wir von "Subordination" im morpho-syntaktischen Sinne oder im semantischen Sinne reden. Die Beschränkung auf die morpho-syntaktische Ebene und die semantische Ebene reicht selbstverständlich auch hier nicht aus. Im Zusammenhang mit einer extra Liste von pragmatischen Relationen, die einen eher diskursanalytisch zu sehenden Dominanz-Begriff mit sich brächten, wäre an eine entsprechende Erweiterung zu denken. Damit ist unsere obige Formulierung des Subordinationsbegriffes, genauer gesagt, bisher nur eine Formulierung des Begriffs "Subordination in komplexen Phrasen oder Sätzen in morpho-syntaktischem oder semantischem Sinne". Der Fall der Einbettung als Sonderfall der Subordination ergibt sich, salopp gesprochen, wenn C maximal noch als Satzrahmen gesehen werden kann und A einen Teilsatz darstellt.

Das Gewicht der Relationen für die Erfassung des Begriffs "Subordination" mag irritieren, insbesondere, wenn man an Markierungsmöglichkeiten auf der Formebe denkt. Selbstverständlich äußert sich Subordination im Deutschen im Falle von A als Teilsatz eventuell in besonderen Markierungen auf der Formebene, wie das Auftreten bestimmter lexikalischer Elemente - unterordnende Konjunktionen - , der Position der finiten Verbform, nämlich nicht in Zweitposition, sondern eher dem Ende zu oder in einem bestimmten Modus, dem Konjunktiv. Unter zu präzisierenden Voraussetzungen liefern solche Markierungen zwar hinreichende Kriterien für ein Subordinationsverständnis auf einer formalen Ebene, aber bekanntermaßen keine notwendigen Kriterien.

Obwohl mit den bisher illustrierten Fällen der Einbettung zweifellos ein zentraler Bereich der Subordination beschrieben wurde, möchte ich im folgenden einige weitere Möglichkeiten subordinativer Beziehungen zwischen Phrasen berücksichtigen. Dabei sind solche interessant, von denen wir uns Anregungen für die in Zukunft zu erstellenden Listen von weiteren Relationen versprechen dürfen.

Die Vielfalt solcher Beziehungen wird durch folgende Beispiele deutlich:

(6) Falls du hilfe brauchst, dann bleibe ich zu hause
(7) Wenn du mich brauchst, ich bin sowieso zu hause
(8) Hans kommt zu besuch, worüber wir uns freuen
(9) Selbst wenn er einen sonderbewacher erhält, Klinsmann bleibt ein torgefährlicher stürmer.

Anstatt einer Einbettung in den durch einen (relativ einfachen) Satz vorgegebenen Rahmen finden wir in den Beispielen (6) - (9) jeweils die Verbindung zweier Phrasen zu einer komplexen syntaktischen Kette K. Wir bewegen uns damit im Übergangsbereich zwischen Satzrahmen und Textrahmen. Da die Phrasen jedoch intuitiv nicht einfach gleichwertig nebeneinander gestellt sind, wären diese Beispiele sicherlich auch Kandidaten für den Bereich der Subordination. Kann diese Einschätzung mit unserer Formulierung des Subordinationsbegriffes in Einklang gebracht werden? Aus Platzgründen muß ich mich leider hier auf die Besprechung von Beispiel (6) konzentrieren.

In (6) geht es um eine direkte, kausale Beziehung auf inhaltlicher Ebene, insofern die erste Teilphrase die Bedingung/Voraussetzung für das Eintreten der zweiten Teilphrase formuliert. Vergleichen wir die Kette (6) mit Satz (4), dann erkennen wir, daß in (6) allein das Adverb *dann* die formale Trennung der beiden Teilphrasen bewerkstelligt, gleichzeitig aber auch die angesprochene Verbindung auf der inhaltlichen Ebene garantiert. Eine, die hier relevanten Teile betreffende syntaktische Analyse von (6) sieht folgendermaßen aus (vgl. Diagramm 3): Die Gesamtphrase wird als syntaktische Kette K angesehen. Als unmittelbare Konstituenten von K ergeben sich eine Konjunktionalphrase und eine Verbalphrase. Das Adverb *dann* blockiert die in (4) realisierte Einbettungsmöglichkeit für die Konjunktionalphrase *falls du hilfe brauchst*. Die Verbindung dieser beiden Konstituenten wird somit nicht auf der Ebene der Satzsemantik zu interpretieren sein. Die Konjunktionalphrase eröffnet vielmehr im Rahmen der gesamten Kette die Möglichkeit für das Auftreten der Verbalphrase *dann bleibe ich zu hause*, m.a.W., wir sehen die Konjunktionalphrase als dominierender Teil in der Kette K in einem diskursanalytischen Sinne an. Deshalb kehrt sich auch im Unterschied zu Diagramm 1 die Richtung der neu anzusetzenden Relation um, die, wie gesagt, nicht mit meinen bisherigen, syntaktisch-semantischen Relationen verwechselt werden darf. Sie soll hier in provisorischem Sinne als rhetorische "Folge"-Relation benannt werden. Gemäß unserer Vorstellung für "Subordination" ist damit die Verbalphrase *dann bleibe ich zu hause* der kategoriell als unterordnende Konjunktionalphrase zu bezeichnenden Phrase *falls du hilfe brauchst* innerhalb der Kette K auf der Diskursebene subordiniert! Diese Erscheinung liefert bereits einen Hinweis auf mögliche Voraussetzungen für vorhin erwähnte Markierungen als hinreichende Bedingung für "Subordination": Eine Voraussetzung ist wohl, daß wir es mit einem Fall von Einbettung zu tun haben. Das Analogon zur in Diagramm 1 angegebenen Richtung der syntaktisch-semantischen Modifikations-Relation finden wir in Diagramm 3 auf der hierarchischen Ebene zwischen dem Adverb *dann* und der Verbalphrase *bleibe ich zu hause*. Die Identitäts-Relation zwischen dem Adverb dann und der Verbalphrase *du hilfe brauchst* erfaßt den übereinstimmenden inhaltlichen Bezug dieser Teile und garantiert somit die erwünschte Verbindung auf der inhaltlichen Ebene. Die lexikalische Bedeutung der unterordnenden Konjunktion *falls* schließlich hebt den Bedingungscharakter der Verbalphrase *du hilfe brauchst* hervor. Insgesamt haben wir damit eine Illustration für das im Hinblick auf die Ableitung der Bedeutung voll ausgenützte Zusammenspiel der verschiedensten Analyseelemente - ein allgemeines Charakteristikum meines Ansatzes. Im Falle der Beispiele (4) und (6) garantiert dieses Vorgehen, trotz wichtiger Unterschiede in der syntaktischen Analyse, eine übereinstimmende Bedeutung.

Eine Betrachtung der Beispiele (7) bis (9) würde den Eindruck verstärken, daß unsere Vorstellung des Begriffes "Subordination" flexibel genug ist, um die damit verbundenen Phänomene komplexer Sätze zufriedenstellend zu erfassen. Beispiel (6) hatte deutlich gemacht, daß Einbettungen wahrscheinlich als die einzigen Fälle gelten müssen, bei denen Markierungen auf der Formebene als hinreichende Bedingung für einen formalen Subordinationsbegriff konsistent verwendet werden können. Die Grammatikalisierung der kognitiven Vorstellung einer ungleichgewichtigen Verbindung zweier Phrasen scheint somit im Falle der "Einbettung", d.h., letztlich innerhalb des Satzrahmens, am weitesten entwickelt - ein Ergebnis, das man selbstverständlich erwarten durfte.

Diagramme

Diagramm 1:

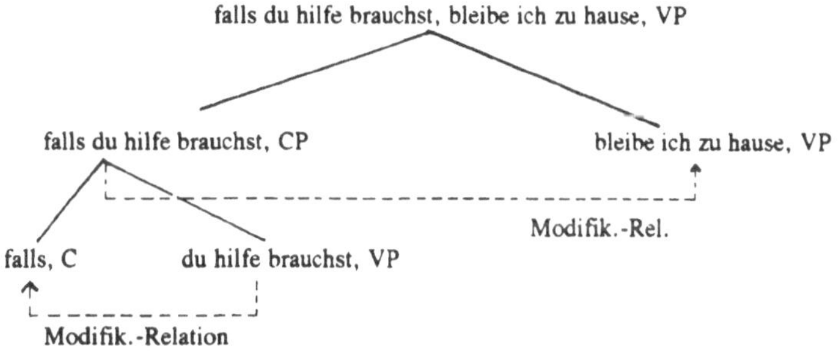

Diagramm 2:

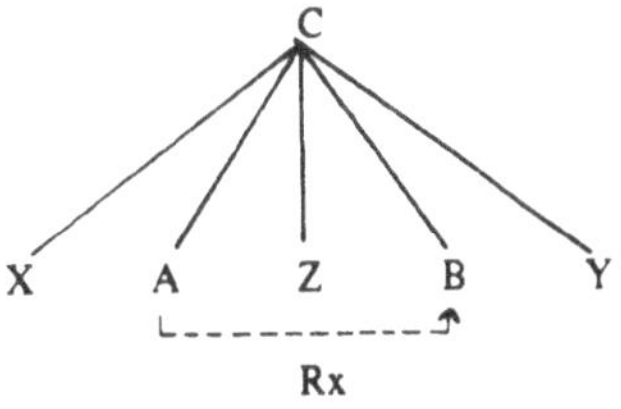

"A ist subordiniert zu B in C" (bzgl. der durch R angespro-sprochenen Sprachebene E)

Sub(A, B, C, E)

Diagramm 3:

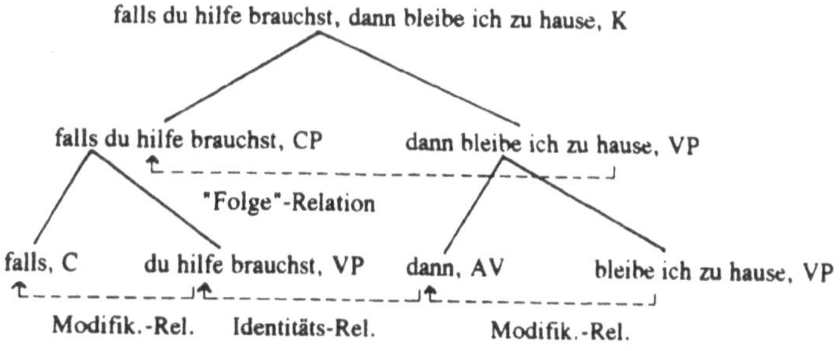

Anmerkungen

1 Meine Verbalphrase VP darf nicht mit der Verbalphrase in anderen Ansätzen verwechselt werden. Nähere Angaben hierzu in Lutzeier (1991).

2 Unterschiedliche Abfolgen, VP + CP oder CP + VP, wenn möglich für die entsprechenden Konjunktionen, vgl. hierzu Buscha (1989: 358), spielen für unsere Fragestellung innerhalb des Satzrahmens keine Rolle. Dies schließt unterschiedliche Wirkungen innerhalb Texten nicht aus. Vgl. zu solchen Möglichkeiten Ramsey (1987: 385/407), Givón (1987: 180/183) und Thompson (1987: 448).

3 Vgl. Matthiesen/Thompson (1988: chap. 2.3), die meinen, man könnte bei solchen Beispielen nicht mehr von "Einbettung" sprechen.

4 Sicherlich kann "Einbettung" nicht einfach mit höchstem Grad an Bindung gleichgesetzt werden, wie es etwa Lehmann (1988: 184f.) vorzuschlagen scheint. Bereits Blatz (1900: 754) erkannte die Möglichkeit einer gewissen Eigenständigkeit selbst im Falle einer Einbettung.

Literatur

Blatz, Friedrich (1900): Neuhochdeutsche Grammatik mit Berücksichtigung der historischen Entwickelung der deutschen Sprache. II: Satzlehre (Syntax). - Karlsruhe: Lang's Verlagsbuchhandlung, 3.A.

Buscha, Joachim (1989): "Die Konjunktionen als Beschreibungsproblem." - In: Deutsch als Fremdsprache 26, 354-360.

Givón, Talmy (1987): "Beyond foreground and background." - In: Tomlin (ed.) 175-188.

Haiman, John/Thompson, Sandra A. (eds.) (1988): Clause combining in grammar and discourse. - Amsterdam: Benjamins.

Lehmann, Christian (1988): "Towards a typology of clause linkage." - In: Haiman/Thompson (eds.) 181-225.

Lutzeier, Peter Rolf (1988): "Syntaktisch-semantische Relationen: Ein Versuch fürs Deutsche." - In: Deutsche Sprache 16, 131-143.

- (1991): Major Pillars of German Syntax. An introduction to CRMS-theory. - Tübingen: Niemeyer.

Matthiesen, Christian/Thompson, Sandra (1988): "The Structure of Discourse and "Subordination". - In: Haiman/Thompson (eds.) 275-329.

Ramsay, Violeta (1987): "The functional distribution of preposed and postposed "if" and "when" clauses in written discourse." - In: Tomlin (ed.) 383-408.

Thompson, Sandra A. (1987): ""Subordination" and narrative event structure." - In: Tomlin (ed.) 435-454.

Tomlin, R( ) S. (ed.) (1987): Coherence and grounding in discourse. - Amsterdam: Benjamins.

FREIE RELATIVSÄTZE UND DIE KASUSHIERARCHIE

Karin Pittner

Für die Bildung von freien Relativsätzen existieren in verschiedenen Sprachen unterschiedliche Regeln. In einer Reihe von Sprachen muß der Kasus des Relativpronomens mit dem Kasus übereinstimmen, den das Matrixverb für die NP fordert, an deren Stelle der freie Relativsatz auftritt. Diese sogenannten "Matching-Effekte" sind jedoch nicht in allen Sprachen vorhanden. Es gibt Sprachen, in denen Matching generell nicht oder unter bestimmten Bedingungen nicht erforderlich ist.[1] Deutsch wird im allgemeinen zu den Sprachen gerechnet, in denen freie Relativsätze Matching-Effekte aufweisen müssen.[2]

Ein Ziel dieses Aufsatzes ist zu zeigen, daß dies nicht uneingeschränkt gilt. Auch im Deutschen gibt es freie Relativsätze, die kein Matching aufweisen. Bei dem Kasuskonflikt zwischen dem vom Matrixverb und dem Verb innerhalb des freien Relativsatzes geforderten Kasus kann ersterer unrealisiert bleiben, wenn er höher auf der Kasushierarchie rangiert als der vom Verb im freien Relativsatz geforderte Kasus. Unabhängige Evidenzen für diese Hierarchie werden aufgezeigt. Abschließend werden die Konsequenzen dieses Befunds für die Struktur von freien Relativsätzen diskutiert.

1. Fehlende Matching-Effekte

Entgegen einer weit verbreiteten Meinung lassen sich im Deutschen freie Relativsätze finden, die kein Matching aufweisen.[3] Der vom Matrixverb geforderte Kasus bleibt in folgenden Belegen unrealisiert.

PP statt AKK:

(1) Jeder muß tun, wofür er bestimmt ist.
(2) Er zerstört, wovon er abhängig ist. (Wieck, Männer lassen lieben: 115)
(3) Sie tut nur, wofür sie gedacht und gemacht worden ist. (Zeitmagazin 23/1989: 58)
(4) Ich trage, worauf ich Lust habe. (Hörbeleg)
(5) Wovon "Herzblatt"-Rudi Carrell seit langem träumt, hat Jürgen von der Lippe auf Anhieb geschafft. (AZ 25.1.90)

DAT statt AKK:

(6) Sie lädt ein, wem sie zu Dank verpflichtet ist.

PP statt NOM:

(7) Erforscht wird, wofür's Geld gibt. (AZ)
(8) Womit die Bundesregierung ihre starre Haltung bisher begründete, schien gestern nicht mehr zu gelten. (taz 21.3.90: 1)
(9) Wonach sich fragen läßt, ist eine Konstituente. (Grewendorf/Hamm/Sternefeld, Sprachliches Wissen: 161)

AKK statt NOM:

(10) Wen es zum Lehrerberuf hinzieht, bevorzugt eher die geisteswissenschaftlichen und philologischen Fächer. (ZEIT 41/89: 87).

DAT statt NOM:

(11) Wem die ätherischen Öle zu scharf sind, greift zu der leicht salzig schmeckenden Solezahnpasta. (Medizin).
(12) Wem es nicht paßt, der DDR, den Unternehmen oder Spekulanten Tribut zu zollen, kann durch geschicktes Taktieren am Kapitalmarkt Verluste vermeiden. (Wirtschaftswoche 8/1990: 3)
(13) Punkte machte, wem es gelang, auf dem Spielstock den Ball durch das gegnerische Tor zu balancieren. (Zeit-Magazin 44/89: 27)
(14) Wem es gelingt, Schatzbriefe im vierten Laufzeitjahr zu erwerben, fängt mit 7,25 Prozent an. (Zeitmagazin 45/89: 128)

Generell bezieht sich die Matching-Regel nicht auf den abstrakten Kasus, sondern auf die konkrete, morphologische Kasusform. Daher fällt ein Kasuskonflikt zwischen Nominativ Neutrum und Akkusativ Neutrum gar nicht auf, da die Form des Relativpronomens in beiden Fällen *was* lautet. Ein Kasuskonflikt zwischen Nominativ Maskulinum und Akkusativ Maskulinum ist dagegen augenfällig, da die Form in einem Fall *wer*, im anderen *wen* lautet. In diesen Fällen kann ein von dem Matrixverb geforderter Nominativ unrealisiert bleiben (s. (10)), ein Akkusativ dagegen nicht.

(15a) Er zerstört, was ihn behindert.
(15b) *Er zerstört, wer ihm in die Quere kommt.

An einem Kasuskonflikt zwischen Akkusativ und Dativ sind morphologisch distinktive Formen beteiligt (*wen* und *wem*). In diesen Fällen kann ein vom Matrixsatz geforderter Akkusativ unrealisiert bleiben (s.(6)), nicht jedoch umgekehrt.

(16) *Er vertraut, wen er kennt.

Eine Bildung von freien Relativsätzen ist also generell dann möglich, wenn die Identität der Kasusform gegeben ist. Ist sie nicht gegeben, dann ist die Bildung eines freien Relativsatzes nicht generell ausgeschlossen, wie (1) - (14) belegen. Gewisse Kombinationen werden jedoch für deutlich schlechter gehalten[4] und können als ungrammatisch gelten.

Alle akzeptablen Abweichungen von der Matching-Regel liefern eine Evidenz für die folgende Regel:

(R) Bei einem Kasuskonflikt zwischen dem vom Matrixverb geforderten Kasus K1 und dem vom Verb im freien Relativsatz geforderten Kasus K2 kann K1 unrealisiert bleiben, wenn K1 K2 auf folgender Hierarchie vorangeht:
(KH) Nominativ › Akkusativ › Dativ/Präpositionalkasus[5]

Nach dieser Regel sind alle Kombinationen in (1) - (14) möglich, die als unkorrekt empfundenen Kombinationen in (15b) und (16) sind ausgeschlossen. (R) ist also nach den obigen Belegen und Akzeptabilitätsurteilen empirisch adäquat.

Die Frage stellt sich, warum die Kasushierarchie (KH) für die Bildung von freien Relativsätzen eine Rolle spielt und welche anderen Evidenzen es für diese Hierarchie gibt.

Allgemein läßt sich diese Kasushierarchie als eine Hierarchie morphologischer Markiertheit auffassen. Der am höchsten rangierende Kasus, der Nominativ, ist zugleich derjenige Kasus, der als morphologisch unmarkiert gilt, während die weiter unten rangierenden Kasus zunehmend morphologisch markierter sind. Mugdan (1977: 68) konkretisiert dies anhand der Anzahl der Kasusformen in der Nominalflexion, die existieren, um im Deutschen bestimmte Kasusgegensätze auszudrücken. So gibt es nur drei Formen, die den Gegensatz NOM:AKK sichtbar machen, dagegen vier distinktive Formen für den Gegensatz NOM:DAT und sieben distinktive Formen für den Gegensatz NOM:GEN. Man kann dies dahingehend interpretieren, daß eine größere Notwendigkeit besteht, auf der Hierarchie tief rangierende Kasus eindeutiger zu kennzeichnen als solche, die auf der Hierarchie weit oben rangieren wie NOM und AKK.

Hier zeigt sich eine Parallele zur Bildung von freien Relativsätzen. In freien Relativsätzen können diejenigen vom Matrixverb geforderten Kasus unrealisiert bleiben, für die die Nominalflexion nur wenige distinktive Formen bereitstellt. Wie die obigen Belege zeigen, sind es der Nominativ und der Akkusativ, die unrealisiert bleiben können. Möglicherweise liegt den Formen aus der Nominalflexion wie auch den Regeln für die Bildung freier Relativsätze ein allgemeines Realisationsprinzip zugrunde, demzufolge die selteneren, stärker idiosynkratischen Kasus morphologisch gekennzeichnet werden müssen, die häufiger auftretenden Kasus dagegen nicht.

Weiter oben auf der Hierarchie liegen die Kasus, die "strukturell" sind, also in Abhängigkeit von bestimmten Strukturpositionen zugewiesen werden. Weiter unten liegen die lexikalischen oder inhärenten Kasus, die von bestimmten Lexemen idiosynkratisch festgelegt werden. Die Dichotomie lexikalisch vs. strukturell ist jedoch für die Beschreibung der Regeln für freie Relativsätze nicht ganz ausreichend. Generell können zwar die strukturellen Kasus unrealisiert bleiben, die lexikalischen dagegen nicht. Innerhalb der strukturellen Kasus besteht jedoch ganz klar die Abstufung NOM › AKK, d.h. ein (morphologisch distinktiver) Nominativ kann zugunsten eines Akkusativs unrealisiert bleiben, nicht jedoch umgekehrt. Diese Hierarchie ist also für die Beschreibung einer empirisch adäquaten Regel für freie Relativsätze unverzichtbar und kann nicht auf den Gegensatz lexikalisch vs. strukturell reduziert werden.

2. Weitere Evidenzen für die Kasushierarchie

Es gibt eine Reihe von weiteren Sprachen, in denen Abweichungen von der Matching-Regel nur unter Bezug auf eine Kasushierarchie korrekt beschrieben werden können. Bresnan/Grimshaw (1978) zeigen, daß im Finnischen die möglichen Abweichungen von der Matching-Regel durch eine Kasushierarchie determiniert werden. Harbert (1983) zeigt dies für das Gotische und für klassisches Griechisch.

Hier stellt sich die Frage, welche anderen Evidenzen es im Deutschen für die oben genannte Kasushierarchie gibt. Oben wurde schon darauf hingewiesen, daß die Kasushierarchie eine Skala zunehmender morphologischer Markiertheit ist. Sie ist jedoch kein isoliertes morphologisches Phänomen, sondern spielt in verschiedener Hinsicht eine Rolle für die Syntax.

Wunderlich (1985) geht davon aus, daß nicht nur Kasus, sondern auch semantische Rollen und grammatische Relationen hierarchisch geordnet sind. Er nimmt Bezug auf die Kasushierarchie, um die Verknüpfung von einzelnen Satzgliedern mit bestimmten semantischen Rollen zu erklären. Ihm zufolge liegt hier eine Abbildung von bestimmten hierarchisch geordneten semantischen Rollen auf die Kasushierarchie vor. Im unmarkierten Fall wird die ranghöchste semantische Rolle mit dem ranghöchsten Kasus verknüpft usw.

Primus (1987) zeigt, daß diese Kasushierarchie auch Licht auf bislang noch unklare Reflexivierungsdaten wirft. Neben anderen relevanten Faktoren wie c-Kommando und lineare Präzedenz spielt ihrem Beispielmaterial zufolge auch die Kasushierarchie eine Rolle für die Reflexivierung. Eine Ergänzung ist dann besser reflexivierbar, wenn das Antezedens auf der Kasushierarchie weiter oben steht als umgekehrt. D.h. Nominativ-NPn können für alle anderen Komplemente als Antezedens fungieren, Akkusativ-NPn für Dativ-NPn, nicht aber umgekehrt. Letzteres soll hier illustriert werden.

(17) Hans überläßt die Schwester sich/*ihr.
(18) Die Leute schlugen dem Fragenden ihn/*sich als Verhandlungsführer vor.
(19) Er bietet ihm ihn/*sich an.

Ein weiteres Phänomen, das in Beziehung zu der Kasushierarchie steht, ist der diachrone Abbau von bestimmten Kasusformen. Die weiter unten liegenden, markierteren Kasus tendieren dazu, als erste eliminiert zu werden. Der Genitiv, ein markierter und daher auf der Hierarchie niedrig anzusetzender Kasus, ist als Objektskasus heute schon weitgehend obsolet.

Weitgehend unstrittig ist, daß sich die Elimination der Kasus auf den reduktiven Lautwandel zurückführen läßt, durch den die Affixe beseitigt werden (Behaghel 1923 I: 479, Starke 1969: 187). Da die auf der Hierarchie niedriger rangierenden Kasus stärker durch Affixe gekennzeichnet sind, werden sie durch die Reduktion erfaßt und abgebaut.

Eine weitere Evidenz für die Kasushierarchie liefern Spracherwerbsdaten. Von verschiedenen Autoren wird beobachtet, daß zunächst die weit oben rangierenden Kasus erlernt werden und erst später die weiter unten rangierenden Kasus (Clahsen 1984, Tracy 1986).

3. Die interne Struktur von freien Relativsätzen

Wie gezeigt wurde, entstehen bei freien Relativsätzen Kasuskonflikte dadurch, daß zwei kasuszuweisende Elemente vorhanden sind, nämlich das Matrixsatzverb und das Verb im freien Relativsatz. Aus der Art, wie diese Kasuskonflikte gelöst werden, lassen sich verschiedene Aussagen über die Struktur von freien Relativsätzen und insbesondere über die Position des Relativums gewinnen.

Zur Beschreibung der Struktur von freien Relativsätzen wurden eine Reihe von Vorschlägen gemacht, die sich in drei Gruppen einteilen lassen, was ihre Aussage bezüglich der Position des Relativums betrifft.

A) Das Relativpronomen füllt die Position der Bezugs-NP im Matrixsatz. Die satzeinleitende Position innerhalb des freien Relativsatzes bleibt leer (Bresnan/Grimshaw 1978).

B) Das Relativpronomen besetzt beide Positionen zugleich, da diese bei freien Relativsätzen zusammenfallen (Haider 1988a/1988b).

C) Das Relativpronomen füllt die satzeinleitende Position im freien Relativsatz. Die Position der Bezugs-NP im Matrixsatz bleibt leer (Groos/van Riemsdijk 1981, Harbert 1983, Suñer 1984, Grosu 1988).

Vorschlag A) stammt von Bresnan und Grimshaw (1978). Die Matching-Effekte ergeben sich nach ihrer Analyse daraus, daß das Relativum im Matrixsatz steht und daher in den Kasusrahmen des Matrixverbs passen muß. Ein Problem sind für diese Analyse allerdings freie Relativsätze ohne Matching-Effekte. Man müßte annehmen, daß in diesen Fällen das Relativum nicht im Matrixsatz steht und erhält auf diese Weise keine einheitliche Beschreibung der Struktur von freien Relativsätzen. Unplausibel ist diese Annahme auch deswegen, weil man eine leere satzeinleitende Position im freien Relativsatz annehmen muß und eine völlig unmotivierte Bewegung des Relativums in den Matrixsatz.

B) wird von Comrie (1981: 138) als eine sprachtypologische Möglichkeit eingeräumt, wenn er von Relativsätzen mit einem internen Kopf[6] spricht. Auch Mallinson/Blake (1981: 355) gehen in diese Richtung, da sie in Strukturen wie *what he was doing was quite illegal* das Relativum als "amalgam of head and relative marker" bezeichnen.[7]

Auch die Idee, daß das Relativpronomen quasi an beiden Positionen steht, ist mit den Daten nicht vereinbar. Man würde erwarten, daß die Kasusforderungen von beiden Verben erfüllt werden müssen, was zwar in der Mehrzahl der Fälle, aber eben nicht immer zutrifft. Zumindest würde man nach dieser Analyse erwarten, daß beide Kasuszuweiser gleichberechtigt sind. In diesem Fall müßte sich immer der auf der Hierarchie tiefer liegende Kasus durchsetzen, egal ob er vom Matrixverb oder vom Verb innerhalb des freien Relativsatzes zugewiesen wird.[7] Wie gezeigt wurde, hat aber der vom Verb im Relativsatz zugewiesene Kasus in jedem Fall Vorrang, nur der vom Matrixverb geforderte Kasus kann unter bestimmten Bedingungen unrealisiert bleiben. Das deutet darauf hin, daß das Relativum innerhalb des Relativsatzes steht und die Bezugs-NP unter bestimmten Bedingungen entfallen kann. Die Bildung eines freien Relativsatzes ist nur möglich, wenn diese Bedingungen erfüllt sind, ansonsten muß ein attributiver Relativsatz gebildet werden.

Es bietet sich also an, eine Struktur nach C) anzunehmen. Freie Relativsätze unterscheiden sich von attributiven Relativsätzen nur dadurch, daß sie eine leere Bezugs-NP haben.[8]

4. Zusammenfassung

In diesem Aufsatz wurde gezeigt, daß freie Relativsätze im Deutschen nicht immer Matching-Effekte aufweisen müssen. Bei einem Kasuskonflikt kann der vom Matrixverb geforderte Kasus unrealisiert bleiben, wenn er auf der Kasushierarchie weiter oben rangiert, d.h. wenn er unmarkierter ist. Weitere, unabhängige Evidenzen für diese Kasushierarchie im

Deutschen wurden aufgezeigt, zu denen bestimmte Reflexivierungsdaten, der diachrone Abbau von Kasus und der Erwerb von Kasusmarkierungen gehören.

Die von der Matching-Regel abweichenden freien Relativsätze sind mit einer Strukturbeschreibung der freien Relativsätze vereinbar, die für freie Relativsätze eine leere (getilgte) Bezugs-NP ansetzt.

Anmerkungen

1 Nach Groos/van Riemsdijk (1981: 205f.) gehören zu diesen Sprachen Alt- und Mittelhochdeutsch, Altfranzösisch und Altspanisch. Grosu (1988: 41) nennt ferner Latein und Gotisch als Sprachen mit uneingeschränktem Nicht-Matching sowie Finnisch, Katalanisch und Rumänisch als Sprachen, die Nicht-Matching unter bestimmten Bedingungen zulassen.

2 So z.B. Eisenberg (1986: 220), Groos/van Riemsdijk (1981: 177), Haider (1988: 47). Von den gängigen Grammatiken räumt einzig Engel (1988: 249) ein, daß es im Deutschen auch freie Relativsätze ohne Matching-Effekte geben kann.

3 Auch Grosu (1988: 41) geht davon aus, daß im Deutschen freie Relativsätze in Argumentpositionen Matching aufweisen müssen, lediglich in Linksversetzungsposition gelte dies nicht.

4 Zu den Ergebnissen einer Befragung von Informanten s. Bausewein (1991).

5 Der Genitiv kann hier wegen seiner marginalen Rolle als Objektskasus im Neuhochdeutschen vernachlässigt werden.

6 Cole (1987) zeigt für eine Reihe von Sprachen, daß diese "internen Köpfe" keine Köpfe sind, sondern nur zur Identifikation eines leeren pronominalen Kopfes dienen, der sich an der Peripherie des Relativsatzes befindet. Dies kommt der weiter unten befürworteten Analyse sehr nahe.

7 In einer technisch ausgefeilteren Version wird diese These von Haider (1988a/1988b: 47) für das Deutsche vertreten. Er erklärt die Matching-Effekte damit, daß bei den freien Relativsätzen "kongruente Projektionen" dadurch entstehen, daß die leere Bezugs-NP "derart über das darunter Befindliche gestülpt wird, daß Haupt mit Haupt und maximale Projektion mit maximaler Projektion zusammenfällt". Das Relativum repräsentiert somit zugleich die Bezugs-NP und das satzeinleitende Element im freien Relativsatz. Mit anderen Worten trägt das Relativum die Merkmale der leeren Bezugs-NP. Es ist also qua kongruenter Projektion der Kopf der Konstruktion.

8 Im Rahmen der generativen Syntax läßt sich dafür argumentieren, daß es sich bei der leeren Bezugs-NP um eine leere Kategorie vom Typ "kleines pro" handelt (s. Grosu 1988, Bausewein 1991). Die Matching-Effekte ergeben sich aus den Bedingungen für das Auftreten von pro.

Literatur

Bausewein, Karin (1991): "Haben kopflose Relativsätze tatsächlich keine Köpfe?" - In: Gisbert Fanselow/Sascha Felix (Hrsg.): Strukturen und Merkmale syntaktischer Kategorien (Tübingen) 144-158.

Behaghel, Otto (1923-1932): Deutsche Syntax. Eine geschichtliche Darstellung I-IV. - Heidelberg.

Bresnan, Joan/Grimshaw, Jane (1978): "The syntax of free relatives in English". - In: Linguistic Inquiry 9, 331-391.

Clahsen, Harald (1984): "Der Erwerb von Kasusmarkierungen in der deutschen Kindersprache". - In: Linguistische Berichte 89, 1-31.

Cole, Peter (1987): "The Structure of Internally Headed Relative Clauses". - In: Natural Language and Linguistic Theory 5, 277-302.

Comrie, Bernhard (1981): Language Universals and Linguistic Typology. - Oxford.

McCreight, Kate (1987): "Case Hierarchies: The Evidence from Free Relatives". - In: Papers from the 23rd Regional Meeting of the Chicago Linguistic Society, 259-267.

Eisenberg, Peter (1986): Grundriß der deutschen Grammatik. - Stuttgart.

Groos, Anneke/van Riemsdijk, Henk (1981): "Matching effects in free relatives: A parameter of core grammar". - In: Belletti, Adriana/Brandi ( ) /Rizzi, Luigi (eds.): Theory of markedness in generative grammar (Pisa) 171-216.
Grosu, Alexander (1988): "Pied Piping and the Matching Parameter." - In: The Linguistic Review 5/4, 41-58.
- (1990): On Licensing Conditions for pro. - Universität Stuttgart (Manuskript).
Haider, Hubert (1988a): "Matching Projections". - In: Cardinaletti, Anna/Cinque, Giulelmo /Gusti, Giuliana (eds.): Constituent structure. Papers from the 1987 GLOW Conference, Venedig (Venedig) 101-121.
- (1988b): "Die Struktur der deutschen Nominalphrase". - In: Zeitschrift für Sprachwissenschaft 7, 32-59.
Harbert, Wayne (1983): "On the Nature of the Matching Parameter". - In: The Linguistic Review 2, 237-284.
Mallinson, Graham/Blake, Barry J. (1981): Crosslinguistic Studies in Syntax. - Amsterdam.
Primus, Beatrice (1987): Grammatische Hierarchien. - München.
Starke, Günther (1969): "Konkurrierende syntaktische Konstruktionen in der deutschen Sprache der Gegenwart". - In: Zeitschrift für Phonetik, Sprachwissenschaft und Kommunikationsforschung 22, 25-65, 154-195.
Suñer, Margerita (1984): "Free Relatives and the Matching Parameter". - In: The Linguistic Review 3, 363-387.
Tracy, Rosemarie (1986): "The acquisition of case morphology in German". - In: Linguistics 24, 47-78.
Wunderlich, Dieter (1985): "Über die Argumente des Verbs". - In: Linguistische Berichte 97, 183-227.

CAN WORD-ORDER EXPRESS CASE RELATIONS?
The Case of Pre- and Postposition in Dutch

Harry C. B. Perridon

1. In his book "La catégorie des cas" Hjelmslev (1935: 96) suggests that the category of case is universal, and in fact has the same extension in every language. Its function is to express relations: "Est cas une catégorie qui exprime une relation entre deux objets." According to Hjelmslev, languages do only differ in the ways in which they structure this category. Since each individual case in a specific language derives its value from the place it occupies within the system of cases of that language, i.e. from the kinds of oppositions it enters into with the other cases, there are no universal cases: the category is universal, the individual cases are not. In Hjelmslev's structuralist theory of language, which makes a sharp distinction between form and substance, the way in which a given case is expressed is immaterial. It is not only case endings that are used to express case: also word order may have this function. In this paper I will examine this claim by looking at what at first sight seems to be a particularly clear example of "word order expressing case", viz. the opposition between pre- and postposition of prepositions (postpositions/particles) in Dutch in constructions like:

(1a) Zij wandelt in het park	She is walking in the park
(1b) Zij wandelt het park in	She walks into the park

In a case language like Russian the same difference in meaning seems to be expressed by means of a difference in case endings:

(2a) Ona gul'ayet v parke	locative
(2b) Ona id'et v park	accusative

2. According to Meillet (1922) prepositions and verbal prefixes derive in Indo- European languages from adverbs of place. In the Ancient Greek sentence (3) for instance:

(3) ek d'agage klisiès Brisèida (Ilias 1, 346)
"out ‹he› brought of the tent Briseis
he brought Briseis out of the tent"

ek "out" is an adverb, syntactically independent both from the verb and the noun. It both specified the meaning of the verb (*to bring* vs. *to bring out*) and strengthened the meaning of the genitive, which could express the meaning (*originating*) *from* all by itself. At a later stage the adverb was either combined the verb, in which case it turned into a prefix: *eksagage*; or it formed a syntagm with the noun, and became a preposition: *ek klisiès*.

Weijnen (1971: 80) suggests that Middle Dutch was in this respect similar to Homeric Greek: prepositions were originally adverbs of place which only had a paratactic relation with the nouns (noun phrases) they in the course of time came to govern. Word order was therefore free: the adverb could either precede or follow the noun. According to Weijnen (1971: 131) and Stoett (1977: 83f.) most prepositions/adverbs of place could be used in this way in Middle Dutch. In Modern Dutch, however, only the following prepositions/post-positions/adverbs/particles (henceforth I will use the symbol *P* to refer to this class/these classes of words) can be used in both pre- and postposition[1]:

(4) binnen	inside/in(to)	op	up, on(to)
door	through	over	across, over
in	in(to)	rond	(a)round
langs	along	uit	out of, outside
om	(a)round	voorbij	beyond, past

The adverbs of place in Dutch, like those in Ancient Greek, did not only enter into syntactic relations with nouns but also with verbs. In the latter case they were either incorporated into the verb, turning into prefixes, or remained syntactically (but not semantically) independent. The possible combinations of P with V and/or N are given in (5), and illustrated by means of the examples in (6), where P = *door* "through", and V = *lopen* "to go", "to walk":

(5)		V_f main clause	V_i / V_f in subord.	nature of P
	a.	$[PV]_V$ + N	N + $[PV]_V$	prefix
	b.	V + P	P + V	particle
	c.	V + N + P	N + [P + V]	particle
	d.	(V +) [N + P]	[N + P] (+ V)	adverb
	e.	(V +) [P + N]	[P + N] (+ V)	preposition

(6)	a.	ze heeft de middelbare school doorlopen "she has (successfully) completed high school"	
	b.	ze liep door	she moved on
	b'	de kleuren liepen door	the colours ran
	c.	ze liep haar schoenen door	she wore her shoes out
	c'	ze liep de krant door	she went through the newspaper
	d.	ze liep de kamer door	she went through the room
	e.	ze liep door de kamer	she walked through the room

There is no difference in word order between 5c/6c and 5d/6d; yet the two constructions have to be kept apart: in 6c P forms with V a (discontinuous) constituent, viz. a phrasal verb (Dutch: *los samengesteld werkwoord*); N (*haar schoenen*) is a direct object. In 6d N and P form one constituent, which has the function of an adverbial. That this is so, is clearly shown by the fact that N + P in constructions of type 5d can be used in isolation (7a), and as a (post-head) modifier in a NP (7b). If P forms a constituent with V this is obviously not possible:

(7a) Mijn kamer uit!	"Out of my room!"
(7b) Lucas' eerste stap de wijde wereld in[2]	"Lucas' first step into the wide world"

In constructions of type 5d N cannot be the direct object of the verb, as the construction is not limited to intransitive verbs but is possible with transitive verbs as well:

(8) Ze duwde hem de kamer uit   V + N + [N + P]
"She pushed him out of the room"

There are of course many borderline cases, 6c' for example: the NP *de krant* "the newspaper" is on the verge of becoming a direct object, but has not quite made it yet. A passive:

?*de krant werd doorgelopen* "the newspaper was run through" with the intended sense seems for instance hardly possible.

3. After having disentangled the various syntactic structures of V + N + P sequences we are now in a position to examine the syntactic and semantic differences between [P + N] and [N + P] constructions in Dutch. Pronominalization and topicalization show that N in [N + P] constructions behaves more like a (direct or indirect) object than N in the corresponding [P + N] constructions. In Dutch there is the following system of resumptive (ResN) and relative pronouns (RelN):

(9) preceded by P	ResN	RelN
no	die/dat	die/dat
yes	daar + P	waar + P
		P + wie (person)

Instead of a pronoun preceded by P we find an adverb of place followed by P. As is shown in (10) and (11) a N in a [N + P] construction is pronominalized as *die/dat*, but a N in a [P + N] construction as *daar/waar*:

(10a) dat kantoor, *dat* (??*daar*)liep ze binnen
"that office (that one) she walked into"
(10b) dat bed, *daar* (**dat*) lag hij in
"that bed he was lying in"
(11a) (dat is) het kantoor *dat* (??*waar*[3]) ze binnenliep
"(that is) the office she walked into"
(11b) (dat is) het bed *waar* (**dat*) ze in lag te slapen
"(that is) the bed she was sleeping in"

P cannot be separated from N in [P + N] constructions, whereas this is the rule in [N + P] constructions. This is shown by the examples of topicalization in (12):

(12a) dat kantoor liep ze binnen
(12a') ?dat kantoor binnen liep ze[4]
(12b) in dat bed lag ze
(12b') ??dat bed lag ze in[5]

4. Most of the linguists that have published their views on Dutch pre- and postpositional constructions agree that the [N + P] construction has a clearly "motional" or "directional" sense, whereas the [P + N] construction is indifferent to this aspect of meaning. Or to use Jakobson's terminology: the [N + P] member of the opposition seems to be positively marked for "movement", whereas the other member [P + N] is not. As according to Hjelmslev "movement" or "direction" is in most (all?) case systems (part of) the fundamental meaning of the accusative, and as almost all syntactic properties of the N in [N + P] constructions connect it with the use of N as a direct object, there seems to be nothing that prevents us from saying that that N is an accusative.

In the same vein one could argue that N in [P + N] is in the locative, as is suggested by a) the form of the pronoun (locative adverb: *hier* "here"/*daar* "there", etc.), and b) the meaning of [P + N] in sentences like *ze loopt in de tuin* "she is walking in the garden".

5. A closer inspection of the relation between cases in case-languages such as Ancient Greek and Modern German and the word order phenomena in Dutch that are the theme of this paper, reveals, however, that the identification of word order with case is not as straightforward as suggested in section 4 above.

Consider for instance the following examples from Ancient Greek:

(13a) ek d'agage klisiès Brisèida	(Ilias 1, 346)	(=3)
(13b) epi knephas èluthe gaian	(Ilias 24, 351)	
"on dusk came to earth (acc.)"		
(13c) epi nukta tanusen husminèi	(Ilias 16, 567)	
"on the night ‹he› stretched over the battle" (dat.)		

In all these sentences we find a sequence P + V + N, where P stands in a paratactic relation to both V and N. In (13a) N is in the genitive (*klisiès*), in (13b) in the accusative (*gaian*), and in (13c) in the dative (*husminèi*). As we have seen in section 2 above, P could enter into a syntactic relation with either the V or the N. But in neither case the N lost or changed case: case in Ancient Greek is apparently not affected by the way in which a P + V + N_{case}-sequence is structured syntactically. The same situation obtains in Middle Dutch: all oblique cases (gen. dat., acc.) could occur in both [P + N]- and [N + P]- (or [P + V] + N)-constructions. What is important in this context is, that it was not only the accusative of direction that could occur with a "postpositional adverb", other cases could occur in this position as well. Historical development was thus not:

(14) N_{case}	N_{acc}	
P + N_{case}	N_{acc} + P	strengthening P
P + N_{case}	N_{acc} + P	obligatory P
P + N	N + P	loss of case

but rather:

(15) N_{case}	N_{case}	
P + N_{case}	N_{case} + P	strengthening P
P + N_{case}	N_{case} + P	obligatory P
P + N	N + P	loss of case

There is hence neither a historical nor a logical connection between the disappearance of case and the emergence of word order alternations: the construction [N + P] is not the continuation nor the replacement of an earlier accusative.

The correspondence between word order in Dutch and case in German is poor, too. Consider the examples given in (16) and (17):

(16a) es liegt auf dem tisch	it is lying on the table	(dat.)
(16b) sie legt es auf den tisch	she is laying it on the table	(acc.)
(17a) het ligt op de tafel		
(17b) ze legt het op de tafel		
(17b') ???ze legt het de tafel op		

In German, local prepositions like *auf*, *in*, *hinter* etc. govern an accusative when the predicate expresses a direction (16b), but a dative in other cases (16a). In Dutch, however, the allegedly directional [N + P] construction is often not possible with clearly directional predicates (example 16b'). It is, on the other hand, possible in what seems to be the opposite of a directional context, viz. when P = *uit* "out (of)": *ze kwam de kamer uit* "she came out of the room".

Although the [N + P]-construction always seems to connote some form of "movement", and is hence mostly used with mutative verbs[6], it is clearly not correct to say that it connotes "direction" or "goal". This suggests again that the identification of the word order [N + P] with the accusative is highly speculative.

6. Jakobson (1936: 28) wrote in his classic study on case in Russian that prepositional phrases by themselves do not express case, since languages that have both prepositions and case inflection:

> erstens die syntaktische Verwendungen eines Kasus mit Präposition und ohne solche (mittelbare - unmittelbare Verbindung) einander entgegensetzen, und zweitens die Bedeutung der Kasus und der Präpositionen als zwei besondere Bedeutungsgattungen deutlich voneinander unterscheiden: ein und derselbe Kasus umfasst mehrere Präpositionen, und dieselbe Präposition kann verschiedene Kasus fordern.

Kurylowicz (1949) finds fault with Jakobson's analysis of prepositional phrases. He suggests that case and preposition in a prepositional phrase form a semantic unity: a phrase like Latin *extra urbem* "outside the city (Rome)" is to be analysed as: *extra/em + urb*, not as *extra + urbem*. The alternation *in urbe* "in the city" abl - *in urbem* "into the city" acc. is according to Kurylowicz to be explained as a difference in "centrality" of the phrase: the accusative shows that the phrase forms a syntagm with the verb, whereas the ablative indicates that the phrase is free, or "marginal": "L'analyse correcte nous amène à poser ‹..› deux formes dont l'une est en relation sémantique avec le verbe et l'autre est libre" (Kurylowicz 1949: 134).

If it is assumed that word order may express case, the difference between *de kamer uit* and *uit de kamer* could be described à la Kurylowicz as a difference in centrality of the two phrases, the former having a closer link to the predicate than the latter. But such an explanation fails on the following grounds:

a) If one assumes with Kurylowicz that *auf dem Tisch* in (16a): *(es liegt) auf dem Tisch* is less central than *auf den Tisch* in (16b): *sie ((legt es) auf den Tisch)*, and one believes the word orders N + P and P + N in Dutch to indicate centrality and marginality respectively, one cannot but conclude that *op de tafel* in (17b) *ze legt het op de tafel* should be analysed as being less central than its German counterpart *auf den Tisch* in (16b). This is absurd.

b) As is shown in (7) the construction [N + P] need not be governed by a directional verb. In such cases it obviously does not make much sense to speak of centrality vs. marginality. Consider also the following sentences:

(18a) ze wuifde hem de kamer uit
"she waved him out of the room"
(18b) ze is de stad in/uit
"she is in/out of town"
(18c) wat verder het bos in vonden we kantarellen
"somewhat further in(to) the wood we found chanterelles"
(18d) ze hebben de hele dag door in het park gespeeld
"all day long they have been playing in the park"

It is hardly possible to call the verb *wuiven* "to wave" in (18a) a directional verb governing an accusative of direction: the movement is indicated by the directional [N + P] only. An Kurylowiczean analysis: "directional verb turning locative [P + N] into accusative [N + P]" would hence do no justice to the semantic structure of the sentence. The same goes for (18b), where the verb *zijn* "to be" is not directional either. The phrase *wat verder het bos in* in (18c) is not central, its [N + P] structure can therefore not be explained as being due to its near connection with the verb. The phrase *de hele dag door* in (18d) with a structure: [N + P] is certainly less central than the phrase *in het park*: [P + N].

From the examples given in (7) and (18) it is clear that the concepts of "centrality" and "marginality" do not help us in correctly describing the use of [N + P] constructions.

c) If the assumption that a [N + P]-construction is more central than a [P + N]- construction were true, it would be pointless to say that the difference in word order between the two constructions expresses a difference in case. In that case it would be simpler and more straightforward to claim that the difference in word order expresses a difference in syntactic cohesion. The detour over case merely constitutes a needless complication.

7. The examination of the pre- and postnominal uses of "prepositions"/"directional adverbs" in Dutch in the sections 2 through 6 above could not substantiate the claim that word order in Dutch in some specific cases expresses case. This leads quite naturally to the question whether word order ever expresses case. Although no definitive answer can be given on the basis of this short analysis of some word order phenomena in Dutch, it seems advisable to restrict the term *case* to real cases, i.e. noun inflections:

> Doch wir haben nicht das Recht zu behaupten, daß die Wortfolge Kasus ausdrücken kann, sie kann bloss die syntaktischen Funktionen der Worte ausdrücken, was keineswegs dasselbe ist. (Jakobson 1936: 28)

Notes

1 The word *af* "down(wards)" shares all the properties of the words listed in (4), except for the fact that it cannot be used as a preposition.

2 van Beek (1965: 37). Cf. Geeraerts (1972: 196).

3 Van Riemsdijk (1973: 458) argues that both d- and w-pronouns are possible with "postpositional constructions". I don't think that this is correct. It is often possible to use both a [P + N] and a [N + P] construction, e.g.: (a) *Zij kwam uit de kamer* "She came out of the room" and (b) *Zij kwam de kamer uit* (idem). (a) relativizes as (c) *de kamer waar ze uit kwam* and (b) as (d) *de kamer die ze uit kwam*. But from the fact that both (c) and (d) are possible it should not be concluded that they are in fact free variants. This becomes clear if one chooses examples of [N + P] constructions that have no [P + N] counterparts, e.g. *die kant op* "in that direction": *de kant die (*waar) ze oplopen* "the direction in which they are walking".

4 According to Hoeksema (1988, quoted by Abraham) and Abraham (1990) it is impossible to topicalize the whole [P + N] constituent. Paardekooper (1959), van Riemsdijk (1973) and de Schutter (1974), on the other hand, have no problems with such topicalizations: they judge them to be awkward, but certainly grammatical. I agree with Paardekooper c.s.

5 Paardekooper (1959: 316) writes that constructions like (12b') are completely in accordance with his "language system", although they are "not allowed in the written language". Geerts et al (1984: 961f.) think that the construction belongs to the spoken language (*spreektaal*). I do not share this view. Even if the construction is possibly to be heared from time to time, it is far from being colloquial: to me and most people I have asked it makes a rather exotic impression.

6 Mutative verbs are verbs that indicate a change in the condition/position of the subject (intransitive mutatives) or the object (transitive mutatives. The change can be gradual (e.g. *to change, to grow*) or immediate (*to die, to fall*). In the latter case the verbs are called *terminative* or *perfective*.
In Dutch all intransitive mutative verbs/verb phrases have the auxiliary *zijn* "to be" in the perfect tense, the immutatives ***hebben*** "to have". The perfect with *zijn* is not restricted to terminative (or perfective) intransitives, it can therefore not be used as an indication of perfectivity or terminativity.

References

Abraham, Werner (1990): Postposition, Präpositionaladverb oder Präfix? Zum Status der sog. "trennbaren Verbpräfixe" im Deutschen. - Groningen (unveröff. Manuskript).

Geeraerts, Hendrik (1972): De plaatsbepaling, de verplaatsingsbepaling en de achterzetselkonstruktie in het Nederlands. Een syntaktische terreinverkenning. - Leuven (Diss.).

Geerts, Guido et al. (red.) (1984): Algemene Nederlandse Spraakkunst. - Groningen etc.

Hjelmslev, Louis (1935): La catégorie des cas. Etude de grammaire générale. Première partie. - Aarhus.

Hoeksema, Jacob (1988): "Dutch postposition incorporation". Paper read at the 1988 LSA. - New Orleans (unpublished paper).

Jakobson Roman (1936): "Beitrag zur allgemeinen Kasuslehre. Gesamtbedeutungen der russischen Kasus". - In: Travaux du Cercle Linguistique de Prague 6, 240-288. - Also in: Roman Jakobson Selected Writing. II: Word and Language (The Hague etc.) 23-71.

Kurylowicz, Jerzy (1949): "Le problème du classement des cas". - In: Diuletyn Poskiego Torwarzystwa Jezykoznawczego 9, 20-43.

Meillet, Antoine (1922): Caractères généraux des langues germaniques. - Paris.

Paardekooper, Petrus C. (1959): "Voor- en achterzetsels". - In: De Nieuwe Taalgids 52, 310-320.

Riemsdijk, Henk van (1973): "De relatie tussen postposities en partikels". - In: Spektator 3, 447-462.

Stoett Frederik A. (1977): Middelnederlandse Spraakkunst. Syntaxis. - Den Haag, 3rd ed.

Weijnen, Anton A. (1971): Schets van de geschiedenis van de nederlandse syntaxis. - Assen.

DIE EBENEN UND MITTEL DES SPRACHLICHEN AUSDRUCKS DER GRUND - FOLGE - BEZIEHUNG UND DIE GRUNDLAGEN DES ERKENNENS DIESER RELATION

Józef Grabarek

Die kausale Relation ist eine Beziehung zwischen zwei Sachverhalten, von denen einer, der *Grund/Grund-Sachverhalt* genannt wird, einen anderen, der *Folge/Folge Sachverhalt* genannt wird, hervorruft oder begründet. Im Gegensatz zur Philosophie oder Logik befaßt sich die Linguistik nicht direkt mit den Ausschnitten der Realität, sondern mit den sprachlichen Ausdrucksformen und ihren Inhalten. Dabei wird angenommen, daß bestimmten Inhalten bestimmte Realisierungsformen zugeordnet sind.

Der linguistisch fundierte Begriff des Grundes ist entschieden breiter als der philosophische Begriff der Ursache, denn er umfaßt nicht nur den Realgrund, sondern auch den Beweg- und Erkenntnisgrund. Das Grund-Feld läßt sich also wie folgt einteilen:

- Realgrund	- Sem /Real/ (Ursache)
- Beweggrund	- Sem /Motiv/
- Erkenntnisgrund	- Sem /Kognitiv/ (Symptom)

Im Rahmen des Realgrundes ist weiter zwischen einem absoluten (Sem: /Absolut/) und einem relativen (Sem: /Relativ/) Grund zu unterscheiden. Der absolute Realgrund wirkt total und das Auftreten der Folge kann nach dem Auftreten des Grundes nicht verhindert werden, wobei der Folge-Sachverhalt nicht unbedingt sofort auftreten muß.

(1) Er zitterte vor Angst.
(2) Sie starb infolge einer schweren Verletzung.

Im Falle des relativen Realgrundes war die betreffende Person mindestens theoretisch imstande, das Auftreten der Folge zu verhindern, doch hat sie es nicht getan, noch nicht einmal erwogen.

(3) Er kam infolge von Straßenbauarbeiten zu spät.
(4) Infolge Nebels konnte das Flugzeug nicht landen.

Im Rahmen des Beweggrundes ist zwischen dem hauptsächlichen/primären Motiv (Sem: /Primär/) und dem sekundären/zusätzlichen Motiv (Sem: /Sekundär/) zu unterscheiden. Der primäre Beweggrund nennt das eigentliche Hauptmotiv für ein bestimmtes Handeln oder Verhalten.

(5) Wegen der Krankheit seiner Tochter entschloß er sich, zu Hause zu bleiben.

Der sekundäre Beweggrund ist dagegen ein zusätzliches, d.h. nicht hauptsächliches Motiv.

(6) Anläßlich des Nationalfeiertages bekam er eine Auszeichnung.

Er bekam die Auszeichnung vor allem für seine Leistungen und nicht, weil es den Nationalfeiertag gab. Der Nationalfeiertag spielte hier aber auch eine bestimmte Rolle, denn es gibt die Sitte, Auszeichnungen anläßlich des Nationalfeiertages zu verleihen.

Der Erkenntnisgrund liegt vor, wenn die kausale Phrase das Symptom oder die Grundlage für eine Feststellung nennt.

(7) 16 ist durch 2 teilbar, weil es durch 4 teilbar ist.

Aufgrund dessen, was der Folge-Sachverhalt ist, kann man hier z.B. zwischen einem Bewertungsgrund (Sem: /Bewertungsgrundlage/), einem Vermutungsgrund (Sem: /Vermutungsgrundlage/), einem Folgerungsgrund (Sem: /Folgerungsgrundlage/) usw. unterscheiden. Weitere Ansätze zu einer Gliederung des Erkenntnisgrundes sind bei Boettcher (1972) zu finden. Der Erkenntnisgrund ist praktisch kein Grund im eigentlichen Sinne, denn er nennt nur eine Grundlage für eine bestimmte Feststellung, Meinung usw..

Im folgenden Teil der Untersuchung interessieren uns nur diejenigen Fälle, in denen der Grund-Sachverhalt mit Hilfe einer untergeordneten und der Folge-Sachverhalt mit Hilfe einer übergeordneten sprachlichen Einheit zum Ausdruck gebracht wird. Die konsekutive Relation bleibt also außerhalb der Analyse. Die Grund-Folge-Beziehung kann auf fünf Ebenen zum Ausdruck kommen:

1. auf der Wortebene, d.h. im Rahmen eines Determinativkompositums (Kürschner 1974: 194): *Liebestod*, *Freudenträne*, *Schmerzensschrei*,
2. auf der Ebene einer Wortgruppe: *Flucht vor Angst*, *Flucht aus Angst*,
3. auf der Ebene eines einfachen Satzes: *Er ist vor Angst geflohen.*

4a. auf der Ebene eines zusammengesetzten Satzes als Satzverbindung: *Er kommt nicht, denn er ist krank. Er kommt nicht, er ist krank.*

4b. auf der Ebene eines zusammengesetzten Satzes als Satzgefüge: *Er kommt nicht, weil er krank ist.*

5. auf der transphrasischen, d.h. auf der Textebene: *Ingrid muß noch einmal in die Stadt gehen. Sie hat nämlich vergessen, Brot zu kaufen.*

Die kausale Relation kann im allgemeinen entweder explizit, d.h. mit Hilfe von bestimmten Indikatoren, oder implizit (latent), d.h. ohne Indikatoren zum Ausdruck gebracht werden. Wenn man die obengenannten Ebenen des Auftretens der kausalen Relation und die hier genannten beiden Ausdrucksmöglichkeiten konfrontiert, so läßt sich feststellen, daß

- auf der Wortebene keine Indikatoren möglich sind,
- im Rahmen einer Wortgruppe und eines Satzgefüges nur die explizite Ausdrucksmöglichkeit in Frage kommt,
- im Rahmen einer Satzverbindung und auf der transphrasischen Ebene beide Varianten (explizit, implizit) möglich sind.

Die in Frage kommenden Indikatoren lassen sich in monoseme/monofunktionelle und in polyseme/polyfunktionelle einteilen. Während die ersten in unserem Falle nur den Grund markieren, können die anderen potentiell auch eine andere Relation indizieren, wobei man im letzten Falle zwischen partiell und komitativ kausalen Indikatoren unterscheiden kann. Die partiell kausalen Indikatoren markieren in einer Bedeutungsvariante die kausale Relation (*vor*, *aus*) und im Falle der komitativ kausalen Indikatoren wird die kausale Relation immer, d.h. in jedem Kontext, von einer anderen (z.B. temporalen) Relation begleitet (*angesichts*). Die Erschließung der wirklich vorhandenen Relationen erfolgt aufgrund der Analyse des Kontextes, d.h. praktisch aufgrund der Sachverhaltsanalyse. Zu den rein kausalen Indikatoren gehören z.B. *weil* und *infolge*.

(8) Infolge Nebels hatten alle Züge Verspätung.
(9) Weil es Nebel gab, hatten alle Züge Verspätung.

Die partiell kausalen Indikatoren können in verschiedenen Kontexten verschiedene Relationen markieren.

(10) Er kommt aus der Schule. /Lokal/
(11) Sie heiratete ihn aus Liebe. /Kausal/

Im Falle des Gebrauches von komitativ kausalen Indikatoren sind theoreisch drei Interpretationen möglich.

(12) Angesichts der Küste jubelten die Matrosen. /Kausal-Temporal/, /Kausal/, /Temporal/

Die wirklich gemeinte Relation kann in solchen Fällen eigentlich nur aufgrund der Kenntnis der kommunikativen Absicht des Sprechers erschlossen werden. Am Rande sei hier hinzugefügt, daß der Sprecher manchmal bewußt zweideutige Sätze/Texte bildet (Vagheit).

Beim Gebrauch von Präpositionen und präpositionsartigen Präpositionalphrasen als Indikatoren des Grundes spielt auch das Tempus eine bedeutende Rolle. Stehen die gegebenen Sätze im generellen Präsens, so liegt nicht die kausale, sondern die konditionale Relation vor. Diese Feststellung trifft auch für die rein kausalen Indikatoren zu.

(13a) Vor Aufregung konnte er nicht einschlafen. /Kausal/
(13b) Vor Aufregung kann man nicht einschlafen. /Konditional/
(14a) Infolge von Krankheiten wurde er in seiner Entwicklung zurückgeworfen. /Kausal/
(14b) Infolge von Krankheiten wird man in der Entwicklung zurückgeworfen. /Konditional/

In manchen Fällen gebraucht der Sprecher zwei Indikatoren. Unseres Erachtens gibt es zwei Hauptgründe für den Gebrauch eines zweiten Indikators:

1. Der zweite Indikator dient der Hervorhebung und ist infolgedessen in der Regel weglaßbar: *Er ist (deshalb) nicht gekommen, weil er krank ist.*
2. Der zweite Indikator fungiert als eigentlicher Indikator, weil der erste Indikator polysem/polyfunktionell ist: *A u f g r u n d d e s s e n, daß er nicht gekommen ist, kann man entnehmen, daß er an der Arbeit nicht interessiert ist. Bei d e i n e n guten Augen brauchst du keine Brille.*

In den beiden letzten Sätzen ist der zweite Indikator nicht weglaßbar. Wird der zweite Indikator im letzten Satz elidiert, so liegt sofort die konditionale Relation vor.

Auf morpholexikalisch-syntaktischer Grundlage lassen sich die kausalen Indikatoren in Präpositionen, präpositionsartige Präpositionalphrasen, subordinierende/koordinierende Konjunktionen, Pronomina, Konjunktionaladverbien, Partikeln, Wortgruppen (Korrelate) und Sätze einteilen.

Zwischen den einzelnen sprachlichen Ebenen und den obengenannten Typen von Indikatoren bestehen direkte Beziehungen, denn für die einzelnen Ebenen gibt es spezielle Indikatoren.

Sprachliche Ebene	Indikator
Wortgruppe, einfacher Satz	Präposition, präpositionsartige Präpositionalphrase, Pronomen (im Satz)
Ganzsatz Satzverbindung	koordinierende Konjunktion, Konjunktionaladverb, Partikel
Satzgefüge	subordinierende Konjunktion/Relativum (+ Korrelat)
Text	Satz, Wortgruppe, Konjunktionaladverb, Partikel, koordinierende Konjunktion?

Für die einzelnen sprachlichen Ebenen gibt es auch spezifische Ausdruckmöglichkeiten.

Sprachliche Ebene	Ausdrucksmöglichkeit
Wortgruppe, einfacher Satz	präpositionale Phrase/Pronominaladverb
Ganzsatz, Satzverbindung	Hauptsatz als Teilsatz
Satzgefüge	Nebensatz
Text	Text(-teil), Teiltext, Satz, Ganzsatz

Aus Raummangel wollen wir die zum Erkennen der kausalen Relation, besonders aber der kausalen Subrelation, beitragenden Faktoren am Beispiel des einfachen und des Ganzsatzes präsentieren.

Auf der Ebene des einfachen Satzes haben wir es nur mit markierten kausalen Relationen zu tun, wobei manchmal die Indikatoren selbst (kausale Pro-Adverbien) als Ausdrucksmöglichkeiten fungieren. Die kausalen Pro-Adverbien (*deshalb*, *deswegen*) nennen aber nicht den Grund selbst, sondern verweisen auf einen vorangehenden Textteil, der dies tut.

Auch die kausalen Nebensätze haben immer ein Initialelement. Dazu kommt manchmal das Korrelat. Erst im Rahmen der Satzverbindung ist zwischen markierter und nicht markierter Darstellung zu unterscheiden.

Wird die kausale Relation mit Hilfe eines monofunktionellen Indikators markiert, so wird sie in erster Linie anhand dieses Indikators erkannt, wobei aber auch der Kontext eine bestimmte Rolle spielen kann. Liegen die polyfunktionellen Indikatoren vor, so spielt der Kontext eine viel wichtigere Rolle. Nur anhand des Kontextes wird die Relation erkannt, wenn der Sprecher keine Indikatoren gebraucht.

Geht man zur Bestimmung der Arten und Subarten des Grundes über, so erweist sich, daß die meisten Indikatoren in diesem Bereich nicht differenzierend wirken. Dies trifft in erster Linie für die Konjunktionen zu, von denen nur *zumal* und *um so mehr/weniger* als auf die Markierung des zusätzlichen Beweggrundes spezialisiert sind. Die übrigen kausalen Konjunktionen können alle Arten und Subarten des Grundes markieren.

(15) Er kann nicht sprechen, weil er keine Zunge hat. (absoluter Realgrund)
(16) Die Maschine konnte nicht landen, weil es Nebel gab. (relativer Realgrund)
(17) Er hat mir nicht geholfen, weil er es ganz einfach nicht wollte. (primärer Beweggrund)
(18) Er wurde zu fünf Jahren Freiheitsstrafe (wegen Diebstahls) verurteilt, weil er ein Polizist war. (zusätzlicher/sekundärer Beweggrund)
(19) Diese Figur heißt Dreieck, weil sie drei Ecken hat. (Erkenntnisgrund)
(20) Er stellte sich nahe der bewunderten Frau auf, zumal er niemand anderen kannte. (zusätzlicher/sekundärer Beweggrund)

Auch die meisten Präpositionen und präpositionsartigen Präpositionalphrasen markieren zwei oder sogar mehrere Subarten des Grundes. Zu den wenigen Ausnahmen gehören *vor* und *von*, die den absoluten Realgrund indizieren, und bedingt auch *anläßlich/aus Anlaß*, die in der Regel auf den sekundären Beweggrund hinweisen. Außerdem sind *aus/in/mit Rücksicht* und *unter Rücksichtnahme* auf die Markierung der beiden Subarten des Beweggrundes spezialisiert.

Werden nicht spezialisierte Indikatoren vom Sprecher gebraucht, so wird die vorhandene Art/Subart des Grundes in erster Linie aufgrund der Analyse des Kontextes erkannt. Von besonderer Bedeutung sind dabei das Prädikat, das Subjekt und das in der kausalen Phrase stehende Substantiv. Von Bedeutung sind hier weiter die Zeitrelation, denn nur im Falle des Realgrundes ist die Anteriorität des Grund-Sachverhaltes obligatorisch, und - besonders in der asyndetischen Satzverbindung und im Text - die Elementen-/Konstituentenfolge. Bei der Anteriorität/Nichtanteriorität des Grundes denken wir immer an den im Text genannten und nicht an den implizit vorhandenen (z.B. Wille des Agens, etwas zu realisieren - im Falle des Beweggrundes) Grund-Sachverhalt.

(21) Weil er früh aufgestanden ist, geht er früh schlafen.
(22) Er geht früh schlafen, weil er morgen früh aufsteht.

Im letzten Satz liegt der Beweggrund vor, weil der explizit genannte Grund-Sachverhalt später als der Folge-Sachverhalt auftritt. Als direkter und zeitlich vorausgehender Grund fungiert hier das Wissen von dem Folge-Sachverhalt, genauer gesagt, der Wille des Mannes, morgen früh aufzustehen.

Viel komplizierter ist die Situation im Falle des Satzes (21), denn hier kann man anhand der sprachlichen Mittel nicht eindeutig bestimmen, welche Art/Subart des Grundes vorliegt. Die Analyse dieser und anderer Belege hat ergeben, daß die endgültigen Entscheidungen erst anhand der Sachverhaltsanalyse getroffen werden können.

In der Realität ist im allgemeinen zwischen usuellen (d.h. immer bestehenden und allgemein bekannten) und okkasionellen Relationen zu unterscheiden. Das Erkennen der usuellen Relationen erfolgt in erster Linie aufgrund des Wissens des Textempfägers. Die Indikatoren spielen in diesem Falle eine viel geringere Rolle als bei den okkasionellen Relationen. Sie sind sogar manchmal nicht notwendig.

(23) Es nahte Weihnachten. Wir kauften einen Tannenbaum.

Die kausale Relation erkennt hier nur der Empfänger, der weiß, daß es in einem bestimmten Kulturkreis Sitte ist, in der Weihnachtszeit einen geschmückten Tannenbaum in der Wohnung zu haben. Die Kenntnis der Realität hilft auch bei der Unterscheidung zwischen dem Real- und dem Erkenntnisgrund.

(24) Das Kontrollämpchen brennt nicht, denn der Motor ist kaputt. (Realgrund)
(25) Der Motor muß kaputt sein, denn das Kontrollämpchen brennt nicht. (Erkenntnisgrund)

Die Ursache ist hier der Defekt des Motors und nicht das Nicht-Brennen des Kontrollämpchens.

Das Wissen spielt auch beim Erkennen von Lügen oder irrealen Zusammenhängen eine wichtige Rolle. Wenn ein Schüler sagt,

(26) Ich bin nicht vorbereitet, weil ich krank war.

so weiß der Lehrer, daß das nicht immer wahr ist. Aufgrund seines Wissens erkennt der durchschnittliche Empfänger, daß der in Satz (27) dargestellte Zusammenhang nicht wahr/ real ist.

(27) Ich trinke grünen Tee, weil grün für die Augen gesund ist.

Im Gegensatz dazu werden die okkasionellen Relationen in erster Linie anhand der Indikatoren und des Kontextes erkannt. Allerdings spielt auch in diesem Falle die Sachverhaltsanalyse, die auf dem Wissen über die Realität basiert, eine bestimmte Rolle.

Aus den bisherigen Erwägungen ergibt sich, daß es drei Faktoren gibt, die das Erkennen der Relation ermöglichen:

1. die Indikatoren (besonders die monofunktionellen),
2. der Kontext,
3. die auf dem Wissen über die Realität basierende Sachverhaltsanalyse.

Literatur

Boettcher, Wolfgang (1972): Studien zum zusammengesetzten Satz. - Frankfurt am Main.

Kürschner, Wilfried (1974): Zur syntaktischen Beschreibung deutscher Nominalkomposita. - Tübingen (= Linguistische Arbeiten 18).

Sommerfeldt, Karl-Ernst/Starke, Günter (Hrsg.) (1984): Grammatisch-semantische Felder der deutschen Sprache der Gegenwart. - Leipzig.

DAS ZUSAMMENWIRKEN VON REGELN DER SATZ- UND TEXTKONSTITUTION AM BEISPIEL DER PARENTHESE

Gotthard Schreiter

Zwei Vorbemerkungen sind zu machen: Erstens: Ich gehe davon aus, daß eine parenthetische Struktur wie (1) nicht mehr im Rahmen einer Satzgrammatik beschrieben werden kann.

(1a) Bei der Prüfung - (1b) sie war für den nächsten Tag vorgesehen - (1a) sollte das Kunstwerk nicht zerstört werden.[1]

Es handelt sich hierbei um einen Satzkomplex, der nach dem Vertextungsmuster der "parenthetischen Verknüpfung" zweier Satzäußerungen (Schreiter 1985: 175) entstanden ist. Bei diesem Muster wird der Trägersatz (1a) durch die Parenthese (1b) unterbrochen. Beide bilden einen propositional und aktional kohärenten Mikrotext (vgl. Bassarak 1985: 368ff., 1987: 167ff.), der insgesamt in den vorausgehenden und nachfolgenden Kontext eingeordnet ist. Die beteiligten Sätze (1a) und (1b) sind satzgrammatisch unabhängig voneinander.[2] Im Unterschied dazu stellt (2) die Äußerung eines komplexen Satzes dar. Der Relativsatz (2b) ist eine Konstituente des Matrixsatzes (2a).

(2a) Bei der Prüfung, (2b) die für den nächsten Tag vorgesehen war, (2a) sollte das Kunstwerk nicht zerstört werden.

Die zweite Vorbemerkung betrifft die modulare Erklärung sprachlich-kommunikativen Handelns (vgl. Bierwisch 1987: 653ff.). Sie besagt, daß beim Hervorbringen wie auch beim Verstehen sprachlicher Ausdrücke verschiedene Kenntnissysteme (Module) zusammenwirken, neben dem Sprachwissen beispielsweise ein Textwissen, das die angemessene Verknüpfung der einzelnen Satzäußerungen zu umfassenderen Gebilden steuert und ihre thematische wie auch ihre aktionale Geschlossenheit sichert. Das gilt für eine parenthetische Struktur wie (1) in gleicher Weise wie für einen Text, bei dem die beteiligten Satzäußerungen aufeinanderfolgen (vgl. (3)).

(3a) Bei der Prüfung sollte das Kunstwerk nicht zerstört werden.
(3b) Sie war für den nächsten Tag vorgesehen.

Allerdings ist das Zustandekommen parenthetischer Strukturen über diese allgemein geltenden Bedingungen der Textkohärenz hinaus von spezifischen satzgrammatischen Voraussetzungen abhängig, denen zum einen der Trägersatz, zum anderen die Parenthese genügen muß.

Beim Trägersatz betrifft das seine phonetische Form. Es zeigt sich nämlich, daß sein Ablauf durchaus nicht an beliebigen Stellen durch eine Einschaltung unterbrochen wird, sondern in der Regel nur an "Parenthesennischen" (Altmann 1981: 38). Das sind Grenzen zwischen den "Phrasierungseinheiten" eines Satzes (Bierwisch 1966: 106ff.), also zwischen Einheiten der suprasegmentalen Satzstruktur. Interessanterweise trifft das nicht nur auf gesprochene Äußerungen zu, sondern ebenso auf geschriebene, obwohl in der graphischen

Form Phrasierungseinheiten nicht markiert werden. Der Trägersatz (1a) verfügt zum Beispiel über drei solcher Positionen, an denen ein Einschub erfolgen könnte. (Sie sind in (4) durch Schrägstrich gekennzeichnet.)

(4) Bei der Prüfung / sollte / das Kunstwerk / nicht zerstört werden.

Die in (4) abgehobenen Teile sind satzakzentfähige Einheiten der Satzstruktur. An ihren Grenzen sind Einschaltungen möglich. Eine satzbezogene Parenthese wie *das war die einschränkende Bedingung* könnte von jeder dieser Nischen Gebrauch machen. Die satzteilbezogene Parenthese (1b) ist freilich in der ersten Nische am besten plaziert. Allenfalls käme für sie noch die Parenthesennische nach dem finiten Verb des Trägersatzes in Frage, wegen der zu großen Distanz vom Bezugsausdruck aber auf keinen Fall die dritte.

Neben Parenthesennischen dieser Art gibt es aber noch bestimmte Positionen innerhalb von Phrasierungseinheiten, an denen ganz regulär Einschübe untergebracht werden können. Das soll an der Präpositionalgruppe *bei der Prüfung* gezeigt werden. Normalerweise ist das eine Phrasierungseinheit mit einem Hauptakzent. Es ist aber möglich, nach *bei* oder *der* eine Parenthese einzufügen (vgl. (5)).

(5) Bei - so hieß das offiziell - der Prüfung ...

Dabei erhält die Konstituente vor der Einschaltung einen Stauakzent, wird also sekundär zur Phrasierungseinheit, so daß danach eine Parenthesennische entsteht. Es ist schwierig zu entscheiden, ob erst die Akzentuierung die Möglichkeit des Einschubs schafft oder ob die Absicht, eine Parenthese anzubringen, den Akzent auf *bei* erzwingt. Man muß hier wohl von einer Wechselwirkung ausgehen.

Bestimmte Konstituenten können niemals als Phrasierungseinheiten in Erscheinung treten, weil sie nicht satzakzentfähig sind. Dazu gehört zum Beispiel das Pronomen *es* als "Korrelat" oder als "formales Subjekt und Objekt" (Helbig/Buscha 1984: 393) (vgl. (6b)).

(6a) Ich warte noch ein paar Minuten; (6b) es regnet gerade.

In (6b) fallen die syntaktische Kategorie "Satz" und die intonatorische Kategorie "Phrasierungseinheit" zusammen; eine Einschaltung ist deshalb nicht möglich. An dem Beispiel wird auch deutlich, daß es falsch wäre, bei der zu formulierenden Regel auf die Begriffe "Satzglied" oder "Stellungsglied" zurückzugreifen (Heidolph/Flämig/Motsch 1981: 179ff., 702f.). (6b) enthält drei Satzglieder wie auch drei Stellungsglieder. Dennoch bilden ihre Grenzen keine Parenthesennischen.

Als satzgrammatische Regel zusammengefaßt, läßt sich folgendes Ergebnis festhalten: Für Einschaltungen stehen die Parenthesennischen eines Trägersatzes zur Verfügung. Diese befinden sich an den satzinternen Grenzen der Phrasierungseinheiten des Trägersatzes.

Die Phrasierungsstruktur des Trägersatzes hat aber einen noch weitergehenden Einfluß auf die Einschaltung von Parenthesen. Selbst wenn der Trägersatz eine größere Zahl von potentiellen Nischen aufweist, werden für die Plazierung eines Einschubs gewöhnlich zwei Positionen bevorzugt, und zwar in Verbzweitsätzen die beiden Nischen vor und nach dem finiten Verb. Der Einschnitt zwischen der topikalisierten Konstituente und dem übrigen Satzverband scheint die wichtigste Phrasierungsgrenze überhaupt zu sein. Sie erweist sich als besonders resistent gegen eine Eliminierung (vgl. Bierwisch 1966: 117f.). Außerdem werden auf das Ende des "Satzfeldes" zu (Heidolph/Flämig/Motsch 1981: 705f.) umfangreichere Phrasierungseinheiten gebildet, so daß die Möglichkeiten für eine Einschaltung hier insgesamt geringer sind. Die Parenthesennische vor dem finiten Verb kann man als d i e Parenthesennische bezeichnen. Sie wird keineswegs vor allem für solche Parenthesen wie (1b) benutzt, deren semantischer Bezugsbereich die Konstituente im Vorfeld ist, sondern genauso für satzbezogene Einschübe. Das soll (7) belegen, eine Abwandlung von (1).

(7a) Bei der Prüfung - (7b) das war die einschränkende Bedingung - (7a) sollte das Kunstwerk nicht zerstört werden.

Unter Berücksichtigung der bisher dargelegten satzgrammatischen Voraussetzungen, die der Trägersatz zu erfüllen hat, läßt sich nun folgende Regel für die Bildung parenthetischer Strukturen aufstellen: Parenthesen werden in die erste oder zweite Parenthesennische des Trägersatzes bzw. eines seiner Teilsätze eingeschaltet. In Nominal- und Präpositionalgruppen entspricht dem die Position nach dem Artikelwort bzw. nach der Präposition. Für satzteilbezogene Parenthesen gilt darüber hinaus, daß sie möglichst im Kontakt mit ihrem Bezugsausdruck plaziert werden (vgl. Schreiter 1988: 59).

Aus dem letzten Teil der Regel folgt, daß Parenthesen vor allem dann weiter rechts ins Satzfeld ihres Trägersatzes eingefügt werden, wenn sich dort ihre Domäne befindet (vgl. (8)).

(8a) In unserer Klasse gibt es einen Jungen, der eigentlich schon immer Nichtraucher ist und sich deswegen nicht schämt, auch wenn er von Mitschülern oder auch älteren Schülern wegen seiner "Angst vor der Zigarette" (8b) (so sagen einige) gehänselt wird.

Die parenthetische Struktur (1) ist uneingeschränkt nach der obenstehenden Textkonstitutionsregel zustande gekommen. Die Einschaltung (1b) nutzt die erste Parenthesennische des Trägersatzes (1a) und steht zugleich in Kontaktposition mit ihrem Bezugsausdruck, der Präpositionalgruppe *bei der Prüfung*.

Es ist noch die Behauptung zu belegen, daß auch die Parenthese selbst bestimmte satzgrammtische Voraussetzungen erfüllen muß, um Bestandteil einer parenthetischen Struktur sein zu können.

Wenn man einen eingegrenzteren Begriff der parenthetischen Struktur zugrunde legt, so müssen parenthesefähige Ausdrücke syntaktisch unabhängig vom Trägersatz sein.[3] Damit sind Konstituentensätze und auch Matrixsätze in Zwischensatzposition ausgeschlossen. Ein Reflex dieser syntaktischen Unabhängigkeit ist, daß der Satzmodus der Parenthese frei gewählt werden kann. Er braucht nicht mit dem des Trägersatzes übereinzustimmen (vgl. (9)).

(9) Auf Anhieb - das Glück der Tüchtigkeit? - stecken sie das Feld, auf dem die Entdeckung stattfinden soll, richtig ab.

Parenthesefähigkeit in einem zumindest vergleichbaren Sinn sollten dann auch "Satzäquivalente" (Helbig/Buscha 1984: 529ff.) und Anredenominative sein (vgl. (10) und (11)).

(10) Sie hat alte Sachen, oh, hervorragende Sachen.
(11) Ich komme nun, lieber Leser, zum wichtigsten Punkt.

Eine weite Auffassung vom Begriff der parenthetischen Struktur schließt dagegen alle die Ausdrücke ein, bei denen eine Konstituente mit Mitteln der Intonation bzw. der Interpunktion als "Einschub" (Winkler 1969: 283) behandelt und so aus dem übrigen Satzverband abgesondert wird (vg. (12)).

(12) Der Inhalt ist (mit Ausnahmen) sehr ansprechend.

Durch die Klammerung wird für (12) die Interpretation als parenthetische Struktur nahegelegt. Ich möchte solche Ausdrücke als "quasi-parenthetische Strukturen" bezeichnen (Schreiter 1988: 144f.). Sie könnten den "Formen der 'Herausstellung' im Deutschen" (Altmann 1981) zugeordnet werden. Allerdings ist die Entscheidung, ob es sich um eine abgesonderte Konstituente oder um die Einschaltung einer selbständigen Ellipse handelt, oft schwierig. Erst mit einer entwickelten Theorie der Ellipse werden hier verläßliche Analysen möglich sein. Der Rückgriff auf das Kriterium der syntaktischen Unabhängigkeit als grammatischer Bedingung für die Parenthesefähigkeit eines Ausdrucks erweist sich dessenungeachtet auch in Hinblick auf neuere Entwicklungen der Satzmodusforschung als sinnvoll. Nach Brandt/Rosengren/Zimmermann (1990) hat jeder verbhaltige Satz einen Satzmodus. Wenn das zutrifft, dann können Konstituentensätze wie (2b) nicht mehr dadurch von Parenthesen wie (1b) unterschieden werden, daß man letzteren einen eigenen Satzmodus zubilligt, ersteren aber nicht. Der Begriff der Selbständigkeit eines Satzes ist dann neu zu fassen.

Seit der antiken Rhetorik wird die Parenthese als Rede- oder Stilfigur beschrieben, die im Dienste wirkungsvoller, expressiver Textgestaltung steht. Das ist recht gut mit der Auffassung kompatibel, daß es sich bei der parenthetischen Verknüpfung um einen markierten Vertextungstyp handelt. Er ist, wie hoffentlich ausreichend gezeigt werden konnte, gegenüber dem unmarkierten Typ der Vertextung von Satzäußerungen, bei dem diese linear angeordnet werden, zusätzlich satzgrammatischen Einschränkungen unterworfen. Aber auch die Produktion parenthetischer Strukturen stellt an den Sprecher oder Schreiber höhere Anforderungen als das Aneinanderreihen von Satzausdrücken. Dem Gewinn an Eleganz und Ökonomie des Ausdrucks steht das Risiko gegenüber, durch die Unterbrechung des Trägersatzes dessen grammatischen Faden zu verlieren und in einen Satzbruch hineinzugeraten.

Anmerkungen

1 Die verwendeten Belege sind größtenteils schriftlichen Texten der Sachprosa entnommen. Auf die Angabe der Quelle wird verzichtet.

2 Diese Auffassung wird in der Literatur durchaus nicht allgemein geteilt. So berücksichtigt Motsch (1965: 95ff.) die große Ähnlichkeit zwischen einer "satzteilbezogenen Parenthese" wie (1b) (Bassarak 1985: 370) und einem Relativsatz wie (2b) in der Weise, daß er für sie eine gemeinsame syntaktische Tiefenstruktur ansetzt, aus der durch Transformationen die unterschiedlichen Oberflächenstrukturen abgeleitet werden.

3 Natürlich ist syntaktische Unabhängigkeit eine Relation und gilt in gleicher Weise für den Trägersatz. Das heißt, auch er darf weder Matrix- noch Konstituentensatz in bezug auf die Parenthese sein. So betrachte ich (I) trotz der Satzmodusunterschiede als einen komplexen Satz mit (Ib) als Matrix- und (Ia) als Konstituentensatz, (II) dagegen als eine parenthetische Struktur.
(Ia) "Was habe ich", (Ib) fragte sie mich mehrmals, (Ia) "ihm gegenüber nur falsch gemacht?"
(IIa) "Was habe ich" - (IIb) sie fragte mich das mehrmals - (IIa) "ihm gegenüber nur falsch gemacht?"

Literatur

Altmann, Hans (1981): Formen der "Herausstellung" im Deutschen. Rechtsversetzung, Linksversetzung, Freies Thema und verwandte Konstruktionen. - Tübingen: Niemeyer.

Bassarak, Armin (1985): "Zu den Beziehungen zwischen Parenthesen und ihren Trägersätzen". - In: Zeitschrift für Phonetik, Sprachwissenschaft und Kommunikationsforschung 38, 368-375.

- (1987): "Parenthesen als illokutive Handlungen". - In: Motsch, Wolfgang (Hrsg.): Satz, Text, sprachliche Handlung (Berlin: Akademie-Verlag) 163-178.

Bierwisch, Manfred (1966): "Regeln für die Intonation deutscher Sätze". - In: Untersuchungen über Akzent und Intonation im Deutschen (Berlin: Akademie-Verlag) (= Studia Grammatica VII) 99-201.

- (1987): "Linguistik als kognitive Wissenschaft". - In: Zeitschrift für Germanistik 8, 645-667.

Brandt, Margareta/Rosengren, Inger/Zimmermann, Ilse (1990): "Satzmodus, Modalität und Performativität". - In: Zeitschrift für Phonetik, Sprachwissenschaft und Kommunikationsforschung 43, 120-149.

Heidolph, Karl Erich/Flämig, Walter/Motsch, Wolfgang et al. (Autorenkollektiv) (1981): Grundzüge einer deutschen Grammatik. - Berlin: Akademie-Verlag.

Helbig, Gerhard/Buscha, Joachim (1984): Deutsche Grammatik. Ein Handbuch für den Ausländerunterricht. - Leipzig: Enzyklopädie, 8.A. (neubearb.).

Motsch, Wolfgang (1965): "Untersuchungen zur Apposition im Deutschen". - In: Syntaktische Studien (Berlin: Akademie-Verlag) (= Studia Grammatica V) 87-132.

Schreiter, Gotthard (1985): "Der pragmatische Aspekt der parenthetischen Verknüpfung". - In: brücken. Germanistisches Jahrbuch DDR-CSSR 1984/85 (Prag: Lektorat für deutsche Sprache und Literatur beim Kultur- und Informationszentrum der DDR) 175-189.

- (1988): Die parenthetische Struktur in der deutschen Gegenwartssprache. - Jena (masch. Diss.B).

Winkler, Christian (1969): "Der Einschub. Kleine Studie über eine Form der Rede". - In: Engel, Ulrich/Grebe, Paul/Rupp, Heinz (Hrsg.): Festschrift für Hugo Moser zum 60. Geburtstag am 19. Juni 1969 (Düsseldorf: Schwann) 282-295.

DAS FORMAT EINER DIDAKTISCHEN GRAMMATIK ALS FUNKTION LINGUISTISCHER UND DIDAKTISCHER POSTULATE, DARGESTELLT AM BEISPIEL DER ENGLISCHEN KONDITIONALSÄTZE.*

Eberhard Klein

0. Vorbemerkungen

Das Ziel der nachfolgenden Ausführungen ist es zu zeigen, daß eine *didaktische Grammatik* als das Ergebnis einer Menge linguistischer und didaktischer Postulate aufzufassen ist. Diese Prinzipien sollen am Beispiel englischer Konditionalsätze illustriert werden. *Didaktische Grammatik* soll im Sinne von Klein (1987) als der Teil eines Ableitungsprozesses verstanden werden, der einerseits *linguistische* Sprachbeschreibungen und andererseits *didaktische* Postulate als seine Eingabekomponenten besitzt, die mit Hilfe von *Adaptierungsprozessen* und *Konversionstechniken* verarbeitet werden. Zunächst sollen die linguistischen Postulate beschrieben werden, die für die Behandlung von Konditionalsätzen in einer didaktischen Grammatik des Englischen maßgebend sind. Dabei werden vor allem solche Aspekte von Konditionalität zu erörtern sein, die in vorliegenden didaktischen Grammatiken nur defizitär oder gar nicht behandelt werden. Dem schließt sich eine Zusammenstellung der didaktischen Postulate an, wobei es um die Faktoren *Funktionalität* und *Kontrastivität* in der Auslegung der didaktischen Grammatik sowie um die Formulierung von *Regeln* gehen wird.

1. Konditionalsätze des Englischen in einer didaktischen Grammatik

1.1. Linguistische Postulate

Für die Darstellung von Konditionalsätzen in einer didaktischen Grammatik gelten die folgenden linguistischen Postulate als unerläßlich: die Beschreibung des Konzepts der *Konditionalität* der verschiedenen *syntaktischen Strukturen* und *logischen Relationen* sowie die Darstellung ihrer *pragmatischen Funktionen*. Die Vermittlung des Konzepts der *Konditionalität* setzt beim Lerner das Verständnis der *Antezedenz-Konsequenz-Relation* ebenso voraus wie die Vertrautheit mit den unterschiedlichen Typen von Bedingungen. Konditionalität wird allgemein als die Abhängigkeit einer im Hauptsatz enthaltenen Proposition von der Wirksamkeit einer im Nebensatz ausgedrückten Bedingung verstanden:

(1) Mit Konditionalität wird behauptet, daß ein bestimmter Sachverhalt unter der Bedingung eintritt, daß ein bestimmter anderer Sachverhalt eintritt. (Eisenberg 1986: 384)

Eine Unterscheidung von zentraler Bedeutung ist die zwischen einer *offenen* und *hypothetischen Bedingung*:

(2a) Open conditions are neutral: they leave unresolved the question of the fulfilment or non-fulfilment of the condition, and hence the truth of the proposition expressed in the matrix clause.
(2b) A hypothetical condition, on the other hand, conveys the speaker's belief that the condition will not be fulfilled (for future conditions), is not fulfilled (for present conditions), or was not fulfilled (for past conditions), and hence the probable or certain falsity of the proposition expressed by the matrix clause. (Quirk et al 1985: 1091)[1]

Satz (3) illustriert eine offene Bedingung, die Sätze (4) und (5) enthalten hypothetische Bedingungen der Gegenwart bzw. der Vergangenheit:

(3) If Ronald is in town, he is undoubtedly staying with his sister.
Implikation: Ronald probably is in town
(4) If he had a more liberal attitude, he would be a more likeable person.
Implikation: He does not have a very liberal attitude
(5) If you had listened to me, you would have been in a better position now.
Implikation: The person denoted by you did not listen to me

Diese verschiedenen Bedingungstypen können nun in einer Vielzahl von Konstellationen mit den unterschiedlichsten temporalen und/oder modalen Ausprägungen auftreten, wie die folgenden Beispiele von Maule (1988: 118) zeigen:[2]

(6) Well, if you want them, vote for them.
(7) If there's a vacancy in the Tory leadership, Mr. Heseltine would be a candidate.
(8) If you've got a tiny garden ... then this is a plant for you.
(9) If the law is deficient, Parliament must change it.
(10) If you're thinking of throwing yourself away, you should throw yourself my way.
(11) If the've busted the engine, I'll sue them.

Dieses Spektrum formal unterschiedlicher Konditionalsätze steht in einem bemerkenswerten Kontrast zu den drei "prototypischen" Strukturen von Konditionalsätzen, die gemeinhin in didaktischen Grammatiken expliziert werden:

(12) If we meet tomorrow, we will go for a drink.
if-Satz: *Present Simple*; Hauptsatz: *will ('ll)* + Infinitiv (REALE BEDINGUNG)
(13) If we met tomorrow, we would go for a drink.
if-Satz: *Past Simple*; Hauptsatz: *would* + Infinitiv
(HYPOTHETISCHE BEDINGUNG, gegenwarts-/zukunftsbezogen)
(14) If we had met yesterday, we would have gone for a drink.
if-Satz: *Past Perfect*; Hauptsatz: *would* + *have* + *Past Participle* (HYPOTHETISCHE BEDINGUNG, vergangenheitsbezogen)

Die Reduzierung auf nur drei Typen dazu, daß eine Vielzahl von Strukturen gar nicht erst ins Blickfeld rückt (vgl. Ä6-11Ü). Maule (1988: 117) spricht in diesem Zusammenhang von

Overexposure to the *If it rains I'll stay in If it rained I would stay in If it had rained I would have stayed in that is all you know and all you need to know approach* to conditionals.

Für den hier vertretenen funktionalen Ansatz zur Beschreibung von Konditionalsätzen in didaktischen Grammatiken ist es unerläßlich, sowohl das Konzept der *Konditionalität* als auch die *Funktionen* der verschiedenen Bedingungstypen als primäre und die *formalen Strukturen* von Bedingungssätzen als ihnen nachgeordnete Größen darzustellen. Unter diesem Aspekt wäre auch nach dem "pragmatischen Potential" von Konditionalsätzen zu fragen. Es müßte u.a. gezeigt werden, welche situations- und sprecherbezogenen Funktionen Konditionalsätzen zugeordnet werden können. In dieser Hinsicht ist vor allem eine Klasse von Konditionalsätzen von Belang, die in didaktischen Grammatiken bislang kaum thematisiert werden: die sog. "pragmatic conditionals" (Haegeman 1984), von denen die Sätze (15) - (17) eine Auswahl bieten:

(15) The story, if so it may be termed, is weak and loose. (Haegeman 1984: 486)
(16) If you like the country so much, why do you work in London? (ebenda)
(17) If you don't mind my saying so, your slip is showing. (Quirk et al 1985: 1095)
(18) If I may be quite frank with you, I don't approve of any concessions to ignorance. (ebenda)

Der wesentliche Unterschied hinsichtlich der logischen Relationen zwischen den Propositionen im Hauptsatz und Nebensatz (vgl. oben) zwischen den Sätzen (15) - (17) und (3) und (5) kann folgendermaßen erklärt werden: bei ersteren liegen die *if* Sätze außerhalb des Skopus der Hauptproposition und spielen nur eine periphere Rolle im Satz. Bei letzteren hingegen ist der *if*-Satz Teil der Gesamtproposition des Satzes und relativiert die Proposition des Hauptsatzes. In den Sätzen (15) - (17) aber sind die *if*-Sätze sprechaktbezogen. Haegeman nennt sie daher "utterance conditionals":

> The *if*-clauses provide a motivation why the proposition is expressed in the way and at the time it is expressed. (Haegeman 1984: 487)

Beispielsweise hat der *if*-Satz in (15) eine metalinguistische Funktion und der *if*-Satz in (17) stellt den Sprechakt als Ganzes in Frage.

1.2. Didaktische Postulate

Dem Prinzip der kommunikativen Kompetenz als oberstem Lernziel verpflichtet, erfordert die hier entworfene didaktische Grammatik englischer Konditionalsätze einen notional-funktionalen Ansatz. Im folgenden sollen nun die für einen solchen Ansatz relevanten didaktischen Postulate *Funktionalität* und *Kontrastivität* in ihrer Relevanz für die Beschreibung von Konditionalsätzen erläutert werden.

1.2.1. Funktionalität

Unter Funktionalität soll hier die Beschreibung englischer Konditionalsätze im Rahmen der *Funktionalen Satzperspektive* (FSP) verstanden werden. Dazu ist die erneute Bezugnahme auf die *Antezedenz-Konsequenz*-Beziehung notwendig. Die Konditionalsätzen inhärente Logik legt es nahe, in der linearen Abfolge des Satzes die Bedingung (Antezedenz) vor der aus ihr resultierenden Folgeproposition (Konsequenz) zu realisieren. (19) und (20) repräsentieren demnach die natürliche (unmarkierte) Reihenfolge Antezedenz - Konsequenz:

(19) Nebensatz (Antezedenz) - Hauptsatz (Konsequenz)
(20) If you don't take your umbrella, you'll get wet.

Doch die Umkehrung der beiden Teilsätze ist auch möglich, so daß sich die markierte Reihenfolge Konsequenz - Antezedenz ergibt:

(21) Hauptsatz (Konsequenz) - Nebensatz (Antezedenz)
(22) You'll get wet if you don't take your umbrella.

In den wenigsten didaktischen Grammatiken finden sich Erklärungen zur linearen Anordnung von Haupt- und Nebensatz in Konditionalsätzen. In einigen wird sogar explizit darauf hingewiesen, daß ihre Abfolge beliebig sei (Thomson/Martinet 1989: 243). Auffällig ist jedenfalls, daß der weitaus größte Teil des Beispielmaterials aus Sätzen besteht, die dem Muster (19) und (20) folgen.Die lineare Abfolge von Hauptsatz und Nebensatz ist jedoch in zweifacher Hinsicht bedeutsam: erstens kann der Sprecher seine Redeabsicht nachträglich dahingehend verändern, daß er seine Aussage entgegen seiner ursprünglichen Planung von einer Bedingung abhängig macht. In diesem Falle träte die markierte Abfolge ein:

(23) Bill will have to take the early morning train if he doesn't want to miss the meeting.

Der Teilsatz *if he doesn't want to miss the meeting* wäre dann eine Art *afterthought* wie in (24):

(24) Bill will have to take the early morning train - if he doesn't want to miss the meeting, that is.

Zweitens kann sich die Umstellung von Antezedenz und Konsequenz aus den Erfordernissen der Funktionalen Satzperspektive (FSP) ergeben, nämlich dann, wenn Konditionalsätze als Teile eines Textes (oder Diskurses) entweder *Thema*- oder *Rhema*funktion haben. Betrachtet man die folgenden Minimalkontexte, so wird ersichtlich, daß wegen des höheren Grades textueller Kohärenz Satz (26) die angemessenere Fortführung des Textes (25) ist als Satz (27):

(25) A: Do you think *Hamburg* would be the place where I could find a suitable job?
B: I'm not sure; but it's certainly *a nice city* to live in.
C: I've worked in several German cities, of which *Hamburg* was one of the most impressive.
(26) D: I would only go to *Hamburg* if everything else to *Hamburg* I would only go failed.
To *Hamburg* I would only go if everything else failed.
(27) E: Only if everything else failed would I go to *Hamburg*.

Funktionale Aspekte wie die eben beschriebenen, spielen also auch bei Konditionalsätzen eine beachtliche Rolle. Für die Konzipierung didaktischer Grammatiken sind sie bislang ein Desiderat geblieben.

1.2.2. Kontrastivität

Als ein weiteres didaktisches Postulat wird die kontrastive Auslegung der didaktischen Grammatik angenommen. Da es sich beim Konzept der *Konditionalität* um ein sprachübergreifendes (und möglicherweise universelles) Konzept handelt, kann man die verschiedenen Funktionen als für beide Sprachen gültig annehmen. Auch die "pragmatic conditionals" (vgl. oben), bei denen man noch am ehesten Abweichungen im Deutschen vermuten könnte, haben dort teilweise ähnliche Entsprechungen; z.B. (28) für (15) und (29) für (16):

(28) Die Geschichte, wenn man es eine Geschichte nennen kann, ist schwach und nicht schlüssig.
(29) Wenn du das Landleben so gerne magst, warum arbeitest du dann in London?

Die anderen aufgeführten Sätze (Beispiele 19f) haben neben Konditionalsätzen noch weitere Entsprechungen, z.B. Infinitivkonstruktionen, zusätzliche Hauptsätze u.a.; z.B. (44) für (17) und (31) für (18):

(30) Ich hoffe, du nimmst es mir nicht übel, aber man kann deinen Slip sehen.
(31) Um ganz ehrlich zu sein, ich bin nicht bereit, irgendwelche Zugeständnisse an deine Unwissenheit zu machen.

Die Unterschiede zwischen deutschen und englischen Konditionalsätzen betreffen vielmehr den Gebrauch der Tempora und die Wahl der Modalverben. Dies wird bei einem Vergleich von Konditionalsätzen englischer Sprecher mit ihren ungrammatischen Entsprechungen bei deutschen Lernern deutlich:

(32) If he said that to me again, I would sue him for slander.
(33) *If he would say that to me again, I would sue him for slander.
(34) I'll go with you if you get in touch with me early enough.
(35) *I go with you if you (will) get in touch with me early enough.
(36) They would have bought the house if the estate agent hadn't caused so much trouble.
(37) *They had bought the house if the estate agent hadn't caused so much trouble.

Die Gründe für die Interferenzen in den obigen Sätzen sind offensichtlich: in Satz (33) resultiert die Verwendung von *would* im *if*-Satz aus der Gleichsetzung von *would* mit *würde*:

(38) Wenn er dies noch einmal zu mir sagen würde, würde ich ihn wegen Verleumdung verklagen:

Der falsche Gebrauch des *Simple Present* in Satz (35) kann ebenfalls mit Interferenz aus dem Deutschen erklärt werden, wo zukünftiges Geschehen mit dem Präsenz ausgedrückt wird, das nicht - wie im Englischen - auf adverbiale Nebensätze beschränkt ist:

(39) Ich *gebe* dir bald Bescheid, ob ich deinen Vorschlag annehme.

In Satz (37) scheint eine Interferenz phonetischer Art vorzuliegen: aus der korrekten deutschen Form /hete/ wird die falsche englische Form /het/ abgeleitet, die die Entsprechung zu *had* sein soll.[4] Ein Bereich, der hier ausgespart bleiben muß, ist der der konditionalen Subordinatoren (*if, unless, in case, provided, but for* etc.), für den Vergleiche mit dem Deutschen ebenfalls Übereinstimmungen und Divergenzen in ihrer Verwendung aufzeigen könnten.

2. Didaktische Regeln

Im folgenden sollen die einer didaktischen Grammatik adäquaten Regeln für den Bereich englischer Konditionalsätze formuliert werden:

(A) Das Konzept der *Konditionalität* wird als eine *Antezedenz-Konsequenz*-Beziehung realisiert, in der der *if*-Satz das Antezedenz und der Hauptsatz die Konsequenz ausdrückt.

(B) Die logische Relation 'wenn p dann q' ist normalerweise auf die Satzproposition bezogen; bei "pragmatischen Konditionalsätzen" ist sie dagegen *sprechakt-/äußerungsbezogen*. Diese können dabei den Sprechakt kommentieren, verstärken, abschwächen; sie können Tentativität ausdrücken oder metasprachliche Elemente einführen.

(C) Bedingungen können *offen* oder *hypothetisch* und jeweils vergangenheits- oder gegenwarts- /zukunftsorientiert sein. Konditionalsätze mit offenen Bedingungen unterliegen dem "normalen" Tempusgebrauch, solche mit hypothetischen Bedingungen enthalten im Hauptsatz das Modalverb *would/should*.

(D) Die *unmarkierte* Abfolge der Teilsätze ist 1. Antezedenz, 2. Konsequenz; die *markierte* Abfolge ist 1. Konsequenz, 2. Antezedenz. Diese tritt u.a. bei Thematisierung der Konsequenz (oder einer Konstituente des die Konsequenz enthaltenen Hauptsatzes) ein.

(E) Die formale Realisierung der Antezedenz-Konsequenz-Beziehung geschieht im Deutschen und Englischen auf unterschiedliche Weise. Im Deutschen enthalten Konditionalsätze mit offener Bedingung im Nebensatz Verben im Indikativ, Konditionalsätze mit hypothetischer Bedingung Verben im Konjunktiv oder das Konditionalverb *würde*. Im Englischen ist die Verwendung der Konditionalform *would* auf den Hauptsatz beschränkt. Dies führt bei deutschen Sprechern zur inkorrekten Verwendung von *would* in *if-* (Neben-)Sätzen im Englischen.

(F) Zum Zwecke der Erklärung und Vermittlung der beiden möglichen linearen Abfolgen in der Antezedenz-Konsequenz-Beziehung sollte der kontextuelle Gebrauch von Konditionalsätzen unter Einbeziehung der Funktionalen Satzperspektive (*Thema-Rhema*-Gliederung) dienen.

(G) Das Beispiel- und Übungsmaterial sollte so angelegt sein, daß es der im tatsächlichen Sprachgebrauch festgestellten Vielfalt der Konditionalstrukturen annähernd Rechnung trägt.[5]

3. Zusammenfassung

In den vorangegangenen Ausführungen wurde ansatzweise eine funktionale didaktische Grammatik englischer Konditionalsätze skizziert, deren Konstruktionsprinzipien eine Menge *linguistischer* und *didaktischer* Postulate sind. Zu ersteren gehören das Konzept der *Konditionalität*, die logischen Beziehungen zwischen *Antezedenz* und *Konsequenz*, die verschiedenen *Bedingungstypen* sowie *pragmatisch* zu erklärenden *Konditionalsätze*; letztere enthalten die Prinzipien der *Funktionalität* und *Kontrastivität*. Außerdem wurden die für die Darstellung englischer Konditionalsätze in einer didaktischen Grammatik relevanten Regeln formuliert.

Anmerkungen

* Der folgende Beitrag faßt einige Aspekte zur Darstellung von Konditionalsätzen in einer didaktischen Grammatik des Englischen aus einer längeren Arbeit zu diesem Bereich zusammen (vgl. Klein, in Vorb.).
1 Zu einer ähnlichen binären Klassifizierung gelangt auch Kałuza (1986).
2 Maules Beispiele sind einem Korpus von 100 Konditionalsätzen entnommen, das aus einem Mitschnitt englischer Fernsehsendungen resultiert. Sie sind daher für den Sprachgebrauch insgesamt nicht repräsentativ. Die Auflistung der in dem Korpus registrierten Strukturen findet sich in Maule (1988: 123).
3 Der Hinweis darauf, daß ein *if*-Satz als Ganzes *Thema*funktion haben kann, erfolgt in Haliday (1985: 57); etwa im folgenden Beispielsatz:

If the duke	gives anything to my aunt,	it'll be a teapot.
	Thema	Rhema

4 Die Form /het/ bietet sich für den deutschen Sprecher noch zusätzlich dadurch als Substitut für /hæd/ an, daß er beide Formen mit Auslautverhärtung ausspricht.
5 Grundlage hierfür müßte eine Frequenzanalyse der Art sein, wie sie Mindt (1987) für die Formen zum Ausdruck futurischen Zeitbezugs im Englischen durchgeführt hat.

Literatur

Eisenberg, Peter (1986): Grundriß der deutschen Grammatik. - Stuttgart: Metzler.
Haegeman, Liliane (1984): "Pragmatic conditionals in English". - In: Folia Liguistica 18, 484-502.
Haliday, Michael A.K. (1985): Introduction to functional grammar. - London: Edward Arnold.
Kałuza, Jan (1986): "A new look at conditional sentences in English." - In: English Language Teaching Journal 40/1, 59-60.
Klein, Eberhard (1987): "Ein Netzwerk-Modell für die Erstellung didaktischer und pädagogischer Grammatiken." - In: Die Neueren Sprachen 86/6, 517-530.
- (in Vorb.): Konstruktionsprinzipien didaktischer und pädagogischer Grammatiken, dargestellt am Beispiel der Konditionalsätze im Englischen.
Maule, David (1988): "'Sorry, but if he comes, I go': teaching conditionals." - In: English Language Teaching Journal 42/2, 117-123.
Mindt, Dieter (1987): Sprache - Grammatik - Unterrichtsgrammatik. Futurischer Zeitbezug im Englischen I. - Frankfurt: Diesterweg.
Quirk, Randolph/Greenbaum, Sydney/Leech, Geoffrey N./Svartvik, Jan (1985): A comprehensive grammar of the English language. - London: Longman.
Thomson, A( ) J./Martinet, André V. (1989): Praktische englische Grammatik. - Bielefeld: Cornelsen & Oxford University Press.

6. KONTRASTIVE LINGUISTIK

EIN STÜCK HÖHERER SYNTAX, GEWONNEN IN VERGLEICHENDER BETRACHTUNG LATEINISCHER, FRANZÖSISCHER, ENGLISCHER UND DEUTSCHER FASSUNGEN DES GLEICHEN TEXTES

Hans Glinz

Der Referent stützt sich auf das Manuskript eines Buches, an dem er schon mehrere Jahre arbeitet und das den Titel tragen soll "Sprachbuch Deutsch und Fremdsprachen, Grammatik und Verstehen, Deutsch - Französisch - Englisch - Latein". Da der Vortrag zwar schriftlich vorbereitet, aber weitgehend frei gehalten wurde, mit Einbeziehen von Verstehensreaktionen der Tagungsteilnehmer, soll hier nur eine knappe Zusammenfassung gegeben werden. Behandelt wurde ein Stück aus Ceasars "Bellum Gallicum" - also ein Text, der von seinem Autor und seinen damaligen Lesern keineswegs als ein Stück "schöne Literatur" verstanden wurde, sondern als eine politische Schrift, mit der ihr Autor seine Leistungen für Rom ins richtige Licht stellen wollte.

Der Text (I,17) lag im lateinischen Original und in einer deutschen, französischen und englischen Übersetzung vor, eingeteilt in (graphisch markierte und fortlaufend numerierte) Propositionen. Mit "Proposition" bezeichnet der Referent nicht eine aus der Logik stammende Einheit, sondern das Stück Text, das auf e i n e m Verb oder Verbgefüge beruht (oder das als eigene nichtverbale Einheit neben den verbal strukturierten Einheiten steht), wie die *proposition* der französischen Grammatik, die *proposizione* der italienischen und die *clause* der englischen Grammatik (zu "Proposition und Satz" siehe schon Glinz, Textanalyse I, 2.A. 1975: 53-60). *Proposition* ist also eine grammatische, eine morphostrukturelle Einheit, die keineswegs immer einen "abgeschlossenen Sinn" liefern muß.

Der Beispielsatz (Caesar, *Bellum Gallicum*: I,17) entstand aus folgender Situation: Caesar hat die beiden bei ihm lebenden Haeduer-Fürsten heftig getadelt, weil die Haeduer das ihm für seine Truppen versprochene Getreide nicht lieferten - und er habe doch den Krieg gegen die Helvetier nicht zuletzt auf ihre, der Häduer, Bitten hin unternommen.

Latein:

[1a→] (Tum demum Liscus [2→] (oratione Caesaris *adductus*) [3→] (quod antea *tacuerat*) [1b→] proponit) [4→] (*esse* nonnullos) [5→] (quorum auctoritas apud plebem plurimum *valeat*) [6→] (qui privatim plus *possint* quam ipsi magistratus) [7→] (hos seditiosa atque improba oratione multitudinem *deterre*) [8→] (ne frumentum *conferant*) [9→] (quod *debeant*) [10→] (*praestare*) [11→] (si iam principatum Galliae *obtinere* non *possint*) [12→] (Gallorum quam Romanorum imperia *perferre*) [13→] (neque *dubitare*) [14a→] (quin [15→] (si Helvetios *superaverint*) [14b→] una cum reliqua Gallia Aeduis liberatem *erepturi sint*).

Deutsch:

[1a→] (Da endlich *legt* Liscus [2→] (durch Caesars Rede *bewogen*) [3→] (was er vorher *verschwiegen hatte*) [1b→] offen dar) [4→] (es *seien* da nicht wenige Leute) [5→] (deren Einfluß beim Volk sehr groß *sei*) [6→] (die als Privatleute mächtiger *seien* als die Behörden selbst) [7→] (diese *schreckten* durch aufrührerisches und verwerfliches Reden die Bevölkerung davon *ab*) [8→] (das Getreide zu *bringen*) [9→] (das sie schuldig seien) [10→] (es sei besser) [11→] (wenn sie schon nicht selbst die Herrschaft in Gallien *erringen könnten*) [12→] (eine Herrschaft von Galliern statt von Römern zu *ertragen*) [13→] (und sie *zweifelten* nicht) [14a→] (daß [15→] (wenn diese die Helvetier *überwinden sollten*) [14b→] sie mit dem übrigen Gallien den Haeduern die Freiheit *rauben würden*).

Französich:

[1→] (Ces paroles de César *décident* Liscos) [2→] (à *dire* enfin) [3→] (ce que jusqu'alors il *avait tu*) [4→] (il y *a* un certain nombre de personnages) [5→] (qui *ont* une influence prépondérante sur le peuple) [6→] (et qui, simples particuliers *sont* plus puissants que les magistrats eux-mêmes) [7→] (Ce *sont* ceux-là) [8→] (qui, par leurs exitations criminelles, *détournent* la masse des Héduens) [9→] (d'*apporter* le blé) [10→] (qu'ils *doivent*) [11→] (ils leurs *disent*) [12a→] (qu'il vaut mieux [13→] (s'ils ne *peuvent* désormais *prétendre* au premier rang dans la Gaule) [12b→] obéir à des Gaulois qu'aux Romains) [14→] (ils se *déclarent* certains) [15a→] (que [16→] (si les Romains *triomphent* des Helvètes) [15b→] ils *raviront* la liberté aux Héduens en même temps qu'au reste de la Gaule). (Übers. v. Constans 1947)

Englisch:

[1→] (Then, and not til then, the remarks of Cesar *induced* Liscus) [2→] (to *reveal* a fact) [3→] (*concealed* before) [4a→] (There *were* [5→] (he said) [4b→] certain persons, of paramount influence with the common folk, and of more power in their private capacity than the actual magistrats) [6→] (These persons, by seditious and insolent language, *were intimidating* the population against the collection of corn) [7→] (as required) [8→] (on the plea) [9→] (that it *was* better for the Aedui) [10→] (if they *could* not now *enjoy* the primacy of Gaul) [11→] (to *submit* to the commands of Gauls rather than of Romans) [12→] (for they *did* not *doubt*) [13a→] (that [14→] (if the Romans *overcame* the Helvetii) [13b→] they *meant* to *deprive* the Aedui oft liberty in common with the rest of Gaul). (Übers. v. Edwards 1917)

Der Referent erläutert nun an Hand des Textes und der ausgegebenen Übersicht über Bedeutungszusammenhänge seinen Begriff "Darstellung auf verschiedener gedanklicher Ebene", indem nämlich ein Stück Text als "dominanter Teil" dienen kann und ein anderes Stück Text als zugehöriger "inhaltlicher Teil". Nur der inhaltliche Teil bezieht sich d i r e k t auf einen Sachverhalt. Der dominante Teil dagegen beleuchtet die A r t, in welcher die im inhaltlichen Teil gemachte Aussage in das kommunikative Handeln, das Denken, aber auch das Fühlen und Wollen des Textverfassers e i n g e b e t t e t i s t (Felder 2 und 3 in der Übersicht über die Bedeutungsbeziehungen). Der bekannteste Bereich für Verteilung auf dominanten Teil und (meistens viel umfangreicheren) inhaltlichen Teil ist die angeführte Rede, direkt und indirekt. Als dominante Teile dienen aber oft auch die Modalverben (auch z.B. *Es gelang ihm...*, mit dem inhaltlichen Teil ... *seine Hörer zu überzeugen*), und auch eine Partikel kann als dominanter Teil gesetzt sein (z.B. "Das ist natürlich unnatürlich", aufzulösen in "Es ist natürlich klar, daß das unnatürlich ist"). Man kann hier auch die traditionelle Unterscheidung von "Objektsprache" und "Metasprache" heranziehen; der inhaltliche Teil ist "objektsprachlich", der dominante Teil "metasprachlich".

Der Referent wendet nun die Unterscheidung "dominanter Teil - inhaltlicher Teil" auf den vorgelegten Text von Caesar an. Es geht um die Gründe, warum die Häduer das Getreide, das sie Caesar zur Verpflegung seiner Truppen versprochen haben, nicht liefern. Caesar hat den bei ihm versammelten Häduer-Fürsten deswegen Vorwürfe gemacht, und nun entschließt sich einer von ihnen, Liscus, die Gründe offen darzulegen. Die Propositionen 1, 2 und 3 bilden zusammen den dominanten Teil (Hauptsatz 1a + 1b, in ihn eingeschaltet der Partizipal-Nebensatz 2 und der finite Nebensatz 3). Darauf folgt in den Propositionen 4 bis 14 der inhaltliche Teil: die Gründe für das Verhalten der Häduer, die dahinterstehenden Motive besonders einflußreicher einzelner unter ihnen.

Dieser inhaltliche Teil ist nun im lateinischen Text durch verschiedene grammatische Mittel als solcher gekennzeichnet: durch Verwendung des Akkusativ mit Infinitiv in den Propositionen 4 (esse nonnullos), 7 (hos... deterrere), 10 (praestare) und 13 (neque dubitare). Die an diese Akkusative mit Infinitiv angeschlossenen Nebensätze 5, 6, 8, 9, 11, 14 und 15 sind ihrerseits durch Konjunktiv als Bestandteile indirekter Rede (besser: indirekt wiedergegebener Gedanken) gekennzeichnet (quorum auctoritas .... valeat - qui plus possint ... ne conferant, quod debeant - si... non possint - si ... superaverint - erepturi sint). Dabei findet sich innerhalb dieses inhaltlichen Teils wieder das Verhältnis von dominanten Teilen und inhaltlichen Teilen. An Prop. 10 (praestare) schließt sich Prop. 12 an (perferre), zu dem auf gleicher gedanklicher Ebene Prop. 11 gehört (si...non possint). Prop. 13 (neque dubitare) ist dominant zu Prof. 14 (...erepturi sint), in die als Nebensatz Prop. 13 (si...superaverint) eingeschoben ist. Dazu ist innerhalb des ganzen inhaltlichen Teils noch einmal das Verhältnis von dominant und inhaltlich zu erschließen: die ganze Propositionenfolge 10-15 (praestare, si... neque dubitare, quin, si....erepturi sint) ist die "Begründung", die die "nonnulli" (Prof. 4) in ihrer "oratio seditiosa atque improba" (Prop. 7) den auf sie hörenden Häduern geben, warum man den Römern kein Korn liefern solle.
Durch alle diese grammatischen Mittel wird in den Prop. 4-15 ein gewisser "Schwebe-Charakter" erzeugt, der das "Offene, Fließende" des Informationsbesitzes im Kopf des jetzt referierenden Liscus und in seinem Nachvollzug durch den zuhörenden Caesar zeigt.

Im Deutschen steht das grammatische Mittel "Akkusativ mit Infinitiv" nicht wie im Lateinischen zur Verfügung. Der Charakter als inhaltlicher Teil kann aber durch die Wiedergabe in lauter Nebensätzen mit Konjunktiv (Konjunktiv I oder ersatzweise, bei lautlicher Ununterscheidbarkeit vom Indikativ, durch Konjunktiv II) deutlich gemacht werden (Es seien .... deren Einfluß groß sei... diese schreckten ab .... es sei besser, usw.). Zum Vergleich eine Darstellung in direkter Wiedergabe: *Es gibt nämlich... diese schrecken die Menge ab... sie sagen: Es ist besser...* usw.

Genau diese Lösung hat nun der französische Übersetzer gewählt: *Il y a ... Ce sont ceux-là ... ils leur disent* (als Verdeutlichung des im lateinischen Text nur vom Hörer/Leser zu erschließenden Verhältnisses von dominant und inhaltlich zwischen lat. 4-9 und lat. 10-15), *ils se délarent certains...* .
Dadurch wird das Ganze sehr viel leichter und schneller auffaßbar - aber der Schwebe-Charakter, den die kunstvolle Präsentation durch die lateinischen Akkusative mit Infinitiv und durch die Nebensätze mit Konjunktiv erzeugt und den man im Deutschen mit Hilfe des Konjunktivs nachbilden kann, geht völlig verloren. Dabei gäbe es im Französischen durchaus die Möglichkeit, diesen Schwebe-Charakter einigermaßen deutlich zu machen, durch discours indirect: *qu'il y avait un certain nombre de personnages.... que c'étaient ceux-là... qu'il valait mieux... et qu'il n'était pas douteux.* Die Wahl der direkten Wiedergabe, unter Verlust des für das lateinische Original typischen Schwebe-Charakters, ist also nicht durch die Sprachstruktur des Französischen bedingt, sondern durch das Stilideal des Übersetzers, das allerdings weitgehend einem generellen französischen Stilideal entspricht.

Im Englischen steht überhaupt kein besonderes Mittel für die Präsentation als indirekte Rede zur Verfügung - außer der etwas anderen Verwendung der grammatischen Zeiten. Der englische Übersetzer hat daher die präsentische Darstellung im lateinischen Original (Hauptsatz 1b "proponit") durch eine Darstellung mit Vergangenheitstempus ersetzt, indem er aus dem temporal neutralen Nebensatz *oratione Caesaris adductus* den Hauptsatz für den ganzen dominanten Teil macht: *the remark of Cesar induced Liscos*. Dadurch kann er nun den inhaltlichen Teil deutlicher als "nur referiert, nur gedacht" kennzeichnen, als das bei Wiedergabe mit Präsens möglich wäre. Er fügt dazu verdeutlichend in die Proposition 4 den dominanten Teil *he said* ein, und er verdeutlicht den Übergang vom ersten zum zweiten Stück des gesamten inhaltlichen Teils (lateinisch aus dem *praestare* durch den Hörer zu erschließen) durch den besonderen dominanten Teil 8 *on the plea*. Insgesamt ist der Charakter des "Schwebenden" der Prop. 4-15 des lateinischen Originals hier deutlicher wiedergegeben als in der vom französischen Übersetzer gewählten Fassung.

Grundsätzlicher Ertrag: Die generelle, oft sehr großräumig verwendete Bedeutungsbeziehung "Nennen von Akten eines Sprechens/Denkens/Wollens/Fühlens und Nennung des Inhalts dieses Sprechens/Denkens usw., Nennung des mitgeteilten Informationsbesitzes, mit Markierung des bloßen Wiedergabe-Charakters, abgehoben von direkter Präsentation" besteht in allen vier Sprachen gleicherweise. Aber die stilistischen Möglichkeiten, gegeben durch das Vorhandensein besonderer Formalstrukturen, sind von Sprache zu Sprache verschieden. Sie sind besonders reich (und zugleich besonders offen) im Lateinischen; sie sind schon etwas weniger reich im Deutschen (und hier oft etwas umständlich wegen des oft erforderlichen Ersatzes von Konjunktiv I durch Konjunktiv II, der meistens erst noch gleich lautet wie das Präteritum); sie sind noch etwas weniger vorhanden (und stilistisch oft weniger beliebt) im Französischen, und sie sind ansatzweise vorhanden, durch besonderen Gebrauch der grammatischen Zeiten, im Englischen.

Der Referent ist überzeugt, daß eine Behandlung der Bedeutungsbeziehung "dominante Teile - inhaltliche Teile" in allen ihren Aspekten (Akt des Sprechens, Denkens, Wollens, Antriebe von innen und außen, Durchführbarkeit, Handlungsmodalitäten und das jeweils Gesagte, Gedachte, Gewollte, das Handeln, zu dem man angetrieben wird, dessen Durchführbarkeit usw.) ein zentrales Stück in der von ihm angestrebten "höheren Syntax" oder "semantischen Syntax" sein muß. Dazu ist aber auch Rechenschaft zu geben (ziemlich weit über die traditionelle "Lehre vom zusammengesetzten Satz" hinausgehend) von den Bedeutungsbeziehungen auf gleicher gedanklicher Ebene (Felder 4, 5 und 6 der Übersicht, Folgezusammenhänge, Einbettung in den Zeitablauf, räumliche Situierung). Dann muß eine Rechenschaft von den weiteren relativ frei einfügbaren Bestandteilen in Propositionen kommen (in der Tradition in dem großen Sammeltopf "Adverbalien der Art und Weise" gesehen), das sollen die (wenigen) Beispiele in den Feldern 7 bis 11 in der Übersicht zeigen. Und dann kommt als ein Kernpunkt der Aufbau des Kernbestandes der verbalen Propositionen, die Besetzung der festen Semantemstellen und ihre jeweiligen Bedeutungsbeiträge (also das, was vielerorts unter dem etwas engen und schematischen Begriff "Valenz" zu fassen gesucht wird).

Die Proposition 1, die den Ausgangs- und Angelpunkt des ganzen Textes liefert, beruht auf dem verbalen Semantem "aliquis proponit aliquid" - jemand stellt etwas (vor andere) hin, legt etwas vor. Dabei wird an der Subjektstelle der Handelnde genannt, hier Liscus. An der Stelle *aliquid* (formal: Stelle für ein Akkusativobjekt) ist in diesem Semantem nicht etwas Materiales zu nennen (für eine Proposition *Vexillum proposuit*, "er steckte die Fahne auf" wäre ein anderes Semantem anzusetzen "etwas Materiales vorlegen, zeigen, allen sichtbar machen"), sondern ein Stück Gedankeninhalt, der Inhalt eines Redens. Dieser Inhalt wird zunächst nur charakterisiert durch den auf gleicher gedanklicher Stufe stehenden Relativsatz *quod antea tacuerat* - "was er vorher verschwiegen hatte", und dann erst folgt die eigentliche Nennung dessen, was Liscus "proponit", nämlich der Informationskomplex, der durch die als inhaltlicher Teil gesetzten Prop. 4-15 dargestellt wird. Dieser ganze Kernbestand der Proposition 1 (der gedanklich auch die Prop. 4-15 umgreift) wird nun in den Zeitablauf eingebettet (Feld 5 der Übersicht) durch *tum demum* - "da endlich" - also als etwas, auf das man lange hat warten müssen. Dazu wird eine Ursache für das Handeln des Liscus angegeben durch die als Nebensatz gesetzte Prop. 2 *oratione Caesaris adductus* - "durch die Rede von Caesar dazu geführt/bewogen".

Der französische Übersetzer faßt das etwas anders in Propositionen, er verwendet das Semantem "quelque chose", "un fait quelconque", "décide quelqu'un à faire quelque chose" - also ein Semantem, das ebenfalls eine feste Bedeutungsstelle für einen inhaltlichen Teil hat. Ganz ähnlich verfährt der englische Übersetzer mit Verwendung des Semantems "something induces someone to do something". In der französischen wie in der englischen Fassung ist also das auslösende Element für das Sprechen des Liscus, die Rede Caesars, nicht mehr als Ablativ bzw. als Präpokasus in die Proposition eingesetzt, sondern als Subjekt.

Die wenigen Hinweise mögen deutlich machen, wie der Referent diesen zentralen Bereich in der von ihm angestrebten "höheren Syntax, semantischen Syntax" zu bearbeiten versucht. Es ist daher auch klar, daß die Grammatik nur das Grundsätzliche an Aufbau und Verwendung verbaler Semanteme behandeln kann, denn man muß mit einer fünf- ja einer sechsstelligen Zahl von solchen Semantemen rechnen (es gibt in jeder Sprache eine vier- bis fünstellige Zahl von Verben, und viele Verben dienen als Kerne in verschiedenen Semantemen); der Aufweis aller einzelnen Semanteme ist also (nach wie vor) eine Aufgabe der großen Wörterbücher, vor allem der einsprachigen. Der Referent sieht sich hier auch in klarem Gegensatz zu den Versuchen, hier mit einer zweistelligen Zahl von "Satzbauplänen" durchzukommen (wie die Duden-Grammatiken seit 1950, vor allem unter dem Einfluß von Grebe) oder auch mit einer zweistelligen Zahl von "Tiefenkasus" (wie die verschiedenen Versuche zu einer "Kasusgrammtik" in der Nachfolge der Skizze von Fillmore von 1968). Die Sprachen weisen einen Reichtum, eine Kompliziertheit und eine vielfache "Vernetzung" zwischen allen ihren Bedeutungsstrukturen und Formalstrukturen auf, der jede schematische Behandlung verbietet (und wohl auch auf absehbare Zeit noch keine zureichende Formalisierung und Modellierung im Sinne von Chomsky als aussichtsreich erkennen läßt). Es ist jedenfalls auf lange Jahre noch genug Arbeit für die Linguisten (und auch die Didaktiker unter ihnen) vorhanden, und damit mehr als genug Stoff für kommende linguistische Kolloquien.

Übersicht

1. Elementare Bedeutungszusammenhänge, primär zwischen ganzen Propositionen, oft mit Hilfe von *w*-Wörtern und damit Verwandtem signalisiert:

a. Präzisierung von schon in einer Proposition Genanntem durch neue Proposition (meist Nebensatz), von völliger Integration bis zu reihendem Weiterführen:

- (Er *kauft* nur Bilder),	(die *signiert sind*).
- (Er *kauft* Bilder),	(die er dann *weiterverkauft*).
	(und *verkauft* sie dann *weiter*).

b. Besetzung einer Bedeutungsstelle für eine Entität durch ganze Proposition (mit w-Relativ, oft auch "Stützwort im Hauptsatz), oft mit Gewicht auf Beliebigkeit des Umfangs:

- (Er *liefert* (alles)),	(was man *wünscht*).
- (Wer ihn *kennt*),	((der) *schätzt* ihn).
- (Was er *anfängt*),	(*führt* er *zu Ende*).

c. Annahme/Voraussetzung als Grundlage für die Geltung von etwas - Binden der Geltung an das Zutreffen einer Annahme, das Vorhandensein einer Voraussetzung ("kognitionales Verhältnis"):

- (Wenn p *gilt*),	
(*Gilt* p),	(so *gilt* auch q).
- (Falls p *zutrifft*)	(*trifft* auch q *zu*).

d. Voraussetzungen, schon gegeben oder erst erwartet, die keinen Einfluß auf die Geltung von etwas haben ("Konzessivverhältnis, Irrelevanz"):

- (Auch wenn)	
(Wenn auch p gilt),	(gilt q (doch) nicht).
- (Obwohl p gilt),	(gilt q nicht).
- (Was auch *geschieht*),	
- (Ob es so oder anders läuft),	(ich bleibe).

e. Gleichheit und Verschiedenheit, Zuordnung zwecks Vergleich - das dafür Herangezogene kann wirklich sein oder nur gedacht, nur vorgestellt sein:

- (Es *ist* bei ihm genau so wie bei mir).
- (Das neue Buch *gefällt* mir besser als das alte).
- (Du *führst* dich *auf*) (als *seist* du allein hier).

2. Einbettung, Beleuchtung, Bewertung von Informationsinhalten in Kommunikation oder allein, gedanklich oder rein gefühlsmäßig

a. Sprachliches Mitteilen und Aufnehmen (auch: Bitten, Aushandeln):

- Er *sagt/hört*,	"Das *ist* so!"/	- Er *fragt*,	"Was *soll* das?"/
schreibt/	daß es so *ist*.		was das *soll*.
liest,	was/wie/wo es *ist*.		
- Er *bittet* ihn/			
verspricht ihm,	das zu *tun*.	- Wir *einigten* uns,	so zu *verfahren*.

b. Unmittelbarer Erwerb und Besitz von Informationen, Umgang damit:

- Er *sieht/fühlt/weiß*	daß/	
überlegt/zweifelt	ob	es so *ist*.
	wann/wie	es *geschieht*.
- Er *zeigt* jemandem/		
bringt ihm *bei*,	wie	man es *macht*.

c. Sicherheitsgrade beim Informationsbesitz, Tiefgang:

- Er *glaubt/denkt*/		Das *gilt*	mindestens/	
ist überzeugt,	daß es so *geht*.		jedenfalls	für heute.
- Tatsache *ist*,	daß sie es *tat*.	Eigentlich/		
		Im Grund	*hat* sie recht.	

d. Erwartungen, Rechnen mit..., Angst, Hoffnung:

- Er *rechnet* damit/			
ist darauf gefaßt	kritisiert zu werden.	Sie kam ausgerechnet	[gegen die Erwartung].
- Er *fürchtet*/	zu unterliegen./		
hat Angst,	daß er *unterliegt*.	Er *hofft* durchzukommen.	

e. Evaluierende Betrachtung, von rein emotionaler Reaktion bis zu kühlem Abwägen von Vorteil und Nachteil:

- Er *hat* es gern/*schätzt* es/	daß/	
freut sich/*ärgert* sich,	wenn	jemand das *tut*.
- Es *ist* gut/erfreulich/vorteilhaft/	daß/	
schlimm/eine Schande,	wenn	so etwas *passiert*.
- Es *ist* ein (kein) Zufall,	daß/	
	wenn	das *eintritt*.

f. Reine Rahmenstrukturen zur Hervorhebung von Aussagen:

- Es *kommt vor/ist* oft so,	daß	eine solche Reaktion *eintritt*.

3. Generelles bei Handlungen/Abläufen aller Art, material oder rein kognitiv: Antriebe - Durchführbarkeit - Stadien - Erfolg

a. Antriebe, von innen und außen, ihre Annahme oder Zurückweisungen; Wichtigkeit, Üblichkeit, Gewohnheit:

- A *soll*/muß		Er	*ist gezwungen*/	
will/möchte	etwas tun.		*hat* Lust,	es zu *tun*.
- Es *ist* wichtig/	daß er es *tut*.	Er	*beschließt*/	
höchste Zeit			*willigt ein*	es zu *tun*.
- Es *ist* die Regel/				
Er ist gewohnt	daß es so *gemacht wird*.			

b. Durchführbarkeit generell: Erlaubnis, Gelegenheit, Zeit, Fähigkeit:

- Er *kann*/		Er	*hat die Gelegenheit/Zeit*/	
darf	das tun.		*ist* geeignet/fähig,	es zu *tun*.
- Man *ließ*	den Arzt *kommen*.	Es *ist*	leicht/	
			schwer das zu tun.	

c. Aspekte bei der Durchführung, dem Ablauf: Stadien, Haltungen, Verfahrensweisen, Gewichtungen, Erfolg und Risiko:

- Er *macht* sich daran/		Es	*beginnt*/	
beginnt/*hört auf* zu arbeiten.			*hört auf*	zu regnen
- Es *gelang* ihm,	mich zu *überzeugen*.	Du	*riskierst*,	ihn zu *kränken*.

4. Folge-Zusammenhänge, unter verschiedenen Perspektiven gesehen

a. Nicht-Eintreten erwartbarer Folgen oder Eintreten von etwas anderem →	Er *ging vorbei*, ohne mich zu *bemerken*. Du *redest* anstatt zu *handeln*.
b. Ein generelles Handeln steuert ein spezielleres Verhalten/Handeln →	Er *sorgt* dafür, daß nichts *vergessen wird*. Das *verhindert*, daß Fehler *passieren*.
c. Ein konkretes Handeln und der damit zu erreichende Zweck →	Er *erzählt* das um, sein Handeln zu *erklären*/ damit wir ihn *verstehen*.
d. Ein Zustand/Verhalten/Handeln und die damit schon gegebene Folge →	- Er *ist* so klug, daß er das *merkt*. Er *ist* sehr klug, so daß er das *merkt*. - Ich *bin* alt genug, um das zu *wissen*/ zu alt, um es nicht zu *wissen*. - Je größer X wird, umso kleiner wird YX.
e. Man erklärt etwas, indem man es auf eine Ursache zurückführt →	- Ich *glitt aus*, weil Glatteis *war*. - Er *schläft* schon; er *war* wohl sehr müde.

5. Ausdrückliches Einbetten in den Fluß der Zeit, über das schon durch die grammatischen Zeiten Gegebene hinaus

a. Generelles Markieren eines "Jetzt" oder Absetzen eines "Früher" →	- Jetzt *ist* er da - und jetzt schon dort. - Früher *ging* das langsamer.
b. Zeitangaben, kalendarisch oder relative zu "heute" →	Dienstag, 2. 1. 1990, heute in acht Tagen, gestern vor einer Woche.
c. Angaben von Tageszeit, Wochentag, Jahreszeit →	am Mittag, gegen Abend, jeden Freitag, im Herbst, im Winter.
d. Bewertungen von Zeitpunkt oder Dauer, oft subjektiv →	- Es *geschah* früh. - Sie *kam* spät. - Du *bist* schon (noch) da.
e. Eintretensweisen von etwas →	Es *zeigt* sich plötzlich, auf einmal, nach und nach.
f. Einmaligkeit - Wiederholung und ihre Häufigkeit →	Das *erfolgt* einmal - von neuem - hie und da, meistens, immer, nie.
g. Reihenfolge, Ordnung, Hintereinander →	Zuerst A, dann B, dann C, B vor + C, aber nach A.
h. Zeitliche Situierung durch einen ganzen anderen Handlungszug →	- Ich *warte*, bis du *kommst*. - Wir *tun* das, sobald sie da *ist*.

6. Räumliche Situierung: Lage und Bewegung im Raum, anschaulicher, dreidimensionaler Raum und abstrakte Räume

a. Lage und Bewegungen, grundlegend von menschlichen Behausungen und der menschlichen Gestalt her gesehen →	Hier/dort, innen/außen, daneben, links/rechts, oben/unten, vorn/hinten, überall/nirgends, hin/herein, hin/heraus, hin/herauf usw., von außen/von innen/von oben, aufwärts, vorwärts usw.
b. Ausmaß, Erstreckung, im anschaulichen Raum und abstrakt →	große Strecken, hohe Türme, tiefe Gräben, hohe Anforderungen.
c. Aufbau abstrakter Räume als Ordnungs und Denkhilfe, besondere Gesichtspunkte und damit gegebene Geltungsbereiche →	- Das *gilt* nur in der Geometrie der Ebene. - Verhandlungen auf Minister-Ebene - Probleme im Finanzsektor - Das *ist* theoretisch richtig. - Soweit ich heute *sehe*, *trifft* es *zu*.

d. Bleibend-Identisches - verschiedenes Äußere, Kleider, Formen →	- Man *erkennt* ihn in jedem Kleide. - In dieser Form *kann* ich den Brief nicht *absenden*. - Der Niderschlag *fiel* meistens als Schnee.

7. Genauere Angaben zu Abläufen, Zuständen usw. weitgehend wertfrei möglich

a. Ablaufgeschwindigkeit von etwas →	- Er *fuhr* schnell/langsam. - Die Sache *entwickelte* sich allmählich/in rasendem Tempo.
b. Stärke, Intensitätsgrad →	- Jemand/Etwas *reagiert* auf etwas stark oder schwach. - Wir *froren* sehr/bitterlich.
c. Vollständigkeitsgrad und Genauigkeitsgrad →	- A *beherrscht* das völlig, B teilweise. - Es *lief* ganz/vollkommen nach meinem Plan. - Ich *weiß* das sehr genau. - Es *stimmt* ungefähr.

8. Vorgehensweisen, Mittel und Wege, Unterlagen, Aufwand, Beteiligung anderer oder nicht

a. Vorgehensweise generell, gewählte Wege →	So/Auf diesem Weg *geht* es gut. Und anders?
b. Werkzeug, Hilfsmittel, material und gedanklich →	- Etwas mit den Händen/mit einer Zange *ergreifen* - Etwas nach einem Plan, einer Anleitunt *tun*
c. Mittel im kommunikativen, sozialen Handeln →	- Jemanden durch einen Brief zu etwas *veranlassen* - Jemandem mit etwas eine große Freude *machen*
d. Aufwand, Krafteinsatz, Mühe →	A *erreicht* es nur mit Mühe, bei B *geht* es von selbst.
e. Handeln mit andern oder allein, selber, persönlich →	- Etwas mit anderen zusammen *tun*/es allein *tun* - Etwas selber, persönlich *tun*/*erfahren*

9. Personale Verfassung der Handelnden, äußere und innere Zustände/Haltungen

a. Körper- und Gemützszustand, emotionale Lage →	- Er *kam* krank nach Hause. - Sie *sang* fröhlich.
b. Bewußtheitsgrad beim Handeln →	Etwas bewußt *tun*/es ganz automatisch *tun*.
c. Einstellung zu anderen, die sich im Handeln/Verhalten zeigt oder zu ihm geführt hat →	- Etwas dankbar *tun* - Bescheiden *antworten* - Etwas hochnäsig *ablehnen* - Spöttisch *antworten*
d. Auffälligkeit des Handelns für andere, Streben nach Bemerktwerden oder nach Unauffälligkeit →	- Etwas unauffällig/leise *tun* - Etwas mit großem Lärm *tun* - Etwas feierlich *erklären* - nur beiläufig

10. Bewertungen, oft polar entgegengesetzt, und reine charakterisierende Beschreibung

a. Beurteilung auf Wert und Unwert →	- Er *orientierte* uns richtig/falsch. - Das *ist* gut/schlecht. - Ich *finde* das schön/häßlich.
b. Reine charakterisierende Beschreibung →	- Die Herbstsonne *schien* warm durch die Stämme. - Sie *färbte* den Waldboden rötlich.

11. Besondere personale Konstellationen (mit Übergang zu den festen Semantemstellen)

a. Durch das im Verb dargestellte Verhalten/Handeln Begünstigte - negativ Betroffene →	- Sie *erzählte* ihm viel. - Das *verlangt* von allen großen Einsatz. - Es *war* für mich sehr fruchtbar.
b. Nennen des Agens bei Verb im Passiv →	Wir wurden von ihm/durch ihn eingeladen.

Literatur

Caesar: The Gallic War. With an English translation by Henry J. Edwards 1917. - Cambridge, Mass./London: Heinemann Ltd (= The Loeb Classical Library) repr. 1970.

Cesar, Jules: Guerre des Gaules I, II. Texte établi et trad. par Léopold A. Constans. - Paris: Des belles lettres (= Collection des Universités de France, pub. ss la dir. de l'Association Guillome Budé) 4me éd.

Glinz, Hans (1977): "Proposition und Satz". - In: Ders.: Textanalyse und Verstehenstheorie. I: Methodenbegründung, soziale Dimension, Wahrheitsfrage: acht ausgewählte Beispiele (Wiesbaden: Athenaion) (= Studienbücher zur Linguistik und Literaturwissenschaft 5) 53-60, 2.A.

Fillmore, Charles J. (1968): "The case for case". - In: Bach, Emmon/Harms, Robert T. (eds.) (1968): Universals in linguistic theory (New York: Holt, Rinehart & Winston) 1-88.

AUF DER SUCHE NACH EINEM FUNKTIONIERENDEN TERTIUM COMPARATIONIS IN DER KONTRASTIVEN LINGUISTIK

Ist Simon C. Diks Functional Grammar eine Antwort?

Lisbeth Falster Jakobsen

Carl Jaems sagt in seinem Buch "Contrastive Analysis" (1985: 3), daß kontrastive Analyse ein linguistisches Unternehmen ist, dessen Ziel es ist, invertierte (d.h. kontrastive, nicht komparative) zweiwertige Typologien zu erstellen (eine kontrastive Analyse beschäftigt sich immer mit einem Sprachenpaar) und daß die kontrastive Analyse auf der Annahme basiert, daß Sprachen sich vergleichen lassen. Die letztere Annahme, daß Sprachen vergleichbar sind, ergibt einige grundlegende Probleme, wenn man gleichzeitig die Anschauung beibehalten will, daß die einzelnen Sprachen unik sind (wie James 1985: 169 sagt) und außerdem im Bau auf dem Prinzip der Opposition zwischen den sprachlichen Elementen beruhen.

Und zwar ist dies eine Anschauung, auf die man, jedenfalls was den inneren Sprachbau betrifft, schwerlich verzichten kann. Kontrastive Linguistik (KL) hat ja als eigentliche Grundlage die Beobachtung, daß Fremdsprachen nicht umsonst so genannt werden: verglichen mit der Muttersprache muten sie fremd und schwer berechenbar an.

Wenn man aber etwas als im Verhältnis zu etwas anderem schwer berechenbar auffaßt, muß das trotzdem auf dem Hintergrund einer Vorstellung von irgendeiner Zusammengehörigkeit verstanden werden; Vergleiche können ja auch bei einem geringeren Grad von Äquivalenz angestellt werden. Unterschiede sind nur auf dem Hintergrund von Gleichheit signifikant ("sameness", wie James es 1985: 169 nennt); deshalb ist es in der KL ein Grundsatz, daß man Gleiches mit Gleichem vergleicht. Eine unterliegende Gleichheit ist also die Konstante für das Herausarbeiten der Unterschiede. Eine der basalen Metaaufgaben der KG wird somit, ein System von "Gleichheiten" zu konstruieren; ein gut gebautes System mit Kategorien und Relationen zwischen den Kategorien, damit die für das Herausarbeiten der spezifischen Unterschiede spezifischen Gleichheit gut umrissen ist.

Dieses System ist natürlich ein Artefakt, das normalerweise unter dem Namen Tertium comparationis (TC) firmiert. Es versteht sich von selbst, daß sich ein solches Artefakt, allein qua Status als Artefakt, unterschiedlich konstruieren läßt; ich verweise hier bloß auf die verschiedenen Abstraktheitsstufen, die es haben kann, je nachdem wie groß die Unterschiede zwischen den beiden zu vergleichenden Sprachen sind. Schließlich muß ein TC für alle Vergleiche, die auf der Ebene der sprachlichen Zeichen liegen, den Inhalt zum Ausgangspunkt nehmen, entweder direkt und explizit oder dadurch, daß eine postuliert ähnliche Funktion der zu vergleichenden Größen ihren nicht expliziten Ursprung in einem ähnlichen Inhalt auf einem sehr abstrakten Niveau hat.

Was einen zu der Überlegung führt, ob Simon Diks Functional Grammar eine - sekundäre - Verwendung als Tertium comparationis finden könnte, ist zum ersten, daß allgemeine linguistische Theorien mit Ansprüchen auf Universalität immer auf dem mehr theoretisch arbeitenden Teil der KL eine große Anziehungskraft ausübt (vgl. C. James 1985: Kap. 3), wie z.B. die unterschiedlichen Formen der generativen Grammatik. Zum zweiten ist Explizität ein großer Reiz; und genau in diesem Punkt bietet Diks FG ein detailliertes, zusammenhängendes übersprachliches Metasystem, das viele untereinander geordnete Kategorien und damit auch viele gegeneinander genau abgesetzte Unterschiede hat.

Wenn ich aber den Ausdruck "sekundäre Verwendung" benutze, ist der Grund, daß FG ein anderes Ziel hat. "The Theory of Functional Grammar. Part I: The Structure of the Clause" (Dik 1989) ist

(1) a general theory concerning the grammatical organization of natural languages (1989: 2). It favours a functional paradigm with two types of rule systems, both ratified by social conventions (1985: 5):
(i) the rules which govern the constitution of linguistic expressions (semantic, syntactic, morphological and phonological rules)
(ii) the rules which govern the patterns of verbal interaction in which these linguistic expressions are used (pragmatic rules).

Die Regeln in (1.i), die die Sprachstruktur determinieren, sind instrumental im Verhältnis zu (ii), der verbalen Interaktion; und Syntax wird als instrumental im Verhältnis zur Semantik betrachtet (1989: 7). Semantischer Inhalt ist eine Eigenschaft, die durch das Sprachsystem bestimmt wird und muß in der Grammatik einer Sprache dargestellt werden (1989: 11). Dies im Unterschied zu den kommunikativen Intentionen des Sprechers. Das Ziel der Theorie ist:

(2) to provide the means and principles by which functional grammars of particular languages can be developed (FG 1989: 12); it should be typologically adequate (1989: 14), i.e. that it should be capable of providing grammars for languages of any type, while at the same time accounting in a systematic way for the similarities and differences between these languages.

Eine Theorie, die Regeln für die Konstitution von sprachlichen Größen, sowohl auf der Inhalts- als auch auf der Ausdrucksseite, enthält und die als eine Art Universalgrammatik gebaut ist, von der die einzelsprachlichen Grammatiken abgeleitet werden können, scheint genau das "Schaltsystem" zu beschreiben, das die KL für ihr Tertium comparationis sucht. Hinzu kommt, daß die Theorie behauptet, daß sie Sprachen ernst nimmt (1989: 17): Unterschiede einer gegebenen Sprache haben irgendeine Funktionalität in dieser Sprache - was heißt, daß diese Unterschiede sich als zufällige Diversifikationen nicht auf eine grammatische Erscheinung reduzieren lassen. Diese Position ist oberflächenfreundlich und macht somit die Theorie brauchbarer als andere, die hauptsächlich den Akzent auf Ähnlichkeiten legen. Sie müßte dann auch mit sich führen, daß der Paradigmatik einer Sprache genausoviel Aufmerksamkeit gewidmet wird wie der Syntagmatik.

Ein kurzer Überblick über den Aufbau der Theorie: Zunächst die Beschränkungen (*constraints*) (1989: 17): keine Transformationen, keine Tilgungen, Substitutionen oder Permutationen von schon spezifizierten Elementen; keine Filter und keine lexikalische Dekomposition. Das letzte ist für den Bau der FG besonders interessant, weil dies das Lexikon der einzelnen Sprachen so stehen läßt, wie die einzelnen Zeichen gebaut sind. Dagegen sind die meisten grammatischen Operationen mit Hilfe von abstrakten grammatikalischen Operatoren, Funktionen etc. in der funktionalen Grammatik selbst enthalten (1989: 22).

Das besagt dann, daß, wo die einzelsprachlichen lexematischen Zeichen in ihrer einzelsprachlichen Eigenart respektiert werden (ohne daß jedoch in der FG mit dem Zeichenbegriff explizit gearbeitet wird), die grammatischen Zeichen in abstrakten Operatoren, Funktionen etc. aufgelöst werden. Dadurch kann man also mit grammatischen Inhaltskomponenten oder -merkmalen arbeiten, ohne daß diese von Anfang an notwendig an spezifische Ausdrücke gebunden sind.

Sehen wir uns den Aufbau des Grammatikteils der FG, insbesondere den Satzbauteil, näher an. Er wird (Siewierska 1990: 43) als eine aus etlichen Schichten bestehende hierarchische Struktur charakterisiert. Diese Schichten sind, im großen und ganzen, eine Widerspiegelung der unterliegenden semantischen Struktur, nicht der Konstituentenstrukturrelationen, die in Phrasenstrukturregeln zu finden sind. Die Schichten des FG-Modells sind wie folgt konstruiert (1989: 53):

(3)

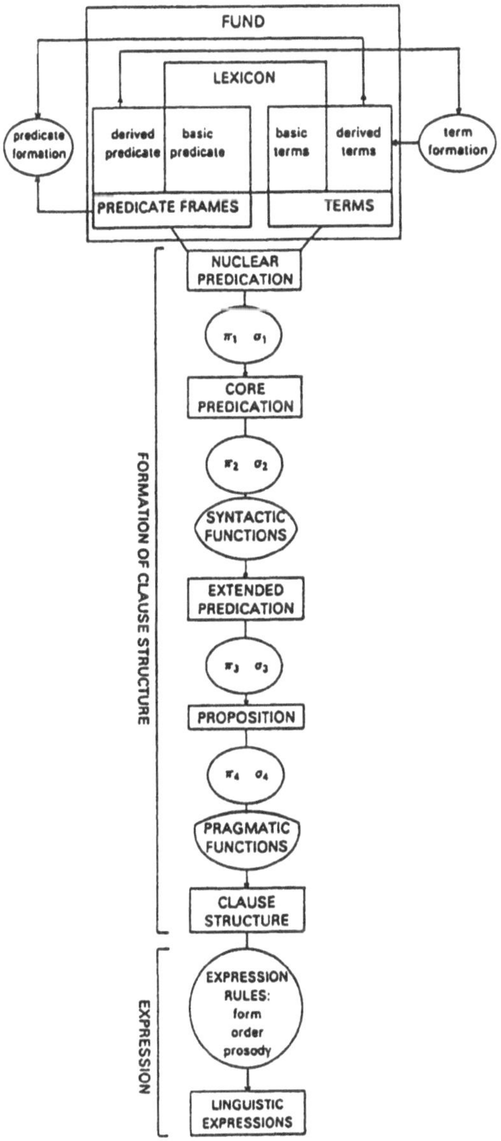

Der Fundus liefert das lexikalische Material für den Satzbau in der Form von Prädikatsrahmen und Termen. Der Prädikatsrahmen ist meistens ein Verb mit dazugehöriger Valenz, d.h. daß hier der Anfang des syntagmatischen Aufbaus vom Satz liegt. Das Prädikat mit in den Rahmen eingefügten Termen, den Argumenten (Ergänzungen), ist der Input der Schichtbildung und bildet in syntagmatisiertem Zustand eine nukleare Prädikation. Diese nukleare Prädikation wird jetzt, von Niveau 1 an, Gegenstand von Schichtenzuwachs in der Form von Pi's und Sigmas. Die Pi's stehen für Operatoren, Zuwachs grammatischer Art (auf Ebene 1 aspektuelle "Beilagen") zur Handlung des Prädikats; die Sigmas stehen für Satelliten (also freie Angaben), hier mit der semantischen Funktion 'Zeit', 'Geschwindigkeit' und 'Art und Weise'. Auf allen Ebenen wird mit Pi's und Sigmas gearbeitet, bis die Satzstruktur vollendet ist, d.h., daß man schon gewissermaßen auf die Form des grammatischen Zuwachses Rücksicht nimmt; er kann grammatikalisiert (als Pi) oder lexikalisiert (als Sigma) ausfallen, abhängig von der einzelnen Sprache.

Die einzelnen Ebenen des Modells sind semantisch definiert:

(4) The underlying clause structure is a complex abstract structure in which several levels or "layers" of formal and semantic organization have to be distinguished. As a first approximation to this structure, we can represent it as follows:

CLAUSE	→	"speech act"
PROPOSITION	→	"possible fact"
PREDICATION	→	"state of affairs"
PREDICATE	→	"property/relation"
applied to TERM(S)	→	"entity/entities" (1989:46)

und bilden auf der Ebene der *Clause Structure* die unterliegende abstrakte Struktur, die der Input der "expression rules", der Ausdrucksregeln ist, die dann wiederum den Input des endgültigen Ausdrucks bilden.

Wie gesagt: dies kann in vieler Hinsicht als der nahezu ideale Ausgangspunkt einer kontrastiven Grammatik betrachtet werden. An sich braucht KG sich ja nicht um erklärende Adäquatheit zu kümmern wie die linguistischen Theorien, und deshalb auch FG. Die KL kann zufrieden sein, wenn sie bloß eine Struktur von einem gewissen Abstraktheitsgrad geliefert bekommt, die sie als TC benutzen kann, d.h. eine Struktur, die irgendwo für alle grammatischen Erscheinungen Raum bietet, die in den zu vergleichenden Sprachen vorhanden sein mögen. Die Beweise für die erklärende Adäquatheit bleiben der generellen Sprachtheorie überlassen.

Gerade in diesem Punkt aber taucht dann eine Schwierigkeit auf. KL sucht, in Erkenntnis der strukturellen Verschiedenheit der natürlichen Sprachen innerhalb der Grammatik, also auf der Ebene der Zeichen, ein TC, das im großen und ganzen eine semantische Grundlage hat. Eine allgemeine linguistische Theorie von typologischer Art, wie FG, sucht dagegen die Bestätigung der postulierten semantischen Strukturierung im Ausdruck. Wo KL sozusagen von vornherein gegenüber dem Gleichheitsgedanken auf Zeichenebene resigniert hat, ja geradezu ihre Existenzberechtigung in den Unterschieden der Sprachen findet, da sucht FG Gleichheiten, d.h. daß FG, wo möglich, an einer gewissen Ikonisierung des Inhaltes im Ausdruck festzuhalten versucht.

Die hierarchische Realisation zwischen den verschiedenen Schichten im Modell muß als Zuwachsrelation verstanden werden, weil das Modell quasiproduktiv ist mit der Richtung bottom-up bis zum endgültigen Ausdruck, also zu den Oberflächenstrukturen. Wenn diese hierarchische Relation in der Oberflächenstruktur der Prädikatsstruktur eine ikonische Wiedergabe haben soll, wird das mit sich führen, daß z.B. das Pi jeder Ebene im Verhältnis zum Stamm des Prädikats in einer bestimmten Reihenfolge mit Pi1 zuinnerst erfolgen muß.

(5) ((Stamm)pi1)pi2)pi3)pi4)

Man wird die Schwierigkeiten für Deutsch erahnen können, wenn man erfährt, daß es bei Pi1-Operatoren um aspektuelle Unterschiede geht (Dik 1989: 56), bei Pi2 um temporale, spatiale und kognitive Koordinaten der Prädikation (Dik 1989: 57), bei Pi3 um persönliche Beurteilung von und Einstellungen zur erweiterten Prädikation, z.B. subjektive Modalitäten (Dik 1989: 59), und daß endlich Pi4 illokutionäre Operatoren sind. Da die deutschen Verbalflexive Merkmale von allen Ebenen in sich aufnehmen (sofern diese überhaupt relevant sind), ist die Voraussetzung für eine ikonische Relation zwischen Inhalt und Ausdruck nicht vorhanden. Mit der Konsequenz, daß bei kontrastiven Aussagen aufgrund des Modells über die deutschen Flexiva, verglichen etwa mit einer Sprache, deren Flexion weniger reichhaltig ist und die statt dessen dieselbe Information auf mehrere Zeichen verteilt (entweder "grammatische Wörter" oder Sigmas), die Voraussetzungen fehlen für eine "parteineutrale" Behandlung, die die eine Sprache nicht richtiger erscheinen läßt als die andere. Oder allgemeiner gesagt: auch wenn für alle Sprachen dieselben sprachlichen Dimensionen und Ebenen in ihrer Allgemeinheit anzuerkennen sind, können die einzelsprachlichen Systeme diese Dimensionen und Ebenen für ihre Funktionen unterschiedlich ausnutzen. Das Verhältnis Form-Funktion ist einzelsprachlich weniger einheitlich als in der FG angenommen.

Diese immanente Nähe zwischen Inhalt und Ausdruck in FG, die meines Erachtens den Bau des Modells legitimieren muß, schafft also gewisse Schwierigkeiten für den kontrastiven Gebrauch. Ich werde ein Beispiel aus einem linguistisch gesehen relativ innovativen Teil des Modells geben, aus *Syntactic Functions*, die im Modell zwischen *Core Predication* und *Extended Predication* situiert sind (vgl. das Modell in (3)).

FG arbeitet mit drei Typen von Funktionen. (Unter Funktion muß man eine zweistellige Relation verstehen zwischen einer sprachlichen Größe und der Konstruktion, in der sie Konstituente ist.) Die drei Typen gehören zu verschiedenen Ebenen:

(6) FG recognizes functional relations at three different levels:
(i) *Semantic functions*: Agent, Goal, Recipient, etc.
(ii) *Syntactic functions*: Subject and Object
(iii) *Pragmatic functions*: Theme, Topic, Focus, etc.
These three types of function can be broadly defined as follows:
Semantic functions specify the "roles" which the referents of the terms involved play within the "state of affairs" designated by the predication in which these terms occur.
Syntactic functions specify the "perspective" from which a state of affairs is presented in a linguistic expression.
Pragmatic functions specify the "informational" status of a constituent within the wider communicative setting in which it occurs (that ist, in relation to the pragmatic information of S and A at the moment of use). (1989:24)

Die semantischen Funktionen gehören wohl, als syntagmatisch nicht gebundene Größen, dem Fundus an; und die Ordnung, die unter ihnen vorausgesetzt ist, die *Semantic Functional Hierarchy* (7), ist letzten Endes eine übersprachliche Aufstellung der allgemeinen syntaktischen Möglichkeiten der einzelnen Funktionen ohne echte Aussagekraft für die syntagmatische Kombinationsmöglichkeit in einer einzelnen Sprache (Dik 1989: 234, Jakobsen 1990b).

(7) Semantic Function Hierarchy (SFH)

	Ag ›	Go ›	Rec ›	Ben ›	Instr ›	Loc ›	Temp	
Subj	+ ›	+ ›	+ ›	+ ›	+ ›	+ ›	+	
Obj		+ ›	+ ›	+ ›	+ ›	+ ›	+	(1989: 224)

Die Annahme in FG ist nun, daß der Inhalt der einzelnen semantischen Funktionen, die sich als Zeichen typisch in Satzkonstituenten manifestiert, charakteristische Ausdrücke aktiviert, vor allem gegebene Adpositionen, ausgenommen, wenn eine semantische Funktion Subjekt oder Objekt des Satzes wird.

Typische semantische Funktionen sind *Agent*, *Goal*, *Recipient*, *Location*, *Direction*, *Source*, *Instrument*, Temp (*Time*), *Caus*. In Beispiel (8) haben wir (vgl. (9)):

(8) (Paveses Tagebuch "Das Handwerk des Lebens" erscheint neu.) Diese neu kommentierte Edition wurde anhand der Handschriften fertiggestellt und um rund 250 Druckzeilen aus den Jahren 1936 bis 1938 erweitert, die von Natalia Ginzburg und Italo Calvino 1952 gestrichen worden waren - angeblich auf Wunsch einer weiblichen Person. Ergänzt wird das Tagebuch im Anhang durch eine Jugendschrift Paveses, die Lorenzo Mondo diese Woche ebenfalls in La Stampa als Vorabdruck veröffentlicht hat. (DIE ZEIT, 21.09.1990: 72)

(9) Agent: *von Natalia Ginzburg und Italo Calvino* (Adpos)
Lorenzo Mondo (Nom)
Goal: *Diese neu kommentierte Edition* (Nom)
das Tagebuch (Nom)
die (Akk)
Caus: *auf Wunsch einer weiblichen Person* (Adpos)
Temp: *1952*
diese Woche
etc.

Die meisten eindeutigen Ausdrücke für semantische Funktionen finden sich in Adpositionen, aber ab und zu auch im reinen Kasusgebrauch wie in *diese Woche*, jedoch nur, wenn die lexematische Realisation der Konstituente es erlaubt. Sonst gibt es keine 1:1-Übereinstimmung zwischen reinem Kasus und semantischer Funktion, was in (9) am leichtesten daraus zu ersehen ist, daß *Goal* sowohl durch Nominativ als auch durch Akkusativ repräsentiert sein kann, während Nominativ auch den *Agenten* repräsentieren kann. Das heißt dann, daß die enge Verknüpfung zwischen semantischen Funktionen und gegebenen Ausdrücken (in der Regel Adposition), die in der Theorie zur Legitimierung der semantischen Funktionen beiträgt, durch die Frage des reinen Kasusgebrauchs in den flektierenden Sprachen beeinträchtigt wird (Dik 1989: 313).

Am problematischsten ist die Frage des Subjekts und Objekts. Es ist einleuchtend, daß z.B. das Subjekt in flektierenden semantischen Funktionen verknüpft ist, die alle in Oberflächenrealisationen denselben Ausdruck bekommen. Um in dem Modell dieses in den Griff zu bekommen, wird der Begriff "Maskierung" oder Neutralisation (1989: 310) eingeführt; d.h. daß der reine Kasus den Ausdruck der ursprünglich unterliegenden semantischen Funktion maskiert (vgl. (8)-(9)). Das bedeutet wiederum, daß flektierende Sprachen wegen ihres Gebrauchs von reinen Kasus eine generelle Zweiteilung im Verhältnis zwischen Inhalt (semantischer Funktion) und Ausdruck der Satzkonstituenten bekommen. Zuweilen gibt es ein absolutes 1:1-Verhältnis zwischen Konstituentenausdruck und der semantischen Funktion, d.h. ohne daß man die semantische Funktion über die Relation zur restlichen Konstruktion, zum Syntagma, zu ersehen braucht. Zuweilen, bei der Maskierung, wird die Relation zwischen Form und semantischer Funktion von dem Syntagma aus festgelegt, und zwar über die Relation zwischen dem Prädikatsverb und dem Argument.

Diese Zweiteilung repräsentiert meines Erachtens eigentlich einen Unterschied im Abstraktionsgrad der semantischen Funktionen. Diejenigen, die ihren direkten Ausdruck haben, gehören irgendwie unmittelbar dem Fundus, der lexikalischen Vorratskammer an, während die maskierten Funktionen nur mittelbar, und zwar als Valenzeigenschaft des Prädikatsrahmens, d.h. als Eigenschaft eines Syntagmas, dem Fundus angehören. Die maskierten semantischen Funktionen werden auf diese Weise im Sinne der FG "funktioneller" als die unmaskierten semantischen Funktionen. Sie sind einen Schritt weiter auf dem Weg durch das Schichtenmodell, von dem paradigmatischen Zustand im Fundus zum endgültigen syntagmatischen Zustand in der Satzstruktur.

(10) Ein junges Paar, Sailor und Lula, flieht *aus seinem Heimatort an der amerikanischen Ostküste* nach Texas, um *der Mutter des Mädchens* zu entkommen. (DIE ZEIT, 21.09.1990: 67)

(10) zeigt, daß sowohl *Direction* als auch *Source* als semantische Funktion mit *fliehen* verbunden werden können. Beide Konstituenten haben eine direkte Relation zwischen Ausdrucksform und Funktion, sei die Konstituente nun in diesem Fall ein Argument der Prädikation oder nicht. In der Relation zu *entkommen* ist *der Mutter des Mädchens* maskiert. Ich gehe davon aus, daß diese Konstituente auch als *Source* zu betrachten ist (der Punkt, von dem man sich entfernt), dies ist aber unter allen Umständen nur über die syntagmatische Relation zum Prädikat *entkommen* zu verstehen.

Es wäre günstiger, wenn man in der Theorie zwischen zwei Arten von semantischen Funktionen unterscheiden könnte, den ungebundenen semantischen Funktionen, die, frei von syntagmatischen Bindungen, als solche in ihren übersprachlichen Eigenschaften und auch kontrastiv zu beschreiben wären und den Argumentfunktionen, die syntagmatischen Einwirkungen ausgesetzt sind, z.B. inhaltsmäßig einer Auswahl aus den möglichen semantischen Funktionen oder einer Änderung der Funktionen durch den Inhalt des Prädikats und ausdrucksmäßig der Rektion, die einen ganz anderen Ausdruck auslösen kann als die für die semantische Funktion eigentlich vorausgesehene.

Eine kleine Reflexion wird deutlich machen, daß die syntagmatisch gebundenen semantischen Funktionen eine Erscheinung sind, die auf der Abstraktionsskala zwischen 'übersprachlich' und 'einzelsprachlich' viel näher an der einzelnen Sprache liegt. Somit kollidiert die typologische Arbeitsweise, die eine optimale Einheitsbeschreibung aller Sprachen anstrebt, mit der strukturalistischen Auffassung von der Verschiedenheit der Sprachen. Die Konsequenz hieraus für die Behandlung der semantischen Funktionen in ihrer Ganzheit sowohl in einer einzelsprachlichen als auch in einer kontrastiven Beschreibung dürfte einleuchtend sein. Die dänischen kontrastiven Gegenstücke zu (10) wären z.B.:

(11) Et ungt par ... flygter *fra deres hjemsted ved den amerikanske Østkyst* (Adpos) *til Texas* (Adpos) for at
undslippe *pigens moder* (Akk)
slippe *fra pigens moder* (Adpos)

Der Grund, weshalb *pigens moder* in der einen Variante ausdrucksmäßig die semantische Funktion 1:1 widerspiegelt und in der anderen Variante im Akkusativ maskiert ist, ist in einem typologischen Modell nicht zu erhellen, wenn die Unterschiedlichkeit der Sprachzeichen heruntergespielt wird.

Die Maskierung der semantischen Funktionen wird jetzt zu einer Neuinterpretation in semantischer Richtung von den Funktionen der Satzkonstituenten Subjekt und Objekt benutzt. In Beispiel (8) sind in Kombination mit einem Passiv der Prädikatskonstruktion *diese neu kommentierte Edition* und *die* als Nominativ maskiert und sind die Subjekte der Sätze, während wir in anderen Sätzen, mit demselben Prädikat im Aktiv, dieselben Konstituenten als Objekte im Akkusativ finden können:

(12) Man stellte diese neue Edition fertig
... 250 Druckzeilen ..., die Natalia Ginzburg und Italo Calvino 1952 gestrichen hatten.

Die Interpretation läuft darauf hinaus, daß jeder Prädikatsrahmen eine erste Perspektive des "state of affairs", des Sachverhalts, einrichtet, den die Prädikation ausdrückt, indem der Prädikatsrahmen voraussieht, welches Argument das Subjekt werden muß. Es gibt strenge ausdrucksmäßige Anforderungen an das Subjekt, im folgenden für das Englische formuliert, aber entsprechend zutreffend für Deutsch:

(13) ... the coding and behavioural properties which characterize the first argument in the active construction. The relevant coding properties in English are the following:
* occurrence in positions reserved for subjects;
* no prepositional marking;
* nominative, if pronominal (*he/she* vs. *him/her*);
* agreement in person and number with the finite verb.
By "behavioural properties" we mean the types of roles a constituent can play with respect to grammatical rules and processes. Across languages we find a number of grammatical processes which may typically be sensitive to the Subj function. (1989:221)

Wie gesagt kann kein durchgehender Zusammenhang zwischen einer bestimmten Ordnung der semantischen Funktionen und dem 1. Argument des Prädikats (= Subjekt im Aktivsatz) nachgewiesen werden. Die Kombination von 1. Argument und semantischer Funktion ist letzten Endes idiosynkratisch pro einzelsprachlichem Prädikat; vgl. z.B.:

(14) Gestern abend kam *nur der Mann.*
nur er.

(15) WASSER FÜR DIE WELT. Immer mehr Menschen mangelt *es* an der sicheren Versorgung. (DIE ZEIT, 21.09.1990: 14)

In (14) ist das Subjekt ein Agent, in (15) gibt es keine semantische Funktion; es ist eine Art dummy (ein formales Subjekt nach der traditionellen Sehweise).

Die Perspektive eines state of affairs läßt sich nun laut FG in den Fällen verändern, wo man ein Argument mit einer höheren Zahl zum Subjekt machen kann, typisch eine *Goal-*

Konstituente wie in (8). Das heißt, daß eine Promotion, eine Art semantische foregrounding von einem anderen Argument der Prädikation, und eine entsprechende Demotion, backgrounding, von dem ursprünglichen 1. Argument unternommen wird. Der so umgebaute state of affairs, the extended predication (4), steht jetzt, nach weiterem Zuwachs von Schichten, als unterliegende Struktur dazu bereit, auf der Ebene der Proposition pragmatische Funktionen zuerkannt zu bekommen. Es geht hier u.a. um Topic- und Focusfunktionen.

Diese semantische Interpretation der ausdrucksmäßigen Subjektzuerkennung zu wechselnden Argumenten einer Prädikation als eine wechselnde Perspektivierung ist zum einen sicher eine Notwendigkeit für das Schichtenmodell, weil die Schichten semantisch definiert sind und der Satzausdruck erst ausgelöst wird, wenn das Modell durchlaufen worden ist. Sonst würde ein auslösender Faktor fehlen für den Unterschied zwischen aktiver und passiver Satzkonstruktion (und analogen Konstruktionen). Zum anderen wirkt diese Interpretation auch deshalb plausibel, weil die Argumente jetzt Gegenstand einer doppelten Funktionszuerkennung werden können, der perspektivischen und der pragmatischen, was vermehrte Möglichkeiten bietet, einen nuancierten Informationsaufbau (message management) zu beschreiben; vgl. die Möglichkeiten in (16), durch Perspektivwechsel und verschiedene Positionen, deren Markiertheit von dem Satzgliedwert abhängig ist, der Satzkonstituente *die 250 Druckzeilen* einen unterschiedlichen informationsmäßigen Stellenwert zu geben:

(16) 1. Perspektive des Prädikats *streichen*, im Satz mit unterschiedlichen pragmatischen Funktionen verbunden:
(16a) Natalia Ginzburg und Italo Calvino strichen 1952 die 250 Druckzeilen.
(16b) Die 250 Druckzeilen strichen 1952 Natalia Ginzburg und Italo Calvino.
2. Perspektive, durch die Passivkonstruktion hervorgerufen:
(16a) Die 250 Druckzeilen wurden von Natalia Ginzburg und Italo Calvino 1952 gestrichen.
(16b) 1952 wurden von Natalia Ginzburg und Italo Calvino die 250 Druckzeilen gestrichen.
(16c) 1952 wurden von Natalia Ginzburg und Italo Calvino gestrichen die 250 Druckzeilen.

Das heißt, daß diese Interpretation der Subjektsfunktion als Perspektivierung des Sachverhaltes durch Maskierung verschiedener Argumente plausibel wirkt, obwohl die typologische Aussage nur auf eine Teilmenge der Sprachen begrenzt ist. Noch einmal ist aber der Perspektivwechsel zu eng an faktische Ausdrucksformen gebunden, so wie sie in (12) ausgedrückt sind: die Perspektivierung ist an die Aktiv-/Passivkonverse gebunden.

Man könnte sich aber vorstellen, daß die Perspektivierung allein an eine Umkodierung oder Maskierung der Argumente ohne Veränderung der Diathese gebunden wäre. Dies findet man im Dänischen (um bloß eine dem Englischen und Deutschen eng verwandte Sprache zu wählen), wo das 1. Argument einer Teilmenge der Verben als entweder das Subjekt im Nominativ oder als Objekt im Akkusativ (Jakobsen/Olsen 1984) kodiert werden kann:

(17) *Kun manden* (Subj.Nom.) er kommet i går aftes.
Kun han (Subj.Nom.)...
(Nur der Mann ist gestern abend gekommen.)
(Nur er...)

(17a) I aftes er der kun kommet *manden*. (Obj.Akk.)
I aftes er der kun kommet *ham*. (Obj.Akk.)
(*Gestern abend ist es nur den Mann gekommen.)
(*Gestern abend ist es nur ihn gekommen.)

Diese Erscheinung fällt in der FG ins Nichts. Sie läßt sich nicht beschreiben, obwohl sie ein schöner Fall von Perspektivwechsel ist - von einer etwas höheren Warte aus.

Literatur

Dik, Simon C. (1989): The Theory of Functional Grammar. Part 1: The Structure of the Clause. - Dordrecht: Foris.

Haiman, John (1985): Natural Syntax. Iconicity and Erosion. - Cambridge: Cambridge University Press.

Hannay, Mike/Mackenzie, John L./Keizer, M. Evelien (1990): "Pragmatic Functions: The view from the V.U." - In: Working Papers in Functional Grammar 38 (University of Amsterdam: Mimeo).

Jakobsen, Lisbeth Falster (1990a): Der kom en soldat marcherende hen ad landevejen: een to! On Subject and Object Assignment in Danish. - In: Jakobsen (Hrsg.) 46-65.

- (1990b, im Druck): Perspective, Markedness, and Paradigmatic Relations Predicates. A Case Study in Danish.

- (Hrsg.) (1990c): Functional Grammar in Denmark. - University of Copenhagen: Mimeo.

- (1991): "On Equivalence in Contrastive Linguistics". - In: Contrastive Linguistics. Papers from the CL-Symposion at the Aarhus School of Business, 28 - 30 August 1989 (Aarhus) 77-103.

- /Olsen, Jørgen (1984): "Subjekt - Sobject? Eine Diskussion der Subjektsdefinition im Dänischen". - In: Nordic Journal of Linguistics 7, 1-40.

Siewierska, Anna (1990): "Layering in FG and GB". - In: Abstracts for the Fourth International Conference on Functional Grammar. Copenhagen, 25 - 29 June 1990, 43-44.

Togeby, Ole (1990): "Speech Acts and Information Structure in Functional Grammar". - In: Jakobsen (Hrsg.) 14-24.

ÜBER DIE MÖGLICHKEITEN ZUR EINBEZIEHUNG VON TEXTLINGUISTISCHEN EINSICHTEN IN DEN KONFRONTATIVEN SPRACHVERGLEICH

Pavel Petkov

Der konfrontative Sprachvergleich ist auf die Feststellung der Übereinstimmungen und Unterschiede zwischen synchronen Zuständen verschiedener Sprachen ausgerichtet. Diese Aufgabe konstituiert den Gegenstand der konfrontativen oder kontrastiven Linguistik. Aus dem Nichtvorhandensein von sprachbezogenen Restriktionen in der Gegenstandsbestimmung folgert, daß sich diese Disziplin an alle theoretischen Modelle der einzelsprachlichen Beschreibung anlehnen muß, da sie immer nur gewisse Seiten des Untersuchungsobjekts Sprache verdeutlichen, andere dagegen vernachlässigen oder überhaupt nicht berühren. Diese Modellierungsoffenheit der konfrontativen Linguistik wird durch die bisherige Forschung bestätigt. Die vorliegenden Untersuchungen lassen sich in die funktionalstrukturelle Konzeption der Prager Schule, in den deskriptiven Strukturalismus, in die generative Transformationsgrammatik, in die Valenztheorie, in die Kasusgrammatik u.s.w. einordnen. Auch der theoretische Ansatz der Textlinguistik hat in die Sprachkonfrontation Eingang gefunden. Allerdings hat die konfrontative Linguistik die sogenannte pragmatische Wende der Textlinguistik nicht oder nur beschränkt mitgemacht.

Bis jetzt sind in den konfrontativen Vergleich vor allem Erscheinungen der formal-funktionalen Textkohärenz einbezogen: Konjunktionen (Junktive), Pronomen, Artikel, Ausdrucksmittel für kataphorische und anaphorische Beziehungen, morphologische Kategorien wie Tempus/Modus, Aspekt, phonetische Erscheinungen (vor allem Akzentverhältnisse und Intonationsverlauf), die Thema-Rhema-Gliederung des Satzes u.a. Eine gebührende Beachtung hat auch die Sprechakttheorie gefunden, vor allem der Vergleich von performativen Verben und der von ihnen eingeleiteten Strukturen wie auch stark konvenzionalisierte Sprechakte. So wird z.B. in der 1986 erschienenen kontrastiven Grammatik Deutsch-Serbokroatisch (Engel/Mrazovc 1986: 1371f.) zum ersten Mal in einer ganzheitlichen konfrontativen Grammatik ein Sprechaktkapitel vorgesehen, in dem deutsche und serbokroatische Sprechakte wie DANK, ENTSCHULDIGUNG, GRATULATION, KONDOLATION, RATSCHLAG, VORWURF, DROHUNG, VORSTELLUNG, GRUß u.a. als Äquivalenzentsprechungen gegenübergestellt werden. Grundsätzlich kann gesagt werden, daß die konfrontative Linguistik die Satzebene aus dem Satz hinauf aber nicht zum Satz hinunter überschritten hat.

Die konfrontative Linguistik ist als eine angewandte linguistische Disziplin entstanden, deren Ergebnisse in den Fremdsprachenunterricht und in die Übersetzungspraxis einfließen. Aus diesen Anwendungsbereichen kann die ignorierende Einstellung zur pragmatischen Textlinguistik nicht erklärt werden. Die kommunikative Ausrichtung des modernen Fremdsprachenunterrichts und die inhärente Textbezogenheit der Übersetzung sollten im Gegenteil die konfrontative Forschung zu einer vorbehaltslosen Beschäftigung mit textlinguistischen Problemen stimulieren. Da dies nicht der Fall ist, soll nun die Erklärung dafür unmittelbar im konfrontativen Gegenstandsbereich selbst gesucht werden. Um einen Vergleich anzustellen, braucht man eine gemeinsame Grundlage, ein tertium comparationis, wodurch, wie das von Sternemann gezeigt wird (1983: 61f.), die Intension und die Extension des Vergleiches bestimmt werden. Der Vergleich erscheint dann als eine Abbildung, deren Definitionsbereich durch das tertium comparationis und deren Ziel- oder Wertbereich durch Elemente und Strukturen der zu vergleichenden Sprachen besetzt werden. In der konfrontativen Linguistik werden sowohl Vergleichsgrundlagen extralinguistischer als auch solche intralinguistischer Art benutzt. Als Vergleichsgrundlagen extralinguistischer Art erscheinen die universalen kognitiven Inhalte (inhaltliches tertium comparationis), die auf eine spezifisch-konventionelle Weise den lautlichen Strukturen verschiedener Sprachen zugeordnet werden, wie auch das universale Lautartikulierungsvermögen des Menschen, das auf eine spezifisch-konventionelle Weise im phonologischen System und in den allophonischen Strukturen jeder Sprache realisiert wird. Eine intralinguistische Vergleichsgrundlage ergibt sich im Rahmen der Form-Funktion-Beziehung zwischen den Einheiten untergeordneter und übergeordneter Sprachebenen. Als so genanntes formales tertium comparationis kann auch eine Form-Funktion-Einheit mit einer in den zu vergleichenden Sprachen nicht vordefinierten funktionalen Ähnlichkeit angenommen werden.

Aus dem Dargelegten sollte klar geworden sein, daß als allgemeintheoretischer Hintergrund der konfrontativen Grammatik ein semiotisches Modell angenommen wird, welches auf der Substanz-Form-Dichotomie in der Lehre von de Saussure und auf einer expliziten Stratifizierung der Signifié-Signifiant-Beziehung beruht.

Wie wir in einem anderen Beitrag gezeigt haben (Petkov 1985), werden im Rahmen der inhaltlichen Vergleichsgrundlage Übereinstimmungen und Unterschiede zwischen verschiedenen Sprachen hinsichtlich der Besetzung des Zielbereiches der onomasiologischen Abbildung durch Ausdrucksstrukturen verschiedener Repräsentationsebenen, wie auch hinsichtlich der Realisierungsart und der Realisierungsnorm der Abbildung festgestellt. Bei einem formalen tertium comparationis wird durch die semasiologische Betrachtungsweise die Zahl und der Umfang der onomasiologischen Abbildungen kategorial eingeschränkt.

Durch die vergleichende Analyse der Besetzung des Zielbereiches in der onomasiologischen Abbildung werden Übereinstimmungen und Unterschiede aufgedeckt, die nicht nur die stratifikative Verteilung der Ausdrucksmittel betreffen, sondern auch die konventionelle sprachspezifische Strukturierung der kognitiven Inhalte. Hinsichtlich der Realisierungsart der onomasiologischen Abbildung werden Übereinstimmungen und Unterschiede zwischen den Verfahren zur Herstellung der onomasiologischen Abbildung im Rahmen der auf der sprachspezifischen kognitiven Strukturierung beruhenden Oppositionen der sprachlichen Einheiten festgestellt. Durch den Vergleich der Realisierungsnorm der onomasiologischen Abbildung werden Übereinstimmungen und Unterschiede zwischen den Realisierungsmöglichkeiten von gleichen Oppositionstypen in verschiedenen Sprachen wie auch zwischen den jeweiligen distributiven Realisierungsbedingungen erfaßt. Die meisten konfrontativen Untersuchungen verbleiben im Rahmen des Vergleiches der Zielbereichbesetzung der onomasiologischen Abbildung. Wenn man auch ihre Realisierungsart in die Analyse einbezieht, so lassen sich die erzielten Ergebnisse durch den Bezug auf folgende Hauptverfahren zur Herstellung der onomasiologischen Abbildrelation spezifizieren:

- markierende Realisierungsart. Sie gilt im Nullkontext;
- metaphorische Realisierungsart. Sie gilt in einem spezialisierten Kontext, in dem ein Ausdrucksmittel seine Markierung verliert und im nullkontextuellen funktionalen Bereich eines anderen erscheint, z.B. Futur I mit Gegenwartsbezug oder Präsens mit Zukunftsbezug;
- kompensierende Realisierungsart. Sie gilt im Kontext der metaphorischen Realisierungsart, so z.B. die Abbildung der präsumptiven Bedeutungskomponente auf Formen des Futur I bei Gegenwartsbezug;
- kongruierende Realisierungsart. Sie gilt in einem spezialisierten Kontext, wenn das betreffende inhaltliche Merkmal mit einem markierenden Merkmal ontologisch kompatibel ist, so z.B. die Abbildung des Merkmals "Aufforderung" auf Präsens- oder Futur I-Formen.

Die Realisierungsnorm operiert über der Besetzung des Zielbereiches und der Realisierungsart der onomasiologischen Abbildung, wobei zwischen systembezogener und verwendungsbezogener Norm zu unterscheiden ist. Diese Differenzierung wird vom Begründer des modernen Normbegriffes Coseriu nicht gemacht, aber sie wird durch die konfrontative Forschung nahegelegt. Die systembezogene Realisierungsnorm umfaßt die von extralinguistischen Verwendungsbedingungen unabhängigen Restriktionen an der Realisierung der vorhandenen Oppositionstypen und den damit zusammenhängenden Realisierungsarten der onomasiologischen Abbildungen in einer Sprache, so z.B. die fehlende Präsens- und Präteritumformen bei denominalen Verben des Typs *uraufführen*, *erstaufführen*, *rückübersetzen*, *bauchtanzen*, *kopfstehen* u.a. oder die nichtmögliche Verwendung des Futur I in temporalen Nebensätzen. Die verwendungsbezogene Realisierungsnorm umfaßt dagegen Präferenzen und Restriktionen, die von den extralinguistischen Verwendungsbedingungen abhängig sind.

Die so konzipierte verwendungsbezogene Realisierungsnorm öffnet pragmatischen textlinguistischen Einsichten den Zugang zum konfrontativen Vergleich, wenn Texte, wie etwa bei Viehweger (1977: 107), als komplexe Zeichen mit einer spezifischen konventionellen Signifiant-Signifié-Beziehung aufgefaßt werden. Wenn die einzelsprachliche Spezifik nicht thematisiert wird, so gelangt die Textlinguistik zu universalen Einsichten in den Charakter der im Bereich der sprachlichen Kommunikation möglichen Handlungen. In diesem Fall wird die Wirkung von Intention, Thema und Situation zwar an konkreten Texten analysiert, die aber eine illustrative Funktion erfüllen und sich leicht durch Texte beliebiger Sprachen ersetzen lassen. Universalen Charakter haben auch die zur Klassifizierung der Texte verwendeten Differenzierungsmerkmale wie etwa bei Sandig (1972: 113f.) oder Brinker (1985: 125f.).

Für den konfrontativen Sprachvergleich kommen die universal gültigen Eigenschaften von Handlungen, die mit sprachlichen Mitteln ausgeführt werden, nur als tertium comparationis in Frage, als Vergleichsgrundlage, in Bezug auf die Übereinstimmungen und Unterschiede zwischen verschiedenen Sprachen festgestellt werden. Man kann folglich sagen, daß der konfrontative Textvergleich dort anfängt, wo die universal ausgerichtete Textanalyse endet. Aus diesem Grund erscheint von der Warte der Textlinguistik die von S. J. Schmidt (1973: 10f.) getroffene Unterscheidung zwischen Texttheorie als "Untersuchung der Elemente, Regeln und Bedingungen der sprachlichen Kommunikation" und Textlinguistik als Ausbau des sprachsystematischen Ansatzes durchaus berechtigt.

Wenn Texte nicht als Handlungen auf einer universalen Kommunikationsebene, sondern als Phänomene bestimmter Sprachen behandelt werden, ist ein konfrontativer Textvergleich mit Hilfe sowohl des inhaltlichen als auch des formalen tertium comparationis möglich.

Als inhaltliches tertium comparationis bieten sich universale Sprachhandlungsaspekte an wie Handlungstyp, Textfunktion, Themenentfaltungstyp u.a., deren Abbildung auf die spezifischen Ausdrucksstrukturen verschiedener Sprachen zu vergleichen ist. Es ist nicht schwer zu zeigen, daß die bei einem solchen onomasiologischen konfrontativen Textvergleich zu erwartenden Ergebnisse in Hinblick auf die oben behandelten Typen von Übereinstimmungen und Unterschieden zu bestimmen sind. Wenn z.B. Sandig (1986: 34) Textabweichungen von bestimmten Erwartungen und den auf diese Weise erzeugten stilistischen Sinn behandelt, so geht es in diesem Fall mit unseren Termini um die kompensierende metaphorische Realisierungsart, die das Vorhandensein von einer bestimmten funktionalen Markierung der betreffenden Ausdrucksmittel voraussetzt. Der Stil im sprachlichen Handeln, wie er von Sandig definiert wird, ist eine weite Domäne, die von der konfrontativen Linguistik bis jetzt fast völlig ohne Beachtung geblieben ist. In diesem Zusammenhang ist besonders auf den Begriff des Handlungsmusters hinzuweisen, der als eine Verbindung zwischen Handlungs- und Äußerungstyp konzipiert wird (Sandig: 45f.).

Formales tertium comparationis beim konfrontativen Textvergleich können die Textsorten sein, die als Form-Funktion-Einheiten sowohl universale als auch kulturhistorisch bedingte sprachspezifische Eigenschaften haben. Dieser semasiologisch ausgerichtete Vergleich fängt mit der Betrachtung der Textsortenindexierung der onomasiologischen Abbildungen (z.B. Ausdrucksmittel fur die appelative Funktion in Gesetzestexten, Kommentaren, Kochrezepten u.s.w.) an und kann fortgesetzt werden durch eine im Sinne von van Dijk oder Viehweger (1977: 107/108) konzipierte Beschreibung der makrostrukturellen Übereinstimmungen und Unterschiede. Die kulturraumbezogene Spezifik des Hintergrundwissens und der Sprachhandlungstraditionen lassen erwarten, daß durch den Vergleich der inhaltlichen Gliederung der Textsorten wichtige Einsichten in die Eigenart der textuellen Realisierung des Sprachsystems gewonnen werden können.

Ein Grundpostulat der konfrontativen Linguistik besagt, daß die einzelsprachliche Beschreibung der konfrontativen vorangehen soll. In der heutigen pragmatischen Textlinguistik ist aber die universale Ausrichtung dominierend. Einzelsprachliche FormFunktion-Analysen des Textes, die als Vorlage fur den konfrontativen Vergleich dienen können, sind eine Rarität. Eine einigermaßen umfassende Textlinguistik einer konkreten Sprache ist nicht in Sicht. Unter diesen Forschungsbedingungen ist die zurückhaltende Einstellung der konfrontativen Linguistik nur selbstverständlich.

Literatur

Brinker, Klaus (1985): Linguistische Textanalyse. Eine Einführung in Grundbegriffe und Methoden. - Berlin: Schmidt.

Engel, Ulrich/Mrazovic, Pavica (Hrsg.) (1986): Kontrastive Grammatik. Deutsch-Serbokroatisch. - Novi Sad: Prosveta.

Petkov, Pavel (1985): "Zum Wesen und zur Typisierung der Übereinstimmungen und Unterschiede beim konfrontativen Sprachvergleich". - In: Linguistische Arbeitsberichte 48, 32-42.

Sandig, Barbara (1972): "Zur Differenzierung gebrauchssprachlicher Textsorten im Deutschen". - In: Gülich, Elisabeth/Raible, Wolfgang (Hrsg.): Textsorten, Differenzierungskriterien aus linguistischer Sicht (Frankfurt am Main: Athenäum) 113-124.

- (1986): Stilistik der deutschen Sprache. - Berlin etc.: de Gruyter.

Schmidt, Siegfried J. (1973): Texttheorie. - München: Fink.
Sternemann, Reinhard et al. (Autorenkollektiv) (1983): Einführung in die konfrontative Linguistik. - Leipzig: VEB Verlag Enzyklopädie.
Viehweger, Dieter (1977): "Zur semantischen Struktur des Textes". - In: Danes, Frantisek/Viehweger, Dieter (Hrsg.): Probleme der Textgrammatik II (Berlin: Akademie Verlag) (= Studia grammatica XVIII) 103-118.

IST EINE ÜBEREINZELSPRACHLICHE DEFINITION DES "FINITUMS" MÖGLICH?

Józef Darski

Unter *Finitum* versteht man heute meistens eine Subklasse der Wortart *Verb*. Im "Duden. Grammatik der deutschen Gegenwartssprache" wird festgestellt:

> Ein voll ausgeführter Satz des Deutschen enthält in aller Regel ein nach Person, Numerus, Tempus und Modus bestimmtes Verb (Finitum): Vera sucht das Buch. (Duden 1984: 123)

Es erweist sich aber, daß ein derart definiertes Finitum in anderen indoeuropäischen Sprachen nicht immer obligatorisch ist, wovon folgende Beispiele aus dem Polnischen und Russischen - die russischen Buchstaben werden nach dem Transkriptionssystem von "Duden. Die Rechtschreibung" wiedergegeben - zeugen:

(1a) Roman t o psotnik.
(1b) Roman e t o schalun.
(1c) Roman i s t ein Schelm.
(2a) Czy t r z e b a ci pieniędzy?
(2b) N u s c h n y l i tebe dengi?
(2c) B r a u c h s t du Geld?
(3a) N a l e ż y to chyba dobrze przemyśleć.
(3b) Eto n a d o horoscho produmat.
(3c) Das m u ß wohl reiflich überlegt werden.
(4a) Profesor (j e s t) g o t ó w do wykładu.
(4b) Professor g o t o w k dokladu.
(4c) Der Professor i s t zum Vortrag bereit.
(5a) Dziecku (j e s t) z i m n o.
(5b) Rebjonku c h o l o d n o.
(5c) Dem Kind i s t es kalt.
(6a) Dzisiaj (j e s t) d u s z n o.
(6b) Segodnja d u s c h n o.
(6c) Heute i s t es schwül.
(7a) Alež tu (j e s t) c i c h o.
(7b) Kak zdes t i c h o.
(7c) Hier i s t es aber still.
(8a) Z daleka w i d a ć skraj lasu.
(8b) Izdali w i d n a opuschka lesa.
(8c) Von fern s i e h t man den Waldrand.

Die deutschen Sätze sind als *voll ausgeführte Sätze* anzusehen, weil jeder Satz ein Finitum aufweist. Die russischen Äquivalente der deutschen Sätze weisen kein derart definiertes Finitum auf. Dasselbe gilt auch für das Polnische, wenn man das fakultative *jest* "ist" tatsächlich wegläßt. Die polnischen und russischen Äquivalente der deutschen Sätze könnten also als *voll ausgeführte Sätze* nicht bezeichnet werden, wenn das Vorkommen des derart definierten Finitums als obligatorisches und einziges Merkmal dieser Sätze aufzufassen wäre. Ginge man aber von den deutschen Sätzen aus und zöge man ihre Äquivalenz mit den polnischen und russischen Sätzen in Betracht, so wäre man geneigt, auch die polnischen und russischen Sätze als *voll ausgeführte Sätze* zu betrachten. Man müßte jedoch dann das Finitum anders definieren, weil an seiner Stelle im Polnischen und Russischen auch Wörter stehen können, die überhaupt nicht zur Wortart *Verb* gehören. Die einzige Ausnahme wäre hier der polnische Satz (8a), in dem *widać* "sehen" als Infinitiv zu klassifizieren wäre. *To* und *eto* werden in der traditionellen Grammatik als Demonstrativpronomina eingeordnet; *gotów*, *gotow* als Adjektive in gekürzter Form, alle anderen hervorgehobenen Wörter außer dem polnischen *jest* als Adverbien, die manchmal subklassifiziert werden (vgl. Laskowski 1979: 116/123).

Die Einsicht, daß *voll ausgeführte Sätze* nicht unbedingt ein Finitum enthalten müssen, führte in der modernen polnischen Grammatik zur Etablierung der Wortart *Predykatyw* "Prädikativ", die folgendermaßen definiert wurde:

> Predykatywy to klasa funkcjonalna leksemów o prymarnej funkcji członu głównego wyrażenia zdaniowego, morfologicznie scharakteryzowana przez obligatoryjne kategorie fleksyjne trybu i czasu; semantycznie są, to leksemy denotujące stany, procesy, czynności. (Grzegorczykowa et al. 1984: 33)

Auf deutsch heißt es:

> Prädikative sind eine funktionale Lexemklasse mit der primären Funktion des Hauptgliedes im Satzausdruck, morphologisch charakterisiert durch die obligatorischen Flexionskategorien Modus und Zeit; semantisch sind es Lexeme, die Zustände, Prozesse und Tätigkeiten denotieren.

Da sich diese Definition leicht auf das Russische übertragen läßt, sind also alle hervorgehobenen Wörter in unseren polnischen und russischen Sätzen als Prädikative anzusehen.

Aus der Definition geht klar hervor, daß diese Wortart mit Hilfe syntaktischer, morphologischer und semantischer Kriterien definiert wird. In der polnischen Grammatik wird streng zwischen Textwort und Lexem unterschieden (Grzegorczykowa et al. 1984: 16ff.). Die Hilfsverben werden als reine Flektive (Flexionssuffixe) betrachtet. Sie bilden also mit dem Prädikativ ein Lexem.

In der deutschen Grammatik geht man bei dieser Klassifikation vom Textwort aus. Es ist also augenscheinlich, daß die Klassifikation der Wörter in Wortarten in erster Linie vom verwendeten Wortbegriff, in zweiter von den gewählten Kriterien abhängt.

Wir sind der Auffassung, daß man bei dieser Klassifikation vom Textwort ausgehen muß. Wie das Textwort objektiv bestimmt wird, haben wir ausführlich in unserer Arbeit "Linguistisches Analysemodell" sowie in unserem Aufsatz "Die Wortgrenzen im Deutschen" dargestellt.

Wenn es um die Einteilungskriterien geht, so sind wir der Meinung, daß das syntaktische Kriterium als das Hauptkriterium zu betrachten ist. Das morphologische Kriterium kann unseres Erachtens nur zur Subklassifikation der durch das syntaktische Kriterium gewonnenen Wortart dienen.

Das syntaktische Kriterium hat jedoch verschiedene Ausprägungen. Helbig/Buscha (1984: 19) sind der Meinung, daß eine syntaktische Klassifizierung der Wortarten zunächst die Einsetzung in bestimmte Substitutionsrahmen fordert. Trotzdem findet man in ihrer Grammatik unter dem Kapitel *Verb* keinen einzigen Substitutionsrahmen. Das Verb wird in dieser Grammatik morphologisch charakterisiert. Die Autoren dieser Grammatik müßten, wie aus der Liste der Satzmodelle auf den Seiten 625-629 klar hervorgeht, 97 Substitutionsrahmen präsentieren, um zu bestimmen, was ein Verb sei.

Da die Bestimmung der Wortarten mit Hilfe der Distributionsrahmen ohne Zirkelschlüsse nicht möglich ist, lehnen wir es als Hauptkriterium ab, denn wir vertreten den Standpunkt, daß das, was mit den logischen Gesetzen in Widerspruch steht, nicht als *wissenschaftlich* bezeichnet werden kann.

Das Verb wird syntaktisch auch dadurch charakterisiert, daß es das Prädikat des Satzes bildet (Duden 1984: 64). Schlägt man jedoch unter *Prädikat* nach, so wird man durch folgende Feststellung völlig verblüfft: "Das Prädikat ist fest mit der Wortart Verb verbunden" (Duden 1984: 531).

Die von uns zitierte polnische Grammatik definiert das Prädikativ als "Hauptglied im Satzausdruck". Wie es jedoch zu bestimmen ist, wird nicht explizit gesagt. Somit wird es unserer Intuition überlassen. Die Intuition spielt zwar in der wissenschaftlichen Arbeit eine große Rolle, sie muß jedoch explizit dargestellt werden, wenn sie letzten Endes als objektiv überprüfbare Wahrheit angesehen werden soll. Im folgenden wird gezeigt, wie man das "Hauptglied im Satzausdruck" objektiv gewinnen kann.

In unseren Analysen gehen wir vom Text aus, der zuerst nach dem Sprecherwechsel in Textsequenzen eines Sprechers (TS) eingeteilt wird. Zur Gliederung der TS werden die Glinzschen Klangproben verwendet. Die so gewonnenen Segmente der TS nennen wir Äußerungen (A). Die Äußerungen werden zuerst in vollständige (VA) und Minimaläußerungen (MA) eingeteilt. Wir wollen diese neu eingeführten Begriffe anhand eines Beispieles noch einmal kurz erläutern, da der Begriff *VA* den Terminus *voll ausgeführter Satz* ersetzen soll.

(9) A: Wohin gehst du?
B: Zur Post.

Sollte die Antwort des B-Sprechers als *voll ausgeführter Satz* gelten, so muß ihr noch *ich gehe* vorangestellt werden. In der Äußerung des B-Sprechers fehlt jedoch *ich gehe*, weil es sich aus der Äußerung des A-Sprechers von selbst versteht. Jeder Muttersprachler ist in solchen Fällen imstande, aufgrund des Kontextes die fehlenden Äußerungssegmente hinzuzufügen. Aufgrund des Gesagten läßt sich folgende Definition besser verstehen:

> Eine Äußerung, die nur aufgrund der vorangehenden Äußerung(en) vollkommen verständlich ist, weil in ihr Teile erspart worden sind, die aus der (den) vorangehenden Äußerung(en) von einem Muttersprachler leicht erschlossen werden, nennen wir Minimaläußerung (MA). Alle anderen Äußerungen sind vollständige Äußerungen (VA). (Darski 1987: 39)

In unseren Analysen gehen wir immer von VA aus. Die MA müssen also noch vor der Analyse zu VA ergänzt werden. Innerhalb der VA werden potentielle Minimaläußerungen (PMA) unterschieden. Den Begriff *PMA* haben wir in unseren bisherigen Arbeiten folgendermaßen definiert:

> Jeder durch eine Frage erwiesene Bestandteil einer Äußerung, der als Minimaläußerung zu werten ist und der mit dem Teil der Äußerung, in die er eingeht, in seiner Bedeutung völlig übereinstimmt und in seiner Ausdrucksform entweder auch völlig identisch, oder teilweise identisch und teilweise verschieden ist, wobei die Divergenz durch den automatischen Wechsel bedingt ist, wird *potentielle Minimaläußerung* genannt. (Darski 1987: 43)

Eine VA besteht aus verschiedenen PMA, die wir mit Hilfe der Verweiswörter in vier Klassen einteilen. Die Verweiswörter haben wir folgendermaßen definiert:

> Substituentia, die
> - in keine neue potentielle Minimaläußerung, auf die wiederum durch andere Substituentia potentiell hingewiesen werden kann, eingehen,
> - in der zu analysierenden Äußerung nicht als Bestandteil einer anderen potentiellen Minimaläußerung wiederum durch ein anderes Substituens ersetzt werden können, gehören zur Wortklasse 1. (Darski 1987: 80)

Als Merkhilfe für diese Klasse von Wortformen schlugen wir den Begriff *Verweiswort* vor. Zum besseren Verständnis der Definition der Verweiswörter sei hier auch noch die Definition des Begriffes *Substituens* angeführt:

> Eine Wortform, deren Hauptaufgabe im Text es ist, innerhalb oder außerhalb der Äußerung, in der diese Wortform steht, auf die Bedeutung ihrer Substituenda oder wenigstens auf die Bedeutung der Kerne ihrer Substituenda hinzuweisen, nennen wir Substituens. (Darski 1987: 79)

Zur Klasse 1 der PMA gehören Wortformen, die zur Worklasse 1, also zu den Verweiswörtern gehören. Zur Klasse 2 der PMA werden diejenigen PMA gezählt, die paradigmatisch durch ein Verweiswort ersetzt und auch erfragt werden können. Zur Klasse 3 der PMA werden diejenigen PMA gerechnet, die nur durch ein Verweiswort erfragt werden können. Die in einer VA übrig gebliebene(n) Wortform(en) geht (gehen) mit den Klassen 1 und/oder 2 und/oder 3 der PMA sowie miteinander verschiedene Verbindungen ein und kann (können) als eine besondere Art der MA innerhalb der zu analysierenden Äußerung angesehen und deshalb zur Klasse 4 der MA gerechnet werden. Man könnte die Klasse 4 der MA auch anders benennen. Dies würde jedoch nichts an der weiteren Analyse ändern. Wir etablieren die vier Klassen der MA, um leichter all ihre Beziehungen innerhalb der VA festzustellen. Man kann auch die PMA, die wenigstens aus zwei Wortformen bestehen, durch ein Verweiswort ersetzen, wenn man die Beziehungen zwischen diesen PMA als Beziehungen zwischen einzelnen Wortformen betrachten will. Wir wollen es anhand einiger Beispiele kurz erläutern.

(10) Der Richter fragte meine Frau nach dem Geburts- und Sterbedatum ihrer Mutter.
Er (2) fragte (4) sie (2) danach (2).
(11) Sie wußte es nicht.
Sie (1) wußte (4) es (1) nicht (4).
(12) Aber ich sagte es ihm sofort.
Aber (4) ich (3) sagte (4) es (1) ihm (1) sofort (3).

Die in den Äußerungen nach den Wörtern in runden Klammern stehenden Ziffern weisen auf die Zugehörigkeit zu entsprechenden Klassen der (potentiellen) MA hin. Es fällt auf, daß in den VA immer wenigstens eine Wortform der Klasse 4 der MA festzustellen ist. Denselben Sachverhalt stellen wir auch in unseren VA (1) bis (8) fest:

(1a) Roman (2) t o (4) psotnik (2).
(1b) Roman (2) e t o (4) schalun (2).
(1c) Roman (2) i s t (4) ein Schelm.
(2a) Czy (4) t r z e b a (4) ci (3) pieniędzy (2)?
(2b) N u s c h n y l i (4) tebe (3) dengi (2)?

(2c) B r a u c h s t (4) du (3) Geld (2)?
(3a) N a l e ż y (4) to (1) chyba (4) dobrze (2) przemyśleć (4).
(3b) Eto (1) n a d o (4) werojatno (4) horoscho (2) produmat (4).
(3c) Das (1) m u ß (4) wohl (4) reiflich (2) überlegt (4) werden (4).
(4a) Profesor (2) (j e s t (4)) g o t ó w (4) do wykładu (2).
(4b) Professor (2) g o t o w (4) k dokladu (2).
(4c) Der Professor (2) i s t (4) zum Vortrag (2) bereit (4)
(5a) Dziecku (2) (j e s t (4)) z i m n o (2/4).
(5b) Rebjonku (2) c h o l o d n o (2/4).
(5c) Dem Kind (2) i s t (4) es (3) kalt (2).
(6a) Dzisiaj (3) (j e s t (4)) d u s z n o (2/4).
(6b) Segodnja (3) d u s c h n o (2/4).
(6c) Heute (3) i s t (4) es (4) schwül (2).
(7a) Ależ (4) tu (3) (j e s t (4)) c i c h o (2/4).
(7b) Kak (4) zdes (3) t i c h o (2/4).
(7c) Hier (3) i s t (4) es (4) aber (4) kalt (2).
(8a) Z daleka (3) w i d a ć (4) skraj lasu (2).
(8b) Izdali (3) w i d n a (4) opuschka lesa (2).
(8c) Von fern (3) s i e h t (4) man (4) den Waldrand (2).

Formal gesehen sind die hervorgehobenen Wortformen in unseren polnischen und russischen VA (5) bis (7) erfragbar. Z.B.: *Jak dziecku? Zimno. Kak rebjonku? Cholodno.* Diese Fragen sind jedoch nur möglich aufgrund des vorangehenden Kontextes. Sie müssen also als MA angesehen werden. Stellt man die Forderung, daß auch die Fragen als VA formuliert werden müssen, so erweist es sich, daß diese Wortformen nicht erfragbar sind. Ihre Doppeldeutigkeit haben wir dadurch gekennzeichnet, daß wir für sie die Zugehörigkeit zu zwei Klassen der MA postuliert haben: 2 und 4. Dadurch wollen wir auch zugleich darauf hinweisen, daß hier ein Prozeß im Gange ist, der in der polnischen Sprache bereits eine morphologische Kennzeichnung fand. Z.B. *nudno* (Prädikativ) - *nudnie* (Adverb). Sehr oft gibt es aber nur eine Form für Prädikativ und Adverb. Z.B.:

D o b r z e mi u was (Prädikativ). Janek uczy się d o b r z e (Adverb). (Grzegorczykowa et al. 1984: 34)

Aus unseren Beispielen geht klar hervor, daß, wenn man von den VA ausgeht, jede VA wenigstens eine Wortform der Klasse 4 der MA aufweist. Dies ist sicher kein Zufall.

Kommt in einer VA nur eine Wortform der Klasse 4 der MA vor und wird sie weggelassen, so stellen wir fest, daß die anderen Klassen der MA nicht aufeinander bezogen werden. Z.B.:

(1c) Roman (2) ... ein Schelm (2).
(4a) Profesor (2) ... do wykładu (2).
(4b) Professor (2) ... k dokladu (2).

Denselben Sachverhalt stellt man unabhängig von der Art der übrig gebliebenen PMA fest. Z.B.:

(13) Hans (2) kommt (4) heute (3) zu mir (3).
Hans (2) ... heute (3) zu mir (3).
(14) Ich (3) gehe (4) morgen (3) mit ihm (1) nach Amerika (2).
Ich (3) ... morgen (3) mit ihm (1) nach Amerika (2).

Es ist also augenscheinlich, daß nur auf die Wortform, die zur Klasse 4 der MA gerechnet wird, sich alle anderen PMA beziehen. Diese Wortformen werden deshalb als Kerne der Äußerungen angesehen.

Kommen in einer Äußerung zwei oder mehr Wortformen der Klasse 4 der MA vor, so kann man auch den Kern solcher Äußerungen durch die Weglaßprobe ermitteln. Z.B.:

(2a) Czy (4) trzeba (4) ci (3) pieniędzy (2)?
... trzeba (4) ci (3) pieniędzy (2)?
Czy (4) ... ci (3) pieniędzy (2)?
(5c) Dem Kind (2) ist (4) es (4) kalt (2).
Dem Kind (2) ist (4) ... kalt (2).
Dem Kind (2) ... es (4) kalt (2).
(7b) Kak (4) zdes (3) ticho (2/4).
... zdes (3) ticho (2/4).
Kak (4) zdes (3) ... .

Weglaßbar sind: *czy* in (2a), *es* in (5c) und *kak* in (7b). Nach dem Weglassen nur dieser Wortformen bleiben die Äußerungen weiterhin korrekt und verlieren den Status einer VA nicht. Die Wortformen *trzeba*, *ist* und *ticho* sind also Kerne dieser VA.

Nicht immer ist das Resultat nach dem Weglassen einer der Wortformen der Klasse 4 der MA so eindeutig. Z.B. sind in (3) die Wortformen der Klasse 4 der MA: *chyba* in (3a), *werojatno* in (3b) und *wohl* in (3c) weglaßbar, ohne daß dadurch die VA inkorrekt werden oder ihren Status verlieren. Läßt man eine der übriggebliebenen Wortformen der Klasse 4A der MA in diesen Äußerungen weg, so werden sie inkorrekt. In solchen Fällen wird zuerst untersucht, welche der Wortformen der Klasse 4 der MA ihre Form ändern kann, ohne daß dadurch die VA inkorrekt wird. In (3c) kann nur "muß" ihre Form ändern:

Das (1) muß/müsse/müßte (4) reiflich (2) überlegt (4) werden (4).

Überlegt und *werden* können ihre Form nicht ändern. Sie hängt von den Formen *muß/müsse/müßte* ab. Deshalb wird die Form *muß* in (3c) als Kern der VA betrachtet.

In (3a) und (3b) sind die nicht weglaßbaren Wortformen der Klasse 4 der MA unveränderlich. Es wird jetzt untersucht, welche von diesen Wortformen paradigmatisch durch eine veränderliche Wortform der Klasse 4 der MA ersetzbar ist. In (3a) ist *należy* ersetzbar z.B. durch *muszę*, *ich muß*: *M u s z ę to chyba dobrze przemyśleć*. *Muszę* kann die Form ändern: *Musisz/Musi/Musimy to chyba dobrze przemyśleć*. Keine der Wortformen, die paradigmatisch *przemyśleć* ersetzen, kann ihre Form ändern: *Należy to chyba dobrze przejrzeć/przygotować/wyjaśnić*.

Es ist also klar, daß die Wortform *należy* bzw. *musi* die Wortform *przemyśleć* selegiert. Deshalb wird die Wortform *należy* als Kern der Äußerung (3a) betrachtet.

Es kann aber auch Sprachen geben, in denen die Ersatzprobe keine eindeutigen Resultate bringt. In solchen Fällen kann man wie Glinz bei der Bestimmung des Leitgliedes die Position der Wortformen der Klasse 4 der MA in Betracht ziehen und/oder feststellen, welche dieser Wortformen nach dem Weglassen einer anderen ihre Position belegen kann, wobei nur ihre Form, aber nicht ihre Bedeutung geändert werden kann. Die Äußerung muß danach korrekt bleiben. Die Wortform, die unter diesen Bedingungen weglaßbar ist, wird als Kern der Äußerung bezeichnet. Z.B. kann in (3c) die Wortform *muß* weggelassen werden.

Ihre Position kann nur die Wortform *werden* belegen, wenn sie ihre Form ändert: *Das wird wohl reiflich überlegt.*

Muß ist also als Kern der Äußerung zu betrachten. Auch aufgrund dieses Verfahrens sind wir zu demselben Resultat gekommen, wie in einer der bereits dargestellten Analysen. Stünde anstelle von *das muß... die müssen...*, so müßte *werden* die Form nicht ändern.

Eine VA kann aber auch aus nur einer Wortform der Klasse 4 der MA bestehen. Z.B.: *Idź!*, *Idi!*, *Geh!*. In solchen Wortformen ist dann eine Wortform der Klasse 3 der PMA implizit enthalten. In allen drei Sprachen ist es die Wortform *du*. Die explizite Nennung von *du* ist aufgrund der Kommunikationssituation überflüssig. Jeder Muttersprachler ist imstande, die in solche Äußerungen eingehenden Wortformen ohne weiteres explizit zu nennen.

Unsere bisherigen Ausführungen können als Grundlage folgender Definition angesehen werden:

> Eine Wortform der Klasse 4 der Minimaläußerungen,
> - die implizit eine den Hörer/Sprecher bezeichnende Wortform enthalten kann, um eine vollständige Äußerung zu konstituieren,
> - auf die sich die Wortform der Klasse 1 und/oder 2 und/oder 3 (auch implizit) der potentiellen Minimaläußerungen und/oder alle anderen Wortformen der Klasse 4 der Minimaläußerungen in der zu analysierenden vollständigen Äußerung beziehen,
>
> bezeichnen wir als *Finitum*.

Aus unseren Beispielen dürfte es klar hervorgehen, daß unser *Finitum* breiter zu verstehen ist, als das der grammatischen Tradition, denn es umfaßt auch sprachliche Elemente, die nicht konjugierbar sind. Unser Begriff des Finitums ist auch besser für den konfrontativen Sprachvergleich geeignet.

Literatur

Darski, Józef (1987): Linguistisches Analysemodell. Definitionen grundlegender grammatischer Begriffe. - Poznań: Wydawnictwo Naukowe UAM.

- (1989): "Die Wortgrenzen im Deutschen". - In: Reiter, Norbert (Hrsg.): Sprechen und Hören. Akten des 23. Linguistischen Kolloquiums, Berlin 1988. (Tübingen: Niemeyer) 255-264.

Drosdowsky, Günther (Hrsg.) (1984): Duden. Grammatik der deutschen Gegenwartssprache.- Mannheim: Bibliographisches Institut.

Duden. Die Rechtschreibung (1973).- Mannheim: Bibliographisches Institut.

Grzegorczykowa, Renata et al. (1984): Gramatyka współczesnego języka polskiego. - Warszawa: Państwowe Wydawnictwo Naukowe.

Helbig, Gerhard/Buscha Joachim (1984): Deutsche Grammatik. Ein Lehrbuch für Ausländer. - Leipzig: VEB Verlag Enzyklopädie.

Laskowski, Roman (1979): Polnische Grammatik. - Warszawa: Wiedza Powszechna/Leipzig: VEB Verlag Enzyklopädie.

ZU EINIGEN AKTIVITÄTEN DES DOLMETSCHERS IN BILATERALEN GESPRÄCHEN

Jana Holšánová

In einer ersten Analyse möchte ich anhand von authentischem Material aus gedolmetschten bilateralen Gesprächen dokumentieren, welche Aspekte der Dolmetscher während seiner translatorischen Tätigkeit berücksichtigt und welche Aktivitäten er dabei entwickelt.

Die Materialbasis umfaßt vier Protokolle[1] natürlicher Gespräche deutscher und tschechischer Kommunikationspartner. Da der Arbeitsmodus des Dolmetschers vorwiegend konsekutiv ist, kann der Dolmetscher mit längeren Mitteilungsabschnitten arbeiten und hat mehr Zeit für die Formulierung der zielsprachigen Mitteilung. Er hat die Möglichkeit, die quellensprachige Mitteilung in einen breiteren sprachlichen Kontext einzubetten, zusätzliche Informationen aus den suprasegmentalen und nichtverbalen Mitteln, aber auch aus dem situativen Kontext zu gewinnen, die Beziehungen der Kommunikationspartner zu analysieren und alle diese Aspekte in die zielsprachige Mitteilung einzuarbeiten. Das Ergebnis seiner translatorischen Tätigkeit ist deshalb eine Mitteilung, die aufgrund seiner aktiven Interpretation formuliert wurde.

Deshalb finden wir im authentischen Material auch Ausdrücke vom illokutiven Charakter, die in der quellensprachigen Mitteilung nicht enthalten waren.[2]

Beispiel 1:

B ...wir konnten feststellen ↑ daß wir
in dieser ehrlich gemeinten...kritischen
anfrage... ↑

T a my jsme přesvědčeni ↑ že v tomto našem eh
při tomto našem kritickém ... pojetí ↑
und wir sind überzeugt ↑ daß in dieser unse
ren äh bei dieser unseren kritischen ... auffas
sung ↑

Der Dolmetscher bereichert die Mitteilung um bestimmte metasprachliche Kommentare, die zur Kohäsion der zielsprachigen Mitteilung beitragen und ihr Verstehen erleichtern.

Beispiel 2:

B ...vieles ist schon gesagt worden in
den äh einleitenden worten von doktor
schneider ↑ vielleicht zu unserer orientie-
rung...

T ...mnoho tu bylo řečeno v těch úvodních
slovech doktora schneidera já bych k tomu
chtěl pouze dodat ↑ ...
vieles ist gesagt worden in den einleitenden
worten von doktor schneider ↑ ich möchte nur
hinzufügen ↑ ...

Es kommt auch zur Verbalisierung von Betonungen. An der Stelle, wo der originale Sender eine Tatsache mit anderen Worten mehrmals wiederholt, um sie hervorzuheben, benutzt der Dolmetscher oft andere Mittel. Er verbalisiert z.B. die Sprachhandlung des originalen Senders mit der Fügung znovu opakuji (*ich wiederhole noch einmal*).

An manchen Stellen f ü g t der Dolmetscher auch weitere I n f o r m a t i o n e n h i n z u, die er aus dem vorgehenden Ko- und Kontext abgeleitet hat.

Beispiel 3:

B ja ↓ wir haben also gerade von frau gertich gehört ↑

T tady moje kolegyně právě formulovala myšlenku ↑
hier hat meine kollegin gerade einen gedanken formuliert ↑

In diesem Fall identifiziert er Frau Gertich als Kollegin des originalen Senders und interpretiert ihren Auftritt als "Formulieren eines Gedankens".

Obwohl wir es mit mündlicher, spontaner Kommunikation zu tun haben, bemühen sich die Dolmetscher (schon aus Prestigegründen) um eine fließende Darbietung. Eine wichtige Rolle spielt manchmal auch ein "technischer" Aspekt, daß die Länge der zielsprachigen Mitteilung der Länge der quellensprachigen Mitteilung angepaßt werden sollte. Das hat zur Folge, daß der Dolmetscher - wenn er denkt, daß er eine kürzere Zeitspanne als der originale Sender ausgefüllt hat - eine Tatsache mit anderen Worten wiederholt, verschiedene Füllwörter benutzt, die Mitteilung um "Modalität", um pragmatische Aspekte bereichert. Im umgekehrten Fall entdecken wir Operationen, die von T. van Dijk erwähnt wurden, wie z.B. Generalisieren, Selektieren, Auslassen, oder aber ein gewisses Verdichten des Inhalts u.a.. G e n e r a l i s i e r e n wird durch folgendes Beispiel belegt:

Beispiel 4:

B ...dann ist es aber auch der fall bei äh den bezirksfriedensräten und kreisfriedensräten ↑

T tato tolerance zde existuje z naší strany na úrovni centrální ↑ pochopitelně ale i na úrovni některých nižších článků ↑
diese toleranz existiert hier von unserer seite auf der zentralen ebene ↑ *aber verständlicherweise auch auf der ebene einiger niedrigeren instanzen* ↑

Im nächsten Beispiel hat der Dolmetscher aufgrund der vorgehenden Redebeiträge ein allgemeines Gefüge konkretisiert.

Beispiel 5:

B dieser tolerante dialog und die abschaffung von alten stereotypen bezieht sich...

T a toto odbourávání obrazu nepřítele a tato tolerance se pochopitelně týká ...
und diese abschaffung von feindbildern und diese toleranz bezieht sich selbstverständlich ...

Sehr wichtig ist die antizipatorische Tätigkeit des Dolmetschers, insbesondere beim kurzen Konsekutivdolmetschen, das an das Simultandolmetschen grenzt.

Beispiel 6:

A_1 prosil bych kolegu balánýho ↑
ich würde den kollegen balánŷ bitten ↑

T_1 ich bitte nun den kollegen balánŷ ↑

A_2 aby se jako odpovědný představitel německé skupiny ... ujal ↑
damit er als verantwortlicher repräsentant der deutschen gruppe ... ergreift ↑

T_2 als verantwortlicher repräsentant der landesgruppe der ddr ↑ das wort zu ergreifen ↓

A_3 pracovního jednání ↓
die arbeitssitzung ↓

T_3 und die leitung der arbeitssitzung zu übernehmen ↓

Der Dolmetscher hat in diesem Beispiel die Fortsetzung aufgrund der sprachlichen Form vorweggenommen. Das Verb *ujal* hat er zu der im Tschechischen üblichen Fügung *ujal se slova* erweitert. Es handelte sich um eine Aktivitätsübernahme an einen anderen Gesprächspartner, aber der Dolmetscher konnte nicht wissen, daß der originale Sender nicht ausdrücklich die verbale Aktivität (das Wort), sondern die Leitung der Arbeitssitzung übergeben wollte. Er hat die Situation gerettet, indem er noch schnell und die leitung der arbeitssitzung zu übernehmen hinzufügte. Seine Hypothese war jedoch kommunikativ gesehen nicht völlig falsch, denn eine Änderung in der Sitzungsleitung schließt gewöhnlich den Sprecherwechsel ein.

Der Dolmetscher muß manchmal auch Mißverständnisse klären. Im Beispiel Nr. 7 erscheint paradox, daß gerade der Dolmetscher, der das beiderseitige Verstehen und die Abschaffung jeglicher sprachlicher und sozial-kultureller Barrieren[3] garantieren soll, selbst zur Quelle des Mißverständnisses wird.

Situation:
Vier deutsche Gäste sind nach Prag gekommen, um ein Partnerkollektiv in einem Büro zu besuchen. Während eines informellem Treffens mit fünf tschechischen Kollegen, die sie kannten, teilten sich die Partner Neuigkeiten mit, die sich ereignet haben, seitdem sie sich das letzte Mal gesehen haben. Um die Sprachbarrieren zu überwinden, haben sie auch einen Dolmetscher zu den Gesprächen eingeladen.
Keiner der primären Kommunikationspartner hat über gute Kenntnis der jeweiligen Fremdsprache verfügt, so daß sie nur die Gesprächsteile wahrnehmen und nur auf die Teile reagieren konnten, die in ihrer Muttersprache waren. Im Laufe des Gesprächs sind folglich paralell zwei Gespräche entstanden, ein deutsches und ein tschechisches.

Ich versuche zunächst die beiden Teilgespräche aus Analysegründen zu trennen und das gesamte Gespräch aus folgenden drei Perspektiven zu betrachten: (1) aus der Sicht des deutschen Partners, (2) aus der Sicht des tschechischen Partners, (3) aus der Sicht des Dolmetschers.

(1) Der Text des Gesprächs, wie ihn der deutsche Partner wahrgenommen hat, setzt sich aus den Redebeiträgen des deutschen Sprechers B und den deutschen Beiträgen des Dolmetschers T zusammen. Zuerst spricht der tschechische Partner A. Sein Redebeitrag stellt für den Deutschen einen akustischen Strom dar, den er nicht versteht. Er kann höchstens mit

Hilfe der suprasegmentalen und nichtverbalen Mittel auf Bedeutungen schließen. Auf jeden Fall bedeutet es für ihn "jetzt spricht die tschechische Seite" (Die Stellen, die für den jeweiligen Partner unverständlich sind, werden im Text mit einer gestrichelten Linie markiert).

Beispiel 7.1:

A_1 -----------
T_1 sie sehen also ↑ daß wir ungefähr in den gleichen funktionen geblieben sind ↓
A_2 -----------
T_2 und was gibts neues bei ihnen ↓ wie geht es dem kollegen müller ↓ alles beim alten ↑
B_1 /MIT SEHR ERNSTEM GESICHT/äh nein ↓ sie wissen's also nicht ↓ kollege müller ... hat uns vor kurzem verlassen ↓
T_3 -----------
/UNRUHE UND AUFREGUNG IN DER TSCHECHISCHEN GRUPPE/
A_3 -----------
T_4 tatsächlich ↑ er hat sich aber nie über etwas beklagt ↓ hat er ernste gesundheitliche probleme gehabt ↑
B_2 er hatte was mit 'm herzen und hohen blutdruck ↓ die ärzte sagten ↓ er soll seine hektische arbeit aufgeben und sich ausruhen ↓ peter hat aber nie auf sie gehört ↓
T_5 ------------
B_3 und dann kam aber diese herzgeschichte ↓ er hatte einen herzinfarkt ↓ ... tja ↓ und dann hat er erst beschlossen von uns wegzugehen ↓

An dieser Stelle halten wir kurz an und versuchen den Inhalt des Gesprächsteils aus der Perspektive des deutschen Partners zusammenzufassen. Wenn wir uns dabei auf die dominanten Bedeutungspunkte stützen, gelangen wir zu folgendem Résumé:

Auf der deutschen Seite kam es zu einer Veränderung. Peter Müller ist weggegangen. Die Ursache dafür lag in den gesundheitlichen Problemen. Obwohl ihm die Ärzte empfohlen haben, die anstrengende Arbeit aufzugeben und sich auszuruhen, hat Peter nicht auf sie gehört. Er setzte seine Tätigkeit fort, bekam einen Herzinfarkt, und erst das hat ihn dazu bewogen, wegzugehen.

Bis zu diesem Augenblick verläuft das Gespräch für den deutschen Partner problemlos. Der Inhalt der Mitteilung ist in seinen Augen eindeutig, weil er - als Originalsender - die Informationsquelle war und mittels der Redebeiträge seine kommunikative Absicht realisierte.

Dann kommt es aber zu einer Wende. Das Gespräch geht folgendermaßen weiter:

T_6 /PAUSE/ hat er nur den arbeitsplatz gewechselt ↑
B_4 /FRAGEND/ ja ↓
T_7 ich dachte ↑ daß er für ewig von ihnen gegangen ist ↓ daß er gestorben ist ↓ /LACHT/
B_5 ach so ↓ nein ↓ nein ↓ /LACHT/
T_8 ---------------

Er handelt sich um eine klärende Sequenz, die nur zwischen dem Dolmetscher und dem deutschen Kommunikationspartner verläuft.[4] Der deutsche Partner bestätigt dem Dolmetscher, daß er die zweite weniger tragische Variante gemeint hat und nimmt seine Erklärung entgegen.

(2) Sehen wir uns nun das Gespräch aus der Sicht des tschechischen Partners an. Es besteht aus den Redebeiträgen des tschechischen Partners A und den tschechischen Beiträgen des Dolmetschers T.

Beispiel 7.2:

A_1 takže vidíte ↑ že se naše složení a funkce vcelku nezměnily ↓
sie sehen also ↑ daß sich unsere zusammensetzung und funktionen im grunde nicht verändert haben ↓

T_1 ------------

A_2 a co je u vás nového ↓ jak se má petr müller ↑ všechno při starém ↑
und was gibt es neues bei ihnen ↓ wie geht es peter müller ↑ alles beim alten ↑

T_2 ------------

B_1 ------------

T_3 ne není ↓ kolega müller nedávno zemřel ↓
nein es ist nicht ↓ kollege müller ist vor kurzem gestorben ↓
/UNRUHE UND AUFREGUNG IN DER TSCHECHISCHEN GRUPPE/

A_3 /ERSCHROCKEN/ ne ↓ opravdu ↑ ale vždyť si nikdy na nic nestěžoval ↓ měl nějaké vážné zdravotní problémy ↑
nein ↓ wirklich ↑ er hat sich aber nie über etwas beklagt ↓ hat er irgendwelche ernsten gesundheitlichen probleme gehabt ↑

T_4 ------------

B_2 ------------

T_5 měl problémy se srdcem a vysoký tlak ↓ lékaři mu říkali že by potřeboval víc klidu ↓ ale petr o tom nechtěl ani slyšet ↓
er hatte probleme mit dem herzen und hohen blutdruck ↓ die ärzte sagten zu ihm ↑ daß er mehr ruhe brauchte ↓ aber peter wollte davon nichts hören ↑

An dieser Stelle können wir den Inhalt des Gesprächs wieder in einem Resumé formulieren:

Auf der deutschen Seite kam es zu einer Veränderung. Peter Müller ist gestorben. Die Ursache dafür lag in den gesundheitlichen Problemen. Obwohl ihm die Ärzte empfohlen haben, sich auszuruhen, hat Peter nicht auf sie gehört und hatte die Folgen zu tragen.

Diese Informationen, die der tschechische Partner bekommen hat, scheinen auch für ihn widerspruchsfrei zu sein. Alles entspricht dem kognitiven Rahmen seiner Vorstellung über den Zusammenhang vom gesundheitlichen Zustand, Überarbeitung, Arztbesuch, Nichtbeachtung der ärztlichen Ratschläge und möglichem Tod. Die Eindeutligkeit des Mitteilungsgehalts wird dadurch verursacht, daß der tschechische Partner die Information vermittelt bekommt, so, wie der Dolmetscher sie interpretiert hat. Auf einen Widerspruch kann er erst aufgrund des nichtverbalen Verhaltens des Dolmetschers schließen, der während der nächsten Redebeiträge nur mit dem deutschen Partner kommuniziert und lacht.

B_3 ----------------

T_6 /PAUSE/--------

B_4 ----------------

T_7 ----------------/LACHT/

B_5 ----------------/LACHT/

T_8 takže on nezemřel ↓ jen odešel ze svého původního pracoviště ↓ ono to vypadalo ↑ podle toho jak se tragicky tvá/ tvářil že je opustil navždy ↓
er ist also nicht gestorben ↓ er ist nur von seiner ursprünglichen arbeitsstelle weggegangen ↓ es sah so aus ↑ nach dem tragischen eindruck den er machte daß er sie für immer verlassen hat ↓

A_4 /MIT ERLEICHTERUNG/ aha ↓ tak je to teda ↓ já už se lek ... a co teď petr dělá ↑
ach so ↓ so ist es also ↓ ich habe schon befürchtet ... und was macht peter jetzt ↑

Der tschechische Partner hat somit die revidierte Variante vom Dolmetscher erhalten mit der Begründung, warum dieser zuerst die erste Variante bevorzugt hat.

(3) Gehen wir nun zur dritten Perspektive, zu der des Dolmetschers über, und sehen uns die Entstehungsgeschichte des Gesprächs mit seinen Augen an. Da der Dolmetscher als einziger beide Sprachen beherrschte, war er es, der die tschechische und deutsche Version des Gesprächs mitgestaltet hat. Und er war es auch, der als erster den fehlenden Einklang zwischen seiner Interpretation und der Intention des originalen Senders, und damit auch die Disproportionen in den Auffassungen der beiden Kommunikationpartner entdeckt hat. Grundlegend für das Mißverstehen war das zweideutige *kollege müller hat uns vor kurzem verlassen*. Obwohl der Dolmetscher auch im Tschechischen die Zweideutigkeit hätte beibehalten können (z.B. durch das euphemistische *nedávno nás opustil*), hat er den Ausdruck monosemantisiert, weil er anscheinend aufgrund des nichtverbalen Verhaltens von seiner Interpretation überzeugt war. Wenn wir uns das Gespräch (und die Résumées) genau ansehen, bemerken wir, daß der Dolmetscher den Widerspruch nur schwer früher entdecken konnte, weil die Angaben in zwei kognitive Rahmen gleichzeitig gepaßt haben. Sowohl in den kognitiven Rahmen des deutschen Partners (gesundheitliche Probleme - Überarbeitung - Arztbesuch - Nichtbeachtung der ärztlichen Ratschläge - Weggang), als auch in den Rahmen des tschechischen Partners (gesundheitliche Probleme - Überarbeitung - Artzbesuch - Nichtbeachtung der ärztlichen Ratschläge - Tod).

Beispiel 7.3:

A_1 takže vidíte ↑ že se naše složení a funkce vcelku nezměnily ↓

T_1 sie sehen also ↑ daß wir ungefähr in den gleichen funktionen geblieben sind ↓

A_2 a co je u vás nového ↓ jak se má petr müller ↑ všechno při starém ↑

T_2 und was gibt's neues bei ihnen ↓ wie geht es dem kollegen müller ↓ alles beim alten ↑

B_1 /MIT SEHR ERNSTEM GESICHT/ äh nein ↓ sie wissen's also nicht ↓ kollege müller...hat uns vor kurzem verlassen ↓

T_3 ne není ↓ kolega müller nedávno zemřel ↓ /UNRUHE UND AUFREGUNG IN DER TSCHECHISCHEN GRUPPE/

A_3 /ERSCHROCKEN/ ne ↓ opravdu ↑ ale vždyt' si nikdy na nic nestěžoval ↓ měl nějaké vážné zdravotní problémy ↑

T_4 tatsächlich ↑ er hat sich aber nie über etwas beklagt ↓ hat er ernste gesundheitliche probleme gehabt ↑

B_2 er hatte was mit'm herzen und hohen blutdruck ↓ die ärzte sagten ↑ er soll seine hektische arbeit aufgeben und sich ausruhen ↓ peter hat aber nie auf sie gehört ↓

T_5 měl problémy se srdcem a vysoký tlak ↓ lékaři mu říkali ↑ že by potřeboval víc klidu ↓ ale petr o tom nikdy nechtěl ani slyšet ↓

B_3 und dann kam aber diese herzgeschichte ↓ er hatte einen herzinfarkt ↓ ... tja ↓ und dann hat er erst beschlossen von uns wegzugehen ↓

T_6 /PAUSE/ hat er nur den arbeitsplatz gewechselt ↑

B_4 /FRAGEND/ ja ↓

T_7 ich dachte ↑ daß er für ewig von ihnen gegangen ist ↓ daß er gestorben ist ↓ /LACHT/

B_5 ach so ↓ nein ↓ nein ↓ /LACHT/

T_8 takže on nezemřel ↓ jen odešel ze svého původního pracoviště ↓ ono to vypadalo ↑ podle toho jak se tragicky tvá/ tvářil že je opustil navždy ↓
teda ↓ já už se lek ... a co ted' petr dělá ↑

A_4 /MIT ERLEICHTERUNG/ aha ↓ tak je to

Die entscheidende Stelle für die Aufdeckung des Mißverständnisses war *er hat beschlossen von uns wegzugehen*, wo die aktive Bedeutung des Verbs *beschließen* nicht mit seiner Variante des Weggehens für immer im Einklang stand. Als erstes Signal der zweiten Variante hätte für den Dolmetscher auch der Redebeitrag B_2 dienen können, in dem erwähnt wurde, daß Peter Müller seine anstrengende Arbeit aufgeben sollte. Aber diese Bemerkung wurde vom Dolmetscher entweder übersehen oder nicht für wichtig gehalten, denn sie erscheint in der tschechischen Mitteilung nicht. Nachdem der Dolmetscher die Stelle findet, die er nicht adäquat interpretiert hat, bespricht er sie mit dem originalen Sender (s. Redebeiträge T_6 - B_5), korrigiert den Inhalt der Mitteilung gegenüber dem tschechischen Partner und erklärt ihm, wodurch er zur Wahl der ersten Variante motiviert wurde (T_8). Er bemüht sich um die Beseitigung des Mißverständnisses und um den Ausgleich des Informationspegels beider Partner, was eine Voraussetzung für die Fortsetzung des Gesprächs und für die Verständigung beider Seiten darstellt.

In einer ersten Analyse konnte ich nur auf einige Aktivitäten des Dolmetschers im Rahmen konsekutiv gedolmetschter bilateraler Gespräche eingehen und sie durch Beispiele dokumentieren. Ich habe dabei von einer ganzen Reihe von Aspekten abgesehen, auf die ich in späteren Beiträgen zurückkommen möchte.

Anmerkungen

1 Die Protokolle mit einer Gesamtdauer von 121 Minuten und einem Gesamtumfang von 67 Seiten sind auf der Grundlage von Gesprächen entstanden, die vom Verfasser dieses Artikels zwischen 1988 und 1989 in einigen tschechoslowakischen Institutionen aufgenommen und nach einem für die mündliche zweisprachig vermittelte Kommunikation geeigneten Transkriptionssystem verschriftet wurden. Die Gespräche verliefen im Rahmen von Geschäftsverhandlungen, Projektbesprechungen und Erfahrungsaustausch.

2 Zu Analysezwecken werden in diesem Artikel die tschechischen Redebeiträge auch auf Deutsch wiedergegeben. A bezeichnet die originalen Äußerungen des tschechischen, B die Äußerungen des deutschen Kommunikationspartners, T die Äußerungen des Dolmetschers (Translators).

3 Mit Mißverständnissen, die sich aus der interkulturellen Kommunikation ergeben, beschäftigen sich Knapp/Knapp-Potthoff (1985).

4 Rehbein (1985) spricht in diesem Zusammenhang über *diskursive Insertation*, Keith (1984) benutzt die Bezeichnung *side-sequences*, Knapp/Knapp-Potthoff nennen solche Sequenzen *clarification-turn-Wechsel*.

Literatur

Keith, Hugh A. (1984): "Liason Interpreting - an Exercise in Linguistic Interaction". - In: Wilss, Wolfram/Thome, Gisela (Hrsg.): Die Theorie des Übersetzens und ihr Aufschlußwert für die Übersetzungs- und Dolmetschdidaktik (Tübingen: Narr) 308-317.

Knapp, Karlfried/Knapp-Potthoff, Annelie (1985): "Sprachmittler-tätigkeit in interkultureller Kommunikation". - In: Rehbein (Hrsg.) 450-463.

Rehbein, Jochen (Hrsg.) (1985): Interkulturelle Kommunikation. - Tübingen: Narr.

- (1985): "Ein ungleiches Paar - Verfahren des Sprachmittelns in der medizinischen Beratung". - In: Rehbein (Hrsg.) 420-448.

SEMANTISCHE BESONDERHEITEN EINIGER GELDBEZEICHNUNGEN IM DEUTSCHEN UND TSCHECHISCHEN SUBSTANDARD

Jiřina van Leeuwen-Turnovcová

1. Geld als Vieh

Sie werden in den letzten Monaten vielleicht einmal im Kino die Reklame der deutschen Bundespost gesehen haben, in der ordentliche, wissbegierige, mit Kameras und Sonnenbrillen ausgestattete und in die Nationaltracht der einzelnen EG-Länder gekleidete Mäuse aus dem Postsparbuch des deutschen Touristen herausspringen. Oder eine andere, in der eine Musikgruppe von Mäusen mit elektrischen Gitarren und in Elvis Presley-look die Empfehlung "Go giro, go Post-Giro" in die nun vereinte deutsche Welt rockt.

Diese Reklamen beleben in überaus witziger Weise eine Geldbezeichnung, die im deutschen Substandard seit langem gebräuchlich ist. Der Vorgänger der genannten Mäuse war das argotische *Moos*, ein aus dem Jidd. übernommener und semantisierter Ausdruck.

Diese Art Semantisierung , an deren Ende eine Tiermetapher steht, ist eine im Substandard häufige Erscheinung. Sie knüpft an etwas an, was man als die kultursemantische Ontogenese des Geldes bezeichnen kann.

Daß das Zahlungsmittel Geld eine Abstraktion des Verhältnisses zwischen diversen Tauschgegenständen darstellt, ist eine bekannte Sache. Dieses Tauschverhältnis wurde in unseren Landesbreiten lange Zeit durch Tiere - und zwar vorwiegend durch Herdentiere - verkörpert. Man berechnete diverse Dinge, darunter auch den Wert des menschlichen Lebens, im Verhältnis zum Vieh. So waren das Schaf und das Rind (nicht so sehr das Pferd oder das Schwein) unter den Indoeuropäern als das Maß für andere Dinge beliebt. Deshalb tragen schließlich die späteren Substitute dieses Tauschmittels immer noch deren Namen.[1]

Das gilt die lat. *pecunia* "Geld" im Verhältnis zu lat. *pecu* "Vieh", für die zur selben Wurzel gehörende engl. *fee* "Gebühr", "Bezahlung", "Honorar" im Verhältnis zu got. *faíhu*, anord. *fe*, dt. *Vieh* oder für solche germ. Bezeichnungen für "Geld" bzw. "Münze" wie asächs. *scat*, ahd. *scaz*, got. *skatts*, afries. *sket* im Verhältnis zu den slav. Ausdrücken für "Vieh" wie aslav. *skot*. Die Schafs- oder Rinderherde, die sich alljährlich vermehrte, war die Verkörperung von Reichtum: daher auch die Verbindung zwischen slav. *skot* und dt. *Schatz*.

In den ide. Geld-, Abgaben- und Zahlungsbezeichnungen finden wir also eine Zeit lang das bewegliche Herdenvieh des beweglichen, in einem relativ großen Radius agierenden Viehzüchters wieder. Das Herdenvieh bildet auch wegen seiner Mobilität den Vorgänger des monetären Verrechnungsmittels und ist die Grundlage von Reichtum.

Auch das zur selben Zeit nicht minder verbreitete Schwein - das Haustier des seßhaften Bauern - ist und war eine Verkörperung von Wohlstand. Es symbolisiert aber nicht den Reichtum im privateigentümlichen Sinne, sondern eher das Wohlbefinden und das Glück: daher der mitteleuropäische Schweinebraten zu zahlreichen Anlässen, der Gebrauch von

Schweineteilen beim Fruchtbarkeits- und Heilzauber. Daher auch die aus dem Kartenspiel stammende Wendung *Schwein haben* für "Glück haben".

Die Rolle als das Sinnbild des Glücks und des Wohlstands - fällt allerdings (und das mutet für die agrarischen Verhältnisse einigermaßen absurd an) dem geschlechtlich nicht aktiven männlichen Tier zu. Die weibliche Sau, die den Wohlstand des Bauern durch den alljährlichen Wurf tatsächlich vergrößert, ist ein durch und durch negatives Symbol.[2]

Das Schwein steht für ein VIEL und für die Vermehrung von Dingen: daher die Wendung *Schweinegeld* für "viel Geld", oder der Brauch, sein Geld in einem Sparschweinchen anzulegen. In diesem Sinne verwendet finden wir das Tier einmalig auch im č.arg. als *bagouni* "Kleingeld". Der Ausdruck stammt aus dem Ung. und bezeichnet eine besondere Schweinezüchtung. Wer Ungarn bereist hat, wird das tertium comparationis leicht erkennen: es ist die Vielzahl.

2. Geld als Tauschmittel

Wir können die Gleichsetzung von "Geld" mit "Vieh" - wenn auch im unterschiedlichen Ausmaß - als eine Reminiszenz auf die dem Geldverkehr vorausgegangenen Tauschverhältnisse in Europa interpretieren. Zu solcher Art Reminiszenz gehören übrigens noch andere Ausdrücke aus dem Substandard, darunter dt.rw. *Flachs*, *Leintuch* oder č.arg. *prádlo* oder *plachetka*. Auch sie transportieren das nicht mehr parate Wissen um die Anfänge des Handelsverkehrs in Mitteleuropa, als man diverse Waren gegen kleine, feingewebte, netzartige Tüchlein verrechnete, die keine andere Funktion als die des Zahlungsmittels hatten. Über solche Tüchlein berichtet aus dem Prag des 10. Jh. der arabische Reisende Ibrahim Ibn Jakob. Der slav. Standardausdruck für "zahlen" im Handelsverkehr heißt *platit* und ist ebenfalls eine Ableitung von *plátno* n. "Flachs". Aber auch die dt. *Knete* und der ältere rw. *Kitt* können auf diesem Hintergrund interpretiert werden, sofern man in ihnen die Repräsentation des für den Tauschhandel der nördlichen Völker charakteristischen Wachs erkennt.

Angesichts solcher Beziehungen zwischen der Semantik von Geldbezeichnungen und den sozio-kulturellen Umständen des Tauschverkehrs stellen wir uns die Frage, ob und wie die anderen Tiergestalten, die mit Sicherheit mit der ehemaligen Viehwährung nichts zu tun haben, also die diversen *Kröten*, *Ratten* oder *Mäuse*, zu interpretieren sind.

3. Geld als Ungeziefer

Ich habe anfangs erwähnt, daß die *Mäuse* der Sparer der Bundespost auf dem Hintergrund von rw. *Moos* semantisiert wurden. Die Basis war die Pluralform von jidd. *moo* in der Bedeutung "Pfennig".

Obwohl hier das Lehnwort dem semantisierten Ausdruck chronologisch vorgeordnet ist, kann dennoch auch das Ergebnis eines solchen Vorgangs von großem Interesse sein und zwar immer u.a. dort, wo mehrere Ausdrücke mit jeweils unterschiedlicher Basis um einen und denselben Sachverhalt oszillieren. Dort kann man Vorstellungen ausfindig machen, die über das argotische Milieu hinausgehen. So offenbar auch hier.

Zunächst aber einige Worte zur formalen Herkunft der Ausdrücke. Die dt. *Mäuse* haben wir schon besprochen. Die rw. *Ratte* entstand durch die Semantisierung von rw. *Rat* "Taler", "Mark". Auch sie wurde ursprünglich aus dem Jidd. entlehnt. Jidd. *rat* "Taler" (mit dem Pl. *rattim*) war seinerseits aus dt. *Reichstaler* gekürzt (vgl. Wolf 1956: 262).

Eine analoge Bezeichnung gab es im č.arg.: hier gebrauchte man *ondatra* (eigentlich "Moschusratte") für das "Zweikreuzerstück". Diese "Moschusratte" steht im č.arg. nicht allein. Ihre Fortsetzung war č.arg. *ouplavice* (eigentlich "Ruhr"), ein Ausdruck in dem "Geld" mit "Kot" assoziiert wird. Ich komme auf diese Verbindung noch zurück.

Der letzte Ausdruck - *Kröten* - ist neben der Form *Krete* seit der Jahrhundertwende für "Geld" in Gebrauch. Damit verwandt ist noch rw. *Kräht* in der Bedeutung "Geldbeutel". Diese Verbindung von "Geld" mit der "Kröte" gibt es auch z.B. im Nl. und im Frz.[3]

Wolf erklärt sie aus dem metaphorischen Gebrauch von "Kröte" für "Kind" (vgl. Wolf 1956: 186). In den schweiz. Mundarten verwendet man *Chröttli* für "artige Kinder". Das tertium comparationis müßte hier die Eigenschaft "klein" sein. Die Bedeutung wäre zunächst "Kleingeld", was nicht ausgeschlossen ist. Wenn wir uns aber daran erinnern, daß man die Kröte als ein Symbol für Geiz gebraucht hat, sie also in einer direkten Beziehung zum Reichtum stand, verliert diese Erklärung an Überzeugungskraft.

Wahrscheinlicher als dieser ad hoc Vergleich ist, daß die "Kröten" im Substandard in einer ähnlichen Weise das "Geld" repräsentieren wie die "Ratten" und die "Mäuse" zuvor. Und zwar als Tiere, die zuallererst zur Erde, in die Erde und damit in die chthonische Sphäre gehören. Als solche waren sie Symbole der Fruchtbarkeit der Erde.

Sie alle leben/krabbeln in bzw. auf der Erde und galten im Brauchtum als Eigenschöpfungen der Erde. Sie vertraten daher auch besondere - häufig ambivalente - Aspekte des irdischen Reichtums, kommen also in positiven wie in negativen Zusammenhängen vor. Sie gehörten zur Nacht, zum Mond (man glaubte, daß sie bei Neumond aus der Erde oder dem Unrat entstehen) und zum Wasser (daher der Glaube, daß sie bei Gewitter aus den Wolken fallen). Hexen, Kobolde und Elfen nahmen gerne ihre Gestalt an.[4]

Ihr magischer Anteil an dem Reichtum der Erde zeigt sich daran, daß sie als Erde-, Unrat-, Gold- und Silberfresser angesehen wurden. Man hielt sie für Schatzhüter und glaubte, daß sie in der Lage seien, Schätze zu vermehren, den Weg zu ihnen zu weisen oder sie ins Haus zu tragen.

Sie repräsentierten - auch noch in den Geldbezeichnungen - eine altertümliche Beziehung zwischen dem chthonischen Erdinneren und dem magischen Reichtum, der zwei Erscheinungsformen hatte. Die eine war die agrarische Fruchtbarkeit, die andere die magische Kraft der Metalle, u.a. des Goldes und des Silbers. Geld ist lediglich dessen profaner Nachfolger.[5]

Verstehen wir nun die Mäuse, Ratten und Kröten als Wesen, die die prokreativen Kräfte des Erdinneren in dieser Welt repräsentieren, wird es uns leichter fallen, die nun zu besprechende Beziehung von Reichtum (bzw. Geld) und Unrat, die ebenfalls in die Lexik des Substandards eingegangen ist, zu verstehen. Es handelt sich um die Relation von Geld mit Kot und Mist und von Geld mit Kehricht. Die erstere Beziehung haben wir in der bereits erwähnten Bezeichnung č.arg. *ouplavice* (eigentlich "Ruhr"), die letztere in č.arg. *smetí* (eigentlich "Kehricht"), č.arg. *prach*, *prachy* und in rw. *Staub* und *Asche*.

4. Geld als Kot und als Unrat

Im monetären Zeitalter kann nur noch das Geld - nicht mehr das Gold oder das Silber - das Maß anderer Dinge sein. Wie das Gold zuvor, wird auch das Geld in bestimmten Kontexten - u.a. im Traum, im Märchen und im Brauchtum - mit Kot und Unrat assoziiert.

Die Tiefenpsychologie legt die Geld/Kot-Verbindung, zu der noch die von Geiz mit Verstopfung gehört, als einen Archetypus der kindlichen Phylogenese aus. Für das Kind sei der eigene Kot das erste autonome Produkt, die erste Äußerung der eigenen Kreativität, der eigenen Potenz. Es ist die erste Sache, über die es verfügen kann, die es auf Verlangen geben oder verweigern kann.[6]

Die Kotsymbolik ist - so gesehen - im Grunde eine Potenzsymbolik. Sie bleibt, da die anale Entwicklungsphase für die Produktivität des modernen Menschen ganz besonders wichtig ist, im Unbewußten fixiert. Ihr individueller Ausdruck ist der Traum. Im Märchen erhält sie eine überindividuelle, nicht zeitgebundene Form.

Im Traum und im Brauchtum ist die Geld/Kot-Beziehung fast immer positiv: von (zumeist gelbem) Kot träumen gilt als ein Vorzeichen dafür, daß man Geld bekommen werde. Der vor einem Haus fallengelassene Kot soll der Vorbote von Reichtum sein, und wer in Menschen- oder Hundekot tritt, den wird noch am selben Tage das Glück ereilen (vgl. Bächtold-Stäubli/Hoffmann-Krayer V: 332). Zu solchen Vorstellungen gehört das in der Bänkersprache gängige Gleichnis von der Verstopfung und der Zahlungsunfähigkeit sowie von Durchfall und Geldausgaben, auf die auch unsere *ouplavice* "Ruhr" hindeutet.

Vorstellungen dieser Art gibt es nicht nur in Europa - sie sind interkontinental und international. Sie entstehen mit Sicherheit nicht erst im Zuge der für die Industriegesellschaft typischen Formation des produktiven - analen - Charakters, auch wenn sie hier verstärkt (auch als Krankheitssymptome) auftreten.

Im Kot sieht man seit Jahrtausenden den magischen Träger kreativer Kräfte, und das aus guten Gründen: Kot - u.a. tierischer Kot - ergibt zusammen mit allerlei Abfällen und Unrat den Dünger. Sein agrarischer Vertreter ist der häufig mit grünen Zweigen geschmückte Misthaufen, ein weiteres Symbol der prokreativen Kräfte der Erde. Wegen ihrer magischen Eigenschaften werden Kot und Mist bei Gesundheits- und Fruchtbarkeitszauber gebraucht. Im Kot konzentrieren sich allerlei Leben erschaffende und Kräfte spendende Essenzen. Das entspricht schließlich der Erfahrung des Bauern. Auch wenn es vom heutigen Blickwinkel absurd anmuten mag, erscheint die Geld/Kot- und die Geld/Mist-Beziehung als die Nachfolge des vorindustriellen Wissens um die Fruchtbarkeit der mit dem Mist und Kot kultivierten Erde. Der fruchtbare Misthaufen erfährt allerdings im Laufe der Zeit eine Abwertung. Der Städter sieht in ihm lediglich einen Haufen von Dreck.

5. Geld als Kehricht

Und nun zum letzten Punkt unserer Ausführungen, zu der lexikalischen Beziehung von Geld und Kehricht bzw. Unrat in č.arg. *prach*, *prachy*, *smetí*, *pudr*, dt.rw. *Staub* und *Asche*. Diese Geld/Unrat-Beziehung gibt es daneben auch im frz.arg. *poussiere* "Geld". Im Č. ist sie besonders produktiv geworden: *prach* verwendete man für "Kleingeld", *prachy*, *prašule* für "Geld" allgemein, *pracháč* ist immer noch der "Reiche", *prachař* war dagegen der "Gelddieb", die *prachařka* seine gleichberechtigte Kollegin und die arg. *prachovnice* war die "Geldbörse". *Pouštět prachy* wurde hier für "Geld ausgeben" gebraucht. Die weiteren Metaphern sind *smetí* "Kehricht" und *pudr* "Puder". Am č.arg. *pudr* können wir den Wandel in der Kultursemantik unserer Metaphern am besten erkennen: *pudr* ist ähnlich wie rw. *Asche* die moderne städtische Repräsentation der älteren Gold/Unrat-Beziehung, die ihrerseits ein häuslicher Äquivalent der Reichtums/Mist-Beziehung war, von der ich vorhin sprach.[7]

Der Kehricht und das Kehren waren häusliche Symbole für das Sammeln: der Kehricht galt daher als Unterpfand des Erwerbs, des Besitzes und des Glücks überhaupt und war - wie Mist, Ungeziefer und Gold - mit magischen Kräften gefüllt. So kehrte man gern den Staub vor die eigene Ladentür, um viel Absatz zu haben oder brachte den um Mitternacht vor der Haustür gesammelten Kehricht ins Haus, um Wirtsgäste anzuziehen. Die Hebammen und Frauen, die den Nixen bei der Geburt halfen, bekamen Kehricht zum Lohn, der sich zu Hause zu Gold oder Silber verwandelte (vgl. Bächtold-Stäubli/Hoffmann-Krayer IV: 1226 und 1237).

Diese Erläuterungen zeigen, daß die vorgeführte Verbindung von Geld mit Ungeziefer, Kot und Unrat a) kein sinnloses Sprachspiel und b) im Grunde keine einfache Umkehrung der Wertigkeit des Bezeichneten ist, sondern daß im Substandard - und zwar im städtischen Substandard bzw. im Argot von Randgruppen, wo wir es am wenigsten erwarten würden - ganz archaische Vorstellungen weiterleben. So gesehen ist das Argot und der städtische Substandard eine hervorragende Quelle für die Erforschung von kulturellen Haltungen, die unser Verständnis der Welt immer noch prägen.[8]

Anmerkungen:

1 "Die 'Viehwährung' war international - nicht nur in Europa und Asien, auch die Hirtenvölker Afrikas rechneten bei ihren internen Tauschgeschäften mit Vieh und bestimmten bei ihren Brautkäufen den Wert ihrer Bräute in Vieh" (Kurtnitzky 1974: 30f.).

2 Zur Polarität der Metaphorik von Schwein und Sau vgl. van Leeuwen (1989).

3 Vgl. auch frz.arg. *crapand* "ds." zu frz.umg. *crapand* "Kröte", "Knirps"; dt.rw. *Padde* f. "Geldbörse" und nl. *Padde* "Kröte".

4 Vgl. Bächtold-Stäubli/Hoffmann-Krayer VI: 40ff., V: 611ff., IV: 1226ff.).

5 Nach einer verbreiteten Meinung war Gold das Produkt der Unterwelt. In bestimmten magischen Texten aus Ägypten in der Zeit der 18. Dynastie werden zwar Zahlungen in Metallen erwähnt, sie werden aber immer in hieratisch geschriebenen Texten ideographisch angegeben. Das interpretiert man als ein ein Anzeichen für die Tabuisierung des Vorgangs. In den ägyptischen Denkmälern ist keine bildliche Darstellung von Zahlung in Metallen gefunden. Wenn diese nicht magisch belastet wäre, wäre die Darstellung des Vorgangs lt. Spácil (1973: 23) sicher irgendwo erhalten geblieben.

6 Vgl. die Beiträge der psychoanalytischen Forscher in Bornemann (1977).

7 Der č. Ausdruck *prach, prachy* ist bereits seit dem 16.Jh. nachgewiesen. Er kann dem analogen rw. Staub vorausgegangen sein. Wahrscheinlich werden aber beide auf demselben Hintergrund als Metaphern entstanden oder semantisiert worden sein. Wolf (1956: 316) sieht rw. Staub in Verbindung mit rom. Stópin "Flachs". Bei dieser Herleitung würden wir abermals auf den Geldlosen Handelsverkehr stoßen, der allerdings im zweiten Schritt für die Beziehung von "Geld" und "Unrat" umfunktioniert wurde.

8 Diese Rolle spielte das Argot für die Auffindung der Polarität von RECHTS und LINKS, von GERADE und KRUMM, von RECHT und UNRECHT, von der wir bei den vorausgegangenen Tagungen berichtet haben. Eine Gesamtdarstellung befindet sich in van Leeuwen (1990).

Literatur

Bächtold-Stäubli, Hans/Hoffmann-Krayer, Eduard (Hrsg.) (1927-1942): Aberglaube: Handwörterbuch des deutschen Aberglaubens I-X. - Berlin/Leipzig.

Bornemann, Ernst (1977): Psychoanalyse des Geldes. - Frankfurt am Main.

Kutnitzky, Horst (1974): Triebstruktur des Geldes. Ein Beitrag zur Theorie der Weiblichkeit. - Berlin.

van Leeuwen-Turnovcová, Jirina (1989): "Anmerkungen zur Semantik einiger 'Substandard'-Eigenschaften im tschechischen und deutschen Kulturkreis." - In: Zeitschrift für slavische Philologie 49/1, 132-154.

- (1990): Rechts und Links in Europa. - Berlin (= Balkanologische Veröffentlichungen).

Spácil, Bohuslav (1973): Ceská menaa od dávné minulosti k dnesku. - Praha.

Wolf, Siegmund A. (1956): Wörterbuch des Rotwelschen. - Mannheim.

NOCH EINMAL DIE FRAGE DER NÖRDLICHEN HERKUNFT DES ALBANISCHEN
Die alten albanisch-baltischen und albanisch-germanischen Sprachbeziehungen

Agnija Desnitzkaja

Die albanische Sprache darf endlich aufhören, ein Stiefkind der historischen Sprachwissenschaft zu sein. Ihre Ursprungsprobleme können jetzt mit gutem Recht in den Gesichtskreis der vergleichenden Sprachstudien treten, soweit es ihre vorgeschichtlichen Beziehungen zu anderen indoeuropäischen Sprachen anbetrifft.

Das Albanische ist die einzige Sprache auf dem Balkan (das Griechische, natürlich, nicht gerechnet), welche die unmittelbare Erbfolge des paläobalkanischen Sprachkomplexes bis zu unseren Tagen aufbewahrt hat. Es wurde viel darüber gestritten, ob es vom Illyrischen oder Thrakischen seinen Ursprung nahm. Da wir von der Grammatik dieser beiden Sprachen keine unmittelbaren Zeugnisse besitzen, kann dieses Problem nicht endgültig gelöst werden. Aber der allgemeingeschichtliche Tatbestand, besonders die Ergebnisse der archäologischen Forschungen, wie auch die Zeugnisse der Onomastik, scheinen eher für die illyrische Hypothese zu sprechen, welche jetzt auch von den meisten Albanologen angenommen wird. Darum kann man bei der Erforschung der Ursprungsfragen des Albanischen als Ausgangspunkt eben den Satz nehmen, daß das Protoalbanische, eigentlich die Grundkomponente des Albanischen, auf die sich schon im Altertum ein mächtiger Stock lateinischer Elemente aufgeschichtet hat, von den südillyrischen Stämmen gesprochen wurde.

Die paläobalkanischen Forschungen der letzten Jahrzehnte sind zur wichtigen Feststellung gekommen: die Sprachen der thrakischen und der illyrischen Stämme sind in den Balkanraum aus den mitteleuropäischen Regionen gebracht worden, wo die Urillyrer und die Urthraker irgendwo in der Nachbarschaft von protoalbanischen Stämmen ihre frühen Sitze gehabt haben.

Die Übersiedlung der Illyrer aus dem alteuropäischen Gebiet auf die balkanische Halbinsel wird jetzt aufgrund der neuesten archäologischen Forschungen an die Aeneolithperiode anberaumt, also an die Zeit Ende des III. - Anfang des II. Jahrtausends v.u.Z. Der ununterbrochene Aufenthalt der Albaner seit der griechisch-römischen Zeit in ihren historischen Räumen wird vom Ortsnamenmaterial gut bezeugt, wie es Çabej ausführlich bewiesen hat (1974). Der Zusammenhang der frühalbanischen Kultur mit der südillyrischen wird auch archäologisch erwiesen (Anamali 1972).

Die Zugehörigkeit des Protoalbanischen zum Illyrischen stimmt vorzüglich zur längst erkannten Tatsache seiner näheren Beziehungen zum nördlichen Teil der indoeuropäischen Sprachgemeinschaft, und zwar zu den baltischen, slawischen und germanischen Sprachen. Diese Tatsache ist noch Ende des vorigen Jahrhunderts von G. Meyer (1884/1885) festgestellt worden. Später hat Jokl, nachdem er den albanischen Wortschatz in dessen etymologischen Zusammenhängen eingehend untersucht hat, Meyers Beobachtungen weiter bekräftigt. Jokl (1929) meinte, die oben erwähnten speziellen Beziehungen des Albanischen, die eine besondere Wörterschicht umfassen (es sind, vor allem, die Beziehungen von Begriffen, die mit der primitiven Lebensweise und der Landwirtschaft in Waldgebieten zu tun haben), zeugen für eine ehemalige Nachbarschaft der Uralbaner mit den Urbalten, Urslawen und Urgermanen irgendwo im Nordosten Mitteleuropas. Man könnte jetzt hinzufügen, daß diese uralte Nachbarschaft im Schoße der alteuropäischen Sprachgemeinschaft (im Sinne von Krahe 1959) existiert habe.

Es scheint angemessen, auch die Meinung von Pisani (1950) hier anzuführen, welcher die arealen Beziehungen der Protoalbaner vom chronologischen Standpunkte aus interpretiert hat. Albanisch-germanische, albanisch-baltische und albanisch-slawische uralte lexikalische Zusammenhänge kommen, wie er denkt, von einer früheren Periode her; die Beziehungen zum Thrakischen ‹ Phrygischen, Armenischen und Griechischen gehören einer relativ späteren Zeit an.

Man braucht hier nicht zu wiederholen: die Rede sei nur von den uralten arealen Beziehungen und keinesfalls von der näheren Sprachverwandtschaft. Es wurde schon von Bopp (1854) erwiesen, daß das Albanische keine nähere Verwandtschaft mit irgendeiner von den uns gut bekannten indoeuropäischen Sprachgruppen offenbart. Vom genealogischen Standpunkt aus darf man für das Protoalbanische ein näheres Verhältnis nur zu den paläobalkanischen Sprachen, eigentlich nur zum Illyrischen (vielleicht auch einigermaßen zum Thrakischen) vermuten.

Ich habe den alten albanisch-baltischen und albanisch germanischen Sprachbeziehungen einige spezielle Studien gewidmet (Desnitzkaja 1965/1984a/1984b). Durch ihre Ergebnisse wird der Satz von der Zugehörigkeit des Uralbanischen zum nördlichen Teil der indoeuropäischen Sprachgemeinschaft völlig bestätigt. Die arealen Sprachbeziehungen, die für diesen linguistischen Raum charakteristisch waren, bildeten sich infolge der vorhistorischen Kontakte, die von den einzigen Gruppen der Stämme, welche in Mitteleuropa in der spätindoeuropäischen Periode siedelten, noch unterhalten wurden.

An speziellen etymologischen Zusammenhängen, welche das Uralbanische mit dem Urbaltischen, Urslawischen und Urgermanischen hatte, nahmen zuweilen auch die Sprachen der urkeltischen und der uritalischen Stämme teil - eine Tatsache, welche für die territoriale Kontinuität der alteuropäischen Räume in der südwestlichen Richtung sprechen kann. Eben solche Kontinuität der spätindoeuropäischen Siedlungen könnte man auch für die südöstliche Richtung vermuten. Aber der Mangel an linguistischen Zeugnissen, was die thrakische Sprachgruppe anbetrifft, verursacht eine merkliche Lücke im allgemeinen Bild der arealen Sprachbeziehungen innerhalb des Zentralraumes der spätindoeuropäischen Gemeinschaft.

Die allgemeine Stellung des Uralbanischen vom Gesichtspunkt der indoeuropäischen Sprachgeographie wird durch seine Teilnahme an einigen wichtigen Isoglossen, welche das ganze indoeuropäische Sprachgebiet durchquerten, im großen und ganzen charakterisiert.

1. Indoeurop. kurzes **o* ergibt im Albanischen kurzes *a* und fällt mit dem Reflex des indoeur. kurzen **a* zusammen:

i.-e. **nokut-*: alb. *natë* "Nacht", vgl. l. *nox*, *noctis*, air. *i-nnocht* "heint", a.-sl. *noštĭ* (hier eine spätere Veränderung *a* › *o*), lit. *naktis*, ahd. *naht*, aind. *nakt-*.
i.-e. **ost(h)-*: alb. *asht* "Knochen", l. *os*, *ossis*, gr. *ὀστίον*, sl. *osti-*, heth. *hastai-*, aind. *asth-*, *asthi*.
i.-e. **kap-*: alb. *kap* "ich ergreife"/"fasse", l. *capio*, got. *hafja* "ich hebe".

Also wurde im Albanischen, ebenso wie in einigen anderen indoeuropäischen Dialekten, die phonologische Opposition der kurzen **o*- und **a*- Laute aufgehoben. Aber zu einer engeren Einheit kann das Albanische, diesem Merkmal nach, nur mit dem Baltischen mit dem Slawischen, mit dem Germanischen und mit dem Illyrischen gruppiert werden, da, zum Unterschied von den alten indoiranischen Sprachen, diese Dialekte das alte indoeur. **e*- bewahren. Wenn man das Merkmal der Verwandlung des dreigliedrigen Schemas (**e* : **o* : **a*) in ein zweigliedriges Schema (**e* : **a*) zugrunde legt, kann man diesem Gebiete ein Gebiet der Konservation im Süden (Keltisch, Italisch, Griechisch, Phrygisch, Armenisch) entgegenstellen, wo das dreigliedrige Schema aufbewahrt wird, und ein Gebiet der maximalen Veränderung im Südosten (Altindisch und Altiranisch), wo das dreigliedrige Schema durch ein eingliedriges (**e* : **o* : **a* › *a*) ersetzt wurde.

2. Die indoeuropäischen Media aspirata ergaben im Uralbanischen einfache Media:

i.-e. **bher*-: alb. *bie*(‹ *bhero) "ich trage", vgl. got. *baira*, asl. *berǫ*, air. *biur*, arm. *berem*, avest. *baraiti* (3. sg.), aber aind. *bharāmi*, gr. *φέρω*, l. *ferō*.
i.-e. **dheu-b*- "tief": alb. *det* (‹ **dheubeto*) "das Meer", vgl. got. *diups* "tief", lit. *duobs* "tief", *duobe* "die Grube", asl. *dŭno* (‹ **dubno*) "der Grund".
i.-e. **steigh*- "schreiten", "steigen": alb. *shteg* (‹ **stoigho*-) "der Pfad", vgl got. *steigan* "steigen", *staiga* "*der Pfad*", lit. *stiga* "der Pfad", asl. *stigno* "erreiche", aber gr. *στοῖχοσ* "die Reihe".

In diesem Fall geht das Albanische mit vielen indoeuropäischen Sprachen zusammen. Außer den baltischen, slawischen und germanischen nehmen an dieser Lautung auch die keltischen, illyrischen Sprachen und auch das Thrakische mit dem Phrygischen teil. Demgegenüber bewahrt sich die Aspiration dieser Laute im Griechischen, Italischen und Venetischen; aber die Laute werden dabei stimmlos. Das Altindische sticht von diesen Sprachen ab mit seinen stimmhaft aspirierten Media.

Die Vereinigung der indoeuropäischen Media aspirata und Media zu einer einzigen Reihe unaspirierter Media kann man als eine gemeinsame Neuerung betrachten, die noch in der Urzeit einen großen Sprachraum (vom Iranischen im Osten bis zum Keltischen im Westen) überflutete. Im Westen war nur das Germanische dieser Neuerung entgangen, insofern als Resultat der ersten Lautverschiebung die ursprüngliche Distanz zwischen den drei Reihen der Konsonanten erhalten wurde. Das Albanische, ebenso wie das Baltische und das Slawische, hat die Neuerung durchgeführt.

3. Das Albanische ist als Satemsprache zu betrachten, obgleich der dazugehörige Tatsachenbestand sehr dürftig erscheint:

i.-e. **k̂ens*-: alb. *thom* (**kēnsmi*) "ich sage", vgl. ai. *çaṁsáyati* "er verkündigt", avest. *sah*- "verkündigen", l. *censeo* "ich bestimme"/"entscheide", asl. *sętŭ* "er sagt" (eine isolierte Form des Wurzelaoristes).
i.-e. **ĝombho*-: alb. *dhâm*(*b*), *dhēmb* "der Zahn", vgl. ai. *jambhaḥ*, asl. *zǫbŭ*, lett. *zùobs* "der Zahn", aber mhd. *kamb* "der Kamm", gr. *γόμφοσ* "der Keil".

Dabei ist das Albanische, ebenso wie das Baltische, eine inkonsequente Satemsprache. In einigen Fällen, in denen die Assibilierung zu erwarten wäre, kommt sie nicht vor. Diese Inkonsequenz kann als Folge einer Depalatalisierung betrachtet werden, die ehemals unter besonderen phonetischen Bedingungen (z.B. vor den Sonanten *l*, *r*) eingetreten war. Zum Beispiel in den Wörtern, die von der i.-e. Wurzel **k̂leu*- "hören" gebildet wurden: altalb.

(und dialektal) *kluhet* "er heißt", "er ist bekannt" (also "wird gehört"), vgl lit. *klausýti*, altpreuß. *klausīton*, lett. *kalusīt* "hören", aber asl. *sluti*, russ. *slytĭ* "bekannt sein", russ. *slyšati* "hören", vgl. messap. imper. *klaohi* "erhöre", lat. *clueo* "ich heiße", "ich bin bekannt", ahd. *hlosen "hören"* u.s.w.

Auch alb. *mjekrë* "das Kinn", "der Bart", lit. *smãkras*, *smakrà* "der Bart", hett. *zama(n)kur* "der Bart", aber aind. *çmaçru-* (‹ *smaçru-*) "der Bart".

Jokl (1929) hat bewiesen, daß im Albanischen die Assibilierung der indoeuropäischen Palatale verhältnismäßig spät eingetreten ist. Die völlige Gleichheit der Entwicklung von indoeur. *k̂ (palatal) und *k (velar) vor dem *t*-Laute bekräftigt die Annahme, daß im Albanischen die indoeuropäischen Palatale ziemlich lange explosiv blieben.

Die "inkonsequente Satemlichkeit" kann als Merkmal einer Übergangszone, die sich im Zentrum des indoeuropäischen Sprachraumes erstreckte, betrachtet werden. Zu dieser Übergangszone konnten, außer dem Albanischen und dem Baltischen, auch das Illyrische (mit dem Messapischen)[1] und das Thrakische gehören. Die Assibilierungstendenz, die sich als eine mächtige Neuerung von Osten nach Westen ausbreitete, nahm in dieser Zone allmählich ab. Der Mangel an Konsequenz bei der Realisierung dieser Neuerung hatte die Vermischung der Satem- und Centummerkmale hervorgerufen.

Alle drei oben genannten Isoglossen, die für die Ausgliederung des indoeuropäischen Sprachraumes von großer Wichtigkeit sind, bringen das Albanische mit dem Baltischen völlig zusammen. Mit dem Slawischen und mit dem Germanischen gehen das Albanische und das Baltische zum Teil auseinander.

Im Slawischen ging der *a*-Vokal, welcher durch die Neutralisierung der alten Opposition **a*: **o* entstanden war, wieder in den *o*-Vokal über. Das Germanische seinerseits ist eine konsequente Centumsprache.

Das Illyrische, durch das Messapische am klarsten vertreten, scheint die wichtigsten indoeuropäischen phonetischen Isoglossen mit dem Baltischen und mit dem Uralbanischen gemeinsam zu zeigen. Solch eine Übereinstimmung darf als historisch relevant gelten.

Es gibt manche spezifische albanisch-baltische Parallelen, von denen ich hier einige anführe.

Uralb. *ligā*, neualb. (im folg. nalb.) *ligë -a* f. "Krankheit"; uralb. **ligas*, nalb. *i ligë* "krank", "schlecht", uralb. **ligustas* oder **ligastas*, nalb. *i ligshtë* "kraftlos", "schwach". Vgl. lit. *ligà*, lett. *liga* "Krankheit", lit. *ligustas* "krank".

Uralb. **mētas* › nalb. *mot*, *-i* m. "Jahr", "Wetter". Vgl. lit. **mētas* "Zeit", pl. *mētai* "Jahr". Obgleich in manchen indoeuropäischen Sprachen Bildungen von der Wurzel *mē- "messen" zur Bezeichnung von Zeitbegriffen gebraucht werden, ist doch die angeführte albanisch-baltische Entsprechung als charakteristisch zu betrachten.

Uralb. **sirmas* › nalb. *i thjermë* "grau", "aschfarben", vgl lit. *šir̃mas*, *šir̃vas "grau"*.

Uralb. **delas*, davon eine Kollektivbildung **dela* › nalb. *djalë* "Knabe", "Junge", "Sohn". Vgl. lett. *dels*, lat. *filius* "Sohn". Çabeh (1974) ist recht zu geben, wenn er dieses Wort von der i.-e. Wurzel **dhē*(*i*)- "säugen" ableitet, von der auch lett. *dēls*, lat. *filius* und mit einem anderen Suffix auch slav. **dětę* abstammen. Aber ich würde nicht ein i.-e. Neutrum **dhel-nom* rekonstruieren, sondern ein Kollektivum **delā* › **djala* f., da seinerseits von einem Maskulinum **delas* "männliches Kind" abgeleitet werden könnte. Vgl. ähnliche

Fälle, in denen einige neualbanische Maskulina ihrem Ursprung nach ehemalige Kollektiva sind, z.B. *burrë* m. "Mann", *njerí* m. "Mensch", *barí* m. "Hirt" usf.

Uralb. **malas* (‹ i.-e. **molo-*) › nalb. *mal* m. "Berg", vgl. lett. *mala* "Ufer".

Uralb. **méglā* › nalb. *mjegull* f. "Nebel". Vgl. lit. *miglà*, lett. *migla*, altsl. *migla* und andere indoeuropäische Entsprechungen.

Uralb. **landā* › nalb. gegenüber *landë* f. "Bauholz". Vgl. lit. *lentà* "Brett".

Uralb. **lāpā* › nalb. *lopë* "Kuh". Vgl. lett. *lùops, lopi* "Vieh". Vgl. auch schweiz. dt. *loobe* "Kuh".

Uralb. **lāma* › nalb. geg. *lamë* f. "Tenne", "Dreschplatz". Vgl. lit. *lomà* "Niederung", lett. *lâma* "Niederung", "Pfütze".

Uralb. **skalā* › nalb. *halë* "Gräte", "Splitter". Vgl. lit. *skalà* "Span", "Schindel", lett. *skale* "Span".

Uralb. **gardas* › nalb. *gardh* m. "Zaun". Vgl. lit. *gar̃das* "Umzäunung", "Pferch", wie auch die slawischen und germanischen Entsprechungen.

Uralb. **dragā* › nalb. *dra* m. "Bodensatz" (im Weinfaß), "Buttermilch". Vgl. altpreuß. *dragios* "Hefe", aisl. *dregg* (‹ **dragja*) dass.

Es lassen sich einige markante Entsprechungen in den albanischen und baltischen Derivationssystemen feststellen. Besonders bemerkenswert erscheint die völlige Identität einer in beiden Sprachen höchst produktiven Bildungsweise von Nomina actionis mit dem Suffix **-i-ma-* (indoeurop. **-i-mo*). Vgl. die albanischen Deverbativa vom Typ *vrapím* m. (‹ **vrapima-s*) "Lauf" - von dem Verb *vrapoj* "ich laufe", *mendím* m. "das Denken", "Gedanke" - von *mendoj* "ich denke", *rrëfim* m. "das Erzählen", "die Erzählung" - von *rrëfej* "ich erzähle" usw.; mit litauischen Deverbativa: *begìmas* "Lauf" von *bégti* "laufen", *mãtymas* "das Sehen" von *matýti* "sehen", *lañkymas* "Besuch" von *lankýti* "besuchen" usw.

Einige Beispiele aus meinem Verzeichnis der albanisch-germanischen lexikalischen Entsprechungen:

Alb. *barrë, -a* f. (‹ i.-e. **bhornā*) "die Last", got., ahd., aisl. *barn*, ags. *bearn* "das Kind". Vgl. alb. *me barrë* "schwanger" = ags. *beón mid bearne* "schwanger sein".

Obgleich die Nominalbildungen von der Wurzel **bher-* in den meisten indoeuropäischen Sprachen stark verbreitet sind, finden wir eben nur im Albanischen und im Germanischen so einen bemerkenswerten Zusammenfall der Bildung und der Bedeutung.

Alb. *bun, -i* m. "Almhütte", eig. "Behausung", *buj, bunj* "übernachten"- von der Wurzel **bheu-, *bhu-*. Vgl. got. *bauan*, aisl. *bua*, ahd., as. *būan* "wohnen", "bebauen"; aisl. *bū* n., ags. *bū* m. "Behausung". Hierher gehören auch der illyr. Ortsname Βοῦννοσ. Mit einem anderen Suffix, aber mit derselben Bedeutung: messap. *βύριον, βαυρία, οἰκία* (Hesych.), ahd. *būr* m. "Wohnraum", "Käfig", ags. *būr* "Hütte".

Alb. *gjalm, -i* m., *gjalmë, -a* f. "Strick", "Bindfaden", vgl ahd. *seil*, as. *sēl*, ags. *sāl* "Seil, Strick", got. *insajljan* "zubinden". Ge. **sē(i)-*, **səi-*, **sei-* "zubinden", "zusammenbinden".

Alb. *halë* "Gräte" (Fischknochen), "Ährenspitze" - von i.-e. **skel-* "schneiden", vgl. got. *skalja* "Dachziegel", aisl. *skal* f. "Schuppe", ahd. *scala* "Ährenhülse".

Alb. *helm, -i.* m. "das Gift", "der Gram" (ein singularisierter Plural mit Umlaut: *helm* ‹ **halmi* ‹ **skalmi*). Vgl. ahd. *scalmo* "Seuche", *skelmo* m. "Verbrecher". Von i.-e. Wrz. **(s)kel-* "schneiden", vgl. thrak. *σκάλμη* (**skolmā*) "das Schwert".

Alb. *miell*, *-i* m. "das Mehl" - aus i.-e. **melu̯o-*. Vgl. ahd *melo, melawes*, ags. *melu*, aisl. *mjǫl.* Zwar sind die Bildungen von der i.-e. Wurzel **mel-* "zermalmen", "zerreiben", "mahlen" in den meisten indoeuropäischen Sprachen vorhanden. Aber ein nominaler Stamm, mit Suffix **-u̯o-* gebildet und mit spezieller Bedeutung "Mehl" ist eben für das Germanische und das Albanische charakteristisch.

Alb. geg. *râ, râni* m., tosk. *rëndës*, -i m. "Käsegärungsstoff", vgl. ahd. *renne* dass.

Alb. *rē*, -ja f. "Wolke", vgl. ahd. *rouh* m., as. *rōk*, aisl. *reykr* "der Rauch" - aus urgerm. **rauki-* ‹ **rougi-*.

Alb. *shparr*, *-i* m. (‹ **sparno-*) "Querqus conferta" (eine Art Eiche), vgl. ahd. as. *sparro* m., mhd. *sparre* "Balken", aisl. *spari, sparri* "Balken"; ahd. *sper,* ags. *spere*, aisl. *sparr* "Speer", "Lanze". Hierher gehört auch lat. *sparus* "ein kurzer Speer", gr. *σπαροσ* "eine Fischart".

Alb. *lapë*, *-a* f., *lapër -ra* f. "Lappen", "ein Hautlappen am Hals eines Ochsen". Vgl. ahd. *lappo* m., *lappa* f. "ein hängender Hautlappen".

Hier haben wir Expressivbildungen vorliegen - von den Wurzelvarianten i.-e. **lap-* /**lab-*. Vgl. auch gr. Χοβόσ "Ohrlappen", air. *laber* "schwach", lat *labāre* "schlendern".

Ein völliger Parallelismus einiger Fälle expressiver Wortbildung im Albanischen und im Germanischen ist höchst bemerkenswert.

Alb. *flakë*, *-a* f. "die Flamme", *flakëroj* "flackern", *flakoj* "aufflammen". Vgl. mhd. *vlackern*, dt. *flackern.*

Alb. *flatër*, *-ra* f.; *fletë*, *-a* f. "Flügel", "Fittich", *flutur*, *-a* f. "Schmetterling", *flatroj, fluturoj, fluroj* "fliegen", "flattern". Vgl. dt. *flattern*, frühnd. *flutteren, flotteren,* engl. *flutter, flitter.*

An den folgenden Vergleichungen nehmen auch andere Sprachen aus dem alteuropäischen Raum teil:

Alb. *hedh* (‹ **ske-d*) "werfen", "schleudern", vgl. russ. *kidati* "werfen", lit. *skudrùs*, lett. *skaudrs* "behende", as. *skiotan*, ahd. *skioʒʒan* "werfen", "schleudern", "schießen".

Alb. *brin-* "das Horn" (‹ **bhr̥-no-*), vgl. norw. *bringe*, *brund* (‹ **bhr̥nto-*), schwed. dial. *brind(e)* "Elentier", lit. *briedis*, altpreuß. *braydis* "Elch", messap. *βρένδον* accus., ἔλαφον (Hes.). Dazu auch *βρεντέσιον*, *Brundisium.*

Alb. *shpreh* (‹ **spreg-sk-*) "sich äußern". Vgl. ahd. *sprehhan*, nhd. *sprechen.* Dazu auch das Keltische: kymr. *ffraeth* (‹ **spraktos*) "beredt".

Aus den angeführten Tatsachen ist zu ersehen, daß die alte indoeuropäische Sprache (vermeintlich eine der illyrischen), welche den Grundteil des Albanischen gebildet hat, ehemals im nördlichen Raum der indoeuropäischen Sprachgemeinschaft, irgendwo in Mitteleuropa, zu Hause gewesen ist. Diese Feststellung darf als ein wichtiger Beitrag zur indoeuropäischen vergleichenden Sprachwissenschaft betrachtet werden. Unsere Kenntnis des Illyrischen wird auch dadurch wesentlich bereichert.

Als die Vorfahren der Albaner auf die balkanische Halbinsel kamen, gerieten sie und ihre Sprache in eine ganz neue linguistische und kulturelle Umwelt. Von der Zeit der römischen Eroberung an entwickelte sich das Albanische als eine neue indoeuropäische Sprache mit einer spezifischen balkanischen Färbung. An ihrer Gestaltung nahm das romanische Element teil, und die albanisch-ostromanischen Beziehungen geben gewissen Anlaß, von einer sekundären Sprachverwandtschaft zu sprechen. Später hat der albanische Wortschatz auch andere lexikale Schichten in sich aufgenommen - die mittelgriechische, die südslawische, die türkische und im letzten Jahrhundert auch die international-europäische.

Die ererbte morphologische Struktur des Albanischen war schon in der Zeit der römischen Herrschaft gründlich umgestaltet worden. Das Neualbanische ist eine stark renovierte indoeuropäische Sprache, und darum schien es früher als Forschungsbereich für die indoeuropäische Sprachwissenschaft aufschlußarm zu sein. Jetzt aber wird es wahrscheinlich anders sein. Als Forschungsobjekt gewinnt das Albanische immer größere Aufmerksamkeit, und die etymologischen Studien im Bereich seines Wortschatzes eröffnen unserer alten vergleichenden Sprachwissenschaft eine neue Tatsachenquelle.

Anmerkung

1 Zum Beweis des Centumcharakters des Illyrischen werden gewöhnlich die Bildungen von der Wurzel i.-e. *k̂*leu* (mess. *klaohi!*, illyr. Eigenname *Veseleves*) angeführt, von welcher auch im Baltischen und im Albanischen die Bildung mit dem *k*-Laut erscheinen-

Literatur

Anamali, Skender (1972): Des Illyriens aux Albanais. - In: Studia Albanica 9/2, 153-172.

Çabej, Eqrem (1974): Die Fage nach dem Entstehungsgebiet der albanischen Sprache. - In: Zeitschrift für Balkanologie 10/2, 7-32.

Desnitzkaja, Agnija (1965): Drevnije germano-albanskije jazykowyje swjazi w swete problem indojewropejskoj arealnoj lingwistiki. In: Woprosy jazykoznanija 6, 24-43.

- (1984a): Das Albanische im Lichte der alten balkanisch-albanischen Sprachbeziehungen. In: Zeitschrift für Slawistik 29/5, 139-147.

- (1984b): Srawitelnoje jazykoznanije i istorija jazykow. - Leningrad: Nauka.

Jokl, Norbert (1929): Zur Vorgeschichte des Albanischen und der Albaner. - In: Wörter und Sachen, Festband XII, 63-91.

Krahe, Hans (1959): Sprachliche Aufgliederung und Sprachbewegungen in Alteuropa. - Wiesbaden: Steiner.

- (1966): Indogermanische Sprachwissenschaft. - Berlin: de Gruyter.

Meyer, Gustav (1884): Die stellung des Albanischen im kreise der indogermanischen sprachen. - In: Beiträge zur Kunde der indogermanischen Sprachen VIII, 185-195.

- (1885): Über die Sprache und Literatur der Albanesen. - In: Essays und Studien zur Sprachgeschichte und Volkskunde 1, 49-90

Pisani, Vittore (1950): L'albanais et les langues indo-européennes. - In: Annuaire de l'Institut de Philologie et d'histoire Orientales et Slaves 10, 519-538.

WAS HAT DER "RUSSISCHE" NAME *PUŠKIN* MIT DER DEUTSCHEN *BÜCHSE* GEMEIN? Überlegungen zu sprachlichen Gemeinsamkeiten des Deutschen und einiger slawischer Sprachen

Jürgen Schellenberger

1. Es ist zumindest unter Sprachwissenschaftlern ein Gemeinplatz, daß sowohl aufgrund der gemeinsamen Herkunft der slawischen Sprachen und des Deutschen als auch aufgrund der räumlichen Nähe der beiden Gebiete, in denen diese Sprachen verwendet wurden und werden, vieles in ihnen gemeinsam vorhanden ist. Für einen Deutschen, der sich nie mit Slawistik beschäftigt hat, stellt sich diese Tatsache allerdings ganz anders dar. Ihm sind höchstens solche slawischen Wörter, die man als westeuropäischer Muttersprachler ohnehin kennt, geläufig: aus dem Russischen z.B. *Na zdorovje*, *Kolchose*, *Kreml*, *Njet*, *Rubel*, *Wodka*; aus dem Polnischen vielleicht *Mazurka*, *Polka* u.ä. Es ist klar, daß solche Wörter einen eng begrenzten Anwendungsbereich haben und daß ihre Kenntnis das Verstehen eines Textes bzw. eines Gesprächs in keinster Weise gewährleisten kann.

Gerade in letzter Zeit stellt sich die Frage nach der Beziehung des Deutschen und der slawischen Sprachen zueinander in einem neuem Lichte dar. Weniger die theoretische Auseinandersetzung mit diesem Problem als vielmehr ein ganz praktischer Aspekt rückt mehr und mehr ins Blickfeld: Wie kann den vielen deutschen Spätaussiedlern aus dem Osten in möglichst kurzer Zeit Deutsch beigebracht werden? Schließlich stehen gerade sie vor besonderen Problemen: In dem Land, aus dem sie kommen, wurden sie oft genug als "Deutsche" beschimpft. In Deutschland dagegen werden sie - zumeist eben aufgrund sprachlicher Unzulänglichkeiten im Deutschen - als "Russen", "Polen" (oder gar "Polakken") usw. diffamiert. Das Problem des möglichst schnellen Spracherwerbes stellt ein zentrales Anliegen von uns allen dar. Das schließt ein, daß seine Lösung nicht nur in Kreisen der germanistischen Linguistik gesucht werden sollte (wie es doch sehr häufig geschieht), sondern daß auch die Slawistik einiges zur Klärung bestimmter Sachverhalte beitragen kann. In der vorliegenden Arbeit soll deshalb zunächst die Art der Sprachkontakte im Laufe der Geschichte herausgearbeitet werden. Daraufhin soll kurz dargelegt werden, welche Wörter aus dem Russischen und Polnischen ins Deutsche übernommen wurden bzw. umgekehrt. Diese Erkenntnisse sollen anschließend im Hinblick auf den Erwerb der deutschen Sprache angewendet werden.

Das Hauptgewicht wird auf dem Vergleich des Deutschen zu den slawischen Sprachen Russisch und Polnisch liegen. Die Beschränkung auf diese Sprachen läßt sich zunächst außersprachlich rechtfertigen: Schließlich kommen aus den übrigen slawischen Ländern im Vergleich zu Polen und der Sowjetunion (Rumänien und Ungarn sind keine slawischen Länder) verhältnismäßig wenig Spätaussiedler zu uns. Es können aber auch sprachimmanente Gründe angeführt werden. Wie noch dargelegt werden soll, können gerade diese beiden Sprachen hauptsächlich in bezug auf die Entwicklung der Lexik gemeinsam betrachtet werden.

Die Frage lautet also: Wo ist das sowohl dem Deutschen als auch dem Polnischen und Russischen sprachlich Gemeinsame denn nun "versteckt"? Dafür muß zunächst geklärt werden, in welchen Bereichen sprachliche Wechselwirkungen überhaupt zum Tragen kommen können. Etwas vereinfacht gesagt, ist dies möglich auf den Ebenen: Lautlehre, Wortlehre und Satzlehre, wobei die Formenlehre (die traditionell oft als Grammatik bezeichnet wird) einen Übergangsbereich zwischen der Wort- und der Satzlehre darstellt.

Die *Lautlehre* ist wohl der Bereich, der ein Verständnis fremdsprachlicher Formen bzw. den korrekten Gebrauch einer Fremdsprache am meisten erschwert, denn die Lautsysteme der heutigen Sprachen Deutsch, Polnisch und Russisch unterscheiden sich sehr stark voneinander. Oft genug kommen prosodische Besonderheiten der jeweiligen Sprachen erschwerend hinzu. So ist z.B. im Russischen bei phonisch analogen Wörtern eine vom Deutschen verschiedene Betonung zu beobachten: dt. *Léitmotiv*, russ. *lejtmotív*; dt. *Philológe*, russ. *filólog*. Aufgrund der Eigenarten v.a. des russischen Vokalismus hat dies erhebliche Konsequenzen für die Aussprache des Wortes insgesamt. Im Polnischen werden die Fremdwörter in das Muster der pänultimativen Betonung eingefügt. Derartige Unterschiede können sich infolge von Interferenzerscheinungen sogar als hinderlich für den korrekten Gebrauch des Deutschen erweisen.

Unter dem Aspekt des Fremdsprachenunterrichtes können in der kontrastiv vergleichenden *Wortlehre* drei Erscheinungen unterschieden werden. Erstens existieren in mehreren Sprachen *phonisch* analoge Wörter, die entweder Lehnwörter (hierzu gehören die Internationalismen) oder altererbte Wörter sind. Bei letzteren ist das Hörverständnis aufgrund der unterschiedlichen lautlichen Entwicklung in den verschiedenen Sprachen mehr oder weniger stark blockiert. Vgl. dt. *Leute*, russ. *ljudi*, poln. *ludzie*. Es ist auch möglich, daß sich zwar das Lautbild von Wörtern in mehreren Sprachen einigermaßen entspricht, daß sich aber die Bedeutung verschoben hat. So können die sog. "Falschen Freunde" entstehen. Vgl. russ. *buterbród*, poln. *butersznyt* "(mit Käse, Schinken o.ä.) belegtes Brot". Oftmals kommen natürlich beide Faktoren zusammen, d.h. eine veränderte Lautentwicklung *und* eine gewandelte Bedeutung. Im Fremdsprachenunterricht muß auf solche Fälle besonders hingewiesen werden.

Neben den phonisch ähnlichen Wörtern existieren, zweitens, *morphologisch* analoge Wörter, die sog. Lehnprägungen. Das bedeutet, daß fremdsprachliche Wörter in ihren Einzelteilen übersetzt und nach analogem Muster mit eigensprachlichen Mitteln übernommen werden. Ein Beispiel ist das deutsche Wort *Ein-druck*, das nach dem franz. Vorbild *impression* gebildet wurde. So ist das russ. *meždu- narod-nyj* wie auch das poln. *między-narod-owy* genau dem lat. *inter-nation-al* nachgebildet. Oder: dt. *ein-seit-ig*, russ. *odno-storon-nyj*, poln. *jedno-stron-nyj*. Drittens muß man auch in Betracht ziehen, ob eine *semantische* Kongruenz zwischen den in Frage kommenden Wörtern herrscht, d.h. inwieweit sich die Verbindungen, die die Wörter untereinander eingehen (idiomatische Wendungen, Phraseologismen, Wortverbindungen u.ä.), in den betrachteten Sprachen entsprechen. So herrscht beispielsweise beim deutschen Wort *Hand*, dem russ. *ruká* und dem poln. *ręka* nahezu vollständige semantische Kongruenz. Vgl. dt. *Mir sind die Hände gebunden*, russ. *Ja svjazan po rukam i nogam*, poln. *Związane mi ręce*; dt. *Er ist mit leeren Händen zurückgekommen*, russ. *On vernulsja s pustymi rukami*, poln. *Wrócił z próżnemi rękoma* usw.

Auch in der Wortbildung verhalten sich die Wörter analog zueinander. Vgl. dt. *Handbuch*, russ. *ruk-ovodstvo*, poln. *pod-ręcz-nik* (mit dem paradigmatischen Wechsel *-k-* › *-cz-*). Unterschiede bestehen letztlich nur dadurch, daß *ruká* bzw. *ręka* neben "Hand" auch "Arm" bedeuten. Als Beispiel für eine partielle Kongruenz können die Wörter dt. *Probe*, russ. *proba*, poln. *próba* angeführt werden. Vgl. dt. *Etwas zur Probe kaufen*, russ. *kupit' čto-n. dlja proby*, poln. *kupić według próby*; dt. *Stichprobe*, russ. *vyboročnaja proba*, poln. *próba wypadkowa*. Aber: dt. *Probestück*, russ. *obrazec*, poln. *przykład*, *model*. Da der Wortschatz beim Fremdsprachenerwerb den zentralen Bereich darstellt, und da er auf vielfältige Weise Fremdsprachliches in sich aufnehmen kann, wird das Hauptaugenmerk in dieser Arbeit auf seine Untersuchung gerichtet werden.

Die *Formenlehre* und die *Satzlehre* werden in dieser Arbeit nicht behandelt. Lediglich die Tatsache, daß sowohl im Russischen als auch im Polnischen ein dem Deutschen ähnliches (wenn auch umfangreicheres) Kasussystem existiert (im Gegensatz beispielsweise zum Englischen) mag eine Hilfe für den Fremdsprachenerwerb sein.

2.1. Bei der Untersuchung der aus dem Russischen ins Deutsche übernommen Wörter fällt auf, daß das Deutsche vor 1917 nur sehr wenige Wörter aus dem Russischen übernommen hat. Sie bezeichnen in der Hauptsache Realia aus dem russischen Alltagsleben, weshalb sie natürlich einen eingeschränkten Verwendungsbereich haben: z.B. *Borschtsch*, *Balalaika*, *Datscha* (bzw. *Datsche*), *Kopeke*, *Pirogge*, *Rubel*, *Samowar*. Nicht mehr als Femdwörter im Deutschen werden vielleicht nur die Wörter *Droschke* und *Zobel* empfunden. Sehr viele von ihnen hatten (zumindest bis vor kurzem) in der Regel eine negative Konnotation, wie z.B. *Njet* (vgl. die Titulierung Mr. Njet für den ehemaligen sowjetischen Außenminister A.A. Gromyko) oder *Pogrom*. Insgesamt ist die Anzahl der russischen Lehnwörter im Deutschen sehr gering.

V.a. nach 1917 wurden in der ehemaligen DDR meist feststehende Wendungen aus dem Russischen ins Deutsche übernommen, wie z.B. *Arbeiter- und Bauernstaat*; vgl. russ. *gosudarstvo rabočich i krest'jan*, oder *Held der Arbeit*, russ. *Geroj (Socialističeskogo) Truda* usw. Sie waren im Deutschen so "deutsch" wie im Russischen "russisch", denn sie waren hier wie dort auf den politischen Jargon beschränkt.

2.2. Aufgrund der langen und sehr wechselhaften gemeinsamen Geschichte, die Deutschland und Polen miteinander teilen, kann es nicht weiter verwundern, daß sich die z.T. engen Kontakte auch im Wortschatz widerspiegeln. Neben solchen Wörtern, die typisch polnische Realia bezeichnen wie z.B. *Mazurka* oder *Polka*, stammen auch Wörter wie *Grenze*, *Gurke*, *Quarz* usw. aus dem Polnischen. Bei vielen Entlehnungen aus den westslawischen Sprachen (zu denen das Polnische zu rechnen ist) ist eine eindeutige Herkunftsbezeichnung kaum möglich. Bezieht man solche nur vage als westslawischer Herkunft bezeichnete Wörter im Deutschen mit ein, schwillt deren Zahl enorm an: *Jauche*, *Peitsche*, *Plauze*, *Preiselbeere*, *Schmetterling*, *Stieglitz*, *Zeisig* usw. usf.

2.3. Auch aus dem Deutschen sind praktisch zu allen Zeiten der gemeinsamen Geschichte Lehnwörter in die slawischen Sprachen (in diesem Falle ins Russische und Polnische) gedrungen. Die ältesten, bereits aus dem Gotischen bzw. dem Althochdeutschen ins Russische gekommenen Lehnwörter haben sich aber lautlich mittlerweile derart auseinanderentwickelt, daß sie kaum als ursprünglich deutsche Wörter erkannt werden. Hierher gehört der etwas marktschreierisch in den Titel aufgenommene Name *Puškin*, der sich vom russischen Wort *púška* "Kanone" ableitet. Das Wort stammt aus dem Althochdeutschen, wo es *buhsa*, im Mittelhochdeutschen *buhse* lautete (vgl. heutige *Büchse*). Der Anteil der *mittel*hochdeutschen Lehnwörter im Russischen ist aufgrund der dürftigen Kontakte zwischen beiden Ländern zu jener Zeit sehr gering.

Erst seit ca. der Mitte des 16. Jahrhunderts tauchten im Russischen zunächst polnische, dann aber auch mehr und mehr deutsche Lehnwörter auf, wobei viele der aus dem Polnischen kommenden Wörter ihrerseits bereits Lehnwörter aus dem Deutschen waren. Auch hierfür kann der Name *Puškin* herangezogen werden; vgl. poln. *puszka*. Der Grund ist leicht einsichtig: Die Gebiete der heutigen Ukraine und Weißrußlands wurden v.a. im 16. und 17. Jh. häufig zwischen Rußland und Polen hin- und hergeschoben. Durch die ständig wechselnden Kontakte dienten diese Gegenden als Mittler westlichen Gedankenguts nach Osten und somit auch als Sprachvermittler. Vgl. russ. *kúchnja* "Küche" (Erstbeleg 1707), das ahd. *chuhhina*, mhd. *kuchina* (aus lat. *coquina*) lautete, welches zunächst ins Polnische (vgl. *kuchnia*), dann ins Ukrainische wanderte, (*kúchnia*), ehe es ins Russische kam.

Doch es gab auch (z.T. enge) Beziehungen zwischen Rußland und Deutschland. Besonders seit der Regierungszeit Peters des Großen schwoll der Strom der Fremdwörter im Russischen ungemein an (obwohl er bereits vorher schon einsetzte). Schließlich waren viele Bereiche des Lebens in Rußland weit hinter der Entwicklung im westlichen Europa (zu dem zu jener Zeit in vielerlei Hinsicht auch Polen gerechnet werden muß) zurückgeblieben. Die Tatsache, daß mit der Übernahme neuer kultureller und technischer Errungenschaften auch das Vokubalar mit übernommen wird, ist ja allgemein bekannt. Man denke nur an die Computertechnik, die aus Amerika zu uns kam und die damit verbundene Menge von "neudeutschen" Ausdrücken wie *Hardware*, *Software*, *Bit*, *Byte* usw.

Ähnliches hat auch in Polen und Rußland stattgefunden. Es lassen sich einzelne Bereiche herauslösen, deren Lexik nahezu ausschließlich aus westlichen Sprachen (im wesentlichen aus dem Deutschen und dem Holländischen) übernommen wurde, wobei es für die hier verfolgten Zwecke unerheblich ist, daß ein Teil dieser Terminologie auch im Deutschen zumeist griechischen Ursprungs ist. Hauptsächlich in den Bereichen Militär, Wissenschaften, Kultur und Staats- und Verwaltungswesen ist die heutige Lexik in vielen slawischen Sprachen nahezu identisch mit der im Deutschen. Gerade der letzte Bereich bereitet Aussiedlern anfänglich große Probleme. Hier könnte ein gezieltes Hinarbeiten auf Gemeinsamkeiten in der Lexik helfen, Anfangsschwierigkeiten zu verringern.

3. Die folgende Wortliste enthält eine kleine Auswahl an dt., russ. (ins lat. Alphabet transliteriert) und poln. Entsprechungen, die zumeist Lehnwörter aus dem Deutschen darstellen. Es wurde darauf geachtet, daß die Wörter im alltäglichen Gespräch durchaus Verwendung finden können und damit geeignet scheinen, gerade im Anfangsunterricht verwendet werden zu können. Dazu wurden sie, ausgehend vom Russischen, allesamt einem Häufigkeitswörterbuch der russischen Sprache entnommen. Die Auswahl aus den überaus vielen möglichen Beispielen erfolgte rein subjektiv. Die entsprechenden poln. Formen, die sich bei annähernd gleicher Aussprache im Schriftbild oft sehr voneinander unterscheiden, sind neben den russ.

mit angeführt. Der besseren Übersicht halber wurden die Wörter - wiederum nach rein subjektiven Kriterien - in Sachgruppen eingeteilt.

Natürlich wäre es vollkommen verfehlt, wollte man anhand einer solchen Wortliste einem Aussiedler aus der Sowjetunion oder aus Polen Deutsch beizubringen versuchen. Das soll auch gar nicht das Ziel einer solchen Liste sein. Solche Wortlisten können aber vielleicht dazu dienen, die ersten Hemmschwellen vor dem Erlernen des anfänglich als schier unüberwindbare Hürde erscheinenden Deutschen herabzusetzen. Sie soll somit lediglich den Spracherwerb unterstützen, nicht völlig neu organisieren. Es liegt gerade beim Einsatz einer solchen Liste sehr stark am Lehrenden, inwieweit mittels der stärkeren Einbeziehung solcher Wörter Schwierigkeiten, die beim Erwerb des Deutschen mannigfach auftreten, vertuscht oder gemindert werden können.

Einige Entsprechungen deutscher und russischer/polnischer
Ausdrücke, sortiert nach Themenbereichen

Mensch und Familie:

pápa/papa "Papa"
máma/mama "Mama"
syn/syn "Sohn"
brat/brat "Bruder"
sestrá/siostra "Schwester"
ljúdi/ludzie "Leute"
gost'/gość "Gast"

Wohnung:

adres/adres "Adresse"
tualét/toaleta "Toilette"
vánna/wanna "Wanne"
mébel'/mebel "Möbel"
lámpa/lampa "Lampe"
stul/stolec "Stuhl"
rádio/radio "Radio"
televízor/telewizor "Fernseher"
telefón/telefon "Telefon"

Schule und Studium:

universitét/uniwersytet
"Universtität"
studént/student "Student"
ėkzámen/egzamin "Prüfung,
Examen"
idéja/idea "Idee"
fakt/fakt "Tatsache, Faktum"
sistéma/system "System"

Freizeit:

kul'túra/kultura "Kultur"
múzyka/muzyka "Musik"
koncért/koncert "Konzert"
teátr/teatr "Theater"
muzéj/muzeum "Museum"
kinó/kino "Kino"
park/park "Park"
futból/futbol "Fußball"
tánec/taniec "Tanz"

Offentliche Ämter:

aptéka/apteka "Apotheke"
póťa/poczta "Post"
rátuď/ratusz "Rathaus"

Arbeit, Beruf und Technik:

dóktor/doktor "Doktor"
diréktor/dyrektor "Direktor"
inžener/inżynier "Ingenieur
bjuró/biuro "Büro"
dokumént/dokument "Dokument"
fábrika/fabryka "Fabrik"
pékar/piekarz "Bäcker"
parikmácher/fryzier "Friseur"
(‹ dt. Perückenmacher)
téchnika/technika "Technik"
mašína/maszyna "Auto",
"Maschine"
mótor/motor "Motor"

Literatur

Brückner, Alexander (1927): Słownik etymologiczny języka polskiego. - Kraków-Warszawa.
Gardiner, Sunray (1965): German Loanwords in Russian 1550-1690. - Oxford.
Kiparsky, Valentin (1934): Die gemeinslavischen Lehnwörter aus dem Germanischen. - Helsinki.
- (1975) Russische Historische Grammatik. III: Entwicklung des Wortschatzes. - Heidelberg.
Kluge, Friedrich (1975): Etymologisches Wörterbuch der deutschen Sprache. - Berlin etc., 21.A.

Kochman, Stanisław (1967): Polsko-rosyjskie kontakty językowe w zakresie słownictwa w XVII wieku. - Wrocław.

Lötzsch, Ronald (1977): "Versuch einer Typologie der slawisch-nichtslawischen Sprachkontakte". - In: Zeitschrift für Slavistik XXII, 591-597.

Range, Hans/Rigol, Rosemarie/Tarantowicz, Alfred (Hrsg.) (1981): Deutsch als Fremdsprache: Probleme und Verfahren am Beispiel des Deutsch-Polnischen. - Giessen.

Sobik, Maria-Eva (1969): Polnisch-russische Beziehungen im Spiegel des russischen Wortschatzes des 17. und der ersten Hälfte des 18. Jahrhunderts. - Meisenheim am Glan.

Steltner, Ulrich (1989): "Sputnik-Glasnost-Perestroika. Bemerkungen zum Einfluß des Russischen auf das Deutsche". - In: Muttersprache 99, 97-109.

Vasmer, Max (1953-58): Russisches Etymologisches Wörterbuch I-III. - Heidelberg.

RESTRIKTIVITÄT IM SATZGEFÜGE IN DER DEUTSCHEN UND BULGARISCHEN SPRACHE DER GEGENWART

Stanka Stojanova-Jovčeva

0. Es wird davon ausgegangen, daß die Kategorie "Restriktivität" eine modale Kategorie ist. Hier kann die Problematik der Modalität nicht ausführlich behandelt werden (vgl. dazu Stojanova-Jovčeva 1991/1992). Es scheint jedoch notwendig, noch einmal hervorzuheben, daß zwischen logischer und linguistischer Modalität kein Identitätszeichen gesetzt werden kann, daß linguistische Modalität nicht nur im verbalen Bereich als Modus verstanden werden soll und auch nicht nur als Stellungnahme des Emittenten zu seiner Aussage. Die Modalität ist m.E. eine dichotome (subjektive und objektive), komplex vielschichtige semantisch funktionale Kategorie, die universalen, d.h. übersprachlichen Charakter aufweist. Ich teile die Auffassung von Helbig (1984), der zwischen zwei Arten von Modalität unterscheidet; "einmal die auch als 'Modifikation' bezeichnete objektive Modalität, die etwas über das Verhältnis des Subjekts zu dem im Prädikat ausgedrückten Prozeß besagt, und zum anderen die auch als 'Modalisation' bezeichnete subjektive Modalität, die den Standpunkt des Sprechers zu der Aussage (d.h. zu Beziehung zwischen Subjekt und Prädikat) enthält". Zum Bereich der objektiven Modalität gehört m.E. auch die ontologische Modalität, da auch "die objektiv existierenden Relationen zwischen Aussage und Wirklichkeit" (Klare 1978: 584) unbedingt berücksichtigt werden müssen.

In bezug auf die traditionell als "Modalsätze" bezeichnete Gruppe von Adverbialsätzen im Deutschen erweist sich diese Gliederung als besonders wichtig, da einige der durch sie ausgedrückten Relationen zwischen tragendem Satz und Nebensatz - Instrumentalität, Begleitumstand (Modalität im engeren Sinne), fehlender Begleitumstand und Proportionalität - als objektiv modal betrachtet werden können, da sie sich auf objektiv existierende Relationen zwischen Aussagen im tragenden Satz und im Nebensatz beziehen; andere jedoch - Restriktivität, Spezifizierung, Vergleich - besitzen eine subjektive Modalität, da im Nebensatz die subjektive Haltung des Emittenten oder des logischen Satzsubjekts im tragenden Satz ausgedrückt wird.

1. Semantisches tertium comparationis beim konfrontativen Vergleich der beiden Sprachen (auf Grund des stratifikativen Modells) ist die Restriktivität, formales tertium comparationis - ein Satzgefüge mit einem Nebensatz, der Restriktivität ausdrückt. Die beiden Sprachen werden im Hinblick auf vier Ebenen untersucht: semantisch-lexikalische, syntaktisch-strukturelle, Ebene der Satzglieder, morphologische. Hier kann aus Platzgründen nur auf die erste Ebene eingegangen werden.

2. Beim restriktiven Verhältnis existieren zwei Sachverhalte *p* und *q*, wobei der Sachverhalt *p* als Ganzes dadurch näher charakterisiert wird, daß der Geltungsgrad bzw. der Sicherheitsgrad von *p* durch *q* eingeschränkt wird. Im Satzgefüge wird dieses Verhältnis durch einen tragenden Satz *p'* und einen Nebensatz *q'* verwirklicht. Die subordinative Verbindung wird in der DGS (deutsche Gegenwartssprache) durch die Konjunktionen *soweit, soviel, sofern, nur daß, außer daß, wie, so, insofern als, soweit als, insoweit als, insoweit wie, in-*

sofern weil, soweit wie, insofern als daß, insofern, inwiefern, inwieweit, wie weit, soviel wie u.a. und in der BGS (bulgarische Gegenwartssprache) durch die Konjunktionen *dokolkoto, osven da, osven če, osven kato, samo da, samo če, samo kato, kolkoto* u.a. markiert. In der Germanistik sind die Auffassungen über diese Nebensätze nicht einheitlich. So ordnet Bauer (1832: 226) "die restrictiven oder einschränkenden Bindewörter, welche einen Satz auf einen Theil des Ganzen oder auf ein besonderes Verhältnis desselben einschränken, also den ganzen Satz auf den entgegengesetzten Theil zurückführen" in die große Gruppe der "absolut entgegengesetzten Bindewörter". Explizit nennt er folgende restriktive Konjunktionen: "*insofern, sofern, inwiefern, insoweit (wiefern, wieweit, inwieweit,* die selten gebraucht werden) und *als* (oder denn) (nur)". Allerdings spricht Bauer überhaupt nicht von modalen Bindewörtern. Blatz (3.A. 1896: 1058) dagegen bestimmt den Restriktivsatz als die vierte der Hauptgruppen von Modalsätzen: "1. Die **Restriktiv-** oder **Einschränkungssätze** sind einerseits den Vergleichssätzen verwandt, andererseits den Bedingungssätzen. Sie **führen** die Aussage des HS hinsichtlich des Umfangs oder Grades ihrer Geltung auf **ein bestimmtes Maß zurück**. 2. Als Fügewörter (...) dienen: *in so fern (als), so fern, in so weit (als), so weit (als), so viel (als) inwiefern, wofern, dafern, nur daß, außer daß*" (1109). Auch bei Heyse (28.A. 1914: 573) sind die Restriktivsätze eine Untergruppe der Modalsätze: "Diese schränken die im Hauptsatze enthaltene Aussage dem Umfange oder Grade nach ein und werden durch die Bindewörter *inwiefern* oder *insofern, sofern, insoweit* dem Hauptsatz angefügt." Engelien (5.A. 1902: 562-567) behandelt restriktive und konditionale Nebensätze in einer Gruppe: "*(in)soweit, (in)sofern, wofern, inwieweit, inwiefern,* die urspr. räumliche Adv. waren, werden jetzt häufig an die Spitze eines einschränkenden Nebensatzes gestellt, und zwar gebraucht man *inwiefern* und *insofern*, um den Grad der inneren Stärke des einschränkenden Begriffs oder der Aussage, *inwieweit* und *insoweit* aber, um die Ausdehnung des einschränkenden Begriffs oder der Aussage, die Stärke nach außen, anzuzeigen. (...) *außer daß, nur daß, außer wenn* (...) beschränken (...), *ohne daß* wird für *außer daß* gebraucht, wenn ein verneinender Satz vorangeht, der durch die Ausnahme zu einem positiven wird (er kam niemals, ohne daß er ein Geschenk mitbrachte, d.h. so oft er kam, brachte er ein Geschenk mit). (...) *anstatt daß* (...) bezeichnet einen beschränkten Gegensatz, dem eine Verneinung versteckt zu Grunde liegt." Sütterlin (4.A. 1918: 402) nennt folgende Konjunktionen, die "eine Einschränkung" ausdrücken: "*soviel, sofern, soweit, abgesehen davon, daß, nur daß*". Curme (2.A. 1952: 575-6) differenziert in einer größeren Gruppe von "Clause of Degree" Nebensätze "expressing the extent or a restriction (*nur..., als, inwiefern, insofern, als, so viel, als, sofern, soweit, so gut es..., soweit daß*). Als subordinierende Konjunktionen nennt Fritsche (1981: 73) folgende: "*inwiefern, wiefern, (in)sofern, (in)soweit, soviel, nur daß*". Schulz/Griesbach (11.A. 1978) bestimmen *sofern* als "konditional" (275), *so...daß, soviel, soweit* als Modal "(Grad)" (275) bzw. "Maß, Grad" (309), *außer daß* als "Einschränkung" (292), *insofern* und *insoweit* + Komparativ als "Einschränkung" (298), *soweit, soviel* als Einschränkung oder Vorbehalt"(310). Sommerfeld/Starke/Nerius (1983: 181.3) unterscheiden 12 Gruppen von Modalbestimmungen (Modalsätzen), darunter "Angabe einer Spezifizierung" - "Einer Aussage wird durch diese Art der MB ein bestimmter, irgendwie begrenzter Geltungsbereich zugeordnet. Daraus ergibt sich zugleich ein eine gewisse Einschränkung der Gültigkeit der Aussage. NS: *insofern, insofern, als, insoweit, insoweit, als* *um so + Komp., als*" sowie "Angabe einer Einschränkung (Restriktivbestimmung)" - "Die Gültigkeit einer Aussage wird eingeschränkt, indem entweder Vorbehalte gegenüber dieser Aussage geäußert werden oder bestimmte Wirklichkeitsausschnitte angegeben werden, auf die diese Aussage nicht zutrifft. (...) NS: *soviel ich weiß, soweit mir bekannt ist, außer wenn, außer daß*". Im Handbuch für den Sprachgebrauch (1976: 228) wird als eine Gruppe die "Modale Beziehung der Einschränkung" isoliert. "**Leistung**. Diese modale Beziehung schränkt die Gültigkeit einer summarischen HS-Aussage ein, indem sie sie auf einen präzis bezeichneten Sektor des komplexen Sachverhalts einengt"; als Konjunktionen werden allerdings nur *soweit, soviel, insofern, so gut* genannt. Brinkmann (2.A. 1971: 687) dagegen führt *insofern* und *soweit* in der Gruppe der Konditionalsätze an, wobei er vermerkt: "Die Aussage wird eingeschränkt durch *insofern*: (...)." Staffeldt (1980: 58) spricht von "echten" Restriktivsätzen mit den Konjunktionen *soweit, insofern, insoweit, außer daß, nur daß*; außerdem unterscheidet die Autorin "Restringierende Gradsätze" (63) mit *soviel* und *soweit*. Arsen'eva/Gasilevič/Zabržickaja/Terešenkova (1962: 372) behaupten: "Die Restriktivsätze drücken eine Bedingung aus, die zugleich die Wirkung des Hauptsatzes einschränkt. Ihrem Verhältnis zum Hauptsatz nach stehen die Restriktivsätze den Konditionalsätzen nahe. (...); sie werden eingeleitet durch die Konjunktionen *insofern, sofern, wiefern, soweit, wieweit, soviel, nur daß*."

In der Bulgaristik werden die Restriktivsätze nicht befriedigend behandelt. Bei Kostov (1939: 233) steht *samo če* in der Gruppe der adversativen Konjunktionen (protivopolozni sâjuzi), *samo da* in der Gruppe der konditionalen Konjunktionen (uslovni) (235), *kolkoto* in der Gruppe der temporalen Konjunktionen. Teodorov-Balan (1940: 476, 1961: 561-2) nennt zwar eine Gruppe von Nebensätzen, die die Stellungnahme des Emittenten ausdrücken (prokazno značenie), jedoch ist keine der hier untersuchten Konjunktionen genannt, ebenso wird nirgends von Einschränkung gesprochen. Überhaupt nichts wird bei Mladenov/Vasilev (1939), Maslov (1956), Andrejčin (1978), Popov (1963), Savova (1984) über diese Nebensätze und Konjunktionen gesagt. Über Restriktivität im Satzgefüge wird nicht einmal in der Grammatik-BAN (1983) gesprochen. Die untersuchten Konjunktionen werden in verschiedenen Gruppen von Nebensätzen behandelt: *dokolkoto* und *kolkoto* in der Gruppe "Maß und Grad" (količesto i stepen) (389-393); *samo da* in der Gruppe "Bedingung" (uslovie) (393-402); *osven da, osven če, osven kato* in der Gruppe "Ausschließung" (izključvane) (409-413). Nur in bezug auf *dokolkoto* wird vermerkt, daß der Nebensatz "einen Kommentar, eine Anmerkung, eine zusätzliche Erläuterung (391)" des Emittenten darstellen kann im Hinblick auf den Inhalt oder auf die Form des Hauptsatzes oder eines seiner Teile.

3. Sowohl in der DGS als auch in der BGS ist m.E. die Restriktivität der grundlegende, der entscheidende Kern des semantischen Verhältnisses zwischen Haupt- und Nebensatz.

Die Restriktivität ist eine modale Kategorie, die eine komplexe Inhaltsstruktur aufweist. Diese wird im Rahmen des Satzgefüges nicht allein durch eine einzige grammatische oder lexikalische Einheit ausgedrückt, sondern vielmehr durch die Relation zwischen dem Prädikatsverb des übergeordneten Satzes, der subordinierenden Konjunktion und der durch den Nebensatz ausgedrückten Handlung realisiert. Der Nebensatz nennt einen Umstand, durch den die Handlung des übergeordneten Satzes als Ganzes oder teilweise eingeschränkt wird.

Den Begriff der Einschränkung (Restriktivität) sehe ich als einen Oberbegriff an, der unterschiedliche logisch-semantische Schattierungen vereinigt, wie z.B. Gültigkeit, Grad, Ausschließung, Abschwächung, Hinzufügung, Einschätzung des ganzen Hauptsatzes oder nur eines seiner Teile u.ä.

Auf der ersten semantisch-lexikalischen Ebene können m.E. folgende semantischen Untergruppen sowohl in der DGS als auch in der BGS aufgrund des untersuchten Sprachmaterials[1] isoliert werden:

3.1. Echte Restriktivität

3.1.1. Gültigkeit der ganzen Äußerung

(1) Von meinen ehemaligen Schulfreunden lebte niemand mehr in N. als Siegmund Rohde, der, *soviel ich wußte*, Rechtsanwalt und Stadtrat war. (Mann, Heinrich 1972: 7)
(2) Nicht nur das Stillstehen, das Gehen und Marschieren, auch das Denken wurde ihm vorgeschrieben, *sofern Denken überhaupt erlaubt war*... (Bredel 1952: 129)
(3) Auf diese Weise entfällt praktisch die gesamte manuelle Auswertarbeit, *soweit sie den rein technischen Teil betrifft*. (Wissenschaft und Fortschritt 8/1973: 338)
/1/ *Dokolkoto si spomnjam*, tozi razgavor s priblizitelno săštite podrobnosti nie go vodim vsjaka godina pri părvoto viždane. (Fučedžiev 1972: 64)

Wie aus den angeführten Beispielen deutlich wird, verstehe ich unter "echte Restriktivsätze" solche, die die Intention des Emittenten zur im Hauptsatz ausgedrückten Information in bezug auf ihre Gültigkeit beinhalten.

3.1.2. Ausschließung eines Teiles der Äußerung

(4) Von seinen Umständen aber wußten wir nichts weiter, *außer daß sein Vater ein kleiner Schreiber in municipio und seine Mutter Wäscherin war*. (Mann, Thomas 1968: 305)
/4a/ Ala nie ne znaehme poveče podrobnosti za nego, *osven tija, če bašta mu bil prost pisar v obštinata, a majka mu - peračka*. (Mann, Thomas 1968: 432)

3.1.3. Grad der Gültigkeit

(5) Dort muß es eine Verwechslung gegeben haben *insofern, als die dort angegebene Straßennummer in Wirklichkeit nicht existiert*. (Seghers 1954: 180)
/5a/ Tuk trjabva da ima njakakvagreška *dotolkova, dokolkoto posočenijat tuk nomer săštestvuva v dejstvitelnost*.

3.2. Restriktivität + Temporalität

(6) *Solange du mich als Elisabeth und nicht als Tochter des Herrn Professors liebst*, mag es angehen", erwiderte ich. (Joho 1972: 99)
(7) Wir sind begeisterte Wanderer und - *sooft es die Zeit erlaubt* - in den Wäldern und Bergen unterwegs. (Sportecho 24.10.1974)
/6a/ *Dotogava, dokato ti me običaš kato Elizabet*, na ne kato dăšterjata na gospodin profesora, tova e văzmožno.

3.3. Restriktivität + Kausalität

(8) Ein Kaisertreuer, ..., macht Karriere, *nur weil er der Bruder meines Vaters ist*. (Bredel 1952: 273)
(9) Erklären Sie mir mal, warum einer nicht glücklich werden kann, *bloß weil seine Mutter eine dunkle haut hat*? (Wochenpost 15.06.1973)

/8a/ Edin veren na kaizera podanik pravi kariera, *samo zaštoto e brat na bašta mi.*

3.4. Restriktivität + Finalität

(10) "Statt Fleisch koche ich Kartoffeln und Nudeln und mische sie mit irgend etwas anderem - einfach *nur, damit man was im Magen hat...*" (Wochenpost 03.05.1974)
/10a/ "Vmesto meso varja kartofi i makaroni (...) - prosto *samo za da ima čovek nešto v stomaha...*"

3.5. Restriktivität + Konditionalität

(11) Diese Gerechtigkeit aber erforderte es, jedermann, *sofern er nicht die Freiheit seiner Mitmenschen einschränke, volle Entfaltungsmöglichkeiten zu gewähren.* (Joho 1972: 278)
/11a/ Tazi spravedlivost obače iziskva da se garantirat pâlni vâzmožnosti za razvitie na vseki čovek, *dokolkoto toj ne bi ograničil svobodata na okolnite.*

4. Zusammenfassend kann festgestellt werden, daß sowohl in der DGS als auch in der BGS alle aufgezählten semantischen Möglichkeiten existieren, d.h., hier kann zwischen den beiden Sprachen eine vollständige Parallelität beobachtet werden.

Unterschiede bestehen allerdings darin, daß für die einzelnen semantischen Varianten jeweils unterschiedliche in jeder Sprache Zahlen von Konjunktionen zur Verfügung stehen, wie aus der folgenden systematisierten Darstellung hervorgeht:

semantisches Merkmal		Konjunktionen DGS	BGS
Echte Restriktivität			
a)	Gültigkeit der ganzen Äußerung	soweit, soviel, sofern, wie	dokolkoto, kakto
b)	Ausschließung eines Teiles der Äußerung	außer daß, nur daß, bloß daß	osven če, samo če, osven da, samo da
c)	Grad der Gültigkeit	insofern als insoweit als inwieweit, wie weit insofern, als daß soviel, wie insoweit wie	dotolkova, dokolkoto, kolkoto, kolkoto da
Restrikt. + Temporal.		solange, sooft, nur (bloß) wenn nur (bloß) bis nur (bloß) solange nur (bloß) als	dotogava, dokato dokogato osven kato samo kato
Restrikt. + Kausalität		nur (bloß) weil nur (bloß) da insofern weil (da)	samo zaštoto samo tâj kato
Restrikt. + Finalität		nur (bloß) damit	samo za da osven za da

Restrikt. + Konditionalität	sofern, soweit soviel	dokato

Anmerkung

1 Die Untersuchung wird auf der Basis eines Corpus, das Originalbeispiele aus der DGS und der BGS enthält, durchgeführt. Zu einem Teil dieser Originalbeispiele wurden gedruckte Übersetzungen in der anderen Sprache aufgenommen. Da diese jedoch hauptsächlich aus der schöngeistigen Literatur stammen, wurden Originalbeispiele in den beiden Sprachen untersucht, die auch aus anderen funktional-stilistischen Bereichen stammen. Diese Beispiele wurden von Informanten übersetzt (jeweils 10 Personen für jede Sprache, die die andere Sprache als Fremdsprache beherrschen).

Literatur

I. Sekundärliteratur

Andrejčin, Ljubomir (1978): Osnovna bâlgarska gramatika. - Sofija: Nauka i izkustvo.

Arsen'eva, M( ) G. et al. (1962): Grammatik der deutschen Sprache. - Moskau: Vysšaja škola.

Bauer, Heinrich (1832): Vollständige Grammatik der neuhochdeutschen Sprache. - Berlin.

Blatz, Friedrich (1896): Neuhochdeutsche Grammatik mit Berücksichtigung der historischen Entwicklung der deutschen Sprache II: Satzlehre (Syntax). - Karlsruhe, 3.A.

Brinkmann, Hennig (1971): Die deutsche Sprache. Gestalt und Leistung. - Düsseldorf.

Curme, George Oliver (1952): A Grammar of the German Language. - New York, 2.A.

Engelien, August (1902): Grammatik der neuhochdeutschen Sprache. - Berlin etc.: Olms, 5.A. 1972 (neubearb.).

Fritsche, J( ) (1981): "Zum Gegenstandsbereich einer Untersuchung deutscher Konnektive". - In: Fritsche, J( ) (Hrsg.): Konnektivausdrücke Konnektiveinheiten. Grundelemente der semantischen Struktur von Texten. - Hamburg (= Papiere zur Textlinguistik 30) 25-99.

Grammatik-BAN (1983): Tilkóv, Dimitâr/Stojanov, Stojan/Popov, Konstantin (eds.): Gramatika na sâvremennija bâlgarski knizoven ezik III: Sintaksis. - Sofija: Izdatelstvo na Bâlgarskata akademija na naukite.

Handbuch für den Sprachgebrauch (1976): Liebsch, Helmut/Döring, Hellmut (Hrsg.): Deutsche Sprache. Handbuch für den Sprachgebrauch. - Leipzig: Bibliographisches Institut.

Helbig, Gerhard (1984): "Grammatik aus kommunikativ-pragmatischer Sicht". - In: Helbig, Gerhard (Hrsg.): Studien zur deutschen Syntax II (Leipzig: VEB Verlag Enzyklopädie) 7-35.

Heyse, Johann Christian A. (1914): Deutsche Grammatik oder Lehrbuch der deutschen Sprache. - Hannover etc., 28.A.

Klare, J( ) (1978): "Modalität und mode subjonctif im Französischen. Zur Theorie und Methodologie der Grammatikforschung".- In: Zeitschrift für Phonetik, Sprachwissenschaft und Kommunikationsforschung 31, 583-589.

Kostov, Nikola (1939): Bâlgarska gramatika. - Sofija: Kazanlâška dolina.

Maslov, Jurij S. (1956): Očerk bolgarskoj gramatiki. - Moskva: Izdatel'stvo literatury na inostrannych jazykach.

Mladenov, Stefan/Vasilev, Stefan (1939): Gramatika na bâlgarskija ezik. - Sofija: Kazanlâška dolina.

Popov, Konstantin (1963): Savremenen balgarski ezik. Sintaksis. - Sofija: Nauka i izkustvo.

Savova, Lidija (1984): Kratka bâlgarska gramatika za čuždestranni studenti. - Sofija: Nauka i izkustvo.

Schendels, Evgenija I. (1982): Deutsche Grammatik. Morphologie - Syntax - Text. - Moskau: Vysšaja škola, 2.A.

Schulz, Dora/Griesbach, Heinz (1978): Grammatik der deutschen Sprache. - München, 2.A. (neubearb.).

Sommerfeld, Karl-Ernst/Starke, Günter/Nerius, Dieter (Hrsg.) (1983): Einführung in die Grammatik und Orthographie der deutschen Gegenwartssprache. - Leipzig: Bibliographisches Institut.
Staffeldt, Doris (1980): Untersuchungen zu einigen Klassen von Modalsätzen in der deutschen Sprache der Gegenwart. Ein Versuch ihrer semantischen Charakterisierung. - Leipzig (Diss. A., vervielf.).
Stojanova-Jovčeva, Stanka (im Druck): "Die Kategorie 'Modalität' im Satzgefüge - Voraussetzungen für einen konfrontativen Vergleich zwischen der deutschen und bulgarischen Gegenwartssprache". - In: Indogermanische Forschungen.
- (im Druck): "Die Kategorie 'Modalität' und die Funktionale Grammatik". - In: Papiere zur Linguistik.
Sütterlin, Ludwig (1918): Die deutsche Sprache der Gegenwart. - Leipzig. - Hildesheim: Olms, 4.A. 1972.
Teodorov-Balan, Aleksandâr (1940): Nova bâlgarska gramatika. - Sofija: T.F. Cipev.
- (1961): Nova bâlgarska gramatika za vsjakogo. - Sofija: Bâlgarska akademija na naukite.

II. Zitierte Primärliteratur

Bredel, Willi (1952): Die Söhne. - Berlin.
Fučedžiev, Diko (1972): Nebeto nad Veleka. - Sofija: Bâlgarski pisatel.
Mann, Heinrich (1974): Novellen. - Leipzig.
Joho, Wolfgang (1972): Die Kastanie. - Berlin etc.: Aufbau-Verlag.
Seghers, Anna (1954): Transit. - Berlin.
Sportecho (Zeitung).
Mann, Thomas (1968): Mario und der Zauberer. - Leipzig: Reclam.
Wissenschaft und Fortschritt (Zeitschrift).
Wochenpost (Zeitung).

ASPECTS OF THE BEHAVIOUR OF ENGLISH *CAN* AND GERMAN *KANN*: Outlines of a Contrastive and Historical Analysis

Manford Hanowell

This paper will concentrate on the behaviour of certain modal auxiliaries within a perfective frame. I shall thus be dealing with sentences of the type "subject + modal + (have + V^{ed})". Examples would be

(1) Sheila may have met Tom yesterday.
(2) The letter should have arrived by now.

As the modals appear to be members of a paradigmatic series, other forms like *might, could, ought to* can substitute the ones mentioned in the examples without causing any structural change (the semantic changes are not at issue at the moment). The surprise comes when one inserts *can*. Sentences such as

(3) *Sheila can have met Tom yesterday.

are generally rejected as either non-idiomatic or structurally wrong. In negative and interrogative sentences, however, *can* does appear:

(4) Can she have met him?
(5) She can't have met him.

In German the restriction just shown does not exist:

(6) Sie kann ihn getroffen haben.

is a perfectly normal sentence. The fact that *can* is not used in positive sentences within a perfective frame seems to suggest that - provided the modal series is a homogeneous set - there is a gap in the system.

Though the restriction is generally accepted, there are a few linguists who hold that *can* is permissible within the frame mentioned. Palmer (1965: 117) accepts sentences like

(7) He can have been hiding.

though he rejects

(8) He can have done as he liked.

A. Lamprecht (7.A. 1989: 192), even in the new edition of his "Grammatik der englischen Sprache", just as in previous editions, includes sentences like

(9) He can have done it.

which he considers to mean "Er kann es getan haben".

All the native speakers I have talked to and, indeed, most of the descriptive grammars I have consulted will agree with Lebrun (1965: 78) when he says that "in present-day English *can* is never used before a perfect infinitive in a purely positive assertive clause". The sentence

(10) He's an hour late - he can have been delayed by fog, of course.

which can be found in the 3rd edition of "The Advanced Learner's Dictionary" (3.A. 1980: s.v. *can*), has been dropped in the new edition, and rightly so because it is incorrect. The new edition (4.A. 1989: s.v. *can*) expressly states that "in questions and negative sentences *can* replaces *may*".

Before an attempt is made to offer a possible solution to the problem, I shall try to give a short outline of a descriptive model of the modal series.

From the point of view of formal logic, one can say that modals "modify" propositions (which are expressed by the verb proper). But the modification does not say anything about whether the action expressed by the verb takes place or not. They merely denote a tendency towards the realization of the action, or, in the case of negation, towards the non-realization of the action (Bech 1949: 39). Cf. Joos' differentiation between *factual assertion* and *relative assertion*; he conceives of modals as "a set of *terms of admission* for allowing it [that is, the action or event] real-world status" (Joos 1964: 149). The following example is meant to illustrate what the term *tendency* stands for: the sentence

(11) Mr Parker must have known Dorothy.

expresses strong probability. The assertion can be considered to have close proximity to the factual quality of the proposition

(12) Mr Parker knew Dorothy.

By contrast, the sentence

(13) Mr Parker may have known Dorothy.

has a comparatively low degree of probability; he may or may not have known her. Consequently, the assertion is not very close to the factual quality of the proposition proper. Incidentally, the relationship between a modifying element and the verb proper, which has just been touched on, can, from a formal point of view, be compared with the "Aux + verb" sequence in transformational grammar.

Another well-known descriptive element is the *epistemic* : *non-epistemic* dichotomy. Modals are used epistemically when they are characterized by a subjective element of the kind

(14) "I suppose, I conclude from the facts available to me".

They operate on a scale of probability ranging from very low probability, which may be called *conceivability*:

(15) They m i g h t have talked to each other before that day.

to very high probability (which borders on the factual assertion of the proposition), which is known as *conclusion*:

(16) They m u s t have talked to each other before that day.

In an earlier article I have suggested a model describing the relationship between epistemic and non-epistemic modals (Hanowell 1985: 61-69). Modals used in their non-epistemic function cover a wide range of concepts, for example, *ability, permission, obligation*. Occasionally there seems to be some doubt about what *epistemic* means. M. Perkins (1982: 245-273/248/253), for example, quotes the following sentences:

(17) It can happen that an elephant kills a crocodile.
(18) Cigarettes can seriously damage your health.

which he regards as epistemic sentences. This is clearly not the case. In neither sentence is there any amount of probability involved (of the kind "I think it is probable that..."). The former sentence means that elephants have been known to kill crocodiles, whereas the latter expresses an inherent quality of cigarettes, which has been discovered by experience.

For the description of how the element *modal* combines with the action I should like to suggest the term *valence*, which is borrowed from chemistry, where it means the capacity of an atom to combine with another atom. It may be useful to distinguish between *monovalent* and *bivalent* sequences. The concept of ability, for example, is monovalent in that the modal element cannot have a subject different from that of the verb proper. For example, in the sentence

(19) Ralph can play the piano very well.

the word *Ralph* is the subject of both *can* and *play*. By contrast, in the sentence

(20) This book may be of some value to you.

there are two different subjects. The sentence can be paraphrased by

(21) I think it is possible that this book will be of some value to you.

this paraphrase renders the subjects *I* for the probability part, which is expressed by the (epistemic) modal *may*, and *this book* for the proposition part. A tentative suggestion could be that monovalent forms tend to be non-epistemic. Forms that are monovalent are, for example, *must* and *can*. The form *must*, however, can also be used epistemically, in which capacity it is bivalent. An example will illustrate this:

(22) I must wait here until Betty comes.

The form *must* in this sentence expresses obligation and can be regarded as monovalent; but in the sentence

(23) This must be the letter you've been looking for.

the form *must* expresses strong probability (conclusion), and the form is bivalent.

In English there is thus no epistemic *can,* whereas in German *kann* can be used both in its epistemic and in its non-epistemic function. The above outline of a descriptive model will be paralleled by a brief look at some major behavioural patterns of *can* and *kann,* respectively.

In English there is a specific use of *can,* which has no correspondence in German. It is used together with verbs of perception without any apparent semantic addition to what the main verb already expresses:

(24) I can hear faint sounds of music in the distance.

for example, just means that I hear them; by no means does the sentence put special emphasis on my ability to use my sense of hearing. In such cases German normally has the verb proper without any modification by *kann.* It would sound somewhat unnatural to say

(25) Ich kann in der Ferne schwache Musikklänge hören.

The normal sentence would be "Ich höre... ".

Several linguists have observed that the behaviour of *can* just described is structurally related to the *simple : continuous form* dichotomy.[1] Verbs of perception do not normally take the continuous form. Whenever *see, hear, feel* etc. do take that form, they get a specific semantic value. For example,

(26) The staff manager is seeing the applicants this morning.

is not a statement of his getting a visual impression of them but it means that he is interviewing them. Likewise, in the sentence

(27) The court is hearing evidence this afternoon.

the use of the continuous form of *hear* has a technical function.

Now this use of *can is* peculiar to New English (as compared with Middle English and Old English). Visser suggests that *can* as a modifier of verbs of perception might be a survival of the empty periphrastic *gan* (Visser 1969: III/1 col. 1737), which was originally an inchoative element. The simple form *ginnan* does not survive, it only appears prefixed as New English *begin.* In other words, the addition of *can* to a verb of perception is a means of changing the verb into what is normally known as the continuous form.

Another interesting feature of the modal *can* is the fact that it cannot be used in a continuous aspect frame. If one changes sentence (27) to (28) the result is an incorrect rendering of the idea which is correctly expressed by (29):

(28) Sheila can play the piano.
(29) *Sheila can be playing the piano.
(30) Sheila may/might/could be playing the piano.

The transition from (27) to (28) (with the appropriate alteration) is paralleled by the transition from a non-epistemic assertion (*ability*) to an epistemic one (*supposition, low degree or non-committal degree of probability*).

Specific problems arise with the relationship between modals and tense. In the present tense modals can be both epistemic and non-epistemic. Examples:

(31) You may keep the letter. (*permission*, non-epistemic)
(32) He may be right in what he says. (*supposition*, epistemic)
(33) You must remember that the basic problem has not been solved yet. (*strong recommendation*, non-epistemic)
(34) She must be kidding. (*conclusion*, epistemic)

Notice that in none of the epistemic sentences one can use the modal *can*:

(35) *He can be right does not exist.

neither does

(36) *She can be kidding.

for reasons that ave already been discussed. As soon as one converts present-tense sentences that contain non-epistemic modals into perfective sentences, the sense of the modals invariably becomes epistemic. When we apply, for example, this procedure to the sentence (36), we get (37):

(37) You may keep the letter.
(38) You may have kept the letter.

This sentence no longer exhibits the idea of permission but expresses subjective possibility and is thus epistemic. As mentioned above, the modal *can* never appears in such cases.

The differences in the behavioural patterns (only a few of which have been discussed) of *can* and *kann,* respectively, must be seen in the light of their historical development. Only one or two aspects can be touched on here.

A glance at Gothic and at earlier stages of English as well as, with respect to Latin and Greek, at translational correspondences ("New Testament" passages) reveals the following somewhat simplified pattern: Greek *oída* (infinitive *eidénai*), a perfective form of *eído* (infinitive *ideín* "to see"), which originally means "I have seen", hence "I know", is normally rendered in Latin by *scio* and in Gothic by *kann.* Old English also has *cann* in a number of passages, but less frequently so. In many cases *oída is* rendered by *wat.* Where modern English has *can*, Gothic, in the majority of cases, has *mag*; *so* does Old English, the finite form being *mæg.* These forms normally correspond to Greek *dynamai* "to be able to" and Latin *posse (*same meaning).

In English, just as (with partly different results) in the Germanic languages at large, the modals have undergone a far-reaching change, which, in the individual stages of their development, affected not single modals, but the whole system. In this context it will suffice to say that the earlier meaning of what in present-day English is *can* was "to know (how to), to have the intellectual capacity to", whereas the antecedent of present-day English *may,* which now covers two entirely different semantic areas, permission on the one hand and subjective possibility (epistemic character) on the other hand, had the meaning of "to be able to". This meaning is still present in *might*(*y*) as well as in German *vermag*, *Macht.*

The earlier inchoative form *gan* has already been mentioned. It could be suggested that there might have been a merger of semantic and syntactic features of *gan* and *kann*, especially in view of the fact that *gan* often appeared as can. If we link up the *gan*-complex with the modern use of can with verbs of perception, which has been discussed above, it would seem likely that the original sense of can, that of intellectual capacity, lent itself to being used with verbs of perception almost "naturally". This seems all the more likely because these verbs cover semantic fields which are related to intellectual activity.

The analysis presented so far is by no means exhaustive. It is meant to be an attempt at showing that the present behaviour of *can* is not the result of some accidental inconsistency in the modal system but rather the result of various historically determined factors. As in all these cases, it is only the combination of synchronic and diachronic approaches that helps a linguistic study to avoid being one-sided.

Here are some of the main points I have been trying to show: there have been differences in the historical development of English *can* and German *kann*. These are related to various semantic and syntactic features. The syntactic sequence "*can* + verb of perception" is peculiar to English, where it can be considered a substitute for the non-existent continuous form. This feature, considered against the background of the earlier meaning of *can* and within the context of the development of an epistemic *may* (which has lost its earlier meaning "to be able to") could account for the fact that English *can* is still influenced by the earlier meaning "intellectual capacity", which may have prevented *can* from developing an epistemic quality.

Since German neither has a continuous form comparable to the English one[2] nor the combination of *kann* followed by a verb of perception (a sequence that is felt to be idiomatic and, as it were, natural to English), the factors that made English *can* drift away from a possible development towards an epistemic function were not at work in German.

Notes

1 Cf. Lamprecht 1965: 192, Perkins 1982: 249, Ungerer et al. 1984: 127f.

2 The German form *am + verb + sein* (for example, *Er ist gerade am Anstreichen)* has an entirely different structure and operates on a different stylistic level.

References

Bech, Gunnar (1949): Das semantische System der deutschen Modalverba. - Kopenhagen. (=Travaux du Cercle de Linguistique de Copenhague IV).

Cowie, A( ) P. (ed.) (1989): Oxford Advanced Learner's Dictionary of Current English. - Oxford: Oxford University Press, 4th ed.

Hanowell, Manford (1986): "Zum Verhältnis zwischen epistemischen und nichtepistemischen Modalitäten im Englischen und Deutschen" - In: Burkardt, Armin/Körner, Karl-Hermann (Hrsg.): Pragmantax, Akten des 20. Linguistischen Kolloquiums, Braunschweig 1985 (Tübingen: Niemeyer) 61-68.

Hornby, Albert Sidney (ed.) (1974): Oxford Advanced Learner's Dictionary of Current English. - Berlin: Cornelsen, 3rd ed.

Joos, Martin (1964): The English Verb, Form and Meanings. - Milwaukee: Madison.

Lamprecht, Adolf (1989): Grammatik der englischen Sprache. - Berlin, 7.A.

Lebrun, Yvan (1965): *Can* and *May* in Present-Day English. - Brussels.
Palmer, Frank Robert (1965): A Linguistic Study of the English Verb. - London.
Perkins, Michael (1982): "The Core Meanings of the English Modals". - In: Journal of Linguistics 18, 245-273.
Ungerer, Friedrich et al. (1984): A Grammar of Present-Day English. - Stuttgart: Klett.
Visser, Fredericus Theodorus (1969): An Historical Syntax of the English Language III/1.- Leiden.

WEITERE ASPEKTE EINER VERGLEICHENDEN TYPOLOGIE DES ENGLISCHEN UND DEUTSCHEN

Günter Rohdenburg

Einleitung und Zusammenfassung

Nach Hawkins (1986) setzt das heutige Englisch im Vergleich zum Deutschen eine geringere Menge grammatischer Formen zur Bezeichnung vergleichbarer Inhalte ein. Seine These enthält darüber hinaus sowohl eine entwicklungsgeschichtliche als auch eine pragmatische Komponente. Einmal wird das angeblich einseitige Übergewicht des Englischen an abstrakten, mehrdeutigen und weniger transparenten Strukturen als Ergebnis ebenso einseitig ausgerichteter Entwicklungstendenzen hingestellt. Zum anderen nimmt Hawkins an, daß die Erschließung der gewünschten Interpretationen im Englischen regelmäßig stärker kontextabhängig als im Deutschen sei. Während in Rohdenburg (1990) vor allem eine Reihe bislang vernachlässigter Daten vorgestellt werden, die Hawkins' Annahmen einschränken, setzt diese Untersuchung sich ausdrücklich mit einem Großteil seiner Einzelbeschreibungen auseinander. Dabei hat sich (auch hier) gezeigt, daß Hawkins' Hypothese auf allen drei Ebenen in Frage zu stellen oder zumindest beträchlich zu relativieren ist. In der vollständigen Fassung (Rohdenburg 1991) werden Positions- und Richtungsbezeichnungen, Aspekte der Satzgliedstellung, sprachspezifische Subjektivierungen und Präpositionalausdrücke, Anhebungsstrukturen, die Tilgung von Subjekten in infiniten Konstruktionen und eine Reihe sonstiger Aussparungsmöglichkeiten behandelt. Aus Raumgründen können hier nur einige wenige Ausschnitte daraus vorgestellt werden.

(Sonstige) Aussparungen und Einschübe

Vorbemerkungen

In einem äußerst kurzen Kapitel geht Hawkins (1986: 115-120) unter dem Titel *Deletions* auf vier Arten von Aussparungen ein, die sich außerhalb der Tilgung identischer Subjekte (und besonderer Typen der Subjektivierung) ergeben. Obwohl er kaum auf entsprechende Vorarbeiten zurückgreifen kann, ist er doch überzeugt, daß "the number of such deletions is much greater in English than in German" (Hawkins: 115). Im Grunde geht es ihm aber auch hier um mehr; er möchte die Aussparungsmöglichkeiten des Deutschen als echte Teilmenge der im Englischen vorhandenen hinstellen. Bei genauerer Betrachtung zeigt sich jedoch, daß in unmittelbarer Nachbarschaft zu den vorgeführten Daten andere Bereiche übersehen wurden, die im Gegensatz zu Hawkins' Befunden stehen. Es folgt eine knappe Sichtung der betreffenden Gegebenheiten.

Zur Reduktion koordinierter Ausdrücke

Im ersten Abschnitt beschäftigt sich Hawkins mit der Aussparung von NPs in koordinierten Verbalphrasen wie z.B. in (1).

(1) a. Fred saw and thanked the king.
b. * Fritz sah und dankte dem König.

Gegensätze wie diese sind nun in der Tat kennzeichnend für das Verhältnis zwischen dem Englischen und Deutschen. Voraussetzung für die Tilgung von Elementen koordinierter Ausdrücke ist in der Regel ihre formale Übereinstimmung mit anderen. (Diese Voraussetzung ist bei (1b) nicht gegeben.) Infolgedessen weist das Englische z.B. auch bei den genus- und numerusneutralen Possessivpronomen mehr Aussparungsmöglichkeiten auf als das Deutsche. Z.B.:[1]

(2) a. my father and mother
b. * mein(e) Vater und Mutter

Auch diese Daten, die bei Hawkins noch nicht berücksichtigt sind, scheinen seine These zu bestätigen.

Bei der Aussparung identischer Nomen nach Possessivpronomen stoßen wir jedoch auf merkwürdige und bisher wohl noch nirgends beschriebene Beschränkungen des Englischen.

(3) a. * my and your God
b. mein und dein Gott
(4) a. * her and his house
b. ihr und sein Haus
(5) a. * our and their freedom
b. unsere und ihre Freiheit
(6) a. his and her car (Kingsley Amis)
b. sein und ihr Wagen

Während das Deutsche und andere europäische Sprachen praktisch alle Kombinationen von Possessivpronomen gestatten, sind im Englischen nur diejenigen zulässig, in denen *his* wie in (6a) an erster Stelle erscheint. Warum läßt sich *his*, aber kein anderes Possessivpronomen vom Bezugsnomen trennen? Hier drängt sich eine einfache Begründung auf: *His* ist das einzige dieser Elemente, das für sich eine NP repräsentieren kann und z.B. als Subjekt, Objekt oder Prädikativ verwendbar ist. Man vergleiche:

(7) a. * that house is my/your/her/our/their
b. that house is his (mine, yours, hers, ours, theirs)

Insofern stimmt *his* mit Genitivausdrücken wie z.B. *Quirk's* überein. Auch diese können grundsätzlich (als NP) prädikativ und auch vom Bezugsnomen getrennt attributiv verwendet werden.

(8) a. the figures are Quirk's
b. Quirk's and my figures (R. Huddleston)

Die in (3)-(6) angesprochenen Beschränkungen dürften schon recht alt sein. Auch in Texten des 17. bis 19. Jahrhunderts habe ich (bisher) entweder substantivische Genitivausdrücke wie in (8b) oder unter den attributiv verwendbaren Possessivpronomen nur *his* wie in (6a) vom Bezugsnomen getrennt angetroffen. Allerdings konnten in früheren Jahrhunderten auch sonstige pronominale Ausdrücke in dieser Verwendung vorkommen:

(9) ... and she most passionately kissed the feet of her's and our blessed Jesus. (Izaak Walton, Walton's Lives)

(10) The Queen's patient hearing this affectionate speech and her future care to preserve the Church's rights, which till then had been neglected, may appear a fair testimony that he made her's and the Church's good the chiefest of his cares, and that she also thought so. (ibid.)

(11) Mrs. Bennet and her daughters then departed, and Elizabeth returned instantly to Jane, leaving her own and her relations' behaviour to the remarks of the two ladies and Mr. Darcy; ... (Jane Austen, Pride and Prejudice, 1813)

Auch in diesen und anderen Beispielen handelt es sich immer um Ausdrücke, die selbständig als NP auftreten können. Im Vergleich zu früheren Zeiten scheint also die Klasse der vom Bezugsnomen trennbaren pronominalen Ausdrücke auf ein einziges Element, nämlich *his*, beschränkt worden zu sein.

Präpositionen

Abschließend geht Hawkins auf Unterschiede wie die in (12a-b) ein.

(12) a. Ich bin überzeugt (davon), daß er es getan hat.
b. I am convinced (* of it) that he has done it.

Im Deutschen können derartige Pronominaladverbien vor *daß*-Sätzen und anderen Satzarten wie Interrogativsätzen und z.T. auch Infinitivkonstruktionen auftreten. Sie kommen fakultativ oder sogar obligatorisch bei einer großen Zahl von Adjektiven, Verben und Substantiven vor. Im Englischen sind nun in der Tat entsprechende Verbindungen von Präpositionen und dem Pronomen *it* relativ selten nachweisbar. Sie treten bei einer Reihe von Verben, aber nur bei einem Adjektiv (*aware*) auf. Bei Substantiven ist diese Möglichkeit ganz ausgeschlossen (Ross 1974: 112). Z.B.:

(13) a. Er drückte sein Bedauern (darüber) aus, daß ...
b. He expressed his regret (* of it) that ...

Insoweit als die ansonsten mit den Adjektiven und Substantiven verbundenen Präpositionen eine semantische Rolle spielen, tritt diese in Beispielen wie (12b) und (13b) oberflächlich jedenfalls nicht in Erscheinung. Viele Adjektive wie z.B. *delighted* (*at/with/about/by*) sind bekanntlich mit mehreren Präpositionen vereinbar.

Solche Unterscheidungen würden vor *that*-Sätzen (und Infinitiven) neutralisiert.

Auch hier ist die sprachliche Wirklichkeit sehr viel vielschichtiger als Hawkins' Darstellung, die von mir noch ergänzt wurde, vermuten läßt. Zunächst einmal ist an eine schon früher erwähnte Tendenz des Englischen zu erinnern (Rohdenburg 1990: 149): Anstelle von (meist anaphorischen) Pronomen werden des öfteren generelle Nomen verwendet. Dies gilt ebenfalls für das Pronomen *it* vor Ergänzungssätzen bei transitiven Verben. Man vergleiche:

(14) a. Sie konnte (es) nicht verbergen, daß ...
b. * She could not hide (it) that ...
c. She could not hide the fact that ...

Dementsprechend treten im Englischen auch Verbindungen von Präpositionen und generellen Nomen wie *fact*, *idea*, *thought* usw. wesentlich häufiger auf als ihre unmittelbaren deutschen Entsprechungen. Typisch für das Verhältnis für die Vergleichssprachen scheinen mir beispielsweise (15a) und (15b) zu sein.

(15) a. Sie war hoch erfreut (darüber), daß ...
b. She was delighted (at the thought) that ...

Die im Englischen vorliegende Beschränkung gegen Präposition + *it* (vor allem nach Adjektiven und Substantiven) wird auf diese Weise durch semantisch spezifischere Ausdrücke zumindest weitgehend wieder wettgemacht.

Einfache Präpositionen können weder im Englischen noch im Deutschen vor *that/daß*-Sätzen oder Infinitiven auftreten. Bei den Gegensätzen in (12a-b) usw. geht es im Grunde also um die Frage, ob hier ein Pronomen eine satzverweisende Funktion übernehmen kann bzw. muß oder ob diese Funktion von einem generellen Nomen übernommen wird. Nach meiner Einschätzung waren solche satzverweisenden Pronomen im Englischen früherer Jahrhunderte merklich gebräuchlicher als heutzutage.[2]

Wenn wir uns nun ganz auf die Frage beschränken, welche Satzarten in den Vergleichssprachen von (einfachen) Präpositionen regiert werden können, dann wird die von Hawkins angedeutete Situation in ihr genaues Gegenteil verkehrt. Das Englische weist nämlich zum Unterschied vom Deutschen zwei allgemeine Klassen von Sätzen auf, vor denen Präpositionen erscheinen können:

a) *-ing*-Konstruktionen (verschiedener Art)
b) *wh*-Sätze (verschiedener Art)

Durch die völlige oder teilweise Ablösung von Infinitiven durch *-ing*-Formen sind bei einer vorläufig unübersehbaren Zahl von Verben, Adjektiven und Substantiven semantisch explizitere Formen mit (erhaltenen) Präpositionen entstanden. Einige weitere Prädikate, die diese Entwicklung durchlaufen haben, sind in (16) zusammengestellt (vgl. auch Strang 1976: 100/102f.).

(16) a. have the virtue of, be addicted to, be mindful of, be in danger of (William Lithgow)
b. be forgetful of, be desirous of, take delight in, take pleasure in (John Bunyan)
c. be in danger of, be (un)capable of, have no great hope of, be instrumental in, yield to (Daniel Defoe)
d. submit to (Lawrence Sterne)
e. be unequal to (Jane Austen)

Bei den in (16) genannten Autoren kamen die betreffenden Prädikate entweder ausschließlich oder zumindest großenteils noch mit Infinitivkonstruktionen vor. Z.B.:

(17) And in our passing thither we were in danger to be over-run two several times with two huge broken seas, ... (William Lithgow, Rare Adventures and Painful Peregrinations, 1632)
(18) Well, Sir, quoth I, then I perceive you to be a well-meaning man; and so one that takes pleasure to hear and tell of that which is good: ... (John Bunyan, The Pilgrim's Progress, Part II (1684))

(19) ..., but I [was] drawn in by the Magick of a Genius capable to Deceive a more wary Capacity than mine, ... (Daniel Defoe, Colonel Jack, 1722)

Deutsche und frühere englische Infinitive stehen somit oft heutigen englischen *-ing*-Formen mit Präpositionen gegenüber. In anderen Fällen entspricht der deutsche Infinitiv zwei Möglichkeiten im Englischen, dem Infinitiv (ohne Präposition) und der *-ing*-Form mit Präposition. Z.B.:

(20) a. Ich war sehr überrascht (?darüber), ihn dort anzutreffen.
b. I was amazed to find him there.
c. I was amazed at finding him there.

Bezüglich von *-ing*-Komplementen mit *from* hat Ard (1978: 5) darauf hingewiesen, daß selbst innerhalb der Gerundialkonstruktionen die Formen mit der Präposition offensichtlich später entwickelt wurden als der präpositionslose Gebrauch. Anders als in (21) und (22) können z.B. die *-ing*-Formen bei *hinder* und *refrain* heute nicht mehr ohne *from* erscheinen.

(21) ...; but that he was sure it was in no-body's Power to hinder him going, if he resolv'd upon it, except me; ... (Daniel Defoe, Roxana, 1724)
(22) I could not refrain acquainting my Governess with what had happen'd, ... (Daniel Defoe, Moll Flanders, 1722)

Auch diese Beobachtung widerspricht den mit Hawkins' These verbundenen Erwartungen.

Auf der von Ross (1974: 114-116) aufgestellten Nominalitätshierarchie nehmen englische *wh*-Sätze eine Mittelstellung zwischen Infinitiven oder *that*-Sätzen einerseits und - *ing*-Konstruktionen andererseits ein. Dem entspricht, daß bei *-ing*-Konstruktionen die Setzung von Präpositionen im allgemeinen weitaus verbindlicher ist als bei *wh*-Sätzen. Man vergleiche (Ross 1974: 115):

(23) a. I was amazed (at) how quickly he returned.
b. I was amazed at him (his) returning so quikly.
c. * I was amazed him (his) returning so quikly.

In der Darstellung von Ross bleibt allerdings unberücksichtigt, daß die Verwendung von Präpositionen im Laufe der letzten Jahrhunderte z.B. auch bei *wh*-Sätzen stark zugenommen hat. Insbesondere gilt dies für indirekte Fragesätze, die Teil von Nominalausdrücken sind. Dieser Bereich soll in einer eingehenden synchronen und diachronen Untersuchung abgehandelt werden. Für unsere Zwecke genügt die Feststellung, daß die Entwicklung des Englischen zu einer Fülle von Unterschieden zwischen den Vergleichssprachen geführt hat. Man vergleiche:

(24) a. There are no general rules about when and where the fungi I have included for this section can be found. (Richard Mabey)
b. Es gibt keine genauen Regeln, wo die Pilzarten, die ich für dieses Kapitel ausgesucht habe, draußen zu finden sind.

In Beispielen wie (24a) ist heute ein präpositionales Scharnier unbedingt erforderlich. Das heutige Englisch steht damit im Gegensatz zum Deutschen (sowie vielen europäischen Sprachen) und früheren Stufen des Englischen. In (24b) könnte theoretisch zwar ein Pronominaladverb, z.B. *darüber*, dem Interrogativsatz vorausgehen. In vielen anderen Fällen dagegen ließe sich eine im Englischen obligatorische Präposition im Deutschen überhaupt nicht mehr durch ein Pronominaladverb ersetzen. Z.B.:

(25) a. the problem of where and how to find the necessary funds
b. das Problem, wo und wie die notwendigen Gelder aufzutreiben sind.

Anmerkungen

1 Das Niederdeutsche ist in dieser Hinsicht naturgemäß weit weniger beschränkt als das Hochdeutsche (Rohdenburg, im Druck).

2 Auffällig ist auch die frühere Verwendung von Demonstrativpronomen in dieser Funktion. Z.B.:

(i) He joy'nd with me in this, that it was by no means proper for me to make myself known to any Body in the Circumstandes, in which we then were; ... (Daniel Defoe, Moll Flanders, 1722).

Literatur

Ard, Josh (1978): "A diachronic study of lexical rules". - In: Farkas, Donka/Jacobsen, Wesley M./Todrys, Karol W. (eds.): Papers from the Parasession on the Lexicon (Chicago: Chicago Linguistic Society) 1-11.

Hawkins, John A. (1986): A comparative typology of English and German: unifying the contrasts. - London etc.: Croom Helm.

Rohdenburg, Günter (1990): "Aspekte einer vergleichenden Typologie des Englischen und Deutschen. Kritische Anmerkungen zu einem Buch von John A. Hawkins". - In: Gnutzmann, Claus (Hrsg.): Kontrastive Linguistik (Frankfurt etc.: Lang) 133-152.

- (im Druck): "Zur Aussparung von Possessivpronomen und anderen Elementen bei der Reduktion koordinierter Nominalausdrücke im Nordniederdeutschen". - In: Korrespondenzblatt des Vereins für niederdeutsche Sprachforschung.

- (1991): Weitere Betrachtungen zu einer vergleichenden Typologie des Englischen und Deutschen. - Duisburg: L.A.U.D. (vervielf.).

Ross, John Robert (1974): "Three batons for cognitive psychology". - In: Weimer, Walter B./Palermo, David S. (eds.): Cognition and the symbolic processes (Hillsdale etc.: Lawrence Erlbaum) 63-124.

Strang, Barbara M.H. (1976): A history of English. - London: Methuen.

TEMPUS UND ASPEKT IM SPRACHKONTAKT
(Baskisch-Gaskognisch-Französisch)

Martin Haase

Für die Interferenzlinguistik ist die Sprachkontaktsituation im französischen (bzw. nördlichen) Baskenland von besonderem Interesse, da das Baskische seinen romanischen Kontaktsprachen weder genealogisch noch typologisch nahesteht, vor allem aber weil es sich hier um eine doppelte Kontaktsituation handelt: Während die jetzt dominierende Modellsprache das Französische ist, wurde diese Rolle bis vor kurzem an der Sprachgrenze vom Gaskognischen wahrgenommen, und zwar gibt es mancherorts noch bis in die heutige Großelterngeneration hinein gaskognisch-baskische Zweisprachigkeit.

1. Die Tempus-Aspekt-Kategorien im Vergleich

In der folgenden Tabelle habe ich die TAM-Kategorien der Kontaktsprachen zusammen- und einander gegenübergestellt. Auf den komplexen modalen Bereich kann ich an dieser Stelle nicht eingehen.

Tabelle 1:

Baskisch	Gaskonisch	Französisch
Präsens Perfekt	Präsens Perfekt	Präsens
Resultativ	Resultativ (-perfekt)	
Präteritum perfektiv	Präteritum perfektiv	"Passé composé" ("Passé simple")
- imperfektiv - neutral	- Imperfekt	- Imperfekt
Präteritum anterior Plusquamperfekt	Präteritum anterior Plusquamperfekt	Präteritum anterior Plusquamperfekt

Diese Tabelle läßt bereits vermuten, daß der Perfekt-Resultativ-Bereich für die Konvergenzgrammatik besonders interessant sein könnte.

2. Von der synthetischen zur analytischen / periphrastischen Konstruktion

Ein auffälliges Phänomen der baskischen Sprachgeschichte (vgl. Lafon 1943 und für das östliche Niedernavarra: Videgain 1982) ist das Verschwinden sogenannter synthetischer Verbkonstruktionen, also solcher Konstruktionen wie in (1a), in denen ein Verb direkt mit Personalaffixen versehen (d.h. konjugiert) wird.

(1a) egon	→	n-en-go-en	"ich befand mich" (Einheitsbask.)
befind		1S-PRT-WURZEL-PRT	

Solche Konstruktionen werden ersetzt durch analytische oder periphrastische, die aus einer infiniten Form des Vollverbs und dem konjugierten Hilfsverb *izan* (intransitiv) oder *ukan* (transitiv) bestehen:

(1b)	→	egon	n-in-tza-n	"ich befand mich (pfv.)"
			1-PRT-ITR-PRT[1]	
(1c)	→	ego-iten	nintzan	"ich befand mich (ipfv.)"
			IPFV	

Während synthetische Verben aspektuell neutral sind, unterscheiden periphrastische Konstruktionen am ansonsten infiniten Vollverb perfektiven und imperfektiven Aspekt.

Zum Ausdruck der Gegenwart wird es immer in der imperfektiven Form auf -*(i)ten/-tzen* gebraucht (1d):

(1d)	→	ego-iten n(a)iz	"ich befinde mich"
		IPFV PRS.1S	

Die nicht-imperfektive Form des Vollverbs (Partizip) drückt zusammen mit dem präsentischen Hilfsverb die nahe Vergangenheit aus:

(1e)	→	egon naiz	"ich habe mich gerade befunden"

In der baskisch-gaskognischen Kontaktzone fällt auf, daß es zwar im Präsens noch eine Reihe von synthetischen Verben gibt (auffälligerweise auch im Konditional), daß sie jedoch im Präteritum fast vollständig verschwunden sind (vereinzelt noch Formen von *jakin* "wissen").

Ich will versuchen, die Umstrukturierung zu erklären: Die synthetischen Formen sind, wie aus der Entwicklung erschlossen werden kann, als alt anzusehen. Zu ihnen bildet sich ein periphrastisches Perfekt (2a):

(2a) kanta-tu dut - cantatu(m) habeo		"ich habe gesungen"
sing -PZP	PRS.3S‹1S	
	"ich habe es"	

Daß hier das lateinisch-romanische Perfekt Modell gestanden hat, ist mehr als wahrscheinlich. Das *habeo-factum*-Perfekt ist nämlich eine Besonderheit des lateinisch-romanischen Typs. Es ist außerdem nicht unplausibel, das Partizip auf *-tu* des Baskischen auch formal mit dem Lateinischen in Beziehung zu setzen.

Die imperfektive Form des Verbs war ursprünglich ein Progressiv. Wie in vielen Sprachen (Bybee/Dahl 1989: 57/77ff.) handelt es sich um ein Verbalnomen mit Lokativpartikel (alte Inessivform):

(2b) kanta-tze-n dut "ich singe"
sing-NOM-IN

Obwohl der obige Beispielsatz keine progressive Bedeutung mehr hat (der Progressiv wird heute anders gebildet), kann man sie noch gut bei den Verben erkennen, die eine Opposition zwischen synthetischer und analytischer Bildung aufweisen:

(3a) egoiten naiz "ich befinde mich gerade"
(3b) nago "ich befinde mich"

Für die Entstehung dieses Progressivs könnte auch der lateinisch-romanische Sprachkontakt verantwortlich sein (vgl. gask. Progressiv: *estar a/en*).

Durch die Kombination des Partizips bzw. des Verbalnomens mit einem Auxiliar im Präteritum entstehen parallel dazu auch gleich Vergangenheitsformen. Dabei entwickelt sich der präteritale Progressiv zum imperfektiven Präteritum (Imperfekt). Auch diese Entwicklung ist aus vielen Sprachen bekannt (Bybee/Dahl 1989: Kapitel 6). Das Perfekt mit dem präteritalen Auxiliar drückt schließlich das perfektive Präteritum aus. Die mehrsprachigen Sprecher machen sich also die unterschiedlichen Formen, die bereits verwandte Aspekte ausdrücken, zunutze, um die Perfektiv-Imperfektiv-Unterscheidung, die die Modellsprache im Präteritum zwingend vorschreibt, auch in der Replikasprache vorzunehmen. Tabelle 2 faßt die Entwicklung zusammen:

Tabelle 2:

*Urbaskisch	Baskisch
Präsens (hinzu: Progressiv → Perfekt/Resultativ → <-lat./rom.Vorbild)	(altes synthet. Präsens) Präsens Perfekt/Resultativ
Präteritum aspektneutral parallel zum Präsens → auch hier Progressiv → u. Perfekt/Resultativ → (= Plusquamperfekt)	(Präteritum aspektneutral) Präteritum: - imperfektiv - perfektiv Plusquamperfekt

Das Bedürfnis der Mehrsprachigen, die modellsprachliche aspektuelle Unterscheidung auch im Baskischen in möglichst jedem Fall vorzunehmen, führt zum Verschwinden fast sämtlicher synthetischer Formen in der Vergangenheit.

Diese Erklärung wird gestützt durch das folgende Beispiel (4). Die Informantin gebraucht statt des Modaloperators *behar* (Obligation), der keine Aspektunterscheidung ermöglicht, in der Vergangenheit ein von ihm abgeleitetes Verb (*behardu* 'zwingen'), das im Imperfektiv die Habitualität unterstreicht. Ein Test ergab, daß dieses Verb für vergangene Handlungen typisch ist, aber im Präsens im gleichen Kontext nicht auftritt.

(4) Biharmon-ian	behar-tzen	bit-zen	urdi-a	huts-i.
Folgetag-IN	müss -IPFV	SR -PRT	Schwein-ART	leer-PZP
		3S		

"Am folgenden Tag mußte man (immer) das Schwein entleeren." (Gabat)[2]

Also auch hier sorgt das Unterscheiden von Aspekten in der Modellsprache für eine Veränderung in der Replikasprache.

Der allgemeine Rückgang der synthetischen Konstruktion hängt auch damit zusammen, daß das direkte Anfügen von Personalaffixen an entlehnte Verben Schwierigkeiten bereitete und die analytische Konjugation die Integration solcher Verben übernahm, zumal sie eben gerade die Möglichkeit der Aspektdifferenzierung bot, die sich bei entlehnten Verben umso mehr aufdrängt.

3. Resultativ

Resultativkonstruktionen wie das deutsche Zustandspassiv (5) gibt es im Französischen nicht (6):

(5a) Die Tür ist geöffnet worden.
(5b) Die Tür ist geöffnet. (Zustandspassiv)
(5c) Die Tür wird geöffnet.(Vorgangspassiv)
(6a) La porte a été ouverte.
(6b) La porte est ouverte.
= La porte [est ouverte]. oder: = [La porte] est [ouverte].

Das folgende Beispiel wird in der Regel resultativ interpretiert:

(6c) La clef est perdue. "Der Schlüssel ist verloren."

Tabelle 3 vergegenwärtigt das Verhältnis von perfektivem Präteritum, (Rezens-) Perfekt und Resultativ:[3] Das perfektive Präteritum drückt ein Ereignis als Situationsveränderung in der Vergangenheit aus, das Rezensperfekt steht bei unmittelbarer Vergangenheit oder Bezug auf die Gegenwart, während das Resultativ einen Zustand kennzeichnet, der bis in die Gegenwart (oder einem anderen Bezugszeitpunkt) andauert, aber außerdem als das Ergebnis einer Situationsveränderung in der Vergangenheit gesehen wird, wobei es einerlei ist, ob die Handlung, die zur Situationsveränderung geführt hat, wirklich stattgefunden hat.

Tabelle 3:

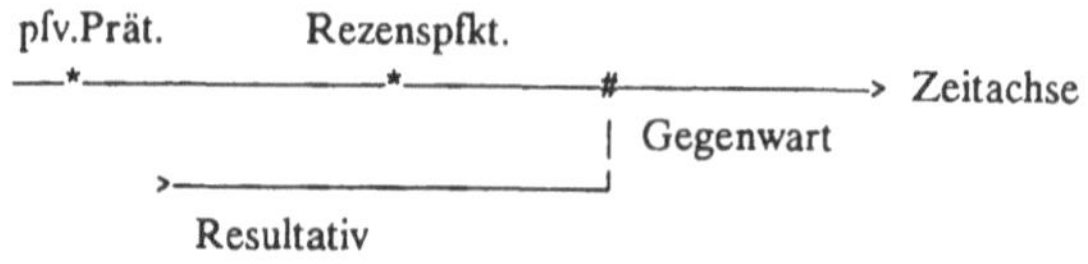

3.1. Baskisch-gaskognischer Kontakt

Der von Breu (1988) festgestellte Unterschied von Perfekt und Resultativ im Spanischen (7) findet sich auch im Gaskognischen (8).

(7a) He comprado una casa. "Ich habe ein Haus gekauft." Perfekt
(7b) Tengo comprada una casa desde hace mucho tiempo.
wörtl.: "Ich habe seit langem ein Haus als gekauftes.",
?"Ich habe schon seit langem ein Haus gekauft."
bzw.: "Ich bin seit langem Hausbesitzer." Resultativ

Während im Spanischen der Unterschied im wesentlichen lexikalisch ausgedrückt wird (Wahl des Verbs *tener*), beruht er im Gaskognischen auf der Kongruenz des Partizips mit dem direkten Objekt (vgl. Bybee / Dahl 1989: 70):

(8a)	Que	s' avè	crompad-a	ua	aulhada.
	ENZ	RFL hab	kauf:PZP-F	IDF	Schafherde
		3S.PRT			F

"Er hatte sich eine Schafherde gekauft."
bzw. "Er war Eigentümer einer Schafherde." (Camelat: *Vita vitanta*, nach Hourcade 1986: 173)

Dagegen das Perfekt:

(8b)	Que s'avè	crompat ua aulhada.
		kauf:PZP:M

"Er hatte sich eine Schafherde gekauft." (Hourcade 1986: 174)

Im folgenden noch zwei Beispiele aus dem Gaskognischen, bei denen die resultative Bedeutung besonders deutlich wird:

(9)	Qu'avè	hèit-s	lo-s	son-s	cinc	an-s	de
	ENZ hab	mach-P	ART-P	POSS-P	fünf	Jahr-P	von
	3S.PRT	PZP:M	M	3S.M			

servici	lo	Vincenç de Lesquerrèr. (ib.)
Dienst	ART.M	Eigenname

"Der Vinzenz Lesquerrèr hatte seine fünf Dienstjahre hinter sich."

(10)	… dab	qui	aví	seguid-a-s	la-s	escòla-s (ib.)
	mit	REL	hab	folg:PZP-F-P	ART-P	Schul-P
			1S.PRT		F	

"… mit dem ich in der Schule zusammen war."

Vergleichbare Beispiele finden sich im Baskischen:

(11)	Eskola-n	ibil-i-a	naiz.	(Orègue)
	Schule-IN	geh-PZP-ART	PRS.1S	

"Ich bin zur Schule gegangen." (im Sinne von: "frequentiert")

An das Partizip des Verbs (hier: *ibil-i*) wird der Artikel *-a* gehängt. Der Artikel unterscheidet sich aber funktional von dem indogermanischer Sprachen. Er kennzeichnet auch das Prädikatsnomen wie in (11)':[4]

(11)'	(Ni)	zaharr-a	naiz.	"Ich bin alt."
	(Ich)	alt-ART	PRS.1S	

Das Beispiel (12) zeigt, daß sich das Resultativ nicht auf eine nahe Vergangenheit beziehen muß:

(12)	Etxe-a	saldi-a	du	aspaldi-an.	(Orègue)
	Haus-ART	verkauf-ART	PRS.3S‹3S	vor_langem-IN	

"Er hat seit langem das Haus verkauft."

Der Parallelismus zwischen beiden Konstruktionen wird im folgenden Beispiel deutlich:

(13a)	Bask.:	Leiho-a	zerra-tu	dik.[5]		(Domezain)
		Fenster-ART	schließ-PZP	PRS.3S‹3S		
		(-laden)		FAM		
	Gask.:	Qu' a	barrat	lo-s	contravent-s.	
		ENZ hab 3S	schließ:PZP	ART-P M	Fensterladen-P	

"Er hat die Fensterläden geschlossen."

(13b)	*Bask.*	Leihoa	(beti)	zerra-ti-*a*	dik.	(Domezain)
			immer	schließ-PZP-ART		
	Gask.	Qu'a/dèisha		(tostemps)	barrat-*s*	los contravents.
		lass.3S		immer	schließ:PZP-P	

"Er hat die Fensterläden (immer) geschlossen."

Obwohl mein Informant *leiho* immer im Singular gebraucht, kann man es auch in den Plural setzen, wobei sich die Kongruenz zwischen Partizip und Bezugswort zeigt:

(13b)' P: Leihoak zerrati*ak* ...

Die Nummern (14) und (15) zeigen schematisch den Unterschied in der Prädikation zwischen perfektischem (a) und resultativem (b) Partizip in den Kontaktsprachen; es handelt sich um die Sätze aus (13) (Glossierung und Übersetzung, siehe dort):

(14a) Leihoa [zerratu dik].
(14b) [Leihoa]$_i$ [zerratia]$_i$ # dik
(15a) [Qu'a barrat] los contravents.
(15b) Qu'a/dèisha # [barrats]$_i$ [los contravents]$_i$.

Während in (a), also im Falle des Perfekts, Partizip und Auxiliar eine Einheit bilden (typische Auxiliarkonstruktion, vgl. Bybee/Dahl 1989: 70), ist in der Resultativkonstruktion (b) das Partizip ein mit dem Bezugswort kongruierendes Prädikatsnomen (Index *i* deutet Kongruenz an).

Soweit der kontrastive Vergleich. Er läßt vermuten, daß es sich beim Resultativ um ein Sprachkontaktphänomen handelt. Um diese Annahme zu erhärten, ziehe ich nun den dialektalen und diachronen Vergleich hinzu.

Der Gebrauch des Resultativs mit Artikel ist tatsächlich im Gebiet des baskisch-gaskognischen Sprachkontakts (Niedernavarra) besonders häufig. Im südlichen (spanischen) Baskenland treten sporadisch auch Resultativkonstruktionen auf, die - wie im Spanischen - durch einen Wechsel des Verbs (entsprechend *haber* / *tener*) und die an das Partizip gehängte Partikel *ta* ("und") gebildet wird:

(12)'	Etxe-a	sal-du-ta	dauka.
	Haus-ART	verkauf-PZP-und	halt PRS.3S‹3S

"Er hat das Haus als verkauftes." = "Er hat das Haus verkauft."
ganz wörtl.: "Haus verkauft und er besitzt es."

Im Gegensatz zur dialektalen ist die diachrone Konvergenz nicht eindeutig, denn die Resultativkonstruktion mit Artikel ist alt (für das östliche Niedernavarra vgl. Videgain 1982, II). Hier zeigt sich, daß das hohe Alter des baskisch-gaskognischen Sprachkontakts Schwierigkeiten bereiten kann.

3.2. Das Französische kommt ins Spiel

3.2.1. Perfekt für entfernte Vergangenheit

Interessant wird die Diachronie, wenn das Französische ins Spiel kommt. Die normativen Grammatiker (und mit ihnen Oyharçabal 1987) bedauern sehr, daß das Perfekt mehr und mehr nach französischem Vorbild auch für entfernt Vergangenes verwendet wird:[6]

(16)	Joan	de-n	aste-an	ikus-i	dut.	(Oyharçabal 1987: 592)
	geh PZP 3S	PRS-SR	Woche-IN	seh-PZP	PRS 3S‹1S	

"Vergangene Woche habe ich ihn gesehen."

Für viele ältere Basken der Kontaktzone bleibt jedoch ein Satz wie (17a) eher ungewöhnlich oder ungeschickt (vgl. (12) oben):

(17a) ?Etxea saldu du aspaldian. (Orègue)
"Vor langer Zeit hat er das Haus verkauft."

Dem Satz (17a), der trotz des Adverbs (*aspaldian* 'vor langer Zeit') ein Rezensperfekt enthält, wird (17b) mit Resultativ vorgezogen, auch in einem nicht ausdrücklich resultativen Kontext:

(17b) Etxea saldia du aspaldian. (Orègue)

Es ist also nicht auszuschließen, daß die in der Kontaktzone sehr häufige Resultativkonstruktion nach und nach das Präteritum verdrängt, ähnlich wie es das *passé composé* im Französischen getan hat.

3.2.2. Resultativ und Passiv

Ein weiterer Faktor trägt zur Ausweitung der Verwendung des Resultativs im Baskischen bei: Die Sprache hatte (ursprünglich) kein Passiv,[7] aber aus dem Bedürfnis heraus, das romanische Passiv im Baskischen nachzuahmen, entwickelten die mehrsprachigen Sprecher eine Lehnübersetzung mit Hilfe des Resultativs:

(18)	Etxe-a	etzü	destrüiti-a	(izan).[8]	(Gabat)
	Haus-ART	NEG:PRS.3S	zerstör-ART	(sein =ITR.PRS.PZP)	

"Das Haus ist nicht zerstört (gewesen)."

In der gesprochenen Spontansprache ist diese Konstruktion (noch) relativ rar.[9] Vor allem in den Zeitungen finden sich jedoch solche Konstruktionen, die den französischen Journalistenstil nachahmen. Das folgende Beispiel ist der baskischen Wochenzeitschrift *Herria* entnommen, die im nördlichen Baskenland erscheint:

(19a) ...	bonba	bat	aurki-tu	dute ...		(*Herria* 2042: 3)
	Bombe	IDF	find-PZP	PRS.3S<3P		

"Sie haben (*frei:* Man hat) eine Bombe gefunden."

(19b) Adolfo Villoslada ...	libra-tu-	izan	da ...	(ib.)
Eigenname	befrei-PZP-ART	sein	PRS	
		PZP	3S	

"A.V.[10] ist befreit worden."

(19c) ... izan da	ongi	trata-tu-a!	(ib.)
	gut	behandel-PZP-ART	

"Er ist gut behandelt worden."

Zunächst findet sich in (19a) ein unpersönlicher Satz, in dem das Passiv durch eine dritte Person im Plural umgangen wird. Diese Ausdrucksweise könnte im folgenden Satz wohl doch zu persönlich wirken; daher das Quasi-Passiv (Resultativ) in (19b) und (19c). Der Autor will hier (gemäß dem französischen Modell) jede Erwähnung von handelnden Personen unterdrücken, da diese unbekannt sind oder bleiben sollen.

Es bleibt ein Problem, ein Passiv im Präsens zu konstruieren, aber anscheinend besteht bei Handlungen, die sich in der Gegenwart abspielen, nicht so sehr das Bedürfnis nach Agenstilgung.

Die Tabelle 4 faßt noch einmal die Entwicklung des baskischen Tampus- und Aspekt-Systems zusammen:

Tabelle 4:

*Urbaskisch	Baskisch (älter)	Baskisch (moderner)
Präsens (synthet.) (hinzu: Progressiv Perfekt/Resultativ ←lat./rom. Vorbild)	Präsens (syn. und analytisch) Rezensperfekt Resultativ	Präsens (analyt.) "Perfekt" →Passiv
Präteritum aspektneutral →Parallelbildungen zum Progressiv und Pfkt./Result. des Präsens	Präteritum perfektiv - imperfektiv (- neutral (synthet.)) Präteritum anterior Plusquamperfekt	(Präteritum pfv.) ← imperfektiv Präteritum anterior Plusquamperfekt

Die Entwicklung vollzieht sich in zwei Stufen: vom Urbaskischen zum älteren (Nord-) Baskisch (gesprochen bis in die heutige Großelterngeneration hinein) und von diesem zum Baskisch der jüngeren Generation (hier "moderner" genannt).

Zum Vergleich die Tabelle der Tempus-Aspekt-Systeme der Kontaktsprachen:

Tabelle 5:

(Vulgär-) Latein	Gaskonisch	Französisch
Präsens Progressiv *habeo-factum*-Perfekt	Präsens (Progressiv)[11] Rezensperfekt Resultativ (-perfekt)	Präsens
"Perfekt" Imperfekt (Parallelbildung zum *habeo-factum*-Perfekt) Plusquamperfekt	Präteritum perfektiv Imperfekt Präteritum anterior Plusquamperfekt	*Passé composé* (*Passé simple*) Imperfekt Präteritum anterior Plusquamperfekt

Gerade der Vergleich der beiden Entwicklungsstufen des Baskischen mit dem Gaskognischen bzw. Französischen führt deutlich vor Augen, welch große Rolle dem Sprachkontakt beim Wandel der Tempus-Aspekt-Kategorisierung zukommt. Zwar wird morphologisches Material kaum entlehnt (nur die Partizipialendung *-tu*), auf die Ausbildung der Kategoriensysteme und die wesentlichen Strukturmerkmale der Tempus-Aspekt-Bildung haben die Modellsprachen jedoch großen Einfluß.

Abkürzungen

ART	Artikel	P	Plural
ENZ	Enunziativ	POSS	Possessiv(pronomen)
F	Femininum	PRS	Präsens
IN	Inessiv	PRT	Präteritum
IDF	indefinit(er Artikel)	PZP	Partizip
FAM	familiär	REL	Relativ
IPFV	imperfektiv	RFL	Reflexiv
ITR	intransitiv	SG	Singular
M	Maskulinum	SR	Subordinator
NEG	Negator	TR	transitiv
NOM	Nominalisierer		

Anmerkungen

1 Da sich die noch folgenden dialektalen Beispiele nicht so leicht analysieren lassen, werde ich eine vereinfachte Glossierung vornehmen: PRT.1S; die Angabe, daß es sich um das intransitive Hilfsverb handelt, kann wegfallen, da nur ein Aktant angegeben ist; das transitive Hilfsverb *dut* (Präsens) wird demnach mit PRS.3S‹1S (lies 3S.ABSOLUTIV, 1S.ERGATIV) glossiert.

2 Bei Zitaten aus meinem Korpus habe ich immer den französischen Namen der Ortschaft (Niedernavarra) angegeben, aus der der Beleg stammt.

3 Zum Resultativ im allgemeinen siehe Nedjalkov/Jaxontov 1988, zum Verhältnis Resultativ / Perfekt Maslov 1988, im gleichen Sammelband (Nedjalkov (ed.) 1988).

4 Die Bezeichnung "Artikel" ist aus der traditionellen Baskologie übernommen. Im Sprachkontakt befindet sich das Morphem tatsächlich in der Entwicklung zum Artikel. Ursprünglich hatte es jedoch nur individualisierende Funktion, wie Iturrioz (1982/1985) in zwei Artikeln zeigt.

5 *dik* ist die (gegenüber Männern gebrauchte) familiäre Entsprechung zu *du*.

6 Das Problem stellt sich mitlerweile auch für das moderne Gaskonisch, das mit dem Französischen in Sprachkontakt steht.

7 Das hängt natürlich mit dem Ergativsystem zusammen. Näheres zu Passiv und Antipassiv im Baskischen bei Rebuschi 1983.

8 Das intransitive Partizip *izan*, das dem französischen *été* entspricht (vgl. denselben Satz auf Französich: *La maison a été détruite*.) ist im Baskischen optional.

9 Ich habe das Beispiel (18) erhalten, indem ich einen französischen Satz zum Übersetzen gab.

10 Es handelt sich um einen entführten Industriellen.

11 Der Progressiv ist im Lateinischen und weniger im Gaskonischen grammatikalisiert. Im Französischen gibt es die komplexere, nicht obligatorische Konstruktion *être en train de*. Der Progressiv ist hier also lediglich schwach grammatikalisiert.

Literatur

Breu, Walter (1988): "Resultativität, Perfekt und die Gliederung der Aspektdimension". - In: Raeke, Jochen (Hrsg.): Slavistische Linguistik 1987. Referate des XIII. Konstanzer Slavistischen Arbeitstreffens, Tübingen 22.-25.9.1987 (München: Sagner) (= Slavistische Beiträge 230) 42-74.

Bybee, Joan L./Dahl, Östen (1989): "The creation of tense and aspect systems in the languages of the world". - In: Studies in Language 13/1, 51-103.

Herria. - Baskische Wochenzeitschrift - Bayonne.

Hourcade, André (1986): Grammaire béarnaise. - o.O. (Pau?): Los Caminaires.

Iturrioz Leza, José Luis (1982): "Apprehension im Baskischen". - In: Seiler, Hansjakob/Stachowiak, Franz Josef (Hrsg.): Apprehension. Das sprachliche Erfassen von Gegenständen. Teil II: Die Techniken und ihr Zusammenhang in Einzelsprachen (Tübingen: Narr) (= Language Universal Series 1/II) 1-43.

- (1985): "La función de *-a* y de *-ta* a la luz de la dimensión de individuación". - In: Euskera 30, 175-213.

Lafon, René (1943): Le système du verbe basque au XVIe siècle I, II (Nachdruck in einem Band). - Donostia (San Sebastián) etc.: Elkar.

Maslov, Jurij S. (1988): "Resultative, Perfect and Aspect". - In: Nedjalkov (ed.) 63-85.

Nedjalkov, Vladimir P. (ed.) (1988): Typology of resultative constructions. - New York etc.: Benjamins.

- /Jaxontov, Sergej Je. (1988): "The Typology of Resultative Constructions". - In: Nedjalkov (ed.) 3-62.

Oyharçabal, Bernard (1987): Étude descriptive de constructions complexes en basque. Propositions relatives, temporelles, conditionelles et concessives. (Thèse de doctorat d'Etat és Lettres et Sciences Humaines). - Paris: Centre National de la Recherche Scientifique.

Rebuschi, Georges (1983): "Autour du parfait et du passif basques". - In: Iker 2, 545-558.

Videgain, Charles (1982): "La morphologie verbale dans 'Alphonsa Rodriguez, ...' (Lopez 1782)" II ("Maîtrise"-Arbeit). - Toulouse: Université Toulouse-Le Mirail (Manuskript).

PASSE SIMPLE UND PASSATO REMOTO IM MODERNEN SPRACHGEBRAUCH

Luzian Okon

1) Die romanischen Sprachen besitzen zur Kennzeichnung der Vergangenheit zwei Aktionsarten: das Französische hat neben dem imparfait das passé simple, das Italienische neben dem imperfetto das passato remoto, das Spanische neben dem pretérito imperfecto das pretérito perfecto simple oder auch pretérito indefinido.

Die traditionellen Definitionen in den Referenzgrammatiken, etwa Capelle-Frérot, sprechen von durée für das imparfait und von einer punktuellen, abgeschlossenen Handlung für das passé simple und die entsprechenden italienischen und spanischen Tempora oder Aktionsarten. Eine moderne spanische Definition im "Bescherelle" etwa lautet:

> El pretérito imperfecto de indicativo es un tiempo relativo que expresa una acción pasada sin tener en cuenta su principio y su fin. El pretérito perfecto simple, llamado también pretérito indefinido es un tiempo absoluto que expresa una acción pasada y terminada en un tiempo que el hablante considera acabado. (Mateo/Sastre 1988: 11f.)

Diese Minimaldefinition kann man sehr wohl für alle drei genannten Sprachen gelten lassen. In diesem Sinn trifft man das passé simple und das passato remoto in klassischen literarischen Texten an, etwa bei André Gide und Italo Svevo, in denen es gleichsam einen Charakter der Feierlichkeit hat:

> Ce *fut* dans la rue S..., près de Passy, que nous nous *installâmes*. Les premiers jours, et du matin au soir, notre temps se *passa* en courses. (Gide 1982: 102f.)

Das Tempus geht über die Bezeichnung der Zeit hinaus und erhält eine semasiologische Konnotation. Semasiologisch ist in diesem Tempus Abstand, Rückblick, Nostalgie, vielleicht auch der Bonheur-Gedanke anzutreffen. In Italo Svevo "La coscienza di Zeno" gibt der Protagonist eine nächtliche Unterhaltung wieder und sagt von seinem Gesprächspartner Guido:

> Spaventato, Guido *balzó* in piedi a domandarmi delle spiegazioni. Io *continuai* a lamentarmi più mitemente senza rispondere. (Svevo 1985: 130).

Von Abstand und Rückblick, Suche nach der verlorenen Zeit kann auch bei Svevo die Rede sein. In beiden Fällen haben wir es zudem mit einer wohltuenden stilistischen Gepflegtheit zu tun, an der passé simple und passato remoto ihren Anteil haben.

In modernen französischen und italienischen Texten, in denen diese klassische Gepflegtheit fehlt, ist trotzdem das passé simple und das passato remoto vorhanden, etwa in der kombattanten feministischen Literatur, bei Michèle Perrein und Benoîte Groult, aber auch in erotischen Texten, etwa bei Françoise Sagan. Die Autorin Michèle Perrein schildert den reichen, bourgeoisen Haushalt ihrer Eltern und die Vielzahl der Dienstmädchen:

Donc, Henriette s'appelait Henriette et fait partie de la kyrielle des petites bonnes qui *peupla* la maison. Ce *fut* elle la plus jeune, nous n'avions que quatre ans de différence lorsqu'elle *fut* engagée, à quatorze ans. (Perrein 1978: 108).

Die Autorin Benoîte Groult läßt in polemischem Ton die Emanzipation der Frau in den USA, die für sie eher eine Pseudo-Emanzipation ist, Revue passieren und spricht anschliessend auch von der rückläufigen Bewegung, die nach 1945 einsetzt und die die "career woman" wieder zur Hausfrau machen möchte:

Comme la France est la fille aînée de l'Eglise on an pu dire que l'Amérique etait la fille aînée de Freud. Car c'est aux Etats-Unis que la théorie freudienne transformée en mystique *trouva* son terrain d'élection, dans cette société puritaine des années trente... (Groult 1975: 136) ... on *persuada* peu à peu les jeunes filles de canaliser leurs énergies, leurs aspirations, leur culture vers le métier de maîtresse de maison, but de toute femme 'normalement constitueé. Le terme de career woman *devint* une injure. On *affirma* que ces femmes-là devenaient agressives, masculines et frigides, vieux arguments qui avaient déjà fait leurs preuves dans d'autres pays. (Groult 1975: 137)

Beide Autorinnen legen keinen Roman vor, sondern eher einen historisch-soziologischen Traktat. Ihre Sprache und ihr Stil wollen nicht gepflegt und wohltemperiert sein, etwa im Sinne von Gide und Svevo oder anderer stilistischer Neo-Klassiker, beispielsweise André Maurois. Ihr Stil enthält deutliche Register der gesprochenen Sprache, wie etwa: wörtliche Rede, Interjektionen, indexicals, Fragesatz (im insinuierenden, suggestiven Ton), Wegfall von "ne" bei der Verneinung ("c'est dur, mais y a pas d'os dedans" (1975: 191)), ein drastisches, ungeschminktes Vokabular ("que fornique ton pénis" (1975: 190)). Trotzdem benutzen sie an einigen Stellen von markanter historischer Bedeutung das passé simple, und nicht etwa das passé composé, das im gesprochenen Französisch fast überall seinen Platz eingenommen hat.

Wie man feststellt, ist das passé simple in der geschriebenen Sprache, sogar wenn sie patterns der mündlichen, exklamativen, virulenten, polemischen Sprache übernimmt, immer noch unersetzbar. Françoise Sagan schildert in "Bonjour tristesse" das unbotmäßige Verhalten der Protagonistin gegenüber ihrer Stiefmutter, wenn auch eher in gedämpfter Sprache:

Elle s'en *voulut* donc et me le *fit* sentir. Quelques jours après, au dîner et toujours au sujet de ces insupportables devoirs de vacances, une discussion s'*éleva*. Je *fus* un peu trop désinvolte, mon père lui-même s'en *offusqua* et finalement Anne m'*enferma* à clef dans ma chambre... A six heures, mon père *vint* m'ouvrir. (Sagan 1954: 125ff)

Die Auflehnung des jungen Mädchens gegen den bon ton (1954: 23) und die Normen der Stiefmutter wird zwar nicht mit Registern der mündlichen Sprache erzählt, ist aber in der verhaltenen literarischen Sprache in gezähmter Form sichtbar. Das passé simple verdichtet gleichsam ein schmerzliches, zurückliegendes Erlebnis zu einem Punkt (im zeitlichen Sinn) und verfestigt es (im existentiellen Sinn). Der Zeitpunkt eines Lebens wird im dichterischen récit eine création, wie Barthes formuliert (1953: 31). Das passé simple ist also auch bei Françoise Sagan unverzichtbar.

Die gleiche Feststellung gilt auch für die neuere, zeitgenössische oder fast zeitgenössische italienische Literatur, etwa Elio Vittorini, dessen Romane sich ebenfalls durch zahlreiche Register des gesprochenen Italienisch auszeichnen, oder auch für den Roman "La Califfa" von Alberto Bevilacqua, über den ich anläßlich des Aachener Romanistentages (1989) referiert habe (1990: 239-249). In seinem Roman "Conversazione in Sicilia" gibt Vittorini die Unterhaltung des Protagonisten mit seiner Mutter wieder. Die Rede kommt auf einen viandante, der mehrmals im Hause seiner Mutter erschien und der bei seiner Mutter einen spürbaren, unvergeßlichen Eindruck hinterließ. Die Stelle ist geradezu ein linguistischer Leckerbissen, da der Autor hier mit dem passato remoto und dem imperfetto zu spielen scheint (gleich als ob er linguistische Überlegungen anstellen würde):

E io: Era di quelle parti, allora? Non era un viandante?
E mia madre: Era un viandante. Andava a Palermo e aveva attraversato tutta la Sicilia.
E io: Andava a Palermo? *Andò* a Palermo?
E mia madre: Andava, ma non *andò*. Andò fino a Bivona e lì *trovò* lavoro in una zolfara, si *fermò* lì.
(Vittorini 1988: 228)

Der Abschnitt aus diesem Dialog zwischen Mutter und Sohn bringt den profiliertesten Übersetzer in Verlegenheit. Im ersten Fall *andava a Palermo? Andò a Palermo?* wäre in etwa zu übersetzen: "hatte er immer vor, nach Palermo zu gehen? Ging er auch wirklich dorthin?" Im zweiten Fall *andava, ma non andò* wäre vielleicht zu übersetzen mit: "er ging immer" (d.h. in Gedanken) "dorthin, in Wirklichkeit jedoch ging er keineswegs."

2) Nach diesen Textbeispielen geben wir nun das Wort der theoretischen, deskriptiven Grammatik und ihren Definitionen, wenngleich das Phänomen passé simple und passato remoto weder mit Definitionen noch mit empirischen Beschreibungen allein gültig zu erklären ist. Die klassisch-normativen Definitionen sind überaus knapp und kategorisch, etwa:

a) Maurice Grevisse (1986: 851 = p. 1291):

Le passé simple (ou passé défini) exprime un fait complètement achevé à un moment déterminé du passé, sans considération, du contact que ce fait, en lui-même ou par ses conséquences, peut avoir avec le présent.

Diese Formulierung hört sich an wie ein ganz lakonischer Gesetzestext. Ähnlich formuliert die

b) Grammaire Larousse:

Cette forme verbale, qui n'existe qu'à l'indicatif, appartient surtout à l'expression écrite. Elle situe dans le passé des événements achevés.

Am Ende der Definition wird dem passé simple der Charakter der sécheresse oder der netteté de l'événement zuerkannt; irgendwelche Schwingungen oder Nuancen oder Modalitäten oder pragmatische Implikationen sind völlig ausgeschlossen.

c) Gerhard Rohlfs gelangt für das passato remoto zu bestechend ähnlichen Folgerungen:

Di contro al imperfetto, il passato remoto indica l'accadimento singolo, l'inizio, la conclusione... In opposizione al passato prossimo, il passato remoto indica un'azione che si riferisce a un passato più lontano, e che in ogni modo non giunge sino al presente.

Mit anderen Worten: passé simple und passato remoto bedeuten totale Abgeschiedenheit, eine mythisch gewordene Zeit, weit entfernt in der Vergangenheit, ohne Rückwirkung auf die Gegenwart. Genau diese Umschreibung erscheint jedoch fraglich, im Sinne der zitierten Texte von André Gide, Italo Svevo, Elio Vittorini.

d) Jean Dubois gelangt in seiner funktionalen Grammatik (1976) nicht über die kategorisch-normative Definition von Grevisse hinaus:

> Quand on fait un récit, sans rapport avec le moment présent, le plus souvent par écrit, lorsqu'on raconte une histoire, on utilise presque toujours, avec les pronoms de troisième personne: le passé simple pour indiquer une action achevée (accompli passé). (Dubois 1976: 64)

Diese Definition ist normativ und statisch und in keiner Weise funktional.

e) Georges und Robert Le Bidois (1967) erkennen dem passé simple einen festen, unverzichtbaren Platz in der dichterischen Narration zu und grenzen es als "action-point" gegenüber der "action-ligne" des imparfait ab (1967, II: 736 = p. 437), wenden sich aber danach dem heutigen Gebrauch und dem Verlust des passé simple zu, das im passé compose einen überaus starken Konkurrenten, jedenfalls im mündlichen Sprachgebrauch, erhalten hat. Sie nennen als Gründe für die Dekadenz des passé simple im mündlichen Sprachgebrauch:

- cause d'embarras, d'ordre morphologique, d.h. daß der Sprecher die ungewöhnlichen Formen des passé simple erst suchen muß, und daß sie dem flotten Sprachfluß hinderlich sind;
- cause purement psychologique: der moderne Sprecher will nicht eine Erzählung entwickeln, ein récit, das sich in Etappen entwickelt (wofür das passé simple zu gebrauchen wäre), sondern er will schnell informieren und ohne Umschweife zum Resultat gelangen und benutzt das passé composé, um so mehr da diese Formen nicht schwierig zu bilden sind:

> cette forme de passé, qui, outre qu'elle ne présente aucune difficulté, se manifeste comme le vrai temps de l'information rapide: le passé composé (Le Bidois 1967, II: 738 = p. 437).

Mit andern Worten: der moderne Lebensrhythmus habe dem schwerfälligen passé simple den Todesstoß gegeben.

Den dritten Grund nennen die beiden Autoren leider nicht: die Lächerlichkeit gewisser Formen des passé simple, z.B. "Madame, allâtes-vous en Angleterre?" Also: cause esthétique.

Die teilweise schwer zu bildenden und lächerlich klingenden Formen des passé simple haben dazu geführt, daß sie in modernen Lehrbüchern gar nicht mehr in den Verbparadigmen genannt werden, z.B. "Französisch für Erwachsene" (1983). Von den drei genannten Gründen für den Verfall des passé simple ist nur der zweite, der psychologische, für den Verfall des passato remoto verantwortlich zu machen, allerdings nur in Norditalien, während die Sprecher des Mezzogiorno das passato remoto gern gebrauchen.

f) Luca Serrianni (1988) und Maurizio Dardano (1988) schlagen im wesentlichen die gleichen Definitionen für das passato remoto wie die genannten französischen Grammatiker für das passé simple vor. Beide sprechen von der Konkurrenz, die das passato remoto im Norden durch das passato prossimo, sogar bei kultivierten Sprechern, erhalten hat (Serianni 1988: 379 = p. 397, und Dardano 1988: 243). Die Entwicklung geht klar in diese Richtung, im Französischen sei sie gar schon vollzogen (Serianni, ibid.). Immerhin differenziert Luca Serianni in der Frage der problematischen Abgrenzung von passato remoto und passato prossimo, seine Definition des passato remoto ist weniger normativ und absolut als diejenigen der genannten Grammatiker, denn: "... un 'passato remoto' può indicare un azione molto più recente di quel che accada con un 'passato prossimo'"(ibid.). Er führt die beiden Beispiele an:

- due anni fa andammo in Scozia,
- Dio ha creato il mondo.

Hiermit macht er einen Schritt in Richtung auf eine funktionale Betrachtungsweise.

Im geschriebenen u n d gesprochenen Italienisch erhält das passato remoto immer mehr eine weitere Konkurrenz: es wird durch das imperfetto ersetzt, wodurch die Definition des passato remoto als punktuell und in der Vergangenheit abgeschlossen einen totalen Schiffbruch erleidet. Anläßlich des 40. Todestages von Cesare Pavese (und einer Neubewertung des antifaschistischen Autors, der nun doch nicht ganz frei von Sympathien für den Faschismus gewesen sei) konnte man in der Presse den Satz lesen: "40 anni fa, *moriva* Pavese" (Stampa Sera, 27. 8. 1990). An dieser Stelle ist der Gebrauch des imperfetto völlig absurd. Mit welchem Phänomen haben wir es hier zu tun? Wird neuerdings auch im Italienischen das passato remoto als morphologisch oder gar auch als ästhetisch schwierig und unschön empfunden, oder haben wir es mit dem Tempus zu tun, das im Französischen imparfait de rupture genannt wird? (Weinrich 1971: 108). Dieses Tempus kommt in der naturalistischen Dichtung in Frankreich vor, und Harald Weinrich zitiert Maupassant: "Le lendemain, vers une heure de l'après-midi, Marius Paumelle (...) *rendait* le portefeuille" (1971: 108).

3) Ziehen wir einige notwendige Schlußfolgerungen: die zitierten Textstellen und auch Textsorten und die zitierten Definitionen in den modernen und zeitgenössischen normativen und weniger normativen Grammatiken lehren uns, daß eine kartesianische Ordnung und eine systematische Festlegung unserer beiden tempora unmöglich ist. Formulieren wir die folgenden Thesen:

a) die normativen Grammatiken können nur Minimaldefinitionen geben oder anstreben.

b) die beiden tempora und ihre Konkurrenz durch imparfait/imperfetto und passé composé/passato prossimo sind eher ein Thema der funktionalen Grammatik und der Textgrammatik als der normativen Grammatik. Harald Weinrich formuliert: "man findet Tempus-Formen nicht in der Isolierung vor", sie sind also kontextabhängig. Daraus ergibt sich, daß die beiden Zeitformen mehr sind als tempora.

c) sie sind existentielle Modalitäten oder Aussageformen, sie haben Anteil am Ausdruck von Körper und Seele, zielen also in Richtung Semiotik. Sie tragen bei zur Gestaltwerdung (création), im Sinne von Roland Barthes, zur "euphorie" (1953: 29ff.), wie er auch formuliert.

d) Je nach Stilhöhe und/oder Kontext, je nach schriftlichem Gebrauch, etwa bei Gide und Svevo, nach schriftlichem Gebrauch im Zusammenhang mit Registern der mündlichen Sprache oder gar der absoluten mündlichen Sprache können sie feierlich, gepflegt, weniger gepflegt bis ganz und gar lächerlich und widernatürlich klingen.

e) Auch im modernen Sprachgebrauch sind sie immer noch unverzichtbar und unersetzbar und können nicht kurzerhand und allenthalben durch passé composé und passato prossimo ersetzt werden. Sogar der moderne Autor oder Sprecher differenziert noch zwischen passé simple und passé composé, zwischen passato remoto und passato prossimo. Auch der moderne Mensch ist nicht nur gegenwartsbezogen oder zukunftsorientiert, sondern sieht immer noch seine historische Dimension. Schließlich ist auch das futur, trotz aller Hypothesen und Weissagungen, noch lange nicht durch das futur proche ou immédiat ersetzt worden.

f) Es fragt sich, inwieweit hier auch das Sprachgefühl am Werk ist. Aber was ist Sprachgefühl? Ist es überhaupt eine linguistische Kategorie?

g) Es ist offenkundig, daß die Grammatiker hier noch beträchtliche Arbeit zu leisten haben. Die cartesianische Festlegung von passé simple und passato remoto als Tempus ist vollzogen, die vielfältigen, mit diesem Tempus gegebenen semasiologischen und pragmatischen Konnotationen sind aber noch zu durchleuchten. Eine einzige mir bekannte moderne Grammatik, diejenige von Wagner und Pinchon, spricht von der "couleur dont se teintent les choses lointaines" (1962: 352), also von der spezifischen "Leuchtkraft" des passé simple. Diese Formulierung tendiert in Richtung der von Roland Barthes genannten "euphorie", des Glücksgefühls des Gewesenen, das zwar historisch abgeschlossen ist, aber, im Gegensatz zu den grammatikalischen Definitionen, sehr wohl auf die Gegenwart ausstrahlen kann.

Literatur

Barthes, Roland (1953): Le degré zéro de l'écriture. - Paris: Gonthier.
- (1971): Le degré zéro de l'écriture. Elements de Sémiologie. - Paris: Gonthier.
Capelle, Guy/Frérot, Jean-Louis (1979): Grammaire de base du français contemporain. - Paris: Hachette.
Chevalier, Jean-Claude et al. (1964): Grammaire Larousse du français contemporain. - Paris: Larousse.
Dardano, Maurizio/Trifone, Pietro (1985): La lingua italiana. - Bologna: Zanichelli.
Dominique, Philippe et al. (1983): Französisch für Erwachsene. - München: Hueber.
Dubois, Jean (1976): Grammaire de base. - Paris: Larousse.
Gide, André (1982): L'Immoraliste. - Paris: Mercure de France. Editio princeps ibid. 1902.
Grevisse, Maurice (1986): Le bon usage. - Paris-Gembloux: Duculot, 12me éd.
Groult, Benoîte (1975): Ainsi soit-elle. - Paris: Grasset.
Le Bidois, Georges/Le Bidois, Robert (1967): Syntaxe du français moderne I, II. - Paris: Picard.
Mateo, Francis/Rojo Sastre, Antonio J. (1988): Bescherelle. El arte de conjugar en español. - Lausanne: Editions Foma. - Paris: Hatier 1984.
Okon, Luzian (1990): Überlegungen zu einem modernen, klassischen italienischen Roman. Alberto Bevilacqua: La Califfa. - In: Pöckl, Wolfgang (Hrsg.): Literarische Übersetzung (Bonn: Hillen) (= Abhandlungen zur Sprache und Literatur 29).
Perrein, Michèle (1978): Entre chienne et louve. - Paris: Grasset.
Rohlfs, Gerhard (1969): Grammatica storica della lingua italiana e dei suoi dialetti III (sintassi e formazione delle parole). - Torino: Piccola Biblioteca Einaudi.
Sagan, Françoise (1954): Bonjour tristesse. - Paris: Julliard.
Schwarze, Christoph (1988): Grammatik der italienischen Sprache. - Tübingen: Niemeyer.
Serianni, Luca (1988): Grammatica italiana, italiano comune e lingua letteraria, suoni, forme costrutti. - Torino: UTET.
Svevo, Italo (1985): La coscienza di Zeno. - Milano: Mondadori (Oscar) editio princeps 1923.
Vittorini, Elio (1988): Conversazione in Sicilia. - Milano: Rizzoli.

Wagner, Robert L./Pinchon, Jacqueline (1962): Grammaire du français classique et moderne. - Paris: Hachette.
Weinrich, Harald (1971): Besprochene und erzählte Welt. - Stuttgart: Kohlhammer.

7. GESPROCHENE UND GESCHRIEBENE SPRACHE

CLAY TOKENS AS FORERUNNER OF WRITING: THE LINGUISTIC SIGNIFICANCE

Denise Schmandt-Besserat / Elisabeth Feldbusch

1. BEFORE THE WRITTEN WORD*

Denise Schmandt-Besserat

Perhaps the best place to begin a discussion on the origins of writing is to provide a working definition of "writing". Keeping in mind that any such definition is open to debate among linguists, writing shall be considered here as being: a system of communication able to represent specific information with permanent, visible signs in a conventional manner (Sampson 1985: 26-30, Gelb 1963: 12).

The invention of writing was a remarkable achievement (whether mono- or polygenetic phenomenon), enabling communication across both time and space. Whereas human speech is (unless electronically recorded) evanescent, writing can be capable of capturing the conceptual essence of speech and holding it indefinitely. Writing removes information from minds of individuals and makes it accessible to anyone who understands the system. It allows the collection and storage of vast quantities of information - such as the books and periodicals in a public library - that no single human could possibly retain, yet are readily available for reference. This discussion will concentrate on the origin of writing in the ancient Middle East, particularly southern Iraq, from which come the earliest known documents.

Explanations of the origins of writing have been preserved in the folk narrative of numerous cultures. In these writing is generally attributed to heroes or divine beings. In ancient Mesopotamia, the grain goddess Nisaba was patron deity of scribes[1], a position filled by the god Nabu in the first millennium B.C. (Oppenheim 1977: 195/242). Berossus preserved in his "Babyloniaca" (c. 281 B.C.) the apparently much earlier tradition that a fisherman named Oannes appeared from the sea to Babylonians and taught them all things pertaining to civilization, including writing (Burstein 1978: 13f., Oppenheim 1977: 195/369 n. 24). In the Sumerian myth "Inanna and Enki", the goddess Inanna, in the capacity of a trickster figure (circumventing the god Enki's role as such) goes to her grandfather Enki's house in order to obtain his all-encompassing collection of *mes*.[2] Enki treats her to his amiable hospitality, offering her butter-cakes, beer and wine. Soon they engage in a drinking contest. Enki, however, is no match for Inanna, and in no time, he has given her all his *mes*. By the time he is sober enough to realize what he has done, it is too late (Farber-Flugge 1973, Kramer 1963: 160ff.). In the list of *mes* given in the myth, the forty-seventh is *nam-dub-sar*, "scribe-ship", which, as will be seen, is not without significance, since Inanna was the tutelary deity of Uruk, where writing seems to have been invented (Powell

1981: 422f.). The ancient Egyptian god Thoth was god of wisdom, divination, healing and, as patron of scribes, was believed to have been responsible for the invention of writing (Kurth 1986: 506). The Greek Plato wrote that an Egyptian named Thoth invented writing, and this was perhaps reaffirmed by the Syrian Philo Byblius, who, in the first century A.D., wrote that one named Tautos was responsible (Driver 1976: 128f., Jowett 1924: 484).

In the Hebrew Bible, Moses was given the tables of the Law, written by Yaweh, the God of Israel (Exodus 24: 12/32: 16), a tradition which was later interpreted as evidence that Moses received knowledge of writing by divine revelation (Defoe 1726: 4, see also Driver 1976: 129, Thompson 1955: 234, under A 1484). It was, furthermore, assumed by many that the Hebrew alphabet was the Ur-form of writing. In fact, Alexander Top, drawing on the acrophonic principle, attempted to demonstrate that the God of Israel created the Hebrew alphabet during the six days of creation by deriving it from the initial sound of each of the names he had given to 22 labors (Top 1603). John Wilkins, the Bishop of Chester, on the other hand, contended that "Adam, though not immediately after his creation, yet in the process of time, upon his experience of their great necessity and usefulness did first invent the ancient Hebrew alphabet" (Wilkins 1668: 11). What Edmund Fry believed to be the original alphabet, brought to Adam by the Archangel Raphael, was published in 1799 (Fry 1799).

William Warburton, Bishop of Gloucester, however, dismissed the notion that writing of any kind had been handed readymade to humans by some divine agent. He also rejected the idea that writing, in its earliest form, was a full-fledged alphabetic script. He suggested instead that an evolutionary process had taken place, that modern systems representing the sounds of speech were preceded by pictographs and ideographs (Warburton 1738). In 1750, these ideas were published in Diderot's "Encyclopedia", and as a result became widely diffused and accepted. Archaeological expeditions in Egypt and Iraq soon provided a wealth of data with which to test Warburton's hypothesis.

Numerous inscriptions have been recovered in Iraq, most upon clay tablets. The characters on most of the tablets are composed of impressed wedge-shaped markings, hence the term "cuneiform". A number of them, however, bear incised and impressed signs that do not have the cuneiform appearance. It has been possible to posit a relative chronology (see Strommenger 1980), and these so-called pictographic tablets are indisputably older than those having cuneiform signs, first appearing in the archaeological record in Uruk, level IVa-III (c. 3100 B.C.). They have been recognized as the oldest known documents, and are generally attributed to the Sumerians (e.g. Diringer 1968: 17, Gelb 1963: 60-72, Powell 1981: 422f.).

The archaic tablets have some puzzling characteristics (cp. Falkenstein 1936). Consider the material of the majority of the tablets. Clay has a number of disadvantages as a writing medium. A tablet needed to be prepared at some point not too long before the scribe expected to write upon its surface. The clay had to be fairly moist and soft (but not tacky) in order to impress and incise the signs cleanly and clearly. After a tablet was inscribed, it had to be dried before its text could be considered "permanent", and this could take one day or more. Furthermore, clay is a rather dense, relatively bulky material, and a sizable archive could take up a fair amount of space, which is no doubt one of the reasons why most cuneiform tablets were rather small.[3] While it is true that southern Mesopotamia was lacking in many natural resources, it does not follow that clay was used simply because no other material was available. Other writing media would have been readily available, such as bone (in the form of animal shoulder blades, for example), or clay in the form of pottery sherds, or even animal hide. These examples are well attested as writing media (Gelb 1963: 86/213, Driver 1976: 80-84).[4]

The archaic tablets tend to have a convex shape, often with rounded edges, rather like small cushions (e.g. Falkenstein 1936: Tafel 19, no. 284). It is apparent that smaller cuneiform tablets were shaped in the hands, as marks on the surface of many tablets would seem to indicate. Molding a tablet in such a way would lend itself to a slightly convex shape, as would the tendency to write over and around the edges of a tablet. Adam Falkenstein noted that the earlier the tablets, the more convex they tended to be (1936: 7f.). Why might this be so?

Falkenstein compiled a list of 940 signs from the archaic Uruk tablets (1936).[5] Obvious pictorial signs, comprising the majority in most charts depicting the development of cuneiform script (e.g., Gelb 1963: 70, Kramer 1963: 304f.), are of relatively rare occurrence on the tablets. He noted that the most commonly used signs were not pictorial representations of a specific object, in whole or in part, but were abstract (1936: 25). Of these signs, many are based upon variations of basic geometric forms: 107 upon circles, semi-circles, and ovals, 96 upon triangles, and 42 upon rectangular forms. The signs standing for "sheep" (a circle surrounding two strokes forming a cross[6]) and "metal" (a near-crescent bearing 4 or 5 parallel lines) appear to be arbitrary, and therefore could not possibly be understood as "sheep" or "metal" by one unfamiliar with the system. Consequently, the archaic tablets remain, for the most part, undeciphered. That the (basic) meaning of some signs can probably be understood is because Assyriologists have been able to trace their forms through time to cuneiform texts of a later period, the content of which are generally cognizable (Labat 1976). The abstract signs in this category represent, interestingly enough, commodities such as sheep, metal, beer, bread, oil and wool.

The large number of individual signs listed by Falkenstein is only a portion of the total (see n. 5). The archaic tablets reveal an already stable, developed and established writing system, which has led some scholars to speculate that an earlier, simpler stage must have existed. After all, Warburton's theory that writing evolved from pictures to ideograms to the alphabet could seem reasonable enough, as untested hypotheses go, and in the wake of the influence of (especially) Herbert Spencer, Lewis Henry Morgan, and Edward Burnett Tylor in the 19th century, unilinear evolution pertaining to social phenomenon of all kinds was accepted by many as an axiom.[7] Excavations revealed only clay or gypsum objects, thought by some to be commodity tags, bearing seal impressions and impressions that were taken as indicating the n u m b e r of objects to which the tag was attached (Jordan 1932: 29, Falkenstein 1936: 32, Gelb 1963: 63f.). While these "impressed tablets" were recognized as possibly being the earliest documents, their very close chronological proximity to the archaic tablets mentioned above was also recognized. This made a genetic connection between the two difficult to resolve, given the evolutionary paradigm noted above (Driver 1976: 3f., see, however, Gelb 1963: 64, Jordan 1932: 29). The lack of a "missing link" between the impressed tablets and the archaic tablets, particularly something dating sufficiently earlier than the archaic tablets that would indicate a lengthy development, prompted some scholars to speculate that a proto-writing system must have existed that used a perishable writing material such as wood or parchment (Diringer 1968: 18). Others have noted the lack of evidence and the lack of necessity for supporting such a view (Powell 1981: 424, Frankfort 1951: 55f.). A better alternative will be offered in the following.

A clay envelope, a hollow "egg-shaped tablet", was found at the north Mesopotamian site of Nuzi (Oppenheim 1959, Starr 1939). The object, dated to c. 1500 B.C., was seen to contain 49 tiny objects, called "pebbles" in the excavation report (Starr 1939: 316). A cuneiform inscription on the envelope's outer surface refers to *abnu* or *abnatu* (Na_4.MES), "counters" (lit. "stones" or "pebbles"), and then proceeds to list 49 animals that they represented, evidently entrusted to a shepherd named Ziqarru (Abusch 1981: 2-6; cp. Oppenheim 1959). A. Leo Oppenheim noted other instances in Nuzi texts where counters are mentioned in connection with the deposit, removal or transfer of livestock (1959: 125ff., CAD A/1: 60). The counters are thus seen to be an accounting device, and similar counting systems from other periods and places have been noted (Jacobsen 1946: 245, Eissfeldt 1960, Menninger 1977: 297, Oppenheim 1959). It is very unfortunate that the excavators, who found and opened the envelope, did not keep the counters. As a result, it is impossible to know what they looked like, and if the different animals may have been distinguished by differences in the counters.

Pierre Amiet noted Oppenheim's study, and it drew his attention to a number of hollow clay balls from Susa in the Louvre, dated to the second half of the fourth millennium B.C. (Amiet 1966). Amiet recognized the similarities between the Nuzi envelope and the Susa envelopes: they were both made of clay, were roughly the same size and shape, were impressed with seals, and while the Nuzi envelope was inscribed with cuneiform, some of the Susa envelopes had markings on the outer surface. Most striking, perhaps, was the fact that the Susa envelopes were hollow and contained objects, as they rattled when shaken. These objects, it turned out, were small clay geometric figures, mostly spheres, discs, cones and tetrahedrons. Despite the time span between them, Amiet felt that the Susa envelopes, like the Nuzi envelope, were accounting devices and that the various geometric figures they contained represented various commodities (1966: 20ff., 1972: 60).

In 1969, I undertook a project in which I examined the earliest uses of clay in the Middle East. In the course of this study, I visited all possible museum collections of clay artifacts dating from 8000-5000 B.C. I was looking for bricks, pots, and figurines. I found plenty of these, and I also found a category of objects that I was not looking for. Nevertheless, they were made of clay, and were ubiquitous besides, and thus belonged to my study. I took notes. These objects were small, generally ranging in size from 1-3 cm at their widest or highest point, and had mainly geometric shapes such as spheres, cones, discs, ovoids, cylinders and tetrahedrons. Some were given incised or punched markings, apparently made with a stylus-like instrument. For lack of a better term, I called them "tokens". I realized, to my great surprise, that these tokens are essentially identical to those objects contained in envelopes described by Amiet, and that they appear to represent the earliest examples of fired clay, with some dating into the early eighth millennium B.C. Furthermore, they appeared to belong to a cohesive system. Little attention had been paid to them by excavators, and when anyone ventured a guess as to what the artifacts may have been, game pieces or amulets was the usual interpretation. Five cones found at Belt Cave, Iran, were mentioned by Carleton S. Coon, who remarked: "From levels 11 and 12 come five mysterious conical clay objects, looking like nothing else in the world but suppositories. What they are used for is anyone's guess." (Coon 1951: 75).

The key proved ultimately to be the discovery that the basic shape of a number of tokens closely matches the (two-dimensional) shape of a number of signs from the archaic tablets mentioned above (Schmandt-Besserat forthcoming). A disc incised with a cross closely resembles the archaic sign for "sheep", a triangular token incised with five lines resembles the archaic sign for "metal", and an incised ovoid shares a morphological similarity with the archaic sign for "oil". Obviously mere external morphological similarity - no matter how close - is in itself no basis for linking Neolithic tokens with the fourth millennium development of the script of the archaic tablets. Yet all the available evidence does strongly suggest a link. A good deal of work remains to be done in order to understand more fully how tokens may have led to writing. It is, however, possible to present a working outline.

No tokens dating earlier than c. 8000 B.C. have been discovered. It can probably be assumed that Upper Paleolithic peoples had no need of a system to record goods. An ethnographically influenced, general model portrays some Upper Paleolithic societies as nomadic and based on a hunting and gathering subsistence (Henry 1989). Staples would probably have been distributed without the need of any sort of record-keeping (Flannery 1972: 31), and this was likewise probably not required for trade, since trade would assume "face-to-face association" between individuals or groups (Goody 1977: 15, Wright 1969: 3, Earle/Ericson 1977: 227).

It could be hypothesized that pebbles were the first counting devices. Pebbles are readily available in most parts of the world, and are ready for immediate use. They are also easy to manipulate. Their one great disadvantage is that they are unspecific. One pebble may stand for one object, in a one-to-one correspondence, yet it cannot relate the nature of the object. Like pebbles (or sticks, or shells, etc.) can only be used to keep track of like objects. At best only a limited specificity could be possible (different colored pebbles, different types of shells, etc., to distinguish different objects).

Tokens first appear in the archaeological record in the Fertile Crescent during the eighth millennium B.C., coincident with the advent of agriculture in the Middle East. They have been recovered in early, semi-permanent encampments and sedentary compounds, such as Tell Mureybet, Syria, where evidence indicates an increased tendency toward agricultural subsistence. In fact, tokens are absent from the two earliest occupational levels of Tell Mureybet, appearing in the third level along with a notable increase in the content of cereal pollen, rectangular silos (perhaps), and an increase in population (Cauvin 1978: 43/75). This rise in agriculture would probably have favored the development and implementation of a practical system of information storage and retrieval.

Tokens in the Neolithic period had, for the most part, plain shapes: spheres (including fractions of spheres), cones, discs, cylinders and tetrahedrons. More rare were triangles, rectangles, ovoids and animal heads. Some tokens were given incised, punched, pinched, or applique markings. The number of tokens recovered from various sites differs greatly, from only a few to about 1500 from mid-seventh millennium Jarmo, Iraq (Broman 1958: 58).

These earliest tokens seem to have been used to represent, in an ancient dataprocessing system, commodities such as measures of grain and units of animal numeration. By this assumption, tokens were, in a sense, "improved pebbles". Like pebbles, tokens would have been used as concrete counters in a one-to-one correspondence; would have been arbitrary signifiers of the objects referred to and, would have abstracted and decontextualized the data. Where pebbles were nonspecific or of limited specificity, however, tokens allowed one to distinguish any type of object desired from a mixed group, since one distinct commodity was always represented by one distinct token shape. New token shapes could easily be manufactured to allow new commodities to be handled by the system. Tokens allowed the manipulation of vast and diverse quantities of data which could be grouped according to various criteria, evaluated, compared, stored for indefinite periods, and retrieved. Error-free long- and short-term planning around a given budget or surplus would have been possible. In addition, tokens had a limited potential as a communication device for those initiated into the system (whether or not it was ever used as such). Two incised discs and three spheres could be sent to an individual and interpreted as "(deliver) two sheep and three bushels of grain". At its earliest stage, the token system can bee seen to have had - if these assumptions are correct - three functions of writing. Namely, it was a tool for record-keeping, a tool for logic, and a tool for communication.

Token technology continued, unchanged, into the Uruk period (c. 3350 B.C.), when new "complex" tokens appear in level VI of the Eanna temple at Uruk (Schmandt-Besserat 1988: 9-12). Many of these were the old, plain token shapes with various markings such as incisions or punctations added. Many were entirely new categories of shapes, such as bent coils, parabolae, biconoids and tools. Triangular, rectangular, animal- and vessel-shaped tokens became more common. The geographical distribution of the complex tokens was more circumscribed than the plain ones. They first occur in Uruk and subsequently (and quickly) spread east only as far as the Susiana Plain, west to Habuba Kabira and Jebel Aruda, and north to Tell Billa. The number of complex tokens found at each site, as with the plain tokens, varied enormously. The two main urban centers of Uruk and Susa yielded 778 and 708 tokens, respectively (Schmandt-Besserat 1988: 9, 1986b: 93). The older token types continued to be used, and while they have been found in mixed groups, the tendency was to keep the two types separate. While the plain tokens appear to belong to the socio-economic context of animal pens and granaries, the complex tokens appear to belong to workshops (Schmandt-Besserat 1986c: 36f., 1988: 34).

The widely expanded use of complex tokens[8] with the first occurrence of monumental architecture is probably not mere coincidence. This change in the token system can be related to state formation and the expansion and increased efficiency of the bureaucracy needed, not only for the management of agricultural produce (for example), but for the implementation of a coercive redistributive economy, one involving taxes.[9] The appearance of new token types and the modification of some old ones by incised lines or punch marks points to an expansion of, and increased precision within, the system. It may have been able to indicate, for example, not only that a certain commodity represented by a token was a unit of grain, but the type of grain it was (barley, emmer, etc.), and that a certain animal was a ram, a ewe or a lamb. Most complex tokens seem to have represented workshop raw materials and products: metal, wool, textiles, perfume, oil, bread, beer, and so on. A number of such tokens share strong resemblances to signs on the early tablets from Uruk (c. 3100 B.C.), which in turn can be traced through time to cuneiform texts of a later period. It seems clear that the earliest writing system had as its conceptual underpinning the token system (Powell 1981: 424). The catalyst in the transition from tokens to tablets lay in a method of storing tokens.[10]

Around 3300-3250 B.C., tokens, mainly the plain types, began to be stored in clay envelopes: small, hollow balls averaging about 5-7 cm in diameter. About 200 envelopes and fragments are known, from Iraq, Iran, Syria, Israel and Saudi Arabia (Schmandt-Besserat 1980: 361ff.). A convenient surface was provided on which to roll seals serving as signatures, identifying perhaps officials of the administration (Fiandra 1979: 36ff., Wright 1984: 55-65). The sealings, which usually exist, found on the outer surface of the clay balls also would have prevented tampering with the contents. An envelope would be a legal, binding, unalterable contract. However, the drawback of these envelopes was a major one: once tokens were sealed, it was no longer possible to tell what they were without breaking open the envelope. Thus, very soon after their original appearance, modified envelopes appear having impressed on their outer surfaces the shapes and quantities of the tokens within. Such envelopes could be stored in archives with their data readily accessible at all times. An envelope that contained three lenticular discs and three cylinders would have had impressed on its surface one circular and five long markings that probably would have meant "3 flocks (thirty) and 3 animals (=33)". This superfluity soon led to the elimination of tokens from envelopes. Instead, the clay balls were pressed out into small, convex tablets with the token shapes impressed upon their surfaces. Although actual tokens were sometimes used to make impressions in the clay, a stylus was increasingly used, especially in order to produce impressions based upon complex tokens. Morphological features point to these tablets as belonging to a common system and, assuming this were so, indicates a rapid standardization. At this stage, the impressed tablets seem to be nothing less than writing, as defined at the beginning of this chapter.

With the impressed tablets, two-dimensional signs were separated, once and for all, from the three-dimensional tokens. Furthermore, once token shapes began to be impressed, a new horizon of morphological possibilities was opened and exploited. A cylinder impressed at a slant makes a long wedge-shaped mark. Two cone merely a representation of a token. The signs of the impressed tablets became a system of their own. The use of a stylus to create signs allowed an expansion of this system. Objects that had never been represented by tokens, being new inventions or items unimportant in the token-regulated economy, for example, were introduced, represented by stylized, pictorial characters. Interesting, in view of Warburton's hypothesis, is that the first written signs were abstract - pictures only insofar as they were "pictures" of tokens. Abstract signs preceded pictorial signs.

Of the numerous signs used in the archaic texts, many were derived from a basic sign by modification.[11] One method of extending the use of a basic grapheme was to mark a part being referred to. For example, the sign for "head", Sumerian *sag*, was modified by strokes across the facial region to indicate *ka* "mouth". These strokes are called ***gunu***, an Akkadian term which may possibly derive from Sumerian *Gun$_3$-a* (something like "decorated"). The sign *da* "side", showing the hand, arm and shoulder, was given cross-hatched strokes called *sheshshig* (perhaps from similarity to the SHE sign, representing an ear of barley) to indicate a_2 "arm".

By the period of the earliest readable texts, many signs had differing values. Take the Sumerian phrase KA-*mu* *ma-gig*, "my KA hurts me". Since KA had, besides KA="mouth", the values zu_2 and $kiri_3$, the phrase could be read "my mouth/tooth/nose hurts me" ("Enki and Ninhursag", lines 257/259, Attinger 1984: 28). Different values of a given sign tended to have some relationship to the basic meaning of the sign, a "graphemic metaphorical extension" (Haas 1976: 177f./166). Thus KA also had the values *inim* "word" and du_{11}, a verb used in expressions referring to speech. This is called polyvalency (a polysemous polyphony, the association of different semantic values with a given sign, with each having a different phonetic value). In order to assist the reader in determining which sign value was intended - besides syntactic context - semantic indicators or determinatives came to be used in certain instances. These were derived from existing signs and indicated categories of nouns: people, cities, items made of wood or metal, etc., deities, and so on. For example, the sign for "tree" or "wood" (*gish*), when placed before the KAL sign, would indicate that *esi* was to be read (meaning "ebony") instead of *kal*, *gurush*, *rib* or *lama*.

The phonographic principle was introduced fairly early. It was a step towards a syllabic, purely phonetic script.[12] Besides having semantically differentiated polyphones, the Sumerian system had, apparently from the time of the archaic tablets, homophones (where two or more different signs have a phonologically similar or identical value). Modern scholars differentiate these signs by indexing them (e.g., zu_2 (zu-two), du_{11} (du-eleven)). Occasionally, a word was spelled by exploiting this homophonic extension, using a sign having a different basic meaning (also known as rebus-writing; see Haas 1976: 174f. n. 3). The earliest known example of extending the use of the script by means of the phonographic principle comes from a Jemdet Nasr tablet (c. 2900 B.C.), where the personal name "Enlil-ti" (something like "(the god) Enlil gives life") has been identified (Falkenstein 1936: 33). The sign TI used is the sign for "arrow" (also spelled $gish_{ti}$), writing the sumerian word *ti(l)* "to make live". This tablet is Sumerian beyond any reasonable doubt (Falkenstein 1936: 38, Green/Nissen 1987: 18).

At some point, purely phonological values became used, increasing the flexibility of the writing system even more.[13] Syllabic spellings became increasingly used for words difficult or impossible to spell with logographic-type graphemes, such as certain personal names, toponyms and foreign loanwords (Gelb 1963: 66f.). Signs also came to represent morphemes of the language, so that the writing system was able to relate human speech. *a*, the grapheme for "water", also could be employed as the locative case-marker "in, into, on," etc. For example, lu_2-*e* e_2-*a* *in*-ku_4, "the man entered the house/went into the house."

The large number of archaic signs was eventually reduced through the more economical use of polyphonetic and homophonetic values, and by the coalescence of morphologically similar graphemes (Green 1981: 365). Perhaps this was due in part to the growth of the bureaucratic system and its clerical staff, where one might expect "the average level of competence" to drop (Green 1981: 363). As more and more people were needed, it may have become impossible to select only the best, brightest individuals for training in the scribal art. Standardization and simplification may have been in order to reduce taxation of the memory. This bureaucratic growth may have been due in part to the writing system itself, which would have enabled such growth through increased efficiency, allowing an expansion of the control and distribution of information, labor, goods, and services (cp. Green 1981: 367).

An increase in the use of phonetic and homophonetic values in the system (i.e., a given sign having several possible meanings and pronunciations) would have reduced the visual, isomorphic correspondence between a sign and its basic meaning. Thus the stylization and eventual loss of the motivated, pictorial character of the archaic signs may have been due to this, as well as to the writing technique - a situation that did not occur with Egyptian hieroglyphics, a system that remained essentially unchanged.

One final remark should be made concerning the theory of the transition of tokens to tablets. A very important factor in this development was the abstraction of numbers. The early tokens, as mentioned, probably stood for units of a given commodity in a one-to-one correspondence. Thus, one sphere may have represented one specific measure of grain, one cylinder seems to have meant one animal, four cylinders four animals, one disc one group of animals (probably ten), and so on. Numeration was always associated with units of commodities (one unit, two units...), and there is no evidence that it was possible to represent, say, 20 sheep with a token for sheep and a token or tokens for the number 20. (Complicating such a development would be the fact that, in a mixed group of loose tokens, there would be no way of knowing which numerical token(s) belonged to which object token). Numeration, it appears, was inextricably bound to concrete entities.

After the use of impressed tablets, however, one may witness the initial steps toward a pure abstraction of numbers (Schmandt-Besserat/Jakob-Rost 1989). On the impressed tablets, signs representing measures of grain or units of animal numeration were multiplied as necessary. Incised and impressed signs were never isomorphically multiplied. If 15 units of oil were to be recorded, the accountant would not have made 15 signs representing one unit of oil each, but would have impressed the signs representing the quantitative concept "15" followed by the sign for oil. These numerical signs, which apparently derive from tokens representing measures of grain, were used exclusively in counting. This resulted in an economy of notation, allowing a reduction in the number of signs, and allowed an extension of the possible semantic values of many signs (as they were no longer linked directly to the enumeration of commodities), and made mathematics possible. It would be difficult, indeed to overemphasize the implications for human cognition of these levels of abstraction.

2. Zur Ausgrabung der Wurzeln geschriebener Sprache

Elisabeth Feldbusch

Die Forschungsergebnisse von Denise Schmandt-Besserat sind in der aktuellen linguistischen Diskussion um die Bestimmung der geschriebenen Sprache von großem Interesse. Wenn bisher in der Linguistik überhaupt auf die Frage nach der Entstehung der geschriebenen Sprache eingegangen wurde, gab man sich in der Regel mit Pauschallösungen zufrieden. Einerseits wurde behauptet, die geschriebene Sprache sei ursprünglich nichts anderes als eine genaue Abbildung gesprochener Sprache gewesen und als solche selbst nicht Sprache. Erst in der Entwicklung habe sie sich emanzipiert. Andererseits wird auf die gängigen Schriftgeschichten zurückgegriffen. Diese sehen den Ursprung der geschriebenen Sprache in einer reinen Bilderschrift. In diesem frühen Stadium sei die Schrift autonom gewesen. Mit der sogenannten *Phonetisierung* sei sie jedoch in vollständige Abhängigkeit von der gesprochenen Sprache geraten.

Häufig gestehen die Forscher der geschriebenen Sprache in den Entwicklungsphasen Autonomie zu, mit denen sie sich intensiv auseinandersetzen. Abhängigkeit von der gesprochenen Sprache wird dagegen für die Entwicklungsphasen unterstellt, mit denen man sich nicht befaßt. Keiner der beiden Ansätze deckt die tatsächlichen Wurzeln der geschriebenen Sprache auf: Als Ursprung der geschriebenen Sprache konnten weder eine reine "phonetisierte" Schrift noch eine reine Bilderschrift nachgewiesen werden.

Im Gegensatz zu derartigen Idealvorstellungen hat Schmandt-Besserat das konkrete historische Material untersucht: Ihre Ergebnisse verweisen alle Idealvorstellungen vom Ursprung der geschriebenen Sprache in das Reich der Fabeln und belegen, daß die geschriebene Sprache eigenständige Wurzeln hat:

1. Die Zählsteine sind die ältesten bekannten Vorläufer der geschriebenen Sprache in Mesopotamien. Die Herdenbesitzer verschafften sich mit ihnen ein Instrument, ihren Besitz quantitativ zu erfassen. Jeder Stein repräsentiert für den Besitzer ein Tier. Ähnlichkeit zwischen Repräsentiertem und Repräsentanten ist nicht erforderlich. Die Zuordnungen sind im täglichen Umgang mit den Tieren getroffen und konventionell festgelegt. Bereits die Zählsteine sind konventionelle Repräsentanten realer Sachverhalte zu kommunikativen und kognitiven Zwecken.

2. Die Beliebigkeit der Zählsteingestalten gegenüber dem Repräsentierten ermöglicht die Auswahl leicht handhabbarer Steine und vor allem mit dem Ton die Herstellung gleicher und unterschiedlicher Repräsentanten. Die Formen der Tonfiguren und die zum Teil vorhandenen Markierungen können eingesetzt werden, um die Zuordnung unterschiedlicher Repräsentanten zu verschiedenen Sachverhalten per Konvention eindeutig festzulegen. Eine mögliche Variante sind dabei bildhafte Darstellungen. Wie das Material zeigt, sind es jedoch in der Regel eher einfache geometrische Formen.

3. Bei zunehmendem Bedarf an Repräsentationen für die unterschiedlichsten Vorgänge im komplexen System der sumerischen Tempelwirtschaft wird das Operieren, Lagern und Transportieren gegenständlicher Repräsentanten unübersichtlich und unpraktisch. Sie werden durch Markierungen auf Tafeln ersetzt. Die Markierungen sind dabei keine völlig neuen Zeichengestalten. Über das Verfahren des Eindrückens von Zählsteinen in Tongefäßwände gelangte man zu Zeichengestalten, die beibehalten wurden, als man dazu überging, die Markierungen mit eigenen Schreibgeräten durchzuführen. Dies ist der Beweis, daß die Zählsteine nicht nur zeitlicher Vorläufer, sondern eine Wurzel der geschriebenen Sprache sind. Die konventionellen Markierungen übernehmen die Repräsentationsfunktion der Zählsteine. Sie stehen für reale Sachverhalte und halten diese dem Benutzer zur Kommunikation und zur geistigen Verarbeitung verfügbar.

4. Das Auseinandertreten von Zahl und Gegenstand/Maßeinheit, Mathematik und geschriebener Sprache beruht gleichermaßen auf dem Übergang von der individuellen Monokultur zur komplexen Organisation der Tempelwirtschaft: Wo größere Rechnungen nur mit Getreidemaßen durchgeführt werden müssen, reicht ein Zeichen für die Einheit "60 Armvoll Getreide". Sobald aber Getreide, Schafe, Arbeitskräfte, Essensrationen, Arbeitsgeräte usw. im System organisiert und gegeneinander aufgerechnet werden, erhält die Zahl ihren eigenen Stellenwert und erfordert daneben die Spezifizierung der Angabe, was gezählt worden ist.

5. Die ersten sumerischen Tontafeln enthalten insofern geschriebene Sprache, als sie reale Sachverhalte, strukturiert nach Anzahl, Art und Person bzw. Personengruppe repräsentieren und damit für die weitere Planung, Kontrolle, den kommunikativen Austausch und die Datensicherung zur Verfügung stehen. Es drängt sich an dieser Stelle ein Vergleich mit der aktuellen elektronischen Datenverarbeitung auf, dem hier nicht nachgegangen werden kann. Für die Entwicklung der geschriebenen Sprache entscheidend ist die Tatsache, daß die Tontafeln strukturierte Eintragungen enthalten. Bevor die sogenannte *Phonetisierung* einsetzt, sind die Eintragungen nach Art der Gaben und Personen geordnet und nach Anzahlen addiert. Allein ein Strukturierungsmerkmal ist aus den Tontafeln nicht mehr erkennbar: die Art der Tätigkeit. Das Fehlen dieses, für die heutige geschriebene ebenso wie für die gesprochene Sprache so wesentlichen Merkmals erklärt sich aus der Bipolarität der notwendig zu verzeichnenden Tätigkeiten: Die Tempelverwalter interessierten Einnahmen und Ausgaben. Das einfachste Verfahren, diese Tätigkeiten differenziert zu erfassen, ist, die entsprechenden Belege auf verschiedenen Stapeln bzw. Regalen zu sortieren. Wenn die Tempelverwalter dies getan haben, was anzunehmen, aber nicht zu rekonstruieren ist, gab es noch keine Notwendigkeit, Prädikate in geschriebenen Zeichen auszudrücken: Das Prädikat ergab sich aus dem Regal, in dem die Tafel gelagert wurde.

Im Verlaufe der weiteren Entwicklung mußten auch Prädikate in geschriebener Sprache repräsentiert werden (z.B. "hat gekauft", "hat verkauft", "hat besiegt", "hat gesiegt"). Die geschriebene Sprache hat auch dieser Entwicklung Rechnung getragen. In den Schriftgeschichten sind diese Entwicklungen jedoch nicht mehr berücksichtigt, weil inzwischen ein Ereignis eingetreten war, bei dem die Schriftgeschichten aufhören, nach Ursachen zu forschen: die sogenannte *Phonetisierung*. Ich nenne es die *Parallelisierung* der geschriebenen und der gesprochenen Sprache.

6. Offensichtlich im Stadium, als die geschriebene Sprache auf dem Stand war auszudrücken: "XY hat 60 Armvoll Getreide abgegeben", führte das Problem, Namen zu schreiben, dazu, daß man die Freiheit der Gestaltung geschriebener Zeichen dazu nutzte, Parallelen mit der Zeichengestaltung in der gesprochenen Sprache aufzubauen (*En-lil-ti*). Der ökonomische Fortschritt, der mit dieser Parallelisierung verbunden war, hat sich in den folgenden Jahrtausenden als enorm erwiesen. Die Parallelität gesprochener und geschriebener Sprache hat die Fortentwicklung der einen wie der anderen forciert: Die geschriebene Sprache wurde schneller funktionstüchtig, die gesprochene Sprache konnte greifbar gemacht werden. Die Parallelisierung ist ein markantes Ereignis in der Geschichte sowohl der gesprochenen als auch der geschriebenen Sprache und von enormer Tragweite. Nichtsdestotrotz ist sie kein Definiens für geschriebene Sprache.

Der Fehler heutiger Schrift- und Sprachwissenschaft besteht darin, daß die sogenannte Phonetisierung zum entscheidenden Kriterium für die Bestimmung geschriebener Sprache erhoben wird.

Die Entwicklung der geschriebenen Sprache läßt dagegen erkennen, daß die geschriebene Sprache

- sich aus den aktuellen gesellschaftlichen Bedürfnissen heraus eigenständig entwickelt hat,
- einen langen Weg der Entwicklung unabhängig von der gesprochenen Sprache gegangen ist (das sind ihre Wurzeln)
- auf diesem Weg Qualifikationen erworben hat, die man heute allein der gesprochenen Sprache zuschreibt,
- erst relativ spät eine Beziehung zur gesprochenen Sprache eingegangen ist (Parallelisierung).

Entscheidend für die Eigenständigkeit der geschriebenen Sprache erscheint mir, daß sie von ihren ersten Vorläufern an bis zur aktuellen Entwicklung in der elektronischen Datenverarbeitung immer die Grundfunktion hatte, reale Sachverhalte vermittelt über das Denken der jeweils sie gebrauchenden und weiterentwickelnden Menschen geschriebensprachlich zu repräsentieren und damit für weitere kommunikative und kognitive Prozesse verfügbar zu halten.

Daß sie dabei eine Liaison mit der gesprochenen Sprache eingegangen ist, hat enorme ökonomische Vorteile für beide Existenzformen von Sprache erbracht.

Auch ohne Parallelisierung hätten wir heute eine funktionsfähige geschriebene Sprache. Für die Bekräftigung meiner These von der Eigenständigkeit der geschriebenen Sprache würde ich mir eine solche wünschen. Schreibschüler hätten damit allerdings noch größere Schwierigkeiten, als sie nach der Parallelisierung beider sprachlicher Existenzformen ohnehin noch haben.

Die Erkenntnis der Eigenständigkeit der geschriebenen Sprache mindert in keiner Weise die Relevanz und die Eigenständigkeit der gesprochenen Sprache, im Gegenteil läßt sie erst zu, die jeweilige sprachliche Existenzform zu bestimmen und die Gemeinsamkeit beider als Sprache zu erforschen.

Notes

* I gratefully acknowledge research assistance by Kent Hillard, The University of California, Berkeley.

1 Nisaba's association with writing is undoubtedly a reflection of one of its earliest uses; namely, as a system for handling transactions involving grain.

2 *me* is a difficult Sumerian term which carries a number of connotations. It could refer to divine rites or ordinances, or to divine powers. Here *me* seems to refer to an inherent force that regulates each phenomenon.

3 The foregoing statements are based upon the experimentation of Kent Hillard and others. According to Marvin Powell's approximations, 42 good-sized cuneiform tablets "would hold *no more than half* of Herodotus' 'Histories'" (1981: 435).

4 It is important to keep in mind that the nature of the writing material will have a profound influence upon the writing technology. The two are inextricably related.

5 Margaret Green has counted about 1200 signs (1981: 346/356). Falkenstein (1936: 29) estimated about 2000 signs in the early texts (c. 3100 B.C.), diminishing to around 800 by the Fara period (c. 2600 B.C.).

6 See Green/Nissen (1987: 300 no. 575/233 no. 301), for excellent renditions of these signs. Most signs were incised and impressed with, presumably, a pointed or knife-edged reed stylus (Driver 1976: 23f./33f., Falkenstein 1936: 5ff., Green 1981: 358f., Green/Nissen 1987: 58f., Messerschmidt 1906: 185ff.). Others, certain circles and semi-circles, were impressed with the blunt base of the stylus (Powell 1981: 426, 430 fig. 8, 432 fig. 9, 433 fig. 11).

7 Consider the title of Driver's "Semitic Writing: From Pictograph to Alphabet". Regarding the origin of writing, the basic assumption held by many was that writing evolved from a simple, limited (pictographic) system to a more complex, flexible system having increasingly abstract and conventionalized signs - a transition that would take centuries.
Evolutionary modes of thought pertaining to society have their firmest roots in the eighteenth century, when in 1795 the Marquis de Condorcet delineated ten stages of social evolution in his "Outline of the Intellectual Progress of Mankind". Influenced by Condorcet was Auguste Comte, who proposed that both individuals and societies as a whole pass through three stages of development (Malefijt 1974, see also Burrow 1966. Cp. Freud's Hegelian notion of ontogeny recapitulating phylogeny). Anthropologists today tend to be skeptical of classical evolutionary theories, including proponents of cultural evolution (Carneiro 1973: 101-108, Adams 1984: 117-121). Many paleontologists and physical anthropologists have modified the classical Darwinian model of a steady, gradual change to explain speciation, adopting an alternative model that often fits the fossil record better - one allowing periods of (sometimes) lengthy states followed by spurts of (often rapid) morphological change (Gould 1977a: 12-16, 1977b, Stanley 1986: 77-89). See, conversely, Alan Dundes' essay on "The Devolutionary Premise in Folklore Theory" (1975: 17-27).

8 35.4% of the fourth millennium tokens from Uruk bear markings.

9 Evidence suggests such an economy at this time, centering around the temple, where continuous offerings to the gods were necessary and mandatory. Architectural achievements such as the cone mosaic temple of Eanna (level VI-V) point to a pool of economic resources based on taxation and a system of corvée.

10 Actually, two methods of storing tokens are known from the fourth millennium. One seems to have been stringing perforated tokens together and affixing the string to a sealed clay bulla (Schmandt-Besserat 1986c: 34).

11 On the following, see, e.g. Driver (1976: 46-62).

12 Into which classical cuneiform never developed. Two such scripts employing cuneiform characters were developed, however; the Old Persian syllabary and (especially) the Ugaritic alphabet.

13 The phonetic value(s) of a sign began to separate - though never entirely - from its semantic value(s). Thus the grapheme for "oil", i_3, could be used syllabically. For example, later in the history of cuneiform, it was more common when writing some Akkadian dialects to spell "god" and "lord" syllabically in the genitive case as i_3-li_2 and *be*-li_2, respectively, rather than *i-li* and *be-li* (which was also done). i_3 and li_2 are two phonetic values of the same sign (NI).

References

Abusch, Tsvi (1981): "Notes on a Pair of Matching Texts: A Shepherd's Bulla and an Owner's Receipt". - In: Morrison, Martha A./Owen, David I. (eds.): Studies on the Civilization and Culture of Nuzi and the Hurrians. In honor of Ernest R. Lacheman on his seventy-fifth birthday, April 29, 1981 (Winona Lake, Ind.: Eisenbrauns) 1-9.

Adams, Robert M. (1964): "The Origins of Agriculture". - In: Tax, Sol/Freeman, Leslie G. (eds.): Horizons of Anthropology (Chicago: Aldine) 171-186.

- (1984): "Mesopotamian Social Evolution: Old Outlooks, New Goals". - In: Earle, Timothy (ed.): On the Evolution of Complex Societies. Essays in Honor of Harry Hoijer 1982. By Sanders, William T./Wright, Henry T./Adams, Robert M. (Malibu: Undena) (= Other Realities 6) 79-129.

Amiet, Pierre (1966): "Il y a 5000 ans les Elamités inventaient l'écriture". - In: Archaeologia 12, 16-23.

- (1972): Glyptique Susienne. - Paris (= Mémoires de la Délégation Archéologique en Iran 43).

Attinger, P( ) (1984): "Enki et Ninhursaga". - In: Zeitschrift für Assyriologie und vorderasiatische Archäologie 74/1, 1-52.

Broman, Vivian L. (1958): Jarmo Figurines. Unpublished master thesis. - Cambridge University.

Burrow, John W. (1966): Evolution and Society: A Study in Victorian Social Theory. - Cambridge.

Burstein, Stanley M. (1978): The Babyloniaca of Berossus. - Malibu: Undena.
Carneiro, Robert L. (1973): "The Four Faces of Evolution". - In: Honigmann, John J. (ed.): Handbook of Social and Cultural Anthropology (Chicago) 89-110.
Cauvin, Jacques (1978): Les Premiers Villages de Syrie-Palestine du IXème au VIème Millénaire Avant J.C. Collection de la Maison de l'Orient Méditerranéen Ancien 4, Série Archéologique. - Lyon.
Coon, Carleton S. (1951): Cave Exploration in Iran 1949. Museum Monograph, The University Museum. - Philadelphia: University of Pennsylvania.
Defoe, Daniel (1726): An Essay upon Literature or an Inquiry into the Antiquity and Origin of Letters. - London: Bowles.
Diringer, David (1968): The Alphabet. A Key to the History of Mankind I. - London: Hutchinson.
Driver, Godfrey R. (1976): Semitic Writing: From Pictograph to Alphabet. - Oxford: Oxford University Press, rev. ed.
Dundes, Alan (1975): "The Devolutionary Premise in Folklore Theory". - In: Dundes, Alan: Analytic Essays in Folklore (The Hague: Mouton) 17-27.
Earle, Timothy K. (1978): Economic and Social Organization of a Complex Chiefdom: The Halelea District, Kavai, Hawaii. - Ann Arbor, Mich.: University Press (= Anthropological Papers. Museum of Anthropology, University of Michigan 63).
- /Ericson, Jonathon (eds.) (1977): Exchange systems in prehistory. - New York: Academic Press.
Eissfeldt, Otto (1960): Der Beutel der Lebendigen. Alttestamentliche Erzählungs- und Dichtungsmotive im Lichte neuer Nuzi-Texte. - Berlin: Akademie-Verlag (= Abhandlungen der Sächsischen Akademie der Wissenschaften zu Leipzig, Philologisch-Historische Klasse CV/6).
Falkenstein, Adam (1936): Archaische Texte aus Uruk. Ausgrabungen der Deutschen Forschungsgemeinschaft in Uruk-Warka II. - Leipzig: Harrassowitz.
Farber-Flugge, Gertrud (1973): Der Mythos "Inanna und Enki" unter besonderer Berücksichtigung der Liste der me. - Roma: Pontificium Institutum (= Studia Pohl: dissertationes scientificae de rebus orientis antiqui 10).
Feldbusch, Elisabeth (1985): Geschriebene Sprache. Untersuchungen zu ihrer Herausbildung und Grundlegung ihrer Theorie. - Berlin etc.: de Gruyter.
- (1988a): "Entstehung der geschriebenen Sprache". - In: Ammon, Ulrich/Dittmar, Norbert/Mattheier, Klaus J. (eds.): Sociolinguistics. Soziolinguistik. An International Handbook of the Science of Language and Society. Ein internationales Handbuch zur Wissenschaft von Sprache und Gesellschaft (Berlin etc.: de Gruyter) 1469-1479.
- (1988b): "Geschriebene Sprache - autonom oder abgeleitet?" - In: Nerius, Dieter/Augst, Gerhard (Hrsg.): Probleme der geschriebenen Sprache. Beiträge zur Schriftlinguistik auf dem XIV. Internationalen Linguistenkongreß 1987 (Berlin: Akademie der Wissenschaften der DDR, Zentralinstitut für Sprachwissenschaft) (= Linguistische Studien Reihe A, Arbeitsberichte 173) 4-11.
- (1989): "Zur Parallelisierung geschriebener und gesprochener Sprache". - In: Feldbusch, Elisabeth (Hrsg.): Ergebnisse und Aufgaben der Germanistik am Ende des 20. Jahrhunderts. Festschrift für Ludwig Erich Schmitt zum 80. Geburtstag (Hildesheim etc.: Olms-Weidmann) 141-158.
Fiandra, E( ) (1979): The connection between clay-sealings and tablets in administration. - In: Hartel, Herbert (ed.): South Asian Archaeology (Berlin) 29-43.
Flannery, Kent V. (1972): "The origins of the village as a settlement type in Mesoamerica and the Near East: a comparative study". - In: Ucko, Peter J./Tringham, Ruth/Dimbleby, G( ) W. (eds.): Man, settlement and urbanism. Proceedings of a meeting of the Research Seminar in Archaeology and Related Subjects held at the Institute of Archaeology, London University (London: Duckworth) 23-53.
Frankfort, Henri (1951): The Birth of Civilization in the Near East. - Bloomington: Indiana University Press.
Fry, Edmund (1799): Pantographia. - London: Cooper and Wilson.
Gelb, Ignace J. (1963): A Study of Writing. - Chicago: University of Chicago.
Goody, Jack (1977): The Domestication of the Savage Mind. - Cambridge: Cambridge University Press.
Gould, Stephen J. (1977a): "Evolution's Erratic Pace". - In: Natural History LXXXVI/5, 12-16.
- (1977b): Ever Since Darwin. - New York: Norton.
Green, Margaret W. (1981): "The Construction and Implementation of the Cuneiform Writing System". - In: Visible Language 15/4, 345-372.
- /Nissen, Hans Jörg (1987): Zeichenliste der archaischen Texte aus Uruk. Ausgrabungen der Deutschen Forschungsgemeinschaft in Uruk-Warka II. - Leipzig: Harrassowitz.

Haas, William (1976): "Writing: The Basic Options". - In: Haas, William (ed.): Writing Without Letters (Manchester: Manchester University Press) 131-208.
Henry, Donald O. (1989): From foraging to agriculture. - Philadelphia: University of Pennsylvania Press.
Jacobsen, Thorkild (1946): Human Origins, Series 2. - Chicago: University of Chicago Press, 2nd ed.
Jordan, Julius (1932): "Dritter vorläufiger Bericht über die von der Notgemeinschaft der deutschen Wissenschaft in Uruk unternommenen Ausgrabungen". - In: Abhandlungen der Preußischen Akademie der Wissenschaften, Philosophisch-Historische Klasse (Berlin: Verlag der Akademie der Wissenschaften) Nr. 2, 1-37.
Jowett, Benjamin (1924): The Dialogues of Plato I. - Oxford: Oxford University Press, 3rd ed.
Kramer, Samuel N. (1963): The Sumerians. - Chicago: University of Chicago Press.
Kurth, Dieter (1986): "Thot". - In: Helck, Wolfgang/Westendorf, Wolfhart (Hrsg.): Lexikon der Ägyptologie VI (Wiesbaden: Harrassowitz).
Labat, René (1976): Manuel d'épigraphie Akkadienne. - Paris: Geuthner, 5th ed.
Malefijt, Anne Marie de W. (1974): Images of Man. - New York: Knopf.
Menninger, Karl (1977): Number Words and Number Symbols. A Cultural History of Numbers. - Cambridge, Mass.: M.I.T. Press.
Messerschmidt, Leopold (1906): "Zur Technik des Tontafelschreibens". - In: Orientalistische Literatur-Zeitung 9, 185-196.
Nissen, Hans Jörg (1988): The Early History of the Ancient Near East 9000-2000 B.C. - Chicago.
Oppenheim, A. Leo (1959): "On an Operational Device in Mesopotamian Bureaucracy". - In: Journal of Near Eastern Studies 18, 121-128.
- (1977): Ancient Mesopotamia. - Chicago: University of Chicago Press, rev. ed.
Powell, Marvin A. (1981): "Three Problems in the History of Cuneiform Writing: Origins, Direction of Script, Literacy". - In: Visible Language 15/4, 419-440.
Sampson, Geoffrey (1985): Writing Systems: A Linguistic Introduction. - Stanford.
Schmandt-Besserat, Denise (1980): "The Envelopes that Bear the First Writing". - In: Technology and Culture 21/3, 357-385.
- (1986a): "The Origins of Writing: An Archaeologist's Perspective". - In: Written Communication 3, 31-45.
- (1986b): "Tokens at Susa". - In: Oriens Antiquus (Roma) 25, 93-134.
- (1986c): "An Ancient Token System: The Precursor to Numerals and Writing". - In: Archaeology (New York) 39, 32-40.
- (1988): "Tokens at Uruk". - In: Baghdader Mitteilungen 19, 3-188.
- (forthcoming): Before Writing. - Austin, Texas: The University of Texas at Austin.
- /Jakob-Rost, Liane (1989): "Tokens aus dem Heiligtum Eanna in Uruk" (Übersetzung des Manuskripts: "The Tokens from the Sanctuary of Eanna at Uruk"). - In: Forschungen und Berichte 27 (Staatliche Museen ‹Berlin, Ost›) 11-50.
Stanley, Steven M. (1986): "Is Human Evolution Punctuational?" - In: Williams, Bobby J. (ed.): On Evolutionary Anthropology. Essays in Honor of Harry Hoijer (Malibu: Undena).
Starr, Richard F.S. (1939): Nuzi. - Cambridge: Harvard University Press.
Strommenger, Eva (1980): "The Chronological Division of the Archaic Levels of Uruk-Eanna VI to III/II: Past and Present". - In: American Journal of Archaeology 84/4, 479-487.
Thompson, Stith (1955): Motif-Index of Folk Literature I. - Bloomington.
Top, Alexander (1603): The Olive Leaf. - Mesuton: White.
Warburton, William (1738): Divine Legation of Moses. - London: Fletcher Gyles.
Wilkins, John (1668): An Essay Towards a Real Character and a Philosophical Language. - London: Gellibrand.
Wright, Gary A. (1969): Obsidian Analyses and Prehistoric Near Eastern Trade: 7500 to 3500 B.C. - Ann Arbor, Mich.: University Press (= Anthropological Papers. Museum of Anthropology, University of Michigan 37).
Wright, Henry T. (1984): "Prestate Political Formations". - In: Earle, Timothy (ed.): On the Evolution of Complex Societies. Essays in Honor of Harry Hoijer 1982. By Sanders, William T./Wright, Henry T./Adams, Robert M. (Malibu: Undena) (= Other Realities 6) 41-77.

ASPECTS THEORIQUES DE LA LANGUE ECRITE

Pierre Swiggers / Willy Van Hoecke

O. Introduction

Dans ce texte*, nous voudrions apporter une contribution à la théorie de la langue écrite (*geschriebene Sprache*) par l'examen de deux problèmes théoriques:

(a) celui de la structuration de l'écriture et du code écrit

(b) celui du rapport entre unités du code écrit et unités du code oral.

Notre discussion est basée sur une distinction théorique, que nous considérons comme fondamentale pour toute analyse de la langue écrite comme système: la distinction entre l'écriture comme moyen de représentation et "l'écriture" en tant que représentation d'un message (ou d'un ensemble de messages) spécifique. A ce propos on pourra utiliser les termes *écriture* et *code écrit*: ce dernier se définit par son couplage avec une langue parlée concrète (ou, si l'on veut, par son couplage avec une langue en tant que système de communication à l'intérieur d'une communauté). On pourra ainsi parler du code écrit du français, de l'anglais, de l'allemand, et de l'évolution de ce code à travers les étapes de l'histoire de ces langues. On ne confondra pas ce concept de "code écrit" avec celui d'"orthographe": ce dernier est un concept plus restreint, ajoutant à l'idée de système celui de norme (d'emploi). Le code écrit, par contre, est une notion structurellement définie par son rapport d'association avec une langue, notée (de façon variable, diachroniquement et synchroniquement, et soit incorrectement ou correctement) par et dans ce code.

1. La structuration de l'écriture et des codes écrit et oral

Si la structure de la langue parlée ne pose pas trop de problèmes - étant donné un consensus minimal sur la distinction entre un niveau "phonique" (phonétique + phonologique), un niveau "morphologique" et un niveau "syntaxique" -, la structuration de l'écriture pose des problèmes d'analyse et de terminologie. Nous aborderons plus loin le problème de la définition du graphème, en rapport avec l'étude des corrélations entre le code écrit et le code oral. Quant à la structuration même de la langue écrite, nous voudrions proposer quelques éléments de systématisation.

A ce niveau, la distinction entre la structuration de l'*écriture* (ou de la communication écrite) en général, et la structuration du *code écrit* nous semble cruciale. En effet, l'analyse de la structuration de la langue écrite fait intervenir une fonctionnalité d'un autre ordre que l'analyse de la structuration du code écrit (caractérisé par une fonctionnalité corrélative avec des unités spécifiques de la langue parlée).

L'analyse de la structuration de la langue écrite doit partir de l'idée de base que la langue écrite est un encodage systémique de messages. Deux types d'encodage fondamentalement différents peuvent être opposés:

(1) Un encodage de messages par unités de contenu (cf. les pictogrammes, les idéogrammes iconiques); ces unités doivent recevoir une forme langagière.

(2) Un encodage de messages fragmentés (en unités de contenu, en "relateurs", en "déterminateurs", etc.); ces unités supposent déjà une analyse de la langue.

Dans le deuxième cas, il faut encore préciser le niveau de fragmentation:

(a) morphématique-lexématique: cf. les idéogrammes;

(b) phonique combinatoire (le plus souvent syllabique): cf. les syllabaires;

(c) phonique discrétisant: il s'agit des systèmes qu'on appelle traditionnellement "systèmes phonétiques".

La dernière sous-classe peut être divisée en trois sous-types:

(c1) avec notation de phonèmes du squelette morphématique: cf. le système consonantique de l'hébreu, du phénicien, de l'arabe;

(c2) avec notation de phonèmes: les alphabets "complets" (à l'état idéal);

(c3) avec notation de phones: les alphabets phonétiques (utilisés avec le plus grand souci du détail phonétique).[1]

La typologie proposée ici permet d'éviter le terme ambigu de *logographe* (ou *logogramme*), qui peut désigner un lexème (ou contenu lexématique) ou un morphème lexical. De plus, notre typologie permet de différencier entre des syllabaires (comme par exemple les syllabaires cunéiformes ou le syllabaire éthiopien - ce dernier à structuration consonantique, ce qui le rapproche des alphabets[2]), dont les signes ont une valeur de syllabe, et les alphabets "consonantiques" (comme les alphabets ouest-sémitiques), dont les signes dénotent une valeur consonantique (sans qu'il y ait une différenciation particulière en rapport avec le statut de la consonne dans la syllabe). Un dernier avantage, croyons-nous, de la typologie proposée ici est que nous associons le marquage morphématique et lexématique: en effet, la plupart des systèmes idéographiques combinent des signes d'unités de contenu avec des signes à valeur de déterminant sémantique ou de déterminant phonique. C'est le cas par exemple de l'écriture hiéroglyphique égyptienne, qui note d'ailleurs aussi des morphèmes flexionnels.[3]

Cette typologie des "écritures" doit être doublée d'une typologie des codes écrits. Celle-ci prend pour objet les *fonctions* dans lesquelles les types d'écriture sont utilisés en corrélation avec un état historique d'une langue (dans sa réalisation orale). L'insertion historique des codes écrits permet de les distinguer d'un point de vue descriptif des écritures: alors que celles-ci sont représentées par des types purs, les codes écrits, en tant que types fonctionnels et contingents, sont souvent mixtes. La typologie des codes écrits peut être articulée de la façon suivante:

(A) Il y a d'abord les cas de codes écrits qui fonctionnent selon le *principe* constitutif du type d'écriture qui les sous-tend.

(I) code à unités de contenu marquant des unités de contenu;

(II) code morphématique-lexématique à valeur morphématique-lexématique;

(III) code phonique combinatoire à valeur phonique combinatoire.

(B) Un problème particulier se pose pour les codes phoniques discrétisants. En effet, là où les codes morphématiques-lexématiques ou les codes phoniques combinatoires ne posent guère de problèmes de corrélation avec les unités orales, les codes phoniques discrétisants n'identifient pas nécessairement *de façon univoque* les unités de la langue orale. A ce propos nous voudrions distinguer entre

(IVa) code phonique discrétisant à fonction phonologique univoque: cf. le code écrit du hongrois et du finnois;

(IVb) code phonique discrétisant à fonction morphophonologique: c'est le cas de codes écrits qui, là où se présente une variation allomorphique (par flexion ou par dérivation), notent, sur les frontières des morphèmes, l'unité morphophonologique (et non les phonèmes des variantes allomorphiques); là où il n'y a pas de variation allomorphique, ces codes remplissent leur simple valeur phonologique;

(IVc) code phonique discrétisant à fonction syllabique/morphologique/lexématique: on pourrait redéfinir cette fonction comme "prenant une valeur exosegmentale par un procédé de *pars pro toto*". Il s'agit de cas où les unités d'un code phonique discrétisant sont utilisées pour noter une syllabe qu'elles composent (cf. l'utilisation des lettres de l'alphabet pour dénoter leur épellation, très souvent syllabique dans les langues européennes), ou un morphème ou lexème (fléchi) qu'elles composent (cf. les abréviations U.N.O./O.N.U., S.N.C.F., etc.).

(C) En deuxième lieu il y a les codes qui se caractérisent par un fonctionnement qui est divergent du statut du type d'écriture qui sous-tend les codes écrits, c'est-à-dire qu'ils dénotent (aussi) des unités d'un niveau *différent* de celui auquel renvoie le système d'écriture qui les sous-tend. Le fonctionnement divergent de ces codes se combine avec un fonctionnement "normal": il s'agit toujours d'*emplois particuliers* d'unités du code avec une telle valeur divergente, et ces unités sont utilisées dans leur fonction normale à d'autres endroits du message ou dans d'autres messages.

(V) un code morphématique-lexématique à fonction phonétique (segmentale ou suprasegmentale): c'est le cas de l'emploi d'une écriture pictographique ou idéographique selon un principe rébus (par exemple en égyptien hiéroglyphique ou en chinois);

(VI) un code phonique combinatoire à fonction phonétique: c'est le cas des symboles kana en japonais - du moins les signes syllabiques du kana - qui s'ajoutent aux caractères chinois indiquant les morphèmes lexicaux (en même temps, ces signes ont une valeur morphosyntaxique: ils indiquent les frontières de mots ou de syntagmes);

(VII) un code phonique discrétisant à fonction morphologique: dans ce cas on peut parler d'une "surcaractérisation". Ce type de fonction est illustré par les "morphèmes visuels", comme par exemple les majuscules en allemand (cf. *Reise* - *(ich) reise*).

La distinction entre ces types de codes écrits appelle une addition importante. C'est que si l'on définit un code écrit comme un système de notation de messages en corrélation avec une langue parlée, il faut nécessairement admettre un ou plusieurs types de codes écrits mixtes: ainsi, le code écrit de l'égyptien hiéroglyphique est une combinaison d'un code morphématique-lexématique, d'un code phonique combinatoire (mais dénotant des combinaisons de consonnes) et d'un code phonique discrétisant (dont certaines unités ont la même valeur). En effet, un code écrit ne peut pas seulement englober différentes fonctions, mais aussi différents types d'écritures (l'histoire de l'écriture montre une évolution[4] vers l'élimination de différents types d'écritures coexistant dans un code écrit synchronique).

2. Le rapport entre les unités des codes écrit et oral

Le code écrit, en tant que manifestation spécifique d'un ou de plusieurs systèmes d'écriture, met en oeuvre un certain nombre d'unités (constituant une série ouverte ou fermée) qui sont combinées en fonction de certaines règles et qui renvoient à certains segments du contenu du message (éventuellement à travers un renvoi à des segments de l'analyse de ce contenu en unités de la langue orale). Nous avons déjà fait remarquer que les codes écrits, comme applications historiques de systèmes d'écriture, sont corrélés avec des états historiques de la langue (parlée), et qu'ils prennent place dans un circuit de communication utilisant des dimensions propres à lui.

Il importe maintenant de définir le statut des unités de la langue écrite et du code écrit. En général, les unités de la "langue écrite" ont été désignées par le terme de *graphème*. Il convient d'ajouter immédiatement que la plupart des auteurs qui utilisent le terme de *graphème* parlent indifféremment de la langue écrite et du code écrit. Or, cette distinction est essentielle pour notre propos. Un deuxième problème qui se pose à propos du statut du graphème, est que très souvent on part de la thèse (ou de la présupposition) d'un parallélisme entre le graphème et le phonème.[5] Et même dans cette perspective-là, le graphème est défini de différentes façons (cf. Martin 1980).

Il est toutefois nécessaire de distinguer entre unités du code écrit et unités de la langue écrite. Alors que les unités de la langue écrite sont à définir par segmentation de la forme graphique du message, et par une analyse distributionnelle d'un corpus de messages, les unités du code écrit doivent être définies en fonction de leur corrélation avec les unités du code oral qui y correspond: autrement on ne saurait rien dire de leur pertinence fonctionnelle. Ici nous sommes d'accord avec Kohrt (1985), si l'on interprète son emploi des termes *geschriebene Sprache* et *gesprochene Sprache* dans le sens que nous avons donné à *langue écrite* et *langue parlée* (en opposition avec *code écrit* et *code oral*). Kohrt (1985: 468) écrit:

> Als *Graphem* sollten emische Einheiten der geschriebenen Sprache im Buchstabenformat bezeichnet werden (die weitgehend präfiguriert sind), und der Bezug dieser Elemente zu den Einheiten der gesprochenen Sprache sollte bei ihrer definitorischen Festlegung ausgeblendet bleiben.

La position de Kohrt se cantonne dans l'analyse de systèmes alphabétiques; notre but est d'avancer une théorisation qui englobe les différents systèmes d'écriture. A ce propos, il faut mentionner la distinction, très importante à notre avis, que fait Nöth (1990: 261ff.) entre une conception "autonomiste" et une conception "hétéronomiste" de l'écriture: dans le premier cas, on étudie un système d'écriture (ou l'écriture dans ses différents types) comme un système de communication autonome; dans le second cas, on étudie le système d'écriture dans son rapport avec la langue parlée. Il est utile d'observer ici le manque de parallélisme avec la phonologie: là on dispose d'un *tertium comparationis*, définissable en traits phonologiques (articulatoires ou acoustiques), qui est le tableau des sons (idéalisés) représentés à travers les langues du monde; les systèmes phonologiques des différentes langues peuvent alors être décrits par référence à ce *tertium comparationis*. La situation n'est pas analogue pour l'écriture: là il faut partir de la multiplicité (irréductible) des systèmes d'écriture.[6] Il nous semble que cela justifie une approche autonome des systèmes d'écriture. Les unités de ces systèmes pourraient être appelées *grammèmes*, et on pourrait les définir en fonction de

(1) la "typicité" de leur forme (à tester, si la possibilité se présente, par des tests de substitution): cf. les tracés des signes hiéroglyphiques ou pictographiques, les différences de format (mais non de constitution formelle) des caractères écrits ou imprimés, etc.; ici, il s'agira d'établir la non-pertinence de certaines variations dans la forme matérielle des unités. Les réalisations concrètes des grammèmes peuvent être appelées des *grammes*.

(2) la "distribution" des unités (permettant de reconnaître par exemple des distributions complémentaires: qu'on pense à l'emploi de majuscules après certains signes de ponctuation[7]);

(3) la "non-divisibilité" de ce qu'on croit reconnaître comme unités: ici il faudra envisager des tests de contrôle pour voir si l'inventaire d'unités qu'on a établi n'est pas susceptible d'une réduction (en unités plus petites).

Les grammèmes ainsi segmentés sont les unités minimales d'un système d'écriture, dont on pourra éventuellement spécifier certains traits formels; ces traits sont des composantes, sans valeur de contenu communicatif (c'est-à-dire qu'un trait composant ne pourra jamais constituer un message minimal, alors qu'un seul grammème représente déjà un contenu - même s'il ne constitue pas un message complet). Un problème qui se pose à propos des traits graphiques est celui de la *détermination* des positions *pertinentes* des grammèmes; notons aussi que le problème se pose d'une tout autre façon pour les écritures de type phonique discrétisant et phonique combinatoire et les écritures morphématiques-lexématiques ou idéographiques.

Au niveau du code écrit, la définition des *unités pertinentes* nécessite une mise en corrélation avec le code oral. Cela implique que les unités peuvent changer de fonction à travers l'histoire de la langue (vu l'évolution différente des codes écrit et parlé d'une langue), et qu'une unité pertinente du code graphique pourra être constituée de deux (ou trois, etc.) formes qui ont en elles-mêmes le statut d'unités pertinentes, sans qu'on puisse faire l'économie de cette unité complexe.[8] On tiendra surtout compte du fait que les codes écrits sont le résultat de l'évolution de *pratiques* de notation graphique, dont le point de départ ne repose pas en général sur une analyse explicite de la structure phonique de la langue. Cela implique qu'il y a rarement une correspondance univoque entre les unités du code écrit et celles du code oral (et en général le sens de l'évolution des codes écrits est vers une correspondance de moins en moins univoque). Vu qu'il y a corrélation entre code écrit et code oral, il convient d'examiner la corrélation des deux points de vue: à partir des unités du code écrit, et à partir des unités du code oral.

Le but de l'examen devrait être l'établissement des unités pertinentes du code écrit, qu'on pourra appeler *graphèmes* (notés entre ‹ ›). La corrélation avec le code oral a été envisagée de plusieurs façons, comme il ressort des différentes définitions du graphème. Martin (1980), en se basant sur les définitions de dictionnaires (dictionnaires généraux, dictionnaires encyclopédiques, dictionnaires de terminologie linguistique) et celles données par des linguistes, distingue trois types de définitions du graphème (on notera que celles-ci sont confinées aux écritures de type alphabétique):

1. graphème = lettre/caractère de l'alphabet (les allographes sont les formes de la lettre dans l'écrit, dans l'imprimé, et englobent la distinction entre majuscules et minuscules);
2. graphème = unité minimale de signifiant permettant de distinguer des morphèmes et caractérisée par un ensemble de traits visuels discrets;
3. graphème = la plus petite unité de la forme écrite de la langue que l'on ne peut subdiviser en unités plus petites en tant que pendants graphiques d'unités de la forme parlée (cf. Hořejši 1962/1964/1970).

Comme l'indique Martin, ces définitions aboutissent à trois segmentations graphématiques différentes du mot français *temps*: celui-ci se compose de

(a) 5 graphèmes selon la définition [1]: t/e/m/p/s
(b) 2 graphèmes selon la définition [2]: t/emps
(c) 4 graphèmes selon la définition [3]: t/em/p/s.

On remarquera que la première définition n'est pas corrélative en fait; elle l'est peut-être implicitement, au sens où on regroupe les différentes "formes" d'une "lettre" sous un "graphème", vu que ces différentes formes correspondent à la même prononciation; reste qu'elle passe à côté du problème crucial de la *fonction* de certaines lettres (dans certaines positions: cf. *p* et *s* dans *temps*) et de certaines suites de lettres qui ont une récurrence générale (cf. *em*). La deuxième définition présente le désavantage qu'elle multiplie le nombre de graphèmes d'après la prononciation qui y correspond dans les mots qu'on examine: par exemple si l'on examine la série *ver*, *vers*, *vert*, *verts*, *vair*, *verre*, *verres*, on aboutira à l'inventaire suivant de graphèmes correspondant à /r/: ‹r›, ‹rs›, ‹rt›, ‹rts›, ‹rre›, ‹rres›. S'y ajoute encore la complication que la prise en compte ou non de contextes de liaison déterminera le nombre de graphèmes qu'on retiendra. Enfin, une telle analyse passe à côté du fait que des lettres telles que *p* dans *temps* et *champ* ont bel et bien une valeur si on les replace dans une série paradigmatique. En d'autres mots, l'approche qui mène à la première définition du graphème nous paraît insuffisamment corrélative, et celle qui aboutit à la deuxième définition est insuffisamment structurale.

Une analyse corrélative du code écrit et du code oral doit être basée sur des *séries* de correspondances, vu que le graphème en tant qu'unité pertinente du code écrit est nécessairement une unité "classématique", qui englobe des séries d'occurrences graphiques (dans des mots). Il nous semble qu'une telle analyse est surtout importante pour des codes basés sur des systèmes d'écriture phonique (dans le cas d'écritures morphématiques-lexématiques, on peut tout au plus regrouper sous un seul graphème des signes formellement distincts [comme "types", et non comme occurrences] qui seraient en alternance libre, sans différence de valeur phonique/sémantique). On pourra procéder à l'établissement de l'unité "graphème" d'après une démarche en plusieurs étapes:

(a) isolement d'une unité significative graphique (ou d'un groupe d'unités significatives graphiques), par observation d'une récurrence à travers le corpus: cf. *oeu* dans *coeur*, *choeur*, *moeurs*, etc.;

(b) essai de regroupement d'unités formellement distinctes (d'abord en contextes de support différents: formes manuscrites, imprimées; ensuite en contextes de "figuration" différents: lettres romaines, cursives, etc.; enfin, les deux types de contexte précédents restant identiques, en position contextuelle différente dans le corpus: cf. lettres minuscules et majuscules);
(c) examen du caractère généralisable de la classe ainsi établie: détermination de l'acceptabilité de la substitution mutuelle de tous les allographes réunis sous un seul graphème; vérification de l'extension sur des séries parallèles (par exemple *ù* et *u* constituent un seul graphème en français, mais cela ne vaut pas pour *è* et *e*);
(d) essai de constitution de graphèmes englobant d'éventuelles classes de graphes (types formels différents) en distribution complémentaire (cette étape repose nécessairement sur une analyse distributionnelle à travers le corpus complet et sur des tests de substitution à contrôle phonique; elle pourra être suivie par un examen du caractère généralisable des graphèmes ainsi établis).

3. Conclusion

Notre exposé a voulu montrer que l'écriture nécessite une approche *théorique*, d'une part parce qu'elle constitue un système de communication propre, d'autre part parce que son lien avec la langue parlée n'en est pas un de stricte dépendance ou d'inclusion, ce qui rend difficile un simple rejet de son statut spécifique. Un effort considérable a été fait ces dernières années pour apprécier la langue écrite dans sa spécificité, et il nous a semblé utile de reprendre un certain nombre de problèmes théoriques, d'autant plus que la théorisation qui a été tentée n'est guère uniforme et reflète des approches divergentes.

Notes

* Version condensée de l'exposé fait au *25. Linguistisches Kolloquium* à Paderborn, le 27 septembre 1990.

1 La typologie proposée ici permet d'inclure les typologies proposées jusqu'ici, que nous rattachons à leurs représentants les plus importants:
A. Gelb (1963): A1. écriture pictographique représentative/ mnémotechnique; A2. écriture "syllabique de mots"; A3. écriture syllabique; A4. écriture alphabétique.
B. Hill (1967): B1. écriture discursive; B2. écriture morphémique/morphologique; B3. écriture phonologique.
C. Trager (1974): C1. écriture sémémographique (pictographes, idéographes, logographes); C2. écriture phonémographique (syllabaires, alphabets) = C' (French 1976 et Nöth 1990): C'1. écriture plérémique; C'2. écriture cénémique.
D. Haas (1976) et Sampson (1985): D1. écriture sémasiographique: pictographes, idéographes; D2. écriture glottographique: logographes, syllabaires, alphabets.

2 L'éthiopien a des séries de signes pour les syllabes *ha*, *hu*, *hi* ..., *la*, *lu*, *li* ... (avec des modifications souvent parallèles de la "lettre de base").

3 Hill (1967) propose de réserver le terme de "logographique" à ce type d'écriture.

4 Cette évolution est en ce sens naturelle que le développement vers des codes écrits basés sur le type d'écriture alphabétique présente une capacité de dénotation expansive (lettres → syllabes, mots, concepts) qui

rend inutile (sauf peut-être pour des fonctions ludiques ou sociales très particulières) l'emploi d'autres types d'écriture.

5 Cf. Pulgram (1951) et voir Althaus (1980: 142): "Graphemik ist die Wissenschaft von den distinktiven graphischen Elementen der geschriebenen Sprache, von ihren Relationen, Systemen und Funktionen. Ihr entspricht die Phonemik als die Wissenschaft von den distinktiven phonischen Elementen der gesprochenen Sprache. So wie diese auf die Phonetik und deren Deskriptionen und Klassifikationen der Laute zurückgreift, so muß sich die Graphemik auf die Deskriptionen und Klassifikationen der Graphetik stützen - meist noch weitgehend unreflektiert."

6 Le fait que toute écriture puisse être transcodée en un autre type d'écriture (du même niveau ou d'un niveau "supérieur", cf. les systèmes tertiaires comme le code morse) n'est pas un contre-argument.

7 Notons toutefois que l'établissement d'une telle distribution complémentaire ne va pas sans problèmes (cf. l'emploi de majuscules pour des noms propres).

8 Ce cas (qui est celui des digraphes et des trigraphes) marque de nouveau une différence avec la situation en phonologie, où une combinaison de deux unités déjà posées comme phonèmes dans la description d'une langue ne recevra pas le statut d'unité phonologique autonome.

Références

Althaus, Hans Peter (1980): "Graphemik". - In: Althaus, Hans Peter/Henne, Helmut/Wiegand, Herbert Ernst (Hrsg.): Lexikon der germanistischen Linguistik (Tübingen: Niemeyer) 142-151, 2.A.

French, M( ) A. (1976): "Observations on the Chinese Script and the Classification of Writing-Systems". - In: Haas, William (ed.): Writing Without Letters (Manchester: University Press) 101-129.

Gelb, Ignace J. (1963): A Study of Writing. - Chicago: University of Chicago Press, 2nd ed.

Haas, William (1976): "Writing: The Basic Options". - In: Haas, William (ed.): Writing Without Letters (Manchester: University Press) 131-208.

Hill, Archibald A. (1967): "The Typology of Writing Systems". - In: Austin, W( ) M. (ed.): Papers in Linguistics in Honor of Léon Dostert (The Hague etc.: Mouton) 92-99.

Hořejši, Vladimir (1962): "Analyse structurale de l'orthographe française". - In: Philologica Pragiensia 5, 225-236.

- (1964): "Quelques traits caractéristiques de l'orthographe française". - In: Beiträge zur romanischen Philologie 3, 65-71.

- (1970): "Formes parlées, formes écrites et systèmes orthographiques des langues". - In: Folia Linguistica 5, 185-193.

Kohrt, Manfred (1985): Problemgeschichte des Graphembegriffs und des frühen Phonembegriffs. - Tübingen: Niemeyer.

Martin, Robert (1980): "Sur la définition du graphème". - In: Etudes de langue et de littérature françaises offertes à André Lanly (Nancy: Publications de l'Université Nancy II) 485-490.

Nöth, Winfried (1990): Handbook of Semiotics. - Bloomington: Indiana University Press.

Pulgram, Ernst (1951): "Phoneme and Grapheme: A Parallel". - In: Word 7, 15-20.

Sampson, Geoffrey (1985): Writing Systems. - London: Hutchinson.

Trager, George L. (1974): "Writing and Writing Systems". - In: Sebeok, Thomas A. (ed.): Current Trends in Linguistics. XII: Linguistics and Adjacent Arts and Sciences (The Hague etc.: Mouton) 373-496.

SEMIOTICS OF VISUAL / SPOKEN CIVILIZATIONS

Georgij Pocheptsov

Written and Oral are in mixed positions in modern civilizations. But it is only at the first glance. In reality we are living in two different types of civilizations simultaneously - the written and the oral one. They have no dependency connections, no real ties. They even look at different types of reality. We have good results in differentiating the two languages - the written and the oral one. But in order to understand this difference properly we had to look at this problem from some more general view, from the communicative/semiotic view.

Everything which is worthwhile is now going into the written civilization. Oral one we have at home, at ordinary use of speech in streets or in bars. Very little amount of information flows through the oral channels now; for example, at home or learning games between the little children. All other examples of the oral channels really are not oral as they are controlled by the written ones. I mean the TV, the radio, the university lecture, the conference speech and so on. So the oral has moved now to the domain of home use, not main one. And a little bit exaggerating we can say that in the future the humans can easily forget the oral speech as they have forgotten riddles, proverbs, fairy-tales and other oral types of texts. And now in the Russian language, f.ex., we have many interesting phonetic changes caused by the influence of the oral language. People are trying to pronounce according to the letter to letter design not from acoustic rules. Even in the case of the official oral speech (diplomats and so on) everything is finished in written form.

Man is oral by its nature, but the human grouping makes him written one. There exists the need for the collective language, freed from one person.

Semiotics is looking towards the arbitrariness of sign relations. Any branch of human culture as a result of functioning is increasing its semiotic structuring. For example in the first Soviet military uniform there were no shoulder-straps which has the meaning of equality. But after years of functioning all old signs emerged gradually, even we have today aiguillettes. Youth movements immediately create their own symbols - dress, haircut, language, behavior patterns. The semiotic channel results in emerging of units which suits it best. The success of the first examples makes from them the new standards. They begun to overcome sporadic differentiation towards systemic one.

The same can be found in Oral and Written. The functioning of the written channel caused the emerging of its own words, so called bookish, pedantic, abstract. They are not bad, they are from another channel. And they are good (even the best) for their own channel. Because in the written channel we have the possibility of the multiply creativity, here the correction can be made even at the latest level. Engaging such a powerful "yes-no"mechanism gives the possibility to work for the ideal patterns in making texts. But this is only a consequence. Writing becomes such a polishing mechanism only because it had taken on itself the functions of power. It has sacred function.

The language of power - that is the main function of writing. The language of power cannot have hesitations. We can find this only in answer, only in request and so on. The language of power is severely looking who is permitted to speak. Writing needs instruments, and the power controls this instruments. Power loves the atmosphere of secret for one and proximity for the other. The written language is working for all these functions. The writing as it is the language of power has emerged not only to overcome space and time, the main shortages of the oral speech. Writing can speak to the mass number of the consumers. The bigger power we have, the greater amount of people want to the power. In mass consumers lies the main task of the power. The herald, the town crier cannot make this so definitely, they cannot give the sameness to the voice of the power. The power likes itself and wants its voice to be heard without deviations. And now we can look at different levels of the above differentiation.

System. Visual systems are specialized in strengthening the senders role. At the same time the acoustic systems give the possibility to be in equal communicative positions, to form the active communication for the addressee also. The strong position of the sender automatically is lowering the positions of the addressee who only passively is taking the information and has no possibility to reshape the discourse. Letters to the editor, audience views etc. form only potential future communication, not this one. Possibly it is not only visualized communication feature, it is characteristic for the non-equal communication as a whole which we can find in any type of the social relations when some communicative types are judged as more significant than the others. Oral civilization also has the same instruments for blocking the addressee. For example, at the meeting some elements (the presidium, the chairman) are designed so as not to give equal rights to the speaker and to the audience. As a result the main communication here is a monological, not a dialogical one. Bachtins carnivals equality was only possible in the oral communicative situations. So orality as usual has a tendency to equal communicative chains. We have two mechanisms for generating information, the result can be chaotic, but it is equal. In visualized communication one of such centers must be somehow blocked. The resulted text will be a less chaotic one, but it can be realized only with the procedures not giving others to enter to the discourse. Oral has a predominance towards addressee because he can easily become a sender. It is his will, not someone's. Possibility of this switching can be blocked by different hierarchy positions. The highest hierarchy person is even having specialized time schedule when it is possible to speak to him.

Visual systems principally (by their design) are looking better from the point of view of non-equal communication. They give no possibility to answer at the same type of language for the consumer. Here beforehand are fixed the mutual dependence of the author and the consumers. You have to obey this dependence even if you are totally unagree.

Unit. Looking at the unit (visual or oral) we can find the following differences. The delay in creating visual units (because of the absence of the hearer) gives the possibility to make it better (as a result is emerging the notion of the aesthetic value of it). Longevity (and as a consequence more authority in it) helps to embrace as more people as possible.

Visual units (now we are speaking more on iconic signs) have another type of definiteness.Acoustic systems have two types of it: the detailed ones which is typical for lexical units and general ones, which is typical for grammatical units. In the case of the visual language the detail and the generality must be realized in one unit, on one level. Through the maximum detailisation (it is rather higher than in the acoustic language) processing is going to generality. But it is made by the consumer itself. So the grammatical processes are transferred from the system to the addressee. So his creative abilities must be higher than in the case of acoustic system. The visual text must have in itself keys for its interpreting, to help the consumer to form its possible grammar.

Adressee. The addressee has taken away his concreteness. He can be modelled by the speaker only at the level of mass reactions. He is not a real consumer, but an ideal one. The author is interested in narrowing the range of his possible reactions. Non-equal communication is also interested in it, as in such case the addressee has no right to speak, but only to hear. It is interesting that hearing is much more polite, more etiquette reaction than speaking, because of its non-activity.

Statics/dynamics. Acoustic system is more oriented towards dynamics, visual - towards statics. The acoustic text can live long only if it has been stored in the memory of the man. The visual text is realized without such an incarnation in the author. The correction of the acoustic text results in the dialogue, i.e. the new text. The correction of the visual text gives us another variant of the same text. And variants are the field of aesthetics. It is a repetition, the dialogue is never repeated. It is the text of this moment, not of the eternity.

Syntagmatics/paradigmatics. The oral speech lies on syntagmatic axes because it allows others also coexist. So it unites its elements with the help of the AND-sign. The written speech is a paradigmatic one. It unites its elements with the OR-sign. Taking all time and space for only one author arrives the necessity to give him name. The author is emerging only with written texts. The civilization has gone from the anonymous text to the author as an honorable profession. The paradigmatic attention must be specified: who is speaking for such a long time, has he a right to do so? The written text needs to present all the credentials of his author.

Time. The written text can be viewed as a communication with a slowing down time. Whenever it begins (for example in the Middle-Ages) it ends in the time-space point of the reader. So the written text gives us the possibility of a time loop: from my time to go to the authors and to return. The more is the gap, the more loop we have. Because of this the written text is a non-answering text. Every answer cannot go to the same time as the text was. The written text overcomes the time even at the level of the elementary signs "Bahnhof" or "Zoo". It lives at any time of my looking at it. It exceeds one man time, has another time-schedule than one person.

Truth value. The written text has a greater credit for truth: we need signature, not oral "yes/no" on a bank account. It is not only the matter of longevity, because we have many proverbs which look at a written word as at much higher one. The people credit to newspaper more than to the rumour. Usually events are in written form, the comments are oral.

Organizational/individual cognition. As a whole the written word belongs to the type of organizational cognition - taking this term from the psychology of management - (Angelmar/Schneider 1988). And as a result it has another time, another space, it even looks at another types of actions. And so we can understand the remark of Kress (1985:

46): "Writing has a structuring logic which differs fundamentally from that of speech. It is a logic of the nominal rather than of verbal, of objects rather than processes; of abstraction rather than specificness/concreteness; a logic of hierarchy and of integration rather than a logic of sequence and addition."

The organizational cognition works in another type of the reality. It sees not more but not the same. And for another type of reality humans have invented another type of language. But they were lazy and invented semi-another type. But gradually it has gone ahead and sometimes can eat its mother-tongue. Many thousands of people knew written English, and have no need for an oral one. We have some kind of illiteracy, but in the inversed form - so to say "ilorality". Everything is based on written forms and nothing on oral. But we must not kill the Written, we have to cure the Oral.

References

Angelmar, Reinhard/Schneider, Susan C. (1988): Issues in the study of organizational cognition. - Fontainebleau (= Working papers of European Institute of Business Administration in France 88/08).

Kress, Gunther (1985): Linguistic processes in sociocultural practice. - Deakin University (unpublished paper).

Schneider, Susan C./Angelmar, Reinhard (1988): Cognition and organizational analysis: who's minding the store?: Issues in the study of organizational cognition. - Fontainebleau (= Working papers of European Institute of Business Administration in France 88/52).

INTERAKTION ZWISCHEN SCHRIFTLICHER UND SCHRIFTLOSER KULTUR:
Linguistisches und Historisches in den thrakischen Glossen

Rumiana Siarova

Kann man eine "tote" Sprache erforschen und rekonstruieren, wenn diese nur durch eine andere, auch "tote" Sprache, überliefert ist? Probleme bei einem solchen Versuch will dieser Vortrag an einigen Beispielen zeigen. Im Betrachtungsfeld steht also nicht die Schrift in der schriftlichen und nicht die Sprache in der mündlichen, sondern die Schrift in der mündlichen Kultur.

Unter der schriftlichen Kultur ist die altgriechische zu verstehen[1]; das Charakteristikum "schriftlos" bestimmt im Gegenteil die thrakische Kultur, besonders in ihrer vorhellenistischen Periode - bis zum 3. Jh. v. Chr.[2] und kann in folgenden drei Stufen entwickelt werden:

- Kultur, die kein eigenes Schrifttum besitzt,
- Kultur, die nicht versucht, durch das Alphabet einer fremden Sprache zu schreiben und zu literarisieren,
- Kultur, die spät, selten, situationsgebunden und wahrscheinlich durch die Träger derselben Sprache in dieser schreibt und mittels ihres Alphabetes.

Wegen ihrer geographischen Lage, der eigenen staatsbildenden Prozesse und der seit dem 8. Jh. v. Chr. griechischen Kolonisation an der ägäischen und der Schwarzmeerküste, wurden die Thraker in Hellenisierungsprozesse einbezogen. Die Begegnung mit den anderen bedeutete Erschütterung von Traditionen, die Mündlichkeit wurde von der Schrift "berührt".

In der Peripherie der damaligen Ökomene liegend, wurden die Thraker meistens als Welt der Nicht-Hellenen, der Barbaren, betrachtet und so mit den entgegengesetzten Polen der moralischen Beurteilung in der griechischen Literatur beladen: entweder das Land der Seligen, durch die Zivilisation nicht Verdorbenen, oder der groben, rauhen und ungebildeten Barbaren. Diese Charakteristika wurden auch auf die Sprache bezogen: sie wurde imitiert, verspottet und verstellt; in der selben Weise wurde mit der von den Thrakern gesprochenen griechischen Sprache verfahren. Das Problem besteht aber darin, daß aus diesen Texten eine große Anzahl von Sprachquellen und Sprachresten stammt. Die Tatsache, daß es sich um eine "tote" (oder "abgestorbene", wie es umgangssprachlich ausgedrückt wird) Sprache handelt, läßt vor allem auf eine geschriebene Sprache schließen. Diese geschriebene Sprache ist zweideutig zu verstehen und zu erforschen; als Äquivalent der eigenen gesprochenen und als Metasprache der Fremden. Bei der griechischen Sprache selbst wird "der Versuch, aus Schriftlichkeit der Vergangenheit die lebende Rede hervorzuziehen, eine fast immer unmögliche Aufgabe sein" (Rydbeck 1987: 144), denn "für frühere Perioden gibt es nur Geschriebenes". Darüber hinaus sollte in Betracht gezogen werden, wie die griechischen Dialekte in Thrakien, geographisch und sozial gesehen, eindrangen; hauptsächlich auf der Basis der erhaltenen Inschriften und teilweise der indirekten literarischen Angaben.

Die Sprachquellen für das Thrakische sind also die Inschriften, die Glossen und die literarischen Texte.

A) Bei den ältesten Inschriften, die entweder auf Gefäßen oder auf Ringen stehen, verzweigen sich immer noch die Meinungen, ob es sich um Thrakisch, geschrieben mit griechischen Buchstaben, handelt, oder um schlechteres Griechisch[3]. Bei den jüngeren (6.-4. Jh. v. Chr.), besonders diese auf dem Rogozen-Schatz, handelt es sich zweifellos um die griechische Sprache. In diesem Falle ergeben sich zumindest drei Fragen von allgemein methodischer Bedeutung:
1) Ist es möglich, den Text zu verstehen und darüber hinaus Schlußfolgerungen über die Sprache zu ziehen, wenn dieser Text, dargestellt als Formel, im Kontext einer politisch-religiösen Handlung steht und von anderen mythologischen Darstellungen auf der Gefäßoberfläche begleitet wird, wenn man nur über die bekannten griechischen Symbole verfügt und keine schriftlich überlieferten thrakischen Mythen besitzt: die thrakische Religion, der Orphismus, ist eine Religion des gesprochenen Wortes[4]? Ist der geschriebene Text eine Ergänzung des gesprochenen Wortes in einem Ritual oder wird einfach das unbekannte Geschriebene als Träger magischer Kraft wahrgenommen?
2) Liegt das Ziel solcher Texte und Darstellungen im *Aussprechen* einer Kultur oder im *Ansprechen* einer anderen? Anders gesagt, deklarieren sie einfach ein (gemeinsames) Ereignis oder haben sie die Aufgabe, mit den Zeichen einer fremden linguo-sozio-kulturellen Gemeinschaft in der eigenen zwischen den verschiedenen Kulturmitgliedern zu agieren?
3) Aus den beiden Fragen ergibt sich eine weitere: wie betrachten die thrakischen Besitzer der Gegenstände mit Inschriften das Geschriebene, falls sie, wie es zu vermuten ist, mit raren Ausnahmen, illiterati waren. Die sogenannte handwerkliche Literalität (Ong 1976: 95) kann sich im konkreten Fall nur auf die Schreiber, Träger der fremden (griechischen) Sprache beziehen. Das waren Griechen, die darauf spezialisiert waren, Vermittler zwischen den beiden Kulturen mittels der Schrift zu sein.

B) Die zweite Gruppe von linguistischen Quellen sind die schon in der Antike als thrakisch bezeichneten Glossen (Velkova, 1981). Es sei erwähnt, daß seit Aristoteles (1453 a 13) ein Wort als Glosse bezeichnet wird, wenn es Dialekt, fremd, archaisch ist und es deshalb einer Deutung oder Übersetzung bedarf. Es herrscht heutzutage die Meinung, sie seien der glaubwürdigste Stoff in den thrakischen Sprachresten. Dieser Vorstellung versuche ich in meinem Vortrag zu widersprechen. Nach den Gesetzen der lexikographischen τέχνη stammen diese Wörter aus verschiedenen Epochen, Genren, von anderen Autoren, Dialekten und intellektueller Spannung; sie werden unterschiedlich wahrgenommen und überliefert, sie haben verschiedenen soziokulturellen Kontext. Die Zeit der Entstehung der Werke ist nicht die Zeit der Fixierung des griechischen Betrachters. In den bisherigen linguistischen Forschungen sowie auch in den historischen Interpretationen der linguistischen Angaben werden diese Besonderheiten der Textüberlieferung in den einzelnen Glossen nicht berücksichtigt. Normalerweise versucht man, ausgehend vom Standpunkt der ethymologischen Methoden in der Indoeuropäistik, die Wörter als thrakisch, mazedonisch, skythisch, phrygisch usw. zu erklären und dementsprechend die antike Behauptung von der sprachlichen Zugehörigkeit des Wortes freizusprechen und zu bestätigen. Wie in anderen Bereichen herrscht auch hier das Vorurteil, daß alles in Griechisch oder in Latein Geschriebene keinem Zweifel unterliegt. Es kommt so zu einem Teufelskreis, wenn man auf derartige Hypothesen über die phonetischen und morphologischen Besonderheiten des Thrakischen aufbaut. Dies gilt auch für die Lexik.

Es ist beispielsweise schon Tradition geworden, das Wort *βρῦτον* unter anderen mit Sicherheit als thrakisch zu betrachten. Wenn man aber die überlieferten Texte gründlich liest (Athen. X.29), ergibt sich folgendes:

- die antiken Autoren bezeichnen das Wort nicht als thrakisch,
- die Texte sprechen davon, daß der mit *βρῦτον* bezeichnete Gerstenwein von den Thrakern getrunken wurde, d.h. die Realie soll thrakisch sein, nicht aber das Wort,
- alle Texte beruhen letztendlich auf Archilochos, einem früheren Elegiker, der bekanntlich in äolisch-ionischer Sprache, der Versform entsprechend, dichtete. Das erhaltene Fragment ist jambisch, und das Wort *βρῦτον* mit einer langen und einer kurzen Silbe paßt dazu,
- nach dem Vergleich mit anderen griechischen Wörtern wie *βρῶμα*, *βιβρώσκω* (ide. bro-) kann man vermuten, daß es sich um ein griechisches Wort handelt, vielleicht dialektalisch, sogar metri causa vom Dichter verändert.

Die antiken Charakteristika "thrakisch", "skythisch", "phyrgisch", "mazedonisch" usw. beruhen oft auf falscher Information des Autors und seines Referenten, Tendenziosität des Werkes, Analogievorlieben, Unsicherheit sowie Zweifel an der Tradition der Deutung des Namens sowie auf Fehler der Glossographen, für die der ursprüngliche Kontext unbekannt war. Besonders auffällig ist dies bei den Sprachresten, die nur in antiken Komödien überliefert sind. Man darf nicht vergessen, daß es für den Dichter unwichtig ist, ob wirklich die thrakische Aussprache wiedergegeben wird. Es reicht wenn es - im Rahmen des nötigen Metrums - für den griechischen Zuhörer "barbarisch" klingt.

Diese als nichtgriechisch bezeichneten Wörter sind mehr oder weniger eine griechische Version: mit griechischen Buchstaben, nach den Regeln der griechischen Wortbildung, oft leidend unter der sogenannten Volksethymologie. Genauso, wie es ursprünglich dastand, wurde es von dem Lexikographen exzerpiert und weitergegeben. Von den danebenstehenden Übersetzungen versucht man den Kasus zu erkennen, z.B. *ἄργιλοσ μῦσ Θρᾳκιστι*[5], *βρίαν τὴν πόλιν Θρᾷκεσ*[6].

Es gibt interessante Fälle, in denen bestimmten griechischen Wörtern Homonyme aus anderen Sprachen gegeben werden, dabei das Ganze im Rahmen einer ätiologischen Erklärung, meistens bei den Geschichten von den Städtegründungen. So steht bei Hesych (ed. Latte.) *ἄργιλλα οἴκημα Μακεδονικόν, ὅπερ τερμαίνοντεσ λούονται*[7], weshalb *argilla* als mazedonisches Wort betrachtet wird. Ist es aber wirklich mazedonisch und hat diese Bedeutung? Es wird behauptet, *argilla* sei eine Parallele zu dem griechischen *ἄργοσ*[8] und dem oben erwähnten thrakischen *ἄργιλοσ*[9], was eigentlich auch aus einem solchen Lexikon kommt. Man nimmt als genügende Erklärung eine Geschichte, nach der die Stadt so genannt wurde wegen einer bei der Gründung gefundenen Maus. *Argilos* ist aber zweifellos ein griechisches Wort, und die ganze Geschichte um das thrakische Homonym ist hapax, nur bei Phavorin, einem Autor aus den 2. Jh. vorhanden. Die literarisch und inschriftlich überlieferten Ortsnamen aus der Reihe *Απζοσ*, *Ρακηλοσ*, *Ριγίνια*, *Αργίσκη*, *Εργίσκη*, *Εργινοσ*[10] stellen die Frage, ob unter dem Ortsnamen *Ἄργιλοσ* im Thermeischen Golf nicht ein nah klingender einheimischer Ortsname steckt, der bei der griechischen Kolonisation zu dem nah stehenden griechischen Wort angepaßt wurde. Die spätere Literatur, die im Unklaren ist, warum die Stadt diesen Namen trägt, ist gezwungen, sich eine auf Homonymie beruhende Ätiologie auszudenken. Dieser Fall ist analogisch dem mit der Stadt Kardia, wo zu dem griechischen Wort für Herz (καρδία) ein so klingendes skythisches erscheint (Hesych, s.v. καρδία). Solche Beispiele in der kleinasiatischen Toponymie werden von Zgusta (Zgusta 1981: 31) gelungen als "ad hoc ausgedachte Ätiologien", oder "ätiologisch im Hinblick auf den Ortsnamen konstruierte Sage" bezeichnet.

Wenn in Fällen wie Ειδομένε Ιδομέναι der Unterschied in der schriftlichen Überlieferung mit der geschichtlichen Entwicklung der griechischen Sprache und Orthographie, bei Μίλκοροσ Μιάκοροσ mit einem graphischen Fehler zu erklären ist, so verbirgt sich wahrscheinlich hinter Ορβελόσ' Ολβελόσ, Πίστιροσ Βίστιροσ eine Besonderheit der thrakischen Konsonanten, die zu einer Unsicherheit bei der Übernahme ins Griechische führt. Deswegen ist es von methodischer Wichtigkeit die Erforschung zuerst der beschreibenden (Meta-)Sprache und der griechischen Dialekte, und erst dann der thrakischen Sprachreste zu betreiben. Die antike Behauptung, ein Wort sei thrakisch, kann mit gleicher Wahrscheinlichkeit falsch oder richtig sein. Die linguistische Analyse darf erst nach der Textkritik und der Quellenanalyse kommen. Man ist außerdem gefährdet, linguistische Angaben mit einer Zeitdistanz von mehr als einem Jahrtausend synchronisch zu betrachten, ignorierend dabei auch, daß die Thraker unter einem ständigen und intensiven Einfluß standen seitens verschiedener linguo-ethnischer Gemeinschaften: Griechen, Mazedoner, Römer, Illyrer, Kelten, usw.

C) Die dritte Gruppe der Sprachreste ist die der ein- oder zweiteiligen thrakischen Namen, die in den griechischen (und später lateinischen) Inschriften bezeugt sind (Mihailov. IGB). Es gibt z.B. keine zweiteiligen Namen, zu denen als erster Bestandteil der Name einer griechischen Gottheit erscheint, und als zweites: das thrakische - πορισ, - ζενισ, - κενθησ[11]. Deshalb kann man vermuten, daß die thrakischen zweiteiligen Namen älter als der griechische Einfluß auf die thrakische Namenbildung sind und diese Namen altthrakisch sind. Es ist sehr auffällig bei den Varianten des von der Literatur bekannten Herrschernamens Αμάδοκοσ, daß auf Inschriften und Münzen Αμάτοκοσ (Detschew 1957: s.v.) steht, entweder weil das dabei stehende Symbol die Doppelaxt als + benutzt werden konnte, oder wegen der Anpassung an das griechische -τοκοσ, oder wegen der besonderen Aussprache der einheimischen Bevölkerung (Vlahov 1966: 305).

Im Zusammenhang der historischen, archäologischen und linguistischen Quellen kann man nur Hypothesen aufbauen, daß Thraker, sozial verschieden, die griechische Sprache in ihrer dialektalenen Mannigfaltigkeit und geschichtlicher Veränderung gesprochen, aber nicht geschrieben hatten. Die erhaltenen Sprachquellen zeigen die Wiedergabe, Nachahmung und Verdolmetschung der thrakischen Sprache durch Griechen mittels der griechischen Sprache und ihrer Schrift, die in der Literatur und in den Inschriften überliefert sind. Die andere Seite der Interaktion beider Kulturen mittels der Schrift sind auf Münzen oder Gefäßen erhaltene formell griechische Texte, die aber mit einer sozialen Bestellung von den thrakischen Herrschern zu verbinden sind. In der Pulsation der Schrift als Vermittler von Kulturgütern zielen diese zwei Richtungen verschiedener psychodynamischer und soziokultureller Wertigkeit letzendlich auf die schriftliche Kultur. Die schriftlose greift zu der

Schrift, weil die letzte zu den sozial- und kulturbedeutendsten Zeichen der fremden und stärkeren, des Zentrums im Gegensatz der Peripherie, gehört, um von ihr verstanden zu werden und dadurch in eigener Gleichwertigkeit als Kulturpartner zu überzeugen.

Die geschriebenen Texte brauchen nicht verstanden zu werden von der eigenen societas, sondern von der fremden. Sie sind ein Teil innenpolitischer Handlungen, die ihre außenpolitische Erklärung und Anerkennung brauchten. Umgekehrt ist es bei der Münzprägung, die noch nicht vom Standpunkt der Sprache und Kommunikation erforscht wurde: die griechischen Kolonien prägten den Namen des Herrschers, zu dem sie Tribute zahlten, aber dieses Geld wurde als Schatz gesammelt. Das Geschriebene deklarierte eine Gebundenheit und Abhängigkeit und der wirkliche Adressat war selbst die griechische Ökomene, weil es nur dort seine immanente Rolle spielte (vgl. Fol 1975: 105).

Als Einfluß der schriftlichen Kultur und resp. als Anpassung an das fremde Kulturmodell sind auch die frühen Grabinschriften zu verstehen, wo in einem der griechischen Religion und dem griechischen Kult entsprechendem Standard thrakische Namen erscheinen. Sogar im konservativen Bereich des Totenglaubens wirkt die fremde Kultur durch die magische Kraft der Schrift. Die graphischen und sprachlichen Besonderheiten der Namenschreibung zeigen deutlich, daß die Handwerker Griechen waren. Ob die Besteller es lesen konnten, läßt sich im geringen Maße bei der hellenisierten Bevölkerung vermuten. Es bleibt die Vorstellung dadurch, daß die schriftlose Kultur für sich selbst und in sich selbst in einem breiteren als oben erwähnten sozialen Umfang, zuerst die magische (andere Stufe von Kommunikation) und dann die alltäglich kommunikative Funktion der Schrift erkennt und verwendet, was aber erst in einer späteren Zeit, unter der Auslösung der ethnischen und kulturellen Homogenität eintritt, in einer anderen historischen Periode.

Anmerkungen

1 Zu dem Begriff "Schriftlichkeit bei Glück 1987: 12; weiter Ong 1978.

2 Über das Ethonym und über die Thraker in der Zeit der sogenannten geschriebenen Geschichte - I. Jahrtausend v. Chr. bei Fol 1972: 69ff.

3 Siehe bei Duridanov 1976 und Georgiev 1977.

4 Siehe Fol 1986.

5 Übers.: argilos. Maus auf Thrakisch.

6 Übers.: brian die Stadt die Thraker [nennen].

7 Übers.: argilla: Makedonische Stätte, wo [die Leute] im Dampf baden.

8 Übers.: grau, glänzend, weiß.

9 Bei Detschew 1957: s.v.

10 Bei Detschew 1957: s.v.

11 Geordiev 1976: 55, gründlich Besevliev 1970, Vlahov 1972.

Literatur

Besevliev, Vesselin (1970): Untersuchungen über die Personennamen bei den Thrakern. - Amsterdam.
Detschew, Dimiter (1957): Die thrakischen Sprachreste. - Wien.
Fol, Alexander (1975): Фол, А. Тракия и Балканите през ранноелинистиескaта епоха. - София.
- (1986): Тракииският орфизьм. - София.
- (1972): Политическа история на траките. - София.
Georgiev, Vladimir (1977): Траките и техният език. - София.
Glück, Helmut (1987): Schrift und Schriftlichkeit. Eine Sprach- und kulturwissenschaftliche Studie. - Stuttgart.
Mihailov, Georgi (1970): Inscriptiones Graecae in Bulgaria repertae I [II-IV: 1958-1966] - Serdicae, 2.A.
Ong, Walter Jackson (1987): Oralität und Literalität. Die Technologie des Wortes. - Wiesbaden.
Rydbeck, Lars (1967): Fachprosa, Vermeintliche Volkssprache und Neues Testament: Zur Beurteilung der sprachlichen Niveauunterschiede im nachklassischen Griechisch. - Uppsala.
Velkova, Zivka (1981): The Thracian Glosses. - Amsterdam.
Vlahov, Kiril (1966): "Sind die Wortteile -DOKOS, -TOKOS u.a., die in zweistämmigen Personennamen thrakisch?" - In: Ziva Antika XV-2, 295-304.
Zgusta, Ladislav (1984): Kleinasiatische Ortsnamen. - Heidelberg.

ISDN: SPEECH? WRITING? COMMUNICATION!

Jörg Diekneite

What is ISDN?[1]

Basically, the Integrated Services Digital Network is a digital telephone network. Being digital, however, it not only ensures improved sound quality for telephone calls but also allows for faster and more accurate transmission of any data. Thus, all telecommunications services on offer, e.g. teletex, telefax and the various data link services, can be used more effectively in an ISDN environment. The meaning of the word 'integrated' in this context can best be explained by looking at the hardware involved. A standard ISDN line consists of two data channels operating at a transmission rate of 64,000 bit/s and one control channel operating at 16,000 bit/s. ISDN carries a total of 144,000 bit/s. The control channel carries information such as extension numbers and the type of service in use. The two data channels can be connected to telephone, teletex, telefax or data link equipment. Now, having two instead of the usual one channel, two services can be used at the same time - in an integrated way.

One set-up of ISDN

For the purpose of this paper one particular set-up of ISDN shall be examined more closely. This is the combination of telephone and teletex. This combination was chosen because teletex is the most advanced medium for the exchange of written information and offers the most freedom of text manipulation of all the telecomunications services that use writing.

Some features of Teletex[2]

Teletex is a telecommunications service that transmits pieces of writing directly from one word processing computer to another. Texts which are to be transmitted by teletex can be prepared in the same way as any other text and texts received by teletex can be processed in the same way as any text written in one's own office. This means that all standard word processing operations, such as insertion, deletion, error correction and the merging of whole texts, are possible. In addition to these options texts can be transmitted to another place in a very short time. In a standard environment the transmission of one A4 page takes roughly eight seconds. In an ISDN environment this time is reduced to two seconds.

Due to an in-built protocol facility Teletex is also considered to be legally binding. The teletex computer automatically notes the date, time, filename, length and addressee of each document that is sent. This feature can be compared to sending letters by registered post.

What are the uses of ISDN?

The German Bundespost propose that the set-up described above be used for documentation purposes:

> [Sie können] mit einem Gesprächspartner telefonieren und ihm zur selben Zeit ein Teletex schicken, um die besprochenen Themen sofort zu dokumentieren.[3]

This is a very broad description of the uses of this particular combination of telecommunications equipment. Documenting the topics of a telephone conversation implies that one of the partners types while he speaks. This can hardly result in a written document that comes up to the standards usually applied in writing. More realistically, the proposed ISDN set-up can be used for collaborative writing, i.e. the creation of written texts where the focus of attention of the partners is on the written, not on the spoken part of the 'conversation'. The situations for collaborative writing can be divided into two classes. First, in what I would like to call "True collaborative writing" both partners are genuine authors of the resulting text. Both authors contribute to the contents as well as to the form of the actual text of the document. The second type of collaborative writing is assistance. Here, one of the partners is the author of a text; the other contributes either to the content or to the form of the actual text. Assistance with the content of a text is any kind of non-linguistic expert advice. Assistance with the form of text comprises all forms of linguistic advice in text production, such as proof-reading, translation, etc.

ISDN and efficiency

Another important question in the context of ISDN is the cost-efficiency issue. Apart from the higher monthly base rate the costs of an ISDN line are the same as those of an ordinary telephone call. In order to establish whether an ISDN 'conversation' is cost-efficient the alternative ways of achieving the same result must be considered. The main problem in collaborative writing is the distance between the authors. It does not arise with people who work or live in the same town. If they do not, the possibility of travelling to meet in one of the authors' living or working place must be considered. This is the first alternative to using modern telecommunications equipment. Another alternative way of overcoming distance in collaborative writing is of course the ordinary mailing of printed documents or computer disks. The disadvantages of this procedure are the time factor and the necessity to formulate any questions or comments concerning the written text in a very precise and unambiguous way so they can be understood from their written form. If any further questions arise on the addressee's side, these can be cleared by telephone. This, however, implies a spoken description of the problem in the written text in order to establish the necessary basis for communication. Thus the cost-effectiveness of this particular procedure cannot be determined by adding the cost of sending the documents, but the extra effort of encoding the metacommunicational elements must be taken into consideration.

The two alternatives proposed constitute a trade-off between ease of communication and cost. On the one hand travelling is expensive in time as well as in financial terms. On the other hands, conducting the collaborative creation of a text via mail is a cheap but lengthy and, considered from a communicational point of view, clumsy process. ISDN thus should be used when travelling is impossible or too expensive and when ordinary mail is considered to be too slow or communicationally inadequate.

Nevertheless, there are restrictions regarding collaborative writing with teletex and telephone. These are mainly concerned with the length of the written text that is to be discussed in one session. If there are several pages to be read by one of the partners it is certainly more efficient to send them ahead to give the other side time to familiarise themselves with the contents, so the ensuing ISDN session can be conducted more efficiently.

Functions and interactions in collaborative writing

As both partners in true collaborative writing are authors they both contribute independently written passages to the text. In order to create a unified text, points of content as well as form have to be discussed and agreed upon.

As they go through the stages of text production, the basis for discussion as well as the appropriate communicational environments change. The original planning and outlining of the text, when the different tasks are distributed between the partners, is best done in a face to face situation. As the authors go on to produce drafts of their passages of text these need to be exchanged and commented upon. Using the traditional method of mailing copies, comments concerning the form of the text can easily be made between the lines or on the margin of the paper. Comments on content, however, require more space when written down and force the writer to make any reference to the original text explicit. In a face to face situation these comments would be made orally with the text available for reference. In an ISDN environment this situation can be approximated by sending the text via teletex and making comments via the telephone. Furthermore, changes to the text can be made immediately and the thus revised version can be sent again so that it is available to both partners. The final stage before finishing a text, e.g. for publication, is proof-reading. Here too, in cases of ambiguity feedback from the fellow writer may be necessary. Using ISDN, contact can be made quickly and ambiguities can be cleared by referring to the text orally.

An author may need assistance during different stages of text production. Expert advice of a non-linguistic nature is likely to be asked prior to writing or during the production of a first draft. Linguistic advice will be necessary during the finishing stages of text production.

Some examples of ISDN based communication

In true collaborative writing ISDN can be best applied in situations, where the bulk of a text is made up of standardised set phrases and passages. This is the case in legal matters, e.g. when a contract is drawn up. Slightly overstated, most of the text consists of set phrases which are designed to avoid ambiguities, but which are also rapidly produced by an experienced lawyer. Thus writing a contract could be regarded as the assembly of a raw text from boilerplate with the simultaneous or subsequent insertion of the relevant data, such as the names of persons or firms involved, object of the contract and the period of its validity, etc. Usually, lawyers are assigned the task of drawing up contracts and agreements. The details of a bilateral agreement are worked out in a conference of lawyers without the presence of the partners of the contract themselves.

A situation like this is ideally suited to collaborative writing via ISDN. Both authors of a text have a common linguistic and professional background which allows them to clear any misunderstanding quickly using speech. They will both have made drafts of the desired contract which they can send to each other via teletex or by mail in advance. Both lawyers seated in front of their ISDN terminals and connected to each other, the details of the contract can quickly be agreed upon. The text can be manipulated according to the result of the lawyers' discussion which is conducted orally with permanent reference to the written text. The result of this process is a finished document which only lacks a signature in order to be a valid contract.

Another situation, where ISDN is of use is the ordering of goods. The Deutsche Bundespost mention an example of a building firm who order a spare part for one of their machines using teletex. The brochure[2] praises teletex for its speed and efficiency in placing and confirming the order. They do not, however, mention the difficulties that can arise when the persons in the building firm cannot exactly describe the spare part they need.

Using ISDN the supplier of the spare part could find out which part is needed by talking to the best informed person in the building firm and sending the relevant drawings and descriptions, which show the defective part in the place where it is mounted in the machine. Thus, ISDN can be used to bridge an information gap in a conversation between a specialist and a layman.

Distribution of communicative functions between speech and writing

In collaborative writing, both true collaborative writing and assistance, the main characteristic of any interaction between the partners is feedback. The written text always forms the basis for and the object of this feedback, while speech is the medium for feedback itself. The written text is altered as a direct result of a discussion conducted using speech. The combination of teletex and telephone in an ISDN environment offers an efficient approximation of a face to face conversation. Furthermore it offers enhanced text manipulation facilities that are not necessarily present in a face to face conversation. Thus, speech and writing are combined into a unified, integrated and dynamic communication process, where the one medium aids the functioning of the other.

The implication for linguistics is that it is no longer viable to assign the values of dynamic, livid and immediate to speech alone. Through the possibility of immediate feedback writing becomes as dynamic, livid and immediate as speech itself.

Notes

1 Source: Deutsche Bundespost (1988): Ansichten und Einsichten rund um ISDN KNr.658 400 042.

2 Source: Deutsche Bundespost (1989): Teletexgerät TTX 11. Das Teletexgerät der Zukunft: mehr Informationen pro Sekunde. KNr. 658 400 172.

3 Deutsche Bundespost (1989): Teletexgerät TTX 11. Das Teletexgerät der Zukunft: mehr Informationen pro Sekunde. KNr. 658 400 172.

DIE FUNKTIONSPRINZIPIEN DER SCHRIFT IN DER GEGENWÄRTIGEN ORTHOGRAPHIE DES DEUTSCHEN

Veränderung der Perspektive der graphem(at)ischen Theorie

Rolf Müller

Die Diskussion der Funktionsprinzipien der Schrift ist nach wie vor aktuell, wie neueste Veröffentlichungen beweisen (Müller 1989, Naumann 1990).[1]

Jede sprachliche Formulierung will dargestellt, realisiert werden. Für die deutsche Formulierung ist die artikulatorische und die schriftliche Realisierung möglich. Für die Realisierung ist von "Funktionsprinzipien" die Rede, die ziemlich geklärt sind für die artikulatorische Äußerung. Die für das Mündliche erkannten Prinzipien werden als Ereignisse der Phonemik/Phonetik mitgeteilt. Funktionsprinzip ist dort, daß Phoneme durch Laute/Phone ausgedrückt werden. Diese einfache Zuordnung wird weniger eindeutig, wenn Allophonie vorliegt.

Zur Veranschaulichung seien übliche Beispiele gegeben:

[χ]		[ç]	[ʁi:çən]	<riechen>
		[χ]	[ʁaχə]	<Rache>
/n + g/	→	[ŋ]	[ʁiŋ]	<Ring>
/n + k/	→	[ŋ + k]	[kʁaŋk]	<krank>
/n + t/	→	[n + t]	[bunt]	<bunt>

Abhängig ist die jeweilige Realisierung des Phonems - im ersten Beispiel /χ/, im zweiten /n/, - von Stellungsbedingungen, welche seinen Allophonen komplementäre Distribution zuweisen.[2]

Wie ist das nun bei der Schrift?

Es vermittelt sich der Eindruck, als ob die, - hier als irrig beurteilte -, Meinung von einem Funktionsprinzip: 'Buchstabe stellt Laut/Phon dar' überaus verbreitet sei. Es gibt die Klage, die deutsche Schrift verfahre leider nicht ganz "lautgetreu", insofern keine 1:1-Entsprechung zwischen Phon und Buchstabe bestehe.

Vor der Annahme dieses phonetischen Prinzips müßten manche Beobachtungen hinsichtlich der Realisierungsmodalitäten warnen; als da z.B. sind:

Die Unempfindlichkeit der Orthographie gegen die sog. Auslautverhärtung, die ein Ereignis der Artikulation ist. Schriftlich wird entgegen dem lautlichen Befund der Buchstabe für das zugrundeliegende Strukturelement gewählt, so in <*Wald*>. Die Allophone der Phoneme zu den stimmhaften Enge- und Verschlußlauten sind im Wort- und Silbenauslaut stimmlose Laute, so daß es in der deutschen Hochlautung in dieser Position keine stimmhaften Laute gibt.[3] Die Orthographie sieht in dieser Position allerdings die Buchstaben <b>, <d>, <g> vor.

Das Nichtpräsentieren von Buchstaben für Allophone. An den beiden oben gegebenen Beispielen läßt sich gut zeigen, daß die Schreibung ihre Zeichen nicht entsprechend der phonetischen Analyse variiert. Trotz mehrerer Allophone in den

Beispielen wird jeweils nur ein Buchstabe benutzt. Die zuvor genannte sog. Auslautverhärtung kann man auch hier subsumieren, denn mit dem Terminus ist auf eine Stellung in komplementärer Distribution hingewiesen.

Die semantischen Schreibungen, wie *das : daß*; *wider : wieder*; *Weise : Waise*; *malen : mahlen*; *Moor : Mohr*, werden hingegen nur schriftlich differenziert , während sie in der phonetischen Analyse keine Unterscheidungen erbringen.

Der Gebrauch der Majuskeln in verschiedenen grammatischen Positionen und die Verwendung der Interpunktionszeichen, mit denen der Schreiber mentale Sachverhalte nachweist, über die er sich auf intellektuell-reflektorische und nicht auf phonetische Weise Gewißheit verschafft hat.

Die Erwartung der Lauttreue der Schrift des Deutschen, der Existenz eines p h o - n e t i s c h e n Funktionsprinzips also, dürfte eine trügerische und in Vorurteilen begründete Hoffnung sein. In diesem Beitrag wird hingegen ein hypothetisches Modell über das Verhältnis von mündlicher und schriftlicher Sprachtätigkeit vorgestellt, mit dem andere Zusammenhänge behauptet werden. Es soll sich im folgenden als erklärungskräftig bewähren.[4]

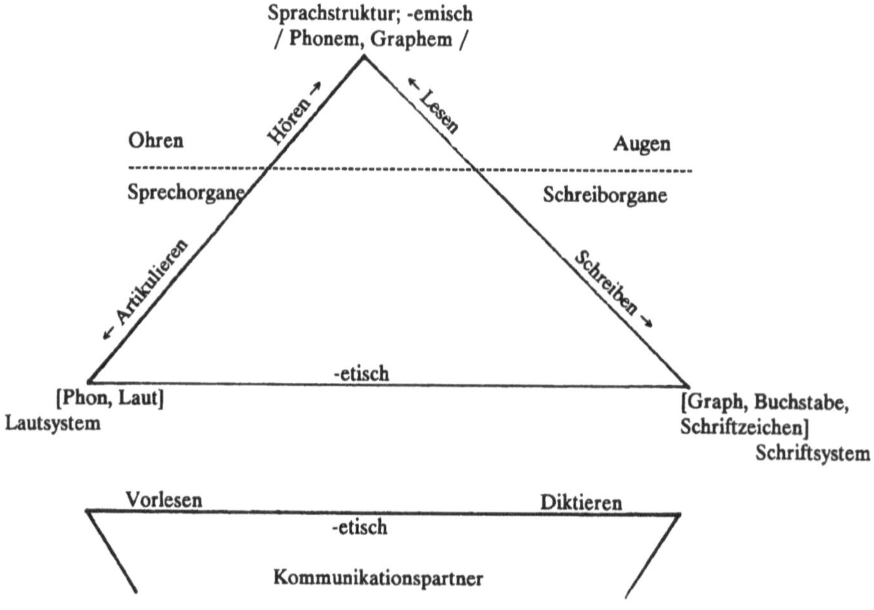

Anhand dieses Modells soll den Phonemen, Graphemen und sonstigen e m i s c h e n Identitäten, wie den durch Interpunktionszeichen wiedergegebenen, ein theoretischer Status zugewiesen werden.[5] Man stellt sie sich am besten als grammatisch, zudem sehr real, im Gehirn diskret gespeichert vor. Nach gängiger Auffassung handelt es sich nur um abstraktive Größen, Konstrukte, welche aufgrund operationaler Verfahren der Linguistik (Minimalpaarbildung, Distributionsanalyse) erkannt werden. Das Modell zeigt, daß die gegebenen Formulierungsimpulse über die Produktions- oder

Rezeptionsorgane des Kommunizierenden vermittelt werden. Die Seiten des Dreiecks bilden die Bahnen nervöser Vermittlung ab. Schriftliche und artikulatorische Sprachkommunikation werden in dieser modellhaften Abbildung als autonom angesehen. An dieser Stelle sei darauf hingewiesen, daß es nicht angehen kann, mit den Termini "Phonem" und "Phon" Identitäten unterschiedlichen theoretischen und essentiellen Status auseinanderzuhalten, den Terminus "Graphem" aber zwanglos und synonymisch mit "Graph" bzw. "Buchstabe" zu vertauschen, wie es bei Butt/Eisenberg (1990: 36/43f.) definitorisch versucht und praktiziert wird.

Aufgrund dieses Modells ist bei Müller (1989: 195f.) eine Gesamtschau der Beziehungen zwischen den vollständigen Inventaren, dem phon e t i s c h e n (I), dem phon e m i s c h / graph e m i s c h e n (II) und dem graph e t i s c h e n (III) hergestellt worden. Das entstandene Schema ist zu umfangreich, um es in diesem Beitrag vollständig wiederzugeben; deshalb das Schema nur in folgendem Ausschnitt:[6]

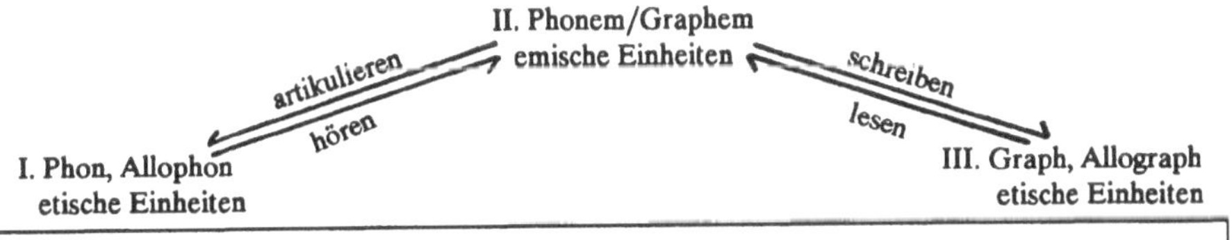

3. [ɛ] [ə]	1.	/ɛ/	<e + 2 Rz oder verdoppeltem Rz>	
			<ä + 2 Rz oder verdoppeltem Rz>	8.7
4. [ɛ:]		/ɛ:/	<ä + 1 Rz> <äh + 1 Rz>	9.7
5. [e:]		/e:/	<e + 1 Rz> <eh + 1 Rz> <ee + 1 Rz>	9.8
23. [b] [p]	6.	/b/	<b>	
24. [d] [t]	5.	/d/	<d>	
25. [g] [ç] in-ig [k]	7.	/g/	<g>	
35. [s]		/s/	<s> <ss> <ß> (<ss> für nicht existentes <ßß>	1.
36. [z] [s]	8.	/z/	<s>	
37. [ʃ]		/ʃ/	<sch> <s> (<sch> auch für nicht existentes <schsch>)	2.

In der Kopfleiste ist leicht das Dreiecksmodell wieder auszumachen. In den Spalten I, II, III sind jeweils Existenzformen sprachlicher Einheiten mitgeteilt, und zwar je Zeile des Schemas für ein Beispiel. Hier muß die Beziehung zwischen II und III interessieren, weil sich das grundlegende Funktionsprinzip der Buchstabeneinheit herausstellt:

(a) Buchstaben realisieren Phoneme/Grapheme. Die Schriftzeichen, dazu gehören auch die Interpunktionszeichen, repräsentieren emische Identitäten.

Wie in der Phonemik/Phonetik der Sachverhalt der Allophonie festzustellen ist, so in der Graphemik/Graphetik der der A l l o g r a p h i e. Wenn man für Allo-Formen komplementäre Distribution fordert, dann kann man diese anhand von Beispielen des Schemas auch im Schriftlichen feststellen. Zeile 35: *ß-ss* (*Grüße-Flüsse*); Zeile 37: *st-*, *sp-* : *schK-* (K=Konsonantenbuchstabe außer <p> und <t>; *Stein-Schwein*, *Spanne-Schlange*). Es gibt auch Fälle, in denen k e i n e r l e i vorhersagbare Distribution feststellbar ist. Zeile 3: *e-ä* (*Welt-Wärter, Stelle-Ställe*); Zeile 4: *ä-äh* (*wägen-wählen*); Zeile 5: *e-ee-eh* (*legen-Seele-stehlen*). Gar keine Allographie zeigen die Zeilen 23, 24, 25, 36. Die Ordinalzahlen am Ende von Zeilen der Spalten I und III des Schemaausschnittes beziehen sich auf die Erörterungen distributioneller Verhältnisse in der Allophonie (Spalte I) und Allographie (Spalte III). Um ein Beispiel zu geben, sei hier die Analyse zu 1. in Spalte III, Zeile 35 in Analogie zu Müller (1989: 183) zitiert:

1. /s/ wiedergegeben durch <ß>, <ss>, <s>
Die Graphen sind so distribuiert, daß <ß> gewählt wird im Wortauslaut (na*ß*, Gru*ß*) und im Inlaut nach langem Zentralzeichen des Morphems (Grü*ß*-e); <ss> vor Vokal des Suffixes und nach kurzem Zentralzeichen des Morphems (Nä*ss*e); <ß> wird ferner gewählt in abgeleiteten Wortformen, wenn die Ursprungsform <ß> benötigte und das Graph vor <t> einer Flexionsendung zu stehen kommt (na*ß* - er nä*ß*t; gro*ß* - am grö*ß*ten). <s> steht in Flexionsendungen und am Ende grammatischer Formwörter (du sing*s*t; de*s* Tage*s*; wa*s*, e*s*, da*s*), ferner in Verbindung mit zum gleichen Morphem gehörenden Rahmenzeichen (Ma*s*t, Ha*s*pel, Ma*s*ke, Wach*s*). Eine Einzelregelung ist die Schreibung <daß> für die Konjunktion /das/. <ß> entbehrt übrigens eines Majuskelpendants, da /s/im Deutschen nicht im Wortanlaut auftritt. Es ist auch ein jüngerer Buchstabe als die im Alphabet aufgezählten, so daß von daher kein Majuskelzeichen überliefert ist. Dies sieht sich an wie die Sammlung von Feststellungen zur Formulierung der entsprechenden Rechtschreibregel.

Während bei Allophonie komplementäre Distribution ausnahmslos gegeben und eine funktionale Motivierung wegen der Bewegungsökonomie bei der Artikulation feststellbar ist, fällt solches für die Allographie nicht auf. Die Allographie bringt hingegen eine Verunklärung des grundlegenden phonemisch-graphemischen Funktionsprinzips (a) und wirkt ganz dysfunktional. Dies ist die Antwort auf die eingangs gestellte Frage.

Am graphetischen Zeichenbestand, der im bezogenen Gesamtschema in Spalte III aufgebracht wird, lassen sich vier weitere Funktionsprinzipien nachweisen:

(b) das Funktionsprinzip der Wortsegmentierung, dem durch Blanc bzw. Spatium entsprochen wird;

(c) das syntaktische Funktionsprinzip, zu dem auch die Substantivmarkierung gerechnet ist, welchem durch Majuskelgebrauch und Interpunktionszeichen entsprochen wird;

(d) das semantisch-pragmatische Funktionsprinzip, welchem mit den graphetischen Auszeichnungen für die Anredepronomina durch Majuskel, für die direkte Rede und für die Textgliederung entsprochen wird;

(e) das syllabische Funktionsprinzip, das durch die Verwendung des Strichs für Worttrennung am Zeilenende zum Tragen kommt.

Schlußbemerkungen

Als Quintessenz dieser Ausführungen soll bemerkt werden,

daß das Funktionsprinzip der Buchstaben- / Interpunktionsschrift, bis auf den Sachverhalt der Worttrennung am Zeilenende, nicht phonetisch, sondern graphemisch/phonemisch ist;

daß man unter didaktischem Aspekt die schwierig zu lehrenden und erlernenden Passagen des Orthographiesystems identifizieren kann. Es sind die Bereiche der Allographien, wo der intensivste Aufwand im schriftsprachlichen Anfangsunterricht, in der Organisation (Rechtschreibunterricht) und Reflexion (Erfahrungsdidaktik) des Unterrichts betrieben wird;

daß beim Nachdenken über Rechtschreibreform die Erkenntnis anzustreben wäre, es müßten die Allographien behoben werden zugunsten der Herstellung der Biuniquität (Monographetisierung) von emischen Einheiten und sie darstellenden Graphen.

Anmerkungen

1 Nachdem außer dem Aspekt der schriftsprachlichen Didaktik auch der der Linguistik stärkere Berechtigung gefunden hat, verläuft die Diskussion wesentlich theoriebewußter.

2 Diese ist für /χ/die Stellung entweder nach Vorderzungen- oder nach Hinterzungenvokal; für /n/die Stellung entweder vor /g/oder vor /k/oder vor anderem Phonem.

3 Ausnahmslose Regel nach Stötzer et al. (1969: 44). Im Widerspruch dazu sind in einigen Belegen des Wortverzeichnisses die Phone in entsprechender Position als Stimmhafte zu transkribieren; z. B. *Gablung*, *Lügner*, *Siedler*, *Wandrer* u.a. Allerdings scheint das eine Reaktion auf das Wissen um eine ursprüngliche Dreisilbigkeit der Wörter (*Wanderer*) zu zeigen, der eine eindeutige phonetische Wirklichkeit wohl nicht entspricht.

4 Dieses Modell ist von Müller/Schipper (1981: 113) im Zusammenhang eines linguistischen Erklärungsversuchs der Legasthenie schon herangezogen worden; weiterbenutzt von Müller (1989: 193).

5 Die e m i s c h e und e t i s c h e Dimension der sprachlichen Funktionsträger ist in der Linguistik seit langem angenommen und definiert (Bußmann 1983: 130f.).

6 Frühere Versionen des Schemas sind bei Müller (1989: 208) in Anmerkung 38 aufgezählt. Unter Berücksichtigung der theoretischen Prämissen aus dem vorgestellten Dreiecksmodell soll hier ein neuerlicher Schritt der Optimierung getan sein.
Dazu gehört auch die bei Müller (1989: 206) in Anmerkung 20 begründete Maßnahme, die Termini "Zentralzeichen" (Abk.: Z z), "Rahmenzeichen" (Abk.: R z) sowie "Morph" und "Morphem" hinzuzufügen und aufeinander zu beziehen. Es hat sich gezeigt, daß die Buchstaben bezüglich der Struktur des Morphems und dessen Realisierung, des Morphs, in zwei Klassen geteilt aufgefaßt werden. Die Buchstaben der einen Gruppe stehen im Zentrum oder Kern des Morphems (Z z); sie werden umrahmt von den Buchstaben der anderen Gruppe (R z). Da es sich hier um optisch ausgedrückte und visuell rezipierte Graphe handelt, werden die Termini benutzt, welche die Suggerierung einer akustisch/auditiven Identität vermeiden. Im lautlichen Feld sind die Termini "Vokal" für die im Silbenkern stehenden Phone und "Konsonant" für an rahmende Stellung gebundene Phone üblich.

Literatur

Bußmann, Hadumod (1983): Lexikon der Sprachwissenschaft. - Stuttgart: Kröner.
Butt, Matthias/Eisenberg, Peter (1990): "Schreibsilbe und Sprechsilbe". - In: Stetter (Hrsg.) 34-64.
Feldbusch, Elisabeth (Hrsg.) (1989): Ergebnisse und Aufgaben der Germanistik am Ende des 20. Jahrhunderts. Festschrift für Ludwig Erich Schmitt zum 80. Geburtstag. - Hildesheim etc.: Olms-Weidmann.
Müller, Rolf (1989): "Die Funktionsprinzipien der Schrift in der gegenwärtigen Orthographie des Deutschen". - In: Feldbusch (Hrsg.) 174-210.
- /Schipper, Klaus Peter (1981): Zwischen Lese- Rechtschreibschwäche und Legasthenie. Eine Erklärung aus linguistischer Sicht. - Frankfurt am Main: Lang.
Naumann, Carl Ludwig (1990): "Nochmals zu den Prinzipien der Orthographie". - In: Stetter (Hrsg.) 145-162.
Stetter, Christian (Hrsg.) (1990): Zu einer Theorie der Orthographie: interdisziplinäre Aspekte gegenwärtiger Schrift- und Orthographieforschung. - Tübingen: Niemeyer.
Stötzer, Ursula et al. (1969): Wörterbuch der deutschen Aussprache. - München: Hueber.

DEUTSCHE 'DENTALEPITHESE' UND 'AUSLAUTVERHÄRTUNG'
Phonologische, morphologische und orthographische Aspekte, sowohl synchron als auch diachron

Manfred Kohrt

0. Im folgenden geht es - im Verbund - um Phonologie, Morphologie und die (Ortho-)Graphie des Deutschen am Beispiel eines relativ kleinen Schnittbereichs zwischen diesen drei Gebieten. Versucht wird überdies eine Vermittlung von synchronen (hier: gegenwartssprachlichen) Besonderheiten mit der Diachronie, so daß das Gewordene im Zusammenhang mit seinem Werden analysiert wird. Und da man nicht allem zugleich dieselbe Aufmerksamkeit schenken kann, ist es im weiteren vornehmlich um die orthographische Gestalt des Neuhochdeutschen zu tun.

Im Brennpunkt der Erörterung werden die graphischen Auswirkungen zweier phonologischer Prozesse stehen, die in der Geschichte des Deutschen eine nicht unwesentliche Rolle gespielt haben (und noch spielen), nämlich die sog. 'Dentalepithese', der Einschub von alveolaren Plosiven unter bestimmten Bedingungen, und die sog. 'Auslautverhärtung', also die Entstimmung von Obstruenten, wiederum unter gewissen kontextuellen Restriktionen. Wie diese beiden phonologischen Prozesse sich graphisch und insbesondere orthographisch ausgewirkt haben und noch auswirken, soll angesichts der im ersten Absatz genannten übergreifenden Schwerpunktsetzung genauer beleuchtet werden.

Der antiken Forderung nach 'brevitas' und 'perspicuitas' zugleich läßt sich sowieso nur schwer gerecht werden, und dies gerade in einem so knappen Artikel wie dem vorliegenden. Verkürzungen, die das Verständnis stören mögen, sind somit unvermeidlich, und ich kann - als 'captatio benevolentiae' - den Leser hier nur vorgreifend um Nachsicht bitten. Bei dem im folgenden gänzlich Ausgesparten ist er erst recht auf sein eigenes Nachdenken angewiesen.

1. Generelle Bemerkungen zur sog. 'Auslautverhärtung'

Der inzwischen altehrwürdige Begriff der 'Auslautverhärtung' ist, ungeachtet der vielfachen konzeptuellen Wandlungen im Bereich der Lautforschung resp. Phonologie seit mehr als einem Jahrhundert, immer noch gang und gäbe, obwohl der frühere 'ohrenphonetische' Terminus der 'Verhärtung' längst artikulatorisch als 'Entstimmung' (engl. 'devoicing') gedeutet worden ist.

Verwandt wird der Ausdruck *Auslautverhärtung* sowohl im diachronen als auch im synchronen Zusammenhang. Zunächst wurde diese Bezeichnung im wesentlichen im Kontext der Sprachgeschichte gebraucht - um nämlich jenen phonologischen Prozeß des Sprachwandels zu kennzeichnen, bei dem in der Übergangszeit vom Ahd. zum Mhd. stimmhafte Konsonanten unter bestimmten Bedingungen stimmlos wurden; vgl. etwa:

(1) a. ahd. *tag* > mhd. *tac* > nhd. [ta:k][1], <*Tag*>
b. ahd. *giloubta* > mhd. *g(e)loupte* > nhd. [glaoptə], <*glaubte*>

Für eine linguistisch präzise Rekonstruktion dieses Wandels gibt es, wenn man sich die problematischen Formulierungen auch noch in neuen Auflagen der Handbücher anschaut (vgl. etwa Paul 1989: 130f.), offenkundig noch viel zu tun. Für unsere Zwecke hier sei nur ganz grob zweierlei festgehalten: daß sich die Evidenz für diesen Wandel wesentlich aus der Graphie ergibt (vgl. mhd. <tac>, <tages> und nhd. <Tag>, <Tages>) und daß sich diese Veränderung im Nhd. in regelmäßig alternierenden morphologischen Formen mit stimmhaften und stimmlosen Segmenten niedergeschlagen hat, und zwar nicht nur bei Plosiven wie in (1), von denen im diachronen Zusammenhang primär die Rede ist, sondern auch bei anderen Obstruenten (vgl. etwa *mies*, [mi:s] - *miese*, [mi:zə] oder *brav*, [bra:f] - *braver*, [bra:vəʀ]).

Im Rahmen einer theoretisch begründeten synchronen Analyse des Nhd. war für einen P r o z e ß der 'Auslautverhärtung' zunächst kein Platz; dem o.g. Wechsel von stimmhaften und stimmlosen Obstruenten in morphologisch verwandten Formen suchte etwa die Prager Phonologie mit Hilfe von Konzepten wie 'Neutralisierung' (kontextbedingte Aufhebung phonologischer Oppositionen) und 'Archiphonem' beizukommen (vgl. z.B. Trubetzkoy 1939: 69). Erst die Konzeption einer synchronen Prozeßphonologie, wie sie als 'generative Phonologie' im theoretischen Gesamtrahmen der generativen (Transformations-)Grammatik entwickelt wurde, machte es möglich, den Begriff 'Auslautverhärtung' wiederum bei der Analyse der deutschen Gegenwartssprache zu verwenden - indem nämlich das letzte Segment einer zugrundeliegenden 'lexikalischen' Repräsentation wie /ta:g/ beim Ableitungsprozeß in gewissen Kontexten entstimmt wurde (vgl. *Tag*, [ta:k] oder *täglich*, [tɛ:kliç]). Notorisch strittig ist in einem solchen Rahmen, was denn dabei überhaupt unter 'Auslaut' zu verstehen ist, mit anderen Worten: wie der für die betreffende Regel relevante Kontext genau bestimmt werden muß. Handelt es sich um den Morphem- oder den Silbenauslaut, und was ist jenseits morphologischer und syllabischer Grenzen evtl. sonst noch relevant? Für die Konzeption einer primär morphologisch bedingten Auslautverhärtung haben sich Wurzel (1970), Kloeke (1982) u.a.m. ausgesprochen, für eine wesentlich von Silbengrenzen bestimmte etwa Vennemann (1972), Wurzel (1981) und jüngst noch einmal Rubach (1990).

2. Die 'Auslautverhärtung' und ihre (ortho)graphische Widerspiegelung

Die mhd. Graphie spiegelt, wie oben bereits gesagt, in dem Wechsel von <g> und <c>, <b> und <p> usw. oftmals die Auswirkungen der Auslautverhärtung direkt wider (s. <tac> vs. <tage>, <lop> vs. <lobes> etc.); eben dies gilt für die nhd. Rechtschreibung nicht mehr (vgl. <Tag> - <Tage>, <Lob> - <Lobes> usw.). Dennoch ist, wenn wir frühen Äußerungen von Chomsky, Halle u.a. folgen (vgl. Kohrt 1987: 12ff.), die orthographische Gestalt der letztgenannten Wortformen nicht vollkommen irrelevant: verweist sie doch dem Vermeinen nach oftmals auf zugrundeliegende Formen der lexikalischen Repräsentation, die den phonologischen Derivationsprozessen als Ausgangspunkt dienen.

Wenn wir einem solchen Ansatz folgen, so wäre immer dort, wo in der orthographischen Verschriftung ein Zeichen für einen stimmhaften Laut steht, die betreffende phonetische Korrespondenzform jedoch ein stimmloses Segment enthält, in der lexikalischen Repräsentation des jeweiligen Wortes am Ende des Stamms ein stimmhaftes Element anzusetzen, das dann durch 'Auslautverhärtung' stimmlos gemacht würde (also etwa: <Lob>, [lo:p] und demzufolge /lo:b/ → [lo:p]).

Eine derart einfache Strategie würde allerdings bei nativen Wörtern wie *Abt*, *Herbst*, *Obst* usw., bei Einheiten wie *ab*, *ob* und *weg* und zudem bei fremdsprachlichen Ausdrücken wie *Admiral*, *Obduktion*, etc. zur Ansetzung von zugrundeliegenden Formen mit stimmhaften Obstruenten führen, die kaum zu rechtfertigen wären (s. unten). Es ist kein Problem, die Regel der 'Auslautverhärtung' so zu formulieren, daß sie auch all diesen Fällen Rechnung trägt, aber dabei gibt es dann zumindest zwei gravierende Probleme: zum einen hat es sich gezeigt, daß die orthographische Ausbuchstabierung lautlicher Einheiten keineswegs grundsätzlich auf die Ebene der lexikalischen Repräsentation bezogen sein kann[2], so daß der durch das Geschriebene gelieferte Hintergrund sowieso zweifelhaft bleibt, und zum anderen fehlt für eine solche Lösung jegliche zusätzliche Evidenz, wie sie etwa durch den synchronen Wechsel von stimmhaften und stimmlosen Segmenten, die jeweils orthographisch gleich ausbuchstabiert werden, bei morphologisch verwandten Formen geliefert wird (vgl. *Lob*, *Lobes* sowie *loben*).

Mit einem solchen Vorgehen auch bei Wörtern wie *Abt*, *Herbst*, *Obst* usw. würde man fälschlich diachrone Faktoren in die Synchronie inkorporieren (vgl. mhd. *abbet*, *herbest*, *obez* etc.), und Ähnliches würde auch für den Bereich der Fremdwortintegration gelten (s. *Admiral* usw.); zudem zeigen gewisse nicht-standardsprachliche Verwendungsweisen von Wörtern wie *ab* und *weg*, daß in diesen Fällen offenkundig Formen mit stimmlosem Obstruent lexikalisiert worden sind (s. Kohrt 1987: 132ff.). Was Einheiten mit dem Buchstabencluster <gd> anlangt, so ist eine differenzierte Betrachtung notwendig. Wörter wie *Gelübde*, *Jagd* oder *Magd* dürfen nicht einfach über ein und denselben Kamm geschoren werden: Für *Jagd* ist eine gewisse morphologische Transparenz anzunehmen (vgl. *jagen*), die die Annahme eines zugrundeliegenden /g/ stützt, und dasselbe mag man, wenngleich schwächer, auch für *Gelübde* in Anspruch nehmen (vgl. *geloben*); die Ansetzung eines zugrundeliegenden /g/ in *Magd* entbehrt jedoch einer solchen Motivation. (Und eine Entstimmung von /d/ zu [t] im Wortauslaut von *Jagd* und *Magd* anzunehmen, ist problematisch, da hier m. E. inzwischen ebenfalls eine Relexikalisierung eingetreten ist.)

3. Die 'Sproßkonsonanten' [d] und [t] - synchron und diachron

Im synchronen System der deutschen Gegenwartssprache können nach Nasalen unter bestimmten Bedingungen homorgane Plosive eingeschoben werden[3]:

(2) a.	*Gans*	/gans/	[gants]
b.	*Hemd*	/hɛmt/	[hɛmpt]
c.	*Hengst*	/hɛŋst/	[hɛŋkst]

Von diesen 'Sproßkonsonanten' soll uns hier nur der erstgenannte Fall interessieren, wie wir ihn bisweilen auch im absoluten Auslaut nhd. Wörter finden:

(3) *eben* /e:bən/ [e:bənt]

Daß der epenthetische Prozeß in (2-a) rein phonologisch bedingt zu sein scheint, in (3) hingegen phonologisch u n d morphologisch-lexikalisch, soll uns hier nicht weiter kümmern. Im gegenwärtigen Kontext ist nur zweierlei von Bedeutung: daß in all diesen Fällen eine Homorganität von epenthetischem Segment und voraufgehendem Konsonanten eine Rolle spielt und daß die betreffenden Plosive in der nhd. Orthographie n i c h t widergespiegelt werden.

Im Laufe der deutschen Sprachgeschichte sind durch sog. 'Dentalepithese' allerdings bereits eine ganze Reihe neuer Wortformen entstanden, die dann in der deutschen Orthographie z.T. (vgl. Russ 1982: 39) mit <t> oder <d> verschriftet worden sind, vgl. etwa:

(4) a.	mhd. *en-* (*enberen* usw.)	>	nhd. *ent-* (*entbehren* usw.)
b.	mhd. *saf*	>	nhd. *Saft*
c.	mhd. *habech*	>	nhd. *Habicht*
d.	mhd. *anderhalp*	>	nhd. *anderthalb*
e.	mhd. *obez*	>	nhd. *Obst*
f.	mhd. *ieman/nieman*	>	nhd. *jemand/niemand*
g.	mhd. *iergen*	>	nhd. *irgend*
h.	mhd. *eigenlich*	>	nhd. *eigentlich*
i.	mhd. *morgenlich*	>	nhd. *morgendlich*
j.	mhd. *vollen*	>	nhd. *vollends*

Es ist behauptet worden, daß all diese Fälle phonetisch induziert seien (so Key und Richardson 1972: 225). Faktisch in Anspruch genommen werden kann dies aber nur bei (4-a) sowie bei (4-e) bis (4-j), evtl. auch noch bei (4-d) (bei Annahme von [r] statt [ʀ]), keinesfalls jedoch bei Fällen wie (4-b) und (4-c) mit [f] bzw. [ç] als vorangehendem Konsonanten. Insgesamt gesehen sind für die verschiedenen Fälle offenkundig sehr differenzierte Erklärungen notwendig, die nicht nur das rein Phonologische in den Blick nehmen dürfen (vgl. schon den Hinweis von Behaghel 1924 sowie neuerdings die detaillierten Analysen von Benware 1979 und Russ 1982: 38ff.).

4. 'Dentalepithese', 'Auslautverhärtung' und die deutsche Orthographie unter diachronem und synchronem Aspekt

Von welchen Faktoren sind nun die unterschiedlichen Schreibweisen der epenthetisch entstandenen Segmente (nämlich als <t> resp. <d>) beeinflußt, wie sie in der jetzt geltenden Orthographie des Neuhochdeutschen 'singulär kodifiziert'[4] worden sind?

Hypothetisch anzunehmen wäre zunächst, daß die Differenz zwischen <t> und <d> im wesentlichen auf der Natur diachroner phonologischer Prozesse beruht. Demzufolge wäre nach stimmhaften Segmenten generell ein stimmhafter Sproßkonsonant entstanden, nach stimmlosen jeweils ein stimmloser, die dann auch entsprechend graphisch bezeichnet wurden - und da die Auslautverhärtung in der nhd. Rechtschreibung nicht berücksichtigt wird, kommt es dabei auch zu Korrespondenzen zwischen <d> und [t] (vgl. *jemand* usw.). Ein solcher Ansatz würde es erlauben, den Fällen (4-b), (4-c), (4-e), (4-f), (4-g), (4-i) und (4-j) Rechnung zu tragen, und evtl. wäre es möglich, auch (4-a) in einen solchen Rahmen zu integrieren.[5] Keinesfalls aber lassen sich (4-d), (4-h) auf diese Art und Weise behandeln - und dies ist gerade im Fall von (4-h) besonders gravierend, da die Klasse der betreffenden Wörter sehr groß ist, vgl. neben *eigentlich* etwa:

(5) ***gelegentlich, flehentlich, hoffentlich, namentlich, öffentlich, ordentlich, vermeintlich, verschiedentlich, wesentlich*** **u.a.m.**

Der obigen Erklärung zufolge müßte es sich hier überall um 'Ausnahmen' handeln - de facto aber ist gerade das vermeintlich reguläre (4-i), *morgendlich*, ein völlig isolierter Fall!

Angesichts dieses Faktums bietet sich eine zweite Hypothese an, die der gerade genannten Verteilung Rechnung trägt: daß nämlich eine Ausbuchstabierung mit <t> der normale, unmarkierte Fall ist, eine Verschriftung mit <d> hingegen der markierte, der nur dann erscheint, wenn besondere morphologische Gründe vorliegen.[6] Eine solche Annahme wird den Beispielen (4-a) bis (4-e) sowie (4-h), die das Gros der Fälle ausmachen, direkt gerecht, und es bleibt nur, für die mehr oder minder isolierten Fälle (4-f), (4-g), (4-i) und (4-j) solche morphologischen Begründungen nachzureichen, die eine Verschriftung mittels <d> plausibel zu machen vermögen.

Nehmen wir zunächst den Fall (4-f), mhd. *ieman, nieman*; nhd. *jemand, niemand.* Diese Pronomina wurden im Mhd. regelmäßig flektiert: Gen.Sg. *iemannes* (nhd. *jemandes*), Dat.Sg. *iemanne* (nhd. *jemand*). Ein epenthetischer Verschlußlaut nach [n] bildet dann aufgrund syllabischer Präferenzgesetze notwendigerweise den Anfang der letzten Silbe[7] (also: [ieman$dəs] usw. Eben dies aber vermag ein [d] gegenüber [t] in den Flexionsformen noch nicht zu begründen; vgl. etwa nhd. (*des*) *Saftes*, [zaf$təs]. Anders als bei solchen Substantiven läßt sich jedoch bei den betreffenden Pronomina ein analogischer Anschluß an die Form des definiten Artikels postulieren (vgl. Gen.Sg. mhd. *des*, nhd. *des*), der dann letztlich die Verschriftung mit <d> auch in den endungslosen Formen *jemand* und *niemand* begründet.

Bei Fall (4-g), mhd. *iergen*, nhd. *irgend* ist angesichts der Unflektierbarkeit dieses Wortes keine direkt vergleichbare Erklärung möglich, um die Schreibung mit <d> zu rechtfertigen. Zu vermuten ist hier ein sekundärer analogischer Anschluß an *jemand* und *niemand*, vermittelt nicht zuletzt über Kombinationen wie *irgendein* und *irgend jemand*.

Demgegenüber relativ einfach zu begründen ist hingegen der unter (4-j) angeführte Fall, nämlich mhd. *vollens*, nhd. *vollends*. Hier hat offenkundig eine 'Reanalyse' stattgefunden, bei der das mhd. Adverb *vollens* nun als von dem zusammengesetzten Verb *vollenden* abgeleitet betrachtet wurde; andere deverbative Ableitungen von Participia praesentia wie *eilends* oder *zusehends* bilden dafür einen zusätzlichen Hintergrund. Eine neue morphologische Deutung scheint auch ausschlaggebend für den Wandel von mhd. *gemeinlich* zu nhd. *gemeindlich* zu sein, indem das durch Epithese betroffene Derivat nun nicht mehr auf das Adjektiv *gemein*, sondern auf das Substantiv *Gemeinde* bezogen und somit eine neue Transparenz etabliert wurde.

Im Rahmen der allesamt mit <t> verschrifteten *lich*-Ableitungen unter (5) ist die in (4-i) angeführte Form *morgendlich* völlig isoliert, und es gibt offensichtlich auch keinerlei direkten morphologischen Zusammenhang, der das <d> in diesem Fall rechtfertigen könnte. Ein solcher Konnex besteht jedoch indirekt - indem nämlich *morgendlich* mit *abendlich* zusammengesehen wird, wo das <d> independent begründet ist (vgl. *Abend*). Ein solcher analogischer Anschluß ist nicht nur semantisch gesehen sehr plausibel, sondern er läßt sich in synchroner, gegenwartssprachlicher Hinsicht sogar mit noch mehr Hintergrund versehen: in der Umgangssprache finden wir nämlich statt der regulären Pluralform des entsprechenden Substantivs *(die) Morgen* bisweilen die abweichende Form *(die) *Morgende*, die nur als analoge Bildung zu *(die) Abende* gedeutet werden kann. Daß eine solche Analogie hingegen auf die adverbielle Form *morgens* (vgl. **morgends*) n i c h t durchgeschlagen hat, ist angesichts der Vielzahl sonstiger auf *-ens* endenden Adverbien im Nhd. nicht weiter verwunderlich.

5. Abschließend

Die Probleme, die sich dem Sprecher/Schreiber bei der Verschriftung des epithetischen Segments als <t> oder <d> stellen, sind überschaubar und in der Mehrzahl der Fälle nicht allzu gravierend: infolge des völligen Wegfalls von *en-* ist im Präfixbereich eine durchgängige Regularisierung eingetreten, und auch die sonstigen Wörter sind weitestgehend relexikalisiert und bieten nur kleinere Schwierigkeiten (wie etwa die tendenzielle morphologische Opakheit bei *anderthalb*). Problematisch bleiben letztlich nur die auf [...ntliç] und [...n(t)s] endenden Wortformen, aber hier sind - wie bei anderen, nicht-epithetischen Problemfällen[8] - ebenfalls Regularitäten zu erkennen. Vor dem Suffix *-lich* gibt es generell kein <...en> (mit <e> für Schwa), sondern nur epithetische Fälle mit orthographischer Auswirkung, und hier ist die Verschriftung mit <d> eindeutig markiert (angesichts der Transparenz von *abendlich*, *jugendlich* usw. bleibt nur *morgendlich* als merkmalhaltig übrig). Bei den auf [...n(t)s] endenden Adverbien hingegen ist <...ents> von vornherein ausgeschlossen und die orthographische Widerspiegelung eines epithetischen Segments durch <d> wiederum eindeutig markiert.

Anmerkungen

1 Daß daneben auch noch die Formen [ta:x] und [tax] existieren, ist im gegenwärtigen Zusammenhang unerheblich.
2 Vgl. dazu die detaillierten Erörterungen bei Kohrt (1987: Kap.I.).
3 Zur Rechtfertigung der Annahme einer Epenthese auch im Fall von (2-c) s. Kohrt (1980: 793ff.).
4 Zu den Begriffen 'Kodifikation (von Regeln)' und 'singuläre Regel' vgl. Kohrt (1987: 368ff.) sowie Kohrt (1990: 114ff.).
5 Da schon im Mhd. *en-* und *ent-* nebeneinander standen, war hier eine einfache Form des Anschlusses gegeben.
6 Diese Markiertheitsverhältnisse spiegeln offenbar diejenigen auf der phonologischen Seite wider; vgl. dazu etwa die Bemerkung von Lehmann (1964: 661), "[that] the epenthetic consonant involved most extensively is a voiceless stop."
7 Vgl. dazu das 'Anfangsrandgesetz' und das 'Endrandgesetz' bei Vennemann (1986: 38).
8 Vgl. etwa die Komposita mit <tod-> resp. <tot-> als Erstglied (<todmüde> vs. <totschlagen>). Die orthographische Generalisierung ist hier die, daß alle verbalen Zusammensetzungen <tot-> haben, alle adjektivischen hingegen <tod-> - obwohl dies zu gewissen Ungereimtheiten führt (s. etwa <totenbleich>, aber <todbleich>).

Literatur

Behaghel, Otto (1924): "Zum anwachsenden t (d)". - In: Beiträge zur Geschichte der deutschen Sprache und Literatur 48, 130.

Benware, Wilbur A. (1979): "Zur Dentalepithese im Deutschen". - In: Beiträge zur Geschichte der deutschen Sprache und Literatur 101, 329-346.

Key, Adamus/Richardson, Peter (1972): "Zum epithetischen *-t* im Deutschen". - In: Amsterdamer Beiträge zur älteren Germanistik 3, 219-228.

Kloeke, W.U.S. van Lessen (1982): Deutsche Phonologie und Morphologie. Merkmale und Markiertheit. - Tübingen: Niemeyer (= Linguistische Arbeiten 117).

Kohrt, Manfred (1980): "Rule ordering, rule extension, and the history and present state of /ng/-clusters in German". - In: Linguistics 18, 777-802.

- (1987): Theoretische Aspekte der deutschen Orthographie. - Tübingen: Niemeyer (= Germanistische Linguistik 70).

- (1990): "Die 'doppelte Kodifikation' der deutschen Orthographie". - In: Stetter, Christian (Hrsg.) (1990): Zu einer Theorie der Orthographie. Interdisziplinäre Aspekte gegenwärtiger Schrift- und Orthographieforschung (Tübingen: Niemeyer) (= Germanistische Linguistik 99) 104-144.

Lehmann, Winfred P. (1964): "Types of sound change". - In: Lunt, Horace G. (ed.): Proceedings of the Ninth International Congress of Linguistics, Cambridge, Mass., August 27-31, 1962 (London etc: Mouton) 658-662.

Paul, Hermann (1989): Mittelhochdeutsche Grammatik. - Tübingen: Niemeyer, 23.A. (bearb. v. Wiehl, Peter/Grosse, Siegfried).

Rubach, Jerzy (1990): "Final devoicing and cyclic syllabification in German." - In: Linguistic Inquiry 21, 79-94.

Russ, Charles V.J. (1982): Studies in historical German phonology. A phonological comparison of MHG and NHG with reference to modern dialects. - Bern etc.: Lang (= European University Studies, Series I, 616).

Trubetzkoy, Nikolaj S. (1939): Grundzüge der Phonologie. - Prag (= Travaux du Cercle Linguistique de Prague 7).

Vennemann, Theo (1972): "On the theory of syllabic phonology". - In: Linguistische Berichte 18, 1-18.

Vennemann, Theo (1986): Neuere Entwicklungen in der Phonologie. - Berlin etc.: de Gruyter.

Wurzel, Wolfgang U. (1970): Studien zur deutschen Lautstruktur. - Berlin: Akademie-Verlag (= Studia grammatica VIII).

- (1981): "Phonologie: Segmentale Struktur". - In: Heidolph, Karl Erich/Flämig, Walter/Motsch, Wolfgang (Hrsg.) (1981): Grundzüge einer deutschen Grammatik (Berlin: Akademie-Verlag) 898-990.

DIE GROSSSCHREIBUNG VON SUBSTANTIVEN UND EIGENNAMEN

Peter Gallmann

1. Grundsätzliches

Die geschriebene Sprache kennt graphische Techniken zur formalen Markierung bestimmter Signifié-Merkmale bilateraler Einheiten, die in der gesprochenen Sprache kein Äquivalent haben. Bei den Signifié-Merkmalen kann es sich um semantische, grammatische oder pragmatische Merkmale handeln. Wir haben es hier mit einem Phänomen zu tun, an dem sich die relative Autonomie der geschriebenen Sprache zeigt.

Charakteristisch für das Deutsche ist die Markierung substantivischer Elemente mit dem Suprasegment "Anfangsgroßschreibung" (zu den suprasegmentalen Erscheinungen der geschriebenen Sprache siehe auch Gallmann 1985: 14-16 sowie Günther 1988: 64-68). Ich spreche im folgenden vereinfachend und in Übereinstimmung mit der traditionellen Terminologie kurz von Großschreibung.

2. Die Hauptregel 1

Die Hauptregel für die Substantivgroßschreibung läßt sich wie folgt formulieren:

R 1 Substantivische Wörter oder Morphe/Morphsequenzen, die beidseits von einem Zwischenraum oder einem Koppelungsstrich begrenzt sind, werden groß geschrieben.

Wichtig ist:

- Die Regel gilt ausdrücklich für Wörter und Morphe (also nicht für Lexeme bzw. Morpheme).
- Syntaktische Grenzsignale, also Satzzeichen wie Punkt, Komma usw., zählen für die Regel wie der Wortzwischenraum.
- Die Regel wird rekursiv angewendet, und zwar von unten nach oben.
- Großschreibungen nach dieser Regel können nicht aufgehoben werden.
- Eigennamen sind inhärent definite Lexikoneinheiten, die den Charakter sowohl von Einzelwörtern als auch von Phrasen haben können (Löbel 1990, Gallmann 1990a: 149). Einwortige Eigennamen sind immer Substantive (unter Umständen sekundär substantivische Wortteile). Sie unterliegen derselben Großschreibregel wie gewöhnliche Substantive. Zu phrasalen Eigennamen mit nichtsubstantivischen Wortformen siehe unten, Hauptregel 2.

- Für Initialwörter (zum Beispiel ‹PKW›/‹Pkw›, ‹GmbH›, ‹EWR›) bestehen Sonderregeln, auf die ich nicht weiter eingehen will.

Ich kommentiere im folgenden prototypische Beispiele, wobei ich Appellative und Eigennamen nacheinander behandle:

(1.1) Der einfachste Fall sind substantivische Wortformen von substantivischen Lexemen: ‹das Haus›, ‹des Hauses›, ‹zu Hause› usw.

(1.2) Entsprechender Eigenname: ‹Luther›.

(2.1) Substantivische Komposita ohne Koppelungsstrich: ‹die Haustür› und nicht: ‹die HausTür›. Für die Regel ist nur das Kompositum als Ganzes maßgebend, da es nicht mit Koppelungsstrichen segmentiert ist. Ähnliches gilt für Komposita mit nichtsubstantivischem Vorderglied wie: ‹Schnellzug›, ‹Nebensache›, ‹Stehplatz› (nicht: ‹schnellZug›, ‹nebenSache›, ‹stehPlatz›; ebensowenig: ‹SchnellZug›, ‹NebenSache›, ‹StehPlatz›). Analoges gilt für Ableitungen mit einem substantivischen Suffix: ‹Bildchen›, ‹Neuheit› (nicht: ‹BildChen›, ‹neuHeit›, ‹NeuHeit›). In Produktebezeichnungen (vornehmlich aus dem amerikanischen Englisch) finden sich übrigens neuerdings Schreibungen mit Majuskeln im Wortinnern trotz fehlendem Koppelungsstrich (bzw. Wortzwischenraum): ‹PostScript›, ‹QuickMail›.

(2.2) Komposita ohne Koppelungsstrich mit Eigennamen: ‹die Röntgenstrahlen›, ‹der Pfeifenfritz›, ‹Vorderasien› (bei gemäßigter Kleinschreibung: ‹die röntgenstrahlen›, aber: ‹der Pfeifenfritz›, ‹Vorderasien›; diese Fügungen sind als Ganzes ihrerseits Eigennamen).

(3.1) Komposita mit Koppelungsstrich, beide Teile substantivisch: ‹der Haus-Chor›: sowohl ‹Haus› als auch ‹Chor› bekommen eine Majuskel, da sie die in der Regel genannten Grenzsignale aufweisen.

(3.2) Analoge Verbindungen mit Eigennamen (zu Details ihrer Analyse vgl. Gallmann 1990b: 311): ‹Waldshut-Tiengen›, ‹Berlin-Pankow›, ‹Frankfurt-Süd›. (Das letzte Beispiel bildet einen Problemfall bei gemäßigter Kleinschreibung: ‹Frankfurt-Ost› oder ‹Frankfurt-ost›?).

(4.1) Komposita mit Koppelungsstrich, wobei nur das Zweitglied substantivischen Charakter hat: ‹die Hoch-Zeit des Barock›. Das erste Element ist adjektivisch, man könnte daher die folgende Schreibung erwarten: ‹die hoch-Zeit›. Die Großschreibregel wird aber rekursiv angewendet. Da das Kompositum als Ganzes ein Substantiv ist, muß dessen erster Buchstabe eine Majuskel sein. Ebenso: ‹sein lautes Auf-die-Pauke-Hauen›: Hier ist eine Wortgruppe zu einem Substantiv gemacht worden (vgl. hierzu Gallmann 1990 b: 86-88, 103), deshalb die Majuskel in ‹Auf-...›. Substantivischen Charakter hat auch der Kern der Substantivierung (morphologische Merkmalvererbung), deshalb die Majuskel in ‹...-Hauen›. - Ausnahmen sind Komposita, deren Vorderglied Zitatcharakter hat: ‹ein wenn-Satz› (siehe dazu unten: Substantivierung beliebiger Sprachausschnitte).

(4.2) Entsprechende Komposita mit Eigennamen: ‹Klein-Erna›, ‹Neu-Delhi›.

(5.1) Adjektivische Komposita und Ableitungen mit einem substantivischen Vorderglied: ‹wasserdicht›, ‹fettig› (nicht: ‹Wasserdicht›, ‹Fettig›): die Elemente ‹wasser› und ‹fett› haben rechts keinen Zwischenraum oder Koppelungsstrich als Begrenzung und können daher keine Majuskel erhalten; die Wortformen als Ganzes sind Adjektive.

(5.2) Entsprechende Bildungen mit Eigennamen: ‹eine kohlfreundliche Zeitung›, ‹ein kafkaeskes Institut›, ‹die schweizerischen Berge›.

(6.1) Adjektivische Komposita mit Koppelungsstrich: ‹Uran-238-haltig›, ‹Software-gesteuert› (nicht: ‹uran-238-haltig›, ‹software-gesteuert›): Die substantivischen Vorderglieder des adjektivischen Kompositums haben Begrenzungen im Sinne der Großschreibregel. Die Großschreibung des substantivischen Elements kann nicht rückgängig gemacht werden. Dies gilt auch für adjektivische Komposita, bei denen drei gleiche Buchstaben zusammenstoßen, sofern statt Zusammenschreibung die Schreibung mit Koppelungsstrich gewählt wird: ‹eine Komplott-trächtige Atmosphäre›, ‹ein Hochsee-entwöhnter Matrose›. Bei usuellen Bildungen wird normalerweise zusammengeschrieben: ‹fetttriefend›, ‹hochseeerfahren›; eine besondere Zusammenschreibregel, wie sie die gegenwärtigen Duden (Mannheim, Leipzig) haben, ist überflüssig.

(6.2) Entsprechendes Kompositum mit einem Eigennamen: ‹Gorbatschow-freundlich›.

(7.1) Substantivierungen: ‹beim Gehen›, ‹mit Warten› ‹alles Gute›, ‹ein Neuer›. Hier liegen Substantivierungen (= substantivische Wortformen) verbaler und adjektivischer Lexeme vor. Die Großschreibung gerät hier - im Gegensatz zur Großschreibung bei den Flexionsformen substantivischer Lexeme - mit dem Prinzip der Schemakonstanz in Konflikt (Gallmann 1990a). Es erstaunt darum nicht, daß die Großschreibfehler in diesem Bereich sehr viel häufiger sind als bei Wortformen substantivischer Lexeme.

(7.2) Substantivierung mit dem Charakter eines Eigennamens: ‹die Schwarzen› (Übername für: ‹die Christlichdemokraten›).

3. Abweichungen von Hauptregel 1

3.1. Substantivische Formen pronominaler Lexeme

Pronominale Lexeme weisen Wortformen auf, die meist sowohl substantivisch (= im engeren Sinn pronominal, das heißt als "Stellvertreter" einer Substantivgruppe) wie auch als "Begleiter", das heißt als "Artikelwort", gebraucht werden können (Gallmann 1990 b; zum Begriff des Artikelworts vgl. auch Helbig/Buscha 1984). Für substantivische Wortformen pronominaler Lexeme gilt, daß sie entgegen der Grundregel grundsätzlich klein zu schreiben sind. Einzige Ausnahme sind Possessiva in Fügungen wie: ‹das Seine zu einer Sache beitragen›, ‹die Ihren› (= ‹ihre Angehörigen›). In ein Regelwerk wäre dies als Unterregel R 1.1 mit "Ausnahme" R 1.1.1 aufzunehmen. (Zu Substantivierungen des Typs ‹das gewisse Etwas› siehe unten: Substantivierung beliebiger Sprachausschnitte.)

3.2. Adjektivische Lexeme

Substantivische Wortformen adjektivischer Lexeme sind nach der Hauptregel groß zu schreiben. Es gibt hier allerdings eine Reihe mehrheitlich semantisch motivierter Ausnahmen, die in einem Regelwerk als Unterregel R 1.2 (bzw. als Unterregeln R 1.2.1 bis R 1.2.6) formuliert werden müßten (vgl. auch Heuer 1990).

(1) Adjektive, die einem Indefinit- oder einem Demonstrativpronomen nahekommen, sind klein: ‹Sie weiß vieles›, ‹Das ist etwas anderes›, ‹Ich hasse derartiges›. Aber (den Grund für diese Abweichung kennt nur der Duden): ‹Ich hasse etwas Derartiges›.

(2) Kardinalzahlen sind klein (vgl. aber unten): ‹Was drei wissen, wissen bald dreißig›, ‹um halb drei›.

(3) Ordinalzahlen, die eine Reihenfolge (nicht: einen Rang, eine Wertschätzung) ausdrükken, sind klein: ‹Sie fuhr als erste durchs Ziel›. Aber Rang: ‹Sie fuhr als Erste durchs Ziel›.

(4) Superlative mit ‹am› sind klein, wenn sie mit "Wie?" erfragt werden können: ‹Ruth war am schnellsten›, ‹Ruth rannte am schnellsten›.

(5) In festen Wortverbindungen mit Verben werden Adjektive klein geschrieben, wenn die Wendung als Ganzes nicht wörtlich zu verstehen ist: ‹ins reine schreiben›; ‹im dunkeln tappen› ≠ ‹im Dunkeln tappen›. Die Regelung wird von Duden allerdings nicht konsequent angewendet: ‹ins Schwarze treffen› (auch übertragen).

(6) In festen Wortverbindungen, die als Ganzes einer klein zu schreibenden Wortform (Indefinitpronomen, nichtdekliniertes Adjektiv oder Adverb) nahekommen, werden substantivische Wortformen adjektivischer Lexeme klein geschrieben: ‹jeder beliebige›, ‹alles mögliche› (≠ ‹alles Mögliche›); ‹Es ist das beste, wenn du gehst›, ‹im allgemeinen›, ‹seit neuem›, ‹aufs schönste›.

(7) Bei Adjektivableitungen zu Eigennamen gibt es das umgekehrte Problem, nämlich Großschreibung statt der zu erwartenden Kleinschreibung, zum Beispiel in: ‹ein Kohlscher Versprecher›, ‹die Schweizer Berge›. Diese Schreibungen erklärt man am besten mit morphologischer Transparenz. Mit diesem Terminus bezeichnet man das Phänomen, daß Suffixe für bestimmte Merkmale des Nichtkerns "durchlässig" oder eben "transparent" sein können (Olsen 1986, Di Sciullo/Williams 1987). Dies kann Signifié-Merkmale betreffen (zum Beispiel Valenzmerkmale); in unserem Fall handelt es sich um ein Signifiant-Merkmal, nämlich um das Suprasegment Anfangsgroßschreibung. Die Transparenz des Suffixes kommt dem Prinzip der Schemakonstanz entgegen. - Bei den Ableitungen auf ‹-sch› von Personennamen wird der Sachverhalt durch semantisierende Unterregeln verunklärt, vgl. berühmte Gegensatzpaare wie: ‹das Ohmsche Gesetz› versus ‹der ohmsche Widerstand›.

3.3. Nichtsubstantivische Wortformen substantivischer Lexeme

Wortformen substantivischer Lexeme können - vorwiegend in festen Wortverbindungen - nichtsubstantivisch verwendet werden. Die Rechtschreibung ist hier alles andere als systematisch. Die im folgenden genannten wichtigsten Gruppen wären bei einem Regelwerk in eine Unterregel R 1.3 (genauer: R 1.3.1 bis R 1.3.7) aufzunehmen.

(1) Eine Reihe ursprünglich substantivischer Wortformen haben sich zu eigenen präpositionalen Lexemen verselbständigt: ‹kraft seiner Phantasie›, ‹laut diesem Gesetz›, ‹zeit seines Lebens›. Die Großschreibung in den folgenden Fällen deutet darauf hin, daß die präpositionalen Wortformen noch den jeweiligen substantivischen Lexemen zugeordnet werden: ‹Anfang (Mitte, Ende) April›, ‹Wir fuhren Richtung Bonn›.

(2) Der Genitiv kann im heutigen Deutsch nur noch Wortgruppen mit adjektivisch flektierten Wortformen zugewiesen werden (Schachtl 1989, Gallmann 1990b). Konsequenterweise werden Wortformen auf -s, die mit substantivischen Lexemen zusammenhängen, als Adverbien aufgefaßt und klein geschrieben: ‹abends›, ‹tags darauf›, ‹mangels eigenen Kapitals›. Unmotivierte Ausnahme: ‹Hungers sterben›. Ob die adverbialen Wortformen auf ‹-s› eigene Lexeme konstituieren, ist nicht immer eindeutig festzustellen.

(3) Wortformen substantivischer Lexeme können mit den Adverbien des Paradigmas {‹gestern›, ‹heute›, ‹morgen›} komplexe adverbiale Phrasen (oder vielmehr Phrasenkerne?) bilden. Tageszeiten werden dann klein geschrieben, Wochentage hingegen groß: ‹heute nachmittag›, ‹heute Mittwoch›.

(4) Wortformen substantivischer Lexeme können mit Verben den Charakter von Verbzusätzen bekommen. Die Schreibung ist extrem unsystematisch. Großschreibung: ‹Schlange stehen›, ‹Fuß fassen›, ‹Maschine schreiben›. Kleinschreibung, getrennt: ‹pleite gehen›, ‹diät leben›, ‹recht erhalten›. Zusammenschreibung: ‹teilnehmen›, ‹maßhalten›.

(5) Wortformen substantivischer Lexeme können den Charakter kasusloser prädikativer Wortformen bekommen: ‹Mir ist angst›, ‹Die Firma ist pleite›.

(6) Vorderglieder substantischer Komposita können sich zu adjektivähnlichen Wortformen verselbständigen, die mit dem folgenden Nomen aber noch immer einen Phrasenkern (keine Phrase!) bilden, so zum Beispiel wertende Nomen: ‹ein klasse Heimspiel›.

(7) Bruchzahlen sind grundätzlich substantivische Lexeme, vgl. entsprechende Wortformen: ‹das Drittel›, ‹um Viertel nach fünf›. Ihre Flexionsformen können eine partitive Apposition selektieren: ‹Jedes Kind bekommt ein Sechstel Kuchen›. Es besteht aber eine Tendenz, die Bruchzahlen in solchen Fügungen zu nichtsubstantivischen Wortformen umzuinterpretieren, vor allem in Verbindung mit Maßnomen: ‹ein viertel Kilogramm› (Gallmann 1990b: 323).

3.4. Substantivierung beliebiger Sprachausschnitte

Sprachausschnitte beliebiger Komplexität können so substantiviert werden, daß sie den Wert einer substantivischen Wortform, genauer eines substantivischen Phrasenkerns erhalten.

Wenn die Substantivierung Zitatcharakter hat, wird sie meist mit Anführungszeichen oder besonderen Schriftmerkmalen, zum Beispiel Kursivsetzung (Gallmann 1985: 196), nicht aber mit Großschreibung markiert. Wenn der Zitatcharakter in den Hintergrund rückt, wird das erste Element der Substantivierung in Übereinstimmung mit Grundregel R 1 allerdings groß geschrieben. Die Unterlassung der Großschreibung in zitatartigen Substantivierungen könnte in einem Regelwerk als Unterregel R 1.4 Eingang finden. - Solche Substantivierungen können entweder allein einen substantivischen Phrasenkern besetzen und dann entsprechend attribuiert werden oder nach einem Appellativ die Position einer explikativen Juxtaposition einnehmen (vgl. hierzu Gallmann 1990b: 87/303):

(1) Substantivierte Morphe: ‹Müller hat etwas gegen -ismen.› ‹Die Endung -ung steht bei vielen Verbalnomen.›

(2) Substantivierte Wortformen: ‹Ihr Nein erstaunte uns.› ‹Die Konjunktion daß leitet Nebensätze ein.› Mit solchen Substantivierungen werden auch Komposita gebildet: der ‹daß-Satz›.

(3) Substantivierte Verbindungen von Wortformen: ‹Es handelt sich nicht um ein Entweder-Oder, sondern um ein Sowohl-Als-auch.›

(4) Substantivierte Phrasen: ‹Die Floskel "meines Erachtens" ist meist überflüssig.›

(5) Substantivierte Sätze: ‹Sein unwirsches "Der Wein schmeckt nach Essig" verärgerte den Ober.› ‹Seine unwirsche Bemerkung "Der Wein schmeckt nach Essig" verärgerte den Ober.›

Bei usualisierten Wendungen verfährt Duden nicht gerade systematisch: ‹zum vornherein›, ‹im Nu›, ‹nicht zwischen mein und dein unterscheiden›, ‹Hier fehlt das gewisse Etwas›, ‹Er ist ein Niemand›, ‹nein sagen›, ‹Ich wollte dir nur guten Tag sagen›, ‹Es machte laut plumps›, ‹ein Fest für jung und alt›, aber: ‹der Konflikt zwischen Jung und Alt›.

Grammikalisiert ist die Bildung von Farb-, Sprach- und Zahlnomen: ‹das leuchtende Rot›, ‹ihr perfektes Französisch›; ‹die Zahl Dreizehn›, ‹die böse Dreizehn›, ‹eine Fünf›. In adverbialen Wendungen schreibt der Duden allerdings Kleinschreibung vor: ‹Sie unterhielten sich auf französisch›, ‹Der Prospekt wurde rot auf schwarz gedruckt›. Vgl. ferner nachgestellte Grundzahlen in der Bedeutung von Ordinalzahlen: ‹auf Platz dreizehn›.

Substantivierungen beliebiger Sprachausschnitte können natürlich auch den Charakter von Eigennamen haben. So sind die meisten Werkbezeichnungen Substantivierungen des beschriebenen Typs. Werke werden ja mit ihrer Überschrift zitiert - vgl. die ambigue Semantik von "Titel" im Sinn von "Überschrift" und "Benennung eines Werks"! Beispiel: ‹Die Klasse liest "Der Richter und sein Henker" von Dürrenmatt›. Wenn es sich bei der Werkbezeichnung um eine kürzere Wortgruppe im Nominativ handelt, wird sie oft in eine gewöhnliche substantivische Wortgruppe uminterpretiert, die flektiert werden kann. Manche normative Grammatiken schreiben diese Uminterpretation implizit vor! Beispiel: ‹Dieser Satz stammt aus den "Räubern" von Schiller›. (Bei normativen Grammatiken verpönt: ‹Dieser Satz stammt aus "Die Räuber" von Schiller›.)

Zeitungstitel werden fast immer uminterpretiert; entsprechend gilt die Großschreibregel für phrasenwertige Eigennamen (R 2): ‹die Neue Zürcher Zeitung›.

4. Hauptregel 2: Phrasale Eigennamen

Eigennamen können die Form einer Substantivgruppe haben; sie weisen dann normalerweise den definiten Artikel auf (Löbel 1990, Gallmann 1990b: 149). Für solche Eigennamen gilt eine besondere Großschreibregel:

R 2	In mehrteiligen Eigennamen sind alle Substantive, Substantivierungen und Adjektive (einschließlich Kardinal- und Ordinalzahlen) groß zu schreiben.

Nicht groß zu schreiben sind sind also: Pronomen, Artikelwörter (im Sinn von Helbig/Buscha 1984), Präpositionen und Konjunktionen.

Diese Regel hat eigenständigen Charakter, das heißt, sie läßt sich nicht als Sonderfall von Hauptregel 1 ansehen. Sie überlappt sich allerdings teilweise mit dieser. So wird die Großschreibung substantivischer Namensbestandteile selbstverständlich auch von Regel 1 abgedeckt: ‹Karl der Große›, ‹Ludwig der Vierzehnte›, ‹das Kreuz des Südens› (ein Sternbild), ‹das Institut für Molekularbiologie›. Nur von der hier diskutierten Sonderregel erfaßt sind hingegen Fügungen wie: ‹das Zweite Deutsche Fernsehen›, ‹das Weiße Haus›, ‹der Weiße Riese›, ‹der Ferne Osten›.

Die Großschreibung kommt hier in Konflikt mit dem Prinzip der Schemakonstanz, vor allem bei Eigennamen, die auch als appellativische Fügungen aufgefaßt werden können. Es ist wohl auf solche Konflikte zurückzuführen, daß Adjektive zu substantivischen Nichtkernen zuweilen klein geschrieben werden: ‹das Institut für deutsche Sprache›.

Zitatartige Werktitel gehören, wie oben dargestellt, nicht zu den phrasalen Eigennamen, sondern haben als Ganzes den Wert eines substantivischen Phrasenkerns. Entsprechend wird dann nur das erste Element - auch Präpositionen, Artikel und dergleichen - groß geschrieben.

Literatur

Di Sciullo, Anna-Maria/Williams, Edwin (1987): On the Definition of Word. - Cambridge etc.: The MIT Press (= Linguistic Inquiry Monographs 14).

Gallmann, Peter (1985): Graphische Elemente der geschriebenen Sprache. - Tübingen: Niemeyer (= Reihe Germanistische Linguistik 108).

- (1990a): "Wortschreibung und Schemakonstanz". - In: Zeitschrift für Germanistik 5, 513-523.

- (1990b): Kategoriell komplexe Wortformen. - Tübingen: Niemeyer (= Reihe Germanistische Linguistik 108).

Günther, Hartmut (1988): Schriftliche Sprache. Strukturen geschriebener Wörter und ihre Verarbeitung beim Lesen. - Tübingen: Niemeyer (= Konzepte der Sprach- und Literaturwissenschaft 40).

Helbig, Gerhard/Buscha, Joachim (1984): Deutsche Grammatik. Ein Handbuch für den Ausländerunterricht. - Leipzig: Bibliographisches Institut, 8.A. (neubearb.).

Heuer, Walter (1990): Richtiges Deutsch. - Zürich: NZZ Verlag, 20.A. (neubearb. von Max Flückiger und Peter Gallmann).

Löbel, Elisabeth (1990): "D und Q als funktionale Kategorien in der Nominalphrase". - In: Linguistische Berichte 127, 232-264.

Olsen, Susan (1986): Wortbildung im Deutschen. Eine Einführung in die Theorie der Wortstruktur. - Stuttgart: Kröner (= Kröners Studienbibliothek Linguistik).
Schachtl, Stefanie (1989): "Morphological case and abstract case: Evidence from the German Genitive construction". - In: Bhatt, Christa/Löbel, Elisabeth/Schmidt, Claudia (eds.): Syntactic phrase structure phenomena in noun phrases and sentences (Amsterdam etc.: John Benjamins) (= Linguistik Aktuell 6) 99-112.

INTERPUNKTION UND INTONATION - IST EIN "PAUSENKOMMA" IM DEUTSCHEN MÖGLICH?

Renate Baudusch

Auf dem IV. Internationalen Linguistenkongreß 1936 wurde ein "Komitee für Fragen der Interpunktion und der vergleichenden Syntax" eingesetzt mit der Aufgabe, in so vielen europäischen Sprachen wie möglich die "tatsächliche Interpunktion" zu untersuchen und darzustellen. Damit sollte die Richtigkeit der von dem schwedischen Linguisten Prof. Hjalmar Lindroth (Göteborg) verfochtenen Hypothese bewiesen werden, "daß das grundlegende Prinzip für die Interpunktion aller (europäischen) Sprachen ein und dasselbe sein müsse, und zwar dasjenige, nach dem die 'Einschnitte' zwischen den Phrasen, zwischen den 'lebendigen Gliedern' der Sprache, maßgebend sein sollen" (Dokumente 1939: X). Außer Lindroth gehörten dem Komitee noch folgende Mitglieder an: Prof. Dr. C. A. Bodelsen (Kopenhagen), Prof. Dr. A. Jolivet (Paris) und Dr. Eberhard Zwirner (Berlin).

Innerhalb von drei Jahren haben die genannten Linguisten Textproben in 14 europäischen Sprachen auf ihre Interpunktion untersucht, indem sie diese Texte einer dreifachen Redaktion unterzogen. Dieselben Textstücke wurden einmal mit geregelter Interpunktion, zweitens mit Interpunktion nach "lebendigen Gliedern" und drittens mit der Interpunktion der Originaltexte dargeboten und miteinander verglichen. Diesem Vergleich wurde eine kurze Darstellung des Grundprinzips für die Interpunktion in der betreffenden Sprache und der herrschenden Schreibpraxis im Verhältnis zu diesem Grundprinzip vorangestellt.

Das Komitee faßte die Ergebnisse dieses Textvergleichs in den folgenden drei Punkten zusammen:

1. Nichts scheint der Auffassung im Wege zu stehen, daß e i n e i n h e i t l i c h e s P r i n z i p d e r I . sämtlicher vierzehn Sprachen, die zweifellos eine vielseitige Vertretung der europäischen Kultursprachen bieten, zu Grunde gelegt werden kann und soll.
2. Dasjenige Prinzip ist das natürliche und deshalb das richtige, nach dem d i e d u r c h d i e P a u s e n b e i m g u t e n V o r t r a g h e r v o r t r e t e n d e n 'l e b e n d i g e n G l i e d e r' die Einheiten beim Interpunktieren sind.
3. Daher soll e i n e U m l e g u n g o d e r R e f o r m a t i o n der I. in denjenigen Sprachen durchgeführt werden, wo jenes Prinzip nicht waltet, wie auch eine gewisse Revision in denjenigen, wo es nicht genügend zur Geltung gebracht ist. (Dokumente 1939: XVI f.)

Die vier Linguisten plädieren also für die generelle Einführung bzw. Durchsetzung eines sogenannten Pausenkommas in allen europäischen Sprachen und damit u.a. auch für eine Reform der deutschen Interpunktion nach dem intonatorischen Prinzip, d.h. durch Abbildung von Pausen der gesprochenen Sprache in der geschriebenen mittels der Interpunktionszeichen.

Diese Studie ist unter dem Titel "Dokumente zur Interpunktion europäischer Sprachen"[1] 1939 in Göteborg erschienen und sollte auf dem V. Congrès International de Linguistes 1939 in Brüssel vorgelegt werden. Der Ausbruch des zweiten Weltkrieges hat jedoch die weitere Diskussion dieser Problematik verhindert - wie es scheint, bis heute. Nur Rudolf Wolfgang Müller hat 1964 in seiner Dissertation über die Pausenbezeichnung im antiken

Latein (Müller 1964: 105-120) die Entstehung der modernen deutschen Interpunktion im Gegensatz zur antiken und ursprünglich auch im Deutschen üblichen "rhetorischen" Interpunktion kurz umrissen und dabei eine Lanze für die Wiedereinführung eines "Pausenprinzips" gebrochen, wie es im Deutschen von bedeutenden Dichtern mit Bewußtsein angewendet wurde und in vielen europäischen Sprachen allgemein üblich ist (ebenda: 120).

Von den zahlreichen Reformvorschlägen zur deutschen Orthographie, die sich seit Beginn der dreißiger Jahre auch mit einer möglichen Vereinfachung der Zeichensetzung befaßten, haben nur wenige eine Wiederherstellung der Korrespondenz zwischen der rhythmisch-intonatorischen Gliederung in gesprochener und der Interpunktion in geschriebener Sprache gefordert. So sollte nach dem Vorschlag des Leipziger Lehrervereins "vereinfacht die rechtschreibung!" (1931) das Komma nur noch einem natürlichen Haltepunkt im Redefluß entsprechen, und in den "Wiesbadener Empfehlungen" von 1958 heißt es:

> Das Komma soll weitgehend auf die Fälle beschränkt werden, in denen das rhythmische Empfinden des Schreibenden mit der grammatischen Gliederung des Satzes übereinstimmt. (Arbeitskreis Rechtschreibung 1952)

Diese Forderung wird wortgetreu in den "Wiener Empfehlungen" von 1973 wiederholt und durch die folgende Einzelrichtlinie präzisiert:

> Ziel der reform ist eine gewisse erleichterung für den schreibenden, um dem persönlichen ausdruck und der abstufung seiner gedanken gerecht werden zu können. Die regelfülle des kommas soll wieder dem ursprünglichen zweck, nämlich der akzentuierung des rhythmischen und sinnlogischen dienen. Seine funktion, grammatisch zu gliedern, soll bei der trennung von haupt- und gliedsätzen und bei einschüben und zusätzen erhalten bleiben. ("Die reform der deutschen rechtschreiberneuerung" 1973)

Zuletzt ist in der Resolution des Kongresses "vernünftiger schreiben" 1973 die Forderung erhoben worden, daß das Komma Denk- und Sprachschritte kennzeichnen solle (Drewitz/ Reuter 1974). In den internationalen Beratungen über eine Vereinfachung der deutschen Interpunktion, die 1984 in Rostock begonnen haben und deren Ergebnisse seit 1989 in einem kommentierten Regelvorschlag des Instituts für deutsche Sprache unter dem Titel "Zur Neuregelung der deutschen Rechtschreibung" gedruckt vorliegen (1989), haben jedoch derartige Überlegungen keine Rolle mehr gespielt.

Die Geschichte der deutschen Interpunktion ist als stetiger und folgerichtiger Entwicklungsprozeß eines ursprünglich eng auf die intonatorischen Elemente der gesprochenen Sprache bezogenen graphischen Teilsystems zu einem primären Teilsystem der geschriebenen deutschen Sprache aufzufassen, das nicht mehr von den suprasegmentalen Elementen der Lautung abhängig ist, sondern unmittelbare Beziehungen zur syntaktischen Bedeutung herstellt (vgl. Baudusch 1980: 194ff., 1989a: 112, 1989b: 145f.). Waren die Satzzeichen zunächst nichts anderes als Hilfsmittel für das sinngemäße laute Vorlesen von Texten, d.h. Anweisungen für ihre richtige Pausierung, so änderte sich ihre Funktion grundlegend mit der Erfindung des Buchdrucks. Denn in der Folgezeit erhielten weit mehr Menschen direkten Zugang zu gedruckten Texten, die der unmittelbaren Informationsentnahme durch die Rezipienten dienten und in der Regel nicht akustisch reproduziert werden sollten. Doch war es ein langer Weg der schrittweisen Abkehr von der Lautwiedergabe bis zur direkten Markierung semantischer Zusammenhänge. Erst im Verlauf des 19. Jh. wurde dieser zwar gesetzmäßig, aber im wesentlichen ungeregelt verlaufende Prozeß durch das Eingreifen von Grammatikern - hier ist vor allem Karl Ferdinand Becker zu nennen - beschleunigt; die deutsche Interpunktion wurde an der syntaktischen Struktur geschriebener Texte orientiert und damit der Etablierung gesetzter Normen zugänglich. Die weitere Entwicklung ist uns bekannt; sie ist gekennzeichnet durch das Verschwinden intonatorischer Kriterien, das sich von Dudenauflage zu Dudenauflage verfolgen läßt, und die zunehmende Dominanz syntaktischer Kriterien in der Interpunktionsregelung des 20. Jhs. Eine wichtige Rolle spielt dabei die Verabsolutierung der Subjekt-Prädikat-Struktur für die Kommasetzung.

Durch diese Entwicklung hat sich die geltende deutsche Interpunktion nicht nur von den Gesetzmäßigkeiten der Lautung entfernt, sondern sie geriet zunehmend in Widerspruch zur rhythmisch-intonatorischen Gliederung der gesprochenen Sprache. Denn es ist ein Phänomen, daß prädikative Beziehungen in vielen Fällen nicht phonologisch gekennzeichnet werden, syntaktische Einheiten mit und ohne eine Subjekt-Prädikat-Struktur also nicht durch den Einsatz intonatorischer Elemente unterschieden werden. Eine parallele Erscheinung können wir auf der lexikalischen Ebene beobachten, wo Beginn und Ende eines phonologischen Wortes in einer gegebenen Lautfolge nicht nachzuweisen sind, während die Markierung der Wortgrenze in der geschriebenen Sprache für die Sinnerfassung unentbehrlich erscheint.

Allerdings müßte man annehmen, daß syntaktisch-semantische Strukturen in gesprochener Sprache adäquat abgebildet werden. Eine Übereinstimmung zwischen der semantischen und der intonatorischen Gliederung eines Textes ist notwendig, um eine reibungslose, unmißverständliche mündliche Kommunikation zu gewährleisten. Diese verfügt über besondere phonologische Gliederungsmittel, die wir unter dem Begriff "Intonation" zusammenfassen. Wir verstehen darunter eine Einheit von Sprechmelodie, Rhythmus, Akzentverteilung, Lautstärke, Sprechtempo und Pausen (vgl. Meinhold/Stock 1980: 224 und Stock 1980: 40). Gemeinsam bilden sie ein Komplexphänomen, ein Bündel hierarchisch geordneter relevanter Merkmale. Ihr Gebrauch unterliegt gewissen gesellschaftlichen Normen, die der Sprecher beachten muß, um vom Hörer entsprechend seiner Aussageintention verstanden zu werden.

Die entsprechenden Gliederungsmittel der geschriebenen Sprache sind die Interpunktionszeichen, aber auch die Kennzeichnung von Satzanfängen durch Majuskeln oder Hervorhebungen im Text durch Unterstreichung, Sperrung oder die Verwendung spezieller Drucktypen wie Kursive oder Kapitälchen. Auch sie bilden ein besonderes sprachliches Teilsystem mit der Funktion, einen geschriebenen oder gedruckten Text überschaubar zu gliedern und damit seine Verständlichkeit für den Lesenden zu gewährleisten. Zwischen diesem graphischen Teilsystem und der Intonation gibt es weitgehende Parallelen. So wird das Ende eines Aussagesatzes in gesprochener Sprache durch ein deutliches Senken der Stimme mit folgender Pause, in geschriebener Sprache durch einen Punkt gekennzeichnet; parenthetische Einschübe, die meistens in einer anderen Stimmlage und in einem rascheren Sprechtempo gesprochen werden als der übrige Satz, werden im geschriebenen Text durch paarige Satzzeichen (zwei Kommas, Gedankenstriche oder Klammern) ausgegrenzt. Aber auch die Unterscheidung von Koordination und Subordination von Satzgliedern oder Gliedteilen läßt sich sowohl phonologisch als auch graphisch umsetzen: *eine neue blaue Bluse* - *eine neue, blaue Bluse*. Diese deutlichen Korrespondenzen zwischen Interpunktionszeichen und phonologischen Elementen können dem Schreibenden bei der richtigen Interpungierung von Texten oft hilfreich sein, und tatsächlich gibt es in diesen Bereichen die geringsten Schwierigkeiten und Zweifelsfälle. So wird die Setzung eines Punktes am Satzende bereits im Elementarunterricht von den meisten Schülern mühelos beherrscht, ohne daß für den Gebrauch dieses Satzzeichens ein kompliziertes Regelwerk und jahrelange Exerzitien nötig wären.

Auf der anderen Seite ist allgemein bekannt, daß sich in der deutschen Gegenwartssprache bei der Kommasetzung keine 1:1-Entsprechung zwischen Schreibung und Lautung herstellen läßt. Zwar gibt es im zusammengesetzten Satz zahlreiche Fälle, bei denen das obligatorische Komma zwischen Haupt- und Nebensatz einer intonatorischen Markierung entspricht, z.B. stets bei einem voranstehenden Nebensatz, indem die Fuge vor dem folgenden Hauptsatz durch eine Pause und den Neuansatz des Spannbogens angezeigt wird. Vor der Pause wird die Stimme nicht gesenkt, sondern sie bleibt in der Schwebe, zum Zeichen, daß der Satz nicht abgeschlossen ist, sondern noch weitergeführt wird:

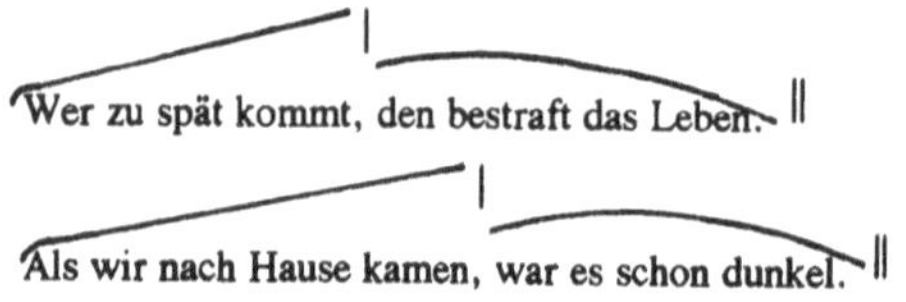

Diese Parallelität ist jedoch nur dann gegeben, wenn das Vorderglied vor dem eigentlichen Satzkern eine eigene prädikative Beziehung ausgebildet hat, denn nur in diesem Fall steht im Deutschen ein Komma. Fehlt diese Subjekt-Prädikat-Struktur, so darf nach der geltenden Duden-Regelung kein Komma stehen, auch wenn das Vorderglied beträchtlichen Umfang hat. So wurde in den beiden folgenden Sätzen nach der adverbialen Bestimmung fälschlich ein Komma gesetzt, vermutlich, weil hier durch Schwebeton, Pause und Neuansatz ganz dieselbe Intonationsfuge markiert wird wie nach einem Vordersatz und der Verfasser das Komma als deren natürliches Abbild empfunden hat:

> Wegen finanzieller Schwierigkeiten nach der Weltwirtschaftskrise, versuchte die Familie den Nachlaß zu verkaufen. In einigen von Novalis' frühen Jugendgedichten, spiegelt sich sein enges Verhältnis zum Mansfelder Land unmittelbar wider.[2]

Übrigens ist in solchen Fällen im Englischen und Französischen das Komma durchaus üblich:

> On my way to New York, I was looking through the morning paper.
> Dans les champs, c' était une terrible fussilade.

Dagegen werden zur Abgrenzung eines Hauptsatzes von einem darauffolgenden Gliedsatz in den meisten Fällen keine intonatorischen Mittel eingesetzt, während nach der geltenden Regelung im Deutschen hier ein Komma obligatorisch ist. Das gilt besonders für die sog. Inhaltssätze, als deren Bezugselement im Trägersatz ein Verb des Sagens, Meinens, der geistigen oder sinnlichen Wahrnehmung fungiert. Auf Grund ihrer Valenzbeziehungen stellen Objektsätze mit den Konjunktionen *daß* und *ob* und die mit einem sog. w-Wort eingeleiteten indirekten Fragesätze eine sinnotwendige Ergänzung dar und werden deshalb ohne Unterbrechung des Intonationsbogens unmittelbar an den vorhergehenden Teilsatz angeschlossen:

Er merkte, daß sie ihn beobachtete.
Sie wußte auch nicht, wo die Löcher im Käse herkommen.

Nur weiterführende Nebensätze, die eine nachträgliche, für das Verständnis des Vorhergehenden nicht notwendige Ergänzung darstellen, werden intonatorisch abgegrenzt:

Er hatte sie nicht zu seinem Geburtstag eingeladen, worüber sie sich sehr ärgerte.

In der deutschen Interpunktion wird diese Unterscheidung zwischen sinnotwendigem und weiterführendem Nebensatz nicht nachvollzogen. Das Komma hat in beiden Fällen die Funktion, den Beginn einer neuen pädikativen Beziehung anzuzeigen, ohne Rücksicht darauf, wie eng oder wie lose diese mit dem vorhergehenden Teilsatz semantisch verbunden ist. Daß auch hier die englische und französische Interpunktion mit der Satzintonation übereinstimmt, sei nur am Rande vermerkt. Die Reihe solcher Widersprüche zwischen der intonatorischen und der graphischen Markierung syntaktischer Einheiten und Relationen ließe sich beliebig fortsetzen; doch können wir an dieser Stelle nur auf die komplizierte Kommaregelung bei mit *und* verbundenen koordinierten Hauptsätzen und bei Infinitiv- und Partizipialgruppen verweisen, die in den übrigen europäischen Sprachen nicht ihresgleichen hat.

Von den skandinavischen Sprachen, die diese sog. grammatische Interpunktion aus dem Deutschen übernommen haben, hat sich zuerst das Dänische für die Tolerierung einer "Pausenkommatierung" entschieden, indem das dänische Rechtschreibewörterbuch seit 1918 zwei autorisierte Kommasysteme als Varianten zuläßt: neben dem grammatischen Komma ein "Pausenkomma". Dafür hat der bekannte dänische Linguist Aage Hansen 1957 folgende Grundregel aufgestellt: "Gebrauche das Komma in Übereinstimmung mit der Art und Weise, wie du selbst das Geschriebene aussprichst, wenn du sicher sein willst, daß es deiner Absicht entsprechend verstanden wird!" (Hansen 1957: 14, übers. v. d. Verf.). Doch obwohl allmählich immer mehr Schriftsteller und ganze Verlage und vor allem auch der Dänische Sprachrat diese intonatorisch motivierte Interpunktion in ihren Veröffentlichungen verwenden, hat sie sich bis heute nicht vollständig durchsetzen können, und in der Schule wird nach wie vor das "grammatische Komma" gelehrt.

Für diese Zurückhaltung lassen sich im wesentlichen zwei Gründe anführen. Erstens verbietet der besondere Charakter orthographischer Normen eine Schreibung nach der Aussprache, da diese in weiten Bereichen nicht verbindlich geregelt ist und vor allem auf dem Gebiet der Intonation weitgehend von subjektiven Faktoren bestimmt ist. Geschriebene Sprache kann jedoch nur funktionieren, wenn sie über eine relativ genau festgelegte Form verfügt, die für alle Sprachbenutzer weitgehend gleich ist (Nerius 1989: 272). Eine syntaktisch-strukturell bedingte Interpunktion kommt daher einem starken gesellschaftlichen Bedürfnis nach Eindeutigkeit und Stabilität entgegen.

Zweitens liegt die entwicklungsgeschichtlich nachweisbare Entfernung unseres Interpunktionssystems von intonatorischen Gegebenheiten im Wesen der Schreibung selbst begründet, deren eigentliche Bestimmung es ist, Informationen zu vermitteln. Daher ist die

Lautung für sie stets nur ein Vehikel, mit dessen Hilfe Bedeutungen in die geschriebene Sprache überführt werden können. Das gilt auch und in besonderem Maße für Alphabetschriften; es gilt aber auch für die Interpunktion. Wenn wir die Theorie von der relativen Autonomie der geschriebenen gegenüber der gesprochenen Sprache vertreten, so sind die Interpunktionszeichen als Grenz- und Gliederungszeichen der geschriebenen Sprache aufzufassen, die zwar bestimmten intonatorischen Gesetzmäßigkeiten entsprechen können; doch ist es nicht ihre Aufgabe, diese abzubilden.

Bei einer Reform der deutschen Zeichensetzung sollte daher der Gesichtspunkt der Verständlichkeit und Überschaubarkeit des Geschriebenen durch klare Abgrenzung syntaktischer Einheiten im Vordergrund stehen; daß dabei die Satzintonation durchaus hilfreich sein kann, sei unbestritten.

Anmerkungen

1 Im Text zitiert als "Dokumente 1939".

2 Die beiden Beispielsätze wurden einer Broschüre über das Schloß Oberwiederstedt, hg. vom Kuratorium "Novalis-Geburtshaus Schloß Oberwiederstedt" e.V. 1990, entnommen. Der Text dieses Heftchens enthält eine Fülle von Beispielen für eine (unfreiwillige) Pausenkommatierung, die gegen die geltende Dudenregelung verstößt.

Literatur

Arbeitskreis Rechtschreibung (1959): Empfehlungen. - Mannheim (= Duden-Beiträge 2).

- (1973): "Die reform der deutschen rechtschreibung". - In: die tribüne. Organ der österreichischen gesellschaft für sprachpflege und rechtschreiberneuerung 57, 7-8.

Baudusch, Renate (1975): "Die geltende Regelung unserer Zeichensetzung und Ansatzpunkte zu ihrer Vereinfachung". - In: Linguistische Studien Reihe A, 23, 39-87.

- (1980): "Zu den sprachwissenschaftlichen Grundlagen der Zeichensetzung". - In: Nerius, Dieter/Scharnhorst, Jürgen (Hrsg.): Theoretische Probleme der deutschen Orthographie (Berlin) 193-230.

- (1981): "Untersuchungen zu einer Reform der deutschen Orthographie auf dem Gebiet der Interpunktion". - In: Linguistische Studien Reihe A, 173, 216-323.

- (1988) "Zur relativen Autonomie der Interpunktion". - In: Linguistische Studien Reihe A, 173, 103-112.

- (1989a): "Das intonatorische Prinzip und sein Geltungsbereich". - In: Nerius, Dieter et al. (Autorenkollektiv): Deutsche Ortographie (Leipzig) 111-113, 2.A.

- (1989b): "Gibt es ein intonatorisches Prinzip im Deutschen?" - In: Pädagogische Hochschule "Clara Zetkin" (Hrsg.): Theoretische Positionen der Beschreibung gesprochener und geschriebener Sprache. Protokollband (Leipzig) 141-148.

Dokumente zur Interpunktion europäischer Sprachen (1939). - Göteborg.

Drewitz, Ingeborg/Reuter, Ernst (Hrsg.) (1974): vernünftiger schreiben; reform der deutschen rechtschreibung. - Frankfurt am Main.

Hansen, Aage (1957): Pausekommaet. - København.

leipziger lehrerverein (1931): vereinfacht die rechtschreibung. - Leipzig.

Meinhold, Gottfried/Stock, Eberhard (1982): Phonologie der deutschen Gegenwartssprache. - Leipzig, 2.A.

Müller, Rudolf Wolfgang (1964): Rhetorische und syntaktische Interpunktion. Untersuchungen zur Pausenbezeichnung im antiken Latein. - Tübingen (masch. Diss.).

Nerius, Dieter (1989): "Normiertheit und Veränderung in der deutschen Ortographie". - In: Eisenberg, Peter/Günther, Hartmut (Hrsg.): Schriftsystem und Orthographie (Tübingen) 267-281.

Institut für deutsche Sprache (1989): Zur Neuregelung der deutschen Rechtschreibung II. - Düsseldorf (= Sprache der Gegenwart LXXVII).

Stock, Eberhard (1980): Untersuchungen zu Form, Bedeutung und Funktion der Intonation im Deutschen. - Berlin (= Schriften für Phonetik, Sprachwissenschaft und Kommunikationsforschung 18).

ZUR FUNKTION VON PARENTHESEN IN DER GESCHRIEBENEN SPRACHE

Ilse Rahnenführer

1. Vor kurzem erinnerten Helmut Glück und Wolfgang W. Sauer (1990: 29 ff.) unter dem Stichwort "Gesprochenes und geschriebenes Deutsch" daran, daß "der Gegensatz bzw. die Parallelität von gesprochener und geschriebener Sprachform [...] in den letzten Jahren ein prominentes Thema in der empirischen und der theoretischen Sprachwissenschaft geworden" ist. So spielte auch 1988 auf einer Tagung in Leipzig zu "Theoretische(n) Positionen der Beschreibung gesprochener und geschriebener Sprache" die Frage eine Rolle, ob

> ein und dieselbe Grammatik der deutschen Sprache beiden Sprachformen zugrunde liegt, in dieser Grammatik aber angegeben wird, an welchen Punkten strukturelle Besonderheiten einer der beiden Sprachformen oder Gegensätzlichkeiten zwischen ihnen vorliegen

oder

> ob es je eine Grammatik für die geschriebene und die gesprochene Sprachform des Deutschen gibt - mit einem ausgedehnten gemeinsamen Kern. (Glück/Sauer 1990: 31)

In Leipzig kam man zu der übereinstimmenden Auffassung,

> daß es sich bei der geschriebenen Sprache und der gesprochenen Sprache um relativ eigenständige Ausprägungen (Existenzweisen) einer Sprache mit jeweils spezifischen, aber natürlich auch gemeinsamen Strukturen und Funktionen handelt. Weder die Vernachlässigung ihrer Unterschiede noch die Ignorierung ihrer Zusammengehörigkeit können zu angemessenen Sprachdarstellungen führen. (Nerius/Gabler 1988: 7)

Um Gemeinsamkeiten und Unterschiede zwischen geschriebener und gesprochener Sprache herauszuarbeiten, sind in letzter Zeit verschiedene Einzelfragen, die unterschiedliche sprachliche Ebenen betreffen, untersucht worden, sowohl getrennt als auch im Vergleich miteinander, wobei ein pauschaler Vergleich kaum sinnvoll ist - auch darauf wurde schon mehrfach hingewiesen. So kann es jeweils nur um Ausschnitte gehen mit den Mindestvoraussetzungen gleicher Textsorte und von gleichem Thema bzw. Gegenstand.

Der folgende Beitrag kann in diesem Sinne auch nur so ein Ausschnitt sein hinsichtlich eines Einzelproblems aus dem syntaktischen Bereich mit dem Schwerpunkt geschriebene Sprache. Mögliche Unterschiede bei der Funktion von Parenthesen in der geschriebenen und der gesprochenen Sprache können nur angedeutet werden, besonders auch wegen der geringen Zahl von Beispielen für die gesprochene Sprache.

2. Parenthesen werden in der Fachliteratur im allgemeinen gekennzeichnet als sprachliche Einheiten, die in einen Satz "eingeschaltet" werden, formalgrammatisch nicht mit ihm verbunden sind, jedoch "semantisch oder psychisch mit ihm zusammenhängen". Dieser semantische Zusammenhang zwischen der Parenthese und der Aussage des sie umgebenden Satzes wird bis heute in den meisten Handbüchern als notwendige Voraussetzung für die Verwendung von Parenthesen angesehen. Vom Trägersatz sind die Parenthesen in der gesprochenen und geschriebenen Sprache durch bestimmte Kennzeichen als Einschub abgeho-

ben, auf die hier nicht weiter eingegangen werden soll. Sie dienen dazu, die "Unselbständigkeit" der Parenthese und "dem Hörer die beiden Mitteilungsebenen der Rede deutlich werden" zu lassen (Fleischer/Michel 1975: 183). Letztgenannte Merkmale der Parenthesen werden zwar von vielen, aber durchaus nicht von allen Autoren angegeben. Gelegentlich wird nur auf die betreffenden Merkmale für die gesprochene Form der Parenthese hingewiesen, so bei Heidolph/Flämig/Motsch (1981: 293/294) und bei Helbig/Buscha (1987: 649). Wahrscheinlich ist diese Darstellung lediglich ein Reflex der Annahme von der Abhängigkeit der geschriebenen von der gesprochenen Sprache.

Einige Autoren sehen die Parenthesen jedoch ausdrücklich als Mittel der gesprochenen Sprache an. So betrachtet Leska (1965: 455 ff.) im Ergebnis ihrer vergleichenden Untersuchungen zur Syntax von gesprochener und geschriebener deutscher Gegenwartssprache Parenthesen ausschließlich als Elemente der gesprochenen Sprache, die der Auflockerung dienen. Auch Admoni hat wohl nur die gesprochene Sprache im Auge, wenn er in Hinblick auf die Parenthese vom "Ausdruck für einen Gedanken, der während des Ablaufs des einschließenden Satzes dem Sprechenden einfällt" (Admoni 1972: 254), spricht.

Als Mittel der geschriebenen Sprache werden die Parenthesen dagegen von Schwyzer (1939: 1ff.) gesehen. Er stellt sie in die Nähe von Anmerkungen und Exkursen im Text.

Meist wird jedoch bei der Betrachtung von Parenthesen und der Darstellung ihrer verschiedenen Funktionen kein Unterschied zwischen den beiden Existenzweisen gesehen. Jedenfalls wird kaum darauf hingewiesen, um welche Existenzweise und welche Textsorten es sich bei dem untersuchten Material handelt und ob überhaupt Unterschiede angenommen werden. So ist zum Beispiel bei Sommerfeldt (1984), der die Funktionen von Parenthesen, ausgehend von ihren sprachlichen Formen, besonders differenziert untersucht, nur aus dem untersuchten Material ablesbar, daß es sich um geschriebene Sprache handelt. So wird nicht deutlich, ob die dargestellten Funktionen der Parenthesen für beide Existenzformen angenommen werden.

Lediglich Bayer (1973) geht ausdrücklich vom Vorhandensein von Parenthesen in beiden Existenzweisen aus. Er betont nämlich, daß es für die Bestimmung von Parenthesen in der gesprochenen Sprache zusätzliche Schwierigkeiten gibt. Sie werden von ihm erstmalig genauer in ihrer Verteilung auf verschiedene Textsorten betrachtet. Nach ihren Hauptfunktionen stellt er zwei Arten von Parenthesen fest, die kommentierenden und die kontaktbezogenen. Nach seinen Untersuchungen kommen sie in verschiedenen Textsorten unterschiedlich häufig vor, zum Beispiel im Vortrag häufig kommentierende, im spontanen Gespräch fast ausschließlich kontaktbezogene, bei der Diskussion beide Arten. Es zeigen sich auch Konsequenzen für die Struktur: Kontaktbezogene Parenthesen sind im allgemeinen Anreden, Interjektionen u.ä., das heißt Parenthesen im weiteren Sinne, die sich oft im Text wiederholen. Die kommentierenden Parenthesen sind meist syntaktisch komplexer, häufig Schaltsätze, das heißt Parenthesen im engeren Sinne, sie wiederholen sich kaum.

3. Daraus ergibt sich die Frage nach den Unterschieden in Funktionen und Formen von Parenthesen in den verschiedenen Textsorten der beiden Existenzweisen und auch die Frage, ob auch - wie Bayer es für die Textsorten der gesprochenen Sprache festgestellt hat - unterschiedliche Funktionen von Parenthesen im Rahmen der geschriebenen Sprache festzustellen sind.

Bisher fehlen parallele Untersuchungen zum Vorkommen von Parenthesen in verschiedenen Textsorten der geschriebenen Sprache. Deswegen wurde anhand eines kleinen Korpus aus dem Bereich wissenschaftlicher Veröffentlichungen und von Pressekommentaren (ca. 300 Belege) der Vermutung nachgegangen, daß die kontaktbezogenen Parenthesen relativ selten auftreten und die kommentierenden Parenthesen deutlich überwiegen würden. Die Ergebnisse, auf deren Darstellung hier verzichtet werden soll, bestätigen das. Es kam nicht eine einzige kontaktbezogene Parenthese vor, nur kommentierende. Sie verteilten sich im einzelnen auf verschiedene Funktionen. Besonders häufig erschienen Konkretisierungen bzw. Präzisierungen, Wertungen, Hervorhebungen und gelegentlich subjektive Kommentare. Die Parenthesen waren unterschiedlich umfangreich: vom Schaltsatz über die Schaltgruppe bis zum Schaltwort, sie wiederholten sich nicht. Der gesprochenen Sprache besonders nahestehende Textsorten wurden bisher aber noch nicht in die Untersuchung einbezogen.

In einer zweiten kleinen Untersuchung wurde ein Vergleich vorgenommen zwischen der gesprochenen und der geschriebenen Fassung eines Rundtischgesprächs von Sprachwissenschaftlern; dabei wurde insbesondere beachtet, welche Veränderungen mit Parenthesen aus der gesprochenen Fassung beim Übergang in die geschriebene Form vor sich gingen (geschriebene Fassung veröffentlicht in Zeitschrift für Germanistik 6/89 und 1/90). Der Vergleich brachte folgende Ergebnisse:

a) In der geschriebenen Fassung wurden viele Parenthesen einfach weggelassen:

mündliche Form: [...] *ich - aus meiner Sicht - ich sehe diese erste Phase* [...]
schriftliche Form: *Ich sehe diese erste Phase.*

mündliche Form: *Daß manche Leute glaubten, sagen wir mal, aus Aversion gegen* [...]
schriftliche Form: *Daß manche Leute glaubten, aus Aversion gegen* [...]

Diese kontaktbezogenen Parenthesen erweisen sich für die schriftliche Fassung offensichtlich als überflüssig.

b) In der geschriebenen Fassung wurden Parenthesen in die Satzstruktur des Trägersatzes aufgenommen:

mündliche Form: *Das war in Leipzig gewiß anders als - und in Halle meinetwegen - als in Berlin.*
schriftliche Form: *Das war in Leipzig und in Halle gewiß anders als in Berlin.*

Diese Parenthesen sind in der mündlichen Kommunikation durch Nachtragen einer Information zustande gekommen und haben eigentlich gar nicht die Funktion einer Parenthese.

c) In der geschriebenen Fassung kamen einige Parenthesen als Erläuterungen hinzu:

mündliche Form: *Natürlich wurde angeknüpft an die Traditionen, die sich entwickelt hatten, aber* [...]
schriftliche Form: *Natürlich wurde an die Traditionen angeknüpft, nicht zuletzt an die positiven Ergebnisse der junggrammatischen Forschung, aber* [...]

Hier handelt es sich um eine kommentierende Parenthese, die vom Schreibenden bewußt eingefügt wurde, um seine Aussage zu präzisieren. Aufgrund des kleinen Korpus ist dies sicher erst eine kleine Auswahl aus den Möglichkeiten, die sich in Hinblick auf die Parenthesen beim Übergang von der gesprochenen zur geschriebenen Form eines Textes ergeben.

4. Es bleibt zu fragen nach den Gründen für die Verwendung von Parenthesen überhaupt und in den beiden Existenzweisen, denn weitgehend könnten semantische Funktionen, die Parenthesen haben, auch von anderen sprachlichen Mitteln übernommen werden. Bassarak (1984: 160) nennt als pragmatische Funktion für Sprecher und Schreiber, die Perzeption nicht entgleisen zu lassen. Es soll verhindert werden, daß Hörer bzw. Leser das Gesagte falsch einordnen. Als wesentlichen Grund für ihre Verwendung sieht er es an, daß sie Referenzstränge nicht durchbrechen und daß der Sprecher bzw. Schreiber sie als Mittel zur kommunikativen Wichtung von Teilhandlungen einsetzt. Deswegen nennt er sie auch Mittel zum Vollzug von Nebenhandlungen. Das gilt sicher für die kommentierenden Parenthesen, denn sie geben in Hinblick auf den Gegenstand der Aussage der Haupthandlung Ergänzungen, Präzisierungen, Erläuterungen, Wertungen, aber auch Korrekturen und helfen so, falsche Einordnungen zu vermeiden. Sie dienen damit der Verständnissicherung oder auch der Bewertung oder Begründung. Parenthesen müssen sich aber nicht auf den Redegegenstand oder einen Teil von ihm beziehen, also satz- bzw. satzteilbezogen sein. Sie können auch den Sprecher oder Hörer selbst betreffen oder sich auf die Kommunikationssituation beziehen. Dann geht es, wie schon dargelegt, mehr um die Herstellung eines Kontaktes, der zwar auch der Verständnissicherung dienen kann, aber die anderen hier genannten Funktionen können nicht übernommen werden. Damit erscheint fraglich, ob man die von Bassarak angestrebte allgemeine Funktionsbestimmung für Parenthesen so auf alle in der gesprochenen und geschriebenen Sprache vorkommenden Arten von Parenthesen anwenden kann. Es wird nicht immer Inhalt, Formulierung oder Kode einer Aussage kommentiert, sondern unter Umständen lediglich der sprachliche Kontakt aufrecht erhalten, gesteuert und beeinflußt. Das bedeutet, der in der Fachliteratur immer wieder erwähnte semantische Zusammenhang mit der Aussage des Trägersatzes ist gar nicht unbedingt erforderlich.

In Hinblick auf die beiden Arten von Parenthesen sind die spezifischen Produktions- und Rezeptionsbedingungen bei gesprochener und geschriebener Sprache zu beachten. Durch die Hörerpräsenz im erstgenannten Fall ist es möglich und zum Teil auch notwendig, den Kontakt zu ihm durch Einschübe, die mit dem Inhalt des Auszusagenden nicht in Beziehung stehen müssen, herzustellen, um die Aufmerksamkeit zu lenken und damit die Rezeption zu befördern. Diese Parenthesen sind eng an die Kommunikationssituation gebunden, haben einen relativ geringen Informationsgehalt und treten oft in Form stereotyper Wiederholungen auf, als Anreden, Interjektionen, Floskeln. Ihre Zahl steigt offensichtlich mit dem Spontanitätsgrad der Äußerung, wie auch Bayer (1973) feststellt. Entsprechend den Produktionsbedingungen für geschriebene Sprache sind solche Kontaktparenthesen nicht erforderlich, zumindest nicht im Kernbereich der geschriebenen Sprache. Es ist aber wahrscheinlich, daß sie in Textsorten, die der gesprochenen Sprache nahestehen (zum Beispiel schriftlich vorbereiteter Vortrag), vorkommen für echte und - in bestimmten Textsorten - nur scheinbare Kontaktaufnahme mit den Hörern bzw. den fiktiven Hörern oder persönlich angesprochenen Lesern.

Im Zusammenhang mit diesem Unterschied beim Anteil von Kommentar- und Kontaktparenthesen in den beiden Existenzweisen ist ein weiterer, ebenfalls mit den Produktionsbedingungen zusammenhängender Unterschied zu nennen. Er betrifft die Formulierungshandlungen. Antos (1982: 188) spricht vom "freien Formulieren" in der gesprochenen Sprache gegenüber dem "reflektierten Formulieren" in der geschriebenen Sprache. Das heißt, in der gesprochenen Sprache besteht nur eine minimale Vorbereitungszeit für die Formulierung. Der Formulierungsprozeß ist gewissermaßen hörbar, die Korrekturen sind erkennbar. Parenthesen werden zum Teil während des Formulierens eingeschoben. Aufgrund der spezifischen Produktionsbedingungen in der geschriebenen Sprache sind solche Parenthesen selten, sie werden im Verlauf des Schreibprozesses herausredigiert bzw. umgeformt, wenn es sich um die Überarbeitung gesprochener Texte handelt (vergleiche dazu Beispiel b). Dagegen kommen begründende, präzisierende und ähnliche Parenthesen - sicher auch abhängig von der Textsorte - beim reflektierten Formulieren in der geschriebenen Sprache häufig vor.

Wenn es Parenthesen auch in beiden Existenzweisen gibt, so beeinflußt deren funktionale Spezifik doch das unterschiedlich häufige Auftreten der beiden Arten von Parenthesen und damit auch ihre sprachliche Gestaltung. Das heißt, in der geschriebenen Sprache haben kommentierende Parenthesen den Vorrang; sie erscheinen weitaus häufiger als Sätze, auch als komplexe Sätze, als Parenthesen in der gesprochenen Sprache.

Literatur

Admoni, Wladimir (1972): Der deutsche Sprachbau. - Leningrad.

Antos, Gerd (1982): Grundlagen einer Theorie des Formulierens. Textherstellung in geschriebener und gesprochener Sprache. - Tübingen: Niemeyer.

Bassarak, Armin (1984): Grammatische und handlungstheoretische Untersuchungen an Parenthesen. - Berlin (masch. Diss.).

Bayer, Klaus (1973): "Verteilung und Funktion der sogenannten Parenthesen in Texten gesprochener Sprache". - In: Deutsche Sprache 1, 64-115.

Fleischer, Wolfgang/Michel, Georg (1975): Stilistik der deutschen Gegenwartssprache. - Leipzig: Bibliographisches Institut.

Glück, Helmut/Sauer, Wolfgang W. (1990): Gegenwartsdeutsch. - Stuttgart: Metzler (= Sammlung Metzler CCLII).

Heidolph, Karl E./Flämig, Walter/Motsch, Wolfgang (1982): Grundzüge einer deutschen Grammatik. - Berlin: Akademie-Verlag.

Helbig, Gerhard/Buscha, Joachim (1987): Deutsche Grammatik. - Ein Handbuch für den Ausländerunterricht. - Leipzig: VEB Verlag Enzyklopädie.

Leska, Christel (1965): "Vergleichende Untersuchungen zur Syntax gesprochener und geschriebener deutscher Gegenwartssprache". - In: Beiträge zur Geschichte der deutschen Sprache und Literatur (H) 87, 427-464.

Nerius, Dieter/Gabler, Birgit (1989): "Schwerpunkte und Entwicklung der aktuellen Forschungen zur geschriebenen Sprache". - In: Theoretische Positionen der Beschreibung gesprochener und geschriebener Sprache. Kolloquium 24./25. November 1988. Protokollband (Leipzig: Pädagogische Hochschule).

Sommerfeldt, Karl Ernst (1984): "Verdichtungserscheinungen im Satzbau der deutschen Sprache der Gegenwart (unter besonderer Berücksichtigung der Parenthesen)". - In: Zeitschrift für Phonetik, Sprachwissenschaft und Kommunikationsforschung 37, 242-248.

Schwyzer, Eduard (1939): Die Parenthese im engern und im weitern Sinne. - Berlin (= Abhandlungen der Preußischen Akademie der Wissenschaften, Phil.-histor. Klasse 6).

Zeitschrift für Germanistik (1989/6, 1990/1): Rundtischgespräch: Ergebnisse, Positionen und Perspektiven der germanistischen Linguistik in der DDR.

FSC
www.fsc.org
MIX
Papier | Fördert
gute Waldnutzung
FSC® C083411

Kolibri 360 GmbH
Ferdinand-Jühlke-Straße 7
99095 Erfurt, Deutschland
produktsicherheit@kolibri360.de